建筑施工特种作业人员安全技术培训教材

塔式起重机司机

主编　窦汝伦　崔乐芙

中国环境出版集团·北京

图书在版编目（CIP）数据

塔式起重机司机 / 窦汝伦，崔乐芙主编. —北京：中国环境出版集团，2020.11
建筑施工特种作业人员安全技术培训教材
ISBN 978-7-5111-4458-4

Ⅰ.①塔… Ⅱ.①窦… ②崔… Ⅲ.①塔式起重机—安全培训—教材
Ⅳ.①TH213.308

中国版本图书馆 CIP 数据核字（2020）第 188032 号

出 版 人 武德凯
责任编辑 张于嫣
责任校对 任 丽
封面设计 宋 瑞

出版发行 中国环境出版集团
（100062 北京市东城区广渠门内大街 16 号）
网 址：http：//www.cesp.com.cn
电子邮箱：bjgl@cesp.com.cn
联系电话：010-67112765（编辑管理部）
010-67112739（第三分社）
发行热线：010-67125803，010-67113405（传真）
印 刷 北京中科印刷有限公司
经 销 各地新华书店
版 次 2020 年 11 月第 1 版
印 次 2020 年 11 月第 1 次印刷
开 本 787 × 1092 1/16
印 张 32.25
字 数 906 千字
定 价 96.00 元

前 言

本书根据建筑工程安全生产相关法律法规、塔式起重机最新安全技术相关标准规范及住房和城乡建设部颁布的《建筑施工特种作业人员管理规定》《建筑施工特种作业人员安全技术考核大纲（试行）》和《建筑施工特种作业人员安全操作技能考核标准（试行）》编写。在系统阐述建筑施工特种作业人员应掌握的安全生产基本知识（安全生产法律法规和规章制度、特种作业人员管理制度、高处作业安全防护、消防、应急救援、安全用电等知识）和专业基础知识（识图、材料、力学、机械、电气、液压、钢结构、起重零部件等）的基础上，对建筑施工常用塔式起重机专业技术理论及塔式起重机司机安全操作技能做了较全面的介绍。本书立足实用，理论联系实际。

全书共分 4 篇 19 章，第一篇安全生产基本知识包括法律法规和规章制度，塔式起重机司机安全生产的权利与义务，安全防护知识；第二篇专业基础知识包括基础知识，起重零部件；第三篇专业技术理论包括塔式起重机结构原理，塔式起重机的安全装置，塔式起重机电气系统，塔式起重机的顶升系统与顶升过程，塔式起重机的试验方法、检验及验收，塔式起重机的使用与安全操作技术，塔式起重机维护保养，起重吊装及手势信号，塔式起重机常见故障及维修，塔式起重机事故原因综述及应急预案，塔式起重机典型事故案例分析；第四篇塔式起重机司机试题及答案包括塔式起重机司机的初级工（五级）、中级工（四级）、高级工（三级）3 个等级的试题及答案，供参考选用。

本书由窦汝伦、崔乐芙主编。参加编写工作的还有韩磊、张杰、敖军凯、杨冰山、周永亮等。在本书编写过程中得到了中国建筑科学研究院建筑机械化研究分院的大力支持，编写内容参考了众多相关标准规范和教材书籍，在此向帮助我们的专家学者以及参考文献的编著者们表示最衷心的感谢！

本书作为塔式起重机司机的培训教材，既可用于职业技能鉴定相关工种的培训，也可作为高等职业技术院校相关专业的教材和相关工程技术人员、管理人员的参考书。

由于编者水平有限，错误和不当之处在所难免，敬请专家和读者批评指正。

编者

目录

第一篇　安全生产基本知识

第二篇　专业基础知识

第三篇　专业技术理论

第一篇

安全生产基本知识

第一章　法律法规和规章制度

在工业与民用建筑施工中，建筑起重机械是完成建筑材料与工具等垂直运输工作的主要设备。为加强对建筑施工特种作业人员的管理和教育，防止和减少生产安全事故，国家和各地方都相应制定了较为完善的法律法规和规章制度。本章选摘了部分法律法规和规章制度的相关条款，以供学习时查阅。

建筑起重机械必须按照国家相关法律法规及最新安全技术标准规范的有关规定进行管理，包括《中华人民共和国安全生产法》《中华人民共和国建筑法》《中华人民共和国特种设备安全法》《建筑起重机械安全监督管理规定》（中华人民共和国建设部令　第166号）、《特种设备安全监察条例》（国务院令　第549号）、《建设工程安全生产管理条例》（国务院令　第393号）、《建筑施工特种作业人员管理规定》《建筑施工安全检查标准》（JGJ 59—2011）和国家、行业现行相关安全技术标准、规范，以及国家和省、自治区、直辖市建设行政主管部门对建筑起重机械的安装、使用、维护保养等的有关规定。

第一节　《中华人民共和国安全生产法》的相关规定

《中华人民共和国安全生产法》是为了加强安全生产工作，防止和减少生产安全事故，保障人民群众生命和财产安全，促进经济社会持续健康发展而制定的法律。它是我国第一部全面规范安全生产的专门法律，在安全生产法律法规体系中占有极其重要的地位。它是我国安全生产法律体系的主体法，其适用范围是在中华人民共和国领域内从事生产经营活动的单位的安全生产，是各类生产经营单位及其从业人员实现安全生产所必须遵循的行为准则，是各级人民政府及其有关部门进行监督管理和行政执法的法律依据，是制裁各种安全生产违法犯罪行为的有力武器。

《中华人民共和国安全生产法》从法律层面上规定了生产经营单位和从业人员的权利和义务，相关规定节选如下：

第二条　在中华人民共和国领域内从事生产经营活动的单位（以下统称生产经营单位）的安全生产，适用本法；有关法律、行政法规对消防安全和道路交通安全、铁路交通安全、水上交通安全、民用航空安全以及核与辐射安全、特种设备安全另有规定的，适用其规定。

第三条　安全生产工作应当以人为本，坚持安全发展，坚持安全第一、预防为主、综合治理的方针，强化和落实生产经营单位的主体责任，建立生产经营单位负责、职工参与、政府监管、行业自律和社会监督的机制。

第六条　生产经营单位的从业人员有依法获得安全生产保障的权利，并应当依法履行安全生产方面的义务。

第二十五条　生产经营单位应当对从业人员进行安全生产教育和培训，保证从业人员具备必要的安全生产知识，熟悉有关的安全生产规章制度和安全操作规程，掌握本岗位的安全操作技能，了解事故应急处理措施，知悉自身在安全生产方面的权利和义务。未经安全生产教育和培训合格的从业人员，不得上岗作业。

生产经营单位使用被派遣劳动者的，应当将被派遣劳动者纳入本单位从业人员统一管理，对被派遣劳动者进行岗位安全操作规程和安全操作技能的教育和培训。劳务派遣单位应当对被派遣劳动者进行必要的安全生产教育和培训。

生产经营单位接收中等职业学校、高等学校学生实习的，应当对实习学生进行相应的安全生产教育和培训，提供必要的劳动防护用品。学校应当协助生产经营单位对实习学生进行安全生产教育和培训。

生产经营单位应当建立安全生产教育和培训档案，如实记录安全生产教育和培训的时间、内容、参加人员以及考核结果等情况。

第二十六条　生产经营单位采用新工艺、新技术、新材料或者使用新设备，必须了解、掌握其安全技术特性，采取有效的安全防护措施，并对从业人员进行专门的安全生产教育和培训。

第二十七条　生产经营单位的特种作业人员必须按照国家有关规定经专门的安全作业培训，取得相应资格，方可上岗作业。

特种作业人员的范围由国务院安全生产监督管理部门会同国务院有关部门确定。

第三十二条　生产经营单位应当在有较大危险因素的生产经营场所和有关设施、设备上，设置明显的安全警示标志。

第三十三条　安全设备的设计、制造、安装、使用、检测、维修、改造和报废，应当符合国家标准或者行业标准。

生产经营单位必须对安全设备进行经常性维护、保养，并定期检测，保证正常运转。维护、保养、检测应当作好记录，并由有关人员签字。

第三十九条　生产、经营、储存、使用危险物品的车间、商店、仓库不得与员工宿舍在同一座建筑物内，并应当与员工宿舍保持安全距离。

生产经营场所和员工宿舍应当设有符合紧急疏散要求、标志明显、保持畅通的出口。禁止锁闭、封堵生产经营场所或者员工宿舍的出口。

第四十条　生产经营单位进行爆破、吊装以及国务院安全生产监督管理部门会同国务院有关部门规定的其他危险作业，应当安排专门人员进行现场安全管理，确保操作规程的遵守和安全措施的落实。

第四十一条 生产经营单位应当教育和督促从业人员严格执行本单位的安全生产规章制度和安全操作规程；并向从业人员如实告知作业场所和工作岗位存在的危险因素、防范措施以及事故应急措施。

第四十二条 生产经营单位必须为从业人员提供符合国家标准或者行业标准的劳动防护用品，并监督、教育从业人员按照使用规则佩戴、使用。

第四十四条 生产经营单位应当安排用于配备劳动防护用品、进行安全生产培训的经费。

第四十八条 生产经营单位必须依法参加工伤保险，为从业人员缴纳保险费。

国家鼓励生产经营单位投保安全生产责任保险。

第四十九条 生产经营单位与从业人员订立的劳动合同，应当载明有关保障从业人员劳动安全、防止职业危害的事项，以及依法为从业人员办理工伤保险的事项。

生产经营单位不得以任何形式与从业人员订立协议，免除或者减轻其对从业人员因生产安全事故伤亡依法应承担的责任。

第五十条 生产经营单位的从业人员有权了解其作业场所和工作岗位存在的危险因素、防范措施及事故应急措施，有权对本单位的安全生产工作提出建议。

第五十一条 从业人员有权对本单位安全生产工作中存在的问题提出批评、检举、控告；有权拒绝违章指挥和强令冒险作业。

生产经营单位不得因从业人员对本单位安全生产工作提出批评、检举、控告或者拒绝违章指挥、强令冒险作业而降低其工资、福利等待遇或者解除与其订立的劳动合同。

第五十二条 从业人员发现直接危及人身安全的紧急情况时，有权停止作业或者在采取可能的应急措施后撤离作业场所。

生产经营单位不得因从业人员在前款紧急情况下停止作业或者采取紧急撤离措施而降低其工资、福利等待遇或者解除与其订立的劳动合同。

第五十三条 因生产安全事故受到损害的从业人员，除依法享有工伤保险外，依照有关民事法律尚有获得赔偿的权利的，有权向本单位提出赔偿要求。

第五十四条 从业人员在作业过程中，应当严格遵守本单位的安全生产规章制度和操作规程，服从管理，正确佩戴和使用劳动防护用品。

第五十五条 从业人员应当接受安全生产教育和培训，掌握本职工作所需的安全生产知识，提高安全生产技能，增强事故预防和应急处理能力。

第五十六条 从业人员发现事故隐患或者其他不安全因素，应当立即向现场安全生产管理人员或者本单位负责人报告；接到报告的人员应当及时予以处理。

第五十七条 工会有权对建设项目的安全设施与主体工程同时设计、同时施工、同时投入生产和使用进行监督，提出意见。

工会对生产经营单位违反安全生产法律、法规，侵犯从业人员合法权益的行为，有权要求纠正；发现生产经营单位违章指挥、强令冒险作业或者发现事故隐患时，有权提出解决的建议，生产经营单位应当及时研究答复；发现危及从业人员生命安全的情况时，有权向生产经营单位建议组织从业人员撤离危险场所，生产经营单位必须立即作出处理。

工会有权依法参加事故调查，向有关部门提出处理意见，并要求追究有关人员的责任。

第五十八条　生产经营单位使用被派遣劳动者的，被派遣劳动者享有本法规定的从业人员的权利，并应当履行本法规定的从业人员的义务。

第九十四条　生产经营单位有下列行为之一的，责令限期改正，可以处五万元以下的罚款；逾期未改正的，责令停产停业整顿，并处五万元以上十万元以下的罚款，对其直接负责的主管人员和其他直接责任人员处一万元以上二万元以下的罚款：

（一）未按照规定设置安全生产管理机构或者配备安全生产管理人员的；

（二）危险物品的生产、经营、储存单位以及矿山、金属冶炼、建筑施工、道路运输单位的主要负责人和安全生产管理人员未按照规定经考核合格的；

（三）未按照规定对从业人员、被派遣劳动者、实习学生进行安全生产教育和培训，或者未按照规定如实告知有关的安全生产事项的；

（四）未如实记录安全生产教育和培训情况的；

（五）未将事故隐患排查治理情况如实记录或者未向从业人员通报的；

（六）未按照规定制定生产安全事故应急救援预案或者未定期组织演练的；

（七）特种作业人员未按照规定经专门的安全作业培训并取得相应资格，上岗作业的。

第九十六条　生产经营单位有下列行为之一的，责令限期改正，可以处五万元以下的罚款；逾期未改正的，处五万元以上二十万元以下的罚款，对其直接负责的主管人员和其他直接责任人员处一万元以上二万元以下的罚款；情节严重的，责令停产停业整顿；构成犯罪的，依照刑法有关规定追究刑事责任：

（一）未在有较大危险因素的生产经营场所和有关设施、设备上设置明显的安全警示标志的；

（二）安全设备的安装、使用、检测、改造和报废不符合国家标准或者行业标准的；

（三）未对安全设备进行经常性维护、保养和定期检测的；

（四）未为从业人员提供符合国家标准或者行业标准的劳动防护用品的；

（五）危险物品的容器、运输工具，以及涉及人身安全、危险性较大的海洋石油开采特种设备和矿山井下特种设备未经具有专业资质的机构检测、检验合格，取得安全使用证或者安全标志，投入使用的；

（六）使用应当淘汰的危及生产安全的工艺、设备的。

第二节　《中华人民共和国建筑法》的相关规定

《中华人民共和国建筑法》是为了加强对建筑活动的监督管理，维护建筑市场秩序，保证建筑工程的质量和安全，促进建筑业健康发展而制定的。它是我国第一部专门规范各类房屋建筑及其附属设施的建造和与其配套的线路、管道、设备的安装等建筑施工活动的法律。

《中华人民共和国建筑法》的有关规定节选如下：

第三十六条　建筑工程安全生产管理必须坚持安全第一、预防为主的方针，建立健全安全生产的责任制度和群防群治制度。

第三十九条　建筑施工企业应当在施工现场采取维护安全、防范危险、预防火灾等措施；有条件的，应当对施工现场实行封闭管理。

施工现场对毗邻的建筑物、构筑物和特殊作业环境可能造成损害的，建筑施工企业应当采取安全防护措施。

第四十一条　建筑施工企业应当遵守有关环境保护和安全生产的法律、法规的规定，采取控制和处理施工现场的各种粉尘、废气、废水、固体废物以及噪声、振动对环境的污染和危害的措施。

第四十三条　建设行政主管部门负责建筑安全生产的管理，并依法接受劳动行政主管部门对建筑安全生产的指导和监督。

第四十四条　建筑施工企业必须依法加强对建筑安全生产的管理，执行安全生产责任制度，采取有效措施，防止伤亡和其他安全生产事故的发生。

建筑施工企业的法定代表人对本企业的安全生产负责。

第四十五条　施工现场安全由建筑施工企业负责。实行施工总承包的，由总承包单位负责。分包单位向总承包单位负责，服从总承包单位对施工现场的安全生产管理。

第四十六条　建筑施工企业应当建立健全劳动安全生产教育培训制度，加强对职工安全生产的教育培训；未经安全生产教育培训的人员，不得上岗作业。

第四十七条　建筑施工企业和作业人员在施工过程中，应当遵守有关安全生产的法律、法规和建筑行业安全规章、规程，不得违章指挥或者违章作业。作业人员有权对影响人身健康的作业程序和作业条件提出改进意见，有权获得安全生产所需的防护用品。作业人员对危及生命安全和人身健康的行为有权提出批评、检举和控告。

第四十八条　建筑施工企业应当依法为职工参加工伤保险缴纳工伤保险费。鼓励企业为从事危险作业的职工办理意外伤害保险，支付保险费。

第五十一条　施工中发生事故时，建筑施工企业应当采取紧急措施减少人员伤亡和事故损失，并按照国家有关规定及时向有关部门报告。

第七十一条　建筑施工企业违反本法规定，对建筑安全事故隐患不采取措施予以消除的，责令改正，可以处以罚款；情节严重的，责令停业整顿，降低资质等级或者吊销资质证书；构成犯罪的，依法追究刑事责任。

建筑施工企业的管理人员违章指挥、强令职工冒险作业，因而发生重大伤亡事故或者造成其他严重后果的，依法追究刑事责任。

第三节 《中华人民共和国特种设备安全法》的相关规定

《中华人民共和国特种设备安全法》是为了加强特种设备安全工作，预防特种设备事故，保障人身和财产安全，促进经济社会发展而制定的。特种设备的生产（包括设计、制造、安装、改造、修理）、经营、使用、检验、检测和特种设备安全的监督管理，适用该法。该法所称特种设备，是指对人身和财产安全有较大危险性的锅炉、压力容器（含气瓶）、压力管道、电梯、起重机械、客运索道、大型游乐设施、场（厂）内专用机动车辆，以及法律、行政法规规定适用本法的其他特种设备。国家对特种设备实行目录管理。特种设备目录由国务院负责特种设备安全监督管理的部门制定，报国务院批准后执行。

《中华人民共和国特种设备安全法》的相关规定节选如下：

第七条 特种设备生产、经营、使用单位应当遵守本法和其他有关法律、法规，建立、健全特种设备安全和节能责任制度，加强特种设备安全和节能管理，确保特种设备生产、经营、使用安全，符合节能要求。

第八条 特种设备生产、经营、使用、检验、检测应当遵守有关特种设备安全技术规范及相关标准。

特种设备安全技术规范由国务院负责特种设备安全监督管理的部门制定。

第十三条 特种设备生产、经营、使用单位及其主要负责人对其生产、经营、使用的特种设备安全负责。

特种设备生产、经营、使用单位应当按照国家有关规定配备特种设备安全管理人员、检测人员和作业人员，并对其进行必要的安全教育和技能培训。

第十四条 特种设备安全管理人员、检测人员和作业人员应当按照国家有关规定取得相应资格，方可从事相关工作。特种设备安全管理人员、检测人员和作业人员应当严格执行安全技术规范和管理制度，保证特种设备安全。

第十五条 特种设备生产、经营、使用单位对其生产、经营、使用的特种设备应当进行自行检测和维护保养，对国家规定实行检验的特种设备应当及时申报并接受检验。

第二十三条 特种设备安装、改造、修理的施工单位应当在施工前将拟进行的特种设备安装、改造、修理情况书面告知直辖市或者设区的市级人民政府负责特种设备安全监督管理的部门。

第二十四条 特种设备安装、改造、修理竣工后，安装、改造、修理的施工单位应当在验收后三十日内将相关技术资料和文件移交特种设备使用单位。特种设备使用单位应当将其存入该特种设备的安全技术档案。

第二十八条 特种设备出租单位不得出租未取得许可生产的特种设备或者国家明令淘汰和已经报废的特种设备，以及未按照安全技术规范的要求进行维护保养和未经检验或者检验不合格的特种设备。

第二十九条　特种设备在出租期间的使用管理和维护保养义务由特种设备出租单位承担，法律另有规定或者当事人另有约定的除外。

第三十三条　特种设备使用单位应当在特种设备投入使用前或者投入使用后三十日内，向负责特种设备安全监督管理的部门办理使用登记，取得使用登记证书。登记标志应当置于该特种设备的显著位置。

第三十四条　特种设备使用单位应当建立岗位责任、隐患治理、应急救援等安全管理制度，制定操作规程，保证特种设备安全运行。

第三十五条　特种设备使用单位应当建立特种设备安全技术档案。安全技术档案应当包括以下内容：

（一）特种设备的设计文件、产品质量合格证明、安装及使用维护保养说明、监督检验证明等相关技术资料和文件；

（二）特种设备的定期检验和定期自行检查记录；

（三）特种设备的日常使用状况记录；

（四）特种设备及其附属仪器仪表的维护保养记录；

（五）特种设备的运行故障和事故记录。

第三十七条　特种设备的使用应当具有规定的安全距离、安全防护措施。

与特种设备安全相关的建筑物、附属设施，应当符合有关法律、行政法规的规定。

第三十九条　特种设备使用单位应当对其使用的特种设备进行经常性维护保养和定期自行检查，并作出记录。

特种设备使用单位应当对其使用的特种设备的安全附件、安全保护装置进行定期校验、检修，并作出记录。

第四十条　特种设备使用单位应当按照安全技术规范的要求，在检验合格有效期届满前一个月向特种设备检验机构提出定期检验要求。

特种设备检验机构接到定期检验要求后，应当按照安全技术规范的要求及时进行安全性能检验。特种设备使用单位应当将定期检验标志置于该特种设备的显著位置。

未经定期检验或者检验不合格的特种设备，不得继续使用。

第四十一条　特种设备安全管理人员应当对特种设备使用状况进行经常性检查，发现问题应当立即处理；情况紧急时，可以决定停止使用特种设备并及时报告本单位有关负责人。

特种设备作业人员在作业过程中发现事故隐患或者其他不安全因素，应当立即向特种设备安全管理人员和单位有关负责人报告；特种设备运行不正常时，特种设备作业人员应当按照操作规程采取有效措施保证安全。

第四十二条　特种设备出现故障或者发生异常情况，特种设备使用单位应当对其进行全面检查，消除事故隐患，方可继续使用。

第四十七条　特种设备进行改造、修理，按照规定需要变更使用登记的，应当办理变更登记，方可继续使用。

第四十八条　特种设备存在严重事故隐患，无改造、修理价值，或者达到安全技术规范规定的其他报废条件的，特种设备使用单位应当依法履行报废义务，采取必要措施消除该特种设备的使用功能，并向原登记的负责特种设备安全监督管理的部门办理使用登记证书注销手续。

前款规定报废条件以外的特种设备，达到设计使用年限可以继续使用的，应当按照安全技术规范的要求通过检验或者安全评估，并办理使用登记证书变更，方可继续使用。允许继续使用的，应当采取加强检验、检测和维护保养等措施，确保使用安全。

第五十三条　特种设备检验、检测机构及其检验、检测人员应当客观、公正、及时地出具检验、检测报告，并对检验、检测结果和鉴定结论负责。

特种设备检验、检测机构及其检验、检测人员在检验、检测中发现特种设备存在严重事故隐患时，应当及时告知相关单位，并立即向负责特种设备安全监督管理的部门报告。

负责特种设备安全监督管理的部门应当组织对特种设备检验、检测机构的检验、检测结果和鉴定结论进行监督抽查，但应当防止重复抽查。监督抽查结果应当向社会公布。

第六十九条　国务院负责特种设备安全监督管理的部门应当依法组织制定特种设备重特大事故应急预案，报国务院批准后纳入国家突发事件应急预案体系。

县级以上地方各级人民政府及其负责特种设备安全监督管理的部门应当依法组织制定本行政区域内特种设备事故应急预案，建立或者纳入相应的应急处置与救援体系。

特种设备使用单位应当制定特种设备事故应急专项预案，并定期进行应急演练。

第七十条　特种设备发生事故后，事故发生单位应当按照应急预案采取措施，组织抢救，防止事故扩大，减少人员伤亡和财产损失，保护事故现场和有关证据，并及时向事故发生地县级以上人民政府负责特种设备安全监督管理的部门和有关部门报告。

县级以上人民政府负责特种设备安全监督管理的部门接到事故报告，应当尽快核实情况，立即向本级人民政府报告，并按照规定逐级上报。必要时，负责特种设备安全监督管理的部门可以越级上报事故情况。对特别重大事故、重大事故，国务院负责特种设备安全监督管理的部门应当立即报告国务院并通报国务院安全生产监督管理部门等有关部门。

与事故相关的单位和人员不得迟报、谎报或者瞒报事故情况，不得隐匿、毁灭有关证据或者故意破坏事故现场。

第七十八条　违反本法规定，特种设备安装、改造、修理的施工单位在施工前未书面告知负责特种设备安全监督管理的部门即行施工的，或者在验收后三十日内未将相关技术资料和文件移交特种设备使用单位的，责令限期改正；逾期未改正的，处一万元以上十万元以下罚款。

第八十三条　违反本法规定，特种设备使用单位有下列行为之一的，责令限期改正；逾期未改正的，责令停止使用有关特种设备，处一万元以上十万元以下罚款：

（一）使用特种设备未按照规定办理使用登记的；

（二）未建立特种设备安全技术档案或者安全技术档案不符合规定要求，或者未依法设置使用登记标志、定期检验标志的；

（三）未对其使用的特种设备进行经常性维护保养和定期自行检查，或者未对其使用的特种设备的安全附件、安全保护装置进行定期校验、检修，并作出记录的；

（四）未按照安全技术规范的要求及时申报并接受检验的；

（五）未按照安全技术规范的要求进行锅炉水（介）质处理的；

（六）未制定特种设备事故应急专项预案的。

第八十四条　违反本法规定，特种设备使用单位有下列行为之一的，责令停止使用有关特种设备，处三万元以上三十万元以下罚款：

（一）使用未取得许可生产，未经检验或者检验不合格的特种设备，或者国家明令淘汰、已经报废的特种设备的；

（二）特种设备出现故障或者发生异常情况，未对其进行全面检查、消除事故隐患，继续使用的；

（三）特种设备存在严重事故隐患，无改造、修理价值，或者达到安全技术规范规定的其他报废条件，未依法履行报废义务，并办理使用登记证书注销手续的。

第八十六条　违反本法规定，特种设备生产、经营、使用单位有下列情形之一的，责令限期改正；逾期未改正的，责令停止使用有关特种设备或者停产停业整顿，处一万元以上五万元以下罚款：

（一）未配备具有相应资格的特种设备安全管理人员、检测人员和作业人员的；

（二）使用未取得相应资格的人员从事特种设备安全管理、检测和作业的；

（三）未对特种设备安全管理人员、检测人员和作业人员进行安全教育和技能培训的。

第八十九条　发生特种设备事故，有下列情形之一的，对单位处五万元以上二十万元以下罚款；对主要负责人处一万元以上五万元以下罚款；主要负责人属于国家工作人员的，并依法给予处分：

（一）发生特种设备事故时，不立即组织抢救或者在事故调查处理期间擅离职守或者逃匿的；

（二）对特种设备事故迟报、谎报或者瞒报的。

第九十二条　违反本法规定，特种设备安全管理人员、检测人员和作业人员不履行岗位职责，违反操作规程和有关安全规章制度，造成事故的，吊销相关人员的资格。

第一百条　军事装备、核设施、航空航天器使用的特种设备安全的监督管理不适用本法。

铁路机车、海上设施和船舶、矿山井下使用的特种设备以及民用机场专用设备安全的监督管理，房屋建筑工地、市政工程工地用起重机械和场（厂）内专用机动车辆的安装、使用的监督管理，由有关部门依照本法和其他有关法律的规定实施。

第四节 《特种设备安全监察条例》(国务院令 第549号)的相关规定

《特种设备安全监察条例》是为了加强特种设备的安全监察，防止和减少事故，保障人民群众生命和财产安全，促进经济发展而制定的。该条例规定了特种设备设计、制造、安装、改造、维修、使用、检验检测全过程安全监察的基本制度，对于加强特种设备的安全管理，防止和减少事故，保障人民群众生命、财产安全发挥了重要作用。

《特种设备安全监察条例》的相关规定节选如下：

第三条 特种设备的生产（含设计、制造、安装、改造、维修，下同）、使用、检验检测及其监督检查，应当遵守本条例，但本条例另有规定的除外。

军事装备、核设施、航空航天器、铁路机车、海上设施和船舶以及矿山井下使用的特种设备、民用机场专用设备的安全监察不适用本条例。

房屋建筑工地和市政工程工地用起重机械、场（厂）内专用机动车辆的安装、使用的监督管理，由建设行政主管部门依照有关法律、法规的规定执行。

第二十五条 特种设备在投入使用前或者投入使用后30日内，特种设备使用单位应当向直辖市或者设区的市的特种设备安全监督管理部门登记。登记标志应当置于或者附着于该特种设备的显著位置。

第二十六条 特种设备使用单位应当建立特种设备安全技术档案。安全技术档案应当包括以下内容：

（一）特种设备的设计文件、制造单位、产品质量合格证明、使用维护说明等文件以及安装技术文件和资料；

（二）特种设备的定期检验和定期自行检查的记录；

（三）特种设备的日常使用状况记录；

（四）特种设备及其安全附件、安全保护装置、测量调控装置及有关附属仪器仪表的日常维护保养记录；

（五）特种设备运行故障和事故记录；

（六）高耗能特种设备的能效测试报告、能耗状况记录以及节能改造技术资料。

第二十七条 特种设备使用单位应当对在用特种设备进行经常性日常维护保养，并定期自行检查。

特种设备使用单位对在用特种设备应当至少每月进行一次自行检查，并做出记录。特种设备使用单位在对在用特种设备进行自行检查和日常维护保养时发现异常情况的，应当及时处理。

特种设备使用单位应当对在用特种设备的安全附件、安全保护装置、测量调控装置及有关附属仪器仪表进行定期校验、检修，并做出记录。

锅炉使用单位应当按照安全技术规范的要求进行锅炉水（介）质处理，并接受特种设备检验检测机构实施的水（介）质处理定期检验。

从事锅炉清洗的单位，应当按照安全技术规范的要求进行锅炉清洗，并接受特种设备检验检测机构实施的锅炉清洗过程监督检验。

第二十八条　特种设备使用单位应当按照安全技术规范的定期检验要求，在安全检验合格有效期届满前1个月向特种设备检验检测机构提出定期检验要求。

检验检测机构接到定期检验要求后，应当按照安全技术规范的要求及时进行安全性能检验和能效测试。

未经定期检验或者检验不合格的特种设备，不得继续使用。

第二十九条　特种设备出现故障或者发生异常情况，使用单位应当对其进行全面检查，消除事故隐患后，方可重新投入使用。

特种设备不符合能效指标的，特种设备使用单位应当采取相应措施进行整改。

第三十八条　锅炉、压力容器、电梯、起重机械、客运索道、大型游乐设施、场（厂）内专用机动车辆的作业人员及其相关管理人员（以下统称特种设备作业人员），应当按照国家有关规定经特种设备安全监督管理部门考核合格，取得国家统一格式的特种作业人员证书，方可从事相应的作业或者管理工作。

第三十九条　特种设备使用单位应当对特种设备作业人员进行特种设备安全、节能教育和培训，保证特种设备作业人员具备必要的特种设备安全、节能知识。

特种设备作业人员在作业中应当严格执行特种设备的操作规程和有关的安全规章制度。

第四十条　特种设备作业人员在作业过程中发现事故隐患或者其他不安全因素，应当立即向现场安全管理人员和单位有关负责人报告。

第六十一条　有下列情形之一的，为特别重大事故：

（一）特种设备事故造成30人以上死亡，或者100人以上重伤（包括急性工业中毒，下同），或者1亿元以上直接经济损失的；

（二）600兆瓦以上锅炉爆炸的；

（三）压力容器、压力管道有毒介质泄漏，造成15万人以上转移的；

（四）客运索道、大型游乐设施高空滞留100人以上并且时间在48小时以上的。

第六十二条　有下列情形之一的，为重大事故：

（一）特种设备事故造成10人以上30人以下死亡，或者50人以上100人以下重伤，或者5 000万元以上1亿元以下直接经济损失的；

（二）600兆瓦以上锅炉因安全故障中断运行240小时以上的；

（三）压力容器、压力管道有毒介质泄漏，造成5万人以上15万人以下转移的；

（四）客运索道、大型游乐设施高空滞留100人以上并且时间在24小时以上48小时以下的。

第六十三条　有下列情形之一的，为较大事故：

（一）特种设备事故造成3人以上10人以下死亡，或者10人以上50人以下重伤，或者1 000万元以上5 000万元以下直接经济损失的；

（二）锅炉、压力容器、压力管道爆炸的；

（三）压力容器、压力管道有毒介质泄漏，造成1万人以上5万人以下转移的；

（四）起重机械整体倾覆的；

（五）客运索道、大型游乐设施高空滞留人员12小时以上的。

第六十四条　有下列情形之一的，为一般事故：

（一）特种设备事故造成3人以下死亡，或者10人以下重伤，或者1万元以上1 000万元以下直接经济损失的；

（二）压力容器、压力管道有毒介质泄漏，造成500人以上1万人以下转移的；

（三）电梯轿厢滞留人员2小时以上的；

（四）起重机械主要受力结构件折断或者起升机构坠落的；

（五）客运索道高空滞留人员3.5小时以上12小时以下的；

（六）大型游乐设施高空滞留人员1小时以上12小时以下的。

除前款规定外，国务院特种设备安全监督管理部门可以对一般事故的其他情形做出补充规定。

第六十五条　特种设备安全监督管理部门应当制定特种设备应急预案。特种设备使用单位应当制定事故应急专项预案，并定期进行事故应急演练。

压力容器、压力管道发生爆炸或者泄漏，在抢险救援时应当区分介质特性，严格按照相关预案规定程序处理，防止二次爆炸。

第六十六条　特种设备事故发生后，事故发生单位应当立即启动事故应急预案，组织抢救，防止事故扩大，减少人员伤亡和财产损失，并及时向事故发生地县以上特种设备安全监督管理部门和有关部门报告。

县以上特种设备安全监督管理部门接到事故报告，应当尽快核实有关情况，立即向所在地人民政府报告，并逐级上报事故情况。必要时，特种设备安全监督管理部门可以越级上报事故情况。对特别重大事故、重大事故，国务院特种设备安全监督管理部门应当立即报告国务院并通报国务院安全生产监督管理部门等有关部门。

第六十七条　特别重大事故由国务院或者国务院授权有关部门组织事故调查组进行调查。

重大事故由国务院特种设备安全监督管理部门会同有关部门组织事故调查组进行调查。

较大事故由省、自治区、直辖市特种设备安全监督管理部门会同有关部门组织事故调查组进行调查。

一般事故由设区的市的特种设备安全监督管理部门会同有关部门组织事故调查组进行调查。

第五节 《建设工程安全生产管理条例》（国务院令 第393号）的相关规定

《建设工程安全生产管理条例》主要规定了建设单位、勘察单位、设计单位、施工单位、工程监理单位和其他与建设工程有关的单位的安全责任以及安全生产的监督管理、生产安全事故应急救援与调查处理等内容，专门适用于工程建设的建筑施工等。

《建设工程安全生产管理条例》的相关规定节选如下：

第十五条 为建设工程提供机械设备和配件的单位，应当按照安全施工的要求配备齐全有效的保险、限位等安全设施和装置。

第十六条 出租的机械设备和施工机具及配件，应当具有生产（制造）许可证、产品合格证。

出租单位应当对出租的机械设备和施工机具及配件的安全性能进行检测，在签订租赁协议时，应当出具检测合格证明。

禁止出租检测不合格的机械设备和施工机具及配件。

第十七条 在施工现场安装、拆卸施工起重机械和整体提升脚手架、模板等自升式架设设施，必须由具有相应资质的单位承担。

安装、拆卸施工起重机械和整体提升脚手架、模板等自升式架设设施，应当编制拆装方案、制定安全施工措施，并由专业技术人员现场监督。

施工起重机械和整体提升脚手架、模板等自升式架设设施安装完毕后，安装单位应当自检，出具自检合格证明，并向施工单位进行安全使用说明，办理验收手续并签字。

第十八条 施工起重机械和整体提升脚手架、模板等自升式架设设施的使用达到国家规定的检验检测期限的，必须经具有专业资质的检验检测机构检测。经检测不合格的，不得继续使用。

第二十五条 垂直运输机械作业人员、安装拆卸工、爆破作业人员、起重信号工、登高架设作业人员等特种作业人员，必须按照国家有关规定经过专门的安全作业培训，并取得特种作业操作资格证书后，方可上岗作业。

第六节 《建筑起重机械安全监督管理规定》（建设部令 第166号）

《建筑起重机械安全监督管理规定》是为了加强建筑起重机械的安全监督管理，防止和减少生产安全事故，保障人民群众生命和财产安全，依据《建设工程安全生产管理条例》《特种设备安全监察条例》《安全生产许可证条例》制定的。建筑起重机械的租赁、安装、拆卸、使用及其监督管理，适用本规定。本规定所称建筑起重机械，是指纳入特种设备目录，在房屋建筑工地和市政工程工地安装、拆卸、使用的起重机械。

《建筑起重机械安全监督管理规定》全文如下：

第一条 为了加强建筑起重机械的安全监督管理，防止和减少生产安全事故，保障人民群众生命和财产安全，依据《建设工程安全生产管理条例》《特种设备安全监察条例》《安全生产许可证条例》，制定本规定。

第二条 建筑起重机械的租赁、安装、拆卸、使用及其监督管理，适用本规定。

本规定所称建筑起重机械，是指纳入特种设备目录，在房屋建筑工地和市政工程工地安装、拆卸、使用的起重机械。

第三条 国务院建设主管部门对全国建筑起重机械的租赁、安装、拆卸、使用实施监督管理。

县级以上地方人民政府建设主管部门对本行政区域内的建筑起重机械的租赁、安装、拆卸、使用实施监督管理。

第四条 出租单位出租的建筑起重机械和使用单位购置、租赁、使用的建筑起重机械应当具有特种设备制造许可证、产品合格证、制造监督检验证明。

第五条 出租单位在建筑起重机械首次出租前，自购建筑起重机械的使用单位在建筑起重机械首次安装前，应当持建筑起重机械特种设备制造许可证、产品合格证和制造监督检验证明到本单位工商注册所在地县级以上地方人民政府建设主管部门办理备案。

第六条 出租单位应当在签订的建筑起重机械租赁合同中，明确租赁双方的安全责任，并出具建筑起重机械特种设备制造许可证、产品合格证、制造监督检验证明、备案证明和自检合格证明，提交安装使用说明书。

第七条 有下列情形之一的建筑起重机械，不得出租、使用：

（一）属国家明令淘汰或者禁止使用的；

（二）超过安全技术标准或者制造厂家规定的使用年限的；

（三）经检验达不到安全技术标准规定的；

（四）没有完整安全技术档案的；

（五）没有齐全有效的安全保护装置的。

第八条 建筑起重机械有本规定第七条第（一）（二）（三）项情形之一的，出租单位或者自购建筑起重机械的使用单位应当予以报废，并向原备案机关办理注销手续。

第九条 出租单位、自购建筑起重机械的使用单位，应当建立建筑起重机械安全技术档案。

建筑起重机械安全技术档案应当包括以下资料：

（一）购销合同、制造许可证、产品合格证、制造监督检验证明、安装使用说明书、备案证明等原始资料；

（二）定期检验报告、定期自行检查记录、定期维护保养记录、维修和技术改造记录、运行故障和生产安全事故记录、累计运转记录等运行资料；

（三）历次安装验收资料。

第十条 从事建筑起重机械安装、拆卸活动的单位（以下简称安装单位）应当依法取得建设主管部门颁发的相应资质和建筑施工企业安全生产许可证，并在其资质许可范围内承揽建筑起重机械安装、拆卸工程。

第十一条 建筑起重机械使用单位和安装单位应当在签订的建筑起重机械安装、拆卸合同中明确双方的安全生产责任。

实行施工总承包的，施工总承包单位应当与安装单位签订建筑起重机械安装、拆卸工程安全协议书。

第十二条 安装单位应当履行下列安全职责：

（一）按照安全技术标准及建筑起重机械性能要求，编制建筑起重机械安装、拆卸工程专项施工方案，并由本单位技术负责人签字；

（二）按照安全技术标准及安装使用说明书等检查建筑起重机械及现场施工条件；

（三）组织安全施工技术交底并签字确认；

（四）制定建筑起重机械安装、拆卸工程生产安全事故应急救援预案；

（五）将建筑起重机械安装、拆卸工程专项施工方案，安装、拆卸人员名单，安装、拆卸时间等材料报施工总承包单位和监理单位审核后，告知工程所在地县级以上地方人民政府建设主管部门。

第十三条 安装单位应当按照建筑起重机械安装、拆卸工程专项施工方案及安全操作规程组织安装、拆卸作业。

安装单位的专业技术人员、专职安全生产管理人员应当进行现场监督，技术负责人应当定期巡查。

第十四条 建筑起重机械安装完毕后，安装单位应当按照安全技术标准及安装使用说明书的有关要求对建筑起重机械进行自检、调试和试运转。自检合格的，应当出具自检合格证明，并向使用单位进行安全使用说明。

第十五条 安装单位应当建立建筑起重机械安装、拆卸工程档案。

建筑起重机械安装、拆卸工程档案应当包括以下资料：

（一）安装、拆卸合同及安全协议书；

（二）安装、拆卸工程专项施工方案；

（三）安全施工技术交底的有关资料；

（四）安装工程验收资料；

（五）安装、拆卸工程生产安全事故应急救援预案。

第十六条 建筑起重机械安装完毕后，使用单位应当组织出租、安装、监理等有关单位进行验收，或者委托具有相应资质的检验检测机构进行验收。建筑起重机械经验收合格后方可投入使用，未经验收或者验收不合格的不得使用。

实行施工总承包的，由施工总承包单位组织验收。

建筑起重机械在验收前应当经有相应资质的检验检测机构监督检验合格。

检验检测机构和检验检测人员对检验检测结果、鉴定结论依法承担法律责任。

第十七条 使用单位应当自建筑起重机械安装验收合格之日起30日内，将建筑起重机械安装验收资料、建筑起重机械安全管理制度、特种作业人员名单等，向工程所在地县级以上地方人民政府建设主管部门办理建筑起重机械使用登记。登记标志置于或者附着于该设备的显著位置。

第十八条 使用单位应当履行下列安全职责：

（一）根据不同施工阶段、周围环境以及季节、气候的变化，对建筑起重机械采取相应的安全防护措施；

（二）制定建筑起重机械生产安全事故应急救援预案；

（三）在建筑起重机械活动范围内设置明显的安全警示标志，对集中作业区做好安全防护；

（四）设置相应的设备管理机构或者配备专职的设备管理人员；

（五）指定专职设备管理人员、专职安全生产管理人员进行现场监督检查；

（六）建筑起重机械出现故障或者发生异常情况的，立即停止使用，消除故障和事故隐患后，方可重新投入使用。

第十九条 使用单位应当对在用的建筑起重机械及其安全保护装置、吊具、索具等进行经常性和定期的检查、维护和保养，并做好记录。

使用单位在建筑起重机械租期结束后，应当将定期检查、维护和保养记录移交出租单位。

建筑起重机械租赁合同对建筑起重机械的检查、维护、保养另有约定的，从其约定。

第二十条 建筑起重机械在使用过程中需要附着的，使用单位应当委托原安装单位或者具有相应资质的安装单位按照专项施工方案实施，并按照本规定第十六条规定组织验收。验收合格后方可投入使用。

建筑起重机械在使用过程中需要顶升的，使用单位委托原安装单位或者具有相应资质的安装单位按照专项施工方案实施后，即可投入使用。

禁止擅自在建筑起重机械上安装非原制造厂制造的标准节和附着装置。

第二十一条 施工总承包单位应当履行下列安全职责：

（一）向安装单位提供拟安装设备位置的基础施工资料，确保建筑起重机械进场安装、拆卸所需的施工条件；

（二）审核建筑起重机械的特种设备制造许可证、产品合格证、制造监督检验证明、备案证明等文件；

（三）审核安装单位、使用单位的资质证书、安全生产许可证和特种作业人员的特种作业操作资格证书；

（四）审核安装单位制定的建筑起重机械安装、拆卸工程专项施工方案和生产安全事故应急救援预案；

（五）审核使用单位制定的建筑起重机械生产安全事故应急救援预案；

（六）指定专职安全生产管理人员监督检查建筑起重机械安装、拆卸、使用情况；

（七）施工现场有多台塔式起重机作业时，应当组织制定并实施防止塔式起重机相互碰撞的安全措施。

第二十二条　监理单位应当履行下列安全职责：

（一）审核建筑起重机械特种设备制造许可证、产品合格证、制造监督检验证明、备案证明等文件；

（二）审核建筑起重机械安装单位、使用单位的资质证书、安全生产许可证和特种作业人员的特种作业操作资格证书；

（三）审核建筑起重机械安装、拆卸工程专项施工方案；

（四）监督安装单位执行建筑起重机械安装、拆卸工程专项施工方案情况；

（五）监督检查建筑起重机械的使用情况；

（六）发现存在生产安全事故隐患的，应当要求安装单位、使用单位限期整改，对安装单位、使用单位拒不整改的，及时向建设单位报告。

第二十三条　依法发包给两个及两个以上施工单位的工程，不同施工单位在同一施工现场使用多台塔式起重机作业时，建设单位应当协调组织制定防止塔式起重机相互碰撞的安全措施。

安装单位、使用单位拒不整改生产安全事故隐患的，建设单位接到监理单位报告后，应当责令安装单位、使用单位立即停工整改。

第二十四条　建筑起重机械特种作业人员应当遵守建筑起重机械安全操作规程和安全管理制度，在作业中有权拒绝违章指挥和强令冒险作业，有权在发生危及人身安全的紧急情况时立即停止作业或者采取必要的应急措施后撤离危险区域。

第二十五条　建筑起重机械安装拆卸工、起重信号工、起重司机、司索工等特种作业人员应当经建设主管部门考核合格，并取得特种作业操作资格证书后，方可上岗作业。

省、自治区、直辖市人民政府建设主管部门负责组织实施建筑施工企业特种作业人员的考核。

特种作业人员的特种作业操作资格证书由国务院建设主管部门规定统一的样式。

第二十六条　建设主管部门履行安全监督检查职责时，有权采取下列措施：

（一）要求被检查的单位提供有关建筑起重机械的文件和资料；

（二）进入被检查单位和被检查单位的施工现场进行检查；

（三）对检查中发现的建筑起重机械生产安全事故隐患，责令立即排除；重大生产安全事故隐患排除前或者排除过程中无法保证安全的，责令从危险区域撤出作业人员或者暂时停止施工。

第二十七条　负责办理备案或者登记的建设主管部门应当建立本行政区域内的建筑起重机械档案，按照有关规定对建筑起重机械进行统一编号，并定期向社会公布建筑起重机械的安全状况。

第二十八条　违反本规定，出租单位、自购建筑起重机械的使用单位，有下列行为之一的，由县级以上地方人民政府建设主管部门责令限期改正，予以警告，并处以5 000元以上1万元以下罚款：

（一）未按照规定办理备案的；

（二）未按照规定办理注销手续的；

（三）未按照规定建立建筑起重机械安全技术档案的。

第二十九条　违反本规定，安装单位有下列行为之一的，由县级以上地方人民政府建设主管部门责令限期改正，予以警告，并处以5 000元以上3万元以下罚款：

（一）未履行第十二条第（二）（四）（五）项安全职责的；

（二）未按照规定建立建筑起重机械安装、拆卸工程档案的；

（三）未按照建筑起重机械安装、拆卸工程专项施工方案及安全操作规程组织安装、拆卸作业的。

第三十条　违反本规定，使用单位有下列行为之一的，由县级以上地方人民政府建设主管部门责令限期改正，予以警告，并处以5 000元以上3万元以下罚款：

（一）未履行第十八条第（一）（二）（四）（六）项安全职责的；

（二）未指定专职设备管理人员进行现场监督检查的；

（三）擅自在建筑起重机械上安装非原制造厂制造的标准节和附着装置的。

第三十一条　违反本规定，施工总承包单位未履行第二十一条第（一）（三）（四）（五）（七）项安全职责的，由县级以上地方人民政府建设主管部门责令限期改正，予以警告，并处以5 000元以上3万元以下罚款。

第三十二条　违反本规定，监理单位未履行第二十二条第（一）（二）（四）（五）项安全职责的，由县级以上地方人民政府建设主管部门责令限期改正，予以警告，并处以5 000元以上3万元以下罚款。

第三十三条　违反本规定，建设单位有下列行为之一的，由县级以上地方人民政府建设主管部门责令限期改正，予以警告，并处以5 000元以上3万元以下罚款；逾期未改的，责令停止施工：

（一）未按照规定协调组织制定防止多台塔式起重机相互碰撞的安全措施的；

（二）接到监理单位报告后，未责令安装单位、使用单位立即停工整改的。

第三十四条　违反本规定，建设主管部门的工作人员有下列行为之一的，依法给予处分；构成犯罪的，依法追究刑事责任：

（一）发现违反本规定的违法行为不依法查处的；

（二）发现在用的建筑起重机械存在严重生产安全事故隐患不依法处理的；

（三）不依法履行监督管理职责的其他行为。

第三十五条　本规定自2008年6月1日起施行。

第七节　《建筑施工特种作业人员管理规定》

《建筑施工特种作业人员管理规定》全文如下：

第一章　总　则

第一条　为加强对建筑施工特种作业人员的管理，防止和减少生产安全事故，根据《安全生产许可证条例》《建筑起重机械安全监督管理规定》等法规规章，制定本规定。

第二条　建筑施工特种作业人员的考核、发证、从业和监督管理，适用本规定。

本规定所称建筑施工特种作业人员是指在房屋建筑和市政工程施工活动中，从事可能对本人、他人及周围设备设施的安全造成重大危害作业的人员。

第三条　建筑施工特种作业包括：

（一）建筑电工；

（二）建筑架子工；

（三）建筑起重信号司索工；

（四）建筑起重机械司机；

（五）建筑起重机械安装拆卸工；

（六）高处作业吊篮安装拆卸工；

（七）经省级以上人民政府建设主管部门认定的其他特种作业。

第四条　建筑施工特种作业人员必须经建设主管部门考核合格，取得建筑施工特种作业人员操作资格证书（以下简称资格证书），方可上岗从事相应作业。

第五条　国务院建设主管部门负责全国建筑施工特种作业人员的监督管理工作。

省、自治区、直辖市人民政府建设主管部门负责本行政区域内建筑施工特种作业人员的监督管理工作。

第二章　考　核

第六条　建筑施工特种作业人员的考核发证工作，由省、自治区、直辖市人民政府建设主管部门或其委托的考核发证机构（以下简称考核发证机关）负责组织实施。

第七条　考核发证机关应当在办公场所公布建筑施工特种作业人员申请条件、申请程序、工作时限、收费依据和标准等事项。

考核发证机关应当在考核前在机关网站或新闻媒体上公布考核科目、考核地点、考核时间和监督电话等事项。

第八条　申请从事建筑施工特种作业的人员，应当具备下列基本条件：

（一）年满 18 周岁且符合相关工种规定的年龄要求；

（二）经医院体检合格且无妨碍从事相应特种作业的疾病和生理缺陷；

（三）初中及以上学历；

（四）符合相应特种作业需要的其他条件。

第九条　符合本规定第八条规定的人员应当向本人户籍所在地或者从业所在地考核发证机关提出申请，并提交相关证明材料。

第十条　考核发证机关应当自收到申请人提交的申请材料之日起5个工作日内依法做出受理或者不予受理决定。

对于受理的申请，考核发证机关应当及时向申请人核发准考证。

第十一条　建筑施工特种作业人员的考核内容应当包括安全技术理论和实际操作。

考核大纲由国务院建设主管部门制定。

第十二条　考核发证机关应当自考核结束之日起10个工作日内公布考核成绩。

第十三条　考核发证机关对于考核合格的，应当自考核结果公布之日起10个工作日内颁发资格证书；对于考核不合格的，应当通知申请人并说明理由。

第十四条　资格证书应当采用国务院建设主管部门规定的统一样式，由考核发证机关编号后签发。资格证书在全国通用。

资格证书样式见附件一，编号规则见附件二。

第三章　从　业

第十五条　持有资格证书的人员，应当受聘于建筑施工企业或者建筑起重机械出租单位（以下简称用人单位），方可从事相应的特种作业。

第十六条　用人单位对于首次取得资格证书的人员，应当在其正式上岗前安排不少于3个月的实习操作。

第十七条　建筑施工特种作业人员应当严格按照安全技术标准、规范和规程进行作业，正确佩戴和使用安全防护用品，并按规定对作业工具和设备进行维护保养。

建筑施工特种作业人员应当参加年度安全教育培训或者继续教育，每年不得少于24小时。

第十八条　在施工中发生危及人身安全的紧急情况时，建筑施工特种作业人员有权立即停止作业或者撤离危险区域，并向施工现场专职安全生产管理人员和项目负责人报告。

第十九条　用人单位应当履行下列职责：

（一）与持有效资格证书的特种作业人员订立劳动合同；

（二）制定并落实本单位特种作业安全操作规程和有关安全管理制度；

（三）书面告知特种作业人员违章操作的危害；

（四）向特种作业人员提供齐全、合格的安全防护用品和安全的作业条件；

（五）按规定组织特种作业人员参加年度安全教育培训或者继续教育，培训时间不少于24小时；

（六）建立本单位特种作业人员管理档案；

（七）查处特种作业人员违章行为并记录在档；

（八）法律法规及有关规定明确的其他职责。

第二十条　任何单位和个人不得非法涂改、倒卖、出租、出借或者以其他形式转让资格证书。

第二十一条　建筑施工特种作业人员变动工作单位，任何单位和个人不得以任何理由非法扣押其资格证书。

第四章　延期复核

第二十二条　资格证书有效期为两年。有效期满需要延期的，建筑施工特种作业人员应当于期满前3个月内向原考核发证机关申请办理延期复核手续。延期复核合格的，资格证书有效期延期2年。

第二十三条　建筑施工特种作业人员申请延期复核，应当提交下列材料：

（一）身份证（原件和复印件）；

（二）体检合格证明；

（三）年度安全教育培训证明或者继续教育证明；

（四）用人单位出具的特种作业人员管理档案记录；

（五）考核发证机关规定提交的其他资料。

第二十四条　建筑施工特种作业人员在资格证书有效期内，有下列情形之一的，延期复核结果为不合格：

（一）超过相关工种规定年龄要求的；

（二）身体健康状况不再适应相应特种作业岗位的；

（三）对生产安全事故负有责任的；

（四）2年内违章操作记录达3次（含3次）以上的；

（五）未按规定参加年度安全教育培训或者继续教育的；

（六）考核发证机关规定的其他情形。

第二十五条　考核发证机关在收到建筑施工特种作业人员提交的延期复核资料后，应当根据以下情况分别做出处理：

（一）对于属于本规定第二十四条情形之一的，自收到延期复核资料之日起5个工作日内做出不予延期决定，并说明理由；

（二）对于提交资料齐全且无本规定第二十四条情形的，自受理之日起10个工作日内办理准予延期复核手续，并在证书上注明延期复核合格，并加盖延期复核专用章。

第二十六条　考核发证机关应当在资格证书有效期满前按本规定第二十五条做出决定；逾期未作出决定的，视为延期复核合格。

第五章　监督管理

第二十七条　考核发证机关应当制定建筑施工特种作业人员考核发证管理制度，建立本地区建筑施工特种作业人员档案。

县级以上地方人民政府建设主管部门应当监督检查建筑施工特种作业人员从业活动，查处违章作业行为并记录在档。

第二十八条　考核发证机关应当在每年年底向国务院建设主管部门报送建筑施工特种作业人员考核发证和延期复核情况的年度统计信息资料。

第二十九条　有下列情形之一的，考核发证机关应当撤销资格证书：

（一）持证人弄虚作假骗取资格证书或者办理延期复核手续的；

（二）考核发证机关工作人员违法核发资格证书的；

（三）考核发证机关规定应当撤销资格证书的其他情形。

第三十条　有下列情形之一的，考核发证机关应当注销资格证书：

（一）依法不予延期的；

（二）持证人逾期未申请办理延期复核手续的；

（三）持证人死亡或者不具有完全民事行为能力的；

（四）考核发证机关规定应当注销的其他情形。

第六章　附　则

第三十一条　省、自治区、直辖市人民政府建设主管部门可结合本地区实际情况制定实施细则，并报国务院建设主管部门备案。

第三十二条　本办法自 2008 年 6 月 1 日起施行。

第八节　《关于建筑施工特种作业人员考核工作的实施意见》（建办质〔2008〕41 号）

《关于建筑施工特种作业人员考核工作的实施意见》（建办质〔2008〕41 号）全文如下：

为规范建筑施工特种作业人员考核管理工作，根据《建筑施工特种作业人员管理规定》（建质〔2008〕75 号），制定以下实施意见：

一、考核目的

为提高建筑施工特种作业人员的素质，防止和减少建筑施工生产安全事故，通过安全技术理论知识和安全操作技能考核，确保取得《建筑施工特种作业操作资格证书》人员具备独立从事相应特种作业工作能力。

二、考核机关

省、自治区、直辖市人民政府建设主管部门或其委托的考核机构负责本行政区域内建筑施工特种作业人员的考核工作。

三、考核对象

在房屋建筑和市政工程（以下简称“建筑工程”）施工现场从事建筑电工、建筑架子工、建筑起重信号司索工、建筑起重机械司机、建筑起重机械安装拆卸工、高处作业吊篮安装拆卸工以及经省级以上人民政府建设主管部门认定的其他特种作业的人员。

《建筑施工特种作业操作范围》见附件一。

四、考核条件

参加考核人员应当具备下列条件：

（一）年满18周岁且符合相应特种作业规定的年龄要求；

（二）近三个月内经二级乙等以上医院体检合格且无妨碍从事相应特种作业的疾病和生理缺陷；

（三）初中及以上学历；

（四）符合相应特种作业规定的其他条件。

五、考核内容

建筑施工特种作业人员考核内容应当包括安全技术理论和安全操作技能。《建筑施工特种作业人员安全技术考核大纲（试行）》见附件二。

考核内容分掌握、熟悉、了解三类。其中掌握即要求能运用相关特种作业知识解决实际问题，熟悉即要求能较深理解相关特种作业安全技术知识，了解即要求具有相关特种作业的基本知识。

六、考核办法

（一）安全技术理论考核，采用闭卷笔试方式。考核时间为2小时，实行百分制，60分为合格。其中，安全生产基本知识占25%、专业基础知识占25%、专业技术理论占50%。

（二）安全操作技能考核，采用实际操作（或模拟操作）、口试等方式。考核实行百分制，70分为合格。《建筑施工特种作业人员安全操作技能考核标准（试行）》见附件三。

（三）安全技术理论考核不合格的，不得参加安全操作技能考核。安全技术理论考试和实际操作技能考核均合格的，为考核合格。

七、其他事项

（一）考核发证机关应当建立健全建筑施工特种作业人员考核、发证及档案管理计算机信息系统，加强考核场地和考核人员队伍建设，注重实际操作考核质量。

（二）首次取得《建筑施工特种作业操作资格证书》的人员实习操作不得少于3个月。实习操作期间，用人单位应当指定专人指导和监督作业。指导人员应当从取得相应特种作业资格证书并从事相关工作3年以上、无不良记录的熟练工中选择。实习操作期满，经用人单位考核合格，方可独立作业。

附件一　建筑施工特种作业操作范围

附件二　建筑施工特种作业人员安全技术考核大纲（试行）

附件三　建筑施工特种作业人员安全操作技能考核标准（试行）

附件一　建筑施工特种作业操作范围

一、建筑电工：在建筑工程施工现场从事临时用电作业；

二、建筑架子工（普通脚手架）：在建筑工程施工现场从事落地式脚手架、悬挑式脚手架、模板支架、外电防护架、卸料平台、洞口临边防护等登高架设、维护、拆除作业；

三、建筑架子工（附着升降脚手架）：在建筑工程施工现场从事附着式升降脚手架的安装、升降、维护和拆卸作业；

四、建筑起重司索信号工：在建筑工程施工现场从事对起吊物体进行绑扎、挂钩等司索作业和起重指挥作业；

五、建筑起重机械司机（塔式起重机）：在建筑工程施工现场从事固定式、轨道式和内爬升式塔式起重机的驾驶操作；

六、建筑起重机械司机（施工升降机）：在建筑工程施工现场从事施工升降机的驾驶操作；

七、建筑起重机械司机（物料提升机）：在建筑工程施工现场从事物料提升机的驾驶操作；

八、建筑起重机械安装拆卸工（塔式起重机）：在建筑工程施工现场从事固定式、轨道式和内爬升式塔式起重机的安装、附着、顶升和拆卸作业；

九、建筑起重机械安装拆卸工（施工升降机）：在建筑工程施工现场从事施工升降机的安装和拆卸作业；

十、建筑起重机械安装拆卸工（物料提升机）：在建筑工程施工现场从事物料提升机的安装和拆卸作业；

十一、高处作业吊篮安装拆卸工：在建筑工程施工现场从事高处作业吊篮的安装和拆卸作业。

附件二　建筑施工特种作业人员安全技术考核大纲（试行）

（相关摘录见本书附录 1）

附件三　建筑施工特种作业人员安全操作技能考核标准（试行）

（相关摘录见本书附录 2）

第二章 塔式起重机司机安全生产的权利与义务

塔式起重机司机属于建筑施工特种设备作业的从业人员。我国安全生产法律法规对从业人员在安全生产方面的权利和义务有明确的规定，从业人员通过履行自己的权利和义务，可以合法地维护自己的人身安全，维持安全生产秩序，有效防止各类生产安全方面的事故发生。

第一节　塔式起重机司机安全生产的权利

一、获得劳动保护的权利

从业人员有要求用人单位保障从业人员的劳动安全、防止职业危害的权利。从业人员与用人单位建立劳动关系时，应当要求订立劳动合同，劳动合同应当载明为从业人员提供符合国家法律法规、标准规定的劳动安全卫生条件和必要的劳动防护用品；工作场所存在的职业危险因素以及有效的防护措施；对从事有毒有害作业的从业人员定期进行健康检查；依法为从业人员办理工伤保险等。

二、知情权

从业人员有权了解作业场所和工作岗位存在的危险因素、危害后果，以及针对危险因素应采取的防范措施和事故应急措施，用人单位必须向从业人员如实告知，不得隐瞒和欺骗，如果用人单位没有如实告知，从业人员有权拒绝工作，用人单位不得因此做出对从业人员不利的处分。

三、民主管理、民主监督的权利

从业人员有权参加本单位安全生产工作的民主管理和民主监督，对本单位的安全生产工作提出意见和建议，用人单位应重视和尊重从业人员的意见和建议，并及时做出答复。

四、参加安全生产教育培训的权利

从业人员享有参加安全生产教育培训的权利。用人单位应依法对从业人员进行安全生产法律法规、规程及相关标准的教育培训，使从业人员掌握从事岗位工作所必须具备的安全生产知识和技能。用人单位没有依法对从业人员进行安全生产教育培训的，从业人员可以拒绝上岗作业。

五、获得职业健康防治的权利

对于从事接触职业危害因素，可能导致职业病的从业人员有权获得职业健康检查并了解检查后果。被诊断为患有职业病的从业人员有依法享受国家规定的职业病待遇，接受治疗、康复和定期检查的权利。

六、合法拒绝权

违章指挥是指用人单位的有关管理人员违反安全生产的法律法规和有关安全规程、规章制度的规定，明知开始或继续作业可能会有重大危险，仍然强迫从业人员进行作业的行为。违章指挥、强令冒险作业违背了安全生产方针，侵犯了从业人员的合法权益，从业人员有权拒绝。用人单位不得因从业人员拒绝违章作业和强令冒险作业而对其打击报复，降低其工资、福利等待遇或解除与其订立的劳动合同。

七、紧急避险权

从业人员发现直接危及人身安全的紧急情况时，有权停止作业，或者采取可能的应急措施后，撤离作业场所。用人单位不得因从业人员紧急情况下停止作业或者采取紧急撤离措施而降低其工资、福利待遇或者解除与其订立的劳动合同。但从业人员在行使这一权利时要慎重，要尽可能正确判断险情危及人身安全的程度。

八、工伤保险和民事索赔权

用人单位应当依法为从业人员办理工伤保险，为从业人员缴纳工伤保险费。从业人员因安全生产事故受到伤害，除依法应当享受工伤保险外，还有权向用人单位要求民事赔偿。工伤保险和民事赔偿不能互相取代。

九、提请劳动争议处理的权利

当从业人员的劳动保护权益受到伤害，或者与用人单位因劳动保护问题发生纠纷时，有向有关部门提请劳动争议处理的权利。

十、批评、检举和控告权

从业人员有权对本单位安全生产工作中存在的问题提出批评，有权将违反安全生产法律法规的行为，向主管部门和司法机关进行检举和控告。检举可以署名，也可以不署名；可以用书面形式，也可以用口头形式。但是，用人单位不得因从业人员行使上述权利而对其进行打击报复，包括不得因此降低其工资、福利待遇或者解除与其订立的劳动合同。

第二节　塔式起重机司机安全生产的义务

一、遵守安全生产规章制度和操作规程的义务

从业人员不仅要严格遵守安全生产法律法规，还应当遵守用人单位的安全生产规章制度和操作规程，这是从业人员在安全生产方面的一项法定义务。从业人员必须增强法纪观念，自觉遵章守纪，从维护国家利益、集体利益以及自身利益出发，把遵章守纪、按章操作落实到具体工作中。

二、服从管理的义务

用人单位的安全生产管理人员一般具有较全面的安全生产知识和较丰富的经验，从业人员服从管理，可以保持生产经营活动的良好秩序，有效地避免、减少生产安全事故的发生，因此，从业人员应当服从管理，这是从业人员在安全生产方面的一项法定义务。

三、正确佩戴和使用劳动防护用品的义务

从业人员在作业过程中，应当正确佩戴和使用劳动防护用品，严禁在作业过程中放弃使用劳动防护用品或者不正确佩戴、不正确使用劳动防护用品。劳动防护用品是为了保证劳动者的人身不受职业有害因素的损伤而配备的用品。正确佩戴和使用劳动防护用品可以避免和减轻职业危害的发生，从业人员应遵守此项法定义务。

四、接受安全教育，掌握安全生产技能的义务

从业人员应接受安全生产教育和培训，掌握本职工作所需的安全生产知识，提高安全生产技能，增强事故预防和应急处理能力。这项义务的履行，能够提高从业人员的安全意识和安全技能，进而提高生产经营活动的安全可靠性。

五、危险报告义务

从业人员发现事故隐患或者其他不安全因素时，应当立即向现场安全生产管理人员或者本单位负责人报告。从业人员是进行生产经营活动的主体，往往是发现事故隐患和不安全因素的第一当事人，及时报告方能及时处理，从而避免和减少生产安全事故的发生。

第三章　安全防护知识

第一节　高处作业安全知识

一、高处作业的基本定义

（1）高处作业：在距坠落高度基准面 2 m 或 2 m 以上有可能坠落的高处进行的作业均称为高处作业。

（2）坠落高度基准面：通过可能坠落范围内最低处的水平面，称为坠落高度基准面。

（3）最低坠落着落点：在作业位置可能坠落到的最低点，称为该作业的最低坠落着落点。

（4）高处作业高度：作业区各作业位置至相应坠落高度基准面的垂直距离中的最大者，称为该作业的高处作业高度。

二、高处作业的级别

1. 高处作业以高度分级

一方面，从力学观点分析，人体在高处坠落运动过程中，始终受到高度的最大影响，其落地时的初速度随着坠落高度的增加而增大，这说明高度是危险性的一个重要指标；另一方面，在其他条件相同的情况下，高度不同，坠落者的危害程度也不同，可给予事故调查分析以直接的结论。

2. 高处作业的级别

（1）一级高处作业，指作业高度为 2 m 至 5 m 时。

（2）二级高处作业，指作业高度为 5 m 以上至 15 m 时。

（3）三级高处作业，指作业高度为 15 m 以上至 30 m 时。

（4）特级高处作业，指作业高度为 30 m 以上时。

3. 高处作业的种类

高处作业分为一般高处作业和特殊高处作业两种，特殊高处作业包括以下几个类别。

（1）在阵风风力为 6 级（风速 10.8 m/s）以上的情况下进行的作业，称为强风高处作业。

（2）在高温或低温环境下进行的高处作业，称为异温高处作业。

（3）降雪时进行的高处作业，称为雪天高处作业。

（4）降雨时进行的高处作业，称为雨天高处作业。

（5）室外完全采用人工照明时进行的高处作业，称为夜间高处作业。

（6）在接近或接触带电体条件下进行的高处作业，统称为带电高处作业。

（7）在无立足点或无牢靠立足点的条件下进行的高处作业，称为悬空高处作业。

（8）对突然发生的各种灾害事故进行抢救的高处作业，称为抢救高处作业。

4. 高度 H 与可能坠落半径 R

可能坠落范围半径 R 随高度 H 不同而不同：

（1）当高度 H 为 2 m 至 5 m 时，半径 R 为 3 m，一级高处作业。

（2）当高度 H 为 5 m 以上至 15 m 时，半径 R 为 4 m，二级高处作业。

（3）当高度 H 为 15 m 以上至 30 m 时，半径 R 为 5 m，三级高处作业。

（4）当高度 H 为 30 m 以上时，半径 R 为 6 m，特级高处作业。

高度 H 为作业位置至其底部的垂直距离。

三、高处作业标记

高处作业的分级，以级别、类别和种类标记，一般高处作业标记时，写明级别和种类；特殊高处作业标记时，写明级别和种类，种类可省略不写。

例：三级，一般高处作业，即作业高度为 15 m 以上至 30 m 的作业。一级，强风高处作业，即阵风在 6 级以上时作业高度为 2 m 至 5 m 的作业。二级，异温、悬空高处作业，即在高温或低温环境下，作业高度为 5 m 以上至 15 m。特级，雪天高处作业，即雪天，作业高度为 30 m 以上的作业。

1. 高处作业安全规程

高处作业的地面应划出禁区，加设围栏（墙），并在作业区不同的位置悬挂相关警示标志。

（1）禁区围栏（墙）与作业位置外侧间距为：

一级高处作业 2 m 至 4 m。

二级高处作业 3 m 至 6 m。

三级高处作业 4 m 至 8 m。

四级高处作业 5 m 至 10 m。

任何人不准在禁区内休息或工作。

（2）根据高处作业的分级，应在作业区醒目处悬挂标记，写明级别种类和技术安全措施。在作业区入口处悬挂有关标志牌，或危险信号旗，提醒作业人员和其他有关人员注意安全。

（3）凡患有癫痫病、精神病、高血压、贫血病、动脉硬化、器质性心脏病和其他不适于高处作业者，禁止上岗作业。

2. 作业前必须注意的问题

（1）作业负责人（含班组长）要对全体作业人员进行安全教育，检查各种工具和防护用具、机电和其他设施是否可靠，发现问题立即调整、更换、停用，直至确认安全可靠，才能开始作业。

（2）作业人员必须做好上岗前的一切准备，检查所用的工具、设施、安全用具等，按规定穿戴好防护用品，系住安全带，戴上安全帽，不准穿易滑鞋和硬底鞋，裤脚要扎住。

（3）进行特殊高处作业，必须有保证安全的具体实施方案，明确各级、各岗位责任人和专职监护人。禁止在露天进行强风（6级以上大风）特殊高处作业。

（4）夜间作业必须设置足够的照明设施。

（5）建筑施工靠近低压电源线路时，作业区距离低压电线至少2 m，在2 m以内时，应采取绝缘防护措施。距离10 kV线路不得少于6 m安全距离，否则，应采取绝缘屏护及防止误触电事故的措施。禁止在高压线附近作业。

（6）高处作业人员上下时，不得乘坐货梯和非载人的吊笼，必须从指定的路线上下。不准在高处投掷任何物件。不准将易滚和易滑的物件堆放在脚手架上，工具、材料要摆放平稳、牢固，工作完毕应及时将工具、零星材料、零部件等一切易坠落物件清理干净。

（7）严禁上下同时垂直作业，若特殊情况必须垂直作业，应经有关领导批准，并在上下两层间设专用的防护棚或者其他隔离设施。

（8）需要在轻型屋面工作时，必须采取安全行走的技术措施，如铺设木板、跳板并加护绳等，在屋面下部增加安全网，不准在没有安全技术措施的情况下冒险踩踏。

（9）无论任何情况，都不得在墙顶上工作或通行，严禁坐在高处的无遮拦处休息。

（10）脚手架不准超负荷使用（每平方米不能超过270 kg），禁止多人集中在一块脚手板上作业。超过3 m长的铺板不能同时站两人工作。

（11）进行高处焊接、氧割作业时，必须事先清除火星飞溅范围的易燃易爆品，若在锅炉、压力容器、金属构件等处作业高度大于等于2 m时，必须搭设活动梯台、平台及防护拦网，禁止在无防护技术措施情况下登高作业。

（12）高处的交通运输道应随时清扫，不得有泥沙、冰雪，要采取有效防滑措施，并经工程负责人会同安全员检查同意后方可开工。

（13）使用的各种梯子必须有防滑装置，梯顶无搭钩、梯脚不能稳固时必须有人扶梯，人字梯拉绳必须牢固可靠。

第二节　劳动安全防护用品

一、安全帽

（1）安全帽质量必须符合要求，帽壳保持清洁。不准使用缺衬、缺带及破损的安全帽。正确使用安全帽并扣好帽带，不准把安全帽抛、扔或坐、垫。

（2）所有人进入施工现场进行起重机的操作、检修、维护都必须佩戴安全帽，防止零散部件或工具掉落而砸伤头部。

（3）安全帽的佩戴识别提倡参照以下标准进行：

1）颜色分为红色、白色、黄色、蓝色 4 种。

红色：来访嘉宾和安全员；白色：项目管理人员、分包管理人员；黄色：施工人员；蓝色：特种作业人员。

2）前端贴企业标志，两侧注明编号。

二、安全带

（1）安全带应符合要求。

（2）施工现场安全带分为速差式安全带和背带式双大钩安全带。图 3-1 所示为几种不同类型的安全带及其佩戴方法。

（3）每日作业前对安全带进行检查，不应有打结、私自接长等情况，达到报废标准时应及时报废。

（4）作业人员高处、临边作业应正确佩戴安全带，安全带使用应遵从“高挂低用”的原则，保证双大钩至少有一根挂靠在安全绳或其他牢固物件上。

（5）安全带应存放在干燥、通风的地方，避免高温、强酸碱环境。

图 3-1　几种安全带及其佩戴方法

三、劳保鞋

劳保鞋分为防砸、防刺穿、防滑及电绝缘等类型，质量必须符合国家规范要求。

（1）进入施工现场的人员应穿戴具有防刺穿功能的劳保鞋，冬季施工配备具有防滑功能的劳保鞋，高处作业人员穿戴防滑软底鞋，安装工穿戴同时具备防刺、防砸功能的劳保鞋，电工、焊工等可能接触电气设备的人员应穿戴同时具备防刺、电绝缘的劳保鞋。

（2）劳保鞋应放在干燥通风的位置，避免强酸碱及高温环境。

第三节　安全标志与安全色的基本知识

一、安全色

1. 红色

红色表示禁止、停止、危险以及消防设备的意思。凡是禁止、停止、消防和有危险的器件或环境均应涂以红色的标记作为警示的信号。如信号灯、紧急按钮均用红色，分别表示“禁止通行”“禁止触动”等禁止的信息。

2. 黄色

黄色一般用来标志注意、警告、危险。如“当心触电”“注意安全”等。

3. 蓝色

蓝色表示指令，要求人们必须遵守的规定。如“必须戴安全帽”“必须验电”。

4. 绿色

绿色表示给人们提供允许、安全的信息。如“在此工作”“在此攀登”等。

5. 黑色

黑色表示用来标注文字、符号和警示标志的图形等。

6. 白色

白色表示用于安全标志红色、蓝色、绿色的背景色，也可用于安全标志的文字和图形符号。

7. 黄色与黑色间隔条纹

黄色与黑色间隔条纹表示用来标志警告、危险。如各种机械在工作或移动时容易碰撞的部位，如移动式起重机的外伸腿、起重机的吊钩滑轮侧板、起重臂的顶端、四轮配重；平顶拖车的排障器及侧面栏杆；门式起重和门架下端。

8. 红色与白色间隔条纹

红色与白色间隔条纹表示用来标志禁止通过、禁止穿越等。

在使用安全色时，为了提高安全色的辨认率，使其更明显醒目，常采用其他颜色作为背景，即对比色。红色、蓝色、绿色的对比色为白色，黄色的对比色为黑色，黑色与白色互为对比色。

二、安全标志

1. 禁止标志

禁止标志为圆形，背景为白色，红色圆边，中间为一红色斜杠，图像用黑色。一般常用的有“禁止烟火”“禁止启动”等。

2. 警告类标志

警告类标志为等边三角形，背景为黄色，边和图案都用黑色。一般常用的有“当心触电”“注意安全”等。

3. 指令类标志

指令类标志为圆形，背景为蓝色，图案及文字用白色。一般常用的有“必须戴安全帽”“必须戴护目镜”。

4. 提示类标志

提示类标志为矩形，背景为绿色，图案及文字用白色。

安全标志应安装在光线充足明显之处；高度应略高于人的视线，使人容易发现；一般不应安装于门窗及可移动的部位，也不宜安装在其他物体容易触及的部位；安全标志不宜在大面积或同一场所使用过多，通常应在白色光源的条件下使用，光线不足的地方应增设照明。安全标志一般用钢板、塑料等材料制成，同时也不应有反光现象。

第四节　消防安全知识

一、防火安全常识

1. 燃烧的基本知识

燃烧，俗称“起火”“着火”，是一种发光、发热的化学反应，它需具备以下 3 个条件：

（1）要有可燃物。凡是能与空气中的氧或其他氧化剂起化学反应的物质称为可燃物。可燃物按其物理状态分为气体、液体和固体。

1）液体有煤气、甲烷、汽油、柴油、煤油、酒精等。

2）可燃固体有木材、纸张等。

（2）要有助燃物。助燃物主要为氧气或空气，因为空气中含有 21%的氧，其他助燃物有各类氧化剂，如过氧化物、硝酸及其盐类。

（3）要有着火源。着火源主要是热能，常见的有以下几种：

1）明火。如打火机火、蜡烛火、火柴火等。

2）高温物体。如白炽灯泡、汽车排气等。

3）电热能。如电阻发热、电流发热、电火花等。

在某些情况下，虽然具备了燃烧的 3 个必要条件，但由于可燃物质的数量不够，氧气不足或者火源的热量不够，燃烧也不能发生。因此，燃烧要具备以下的充分条件：

1）一定浓度。可燃物主要指可燃气体、可燃液体蒸气。

2）一定的含氧量。

3）一定的着火能量。

2. 灭火的基本方法

（1）冷却法：就是降低燃烧物质的温度使火熄灭。如可用水直接喷洒在燃烧物上，吸收能量，使温度降低到燃点以下，就可以使火焰熄灭。对忌水的物品，如油类着火，则不可以用水灭火。

（2）窒息法：就是阻止空气流入燃烧区，断绝氧气对燃烧物的助燃，最后使火焰窒息。使用泡沫灭火器、二氧化碳灭火器灭火，都有窒息作用。

（3）隔离法：就是要断绝可燃物。

1）将燃烧点附近的可燃物移到远离火的地方，防止火势蔓延。

2）切断流向燃点的可燃液体，如关闭煤气管阀门等。

（4）抑制法：用有抑制作用的灭火剂射到燃烧物上，使燃烧停止。如使用干粉、1211 灭火器等。

二、发生火灾怎么办

1. 及时、准确地报警

当发生火灾时，应视火势情况，在向周围人员报警的同时向消防队报警，同时还要向单位领导和有关部门报告。

（1）向周围人员报警。应尽量使周围人员明白什么地方着火和什么东西着火，是通知人们前来灭火，还是告诉人们紧急疏散。向灭火人员指明火点的位置；向疏散的人员指示疏散的通道和方向。

（2）向消防队报警。直接拨打“119”火警电话，拨通电话后，应沉着、冷静，要讲明发生火灾的单位、地点、靠近何处，什么东西着火、火势大小，是否有人被围困，有无爆炸危险物品、放射性物质等情况。还要讲清报警人姓名、单位和联系电话号码，并注意倾听消防队的询问，准确、简洁地给予回答。报警后应立即派人到单位门口或交叉路口迎接消防车，并带领消防队迅速到火场。如消防队未到前，火势扑灭，应及时向消防队说明火已扑灭。

2. 扑灭初起之火

火灾的发展为初起、发展、猛烈、下降和熄灭 5 个阶段。火灾初起阶段，燃烧面积不大，火焰不高，辐射热不强，火势发展比较缓慢，如发现及时，方法得当，用较少的人力和简单的灭火器材就能很快地把火扑灭，这个阶段是扑灭火灾的最佳时机。在报警的同时，要分秒必争，抓紧时间，力争把火灾消灭在初起阶段。

3. 火灾中自救

火灾中的人员伤亡，多发生在楼上或因逃生困难或因烟气窒息或被迫跳楼或被烈火焚燃。发生火灾时，应采用如下方法进行自救：

（1）如果楼梯已经着火，但火势尚不猛烈时，可用湿棉被、毯子裹在身上，从火中冲过去。

（2）如果火势很大，则应寻找其他途径逃生，如利用阳台滑向下一层，越向邻近房间，从屋顶逃生或顺着水管等设施落向地面。

（3）如果火势阻断逃生之路，而所有房间离燃烧点还有一段距离，则可退居室内，关闭通往火区的所有门窗，有条件时还可向门窗洒水，或用碎布等塞住门缝，以延缓火势蔓延，等待救援。

（4）要设法发出求救信号，可向外打手势（夜间用手电）并抛出小的、软的物件，避免叫喊时救援人员听不见。

（5）如果火势逼近，又无其他逃生之路时，也不要仓促跳楼，可在窗上系上绳子，也可临时撕扯床单等连接起来，顺着绳子下滑。

4. 火灾中的疏散

疏散是将受火灾威胁的人和物资疏散到安全地点，这是减少人员伤亡和物资损失的重要措施。疏散时应注意以下几点：

（1）疏散人员要优先疏散老人、小孩和行走不便的病、残人员。

（2）疏散物资要优先疏散那些性质重要、价值大的原料、产品、设备、档案、资料等。

（3）对有爆炸危险的物品、设备也应优先疏散或采取安全措施。

（4）在燃烧区和其他建筑物之间堆放的可燃物，也必须优先疏散，因为它们可能成为火势蔓延的媒介。

三、灭火器的种类

灭火器的种类很多，按其移动方式可分为：手提式和推车式；按驱动灭火剂的动力来源可分为：储气瓶式、储压式、化学反应式；按所充装的灭火剂则又可分：泡沫、干粉、卤代烷、二氧化碳、清水等。

四、不同种类灭火器的使用方法

1. 干粉灭火器的使用方法

碳酸氢钠干粉灭火器适用于易燃、可燃液体、气体及带电设备的初起火灾；磷酸铵盐粉灭火器除可用于上述几类火灾外，还可扑救固体类物质的初起火灾。但都不能扑救金属燃烧火灾。

（1）手提式干粉灭火器。

灭火时，可手提或肩扛灭火器快速奔赴火场，在距燃烧处 5 m 左右，放下灭火器。如在室外，应选择在上风方向喷射。使用的干粉灭火器若是外挂式储压式的，操作者应用一只手紧握喷枪、另一只手提起储气瓶上的开启提环。如果储气瓶的开启是手轮式的，则向逆时针方向旋开，并旋到最高位置，随即提起灭火器。当干粉喷出后，迅速对准火焰的根部扫射。使用的干粉灭火器若是内置式储气瓶的或者是储压式储气瓶的，操作者应先将开启把上的保险销拔下，然后握住喷射软管前端的喷嘴，另一只手将开启压把压下，打开灭火器进行灭火。有喷射软管的灭火器或储压式灭火器在使用时，一只手应始终压下压把，不能放开，否则会中断喷射。

使用干粉灭火器扑救可燃、易燃液体火灾时，应对准火焰腰部扫射。如果被扑救的液体火灾呈流淌燃烧时，应对准火焰根部由近而远，并左右扫射，直至把火焰全部扑灭。如果可燃液体在容器内燃烧，使用者应对准火焰根部左右晃动扫射，使喷射出的干粉流覆盖整个容器开口表面；当火焰被赶出容器时，使用者仍应继续喷射，直至将火焰全部扑灭。在扑救容器内可烧液体火灾时，应注意不能将喷嘴直接对准液面喷射，防止喷流的冲击力使可烧液体溅出而扩大火势，造成灭火困难。如果当可烧液体在金属容器中燃烧时间过长，容器的壁温已高于扑救可燃液体的自燃点，此时极易造成灭火后复燃的现象，若与泡沫类灭火器联用，则灭火效果更佳。

使用磷酸铵盐干粉灭火器扑救固体可燃物火灾时，应对准燃烧最猛烈处喷射，并上下、左右扫射。如条件许可，使用者可以提着灭火器沿着燃烧物的四周边走边喷，使干粉灭火剂均匀地喷在燃烧物的表面，直至将火焰全部扑灭。

（2）推车式干粉灭火器。

推车式干粉灭火器的使用方法与手提式干粉灭火器的使用方法相同。

2. 泡沫灭火器的使用方法

（1）手提式化学泡沫灭火器。

泡沫灭火器适用于扑救一般 B 类火灾（注：B 类火灾指液体或可熔化的固体物质火灾，如煤油、柴油、原油、甲醇、乙醇、沥青、石蜡等火灾），也可适用于 A 类火灾（注：A 类火灾指固体物质火灾。这种物质通常具有有机物质性质，一般在燃烧时能产生灼热的余烬。如木材、干草、煤炭、棉、毛、麻、纸张、塑料等火灾），但不能扑救 B 类火灾中的水溶性可燃、易燃液体的火灾，如醇、酯、醚、酮等物质火灾；也不能扑救带电设备及 C 类（注：C 类火灾指气体火灾，如煤气、天然气、甲烷、乙烷、丙烷、氢气等火灾）和 D 类火灾（注：D 类火灾指金属火灾，如钾、钠、镁、钛、锆、锂、铝镁合金等火灾）。

使用时可手提筒体上部的提环，迅速奔赴火场。这时应注意不得使灭火器过分倾斜，更不可横拿或颠倒，以免两种药剂混合而提前喷出。当距离着火点 10 m 左右，即可将筒体颠倒过来，一只手紧握提环，另一只手扶住筒体的底圈，将射流对准燃烧物。在扑救可燃液体火灾时，如已呈流淌状燃烧，则将泡沫射向容器的内壁，使泡沫完全覆盖在燃烧液面上；如在容器内燃烧，应将泡沫射向容器的内壁，使泡沫沿内壁流淌，逐步覆盖着火液面。切忌直接对准液面喷射，以免由于射流的冲击，反而将燃烧的液体冲散或冲出容器，扩大燃烧范围。在扑救固体物质火灾时，应将射流对准燃烧最猛烈处。灭火时随着有效喷射距离的缩短，使用者应逐渐向燃烧靠近，并始终将泡沫喷在燃烧物上，直到扑灭。使用时，灭火器应始终保持倒置状态，否则会中断喷射。手提式化学泡沫灭火器存放应选择干燥、阴凉、通风并取用方便之处，不可靠近高温或可能受到暴晒的地方，以防止碳酸分解而失效；冬季要采取防冻措施，以防止冻结；并应经常擦除灰尘、疏通喷嘴，使之保持通畅。

（2）推车式化学泡沫灭火器。

推车式化学泡沫灭火器的使用方法和手提式化学泡沫灭火器相同。使用时，一般由两人操作，先将灭火器迅速推拉到火场，在距离着火点 10 m 左右处停下，一个人施放喷射软管后，双手紧握喷枪并对准燃烧处；另一个人则先逆时针方向转动手轮，将螺杆升到最高位置，使瓶盖开足，然后将筒体向后倾倒，使拉杆触地，并将阀门手柄旋转 90°，即可喷射泡沫进行灭火。如阀门装在喷枪处，则由负责操作喷枪者打开阀门。

灭火注意事项与手提式化学泡沫灭火器基本相同，可以参照。由于该种灭火器的喷射距离远，连续喷射时间长，因而可充分发挥其优势，用来扑救较大面积的储槽油罐车等处的初起火灾。

（3）空气泡沫灭火器。

空气泡沫灭火器的适用范围基本上与化学泡沫灭火器相同。但空气泡沫还能扑救水溶性易燃、可燃液体的火灾如醇、醚、酮等溶剂燃烧的初起火灾。

使用时可手提或肩扛空气泡沫灭火器迅速奔到火场，在距燃烧物 6 m 左右，拔出保险销，一只手握住开启压把，另一只手紧握喷枪，用力捏紧开启压把，打开密封或刺穿储气瓶密封片，空气泡沫即可从喷枪喷出。灭火方法与手提式化学泡沫灭火器相同。但空气泡沫灭火器使用时，应使灭火器始终保持直立状态，切勿颠倒或横卧使用，否则会中断喷射。同时应一直紧握开启压把，不能松手，否则也会中断喷射。

3. 二氧化碳灭火器的使用方法

（1）手提式二氧化碳灭火器。

手提式二氧化碳灭火器灭火时只要将灭火器提到或扛到火场，在距燃烧物 5 m 左右，放下灭火器拔出保险销，一只手握住喇叭筒根部的手柄，另一只手紧握启闭阀的压把。对没有喷射软管的二氧化碳灭火器，应把喇叭筒子往上板 70°～90°。使用时，不能直接用手抓住喇叭筒子外壁或金属连线管，防止冻伤。灭火时，当可燃液体呈流淌状燃烧时，使用者应将喇叭筒提起，从容器的一侧上部向燃烧的容器中喷射。但不能将二氧化碳射流直接冲击可燃液面，以防止将可燃液体冲出容器中而扩大火势，造成灭火困难。

（2）推车式二氧化碳灭火器。

推车式二氧化碳灭火器一般由两人操作，使用时两人一起将灭火器推或拉到燃烧处，在离燃烧物 10 m 左右停下，一个人快速取下喇叭筒并展开喷射软管后，握住喇叭筒根部的手柄，另一个人快速按逆时针方向旋动手轮，并开到最大位置。灭火方法与手提式二氧化碳灭火器的灭火方法一样。

使用二氧化碳灭火器时，在室外使用的，应选择在上风方向喷射。在室内窄小空间使用的，灭火器操作者应迅速离开，以防窒息。

第五节　现场急救及现场事故应急知识

一、骨伤人员的救护

（1）不能随便搬动伤者，以免不正确的搬动（或移动）给伤者带来二次伤害。例如，凡是胸、腰椎骨折者，头、颈部外伤者，不能随意搬动，尤其不能屈曲。

（2）在需要搬动时，用硬板固定受伤部位方可搬动。

二、眼部伤害的救护

（1）眼有异物时，千万不要自行用力揉眼睛，应通过清水、泪水、药水来冲洗，仍不能把异物冲掉时，才能扒开眼睑，仔细小心地清除眼内异物，如仍无法清除异物或伤势较重时，应立即到医院治疗。

（2）当化学物质（如砌筑用的石灰膏）进入眼内，立即用大量的清水冲洗，冲洗液可以是凉开水、自来水、河水或井水。此时分秒必争最重要。冲洗时要扒开眼睛，使水能直接冲洗眼睛，要反复冲洗，时间至少在 15 min 以上。在无人协助的情况下，可用一盆清水，双眼浸入水中，用手分开眼睑，做睁眼、闭眼、转动眼球的动作，一般要冲洗 30 min。冲洗完毕后，立即到医院做必要的检查和治疗。

三、心肺复苏术

心肺复苏术是在建筑工地现场对呼吸心跳骤停病人给予呼吸和循环支持所采取的急救，急救措施如下：

（1）畅通气道：托起患者的下颌，使病人的头向后仰，如口中有异物，应先将异物排除。

（2）口对口人工呼吸：捏闭病人的鼻孔，深吸气后先连续快速向病人口内吹气 4 次，继之吹气频率以每分钟 2～16 次。如遇特殊情况（牙关紧闭或外伤），可采用口对鼻人工呼吸。

（3）胸外心脏按压：双手放在病人胸骨的下 1/3 段（剑突上两根指），有节奏地垂直向下按压胸骨下段，成人按压的深度为胸骨下陷 4～5 cm 为宜。一般按压 15 次，吹气 2 次。

（4）胸外心脏按压和口对口吹气需要交替进行。最好有两个人同时参加急救，其中一个人按压心脏，另一个人做口对口吹气。

四、外伤止血方法

（1）一般止血法：凡出血较少的伤口，可在清洗伤口后盖上一块消毒纱布，并用绷带或胶布固定即可。

（2）指压止血法：可用干净的布（没有布可以用手）直接按压伤口，直到不出血为止。

（3）加压包扎止血法：用纱布、棉花等垫放在伤口上，用较大的力进行包扎，并尽量抬高受伤部位。加压时力量也不可以过大，或包扎得太紧，如发现肢体有发紫、发黑现象，应适当放松，以免引起受伤部位缺血造成局部坏死。

五、触电事故应急常识

（1）随意碰触电线十分危险，如发生触电，在很短的时间内就造成生命危险。

（2）发现有人触电时，不要直接用手去拖拉触电者，应首先迅速拉电闸断电，现场无电闸时，使用木方等不良导电的材料或用干衣服包严双手，将触电者拖离电源。

（3）根据触电者的状况现场进行人工急救（如心肺复苏），并迅速向工地负责人报告或报警。

六、火灾事故应急常识

（1）最早发现者就立即大声呼救，并根据情况立即采取正确的方法灭火，当判断火势无法控制时，要迅速报警和向有关人员报告。

（2）根据火灾的影响范围，迅速把无关人员疏散到安全区。作业区发生火灾时，可以采用建筑物内楼梯、外脚手架上下梯、离火灾现场较远的外用施工电梯等疏散人员。不得使用离火灾现场较近的外用施工电梯，严禁使用室内电梯疏散人员。

（3）当火势无法控制时，要及时采取隔离火源措施，及时搬出附近的易燃易爆物以及贵重物品，防止火势蔓延到有易燃易爆物品和存放贵重物品的地点。当有可能发生气瓶爆炸或火势已无法控制且危及救火人员生命安全时，迅速将救火人员撤离到安全地方，等待专职消防队救援或采取其他必要措施。

（4）火灾逃生自救知识原则：

简易防护，蒙鼻匍匐；缓降逃生，滑绳自救；避难场所，固守待援；缓晃轻抛，寻求救助；火已及身，且勿惊跑；跳楼有术，虽损求生。

通过浓烟区逃生时，如无防毒面具等护具，可用湿毛巾捂住口鼻，并尽可能贴近地面，以匍匐姿势快速前进，如有条件可向头部、身上浇冷水或用湿毛巾、湿棉被、湿毯子等将头、身裹好再冲出去。

使用干粉灭火器时，应一只手紧握喷火枪，另一只手提起储气瓶上的开启提环，当干粉喷出后，迅速对准火焰的根部扫射。

七、易燃易爆气体泄漏事故应急常识

（1）最早发现者应立即大声呼救，并向有关人员报告或报警。根据情况立即采取正确的方法施救，如尝试采取关闭阀门、堵漏洞等措施截断，控制泄漏，若无法控制，应迅速撤离。

（2）在易燃气体泄漏区内严禁使用手机、电话或者启动电气设备，并禁止一切产生明火或火花的行为。

（3）疏散无关人员迅速远离危险区，治安保卫人员要迅速建立禁区，严禁无关人员进入。同时停止附近的作业。

（4）在没有安全保障措施的情况下，不要盲目行动，应等待公安消防队或其他专业救援队伍处理。

八、中暑应急常识

中暑的急救措施：夏季，在建筑工地上劳动最容易发生中暑，轻者全身疲乏无力，头晕、头痛、烦闷、口渴、恶心、心慌，重者可能突然晕倒或昏迷不醒。

（1）最早发现有人中暑者应立即大声呼救，及时向有关人员报告，并根据情况立即采取正确的方法施救。

（2）对轻症中暑者应立即急救。让病人平躺，并放在阴凉通风处，松解衣扣和腰带，慢慢地给患者喝一些凉开（茶）水、淡盐水或西瓜汁等，可以给病人服用十滴水、仁丹、藿香正气片（水）等消暑药品，重症者要及时送往医院治疗。

九、食物急性中毒的应急常识

在日常生活中要自觉注意防止食物中毒，不能食用变质、变味、发霉的食物，不随便乱吃、乱喝不卫生的食品和饮料。

（1）最早发现有人中毒者应立即大声呼救，及时向有关人员报告，并根据情况立即采取正确的方法施救。

（2）排除未吸收的毒物。对神志清醒者催吐，喝微温水 300～500 mL，用压舌板等刺激咽后壁或舌根部以催吐，如此反复直到吐出物为清亮液体为止。

（3）由于施工工地人员较多，容易造成集体中毒，如发现有工人集体发烧、呕吐、咳嗽等不良症状，应立即采取正确的方法施救。同时迅速向有关部门报告或报警，迅速联系救护单位，及时将中毒人员送医院治疗。

十、安全用电基本知识

建筑起重机械工作条件相对比较恶劣，故使用和保养应注意以下问题：

（1）现场的供电系统应符合《施工现场临时用电安全技术规范（附条文说明）》（JGJ 46—2005）要求。

（2）按规定做好建筑起重机械的重复接地和防雷接地。定期检查架体的防雷接地和电箱的重复接地，确保接地装置有效可靠。

（3）保持开关箱和操作台的清洁，防止因灰尘过多造成电气短路，经常检查电气元件接线桩头压紧螺丝紧度，防止因螺丝松动造成局部发热引起电气火灾。

（4）当低压断路器（空气开关）脱扣（跳闸）或熔断器（保险）熔断，应先查明原因并排除后再将断路器复位或更换新熔断器，更换新熔断器时按原额定电流选用，不得随意增大额定电流规格。

（5）电源电缆应经常检查，如有绝缘破损应及时处理，防止漏电伤人。电源电缆应相对固定，不得任其在空中摆动。固定处必须加垫绝缘材料，不得直接绑扎在建筑起重机械的架体上，避免电缆绝缘皮磨损造成整机带电。

第二篇

专业基础知识

第四章 基础知识

第一节 机械图识图知识

一、投影与视图

1. 投影的原理

在光源的照射下，通过投影线将物体形状反映在平面上，这就是投影的原理。因此，投影要具备 4 个条件，即光源、投射线、物体和投影面。

在生活中，人们经常看到“光线照射物体产生影子”的物理现象（投射成影现象）。例如，将一盏灯挂在桌面的正上方，灯光被桌面遮挡，地面上就会出现一个比桌面大的影子，如图 4-1（a）所示。如果把灯的位置逐渐向上移动，灯离桌面越远，地面上的影子也就越接近实际桌面的大小。可以设想，把灯移到无限远的高度（近似夏天正午的太阳），影子的大小就和桌面的大小相等，如图 4-1（b）所示。

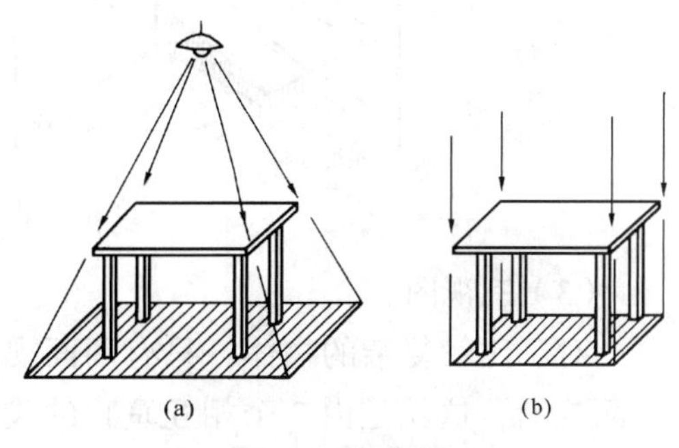

图 4-1 投影图

在制图中，把表示光线的线称为投射线，落影平面称为投影面，产生的影子称为投影图。

2. 投影与视图

（1）正投影。

用一组平行射线，把物体的轮廓、结构、形状投影到与射线垂直的平面上，这种方法就叫作正投影，如图 4-2 所示。

（2）两面视图。

如图 4-3 所示，该物体形状比较简单，但用一面视图不能全部表达它的形状和尺寸，因此，该物体必须用两面视图来表示它的全貌。按注视方向在正面投影所获得的平面图形叫作主视图，在左侧方向投影所获得的平面图叫作左视图。为了将两面视图构成一个平面，按标准规定，正面不动，左侧面转 90°，这样构成了一个完整的两面视图。从两面视图中可以清楚地看出，主视图反映了物体的长度和高度，左视图反映了物体的高度和宽度。

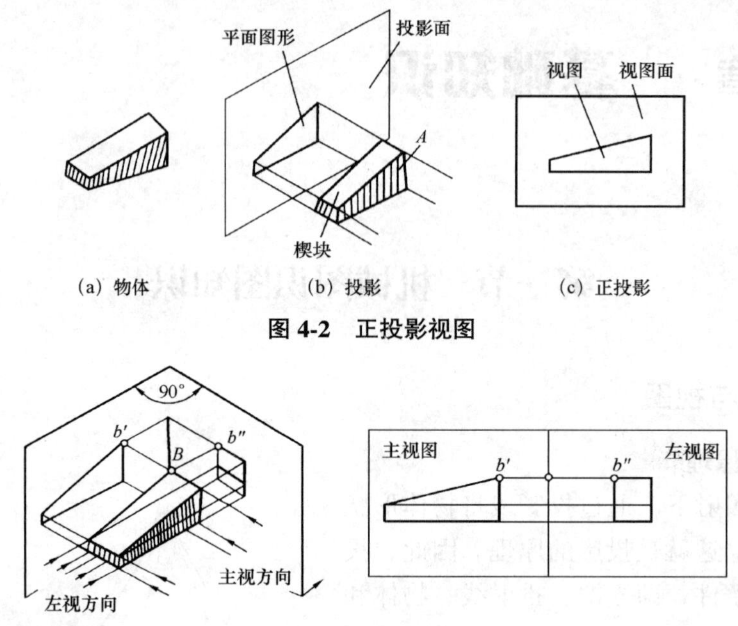

图 4-2　正投影视图

图 4-3　两面视图

（3）三视图。

对于比较复杂的物体，只有两面视图不能全部反映物体的形状和尺寸，还需要增加一面视图，这就是由 3 个相互垂直的投影面构成的投影体系所获得的三面视图，俯视方向在水平投影所获得的平面图形，叫作俯视图，如图 4-4 所示。

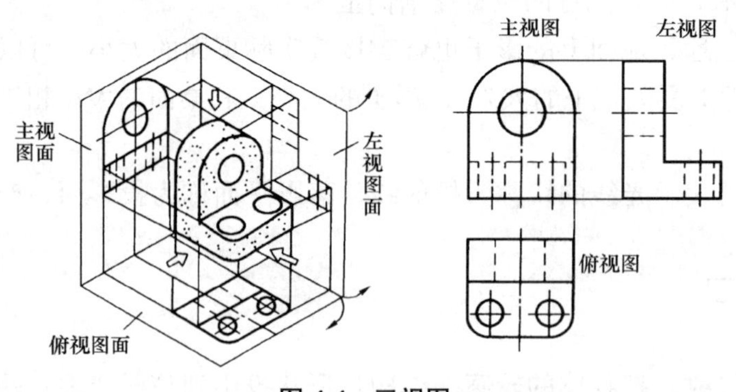

图 4-4　三视图

三视图之间的关系如下。

1）位置关系。以主视图为准，俯视图在主视图下面，左视图在主视图右面。

2）三视图之间的度量对应关系。主视图能反映物体的长度和高度，俯视图能反映物体的长度和宽度，左视图能反映物体的高度和宽度，所以主视图和俯视图长度相等，主视图和左视图高度相等，俯视图和左视图宽度相等。这是三视图度量的“三等”关系。

3）三视图之间的方位对应关系。主视图反映了物体的上、下和左、右方位；俯视图反映了物体的左、右和前、后方位；左视图反映了物体的上、下和前、后方位，俯视图、左视图靠近主视图的为后面，远离主视图的为前面。

（4）多面视图。

一般的物体用三视图即可表明其形状和尺寸，但在实际工作中使用的机械零件的结构是多种多样的，有的用三视图还不能正确、完整、清晰地表达，因此，国家标准中规定了多面视图。多面视图的表示方法如图 4-5 所示，就是用正六面体的 6 个面作为基本投影面，分前、后、左、右、上、下 6 个方向，分别向 6 个基本投影面正投影，从而得到 6 个基本视图。6 个视图之间仍保持着与三视图相同的联系规律，即主、俯、仰、后、“长对正”，主、左、右、后“高平齐”，俯、左、右、仰“宽相等”的规律。

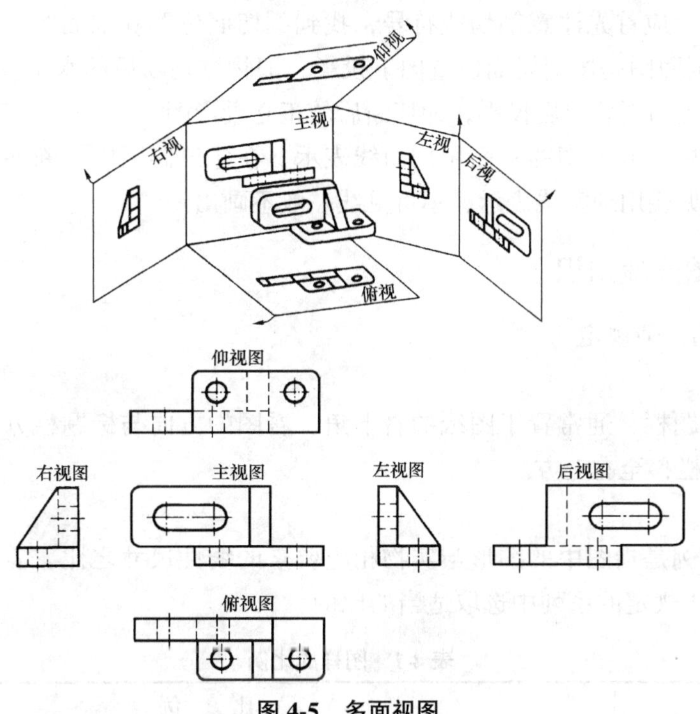

图 4-5　多面视图

3. 剖视图（剖面图）

物体的实际形状，常常是由几个简单的形体组合而成的。在制图中，把可见的部分用实线画出，把物体内部的不可见的部分用虚线画出，如图 4-6（a）所示。当物体的内部结构比较复杂时，在视图中会看到许多虚线，使内外形状重叠，虚线、实线交错，影响视图的清晰，给识图造成一定困难。为此，国家标准中采用了剖面图的方法，来表示物体内部的形状和尺寸。

剖面图，就是用一个假想的平面（剖切面）把物体的一部分切掉，使需要清楚表达的地方露出来。物体被切断的部分称为断面或剖切面，把断面形状以及剩余的部分用正投影的方法画出，所得到的就是剖面图，如图 4-6（b）所示。

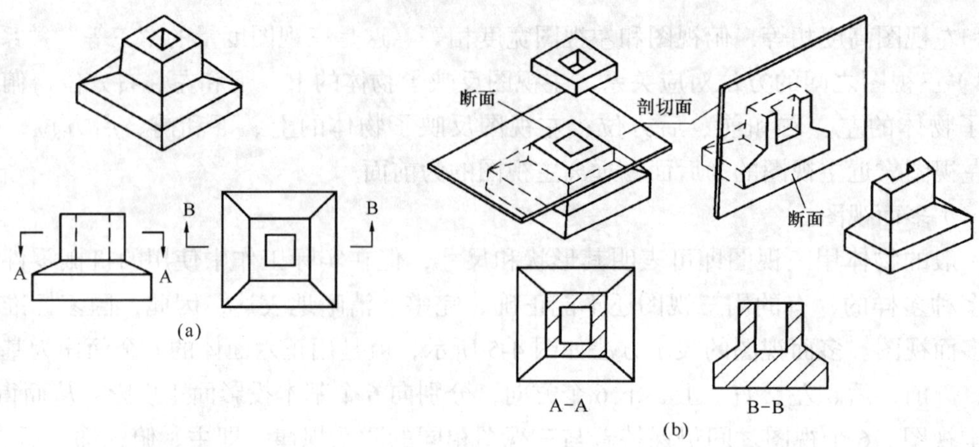

图 4-6　剖面图

看剖面图时，应首先注意剖切线符号，找到剖切面位置和剖面图的投影方向。如图 4-6 所示，A-A 剖面图是按剖切面位置向下投影，即物体切断后的水平投影图，B-B 剖面图是按剖切面位置切断后向后投影，即切断后的正立投影图。

在机械制图中，被剖切的平面用剖面线表示。在建筑制图中，断面的轮廓用粗线表示，未切到的可见线用细实线表示，不可见线一般不画出。

二、机械图一般知识

1. 机械图的一般规定

（1）标题栏。

机械图的标题栏，通常置于图纸的右下角，看图的方向与标题栏方向一致。特殊需要也可以将标题栏移至右上方。

（2）比例。

图样上的比例是指图中的图形与实物相应要素的线性尺寸之比，需要按比例绘制图样时，应在表 4-1 规定的系列中选取适当的比例。

表 4-1　图样的比例

项　目	比　例
原值比例	1 : 1
放大比例	5 : 1　2 : 1　5×10^n : 1　2×10^n : 1　1×10^n : 1
缩小比例	1 : 2　1 : 5　1 : 10
	1 : 2×10^n　1 : 5×10^n　1 : 10×10^n

注：n 为正整数。

（3）图线。

各种图线的名称、形式、图线宽度以及在图上的应用范围见表 4-2。

表 4-2　图线

图线名称	图线形式及代号	图线宽度	一般应用
粗实线		b=0.5～2 mm	可见轮廓线、过渡线
细实线		约 b/3	尺寸线及尺寸界线、剖面线、重合剖面的轮廓线
波浪线		约 b/3	断裂处的边界线、视图和剖视的分界线
双折线		约 b/3	断裂处的边界线
虚线		约 b/3	不可见轮廓线、过渡线
细点划线		约 b/3	轴线、对称中心线、轨迹线
粗点划线		b	有特殊要求的线或表面的表示线
双点划线		约 b/3	相邻辅助零件的轮廓线、极限位置的轮廓线

（4）尺寸标注。

物体无论是组合体还是基本形体，都必须有长、宽、高 3 个方面的尺寸。因此，一般都有 3 个方向的基准。组合体的标注，可分为以下几种。

1）定形尺寸。它确定组合体各基本形状大小和尺寸（mm），如图 4-7 所示。底板尺寸“60×22×6”，以及 2 个孔尺寸“2×ϕ6”，圆筒直径“ϕ22”，孔径“ϕ14”和长度“24”3 个尺寸均为定形尺寸。

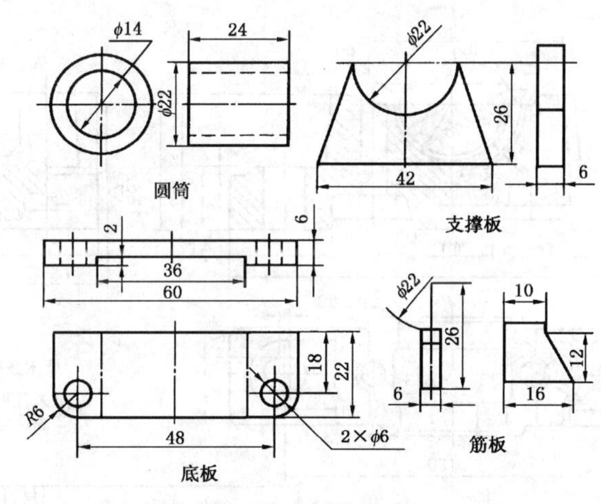

图 4-7　定形尺寸

2）定位尺寸。它是确定形体间相对位置的尺寸（mm），如图 4-8 所示。圆筒与底板相对位置尺寸，由中心和圆筒在支撑板后面的伸出长度以及两个通孔位置等尺寸组成的，如“32×6”“16×48”均为定位尺寸。

3）总体尺寸。它是组合体的高度、全宽、全长的尺寸，图 4-8 中的“48×60×28”为总体尺寸。

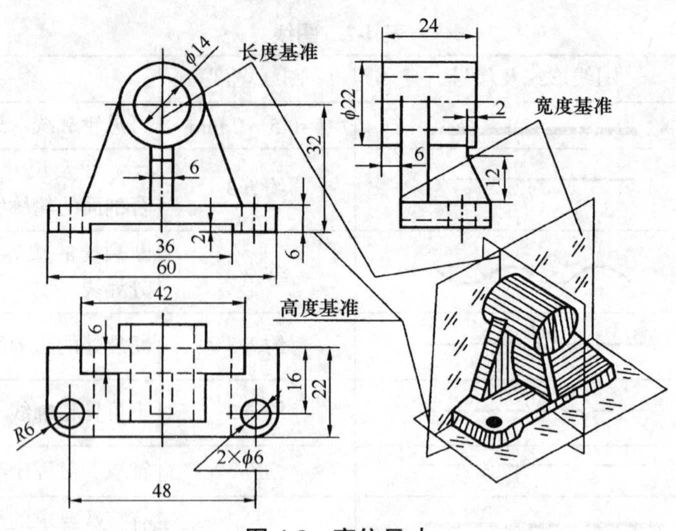

图 4-8 定位尺寸

2. 机械零件图识读

（1）零件图。

零件图是表示零件结构、大小及技术要求的图样，是生产的基本技术文件，直接指导零件制造加工和检验的图样。

1）零件图的内容。一张完整的零件图应包括以下内容：

①一组视图。用以表达出零件内外形状和结构的一组视图（视图、剖视、剖面等），如图 4-9 所示为轴承座零件图。

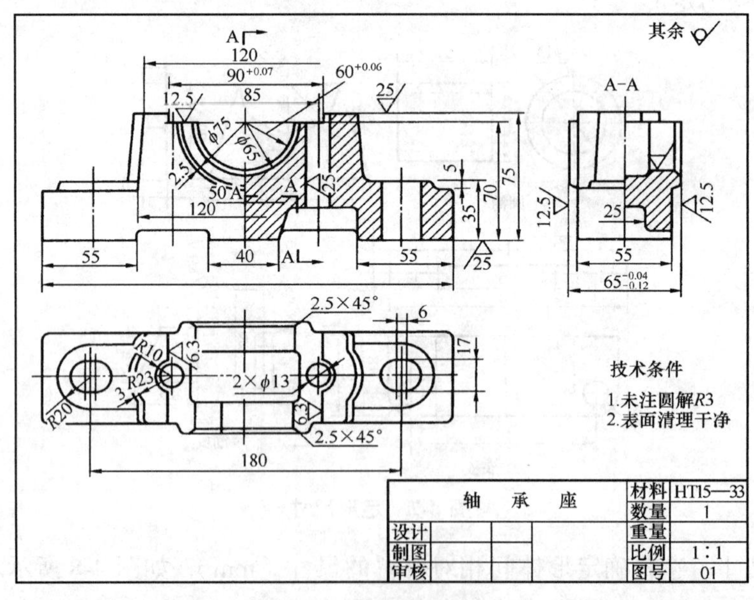

图 4-9 轴承座零件图

②足够和合理的尺寸。用以准确表示零件的大小以及各部结构的相对位置。

③技术要求。用数字、文字或标准代号表示零件在制造加工及检验时应达到的技术

要求，如表面粗糙度、形状和位置公差、镀覆要求、热处理要求等。

④标题栏。说明零件的名称、材料、数量、比例、图号、设计、绘图、审核人员的签名和日期、设计单位等。

2）零件图的识读。识读零件图的方法步骤如下：

①看标题栏。用以了解零件名称、图号、材料及比例等。

②分析视图。要弄清各视图的名称，区分主、俯视图，找出视图之间的对应关系。找到剖视、剖面图的剖切位置及投影方向。对斜剖视及局部剖视，根据标注的名称找到表达部位和投影方向，然后逐一了解各图的表达内容。

③形体分析。利用“三等”对应关系，将整体分解成若干基本几何体，再分析这些形体的变化和细小结构，综合起来搞清楚物体的整体形状。

④分析尺寸。在分析视图的基础上，找出零件长、宽、高 3 个方向的尺寸基准，再从基准出发分析每个尺寸的作用及公差要求。视图的尺寸是从两个方向同时反映同一零件的形状和大小的。视图是定形的，尺寸是定量的，读图时应将它们结合起来分析。

⑤了解技术要求。对于表面粗糙度、尺寸公差、形位公差、表面修饰、热处理等均应弄清其意义和要求。

（2）装配图。

表达整台机器或部件的工作原理、装配关系、连接方式及结构形状的图样称为装配图。装配图是生产中装配、检验、调试和维修的技术依据和准则。

1）装配图的内容：

①一组视图。用必要的基本视图、剖视图和剖面图来表达机器的结构、工作原理、装配关系、连接方式及主要零件的基本形状。

②一组尺寸。根据装配图的功用，标注出与机器性能、装配、调试、安装等有关的尺寸。如表明其特性、规格、外形、配合、安装以及零件、部件之间相对位置的尺寸。

③技术要求。用文字或符号说明装配过程中的注意事项和装配后应满足的要求。

④明细表。明细表是机器或部件的全部零件目录。它在标题栏上方，内容包括序号、代号（图号）、名称、数量、材料、重量和备注。装配图中零件、部件的序号与明细表中同名零件、部件序号一致。

2）装配图的识读：

①熟悉装配图，建立初步印象。首先从标题栏了解机器或部件的名称，然后通过有关技术资料或说明，联系以往的工作实际经验，就可以知道该机器或部件的大致性能、用途和结构特点的基本情况。

②分析视图。根据图样上的视图和标注，搞清各图之间的投影关系以及它们所表示的主要内容。一般主视图多是根据机器设备的工作位置和装配关系最明显的一面选取的，因此在看装配图时都要着重研究主视图。

③分析工作原理和装配关系。深入阅读装配图，搞清部件的支承、调整、润滑、密封等结构形式，弄清零件接触面、配合面的配合性质。此外，还可以从外形尺寸了解机

器或部件体积的大小，从明细表和零件序号中了解其组成。

④综合归纳建立完整的认识。在对机器或部件有一定了解的基础上，明确了零件的装配关系以后，结合安装使用综合全面考虑，进行归纳小结，从而提出装配方案。

第二节　力学基础知识

一、理论力学基础知识

1. 力、力系

（1）力的概念。

力是看不见、摸不着的，它是人们在长期生产实践中，观察物体之间相互作用的表面现象而抽象出来的概念。这里所说的相互作用，仅指物体间的机械作用，这种机械作用的结果，总伴随着物体机械运动状态发生变化（包括变形）的表面现象。由此力的定义为：力是物体间的机械作用，这种作用使物体的机械运动状态发生变化或使物体的形状发生变化。

物体间相互作用的方式，有的是直接接触，例如，机车对车厢的牵引力、物体表面之间的摩擦力等，也有的不是直接接触，例如，地球对物体的吸引力、磁性物体间的引力和斥力等。

实践表明，力对物体的作用效果取决于 3 个要素：力的大小、力的方向和力的作用点。改变任何要素都会改变力对物体的作用效果。

我们用带箭头的直线段表示矢量的 3 个要素，如图 4-10 所示。矢量的长度（AB）按一定比例尺表示力的大小；矢量的方向表示力的方向；矢量的始端（点 A）表示力的作用点。矢量 $\overline{AB}$ 所沿着的直线（图 4-10 上的虚线）表示力的作用线。我们常用黑体字母 $\boldsymbol{F}$ 表示力的矢量，而用普通字母 F 表示力的大小。

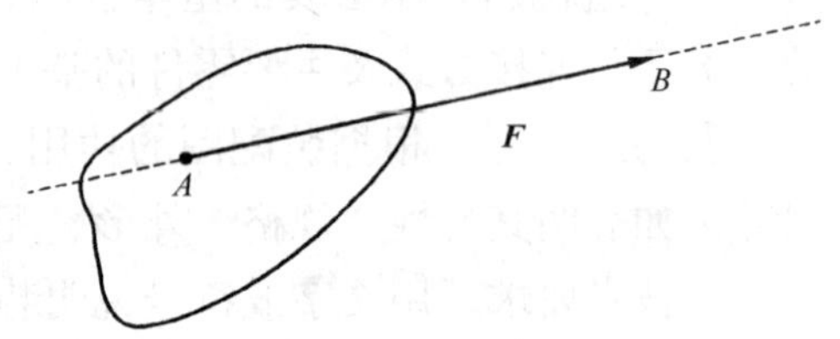

图 4-10　力的矢量表示

为了衡量力的大小，必须确定力的单位。在国际单位制（SI 制）中，以“牛顿”作为力的单位，记作 N。有时也以“千牛顿”作为单位，记作 kN。在工程单位制中，力的常用单位是“公斤力”，记作 kgf；有时也采用“千公斤力”即“吨力”，记作 tf。本书采用国际单位制。牛顿和公斤力的换算关系是

$$1\ \text{kgf} \approx 9.8\ \text{N}$$

力是物体间的相互作用，因此它们必然是成对出现的。一物体以一力作用于另一物体上时，另一物体必以一个大小相等、方向相反且沿同一作用线的力作用在此物体上，即作用力和反作用力大小相等、方向相反，分别作用在两个物体上。

（2）力系。

所谓力系，是指作用于物体的一群力。

按照力系中各力的作用线是否在同一平面内来分，可将力系分为平面力系和空间力系两类；按照力系中各力的作用线是否相交、平行来分，力系可分为平面汇交力系、平面平行力系和平面任意力系三类。

平面汇交力系是指各力的作用线都在同一平面内，并且汇交于一点的力系。

平面平行力系是指各力的作用线在同一平面内，并且互相平行的力系。

平面任意力系是指作用在物体上的力都分布在同一平面内，或近似地分布在同一平面内，但它们的作用线任意分布不交于一点的力系。

2. 约束和约束反力

有些物体，例如，飞行的飞机、炮弹和火箭等，它们在空间的位移不受任何限制。位移不受限制的物体称为自由体。而有些物体，如机车、电机转子、吊车钢索上悬挂的重物等，在空间的位移都受到一定的限制。机车受铁轨的限制，只能沿轨道运动；电机转子受轴承的限制，只能绕轴线转动；重物受钢索的限制，不能下落。位移受到限制的物体称为非自由体。对非自由体的某些位移起限制作用的周围物体称为约束。例如，铁轨对于机车，轴承对于电机转轴，吊车钢索对于重物等，都是约束。

既然约束阻碍着物体的运动，也就是约束能够起到改变物体运动状态的作用，那么约束对物体的作用，实际上就是力，这种力称为约束反力。因此，约束反力的方向与该约束所能阻碍的运动方向相反。应用这个准则，可以确定约束反力的方向或作用线的位置。约束反力的大小总是未知的。在静力学问题中，约束反力和物体受的其他已知力（称为主动力）组成平衡力系，因此可用平衡条件求出约束反力。

下面介绍几种在工程实际中常遇到的简单的约束类型和确定约束反力的方法。

（1）具有光滑接触表面的约束。光滑支承面对物体的约束反力，作用在接触点处，方向沿接触表面的公法线，并指向受力物体。这种约束反力称为法向反力，一般用 N 表示，如图 4-11 所示。

（2）由柔软的绳索构成的约束。如图 4-12 所示，由于柔软的绳索本身只能承受拉力，所以它给物体的约束反力也只能是拉力。因此，绳索对物体的约束反力，作用在接触点，方向沿着绳索背离物体。通常用 T 或 P 表示这类约束反力。

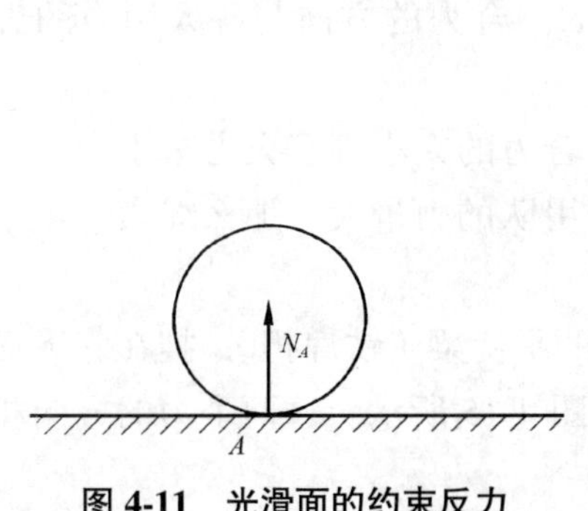

图 4-11 光滑面的约束反力

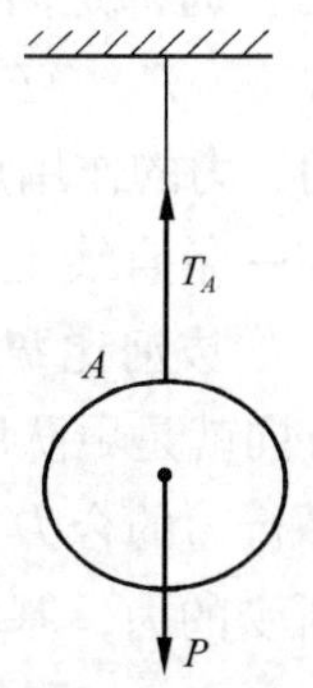

图 4-12 绳索的约束反力

（3）光滑铰链约束。这类约束有向心轴承、圆柱形铰链和固定铰链支座等。图 4-13（a）所示为轴承装置，可画成如图 4-13（b）或图 4-13（c）所示的简图。轴可以在孔内任意转动，也可以沿孔的中心线位移，但是轴承阻碍着轴沿径向向外的位移。设轴和轴承在点 A 接触，且摩擦忽略不计，则轴承对轴的约束力 N_A 作用在接触点 A，沿公法线且指向轴心，如图 4-13（a）所示。

但是，随着轴所受的主动力不同，轴和孔的接触点的位置也随之不同。所以，当主动力尚未确定时，约束反力的方向预先不能确定。然而，无论约束反力朝向何方，它的作用线必垂直于轴线并通过轴心。通常这样一个方向不能预先确定的约束力，用通过轴心的两个大小未知的正交分力 X_A、Y_A 来表示，如图 4-13（b）或图 4-13（c）所示。

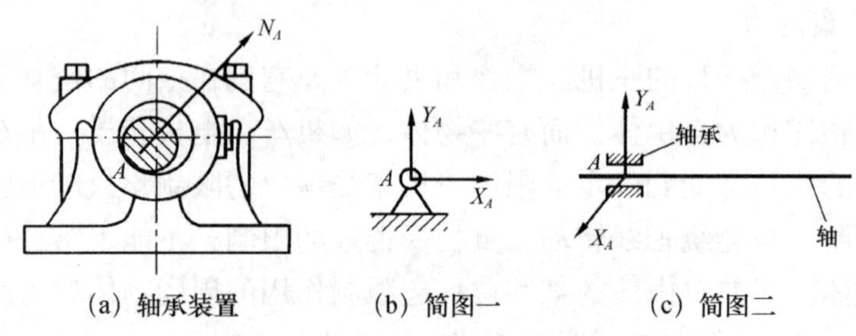

（a）轴承装置　（b）简图一　（c）简图二

图 4-13　光滑铰链的约束反力

3. 受力图

为了清晰地表示物体的受力情况，我们把需要研究的物体（称为受力体）从周围的物体（称为施力体）中分离出来，单独画出它的简图，这个步骤叫作取研究对象或取分离体。然后把施力体对研究对象的作用力（包括主动力和约束力）全部画出来。这种表示物体受力的简明图形，称为受力图。画物体受力图是解决静力学问题的一个重要步骤。

4. 力的合成与分解

（1）力的合成。

当一个物体同时受到几个力作用时，可以用一个合力来代替那几个力的作用。求几个力的合力叫作力的合成。

①在同一直线上作用的合力。如图 4-14 所示，有 3 个人共同用一根绳索吊起一重物，他们的用力方向都是向下的，如果甲出力 150 N，乙出力 200 N，丙出力 180 N，则他们的合力为 $F_{甲}$、$F_{乙}$、$F_{丙}$三力相加，等于 530 N。合力的方向与各人用力的方向一致，都是向下的，力的作用点在同一根绳上。

如果作用在一条直线上的 2 个力方向相反，其合力的大小等于大力减小力，方向即为大力的方向。如拔河比赛中两队同拉一根绳索，甲队的力量大，那么绳索就被甲队拉过去，合力的方向就是甲队所拉的方向。

②同方向平行力的合力。在起重吊装施工中用的平衡梁（铁扁担），挂在它下面的两根吊索千斤绳所受的力，基本上是两个平行力，如图 4-15 所示。这两个力的方向相同，都是向下的。

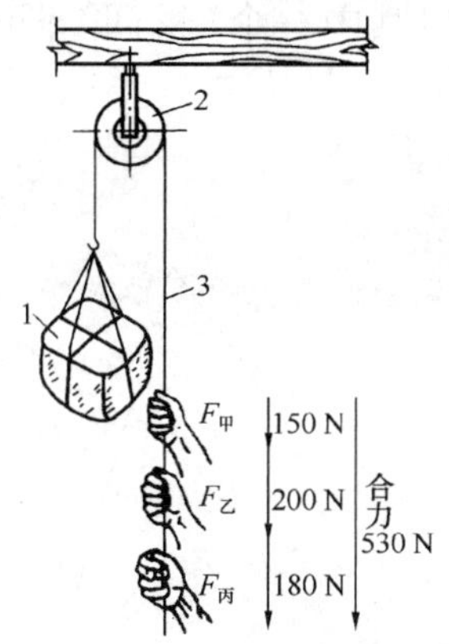

图 4-14　作用在同方向上的力的合成

1–重物；2–滑轮；3–绳索

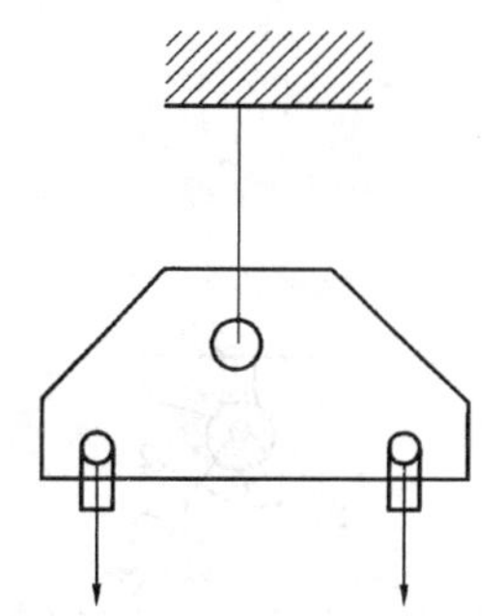

图 4-15　同方向平行力的合成

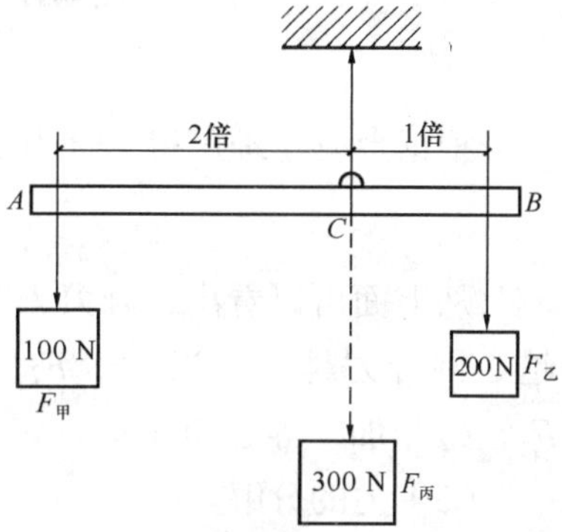

两个方向相同、大小相等的平行力的合成，其大小为两力相加，合力的作用点在两力中间；当两个力大小不等时，则作用点距两力间的距离同力的大小成反比。如图 4-16 所示，甲、乙两物体挂在一根梁的两端，$F_甲$ =100 N，$F_乙$ =200 N，其合力 $F_丙$ 为甲、乙两力相加，方向都是向下的。合力的作用点的位置应符合下面的比例关系：

$$\frac{AC}{BC}=\frac{F_乙}{F_甲}$$

图 4-16　两力不等平行力的合成

从图 4-16 中可以看出，$F_乙$ 为 $F_甲$ 的 2 倍，AC 距离为 BC 距离的 2 倍。如在梁上合力作用点 C 处用一根绳索吊起，则绳索拉力与 $F_丙$ 大小相等、方向相反，而且作用在同一直线上。

如果同方向的平行力为三个或更多时，求它们的合力，可先求出其中两个力的合力，再求此合力与其他力的合力，依此类推便可求出最后的合力。

③作用在一点有夹角的两力的合力。一个固定的吊环，受到两根有夹角 α 的绳索拉力的作用。如图 4-17（a）所示，若其中一绳拉力为 20 kN，另一绳拉力为 30 kN，则作用在 A 点上的这两个力的合力 F_3，如图 4-17（b）所示，可用作图方法求出。作图顺序如下：

a. 从 A 点顺着力的方向将 F_1、F_2 按比例画出，如取 1 cm 表示 10 kN，则画出 F_1 为 AB，其长度等于 2 cm，表示 20 kN；F_2 为 AC，长度等于 3 cm，表示 30 kN。

b. 画出 BD 平行于 AC，CD 平行于 AB，相交于 D 点，然后连接 AD，AD 即为 F_3。

c. 量出 AD 的长度为 4.2 cm，即 F_1 和 F_2 合力为 42 kN。

这种作图法叫作力的平行四边形法则，即作用在物体上同一点的两个力，可以合成为一个合力，合力的作用点也在该点，合力的大小和方向由这两个力为边构成的平行四边形的对角线确定。由于平行四边形对边相等，图 4-17（b）中的两个三角形完全相同，因此再求合力时，不必画出整个平行四边形，只画出其中一个三角形即可，如图 4-17（c）所示，此法叫作三角法。

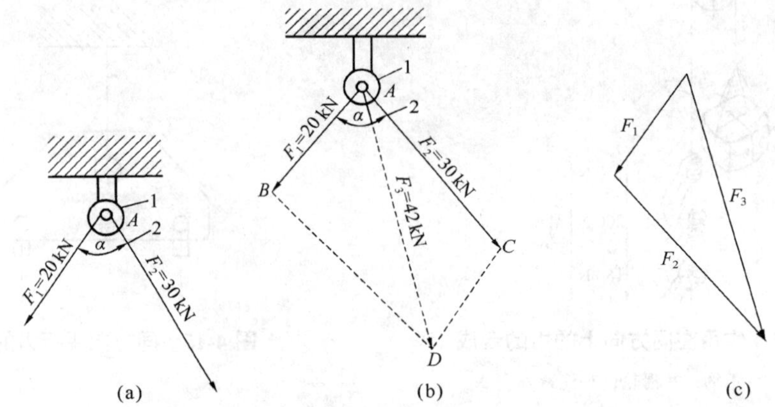

图 4-17　作用于同一作用点有夹角的两力的合成

1–吊环；2–吊索

根据余弦定理可得，合力 F_3 的大小可用式（4-1）计算。

$$F_3=\sqrt{F_1^2+F_2^2+2F_1F_2\cos\alpha} \tag{4-1}$$

从上面可以看出，合力 F_3 随 F_1、F_2 夹角的变化而变化，夹角越大、合力越小，夹角越小则合力越大。当 F_1、F_2 完全重合在一条直线上时，合力 F_3 最大，这时合力 F_3 为 F_1、F_2 相加，等于 50 kN。

（2）力的分解。

把一个力分成几个力，且这几个力所产生的效果与原来的一个力产生效果相同，则这几个力叫作原来那个力的分力。求一个力的分力叫作力的分解。

力的分解和前面讲的力的合成恰恰相反，力的合成是已知分力求合力，而力的分解则是已知合力求分力。把一个合力分解成两个分力，只要知道合力的大小方向和分力的方向，便可用力的平行四边形法则或力的三角形法则来求出分力的大小。

如图 4-18 所示，从汽车上卸一件重 1 200 N 的物体时，如使重物 3 沿滑板 2 下滑，则重物 3 的重力在滑板上产生两个分力。一个是使重物沿着斜面下滑的力 P，另一个是使重物压在斜面上的力 N。因此可以把重物 3 的重力 G 分解成平行于斜面的 P 和垂直于斜面的 N。现用力的三角形法则求分力 P 和分力 N 的大小。

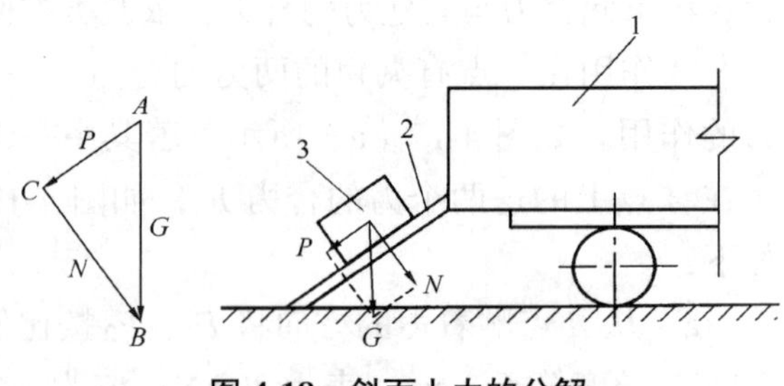

图 4-18　斜面上力的分解

1–汽车；2–滑板；3–重物

1）取 1 mm 表示 50 N，并画出重物 3 的重力 G 的大小和方向 AB，AB 线段长 24 mm，表示 1 200 N。

2）从 A 点画 AC 平行于 P，从 B 点画 BC 平行于力 N，两者相交于 C 点，则线段 AC 长度即为力 P 的大小，线段 CB 长度即为力 N 的大小。

3）量 AC 等于 15 mm，即力 P 大小为 750 N，CB 长度等于 20 mm，即力 N 大小为 1 000 N。

5. 力在轴上的投影

设在物体上的点 A 作用一力 F，如图 4-19 所示。在力的同平面内取 x 轴，从力 F 两端分别向 x 轴作垂线，垂足为 a 和 b，线段 ab 的长度冠以适当的正负号，就表示这个力在 x 轴上的投影，记为 X 或 F_x。如果从 a 到 b 的指向与投影轴的正向一致，则力 F 在 x 轴上的投影 X 定为正值，如图 4-19（a）所示，反之为负值，如图 4-19（b）所示。如力 F 与 x 的正向间的夹角为 α，则有

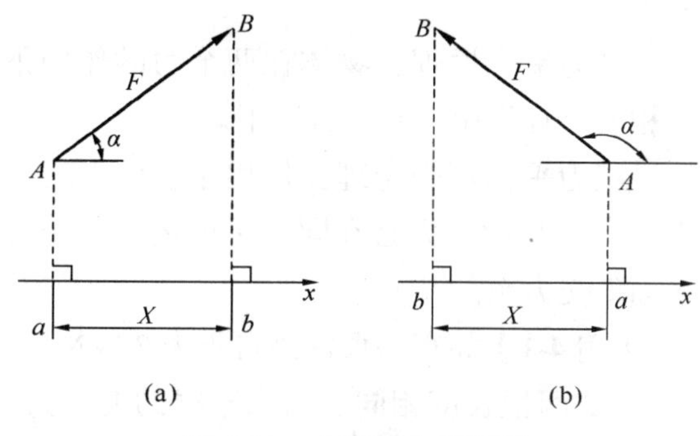

图 4-19　力在轴上的投影

$$X = F\cos\alpha$$

即力在某轴上的投影，等于力的大小乘以力与投影轴正向间夹角的余弦。当夹角为锐角时，X 为正值；当夹角为钝角时，X 为负值。故力在轴上的投影是个代数量。

6. 力矩

用扳手拧螺母时，螺母的轴线固定不动，轴线在图面上的投影为点 O，如图 4-20 所示。若在扳手上作用一个力 F，该力在垂直于固定轴的平面内。由经验可知，拧动螺母的作用不仅与力 F 的大小有关，而且与点 O 到力的作用线的垂直距离 h，即力臂有关；另一方面，力 F 使扳手绕点 O 转动的方向不同，作用效果也不同。

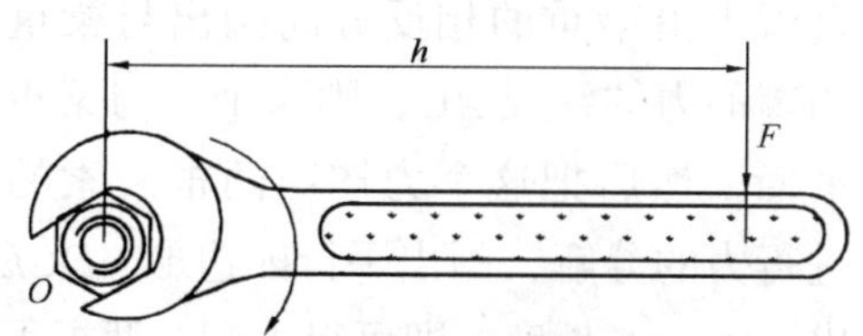

图 4-20　用扳手拧螺母示意

由此可见，力 F 使物体绕点 O 转动的效果，完全由下列两个因素决定：力的大小与力臂的乘积 Fh、力使物体绕点 O 转动的方向。

这两个因素可用一个称之为力矩的代数量表示，它的绝对值等于力的大小与力臂的乘积，它的正负确定方法为：力使物体绕点 O（矩心）逆时针转向为正，反之为负。

力 F 对于点 O 的力矩以记号 $m_0(F)$ 表示。力矩在下列两种情况下等于零：力等于零，或力的作用线通过矩心，即力臂等于零。

力矩的单位在国际单位制中常用牛顿·米（N·m），在工程单位制中常用公斤力·米（kgf·m）。

7. 力的平衡

在两个或者两个以上的力的作用下，物体保持静止不动或做匀速运动的状态，这种现象叫作力的平衡。

（1）平面汇交力系的平衡条件。

平面汇交力系的平衡条件是它们的合力等于零，即各力在两个坐标轴上投影的代数和分别等于零，平衡方程式为：

$$\begin{cases}\sum_{i=1}^{n} X_i = 0 \\ \sum_{i=1}^{n} Y_i = 0\end{cases} \tag{4-2}$$

二力平衡原理：物体在两个力的作用下保持平衡的条件是，这两个力大小相等，方向相反，且作用在同一直线上。

三力平衡汇交定理：作用于物体上三个相互平衡的力，若其中两个力的作用线汇交于一点，则此三力必在同一平面内，且第三个力的作用线通过汇交点，即此力系一定是平面汇交力系。

【例 4-1】如有一根钢梁自重力 30 kN，由 1、2 两根长度相同、与水平线的夹角为 45° 的吊索吊起，如图 4-21 所示，试求这两根吊索受力大小。

绘图法：根据力的平衡条件，取 1 cm 表示 10 kN，平行于重力方向画出梁重 30 kN 、长度为 3 cm 的线段 *AB*，在同一条直线上沿梁重的相反方向画出与梁重大小相等的力的线段 *AC*，则这个力与梁重互为平衡。然后把这个力按照两根吊索的夹角进行力的分解，画出平行四边形 *ADCE*，量出 *AD*、*AE* 长度，即可得 1 和 2 两根吊索所受的拉力各为 21.2 kN，如图 4-21 所示。

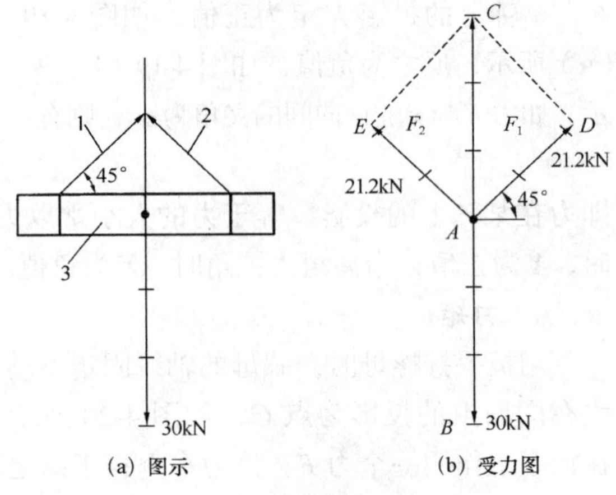

图 4-21 钢梁被吊起时力的平衡

1、2–吊索；3–钢梁

解析法：选取 *x* 轴为水平方向，据平衡方程有：

$$\begin{cases}\sum_x = 0,\ F_1 \times \cos 45° + F_2 \times \cos 135° = 0 \\ \sum_y = 0,\ F_1 \times \cos 45° + F_2 \times \cos 45° - 30 = 0\end{cases}$$

解得 F_1=F_2=21.2 kN

（2）平面任意力系的平衡条件。

平面任意力系的平衡条件是：所有各力在两个任选的坐标轴中每一轴上的投影的代数和分别等于零，以及各力对于任意一点的矩的代数和也等于零。平衡方程为：

$$\begin{cases}\sum_{i=1}^{n} X_i = 0 \\ \sum_{i=1}^{n} Y_i = 0 \\ \sum_{i=1}^{n} m_0(F_i) = 0\end{cases} \tag{4-3}$$

在力的作用下，能够围绕某一固定支点转动的构件称为杠杆，如撬棍、秤、钳子等。杠杆作为平面一般力系的一种情况，它的平衡条件是：作用在杠杆上各力对固定点

（支点）的力矩代数和为零，即合力矩等于零。

【例 4-2】起重机的水平梁 AB，A 端以铰链固定，B 端用钢丝绳 BC 拉住，如图 4-22 所示。梁自重力 P=4 kN，载荷 Q =10 kN。梁的尺寸如图 4-22 所示。试求拉杆的拉力和铰链 A 的约束反力 R_A。

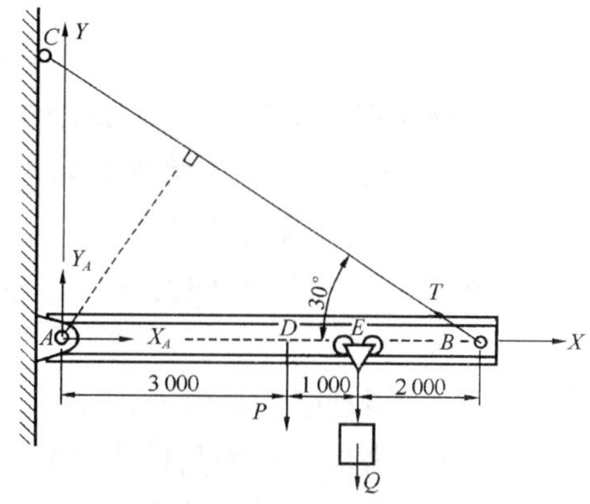

图 4-22　起重机水平梁受力示意

解：

①选取梁 AB 与重物一起作为研究对象。

②画受力图。在梁上除了受已知力 P 和 Q 的作用外，还受未知力：钢丝绳拉力 T 和铰链 A 的约束反力 R_A 的作用。钢丝绳拉力 T 沿着连线 BC 方向，力 R_A 的方向未知，故分解为两个分力 X_A 和 Y_A。这些力的作用线可近似地认为分布在同一平面内。

③列平衡方程。由于梁 AB 处于平衡，因此这些力必然满足平面任意力系的平衡方程。取坐标轴如图 4-22 所示，应用平面任意力系的平衡方程，得：

$$\begin{cases}\sum X = 0, & X_A - T\cos 30° = 0 \\ \sum Y = 0, & Y_A + T\sin 30° - P - Q = 0 \\ \sum m_A(F) = 0, & T\times AB\times\sin 30° - P\times AD - Q\times AE = 0\end{cases}$$

④解联立方程得：

$$\begin{cases}T = 17.33\,\text{kN} \\ X_A = 15.01\,\text{kN} \\ Y_A = 5.33\,\text{kN}\end{cases}$$

8. 摩擦

按照接触物体之间的运动情况，摩擦可分为滑动摩擦和滚动摩擦。当两物体接触处有相对滑动或相对滑动趋势时，在接触处的公切面内将受到一定的阻力阻碍其滑动，这种现象称为滑动摩擦。如活塞在汽缸中滑动，就有滑动摩擦。当两个物体有相对滚动或相对滚动趋势时，物体间产生相对滚动的阻碍称为滚动摩擦。如车轮在地面上滚动就有滚动摩擦。

摩擦对人类的生活和生产既有有利的一面，也有不利的一面。例如，没有摩擦，人甚至不能行走，车辆不能行驶。有时还直接利用摩擦传输动力，完成特定的工作，因此，摩擦有利于生活和生产。但是，在各种机器的运转中，摩擦不仅消耗大量的能量，而且还会磨损部件，摩擦又不利于生产。研究摩擦的任务在于掌握摩擦的规律，尽量利用摩擦有利的一面，同时尽量减少或避免它不利的一面。

（1）滑动摩擦力的计算。

当两个相互接触的物体，其接触表面之间有相对滑动时，彼此间作用着的阻碍相对滑动的阻力称为滑动摩擦力，以 F 表示。

①滑动摩擦力的大小与接触物体间的正压力（即法向压力）N的大小成正比，即

$$F=fN \tag{4-4}$$

式中，f——滑动摩擦因数，它与接触物体的材料和表面情况有关。

②摩擦力的方向与接触物体间相对速度的方向相反。

③摩擦因数与接触物体间相对滑动的速度大小有关。当相对滑动速度不大时，滑动摩擦因数可近似地认为是个常数，参阅表 4-3。

④在水平滑道上滑动时，牵引力按式（4-5）计算：

$$F=KfG \tag{4-5}$$

式中，F——滑动时的牵引力，kN；

K——考虑摩擦面高低不平和单位面积压力较大时的修正系数，一般 K=1.2～1.5，若对吨位较大的重物进行计算，另需考虑从静止到运动的因素时，K可取 2.5；

f——滑动摩擦因数；

G——物体的重力，kN。

⑤在倾斜滑道上滑动时，牵引力按式（4-6）计算：

$$F = K(f\cos\alpha \pm \sin\alpha)G \tag{4-6}$$

式中，α——滑道与水平面的夹角；

±——上坡为正，下坡为负。

表 4-3　几种不同材料间的滑动摩擦因数 f 值

摩擦材料	摩擦因数（f 值）	摩擦材料	摩擦因数（f 值）
硬木与硬木	0.35～0.55（干燥），0.11～0.18（润滑）	钢与碎石路面	0.36～0.39
硬木与钢	0.4～0.6（干燥），0.1～0.15（润滑）	钢与花岗石路面	0.27～0.35
硬木与土壤	0.5	钢与黏土和湿土路面	0.4～0.45
硬木与湿土、黏土路面	0.45～0.5	钢与冰和雪	0.01～0.02
硬木与冰和雪	0.02～0.04	混凝土与土	0.6
钢与钢	0.12～0.4（干燥），0.08～0.25（润滑）	混凝土与石板面	0.7

由上述公式可看出，下坡滑动时，当α增大到一定值φ时，F等于零，即当α小于φ时，不施加力的情况下，物体在斜道上静止，当α大于φ时，不施加力的情况下，物体也将下滑，φ的值为摩擦角。

$$\tan\varphi = f \tag{4-7}$$

即摩擦角的正切等于滑动摩擦因数。斜面的自锁条件是斜面的倾角小于或等于摩擦角。

（2）滚动摩擦力偶矩计算。

由实践可知，使滚子滚动比使它滑动省力，所以在工程实际中，为了提高效率，减轻劳动强度，常利用物体的滚动代替物体的滑动。

当两个相互接触的物体，其接触表面之间有相对滚动时，彼此间作用着阻碍相对滚动的阻力偶矩，这种阻力偶矩称为滚动摩擦力偶矩，用 M 表示。实践和实验表明：最大滚动摩擦力偶矩与滚子半径无关，而与支承面的正压力（法向反力）N 的大小成正比，即

$$M=\mu N \tag{4-8}$$

式中，μ——比例常数，称为滚动摩擦因数。由式（4-8）可知，滚动摩擦因数具有长度的量纲，单位一般用 mm 或 cm。

不同材料的滚动摩擦因数见表 4-4。

表 4-4　几种不同材料间的滚动摩擦因数

摩擦材料	滚动摩擦因数/mm	摩擦材料	滚动摩擦因数/mm
木材与木材	0.5～0.8	钢滚杠和钢拖排	0.7
木材与钢	0.3～0.5	钢滚杠与木材	1
钢与钢	0.05	钢滚杠与土地	1.5
淬火的钢珠与钢	0.01～0.04	钢滚杠与水泥地	0.8
汽车轮胎沿着沥青路面	0.15～0.21	钢滚杠与钢轨	0.5

①在水平滚动道上滚动时，如图 4-23 所示，牵引力按式（4-9）计算。

$$F=k\frac{\mu_1(G+gm)+\mu_2 G}{D} \tag{4-9}$$

式中，G——设备重量，N；

g——每根钢滚杠的重量，N/根；

m——钢滚杠数量，根；

D——钢滚杠直径，mm；

μ_1——钢滚杠与钢滚杠下平面间的滚动摩擦因数，mm；

μ_2——钢滚杠与拖排间的滚动摩擦因数，mm；

k——启动系数，根据路面及上下滚道、钢滚杠等材料的各种影响因素的程度而定。钢滚杠对钢轨时 k=1.5；钢滚杠对木材时 k=2.5；钢滚杠对土地时 k=3～5。

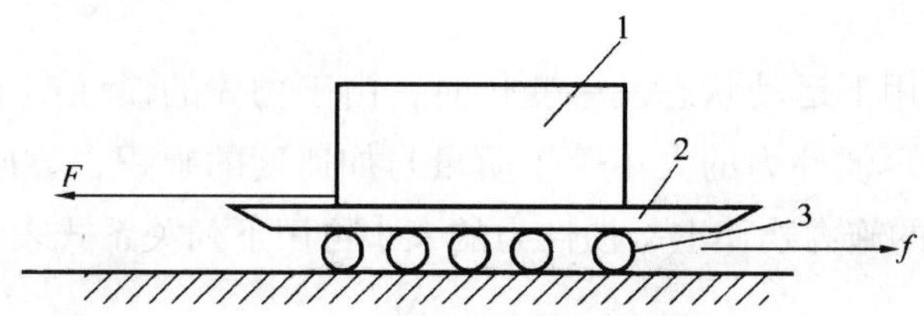

图 4-23　钢滚杠搬运布置示意

1—重物；2—钢拖排；3—钢滚杠

由于每根钢滚杠重量比设备轻得多，可将钢滚杠重量忽略不计，可简化为：

$$F = k\frac{\mu_1 + \mu_2}{D}G \tag{4-10}$$

②在上坡道上滚运时，如图 4-24 所示，牵引力按式（4-11）计算。

$$F = k(\frac{\mu_1 + \mu_2}{D} + \tan\alpha)G\cos\alpha \tag{4-11}$$

式中，α——斜面与水平面的夹角。

在起重作业中，我们经常利用减少摩擦力的方法搬运、装卸重物和设备。在搬运中型的物件和设备时，一般采用滚运的方法。滚运是在重物下设置上、下滚道和钢滚杠，使重物随着上、下滚道间钢滚杠的滚动而向前移动。

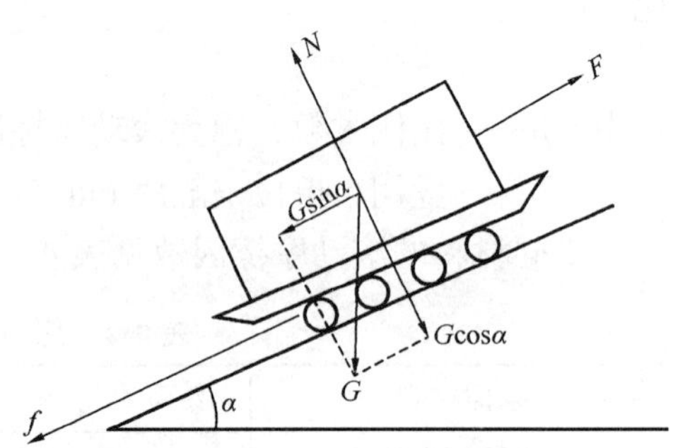

图 4-24　上坡道钢滚杠搬运布置示意

移动重量不很大的物件时，上、下滚道可用硬木制作，钢滚杠可用圆的硬木或钢管。移动重型物件时，上、下滚道可用型钢制作。钢滚杠可用厚壁钢管或圆钢，钢滚杠的直径可根据不同载荷选择，一般为 50～150 mm；钢滚杠之间排列的距离可根据物件的长度和载荷来决定，一般为 300～400 mm。

钢滚杠的长度比下滚道宽 200～400 mm，在滚运物件时，物体的前进方向由钢滚杠的方向控制，钢滚杠与滚道轴线垂直时，重物直线前进，钢滚杠偏转某一侧，重物也随之转向某一侧。调整有载荷钢滚杠时应用大锤敲击钢滚杠两端。无载荷钢滚杠若用手调整或搬运，应两人各持钢滚杠两端搬动，应注意不要让滚动中的钢滚杠将手压伤。搬运重量轻的物件时，可以使用人力驱动绞磨，当搬运重型物件时，应用电动卷扬机和滑车配合使用。必须有专人指挥、专人放置钢滚杠。牵引物件的绳索位置不要系挂太高，当搬运高大物件时，应防止倾倒或摇晃，要将重物捆绑固定在排撬上。搬运重物遇有下坡时，必须要用拖拉锚绳牵制。搬运危险物品时，应根据搬运危险物品的种类、形状、体积、重量等检查所使用的工具。

9. 惯性力

任何物体在没有受到其他物体作用时都具有保持原来运动状态的性质，这种性质在力学中称为物体的惯性。

当物体在力的作用下运动状态发生变化时，由于物体的惯性产生的对外界的反作用力称为物体的惯性力。惯性力的大小等于质量与加速度的乘积，方向与加速度相反，作用在使之产生加速度的施力物体上，惯性力的大小可用下列关系式表示。

$$F_{\mathrm{g}} = m\frac{\Delta v}{\Delta t} \tag{4-12}$$

式中，F_{g}——惯性力，N；

m——物体的质量，kg；

Δv——在 t 时间内速度的变化值，m/s；

Δt——加速或制动的时间，s。

在吊装工程中，起重机要完成拖运、竖立、旋转、落位的安装程序，重物要经过两次或更多次的运动变化。重物受外力之后由静止状态开始运动，或在运动中受到制动力后，又由运动状态改变为静止等过程，每次运动状态的改变均有惯性力存在，因此惯性力在起重运输作业中是必须考虑的问题。

但是，在实际的设备运输和吊装中，对惯性力不做单独计算，而是按不同的工作性质乘以一个动载系数 K 来补偿，进行设计或理论计算。动载系数 K 值见表 4-5。

表 4-5　动载系数 K 值

工作性质	轻级	中级	重级
动载系数	1.1	1.3	1.5

起重的工作性质按起吊速度的快慢划分为轻级、中级、重级三级。不同吨位的轻级、中级、重级的起吊速度列于表 4-6 中，供确定工作性质时参考。

表 4-6　不同吨位轻级、中级、重级工作性质的起吊速度

工作性质	10 t 以下	30 t 以下	50 t 以下	75 t 以下	100 t 以下	125 t 以下	200 t 以下	250 t 以下
	起吊速度/（m/s）							
轻级	8.4 以下	6.3 以下	5.5 以下	4.2 以下	3.5 以下	2.2 以下	1.5 以下	0.8 以下
中级	10～12	7～10	6.25～6.8	5.1～6.2	4.5～5	2.8～3.5	2.2	1.9
重级	15～19	13～15	7.5～9	5.2～7	5.5～6	4～4.3	3～3.3	2～2.3

二、物体的计算

在起重吊装作业中，我们经常根据物体的形状、质量选用不同的工具、设备，采用不同的吊装起重方法进行施工。因此起重作业人员应掌握一般面积、体积计算方法。

1. 面积的计算

在施工中，为了合理地选择施工场地或确定板材的重量，需要进行物体的面积计算，经常遇到的有下列几种图形或它们的组合体，其计算公式见表 4-7。

表 4-7　面积（S）和重心（y_c）的计算公式

图　形	公　式
平行四边形（图中标注：y_c、h、a）	$S=ah$ $y_c=\frac{h}{2}$

续表

图形	公式
圆形 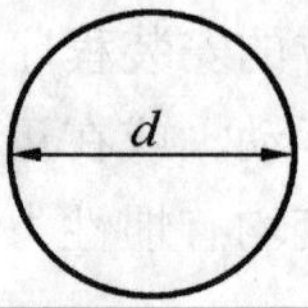	$S=\frac{\pi}{4}d^2$
三角形 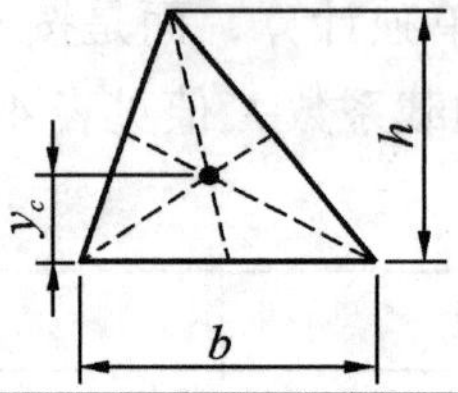	$S=\frac{1}{2}bh$ $y_c=\frac{h}{3}$
梯形 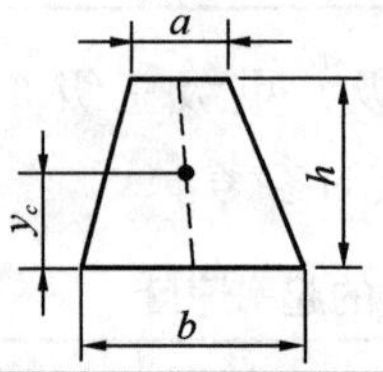	$S=\frac{1}{2}(a+b)h$ $y_c=\frac{h(2a+b)h}{3(a+b)}$
扇形 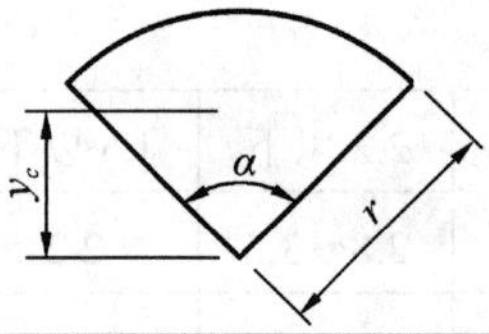	$S=\frac{1}{2}r^2\alpha$　　$y_c=\frac{4}{3}\cdot\frac{r\sin\frac{\alpha}{2}}{\alpha}$ 对于半圆 $\alpha=\pi$，则 $y_c=\frac{4r}{3\pi}$
弓形 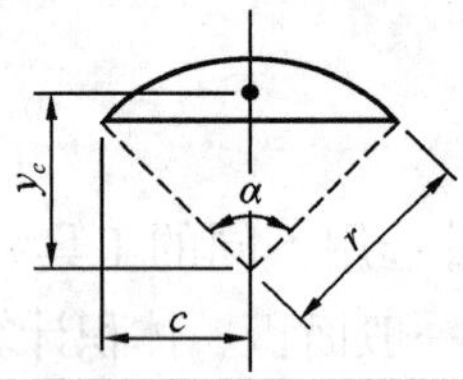	$S=\frac{1}{2}r^2\alpha-c(r-f)=\frac{1}{2}r^2(\alpha-\sin\alpha)$ $y_c=\frac{2}{3}\cdot\frac{r^3\sin^3\frac{a}{2}}{s}$
正方形 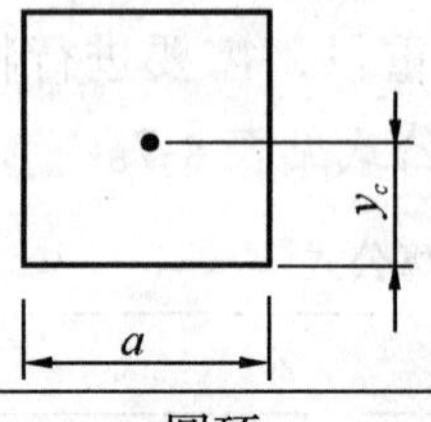	$S=a^2$ $y_c=\frac{a}{2}$
圆环 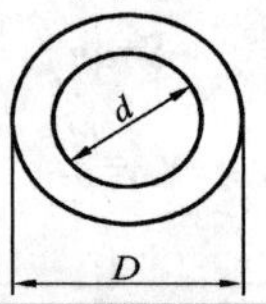	$S=\frac{\pi}{4}(D^2-d^2)$

注：α 单位为弧度。

2. 体积的计算

在起重作业中，物体质量的计算是很重要的，只有准确地把握物体的质量，才能正确地选择施工方法和施工机具。而要确定物体的质量首先要确定物体的体积。常用几种形状物体的体积计算公式见表4-8。

表4-8　常用几种形状物体的体积（V）和重心（Z_c）的计算公式

形状	公式
立方体 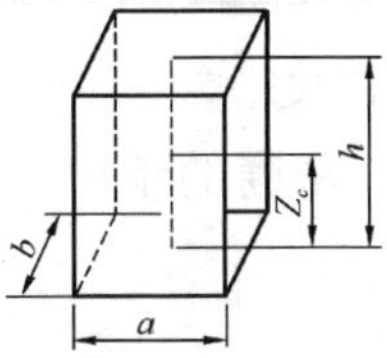	$V=adh$ $Z_c=\frac{h}{2}$
圆柱体 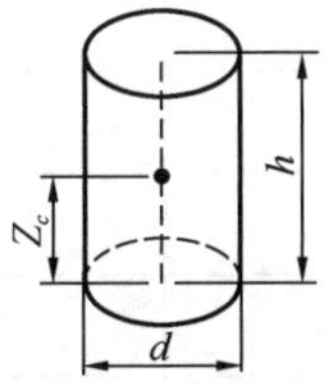	$V=\frac{\pi}{4}d^2h$ $Z_c=\frac{h}{2}$
正六角形柱体 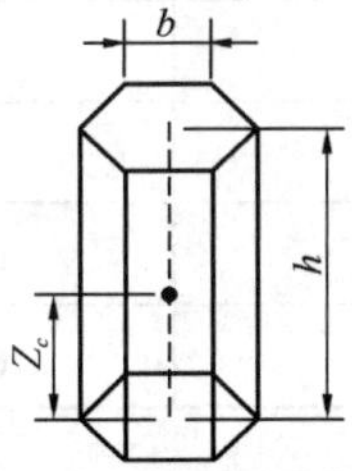	$V=2.598b^2h$ $Z_c=\frac{h}{2}$
正圆锥体 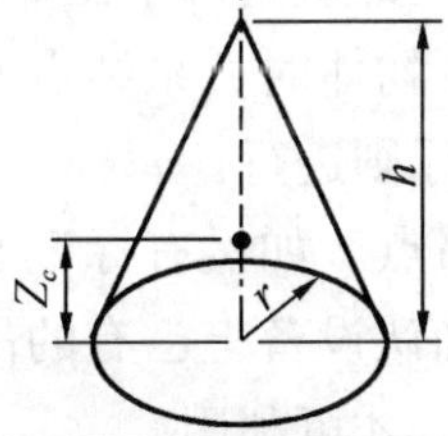	$V=\frac{\pi}{3}r^2h$ $Z_c=\frac{h}{4}$
球体 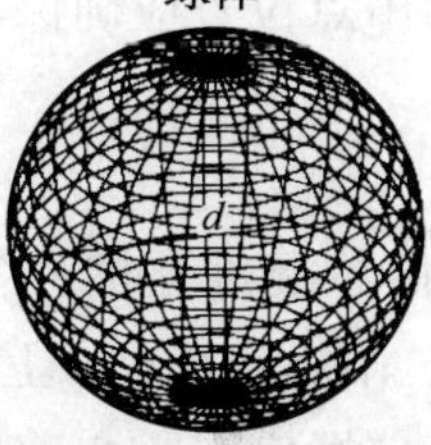	$V=\frac{\pi}{6}d^3$

续表

形状	公式
圆环体	$V=\frac{\pi^2}{4}Dd^2$

物体的质量=物体的体积×物体的密度

物体的密度概念：单位体积内所含的质量，称为密度。密度的单位是吨/米^3（t/m^3）或克/厘米^3（g/cm^3）。各种常用材料的密度见表 4-9。

表 4-9　常用材料的密度

材料名称	密度/（g/cm^3）	材料名称	密度/（g/cm^3）
碳钢	7.85	素混凝土	2.0
铸钢	7.8	钢筋混凝土	2.3～2.5
紫铜	8.9	花岗石	2.6～3.0
黄铜	8.8	红松	0.44
铝	2.77	落叶松	0.625
铝合金	2.67～2.8	石灰石	2.6～2.8
铸造铝合金	2.6～2.85	柴油	0.78～0.82
铅板	11.37	聚乙烯	0.91～0.95

3. 重心的计算

重心就是物体各部分重量的中心。也可以认为物体的全部重量作用在重心上。

在起重作业中了解物体的重心很重要。当用绳索吊一物体时，系结点的位置必须根据重心的位置合理选定。一般选择吊点位置时，应按下列原则进行：

①如设备已设有吊点，则应利用，一般不可再另设吊点。如设有标记的捆绑部位，则应按设计部位进行捆绑。利用原有吊点时注意，要在确认设备上已有的吊耳、吊环等是为吊装设备整体而设，还是为吊装部分或某部件而设后，才可利用。

②选用吊点位置应能保证吊件的稳定与平衡。所选的吊点位置应确保不会因吊件的自重而引起塑性变形。

③方形物体，可在物体的两端或四角上捆绑起吊。

④吊运水平状态下的长形物体，如塔类、格构式构件、混凝土桩、各种口径管类等，吊点位置应在重心两端，吊钩通过重心。竖立物件时，吊点应在重心上端。

⑤拖拉重物时，长物体如顺长度方向拖拉时，捆绑点位置应在重心前端；横拉时，两个捆绑点位置应在距重心等距离的两端。

（1）简单形体的重心。

简单形状的重心，可以用数学方法求得，计算较容易。如长方体的重心在 1/2 长度的对角线交点上，圆柱体的重心在 1/2 长度的断面圆心上，三角形的重心在三角形中线的交点上。常用形体的重心计算见表 4-7、表 4-8。

（2）用组合法求重心。

在工程实际中，经常遇到物体是由一些简单几何形状的物体所构成的情况。对于这样的物体，可用分割法求得物体重心的坐标。

（3）用实验法测定重心的位置。

在工程实际中经常会遇到形状复杂的物体，应用上述方法计算重心位置很困难。要准确地确定物体重心的位置，也常用实验法进行测定。下面介绍两种方法：

①悬挂法。如果需要求一薄板的重心，可先将板悬挂于任一点 A，如图 4-25 所示，根据二力平衡条件，重心必在过悬挂点的直线上，于是可在板上画出此线；然后再将板悬挂于另一点 B，同样可画出另一直线，两直线相交点 C 就是重心。

②称重法。下面以汽车为例，简述用称重法测定重心 C 距后轮的距离 x_c。如图 4-26 所示，首先称量出汽车的重量 P，测量出前后轮距 l。

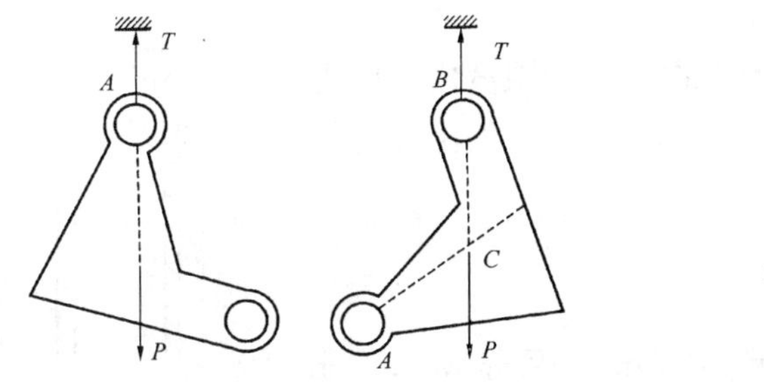

图 4-25　悬挂法测重心

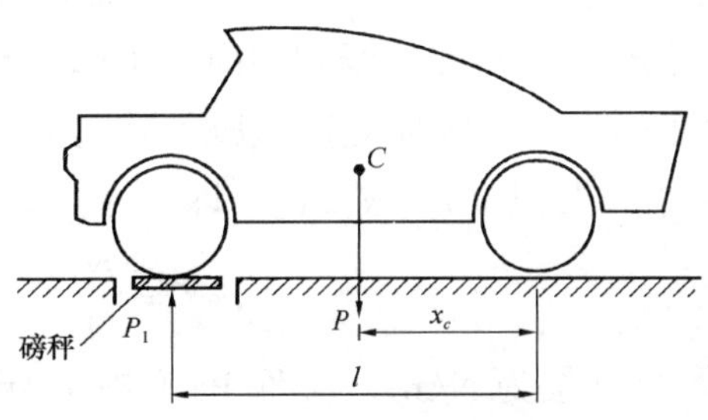

图 4-26　称量法测重心

为了测定 x_c，将汽车后轮放在地面上，前轮放在磅秤上，车身保持水平，这时磅秤上的读数为 P_1。因车是平衡的，故

$$Px_c=P_1 l$$

于是得

$$x_c=\frac{P_1}{P}l \tag{4-13}$$

三、材料力学基本知识

1. 应力的概念

在起重吊运作业中，有时也会出现设备、工具或构件受到破坏或产生塑性变形的现象。如钢丝绳因超载而破断、起重机主梁因超载产生塑性变形而下挠、承受压力过大的细长杆件突然失稳而弯曲。这些现象，有的直接造成设备或构件破坏，有的虽未立即造成破坏，但因产生了较大的变形而影响正常工作，埋下事故隐患。

为保证构件在载荷作用下能正常工作，必须要具有足够的承受载荷的能力，简称承载能力。它包括以下几个方面：

1）强度：指物体在载荷作用下抵抗破坏的能力。如起升钢丝绳在规定载荷作用下，未发生任何破坏，仍能正常工作，即表明钢丝绳强度足够。

2）刚度：指物体在载荷作用下抵抗变形的能力。如起升钢丝绳在规定的载荷作用下，其下挠值未超过允许值，即表明主梁刚度足够。

3）稳定性：指物体在载荷作用下保持原有平衡形态的能力。如细长杆件在轴向压力作用下不致突然屈曲而失稳，即满足了稳定性的要求。

构件是由各种材料制成的，要使材料满足安全要求，符合强度、刚度和稳定性的要求，与材料所受的外力以及内力和应力有关。

一个物体受到其他物体对它作用的力，对于该物体来说，这个力就是外力。外力在力学中也称为载荷，载荷分为静载荷和动载荷两种。恒定作用在物体上，其大小、方向和位置都不变化的载荷叫作静载荷；否则，叫作动载荷。

物体受外力作用后，物体内部相应产生一种抵抗力，这种抵抗力称为内力。当外力存在时，内力与外力相平衡，并随外力的增大而增大。外力撤去时，内力同时消失。但当外力增加到一定限度，超过了物体内部的抵抗能力时，内力就不能与外力相平衡，于是物体遭到破坏。

物体单位面积上受到的内力叫作应力。在一定的限度内，应力（σ）的大小与物体受拉（压）后内力（N）的大小成正比，与物体的承载面积（A）成反比，即

$$\sigma=\frac{N}{A}$$

应力的单位为 N/m^2，又称 Pa（帕），或 MN/m^2，又称 MPa（兆帕），1 MPa=10^6 Pa。如图 4-27 所示，物体的重力，对绳索而言就是外力。绳索内部抵抗重物的拉力就是内力。绳索单位横截面面积上的拉力就是拉应力。

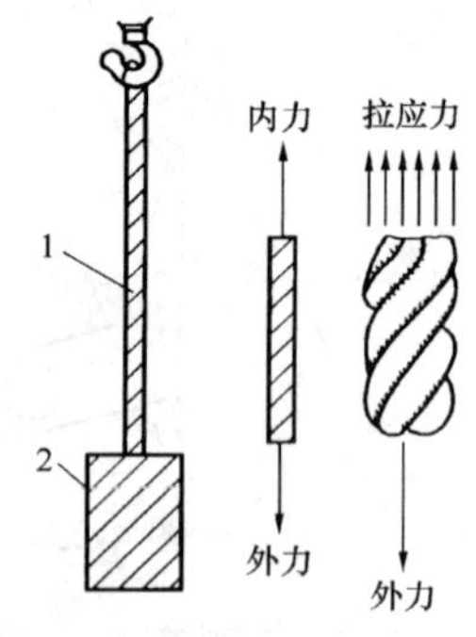

图 4-27　应力的示意

1–绳子；2–重物

2. 构件的基本变形形式

构件在外力的作用下，其尺寸和形状都会有所改变。作用在构件上的外力是各种各样的，因此，构件的变形也是各种各样的，但归纳起来，构件的基本变形有以下几种：

（1）拉伸与压缩。

1）概念。构件在两端受到大小相等、方向相反的拉力作用，长度增大，横截面积缩小，这种变形称为拉伸变形，如图 4-28 所示。与拉伸情况相反，当构件在两端受到大小相等、方向相反的压力作用，长度缩小、横截面积增大，这种变形称为压缩变形，如图 4-29 所示。

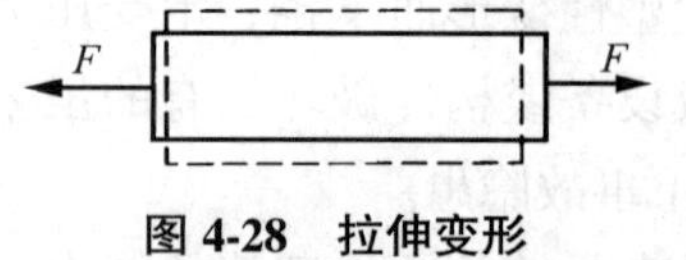

图 4-28　拉伸变形

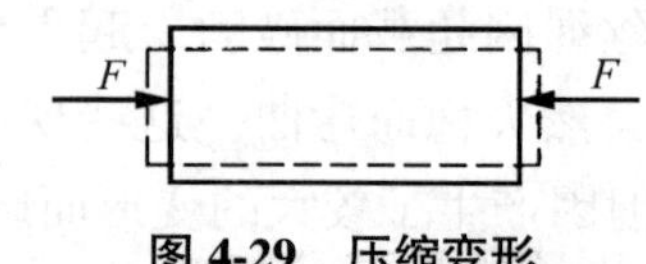

图 4-29　压缩变形

2）拉伸和压缩的强度计算。拉伸（压缩）的构件，要保证能安全工作，必须使其正应力不超过材料的许用应力，即

$$\sigma=\frac{N}{A}\leqslant[\sigma] \tag{4-14}$$

式（4-14）为拉伸（压缩）时的强度条件，可利用它进行强度校核、选择截面尺寸或确定许可载荷。

【例 4-3】有一根低碳钢制圆柱形拉杆，其屈服点 σ_s=240 MPa，安全系数 n =1.4，杆的直径 d=14 mm。若杆受有轴向拉力 F=25 kN，试校核此杆是否满足强度要求。

解：已知杆的最大轴向拉力 N=F=25 kN，杆的横截面面积为：

$$A=\frac{\pi d^2}{4}=\frac{3.14\times\left(14\times10^{-3}\right)^2}{4}=154\times10^{-6}\ \text{m}^2$$

杆的许用应力为：

$$[\sigma]=\frac{\sigma_s}{n}=\frac{240}{1.4}=171.4\ \text{MPa}$$

杆所受正应力为：

$$\sigma=\frac{N}{A}=\frac{25\times10^3}{154\times10^{-6}}=162\times10^6\ \text{N/m}^2=162\ \text{MPa}<[\sigma]=171.4\ \text{MPa}$$

答：经校核，满足强度要求。

（2）剪切。

1）概念。两个大小相等、方向相反、作用线相距很近的压力，称为剪（切）力。构件在剪力作用下，横截面沿外力方向发生错动，这种变形称为剪切变形。在图 4-30 中，铆钉或销轴受剪力作用产生的变形就是剪切变形。

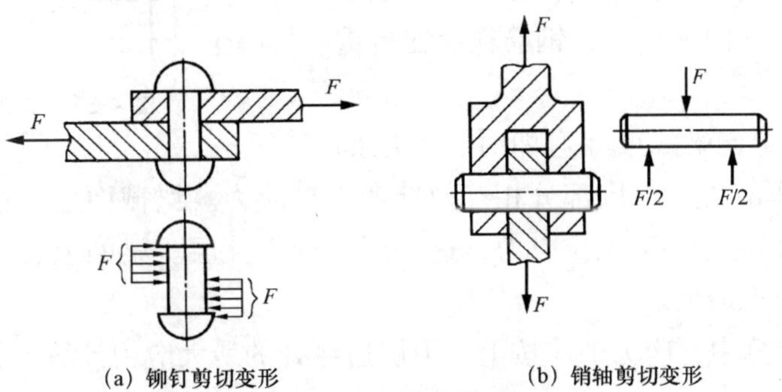

(a) 铆钉剪切变形　　(b) 销轴剪切变形

图 4-30　剪切变形受力情况

2）剪切应力的计算。剪切面上的剪切应力分布是很复杂的，工程上为了方便计算，都是假定按均匀分布来计算的。若杆件所受的剪力为 Q，剪力作用面积为 A，则剪应力（即剪切应力）为

$$\tau=Q/A \tag{4-15}$$

式中，τ——剪应力，Pa；

Q——剪切力，N；

A——剪切面的面积，m^2。

为了保证受剪构件在工作时安全可靠，应将构件的工作剪应力限制在材料的许用剪应力之内。由此得到抗剪强度条件：

$$\tau=Q/A\leqslant[\tau] \qquad (4\text{-}16)$$

式中，$[\tau]$——许用剪应力，Pa。

【例 4-4】如图 4-30 所示，两块钢板用螺栓连接，已知螺栓杆部直径 d=18 mm，许用剪应力$[\tau]$=60 MPa。求螺栓所能承受的许可载荷 F。

解　根据抗剪强度条件公式，可得到

$$Q\leqslant[\tau]A$$

其中

$$A=\frac{\pi d^2}{4}=\frac{1}{4}\times3.14\times\left(18\times10^{-3}\right)^2=2.543\,4\times10^{-4}\ \text{m}^2$$

因剪切力即许可载荷值，故螺栓所能承受的许可载荷为：

$$Q\leqslant[\tau]A=60\times2.543\,4\times10^{-4}=1.526\,04\times10^{-4}\ \text{N}=15.26\ \text{kN}$$

即

$$F=Q=15.26\ \text{kN}$$

（3）弯曲。

构件在它的纵向平面内，受到垂直于轴线方向（即横向）的外力作用时，所产生的变形称为弯曲变形。以弯曲为主要变形的构件称为梁。弯曲变形的例子很多，例如，人站在跳板上，跳板要向下弯曲；桥式起重机载重时，主梁要产生下挠；将一根长的钢筋两端垫起，钢筋就会在自重作用下弯曲。

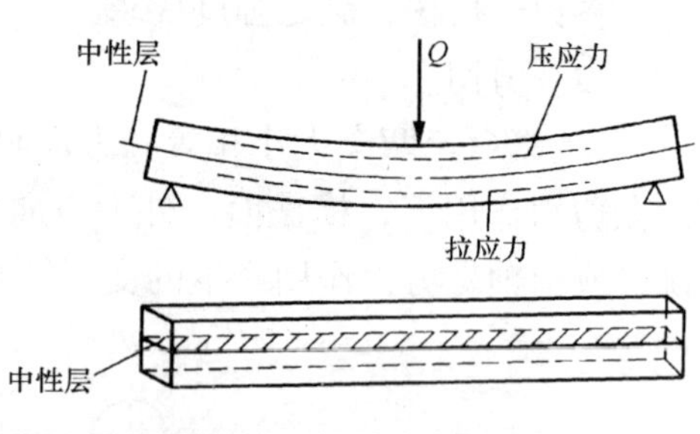

图 4-31　梁的弯曲变形

图 4-31 为一简支梁。梁在弯曲时，上层部分相互挤压产生压应力，下层部分相互拉伸产生拉应力。梁截面上，在压应力与拉应力之间的一层既无压应力，又无拉应力，这一层称为中性层。梁的上表层和下表层距中性层最远，因而应力也最大。

所以在工程计算中，应力值应按上、下层边缘处的最大应力计算，其弯曲时最大应力 σ_{max} 为：

$$\sigma_{max}=\frac{M}{W_Z} \qquad (4\text{-}17)$$

式中，M——作用在截面上的弯矩，N · m；

σ_{max}——截面上的最大应力，Pa；

W_Z——抗弯截面模量，m^3。

由式（4-17）可知，当弯矩 M 不变时，抗弯截面模量 W_Z 越大，则最大应力 σ_{max} 就越小，所以 W_Z 反映了横截面抵抗弯曲变形的能力。W_Z 的大小和截面的形状尺寸有关，其值可按式（4-18）计算：

$$W_Z = \frac{I_Z}{Y_{max}} \tag{4-18}$$

式中，I_Z——横截面对中性轴 Z 的惯性矩，m^4；

Y_{max}——横截面上、下边缘到中性轴 Z 的距离，m。

工程中常用的 I_Z 、W_Z 值计算公式见表 4-10。

根据抗弯强度条件，可解决梁的强度校核、选择截面和确定许可载荷这三类问题。

表 4-10　常用截面 I_Z 、W_Z 值计算公式

截面形状	惯性矩 I_Z/m^4	抗弯截面模量 W_Z/m^3
	$I_Z = \frac{bh^3}{12}$	$W_Z = \frac{bh^2}{6}$
	$I_Z = \frac{\pi}{64}d^4 \approx 0.05d^4$	$W_Z = \frac{\pi}{32}d^3 \approx 0.1d^3$
	$I_Z = \frac{\pi}{64}(D^4 - d^4)$	$W_Z = \frac{\pi}{32D}(D^4 - d^4)$
	$I_Z = \frac{BH^3 - bh^3}{12}$	$W_Z = \frac{BH^3 - bh^3}{bH}$

【例 4-5】 如图 4-32 所示，利用一根 18# 工字钢梁制作简易桥式吊车，吊装时作用在梁中点上的载荷 G=10 kN，支点间跨距为 4 m。若不考虑梁的自重，求平衡起吊时的梁内的最大应力，若弯曲许用应力［ σ ］=100 MPa，问该梁是否安全?

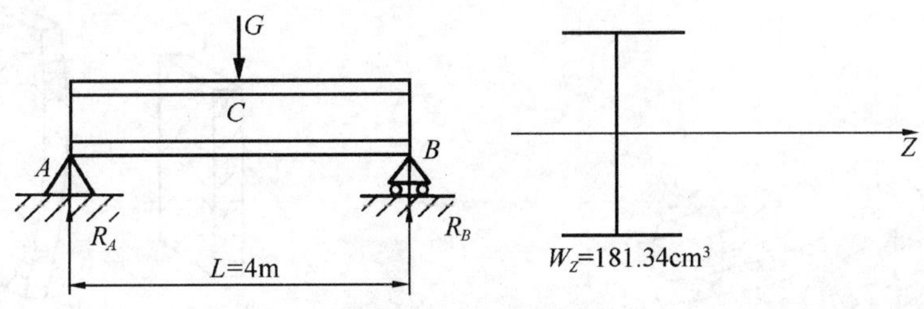

图 4-32　工字梁示意

解：作用在工字梁中点上的载荷 G=10 kN，可利用静力学知识求 A、B 两端支反力，即

$$R_A = R_B = \frac{G}{2} = \frac{10}{2} = 5\ \text{kN}$$

根据载荷作用在梁中部，中部弯矩最大，即危险截面在中部，其中部的弯矩为：

$$M_c = R_A \times \frac{L}{2} = 5 \times \frac{4}{2} = 10\ \text{kN}\cdot\text{m}$$

工字梁中部的最大应力为

$$\sigma = \frac{M_c}{W_Z} = \frac{10\times10^3}{181.34\times10^{-6}} = 5.514\times10^7\ \text{Pa} = 55.14\ \text{MPa}$$

确定工字梁的安全性，因为：

$$\sigma = 55.14\ \text{MPa} < [\sigma] = 100\ \text{MPa}$$

故工字梁满足强度条件，工字梁起吊时安全。

（4）扭转。

扭转也是构件变形的一种形式，如图 4-33 所示，在生产实际中，以扭转为主要变形的构件也很多，凡是有旋转的杆件都受到扭转变形。扭转的受力特点是：作用在杆两端的一对力偶大小相等、方向相反，且力偶平面垂直于轴线。这对力偶在杆件横截面上产生的内力偶矩，称为扭矩。实验证明，杆件扭转时横截面上只有与半径垂直的剪应力，而没有正应力。截面上各点剪应力的大小与该点到圆心的距离成正比，在圆心处剪应力为 0。

（5）压杆稳定。

1）概念。受轴向压力的直杆叫压杆。压杆在轴向压力的作用下保持其原有平衡状态，称为压杆的稳定性。如起重吊装桅杆就要考虑其受压情况下的稳定性。对于细而长的压杆，在压力比抗压强度低很多时，杆也可能突然被压弯而失去稳定性。因此要保证细长杆件正常工作，除了满足强度条件，还需要满足其稳定条件。

根据以上内容可知，轴向受力构件的承载能力是根据强度条件 $\lambda = N/A \leqslant [\sigma]$ 确定的。其中 N 是构件横截面上的内力，称为轴力，A 为横截面面积。但实际工程中，许多细长杆件受压破坏是在满足强度条件下发生的。

例如，图 4-34 所示的两根长度不同的矩形等截面松木条，若按强度条件考虑，经计算两杆的极限承载力相同，都为 6 kN。实际试验过程中，当长杆缓慢加力至 3 kN 时，杆发生弯曲，压力再增加，弯曲急剧增大，很快折断，而短杆受力可达 6 kN，且破坏前轴线保持直线。显然，长杆的破坏不是由于强度不足而引起的。

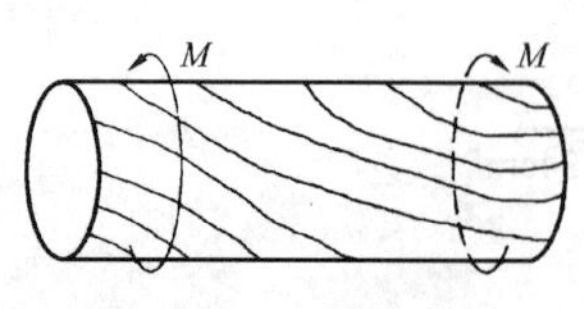

图 4-33　扭转变形

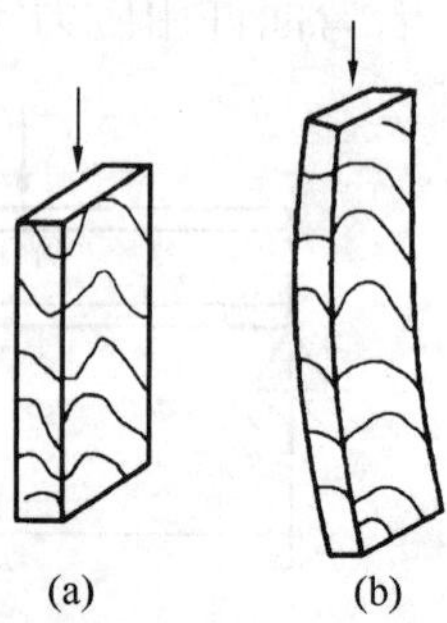

图 4-34　松木压杆

经研究发现，细长压杆在轴向压力的作用下突然破坏，是由于杆件丧失了保持直线形状的稳定性而造成的，这类破坏称为丧失稳定或失稳。杆件失稳破坏比强度不足时所能承受的压力要小得多。

2）细长压杆临界压力。细长压杆受缓慢渐增的压力 P 的作用，开始阶段压杆保持杆轴为直线的平衡状态。随着压力的增加，当增大到某一特定值 P_{cr} 时，杆件出现微弯。压力继续增大，杆轴弯曲迅速增大并很快破坏。特定的压力值 P_{cr} 是杆件由稳定状态到达失稳状态的界限值，称为临界压力。临界压力由欧拉公式确定，即

$$P_{cr}=\pi^2 EI/(\mu L)^2 \tag{4-19}$$

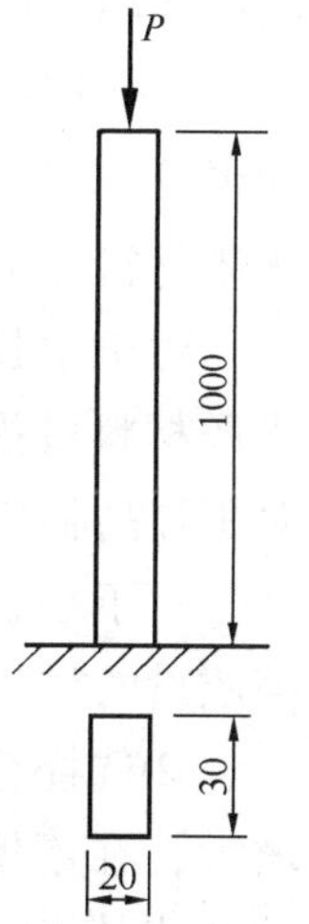

式中，P_{cr}——临界压力，N；

π——圆周率；

E——材料的弹性模量，N/mm²，不同材料的弹性模量不同；

I——杆件截面对形心轴的惯性矩，m⁴，矩形截面 $I=bh^3/12$（与中性轴位置有关），圆形截面 $I=\pi D^4/64$，钢管（圆环形截面）$I=\pi(D^4-d^4)/64$，其中 D 为外径，d 为内径；

L——杆件长度，mm；

μ——长度系数，与杆端支承情况有关，可由表 4-11 确定。

P

1000

30

20

图 4-35　受压杆

【例 4-6】一受压杆，两端支承情况、长度及截面情况如图 4-35 所示。已知，E=200 GPa，求此杆的临界压力。

解：根据支承情况，查表 4-11 得 μ=2。

截面惯性矩：

$$I=bh^3/12=(20\times 30^3)/12=4.5\times 10^4\ \text{m}^4$$

临界压力：

$$P_{cr}=\pi^2 EI/(\mu L)^2=3.14^2\times 200\times 10^3\times 4.5\times 10^4/(2\times 1\,000)^2=22\,180\ \text{N}=22.18\ \text{kN}$$

表 4-11　不同压杆支座的长度系数

杆端支座	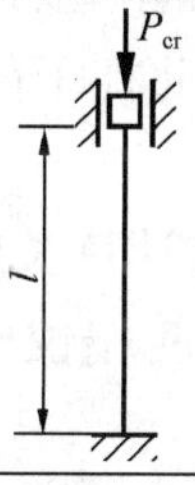 P_{cr} l	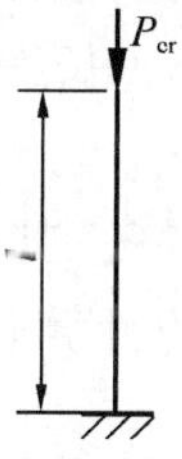 P_{cr}	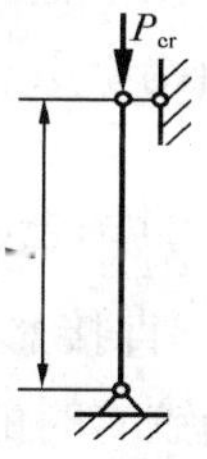 P_{cr}	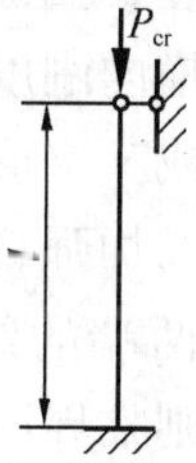 P_{cr}
	两端固定	一端固定 一端铰支	两端铰支	一端固定 一端自由
长度系数 μ	0.5	0.7	1	2

3）临界应力。在临界压力作用下，压杆横截面上的平均应力称为临界压力，用 σ_{cr} 表示。

$$\sigma_{cr}=P_{cr}/A=\pi^2 EI/[(\mu L)^2 A]$$

式中，A——横截面面积，mm²。

令 $I/A=i^2$，i 称为惯性半径，则

$$\sigma_{cr} = \pi^2 E / (\mu L / i)^2$$

令$\lambda = \mu L / i$，则

$$\sigma_{cr} = (\pi^2 E) / \lambda^2$$

λ称为压杆柔度或长细比，它综合反映了压杆长度、支承情况、截面形状与尺寸等因素对临界应力的影响。

4）提高压杆稳定性的措施。压杆临界力的大小，反映了压杆稳定性的高低，因此提高压杆的临界力是提高压杆稳定性的主要措施。具体有以下几个方法：

①选择适当的材料。对于长细比大的压杆（细长杆），选用普通材料即可，因为材料的弹性模量差别不是很大，如合金钢与普通碳素钢的弹性模量都在 200 GPa 左右，选用优质材料并不能提高临界应力。

对于中长杆，经验和公式计算都说明，临界应力与材料强度关系较大，此时，采用优质材料可提高一定的临界应力，但应注意，采用提高材料强度的方法（用优质材料）对于提高临界应力的效果并不显著。

对于小长细比的杆件，其破坏主要是由于强度问题，要提高强度，应采用高强度、高质量的材料。

②选择合理的截面形状。通过前面例题计算可以知道，临界应力随长细比的减小而增大，在不增加截面的情况下，要减小长细比，就应尽量增大截面的惯性矩。如用空心截面代替实心截面（截面积不变），将截面实心面积尽量布置在边缘（如工字形截面），组合柱的立杆尽量分布在四角而不集中在中心等。

当压杆在两个弯曲平面内的约束条件不同时，可采用两个弯曲平面的惯性矩不同的截面设计方案，如矩形、工字形截面加大 h 方向尺寸，减小宽度 b 方向尺寸，则 h 方向的惯性矩越大，b 方向的惯性矩就越小，以此适应两个方向的不同约束条件。如单层厂房排架柱，因纵向有吊车梁、连系梁及墙体的约束，而横向只有屋架约束，所以必须使柱子的横向刚度大（长细比小）、纵向刚度小（长细比大），为此柱子截面都设计为 $h>b$ 的矩形或工字形。

③加强杆端约束。对于一定材料的压杆，其临界应力与计算长度的平方成反比，而压杆两端的约束条件，直接影响到压杆的计算长度。如将两端铰支的压杆改为两端固定，则临界应力为两端铰支时的 4 倍。

3. 材料的许用应力与安全系数

物体受外力作用时单位面积上的内力达到最大限度，当外力超过这个限度，物体开始破坏。材料开始破坏时的应力称为该材料的强度极限，即

强度极限=破坏载荷/截面积

要确保材料在使用过程中不致因强度不足而破坏，或变形较大，即要保证安全使用，就必须使材料的最大工作应力值小于规定的应力值，这个规定的应力值，就是许用应力，可用式（4-20）表示：

$$[\sigma] = \frac{\sigma_{极限}}{K} \tag{4-20}$$

式中，$[\sigma]$——材料的许用应力，MPa；

$\sigma_{极限}$——材料破坏时的极限应力，MPa；

K——安全系数。

工程计算中，所用材料必须满足下列强度条件：

$$\sigma_{最大} \leqslant [\sigma]$$

式中，$\sigma_{最大}$——材料承受载荷时的最大应力，MPa。

确定许用拉应力和安全系数时，要考虑以下几个因素：材料性质的不均匀和内部缺陷、构件制造误差、载荷计算误差（包括计算假定误差）等。此外，安全系数的确定还要考虑适当的安全储备，以确保万无一失。值得指出的是，安全系数并不是保险倍数，只有安全储备的那部分，才具有保险倍数的意义。

安全系数的选取，关系到构件的安全性和经济性。安全要求多用材料，而经济要求少用材料。对于安全和经济，要统筹考虑，不能片面地强调其中一方面。从我国的实际出发，一般取钢材的安全系数 K=1.4～20。

安全系数和许用应力的数值都是经过反复试验和长期实践后分析研究确定的，并列入技术规范，作为日常工作中的计算依据，必须严格遵循。表 4-12 列出了几种常用材料的许用应力值。

表 4-12　几种常用材料的许用应力值

材料名称	许用拉应力/MPa	许用应力/MPa
Q215-A 钢	140	140
Q235-A 钢	160	160
16Mn 钢	230	230
灰口铸铁	35～55	160～200
强铝	80～150	80～150
黄铜	70～140	70～140
松木（顺纹）	7～10	8～12
混凝土	0.1～0.7	1～9
石砌体	0～0.3	0.4～4
砖砌体	0～0.2	0.4～2.6

第三节　机械基础知识

一、平面连杆机构

各种机械的形式、构造及用途虽然不尽相同，但它们的主要部分都是由一些机构组成的。由于组成机构的构件不同，机构的运动形式也不同，所以机构的类型较多。平面连杆机构是最常用的机构之一。

两构件直接接触形成的可动连接称为运动副。面接触的运动副称为低副，点、线接触的运动副叫高副。

平面连杆机构是用低副连接若干刚性构件（常称为杆）而成的机构。在平面连杆机构中，结构最简单、应用最广泛的是由 4 个构件组成的平面四杆机构。而所有运动副均为转动副的平面四杆机构称为铰链四杆机构，它是平面四杆机构最基本的形式。

1. 铰链四杆机构

在图 4-36 所示的铰链四杆机构中，构件 4 为固定不动的，称为机架。不与机架直接连接的杆 2 称为连杆，杆 1 和杆 3 称为连架杆。

能作整周的连续转动的连架杆，称为曲柄。如果不能做整周的连续转动，只能来回摇摆一个角度的连架杆称为摇杆。

在铰链四杆机构中，根据两连架杆是否成为曲柄将机构分为 3 种基本形式，即曲柄摇杆机构、双曲柄机构和双摇杆机构。

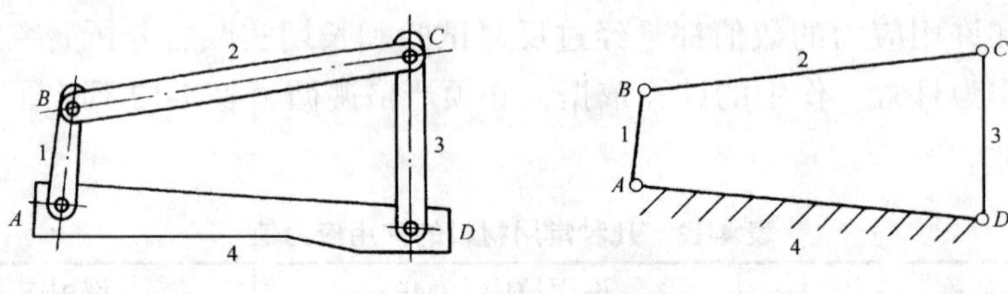

图 4-36 铰链四杆机构

1、2、3–杆；4–构件

（1）曲柄摇杆机构。

在铰链四杆机构中，若两连架杆之一为曲柄，另一为摇杆时，此机构称为曲柄摇杆机构，如图 4-37 所示。它可将曲柄的转动变为摇杆的往复摆动。图 4-38 所示的搅拌机则是利用连杆曲线来完成工作要求的。

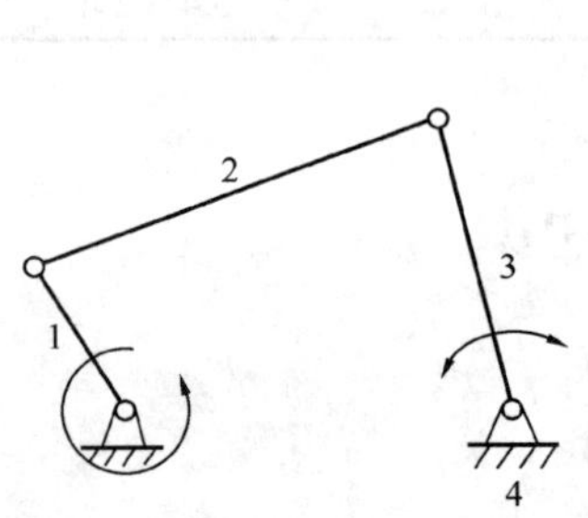

图 4-37 曲柄摇杆机构

1–曲柄；2–连杆；3–摇杆；4–机架

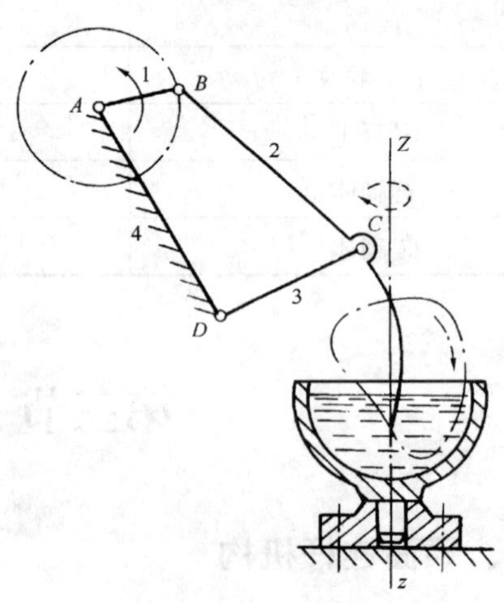

图 4-38 搅拌机

1–曲柄；2–连杆；3–摇杆；4–机架

（2）双曲柄机构。

在铰链四杆机构中，若两连架杆均为曲柄，则该机构称为双曲柄机构，如图 4-39 所示。图 4-40 所示的惯性筛中的四杆机构便是双曲柄机构。当主动曲柄 1 等速转动一周时，从动曲柄 3 变速转动一周，通过杆 5 与四杆机构相连的筛子 6，则在往复移动中具有一定的加速度，使筛中的材料颗粒因惯性而达到筛分的目的。

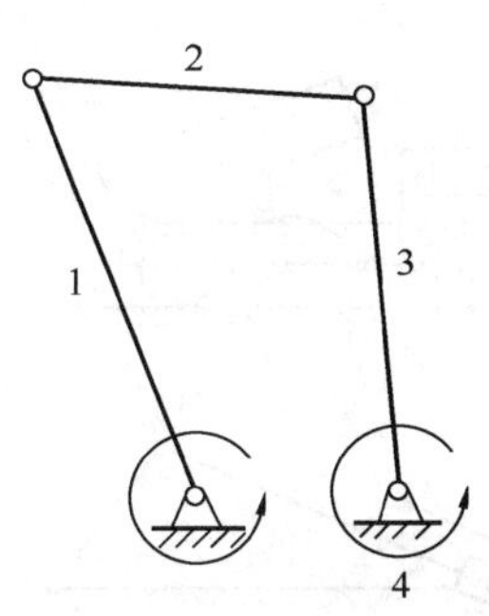

图 4-39　双曲柄机构

1，3–曲柄；2–连杆；4–机架

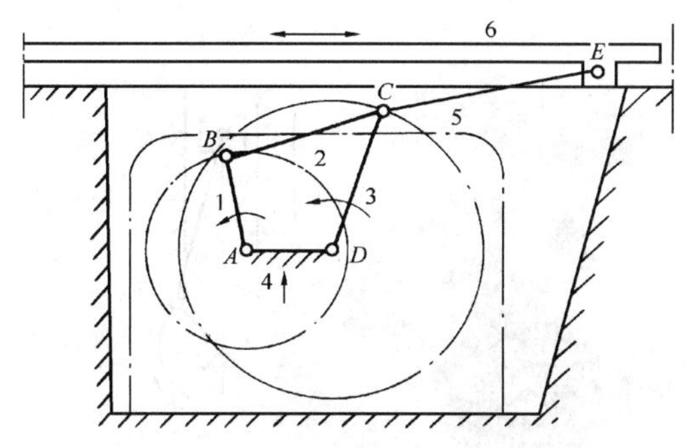

图 4-40　振动筛机构

1，3–曲柄；2–连杆；4–机架；5–通过杆；6–筛子

（3）双摇杆机构。

在铰链四连杆机构中，若两连架杆均为摇杆，则此机构称为双摇杆机构，如图 4-41 所示。双摇杆机构的应用也很广泛，图 4-42 所示的港口用起重机便是这种机构的应用。当摇杆摆动时，摇杆 3 随之摆动，连杆 2 上的 E 点（吊钩）的轨迹近似为一水平直线，这样在平移重物时可以节省动力消耗。

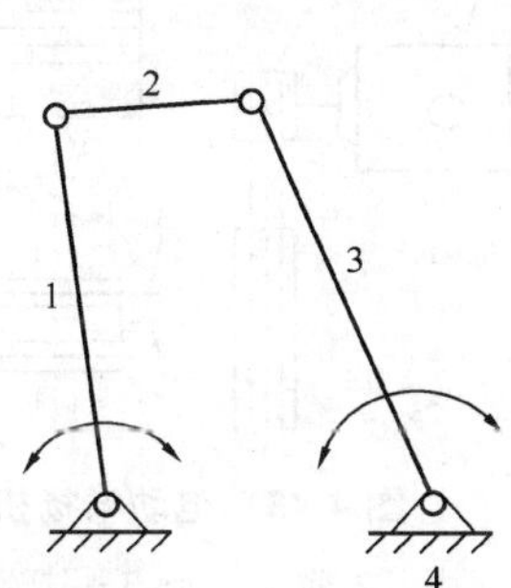

图 4-41　双摇杆机构

1，3–摇杆；2–连杆；4–机架

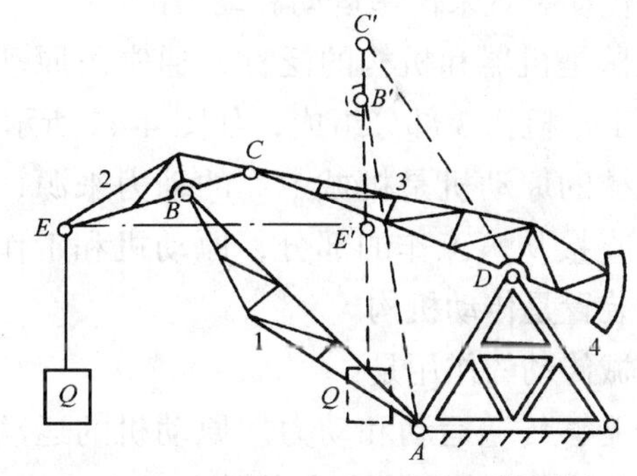

图 4-42　港口起重机

1，3–摇杆；2–连杆；4–机架

2. 铰链四杆机构的演化形式

在生产实践中，除铰链四杆机构的 3 种基本形式之外，还广泛采用其他形式的四杆机构，一般是通过改变铰链四杆机构的某些构件的形状、相对长度或选择不同构件作为机架等方式演化而来。

（1）曲柄滑块机构。

将曲柄摇杆机构中摇杆用作往复运动的滑块代替，曲柄摇杆机构就演化了曲柄滑块机构。曲柄滑块机构应用很广。当曲柄为主动件时，可将曲柄的转动转变为滑块的往复移动。当滑块为主动件时，可将滑块的往复移动转变为曲柄的转动，因此可用于内燃机、蒸汽机等机器。图 4-43 所示柴油机主体机构就是曲柄滑块机构。

（2）导杆机构。

曲柄滑块机构中取不同构件为机架，就演化成了导杆机构。图 4-44 所示的东风自卸车机构就是导杆机构，又称曲柄摇块机构。

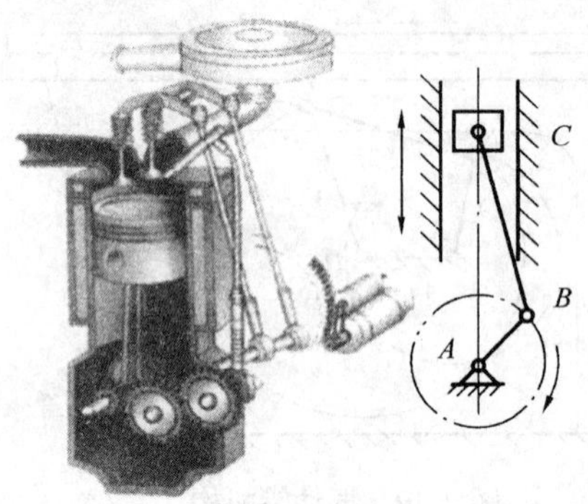

图 4-43　柴油机中的曲柄滑块机构

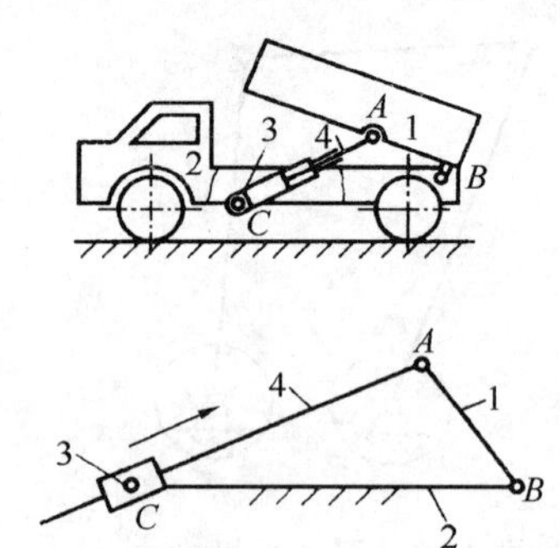

图 4-44　东风自卸车中的导杆机构

1—连架杆；2—机架；3—摇块；4—导杆

二、常用机械传动

机械传动是一种最基本的传动方式。一台机器通常是由一些零件（如齿轮、蜗杆、带轮、链轮等）组成各种传动装置来传递运动和动力的。

机械是机器和机构的泛称，通常由原动机、传动机构与工作机构 3 部分组成，如图 4-45 所示。

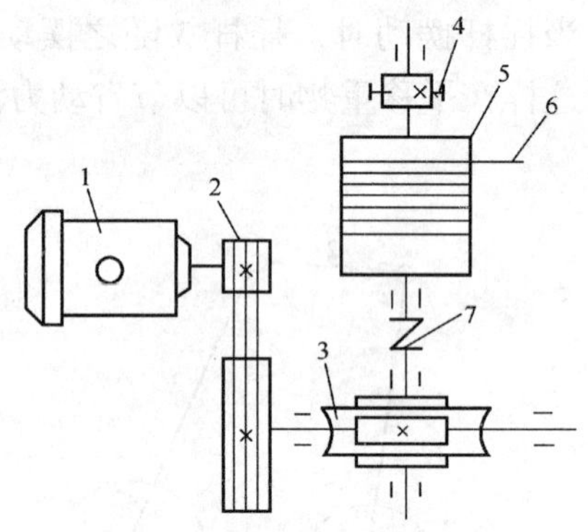

图 4-45　电动卷扬机

1—电动机；2—带轮传动；3—蜗杆蜗轮传动；4—电磁抱闸；5—卷筒；6—钢丝绳；7—联轴器

机械的原动机是机械工作的动力来源，工作机构是机械直接从事工作的部分，原动机和工作机构之间的传动装置是传动机构。

机械传动的作用是：

①能够传递运动和动力。原动机的运动和动力通过传动系统分别传至各工作机构。

②能改变运动方式。一般原动机的运动形式是旋转运动，通过传动系统可将旋转运动改变为工作机构所需要的运动形式，例如往复直线运动。

③能调节运动的速度和方向。工作机构所需要的速度和方向往往与原动机的速度和方向不符，传动机构可将原动机的运动和速度方向调整到工作机构所需要的情况。

1. 带传动

带传动通常由固联于主动轴上的主动带轮、固联于从动轴上的从动带轮和紧套在两种带轮上的传动带组成，如图 4-46 所示。

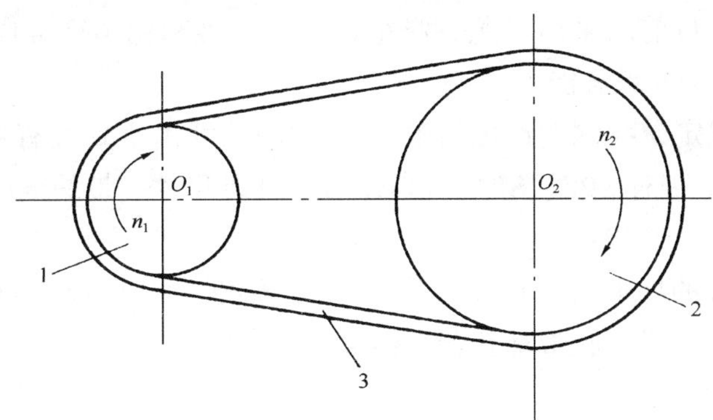

图 4-46　带传动的组成

1–主动带轮；2–从动带轮；3–传动带

带传动的类型很多，有平带传动、V 带传动（又称三角带传动）、圆形带传动、多楔带传动、同步齿形带传动等。V 带传动的工作面是与轮槽相接触的两侧面，传动中产生的摩擦力较大，因此传动能力强，建筑起重机械中大部分使用的是 V 带传动。

（1）带传动的特点。

1）带传动的主要优点是：

①适用于中心距较大的传动。

②因为传动带具有良好的弹性，所以能缓和冲击，吸收振动。

③过载时，带和带轮间会出现打滑，可防止机器中其他零件的损坏，起过载保护作用。

④结构简单，制造、安装精度要求低，成本低廉。

2）带传动的主要缺点是：

①传动的外廓尺寸较大。

②带与带轮间需要较大的压力，因此对轴的压力较大，并且需要张紧装置。

③不能保证准确的传动比。

④带的寿命较短。

⑤传动效率较低。

（2）带传动的应用。

通常，带传动用于传递中、小功率。在多级传动系统中，常用于高速级。由于传动带与带轮间可能产生摩擦放电现象，所以带传动不宜用于易燃、易爆等危险场合。

（3）V 带结构和标记。

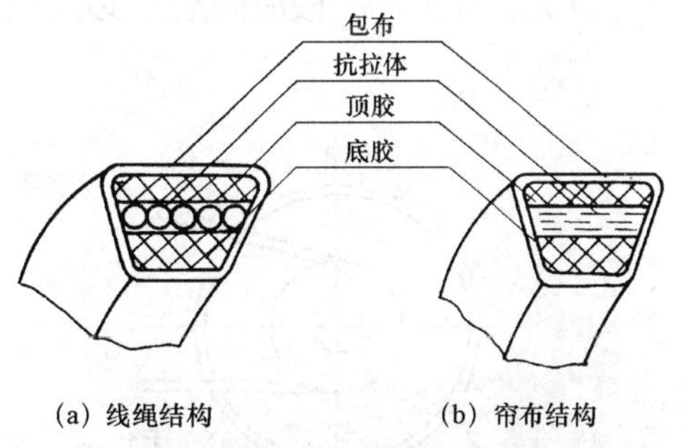

图 4-47　三角带（V 带）的结构

V 带已经标准化，它的横剖面结构如图 4-47（a）所示是线绳结构，图 4-47（b）所示是帘布结构，均由包布、顶胶、抗拉体和底胶 4 部分组成。包布是 V 带的保护层，由胶帆布制成。顶胶和底胶由橡胶制成，分别承受带弯曲时的拉伸和压缩。抗拉体是承受拉力的主体。绳芯 V 带结构柔软，抗弯强度较高，帘布芯

V 带抗拉强度较高。目前已采用尼龙、涤纶、玻璃纤维和化学纤维代替棉帘布和棉线绳作为抗拉体，以提高带的承载能力。

根据国家标准规定，我国生产的普通 V 带剖面尺寸由小到大有 Y、Z、A、B、C、D、E 7 种型号，窄 V 带有 SPZ、SPA、SPB、SPC 4 种尺寸。带的剖面尺寸越大，其传递功率的能力也就越大。

V 带是没有接头的环形带，位于 V 带轮基准直径上的 V 带的周线长度称为基准长度，用 L_d 表示。每种型号的胶带都有若干标准基准长度。

（4）带与带轮的安装。

在安装带轮时，要保证两轮的中心平行，主、从动轮的轮槽必须在同一平面，带轮安装在轴上不能晃动。胶带安装时，胶带应有合适的张紧力，在中等中心距的情况下，用大拇指按下 1.5 cm 即可，如图 4-48 所示。胶带的型号和基准长度不能搞错。若胶带型号大于轮槽型号，会使胶带高出轮槽，使接触面减少，降低传动能力；若小于轮槽型号，将使胶带底面与轮槽底面接触，从而失去 V 带传动能力大的优点。只有当胶带型号与轮槽型号相适应时，V 带的工作面与轮槽的工作面才能充分接触，如图 4-49（c）所示。

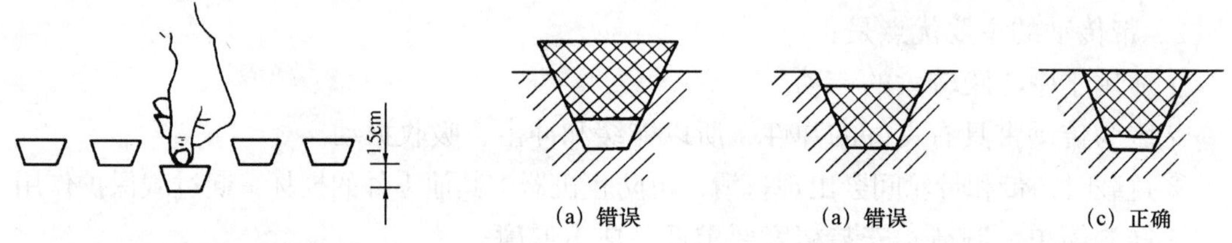

图 4-48　V 带的张紧程度　　图 4-49　V 带在轮槽中的位置

（5）带传动的使用和维护。

1）带传动一般需防护罩，以保安全。

2）需要更换 V 带时，同一组的传动带应同时更换，不能新旧并用，以免长短不一造成受力不均。

3）胶带不宜与酸、碱、油接触；工作温度不宜超过 60℃。

4）V 带工作一段时间后，必须重新张紧，调整带的初拉力，如图 4-50 所示。

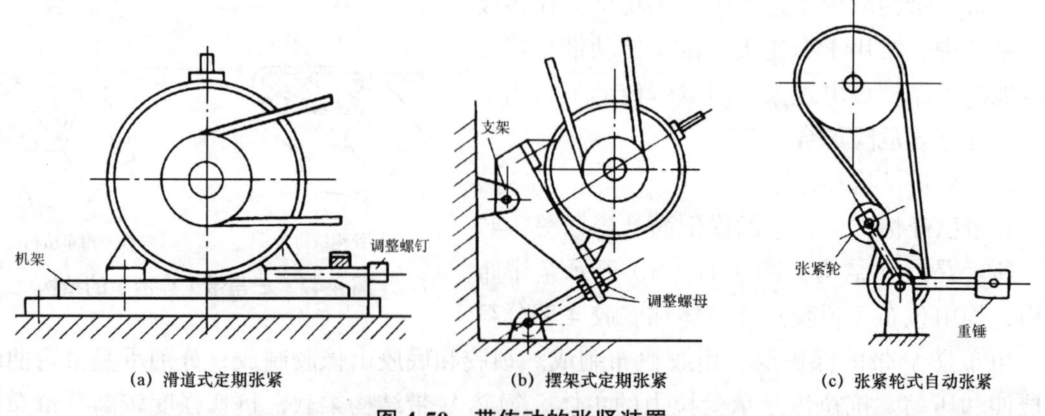

图 4-50　带传动的张紧装置

2. 链传动

链传动是由主动链轮、从动链轮和链条组成如图 4-51 所示。链轮上具有轮齿，依靠链轮轮齿与链节的啮合来传递运动和动力。所以链传动是一种具有中间挠性件的啮合传动。

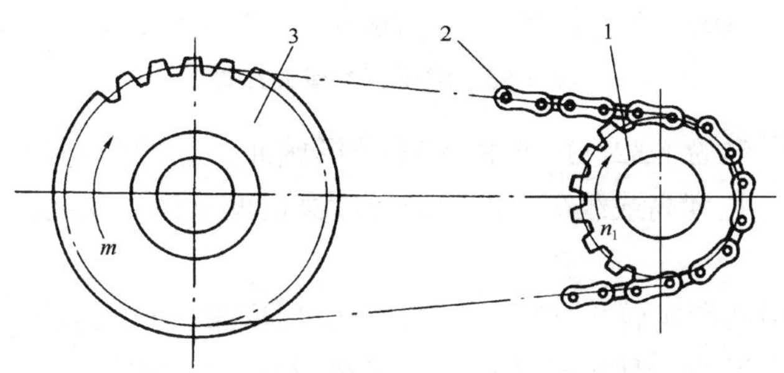

图 4-51　链传动

1−主动链轮；2−链条；3−从动链轮

链传动主要用于要求工作可靠、两轴相距较远、工作条件恶劣的场合中。

按用途不同，链可分为传动链、起重链和曳引链。一般机械中常用传动链，而起重链和曳引链常用于起重机械和运输机械中。

传动链有滚子链和齿形链两种类型，以滚子链最为常用。

滚子链的链节由内链板、外链板、套筒、销轴和滚子组成，如图 4-52 所示。滚子链的接头方式如图 4-53 所示。当链节数为偶数时，链条连成环形时正好是外链板与内链板相接，再用开口销或弹簧卡锁住销轴。当链条的链节数为奇数时则采用过渡链板连接。

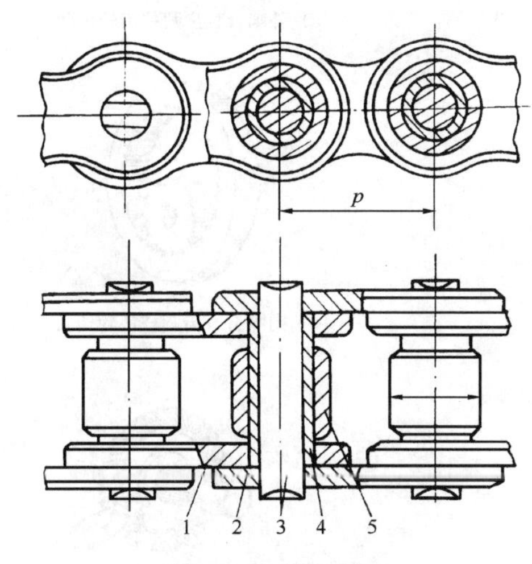

图 4-52　滚子链

1−内链板；2−外链板；3−销轴；4−套筒；5−滚子

相邻两滚子中心之间的距离称为链条的节距，用 p 表示。它是链条的主要参数，节距越大，链条各零件的尺寸也越大，链条所能传递的功率就越大。

润滑对链传动影响很大，良好的润滑将减少磨损，缓和冲击，提高承载能力，延长链及链轮的使用寿命。

常用的润滑方式有：

①油壶或油刷供油。

②滴油润滑。

③油浴或飞溅润滑。

④油泵强制润滑。

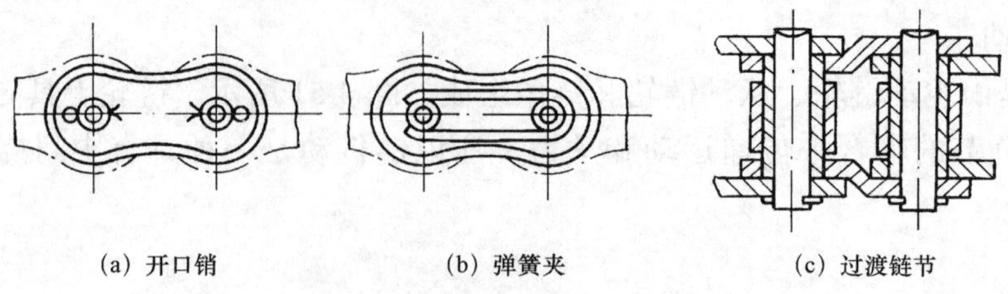

图 4-53　滚子链的接头方式

推荐采用的润滑油为 N32、N46 和 N68 号机械油，它们分别相当于 HJ20、HJ30 和 HJ40 号机械油。环境温度高或载荷大的宜取黏度高的润滑油，反之宜取黏度低的。

3. 齿轮传动

齿轮传动是利用两齿轮轮齿之间的啮合来传递两轴之间的运动和动力的。它是目前机械传动中应用最广泛的一种传动装置。为了满足生产实际的需要，齿轮传动的类型很多。图 4-54 列出了常见的齿轮传动类型。

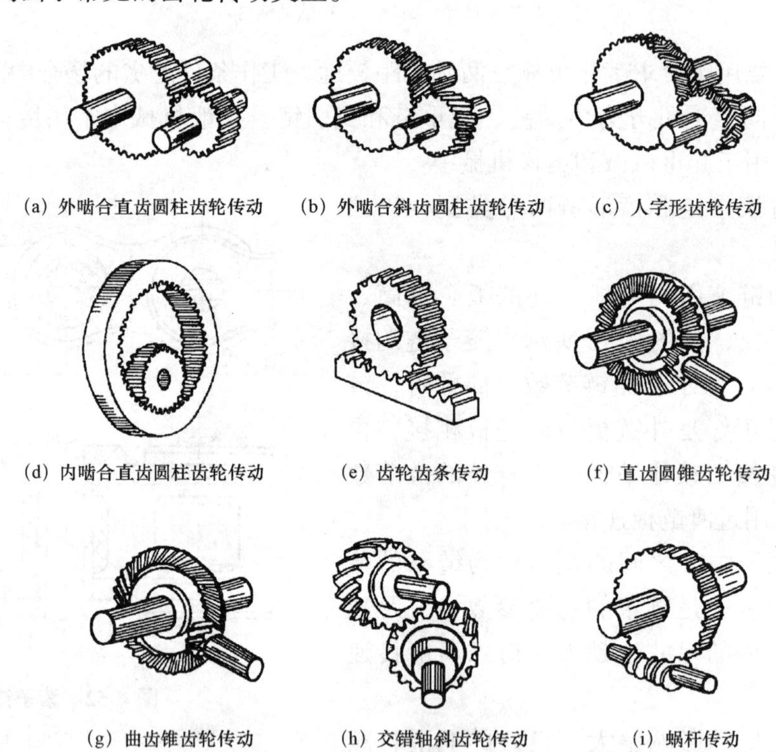

图 4-54　齿轮传动的基本类型

齿轮在传动过程中会发生轮齿折断、齿面破坏等现象，从而失去工作能力，这种现象称为齿轮的失效。齿轮传动的失效形式主要有以下几种：

（1）轮齿折断。

在载荷反复作用下，齿根弯曲应力超过允许限度时发生疲劳折断；用脆性材料制成的齿轮，因短时过载、冲击发生突然折断。这种失效形式，开式和闭式齿轮传动都可能发生。

（2）齿面点蚀。

轮齿工作面上出现细小的凹坑，这种在齿面表层产生的疲劳破坏称为疲劳点蚀，简称齿面点蚀。点蚀轮齿有效承载面积减小，齿廓表面被破坏，引起冲击和噪声，进而导致齿轮传动的失效。疲劳点蚀首先出现在靠近节线的齿根表面。

齿面抗点蚀能力与齿面硬度及润滑状态有关，齿面硬度越高，则抗点蚀能力越强。疲劳点蚀是润滑良好的闭式软齿面齿轮传动的主要失效形式。

（3）齿面磨损。

齿面磨损通常是磨粒磨损。在齿轮传动中，由于灰尘、铁屑等磨料性物质落入轮齿工作面间而引起的齿面磨损即磨粒磨损。齿面磨损是开式齿轮传动的主要时效形式。

（4）齿面胶合。

在高速重载或润滑不良的低速重载的齿轮传动，由于相啮合的两齿面出现局部温度过高，润滑失效导致齿面发生粘连而使传动失效的现象，称为齿面胶合。

（5）塑性变形。

齿面较软的齿轮在频繁启动和严重过载时，在齿面很大压力和摩擦力的作用下，使齿面金属产生局部塑性变形而使传动失效的现象称为齿面塑性变形。

4. 蜗杆传动

蜗杆传动用于传递两交错轴之间的运动和动力，两轴交错角通常为 90°。蜗杆传动由蜗杆 1 和与它啮合的蜗轮 2 组成，如图 4-55 所示。

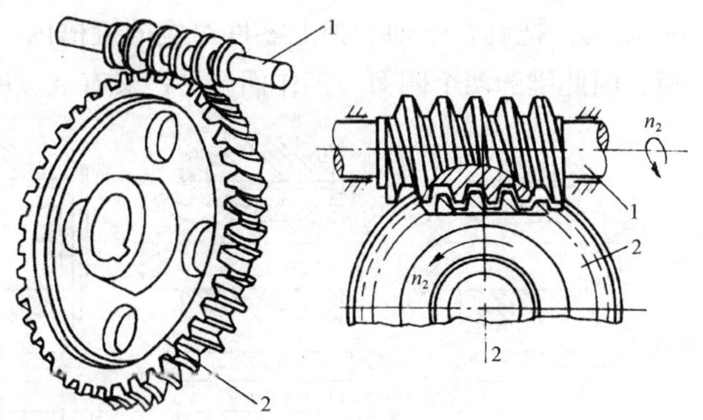

图 4-55　蜗杆传动

1–蜗杆；2–蜗轮

蜗杆传动的特点：

（1）可实现大的传动比。

（2）工作平稳，振动小、噪声低。

（3）可以设计成具有自锁性的传动。

（4）效率低。一般 η=0.7～0.9，具有自锁性能的蜗杆传动效率仅为 0.4。

（5）成本高。

为了减少啮合齿面内的摩擦和磨损，要求蜗轮副的配对材料应有较好的减磨性和耐磨性，为此，通常要选用较贵重的金属制造蜗轮，使成本提高。

5. 轴系零件

轴系零部件是机械的重要组成部分，它主要是由轴、键、轴承、联轴器、离合器及轴上的转动零件所构成。

（1）轴。轴是任何一部机器必不可少的零件。轴安装在轴承上，用以支承机器中的传动零件和回转零件。

轴主要由轴颈、轴头和轴身组成。安装轴承的部分称为轴颈；安装转动零件的部分称为轴头；连接轴颈和轴头的部分称为轴身，如图 4-56 所示。

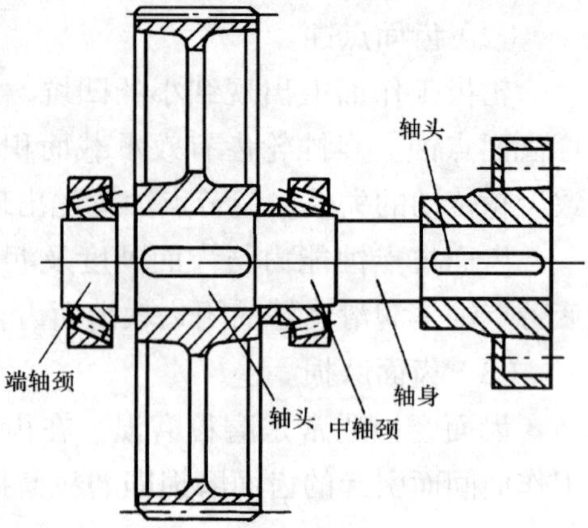

图 4-56　轴

零件在轴上的轴向固定是为了保证零件有确定的工作位置，防止零件沿轴向移动并承受轴向力。轴向固定的方式很多，各有特点。常见的轴向固定有轴肩、轴环、弹性挡圈、螺母、套筒等。

（2）键连接及销连接。零件在轴上的周向固定是为了传递转矩，防止零件与轴产生相对转动。常用的轴向固定方法有键连接、花键连接、销连接和过盈配合等。

根据键的形状不同，键连接可分为平键连接、半圆键连接和楔键连接等，其中以平键连接最为常用。

按用途不同平键连接可分为普通平键连接、导向平键连接和滑键连接 3 种。图 4-57 为普通平键连接的结构形式，把键置于轴和轴上零件对应的键槽内，工作时靠键和键槽侧面的挤压来传递转矩，因此键的两个侧面为工作面。平键又有 A、B、C 3 种类型。

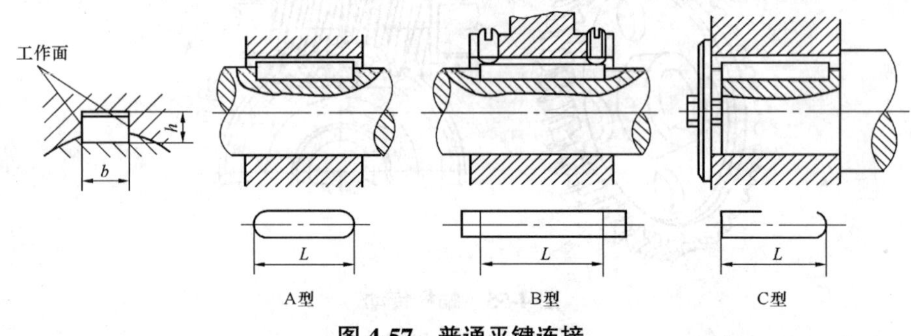

图 4-57　普通平键连接

花键连接由带键齿的花键轴和带键齿槽的轮毂组成。工作时靠键与键齿槽侧面的挤压来传递转矩。

销主要用来固定零件之间的相对位置，并可传递不大的载荷。根据构造的不同，可分为圆锥销、圆柱销、开口销等。开口销是一种防松零件，常与带槽螺母一起使用。

（3）轴承。轴承是机器中用来支承轴的一种重要部件，用以保证轴的回转精度，减少轴和支承间由于相对转动引起的摩擦和磨损。根据轴承工作的摩擦性质，可分为滑动轴承和滚动轴承两大类。

滑动轴承主要由轴承座和轴瓦所组成，如图 4-58 所示。

滑动轴承包含的零件少，工作面间一般有润滑油膜并为面接触。所以，它具有承载能力大，抗冲击、低噪声、工作平稳、回转精度高、高速性能好等优点。

滚动轴承由外圈、内圈、滚动体和保持架等组成，如图 4-59 所示。

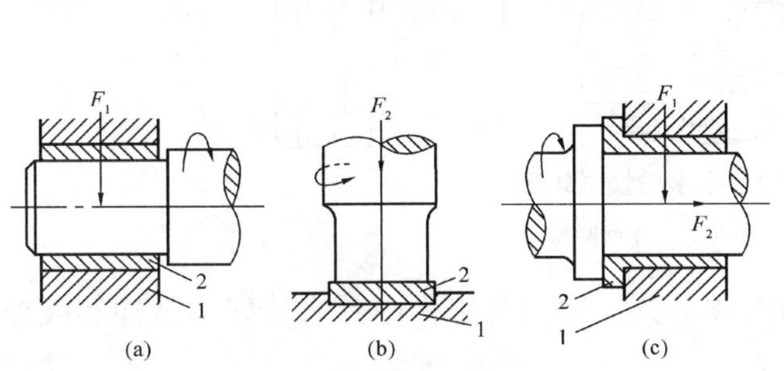

图 4-58　滑动轴承的组成

1–轴承座；2–轴承瓦

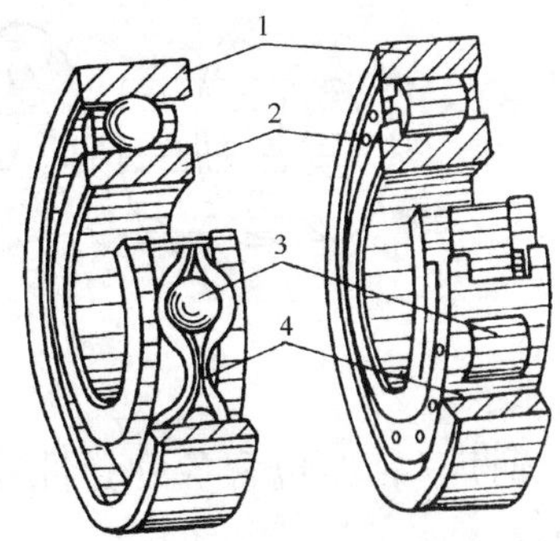

图 4-59　滚动轴承的构造

1–外圈；2–内圈；3–滚动体；4–保持架

滚动轴承的种类很多，按照滚动体的种类不同分为球轴承和滚子轴承，按照所能承受的载荷不同分为：主要承受径向载荷的称为向心轴承，主要承受轴向载荷的称为推力轴承，同时承受径向和轴向载荷的称为角接触轴承。我国常用的滚动轴承类型通常有 10 大类。

（4）联轴器。联轴器是用于把两轴牢固地连接在一起，以传递扭矩和运动的部件。根据工作性能，联轴器分为刚性联轴器和弹性联轴器两大类。刚性联轴器又有固定式和可移式之分。固定式刚性联轴器构造简单，但要求被连接的两轴严格对中，而且在运转时不得有任何相对移动。

固定式刚性联轴器中应用最广的是凸缘联轴器，如图 4-60 所示，它是利用螺栓连接两半联轴器来连接两轴。

刚性可移式联轴器的种类很多，应用很广，常用的有：

1）齿轮联轴器。图 4-61（a）为齿轮联轴器。它由两个带有内齿的外壳 3、4 和带动外齿的轴套 1、2 组成。

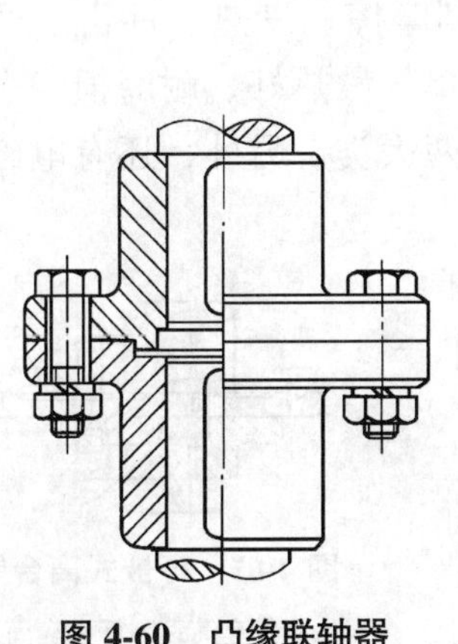

图 4-60　凸缘联轴器

1　3　4　2

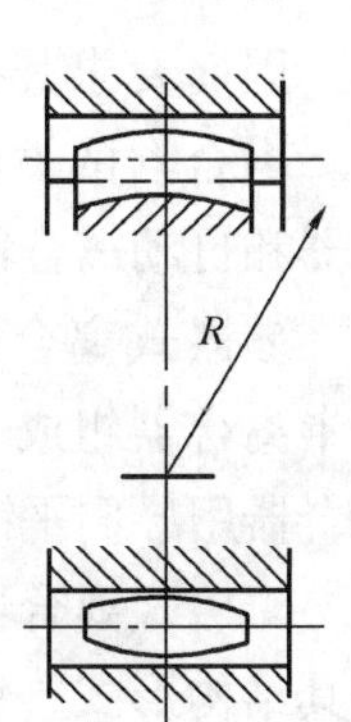

图 4-61　齿轮联轴器

1、2–轴套；3、4–外壳

2）十字联轴器。如图 4-62 所示，它由 2 个端面开有凹槽的套筒和一个两端有凸榫的中间圆盘组成的。两凸榫中线互相垂直并通过圆盘中心。

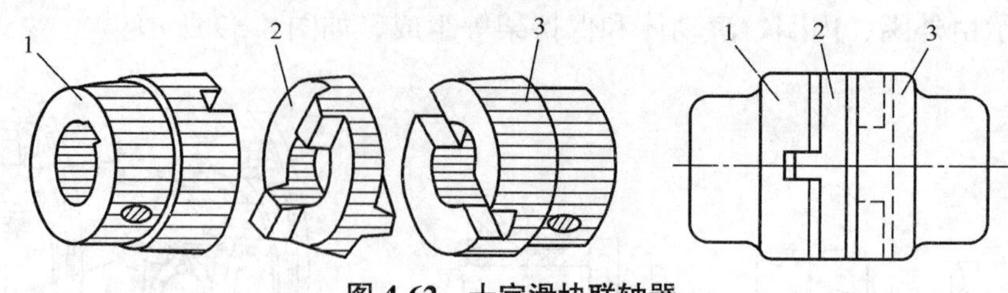

图 4-62　十字滑块联轴器

1、3–套筒；2–中间圆盘

弹性联轴器包含各种弹性零件的组成部分，因而在工作中具有较好的缓冲和吸振能力。

弹性套柱销联轴器是机器中常用的一种弹性联轴器，如图 4-63 所示。它的主要零件是弹性橡胶套、柱销和两个法兰盘。弹性套柱销联轴器适用于正反转变化多、启动频繁的高速轴连接，如电动机轴的连接，可获得较好的缓冲和吸振效果。

尼龙柱销联轴器和上述弹性套柱销联轴器相似，如图 4-64 所示。由于结构简单，制作容易，维护方便，所以常用它来代替弹性套柱销联轴器。

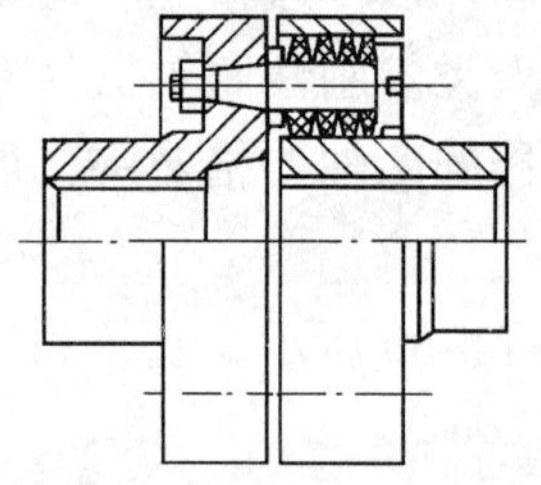

图 4-63　弹性套柱销联轴器

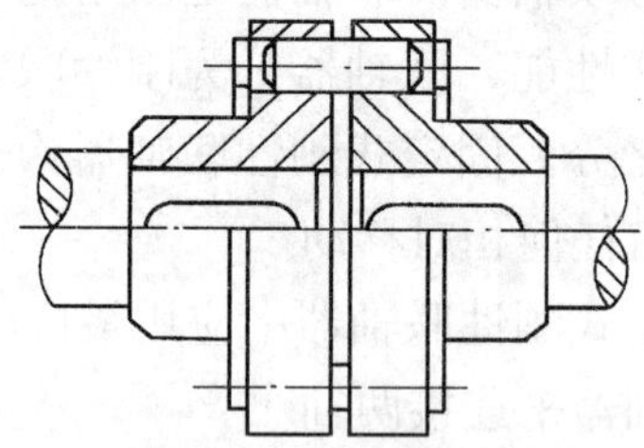

图 4-64　尼龙柱销联轴器

（5）离合器。离合器类似开关，既能方便地连接两轴以传递运动和动力，又能根据工作需要随时使主、从动轴接合或分离，操纵机械传动系统的启动、停止、换向及变速。离合器在工作时需要随时分离或接合，不可避免地受到摩擦、发热、冲击、磨损等，因而要求其接合平稳、分离迅速、操纵方便，且结构简单、散热好、耐磨损、寿命长。离合器的类型很多，通常按结构可分为牙嵌式和摩擦式两大类。另外，还有电磁离合器和自动离合器。

牙嵌式离合器的结构如图 4-65 所示，它由两个端面带牙的半离合器组成，主动半离合器用平键和主动轴连接，从动半离合器用导向平键（或花键）与从动轴连接。

摩擦式离合器靠工作面上所产生的摩擦力矩来传递转矩。按其结构形式，可以分为圆盘式、圆锥式等，其中以圆盘式的应用最广。

圆盘式摩擦离合器又可分为单盘式和多盘式两种。

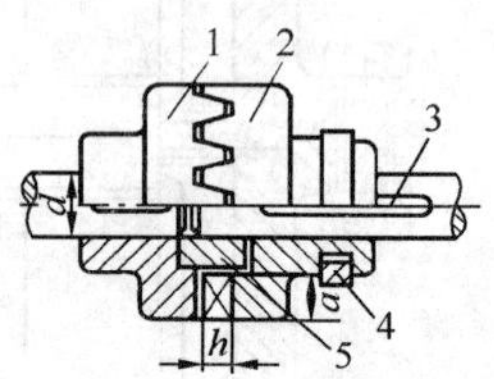

图 4-65　牙嵌式离合器

1–固定套筒；2–活动套筒；3–导向平键；4–滑环；5–对中环

单盘式摩擦离合器的结构如图 4-66（a）所示，通过其半离合器和摩擦盘接触面间的摩擦力来传递转矩。这种离合器结构简单、散热性好，但传递的转矩较小。

当必须传递较大转矩时，可采用多盘式摩擦离合器。这种离合器有两组摩擦片，外摩擦片和内摩擦片的形状如图 4-66（b）所示。

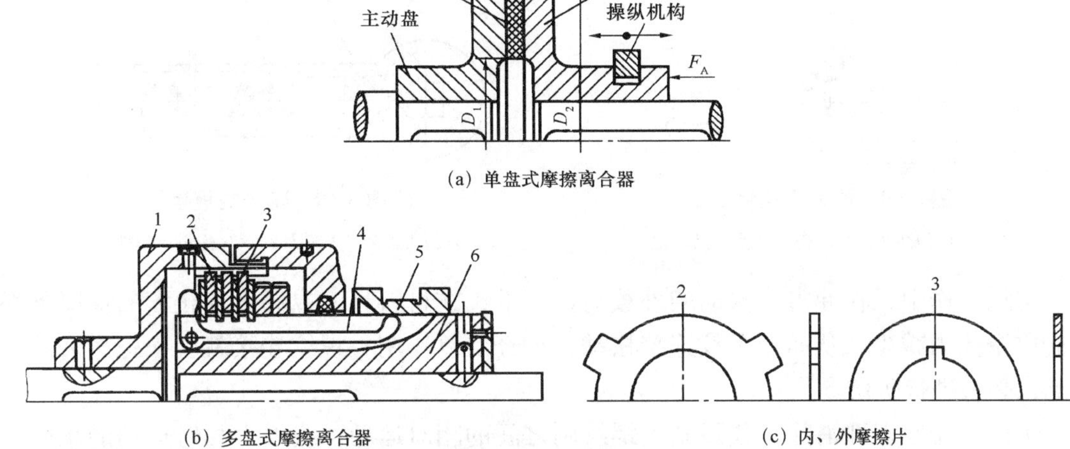

图 4-66　圆盘式摩擦离合器

1、6−半离合器；2−外摩擦片；3−内摩擦片；4−曲臂压杆；5−滑环

三、螺纹连接

利用带螺纹的零件，把需要相对固定在一起的零件连接在起来，称为螺纹连接。螺纹连接是一种可拆连接，其结构简单、形式多样、连接可靠、装拆方便。

根据牙形，螺纹可分为三角螺纹、矩形螺纹、梯形螺纹和锯齿形螺纹等，由于三角形螺纹之间的摩擦力大，自锁性好，连接牢固可靠，所以它主要用于连接。

1．螺纹连接的类型

螺纹连接的基本类型有螺栓连接、双头螺柱连接、螺钉连接和紧定螺钉连接等。图 4-67（a）是普通螺栓连接，（b）是配合螺栓连接。

普通螺栓连接是用螺栓穿过被连接件上的通孔，套上垫圈，再拧上螺母的连接。连接的特点是孔壁与螺栓杆之间留有间隙，结构简单，装拆方便。配合螺栓连接的孔壁与螺栓杆之间没有间隙，采用过渡配合，可以承受较大的横向载荷。

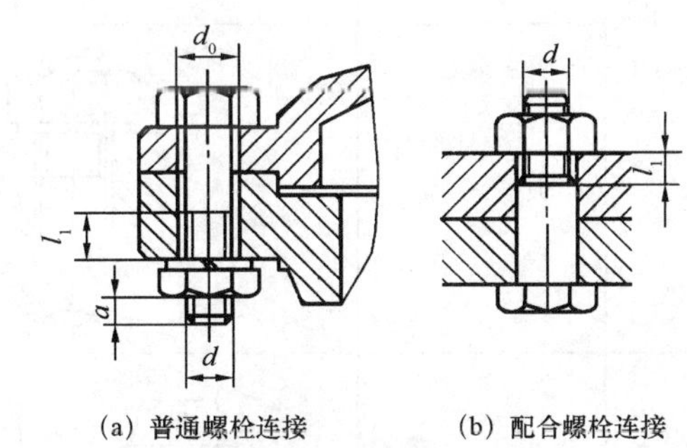

图 4-67　螺栓连接

2．螺纹连接的预紧和防松

一般螺纹连接在装配时都必须拧紧，以增强连接的可靠性、紧密性和防松能力。连接件在承受工作载荷之前，就预先受到力的作用，这个预加作用力称为预紧力。如果预紧过紧，拧紧力过大，螺杆静载荷增大、降低本身强度；预紧过松，拧紧力过小，工作

不可靠。

对于一般连接，可凭经验来控制预紧力 F_0 的大小，但对于重要的连接就要严格控制其预紧力。

控制预紧力通常采用测力矩扳手，如图 4-68 所示，或定力矩扳手，如图 4-69 所示，利用控制拧紧力矩的方法来控制预紧力的大小。

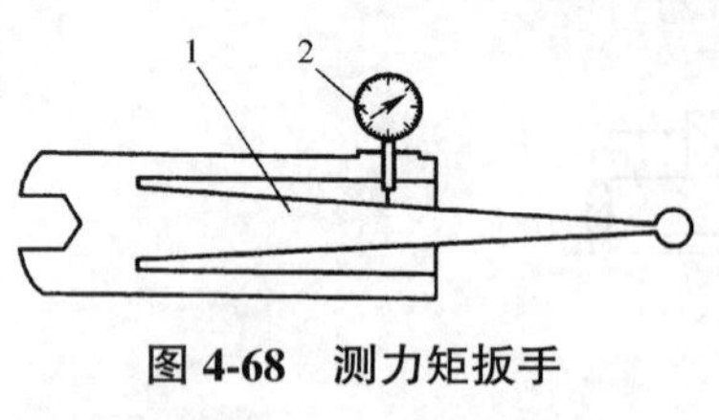

图 4-68　测力矩扳手

1–弹性元件；2–指示刻度

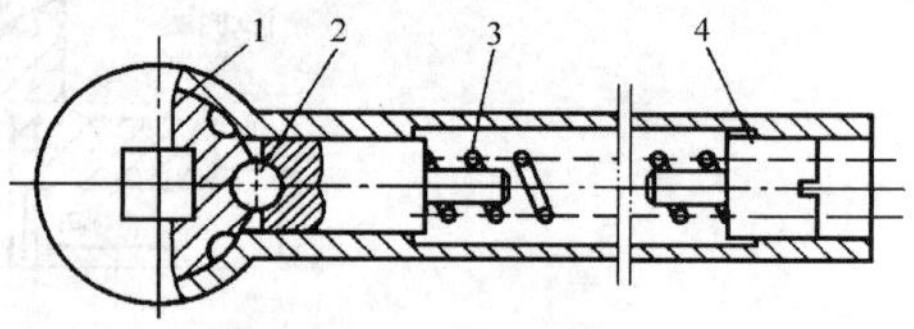

图 4-69　定力矩扳手

1–扳手卡环；2–圆柱销；3–弹簧；4–螺钉

实际工作中，在冲击、振动的外载荷作用下，在材料高温或温度变化大的情况下都会造成摩擦力减少，从而使螺纹连接松动，如经反复作用，螺纹连接就会松弛而失效，因此，必须进行防松。

防松工作原理即消除（或限制）螺纹副之间的相对运动，或增大相对运动的难度。防松的方法很多，按防松原理可分为摩擦防松、机械防松和永久防松。

常用的防松装置和防松方法见表 4-13。

表 4-13　常用的防松方法

防松方法		结构形式	特点及应用
摩擦防松	对顶螺母	螺栓　上螺母　下螺母	利用两螺母对顶作用，使旋合螺纹间始终受到附加压力和附加摩擦力的作用。结构简单，适用于平稳、低速和重载的固定装置上的连接
	弹簧垫圈		弹簧垫圈材料为弹簧钢，装配后垫圈被压平，其反弹力使螺纹间保持压紧力和摩擦力。由于垫圈的弹力不均匀，在冲击、振动的工作条件下，其防松效果较差，一般用于不太重要的连接
摩擦防松	自锁螺母		螺母一端做成非圆形收口或开缝后径面收口，螺母拧紧后，收口张开，利用收口的弹力使旋合螺纹间压紧。结构简单，防松可靠，可多次装拆而不降低防松性能

续表

防松方法		结构形式	特点及应用
机械防松	开槽螺母和开口销		开槽螺母拧紧后，用开口销穿过螺栓尾部小孔和螺母的槽，也可用普通螺母拧紧后再配钻开口销孔。适用于较大冲击、振动的高速机械中运动部件的连接
	圆螺母和止动垫圈		圆螺母拧紧后，将单耳或双耳止动垫圈分别向螺母和被连接件的侧面折弯贴紧，即可将螺母锁住。若两个螺栓需要双联锁紧时，可采用双联止动垫圈，使两个螺母相互制动。结构简单，使用方便，防松可靠
	单连钢丝	(a) 正确 (b) 不正确	用低碳钢丝穿入各螺栓（螺钉）头部的孔内，将各螺钉串联起来，使其相互制动。用于螺栓组（螺钉组）的连接，防松可靠，但装拆不便

第四节　电学基础知识

一、电学相关知识

（1）导体。容易让电流通过的物体称为导体。一般是指电阻率在 10^{-9}～10^{-8} Ωmm^2 之间的物体，如钢、铁等金属材料，均属导体。

（2）绝缘体。不容易让电流通过的物体叫作绝缘体。一般是指电阻率＞10^{9} Ωmm^2 的物体，如塑料、木材、橡胶等。

（3）半导体。介于导体和绝缘体之间的物体称为半导体。

二、直流电基础知识

1. 电流

电荷的定向流动，称为电流。电流不但有方向，而且有大小。

2. 稳恒电流

电流的大小和方向都不随时间而改变的电流称为稳恒电流。

3. 直流电

电流流动的方向不随时间而改变的电流称为直流电流，简称直流电。用字母“DC”或“—”表示。

4. 电流强度

通过导线横截面的电量与通过这些电量所耗用时间之比，称为电流强度。其表示符号用 I，单位为安培（A），简称安，用字母 A 表示。电流常用的单位还有 kA、mA、μA，换算关系为：1 kA=10^3 A；1 mA=10^{-3} A；1 μA=10^{-6} A。

测量电流强度的仪表叫电流表，又称安培表，分直流电流表和交流电流表两类。测量时必须将电流表串联在被测的电路中。每一个安培表都有一定的测量范围，所以在使用安培表时，应该先估算一下电流的大小，选择量程合适的电流表。

5. 电阻

导体对电流的阻碍作用称为电阻，用 R 符号表示。电阻的单位为欧姆，用 Ω 符号表示。导体电阻是导体中客观存在的。在温度不变时导体的电阻，跟它的长度成正比，跟它的横截面积成反比。电阻的常用单位有欧姆（Ω）、千欧（kΩ）、兆欧（MΩ）。它们的换算关系为：1 kΩ=10^3 Ω；1 MΩ= 10^3 kΩ= 10^6 Ω。

电阻率：把 1 m 长，截面积为 1 mm^2 的导体所具有的电阻值称为该导体的电阻率，电阻率用 ρ 表示，其单位为 $\Omega mm^2/m$。

6. 电压

在电场中两点之间的电势差（又称电位差）叫作电压。它表示电场力把单位正电荷从电场中的一点移到另一点所做的功，其方向为电动势的方向。电源加在电路两端的电压称为电源的端电压，电压的单位为伏特，用符号 V 表示。常用的单位还有千伏（kV）、毫伏（mV）等，换算关系为：1 kV=10^3 V；1 mV= 10^{-3} V。

测量电压大小的仪表叫电压表，又称伏特表，分直流电压表和交流电压表两类。测量时，必须将电压表并联在被测量电路中，每个伏特表都有一定的测量范围（即量程）。使用时，必须注意所测的电压不得超过伏特表的量程。

7. 电动势

把单位正电荷从电源负极经电源内部移到正极时所做的功称为电源的电动势。电动势的方向是由负极经电源内部指向正极。电动势是描述电源性质的物理量，用来表示这个电源将其他形式能量转换为电能本领的大小。

8. 电源

凡能把其他形式的能量转化为电能的装置均称为电源，电源有正负极各一个。

9. 电功

电流通过导体时所做的功称为电功，用 W 表示。电功的大小表示电能转换为其他形式能量的多少。在数值上等于加在导体两端的电压 U、流经导体的电流 I 和通电时间 t 三者的乘积。

10. 直流电的计算

（1）电流的计算。

$$I=\frac{U}{R}$$

式中，I——电流强度，A；

U——电压，V；

R——电阻，Ω。

（2）电功计算。

$$W=UIt$$

式中，W——电功，J；

I——电流强度，A；

U——端电压，V；

t——通电时间，s。

在电力工程中，电功常用千瓦时为单位，通常所说的一度电，就是电功的概念，千瓦时与焦耳的关系为：

$$1\text{ 度电}=1\ \text{kW}\cdot\text{h}=1\,000\ \text{W}\times 3\,600\ \text{s}=3.6\times 10^6\ \text{J}$$

测量电功的仪表是电能表，又称电度表，它可以计量用电设备或电器在某一段时间内所消耗的电能。

（3）电功率计算。

$$P=\frac{W}{t}=IU$$

式中，P——电功率，W。

$$1\ \text{W}=1\ \text{J/s}=1\ \text{A}\times 1\ \text{V}=1\ \text{VA}$$

$$1\ \text{kW}=1\,000\ \text{W}$$

11. 电路

（1）电路的组成。

电路就是电流流通的路径，如日常生活中的照明电路、电动机电路等。电路一般由电源、负载、导线和控制器件 4 个基本部分组成，如图 4-70 所示。

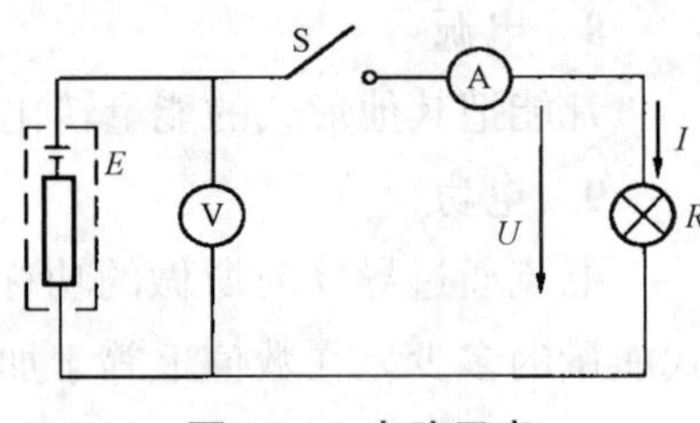

图 4-70　电路示意

1）电源。将其他形式的能量转换为电能的装置，在电路中，电源产生电能，并维持电路中的电流。

2）负载。将电能转换为其他形式能量的装置。

3）导线。连接电源和负载的导体，为电流提供通道并传输电能。

4）控制器件：在电路中起接通、断开、保护、测量等作用的装置。

（2）电路的类别。

按照负载的连接方式，电路可分为串联电路和并联电路。电路中电流依次通过每一个组成元件的电路称为串联电路；所有负载（电源）的输入端和输出端分别被连接在一起的电路，称为并联电路。

按照电流的性质，分为交流电路和直流电路。电压和电流的大小及方向随时间变化的电路，称为交流电路；电压和电流的大小及方向不随时间变化的电路，称为直流电路。

（3）电路的状态。

1）通路。当电路的开关闭合，负载中有电流通过时称为通路，电路正常工作状态为通路。

2）开路。即断路，指电路中开关打开或电路中某处断开时的状态，开路时电路中无电流通过。

3）短路。电源两端的导线因某种事故未经过负载而直接连通时称为短路。短路时负载中无电流通过，流过导线的电流比正常工作时大几十倍甚至数百倍，短时间内就会使导线产生大量的热量，造成导线熔断或过热而引发火灾。短路是一种事故状态，应避免发生。

三、交流电基础知识

1. 交流电

电流的大小和方向都随时间作周期性变化的电流，称为交流电。通过交流电的电路，称为交流电路。用字母“AC”或“～”表示。

交流电的瞬间值随时间而变化，没有一恒定的数值。交流电的最大值虽然恒定，但不宜用来表示交流电产生的效果。因此，在实际工作中常用交流电的有效值来表示交流电的大小。各种交流电的电气设备上标的额定电压和额定电流数值以及一般电流表和电压表测量的数值，也都是有效值。一般情况下，凡没有特别说明的，都是指有效值。常用的照明电路的电压为 220 V，就是指有效值。

2. 频率

交流电正弦量每秒钟变化的次数叫作正弦量的频率，单位为赫兹（Hz）。用符号 f 表示。

3. 周期

正弦交流电变化一周所需的时间称为正弦交流电的周期，单位为秒（s）。用符号 T 表示。

4. 频率与周期

频率与周期的关系为：

$$f=\frac{1}{T}$$

我们日常用的市电，其频率为 50 Hz，即每秒 50 周，周期为 0.02 s。周期和频率都是描述交流电随时间变化快慢程度的物理量。

5. 三相交流电产生

目前在生产实践中，无论是电能的生产，还是电能的输送及使用，都广泛地采用三相交流电。

图 4-71 是三相交流发电机示意图。它有三个绕组（线圈），每个绕组称为一个相。三个绕组的首端分别用 A、B、C 表示，称为始端；三个绕组尾端分别用 X、Y、Z 表示，称为末端。AX、BY、CZ 三个绕组以此相差 120° 的间隔安装在转子上，故三相绕组的相位差是 120°，每相都产生正弦电压，三相交流电经升压后输送给用户。

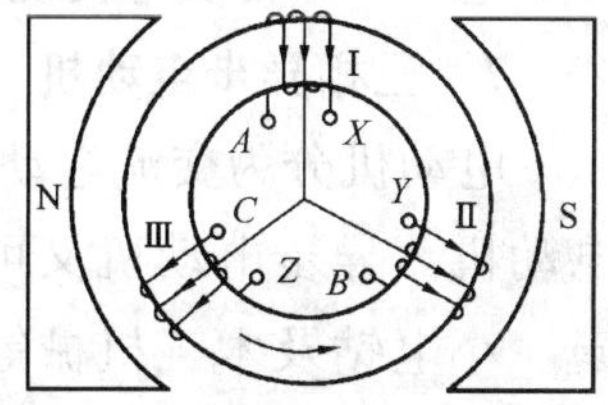

图 4-71 三相交流发电机示意

6. 三相交流电源的连接

一般要将发电机绕组接成星形（Y 接）或者三角形（△接）。

（1）发电机绕组的星形连接。

如图 4-72 所示为发电机绕组按星形连接的示意图。

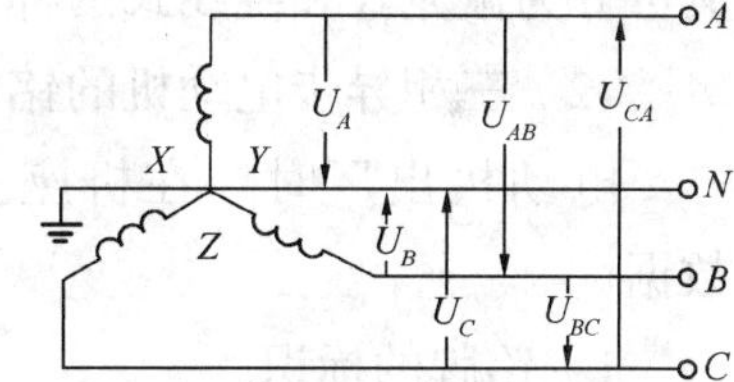

图 4-72 发电机绕组的星形连接

将发电机绕组的末端 X、Y、Z 连接在一起，称为公共点。此点又称为中点或者零点，从中点引出一根导线叫作中线。由发电机绕组的始端 A、B、C 分别引出三根线，称为端线或者火线。为了安全起见，通常将中线接地，故中线又称为地线。这种有中线的三相供电系统称为三相四线。如果不引出中线就称为三相三线制。

每相端线与中线之间的电压称为相电压 U_A、U_B、U_C，一般用 U_P 表示相电压。端线与端线之间的电压称为线电压 U_{AB}、U_{BC}、U_{CA}，一般用 U_L 表示。三相发电机绕组作星形（Y）连接时，相电压 U_P 与线电压 U_L 是不相等的。三相电源作星形（Y）连接时，如果相电压是对称的，则线电压也是对称的。并且线电压的有效值等于相电压有效值的 $\sqrt{3}$ 倍。

我们常用的三相四线低压供电系统中，相电压是 220 V，由此可知线电压：

$$U_L=\sqrt{3}U_{\mathrm{p}}=\sqrt{3}\times 220=380\ \mathrm{V}$$

一般为 380/220 V。这种供电系统的最大特点是可以同时提供两种不同的三相对称交变电压，因而被广泛应用。

（2）发电机绕组的三角形连接。

所谓三角形连接，就是把第一相绕组的末端与第二相的绕组的首端相连；把第二相绕组的末端与第三相绕组的首端相连，把第三相绕组的末端与第一相绕组的首端相连。并且从以上三个连接点上引出三根端线，向外供电，如图 4-73 所示。

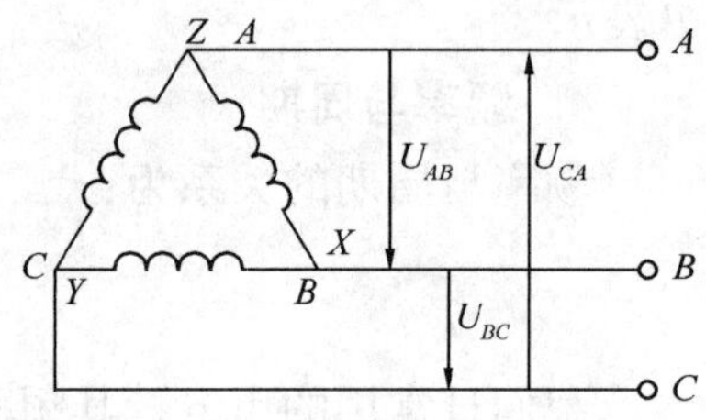

图 4-73　发电机绕组的三角形连接

从图 4-73 中很明显地看出，端线与端线之间的线电压也就是电源绕组每一相的相电压。可见这种绕组连接的特点是，线电压与相电压是相等的。

三角形连接方法，没有中线可引出，故只能形成三相三线制，并且只能提供一种大小的电压。通常发电机绕组很少采用这种连接方法。

7. 三相异步电动机

电动机分为交流电动机和直流电动机两大类，交流电动机又分为异步电动机和同步电动机。异步电动机又可分为单相电动机和三相电动机。电冰箱、空调、洗衣机、风扇、小电钻及木工机械等使用的一般是单相异步电动机，塔式起重机的大车行走、变幅、起升、回转机构以及施工升降机驱动电机都一般都采用三相异步电动机。

（1）三相异步电动机的结构。

三相异步电动机也叫三相感应电动机，主要由定子和转子两个基本部分组成。转子又可分为鼠笼式和绕线式两种。

（2）三相异步电动机的铭牌。

电动机出厂时，在机座上都有一块铭牌，上面标有该电机的型号、规格和有关数据。

1）铭牌的标识。

电动机产品型号举例：Y2—160M2—8

Y——异步电动机（Y：异步；T：同步）；

2——设计序号；

160——机座号。160 表示电机轴心线到底座平面的高度即中心高为 160 mm；

M——机座长度是中型；（S——短；M——中；L——长）

2——铁芯长度号是 2 号；

8——电动机的极数。

2）技术参数。

①额定功率：电动机的额定功率也称额定容量，表示电动机在额定工作状态下运行时，轴上能输出的机械功率，单位为 kW 或 HP，1 HP=0.736 kW。

②额定电压：指电动机额定运行时，外加于定子绕组上的线电压，单位为 V 或 kV。

③额定电流：指电动机在额定电压和额定输出功率时，定子绕组的线电流，单位为 A。

④额定频率：指电动机在额定运行时电源的频率，单位为 Hz。

⑤额定转速：指电动机在额定运行时的转速，单位为 r/min。

⑥接线方法：表示电动机在额定电压下运行时，三相定子绕组的接线方式。目前电动机铭牌上给出的接法有两种，一种是额定电压为 380/220 V，接法为 Y/△；另一种是额定电压为 380 V，接法为△。

⑦绝缘等级：指绕组所采用的绝缘材料的耐热等级，它表明电动机所允许的最高工作温度，见表 4-14。

表 4-14　绝缘等级及允许最高工作温度

绝缘等级	Y	A	E	B	F	H	C
最高工作温度/℃	90	105	120	130	155	180	＞180

第五节　液压传动基础知识

用液体作为工作介质，主要以液压压力来进行能量传递的传动系统称为液压传动系统。

液体主要是水或油，起重机液压系统传递能量的工作介质是液压油，液压油同时还肩负着摩擦部位的润滑、冷却和密封等作用，常用的液压油的黏度有 N32HL、N46HL 和 N68HL 抗磨液压油，液压油的使用寿命一般是 4 000～5 000 h。

一、液压系统组成

液压传动系统一般是由动力部分、控制部分、工作执行部分和辅助部分 4 部分组成。

1. 动力部分

液压系统中的动力部分主要液压元件是油泵，它是能量转换装置，通过油泵把发动机（或电动机）输出的机械能转换为液体的压力能，此压力能推动整个液压系统工作并使机构运转。

液压系统常用的油泵有齿轮泵、柱塞泵、叶片泵、转子泵和螺栓泵等，其中汽车起重机、塔式起重机等采用的油泵主要是齿轮泵，还有柱塞泵等。

（1）齿轮泵。它是由装在壳体内的一对齿轮组成的。根据需要齿轮油泵设计有二联或三联油泵，各泵有单独或共同的吸油口及单独的排油口，分别给液压系统中各机构供压力油，以实现相应的动作，如图 4-74 所示。

（2）柱塞泵。它有轴向柱塞泵和径向柱塞泵之分。这种油泵的主要组成部分有柱塞、柱塞缸、泵体、斜盘、传动轴及配油盘等，如图 4-75 所示。

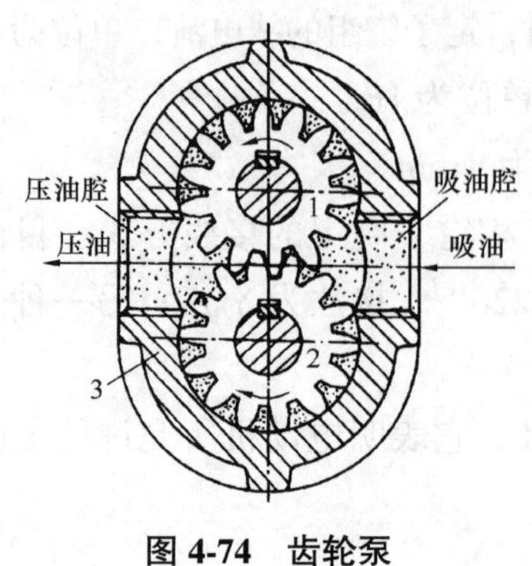

图 4-74 齿轮泵

1、2–外啮合齿轮；3–泵体

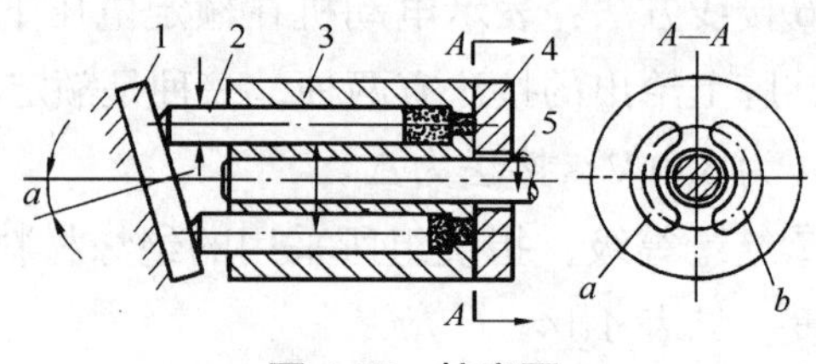

图 4-75 柱塞泵

1–斜盘；2–柱塞；3–缸体；4–配油盘；5–传动轴

2. 控制部分

液压系统中的控制部分主要由不同功能的各种阀类组成，这些阀类的作用是控制和调节液压系统中油液流动的方向、压力和流量，以满足工作机构性能的要求。根据用途和工作特点之不同，阀可分为方向控制阀、压力控制阀和流量控制阀 3 种类型。

方向控制阀有单向阀和换向阀等；压力控制阀有溢流阀、减压阀、顺序阀和压力继电器等；流量控制阀有节流阀、调速阀和温度补偿调速阀等。

下面以汽车起重机液压系统控制部分采用的各种阀类为例作一介绍。

（1）方向控制阀。汽车起重机常采用的方向控制阀为换向阀，也称分配阀，属于控制元件。它的作用是改变液压的流动方向，控制起重机各工作机构的运动，多个换向阀组合在一起称为多联阀，起重机下车常用二联阀操纵下车支腿，上车常用四联阀，操纵上车的起升、变幅、伸缩、回转机构。换向阀主要由阀芯和阀体两种基本零件组成，改变阀芯在阀体内的位置，油液的流动通路就发生变化，工作机构的运动状态也随之改变。

（2）压力控制阀。汽车起重机常采用的压力控制阀为平衡阀和溢流阀。平衡阀是控制元件，它安装在起升机构、变幅机构、伸缩机构的液压系统中，防止工作机构在负载作用下产生超速运动，并保证负载可靠地停留在空中，平衡阀是保证起重机安全作业不可缺少的重要元件，其构造由主阀芯、主弹簧、导控活塞、单向阀、阀体、端盖等组成。主阀芯的开启受导控活塞的控制。主阀弹簧一般为固定式，也有的为可调式。通过调整端盖上的调节螺钉来改变平衡阀的控制压力。

溢流阀属于控制元件，它是液压系统的安全保护装置，可限制系统的最高压力或使系统的压力保持恒定，起重机使用溢流阀是先导式溢流阀。它主要由主阀和导阀两部分组成。主阀随导阀的启闭而启闭，主阀部分有主阀芯、主阀弹簧、阀座等。导阀部分有导阀、导阀弹簧、阀座、调整螺钉等。当系统压力高于调定压力时，导阀开启少量回油。由于阻尼作用，主阀下方压力大于上方压力，主阀上移开启，大量回油，使压力降至调定值，转动调节螺钉即可调整系统工作压力的大小。

（3）流量控制阀。汽车起重机常采用的流量控制阀为液压锁。液压锁又叫作液控单向阀，是控制元件。它安装在支腿液压系统中，能使支腿油缸活塞杆在任意位置停留并锁紧，支撑起重机，也可以防止液压管路破裂可能发生的危险，凡是支腿油缸都安装有液压锁，它主要由阀体、柱塞和两个单向阀组成，柱塞可左右移动，打开单向阀。

3. 工作执行部分

液压传动系统的工作执行部分主要是靠油缸和液压马达（又称油马达）来完成，油缸和液压马达都是能量转换装置，统称液动机。

以下以汽车起重机用油缸和液压马达为例作简要介绍。

（1）油缸。油缸是执行元件，它将压力能转变为活塞杆直线运动的机械能，推动机构运动，变幅机构、伸缩机构、支腿等的工作均靠油缸带动。油缸是由缸筒、活塞、活塞杆、缸盖、导向套、密封圈等组成。

（2）液压马达。液压马达又称油马达，是执行元件。它将压力能转变为机械能，驱动起升机构和回转机构运转。起重机上常用的油马达有齿轮式马达和柱塞式马达。轴向柱塞式油马达因其容积效率高、微动性能好，在起升机构中最为常用。油马达与油泵互为可逆元件，构造基本相同，有些柱塞马达与柱塞泵则完全相同，可互换使用。

4. 辅助部分

液压系统的辅助部分是由液压油箱、油管、密封圈、滤油器和蓄能器等组成的。它们分别起储存油液、传导液流、密封油压、保持油液清洁、保持系统压力、吸收冲击力和油泵的脉冲压力等作用。

二、液压系统的基本回路

1. 调压回路

调压回路的作用是限定系统的最高压力，防止系统的工作超载。如图 4-76 所示，是起重机主油路调压回路，它是用溢流阀来调整压力的，由于系统压力在油泵的出口处较高，所以溢流阀设在油泵出油口侧的旁通油路上，油泵排出的油液到达 *A* 点后，一路去系统，另一路去溢流阀，这两路是并联的，当系统的负载增大油压升高并超过溢流阀的调定压力时，溢流阀开启回油，直至油压下降到调定值时为止。该回路对整个系统起安全保护作用。

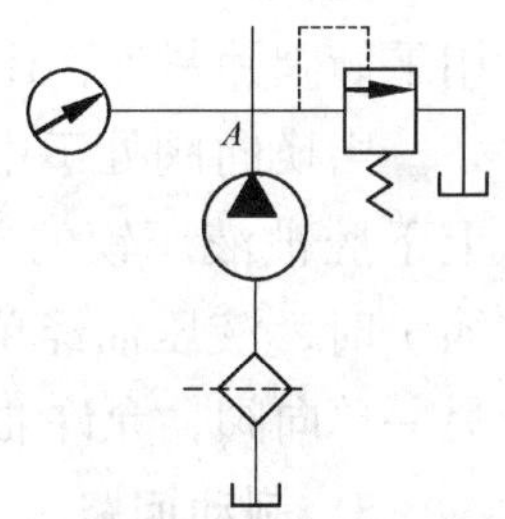

图 4-76　调压回路

2. 卸荷回路

当执行机构暂不工作时，应使油泵输出的油液在极低的压力下流回油箱，减少功率消耗，油泵的这种工况称为卸荷。卸荷的方法很多，起重机上多用换向阀卸荷，图 4-77 所示是利用滑阀机能的卸荷回路，当执行机构不工作时，三位四通换向阀阀芯处于中间位置，这时进油口 *P* 与回路口 *O* 相通，油液流回油箱卸荷。图中 M 型、H 型、K 型滑阀机都能实现卸荷。

3. 限速回路

限速回路也称为平衡回路，起重机的起升马达，变幅油缸及伸缩油缸在下降过程中，由于载荷与自重的重力作用，有产生超速的趋势，运用限速回路可靠地控制其下降速度。图 4-78 所示为常见的限速回路。

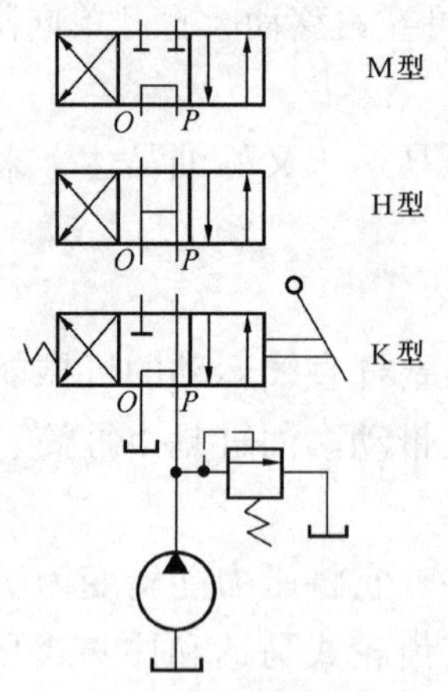

图 4-77　利用滑阀机能卸荷

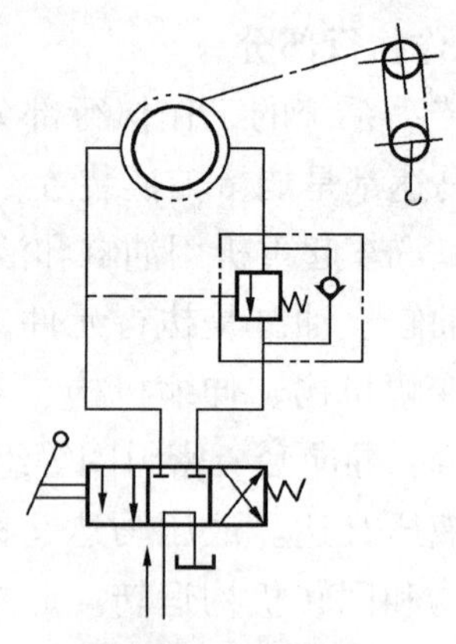

图 4-78　限速回路

当吊钩起升时，压力油经右侧平衡阀的单向阀通过，油路畅通，当吊钩下降时，左侧通油，但右侧平衡阀回油通路封闭，马达不能转动，只有当左侧进油压力达到开启压力，通过控制油路打开平衡阀芯形成回油通路，马达才能转动使物体下降，如在重力作用下马达发生超速运转，则造成进油路不足，油压降低，使平衡阀芯开口关小，回油阻力增大，从而限定重物的下降速度。

4. 锁紧回路

起重机执行机构经常需要在某个位置保持不动，如支腿、变幅与伸缩油缸等，这样必须把执行元件的进口油路可靠地锁紧，否则便会发生“坠臂”或“软腿”的现象，除用平衡阀锁紧外，还有如图 4-79 所示的液控单向阀锁紧。它用于起重机支腿回路中。

当换向阀处于中间位置，即支腿处于收缩状态或外伸支承起重机作业状态时，油缸上下腔被液压锁的单向阀封闭紧缩，支腿不会发生外伸或收缩现象，当支腿外伸（收缩）时，液压油经单向阀进入油缸的上（下）腔，并同时作用于单向阀的控制活塞打开另一单向阀，允许油缸伸出（缩回）。

5. 制动回路

图 4-80 所示为常闭式制动回路，起升机构工作时，扳动换向阀，压力油一路进入油马达，另一路进入制动器油缸推动活塞压缩弹簧实现松闸。

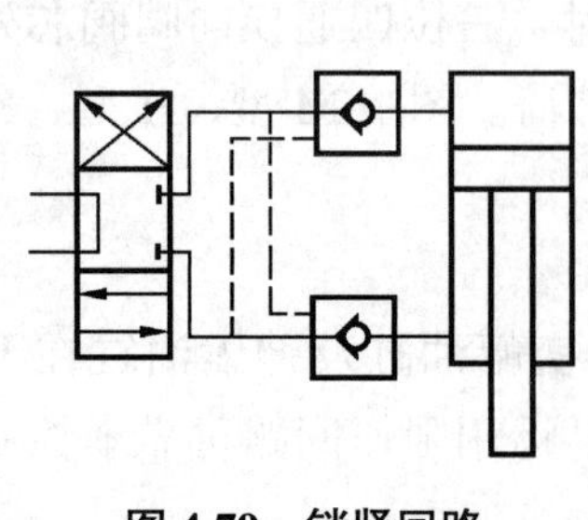

图 4-79　锁紧回路

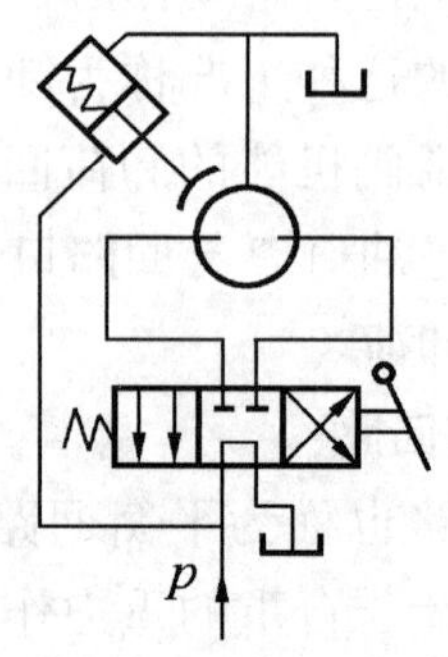

图 4-80　制动回路

第六节　钢结构基础知识

一、钢结构的特点及其在建筑起重机械上的应用

1. 钢结构的特点

钢结构是用钢板和型钢作为基本构件，采用焊接、铆接或螺栓连接等，按照一定的构造连接起来，承受规定载荷的结构。与其他材料相比，钢结构有以下一些特点：

（1）钢结构的强度较高，所以构件的截面较小、自重较轻，便于运输和装拆。

（2）塑性好，结构在一般条件下不会因超载而突然断裂；韧性好，结构对动力载荷和冲击载荷的适应性强。

（3）钢结构的材质均匀，力学性能接近匀质、各向同性，是理想的弹塑性材料，有较大的弹性模量；用一般工程力学方法计算的结果与结构的实际工作情况很接近，较安全可靠。

（4）钢结构的制造可在专业化的金属结构厂中进行，制作简便，精度高；制作的构件运到现场拼装，装配化作业、效率高、周期短；已建成的钢结构也易于拆卸、更换、加固或改建。因此钢结构制造简便、施工方便、工业化程度高。

（5）钢结构在潮湿和有腐蚀性介质的环境中容易锈蚀，故必须采用防护措施，如除锈、刷油漆、镀锌等。

（6）温度在 150℃ 以内时，钢的力学性质变化很小；当温度达到 300℃ 以上时，强度将迅速下降；当温度达到 500℃ 以上时，钢结构会瞬时全部崩溃。所以钢结构的耐热性好，但防火性差。

2. 钢结构在建筑起重机械上的应用

钢结构是建筑起重机械的重要组成部分，在重量上，目前钢结构的自重占建筑起重机械总重的 70%左右。所以，合理地设计钢结构是降低用钢量、减轻自重、改善机械工作性能的主要途径。

在一般情况下，建筑用塔式起重机工作繁重、环境差、载荷复杂，为了保证机械的正常使用，其钢结构的设计应满足以下几点基本要求：

（1）既安全可靠又经济合理。钢结构必须有足够的强度、刚度和稳定性。选材时还必须做到使用合理，不能大材小用。

（2）自重尽可能小。

（3）符合使用上的要求，并具有良好的耐久性。

（4）制造方便、成本低，能迅速装拆，运输维修简便。

（5）造型美观。

二、钢结构的材料

1. 钢结构对所用材料的要求

钢结构种类繁多，碳素钢有上百种，合金钢有300余种，性能差别很大，符合钢结构要求的钢材只是其中的一小部分。用以制造钢结构的钢材称为结构钢，它必须满足下列要求：

（1）抗拉强度σ_b和屈服强度σ_s较高。钢结构设计把σ_s作为强度承载力极限状态的标志。σ_s高可减轻结构自重，节约钢材和降低造价；σ_b是钢材抗拉断能力的极限，σ_b高可增加结构的安全保障。

（2）塑性和韧性好。塑性和韧性好的钢材在静载和动载作用下有足够的应变能力，既可减轻结构脆性破坏的倾向，又能通过较大的塑性变形调整局部应力，使应力得到重新分布，从而提高结构抵抗重复载荷作用的能力。

（3）良好的加工性能。材料应适合冷、热加工，具有良好的可焊性，不致因加工而对结构的强度、塑性和韧性等造成较大的不利影响。

（4）耐久性好。

（5）价格便宜。

此外，根据结构的具体工作条件，有时还要求钢材具有适应低温、高温等环境的能力。

根据上述要求，结合多年的实践经验，《钢结构设计规范》（GB 50017—2017）主要推荐碳素结构钢中的Q235钢，低合金结构钢中的Q345钢（16Mn钢）、Q390钢（15MnV钢）和Q420钢（15MnVN钢），可作为结构用钢。随着研究的深入，必有一些满足要求的其他种类钢材可供使用。若选用钢结构设计规范还未推荐的钢材时，需有可靠的依据，以确保钢结构的质量和安全。

2. 低碳钢在拉伸时的机械性能

低碳钢一般是指含碳量在0.25%以下的碳素钢。在拉伸试验中，其试件应力—应变曲线如图4-81所示。

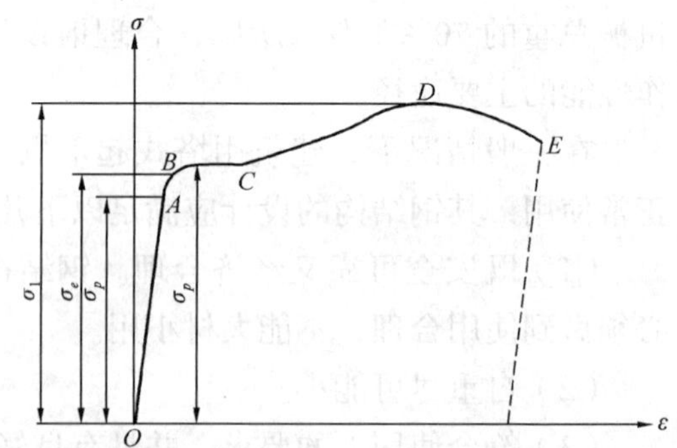

图 4-81　钢材拉伸时的应力—应变曲线

（1）弹性阶段（图4-81中的OA段）。试验表明，当应力σ小于比例极限σ_p时，σ与ε呈线性关系，称该直线的斜率k为钢材的弹性模量（E）。在钢结构设计中，对所有钢材统一取$E=2.06\times10^5\,\mathrm{N/mm^2}$。当应力不超过某一应力时，卸除载荷后，试件的变形将安全恢复，在σ达到σ_e之前钢材处于弹性变形阶段，称为弹性阶段。略高于σ_p，两者极其接近，因而通常取比例极限σ_p值和弹性极限σ_e值相同，并用比例极限σ_p表示。

（2）屈服阶段（图 4-81 中的 BC 段）。当应力超过 B 点增加到某一数值时，应变有非常明显的增加，而应力先是下降，然后基本保持不变，而应变有显著增加的现象，称为屈服。在屈服阶段内的最高应力和最低应力分别称为上屈服限和下屈服限。上屈服限的数值与试件形状、加载速度等因素有关，一般是不稳定的。下屈服极限则有比较稳定的数值，能够反映材料的性质。通常把下屈服极限称为屈服极限，用 σ_s 表示。考虑 σ 达到 σ_s 后钢材暂时不能承受更大的载荷，且伴随产生很大的变形，因此钢结构设计取 σ_s 作为钢材的强度承载力极限。

（3）强化阶段（图 4-81 中的 CD 段）。钢材经历了屈服阶段较大的塑性变形后，金属内部结构得到调整，产生了继续承受增长载荷的能力，应力—应变曲线又开始上升，一直到 D 点，称为钢材的强化阶段。强化阶段的最高点 D 所对应的应力，是材料所能承受的最大应力，称为强度极限，用 σ_b 表示。

（4）颈缩阶段（图 4-81 中的 DE 段）。当应力达到 σ_b 后，在承载能力最弱的截面处，横截面急剧收缩，且荷载下降直至拉断破坏。试件在被拉断时的绝对变形值与试件原标距之比的百分数称为伸长率 δ 。伸长率代表材料在单向拉伸时的塑性应变能力。

钢材的 σ_s、σ_b 和 δ 是承重钢结构对钢材要求所必需的三项基本机械性能（也称力学性能）指标。

3. 钢材冷弯试验表现的性能

钢材的冷弯性能由冷弯试验来确定，试验按照《金属弯曲试验方法》的要求进行。试验时按照规定的弯心直径在试验机上用冲头加压，如图 4-82 所示，使试件弯曲 180°，若试件外表面不出现裂纹和分层，即为合格。冷弯试验不仅能直接反映钢材的弯曲变形能力和塑性性能，还能显示钢材内部的冶金缺陷（如分层、非金属夹渣等）状况，是判别钢材塑性变形能力及冶金质量的综合指标。重要结构中需要有良好的冷热加工性能时，应有冷弯合格保证。

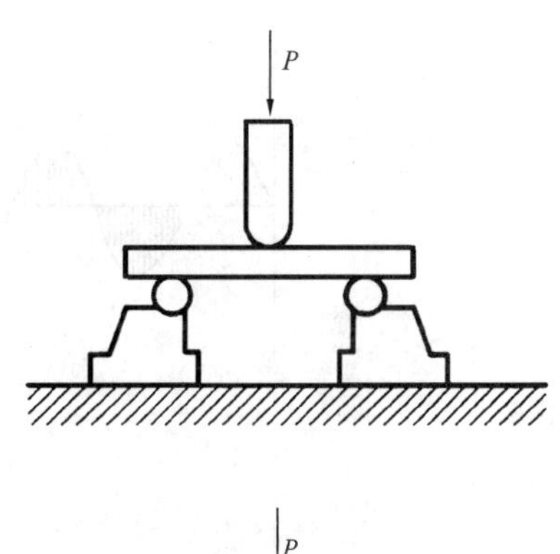

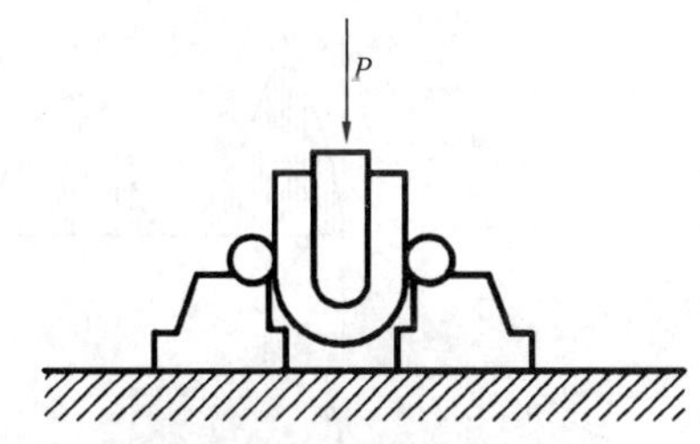

图 4-82　钢材冷弯试验示意

4. 钢材冲击试验表现的性能

钢材的冲击韧性是指钢材在冲击载荷作用下断裂时吸收机械能的一种能力，是衡量钢材抵抗可能因低温、应力集中、冲击荷载作用等而致脆性断裂能力的一项机械性能。在实际结构中，脆性断裂总是发生在有缺口高峰应力的地方。因此，最有代表性的是钢材的缺口冲击韧性，简称冲击韧性。钢材的冲击韧性试验采用 V 形缺口的标准试件，在冲击试验机上进行，如图 4-83 所示。冲击韧性值用击断试样所需的冲击功 A_{KV} 表示，单位为 J。

5. 钢材在连续反复载荷作用下的性能——疲劳

钢材在连续反复载荷（循环载荷）作用下，应力低于极限强度，甚至还低于屈服点时就发生破坏的现象，称为钢材的疲劳。疲劳破坏与塑性破坏不同，它在破坏前不出现

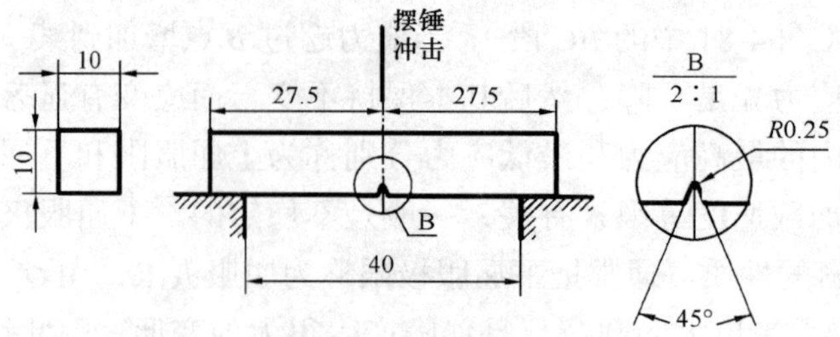

图 4-83　冲击试验

显著的变形和局部破坏，而是一种突然性的断裂（脆性破坏）。

影响钢材疲劳强度的因素比较复杂，它与钢材标号、连接和构造情况、应力变化幅度以及载荷重复次数等都有关系。钢材破坏时所能达到的最大应力，将使载荷重复次数的增加而降低。疲劳强度还与应力循环形式有关。应力循环形式有图 4-84（a）（b）（d）所示的异号应力循环和图 4-84（c）（e）所示的同号应力循环两种类型。常以循环的最大应力 σ_{max} 与最小应力 σ_{min} 之比 $r=\sigma_{max}/\sigma_{min}$（拉应力取正号，压应力取负号）来表示。当 $r<0$ 时为异号应力循环，如图 4-84（a）所示，疲劳强度最低；$r>0$ 时为同号应力循环，疲劳强度较高，$r=1$ 时表示静力载荷，如图 4-84（f）所示。图 4-84（d）表示压应力 σ_{min} 为绝对值最大的应力（负号），而拉应力 σ_{max} 则为绝对值最小的应力（正号）。

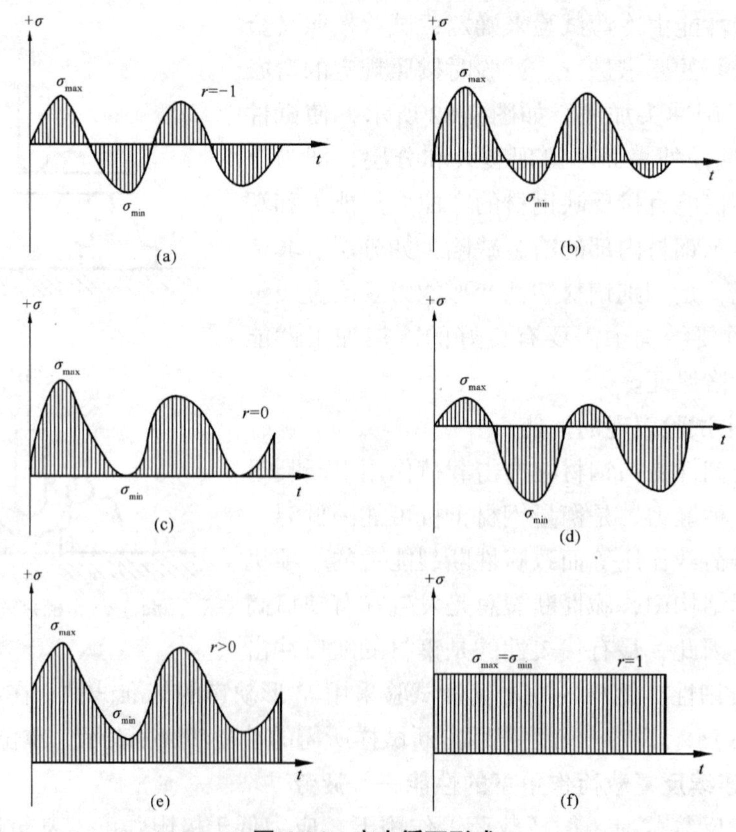

图 4-84　应力循环形式

钢材发生疲劳破坏的原因是钢材中存在着一些局部缺陷，如不均匀的杂质，轧制时形成的微裂纹，或加工时造成的刻槽、孔槽和裂痕等。当循环载荷作用时，在这些缺陷处的截面上应力分布不均匀，产生应力集中现象。在循环应力的重复作用下，首先在应力高峰处出现微观裂纹，然后逐渐发展形成宏观裂缝，使有效截面积相应减小，应力集中现象就更严重，裂缝就会不断扩展。当载荷循环到一定次数时，不断被削弱的截面就发生脆性断裂，即出现疲劳破坏，如果钢材中存在由于轧制和加工而形成分布不均匀的残余应力时，会加速钢材的疲劳破坏。

6. 钢材的脆性破坏

由图 4-81 可以看出，在单向拉伸时钢材在破坏之前要产生很大的塑性变形。但在某些情况下，也可能在破坏之前并不出现明显的变形而突然断裂。这种脆性破坏由于事先不能发觉，容易造成事故，危险性大，因此钢结构应尽量避免发生脆性破坏。

钢结构发生脆性破坏的原因甚为复杂。就影响钢材变脆的主要因素而言，有以下几种：某些有害的化学成分、时效、应力集中、加工硬化、低温及焊接区域结晶组织构造的改变等。

（1）化学成分及组织结构的影响。在普通碳素钢中，碳含量的增加可以使钢强度提高，但使塑性和韧性降低，并降低钢的可焊性，使钢的焊接性能变差。因此加工用的钢材含碳量不宜太高，一般不应超过 0.22%。在焊接结构中则应限制在 0.2%以内。锰的含量不太高时可以使钢的强度提高而不降低塑性；但如含量过高（达 1%以上时），也可使钢材变脆变硬，并降低钢的抗锈性和可焊性，锰在普通碳素钢中的含量一般为 0.3%～0.65%。硅的含量适当时也可使钢的强度大为提高而不降低塑性，但含量高时（1%左右），将降低钢的塑性、韧性、抗锈性和可焊性。在普通碳素钢中硅的含量一般为 0.07%～0.3%。

在普通碳素钢中，硫和磷是极为有害的化学成分，对其含量应有严格的限制，一般应使硫的含量小于 0.05%，磷的含量小于 0.045%。硫和铁化合而成的硫化铁熔点较低，在高温下，如焊、铆及热加工时，即可熔化而使钢变脆（称为热脆）。磷的存在可以使钢材变得很脆，特别在低温下尤为严重（称为冷脆），且随含碳量的增加而加剧。氧和氮对钢材变脆的危害性极其严重，好在它们极易在铸锭过程中自钢液中逸出，故含量极微。含杂质较多的钢材还容易发生一种失效现象，即熔结在铁素体中的一些碳、氮等元素，经过一定时间，特别是在高温和塑性变形过程中，开始析出而形成碳化物和氮化物，这些物质当铁素体发生滑移时要起阻碍作用，因而会降低钢材的塑性和韧性，使钢材变脆。

（2）应力集中的影响。如果构件的截面有急剧变化，例如出现孔洞、槽口、凹角、裂纹、厚度突然改变以及其他形状的改变等，应力的分布不再保持均匀，出现局部高峰应力，形成所谓应力集中现象。在应力集中的区域，钢材有转变为脆性状态的可能，钢材变脆的程度与应力集中的程度相一致。对于承受动力载荷和连续反复载荷作用的结构以及处于低温下工作的结构，由于钢材的脆性增加，应力集中的存在常常会产生严重的后果，因此需要特别注意。

（3）加工硬化的影响。在重复载荷下，钢材的比例极限有所提高的现象称为硬化。钢材经过冲孔、剪切、冷压、冷弯等加工后，会产生局部（或整体）硬化，降低塑性和韧性，这种现象称为加工硬化或冷作硬化。加工硬化还会加速钢材的实效硬化，在加工硬化的区域，钢材或多或少会存在一些裂缝或损伤，受力后出现应力集中现象，进一步使钢材变脆。因此，较严重的加工硬化现象会对承受动力载荷和反复振动载荷的结构产生十分不利的后果，在这类结构中，需要用退火、切削等方法来消除硬化现象。

（4）低温的影响很大。钢材在低温下工作，强度会提高，但塑性和韧性要降低，且温度降到一定程度时，则会完全处于脆性状态。应力集中的存在将大大加速钢材的低温变脆。试验结果表明，随着温度的下降，冲击韧性将显著下降，当达到某一低温时，钢材几乎完全处于脆性状态，这时的温度称为冷脆温度。建筑起重机械由于在室外工作，在寒冷的季节，应特别注意低温变脆的倾向。

（5）焊接的影响。焊接引起钢材变脆的原因主要是由于焊接过程中焊缝及其附近高温区域的金属（通常宽为 5～6 mm，称为热影响区），经过高温和冷却的过程，结晶的组织和机械性能起了变化。因此焊接引起钢材变脆是一个比较复杂的综合性问题。

焊缝冷却时，由于熔敷金属的体积较小，热量很快被周围的钢材所吸收，温度迅速下降，贴近焊缝的金属受到了淬火作用，使金属的硬度和脆性提高，韧性和塑性显著降低。如果碳、硫、磷等成分含量高，这种淬火硬化更为严重。因此，对于重要的焊接结构的钢材，除了机械性能以外，对化学成分特别是碳、硫、磷的含量必须严格控制。

（6）减小脆性破坏的方法。实际上，钢结构的脆性破坏常常是在上述各种因素的综合影响下发生的。例如，处于低温或承受连续反复载荷作用的焊接结构中的应力集中或材料硬化的区域，就常会出现脆性破坏。为了防止钢结构发生脆性破坏，一般需要在设计、制造及使用中注意以下各点：

①合理设计：在低温、动载荷条件下，要注意选择合适的钢材，保证负温冲击韧性值，目的是使钢材完全脆性断裂的转变温度低于结构所处环境温度。故应尽量选用较薄的钢板，而少用较厚的钢板，因为钢板厚度加大时存在冶金缺陷的成分可能加大；另外，厚板辊轧次数小，晶粒一般较薄板粗糙，所以其材质较薄板差。应尽量做到结构或构件没有凹角及截面的突然改变，以求减小应力集中，避免焊缝过于密集，尤其要避免三条焊缝在空间互相垂直相交。

②正确制造：应严格遵守设计部门对制造所提出的技术要求。例如，尽量避免使材料出现应变硬化，因冲孔和剪切而造成的局部硬化区，要经扩钻和刨边来除掉。要正确选择焊接工艺使之与设计相配合，以减少焊接残余应力，必要时可用热处理方法消除重要构件中的残余应力。应保证焊接质量，不在构件上任意起弧和锤击以避免结构的损伤，严格执行焊接质量检验制度。

焊接结构刚度大且材料连续，焊缝一旦开始扩展便会穿过焊缝及母材乃至贯通到底，因而保证焊接质量是特别重要的。

③正确使用：不在主要结构上加焊零件，避免造成机械损伤，不任意悬挂重物，不超载，对钢结构要进行维护和保养，注意防腐。

7. 钢材的种类、钢号

钢材可按不同的条件进行分类。按化学成分可分为碳素钢和结构钢，其中碳素钢根据含碳量的高低，又可分为低碳钢（C≤0.25%）、中碳钢（0.25%＜C≤0.6%）和高碳钢（C＞0.6%）；合金钢根据合金元素总含量的高低，又可分为低合金钢（合金元素总含量≤5%）、中合金钢（5%＜合金元素总含量≤10%）和高合金钢（合金元素总含量＞10%）。按材料用途可分为结构钢、工具钢和特殊钢（如不锈钢等）。按冶炼方法可分为转炉钢和平炉钢。平炉钢质量好，但冶炼时间长，成本高，氧气顶吹转炉钢质量与平炉钢相当而成本则相对较低。按脱氧方法又分为沸腾钢（F）、半镇静钢（B）、镇静钢（Z）和特殊镇静钢（TZ），镇静钢和特殊镇静钢的代号可以省去。镇静钢脱氧充分，沸腾钢脱氧较差，半镇静钢介于镇静钢和沸腾钢之间。按成型方法又分为轧制钢（热轧、冷轧）、锻钢和铸钢。在建筑起重机械钢结构中采用的是碳素结构钢，低合金高强度结构钢和优质碳素结构钢。

（1）碳素结构钢。按质量登记将钢分为 A、B、C、D 4 级，A 级钢只保证抗拉强度、屈服点、伸长率，必要时可附加冷弯试验的要求，化学成分可以不作为交货条件。B、C、D 级钢均保证抗拉强度、屈服点、伸长率、冷弯和冲击韧性（分别为+20℃、0℃、−20℃）等机械性能。化学成分对碳、磷、硫的极限含量要求比较严格。

钢的牌号由代表屈服点的字母 Q、屈服点数值、质量等级符号（A、B、C、D）、脱氧方法符号 4 个部分按顺序组成。如 Q195、Q235-A、Q235-B、Q235-C 等。

（2）低合金高强度结构钢。按质量等级将钢分为 A、B、C、D、E 5 个等级，比碳素结构钢增加的一个等级 E，主要是要求−40℃的冲击韧性。

钢的牌号采用与碳素结构钢相同的表示方法，分为 Q295、Q345、Q390、Q420、Q460 等。

（3）优质碳素结构钢。优质碳素结构钢以不热处理状态交货。要求热处理状态（退火、正火或高温回火）交货的应在合同中注明。未注明者，按不热处理状态交货，如用于高强度螺栓的 45 号优质碳素结构钢需经热处理，强度较高，对塑性和韧性又无显著影响。

8. 钢材选择应考虑的因素

选择钢材时应考虑下列因素：

（1）结构的重要性。对重要的结构应选用质量较好的钢材。

（2）载荷情况。载荷分为静载荷和动载荷两种。一般承受静载荷的结构可选用价格较低的 Q235 钢，直接承受动态载荷的结构应选用综合性能好的钢材。

（3）连接方法。钢结构的连接方法有焊接和非焊接两种。由于在焊接过程中，会产生焊接变形、焊接应力以及其他焊接缺陷，有导致结构产生裂缝或脆性断裂的危险。因此焊接结构对材质的要求应严格一些。例如，在化学成分方面，焊接结构必须严格控制碳、硫、磷的含量；而非焊接结构对碳含量可降低要求。

（4）结构所处的温度和环境。钢材处于低温时容易冷脆，因此在低温条件下工作的结构，尤其是焊接结构，应选用具有良好抗低温脆断性能的镇静钢。此外，露天结构的钢材容易产生时效，受有害介质作用的钢材容易腐蚀、疲劳和断裂，故也应加以区别地选择不同材质。

（5）钢材厚度。薄钢材辊轧次数多，轧制的压缩比大，厚度大的钢材压缩比小。所以，厚度大的钢材不但强度小，而且塑性、冲击韧性和焊接性能也较差。因此，厚度大的焊接结构应采用材质较好的钢材。

三、钢结构的连接类型

钢结构通常由钢板、型钢通过必要的连接组成构件，各构件再通过一定的安装连接而形成整体结构。连接部位应有足够的强度、刚度及塑性。被连接构件间应保持正确的相互位置，以满足传力和使用要求。

钢结构的连接方法可分为焊接、铆接、普通螺栓连接和高强度螺栓连接。

焊缝连接是目前钢结构最主要的连接方法。它的优点是：不削弱焊件的截面，连接的刚性好、构造简单、便于制造，并且可以采用自动化操作。它的缺点是会产生残余应力和残余变形，连接的塑性和韧性较差。

铆钉连接的优点是塑性和韧性较好、传力可靠、质量易于检查，适用于直接承受动载结构的连接，如铁路桥梁。缺点是构造复杂，用钢量多，目前已很少采用。

普通螺栓连接的优点是施工简单、拆卸方便；缺点是用钢量多，适用于安装连接和需要经常拆卸的结构。普通螺栓又分为 C 级（粗制）螺栓和 A 级、B 级（精制）螺栓。C 级螺栓一般用 Q235 钢制成，螺栓强度级别为 4.6 级。A 级、B 级螺栓一般用 45 号钢和 35 号钢制成，螺栓强度级别为 8.8 级。A、B 两级的区别只是尺寸不同，其中 A 级包括 $d \leqslant 24$ mm，且 $L \leqslant 150$ mm 的螺栓，B 级包括 $d > 24$ mm，且 $L > 150$ mm 的螺栓，d 为螺杆直径，L 为螺杆长度。

C 级螺栓用圆钢辊压而成，表面比较粗糙，尺寸不很精确。C 级螺栓的螺孔是一次冲成或不用钻模钻成（称Ⅱ类孔），孔径比螺栓公称直径（外直径）大 1～2 mm。所以在受剪力作用时，剪切变形很大，并且有可能个别螺栓先与孔壁接触，承受超额内力而先遭破坏。但 C 级螺栓制造方便，又易于装拆，因此，它适宜于沿轴方向受拉的连接以及临时固定结构用的安装连接等，如在连接中有较大剪力作用，则可另用支托来承受剪力。C 级螺栓也可用于承受静力载荷的次要连接和间接承受动力载荷的次要连接中，对于承受动载荷的连接，应使用双螺母或其他防止螺母松动的措施。

A 级、B 级螺栓一般车制而成，表面光滑，尺寸较精确。螺孔用钻模钻成或扩钻成（称Ⅰ类孔）。螺杆的直径和孔径间隙只容许 0.2～0.3 mm。安装时需轻击入孔，可承受剪力和拉力。但是 A 级、B 级螺栓的制造和安装都比较费工，价格昂贵，故在钢结构中很少采用。

高强度螺栓连接和普通螺栓连接的主要区别是：普通螺栓拧紧螺母时，螺栓产生的预拉力很小，由板面挤压力产生的摩擦力可以忽略不计。普通螺栓抗剪连接时是依靠孔壁承压和螺杆抗剪来传力。高强度螺栓除了其材料强度高之外，施工时还给螺杆施加很大的预应力，使被连接构件的接触面之间产生挤压力，因此板面之间垂直于螺杆方向受剪时有很大的摩擦力。依靠接触面间的摩擦力来阻止其相互滑移，以达到传递外力的目的。高强度螺栓抗剪连接，分为摩擦型连接和承压型连接。

高强度螺栓摩擦型连接只利用摩擦传力这一工作阶段，具有连接紧密、受力良好、耐疲劳、可拆换、安装简单以及动力载荷作用下不易松动等优点，在钢结构中得到广泛应用。高强度螺栓承压型连接，起初由摩擦传力，后来则依靠螺杆抗剪和承压传力，其承载能力比摩擦型的高，可以节约钢材，也具有连接紧密、可拆换、安装简单等优点。但这种连接的剪切形变较大，不能直接用于承受动载荷的结构。

高强度螺栓连接是塔式起重机、施工升降机上的重要零件。高强度螺栓连接副应符合《紧固件机械性能　螺栓、螺钉和螺柱》（GB/T 3098.1—2010）和《紧固件机械性能　螺母》（GB/T 3098.2—2015）的规定，并应有性能等级符合标识及合格证书。高强度螺栓按照强度等级分为 8.8 级、9.8 级、10.9 级和 12.9 级 4 个等级，一般直径为 12～42 mm。图 4-85 所示为 10.9 级高强度螺栓。

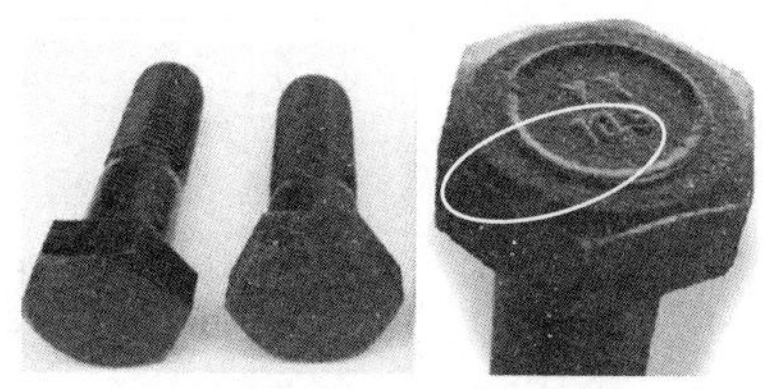

图 4-85　高强度螺栓

另外，在建筑起重机械的钢结构构件之间，也常采用销轴连接（如塔式起重机的拉杆与起重臂、平衡臂、塔顶的连接）。它可以使构件之间产生相对转动，以适应机械工作的要求。

第五章　起重零部件

第一节　起重机械的基本组成

各种类型起重机械通常由工作机构、钢结构、动力装置与控制系统 4 部分组成。

一、工作机构

工作机构是为实现起重机不同的运动要求而设置的。要使货物从某一工作位置运动到空间的任一位置，不外乎要做垂直运动和沿两个水平方向运动。起重机为了实现这些要求，必须设置工作机构。不同类型的起重机，其工作机构稍有差异。例如桥式类型起重机，要使货物实现三个方向的运动，则设有起升机构（实现货物垂直运动）、小车和大车运行机构（实现货物沿两个水平方向运动）。而对于塔式起重机、汽车起重机和轮胎起重机，设有起升机构、变幅机构、回转机构和运行机构。依靠起升机构实现货物垂直运动；依靠变幅机构、回转机构和运行机构的配合动作实现货物在两个水平方向移动。

建筑起重机的 4 个基本工作机构主要类型如下：

1. 起升机构

起升机构的主要型式，如图 5-1 所示。它由原动机、减速器、卷筒、钢丝绳、滑轮组、制动器和吊钩等组成。把原动机带动卷筒的回转运动通过钢丝绳—滑轮组变为吊钩的垂直上下直线运动。当原动机为电动机或高速液压马达时，通过减速器改变原动机的转速和扭矩带动卷筒，以适应吊钩起升速度。有时为了提高下降速度，起升机构往往设置离合器，使卷筒脱开原动机动力，在重物自重作用下反向旋转，让重物或空钩自由下降。下降速度可由操纵制动器控制。制动器还可将货物停止在空中任一位置。

2. 变幅机构

起重机变幅是指改变吊钩中心与起重机回转中心线之间的距离，这个距离称为幅度。起重机由于改变幅度，扩大了作业范围，把起升货物由直线作业扩大为一个面的作业。

变幅机构的方式分为臂架仰俯式和小车式变幅两类。臂架仰俯变幅，可由钢丝绳滑轮组或用变幅油缸来实现。轮式起重机一般都采用臂架仰俯式变幅方式，塔式起重机常采用钢丝绳滑轮组变幅和小车式变幅两种。

钢丝绳滑轮组变幅机构，如图 5-2 所示，与起升机构类似，从变幅卷筒上引出的钢丝绳连接在滑轮组上，滑轮组与臂架端部相连。

液压油缸变幅机构，如图 5-3 所示，依靠活塞伸缩实现臂架的仰俯。

小车式变幅机构，如图 5-4 所示，依靠钢丝绳牵引起重小车沿臂架上的轨道运行，以改变幅度。

有的塔式起重机采用两种变幅方式，既可使小车沿臂架水平移动，又可将小车固定在臂架端部然后实现仰俯变幅。

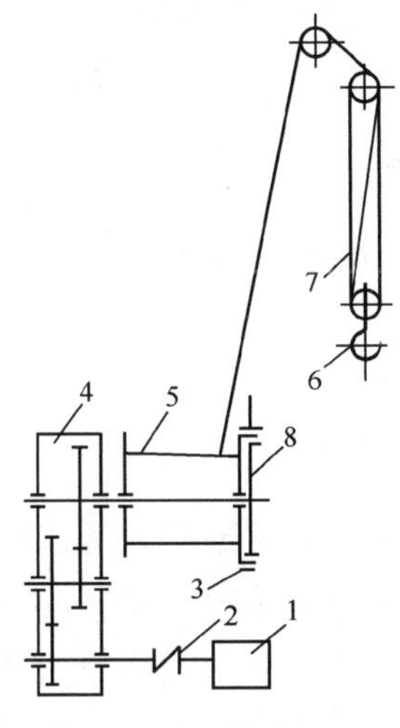

图 5-1　起升机构

1–原动机；2–联轴器；3–制动器；4–减速器；5–卷筒；6–吊钩；7–滑轮组；8–离合器

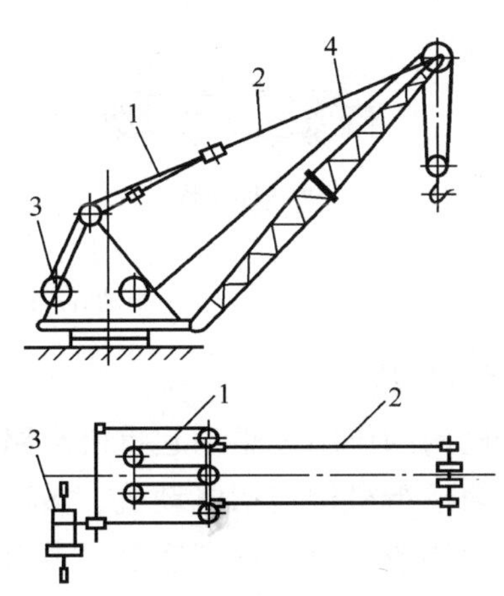

图 5-2　钢丝绳变幅

1–起重臂变幅绳；2–悬挂起重臂绳；3–变幅卷筒；4–起升绳

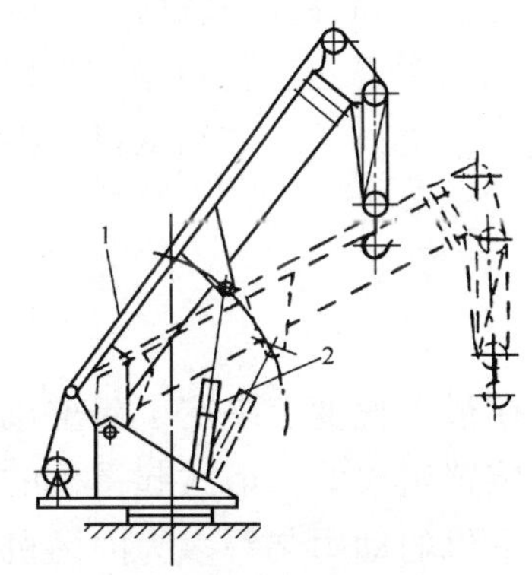

图 5-3　液压缸变幅

1–起升绳；2–变幅液压油缸

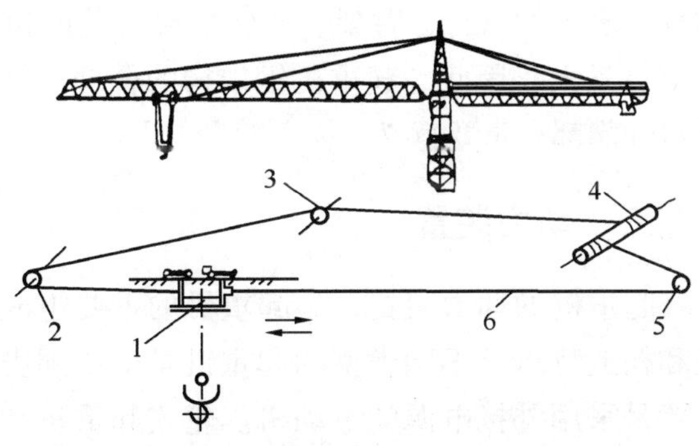

图 5-4　塔式起重机小车牵引变幅

1–小车；2–起重臂端部导向轮；3–张紧轮；4–卷筒；5–起重臂根部导向轮；6–钢丝绳

3. 回转机构

为实现起重机的一部分（指回转部分或上车）对于另一部分（指非回转部分或下车）做相对回转运动的机构称为回转机构。起重机有了回转运动，使作业范围由线、面而扩大到一定空间。回转的范围分为全回转（回转 360° 以上）和部分回转，塔式起重机和轮式起重机均装设全回转的回转机构。

如图 5-5 所示，为具有滚动轴承式回转支承的回转机构。由原动力经减速器将动力传递到小齿轮上，小齿轮既作自转又沿固定在底架上的大齿圈公转，从而带动整个上车部分回转。

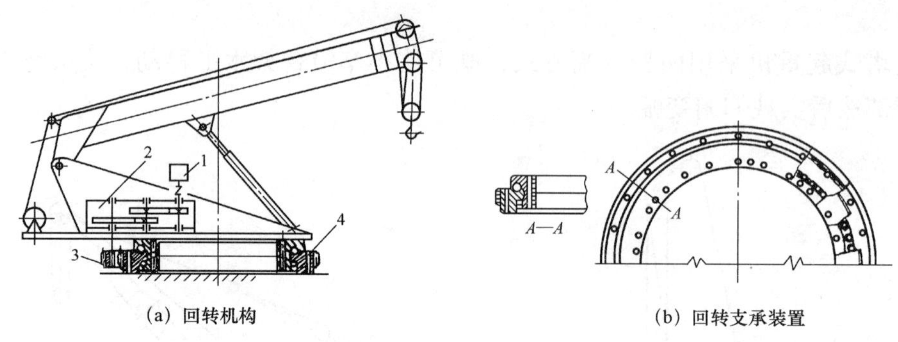

（a）回转机构　　（b）回转支承装置

图 5-5　回转机构

1-原动机；2-减速器；3-小齿轮；4-大齿圈

4. 运行机构

运行机构的作用是驱动起重机沿路面或轨道上行驶，做水平运输扩大起重机的作业范围。有轨运行机构包括电动机、减速器、制动器、台车和行走轮等。轮式起重机的运行机构是通用或专用的汽车底盘，或者是专门设计的轮胎底盘。履带式起重机的运行机构是履带底盘。

二、钢结构

起重机的钢结构，是起重机的骨架，它承受起重机的自重和各种外载荷。钢结构的构件较多（如塔身、臂架、回转平台、塔顶和底架等），其重量常占整机重量一半以上，耗钢材量大。因此，起重机钢结构的合理设计，对减轻起重机自重、节约钢材、提高起重机性能都有重要意义。

三、动力装置

起重机的动力装置，是起重机的重要组成部分，它在很大程度上决定了起重机的性能和构造特点。不同类型的起重机是由不同类型的动力装置组成的。塔式起重机的动力装置是采用外接电源的电动机。轮式起重机和履带式起重机的动力装置多为内燃机。可由一台内燃机对上、下车各工作机构供应动力；对于大型者则在上、下车各设一台内燃机，分别供应上车的起升、变幅和回转机构的动力和下车的运行机构动力。

四、控制系统

起重机的控制系统，包括操纵装置和安全装置。控制系统中有离合器、制动器、停止器、液压传动中的各种操纵阀以及各种类型的调速装置和专用的安全装置等部件。通过这些控制系统，改变起重机的运动特性，以实现启动、调速、改向、制动停止，从而达到起重机安全作业所要求的各种动作。

综上所述，所有的起重机都是由工作机构、钢结构、动力装置和控制系统组成的，而每个工作机构又是由许多的专用零部件（如钢丝绳、卷筒、滑轮及滑轮组、吊钩组、制动器和停止器等）和通用零部件（如原动机、传动齿轮、联轴器等）所组成。本章主要介绍起重机械专用零件与部件的知识。

第二节　钢丝绳

一、概述

1. 钢丝绳的用途

钢丝绳是建筑起重机械的重要零件之一，它具有强度高、自重轻、挠性好、运行平稳，适用于高速、弹性较好、极少突然断裂等优点，而被广泛用在起重机的起升机构，也用于变幅机构、牵引机构中，有时也用于回转机构。此外，钢丝绳还用作桅杆起重机的桅杆张紧绳、缆索起重机与架空索道的支承绳以及捆扎物品。

2. 钢丝绳的材料与制造方法

钢丝绳的钢丝要求有很高的强度与韧性，通常由含碳量0.5%～0.8%的优质碳素钢制成，含硫、磷量都不大于0.03%。

优质钢锭通过热轧制成直径约为6 mm的圆钢，然后经过冷拔工艺将直径减到所需尺寸（通常为0.5～2 mm）。在拔丝过程中还要经过若干次热处理。热处理及冷拔过程中的变形强化使钢丝达到很高的强度，为1 400～2 000 N/mm^2（Q235钢的强度只有380 N/mm^2）。

钢丝首先捻成股，然后将若干股围绕着绳芯捻制成绳。

股是由一定形状和大小的多根钢丝、拧成一层或多层螺旋状而形成的结构，是构成钢丝绳的基本元件。

绳芯的作用是：增加挠性、弹性和润滑。一般在绳中心布置一绳芯，有时为了更多地增加钢丝绳的挠性与弹性，在每一股的中央也布置绳芯。

绳芯的种类有：

①天然纤维芯：通常用浸透润滑油的麻绳做成，但不能用于高温环境；

②合成纤维芯：由聚合物（合成高分子化合物）制成的纤维，如聚乙烯、聚丙烯等。

③金属芯：用软钢丝或钢丝股做芯子，用于高温或多层卷绕的地方。

二、钢丝绳的构造、类型及标记代号

1. 根据钢丝绳的捻制次数分类

（1）单捻钢丝绳。由若干断面相同或不同的钢丝一次捻制而成。圆形断面的钢丝捻制成的钢丝绳，如图 5-6（a）所示，僵性大、挠性差、强度高，适用于不绕过滑轮的情况，如张紧绳。异形断面的钢丝捻绕成的钢丝绳，称为封闭绳。虽然僵性大，但表面光滑，承受横向载荷能力强，常用作缆索起重机的承载绳，如图 5-6（b）所示。

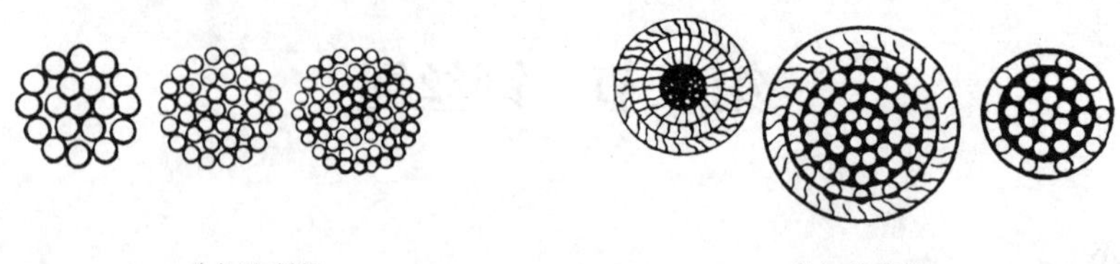

(a) 张紧绳　　(b) 承载绳

图 5-6　单捻钢丝绳

（2）双捻钢丝绳。先由钢丝捻成股，再用股捻成绳，如图 5-7 所示。由于它强度高，挠性好，制造又不复杂，因此所有起重机都广泛采用。

（3）三捻钢丝绳。把双捻绳作为股，再用这种股捻成绳，如图 5-8 所示。它的挠性最好，但制造复杂，外层钢丝细，易磨损断裂，起重机很少采用。

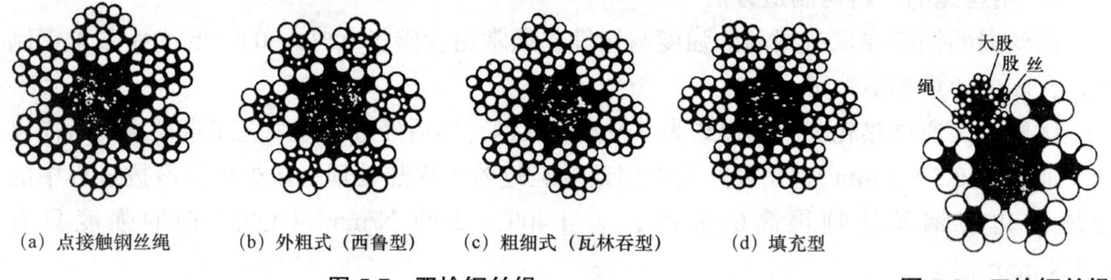

(a) 点接触钢丝绳　(b) 外粗式（西鲁型）　(c) 粗细式（瓦林吞型）　(d) 填充型

图 5-7　双捻钢丝绳　　**图 5-8　三捻钢丝绳**

2. 根据钢丝绳的捻法和捻向分类

（1）同向捻钢丝绳。由钢丝捻成股和由股捻成绳的捻向相同，如图 5-9（a）、（c）所示。它的挠性好，寿命长，但容易自行松散、扭转、打结，适用于有钢制导轨（如电梯）和经常保持张紧的地方，如牵引小车的牵引绳。

（2）交互捻钢丝绳。由钢丝捻成股和由股捻成绳的捻向相反，如图 5-9（b）、（d）所示。钢丝基本上顺着绳的轴线方向，股间外层钢丝接触不良，挠性较差，寿命短，但不易松散和扭转，普遍用于起升机构中。

上述两种双捻钢丝绳，按由股捻成绳的方向，又可分为左向捻和右向捻两种。左向捻：（或 S）股在绳中捻制的螺旋线方向是自右、向上、向左为左向捻；右向捻：（或 Z）股在绳中捻制的螺旋线方向是自左、向上、向右为右向捻。没有特殊要求的一般多用右向捻绳。

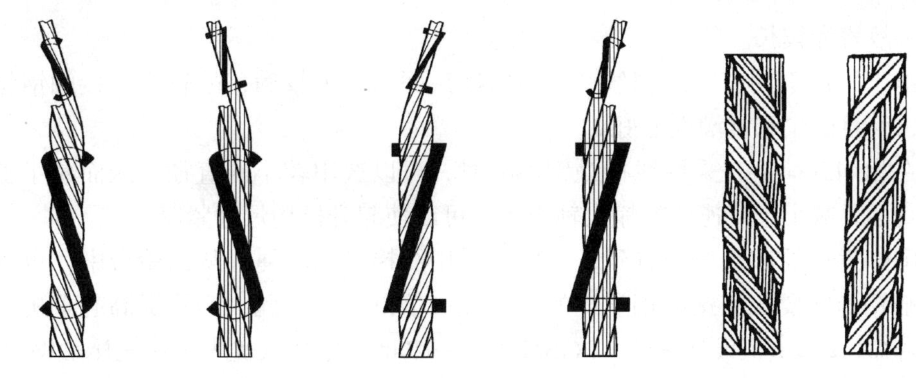

(a) 左同向捻(sS)　(b) 左交互捻(zS)　(c) 右同向捻(zZ)　(d) 右交互捻(sZ)　(e) 混合捻　(f) 混合捻

图 5-9　钢丝绳的捻向

近年来，在制绳工艺上采用预变形的方法，在成绳之前，用几个导轮使绳股得到弯曲，使之成为在绳中应有的形状，成绳之后，内应力极小，消除了扭转松散打结的趋势，因此又称为不松散的钢丝绳，这种预变形不松散的同向捻钢丝绳，既能发挥同向捻的优点，又免除了扭转打结的缺点。寿命长（约提高 50%）。国内已有很多工厂采用这项工艺。

（3）混捻绳。半数股为右向捻半数股为左向捻的绳，称为混捻绳，如图 5-9（e）所示。其性能介于同向捻、交互捻绳之间，但制造复杂，很少采用。

3. 按捻制特性（钢丝在股中的互相接触状态）分类（如图 5-10 所示）

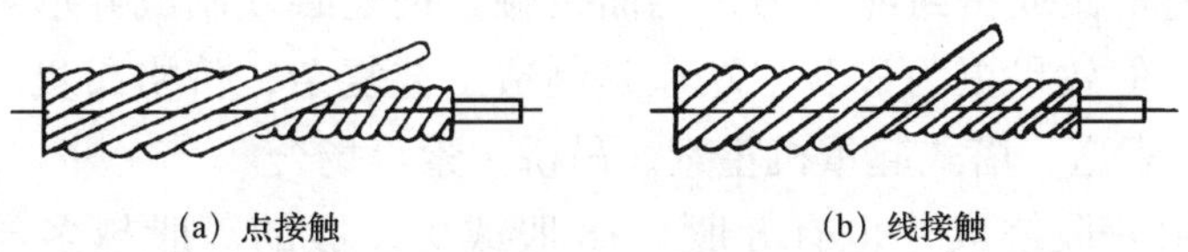

(a) 点接触　(b) 线接触

图 5-10　钢丝绳中钢丝接触情况

（1）点接触钢丝绳（非平行捻）。

如图 5-7（a）所示，绳股中各层钢丝直径相同。股中相邻两层具有近似相等的捻角（捻制时钢丝或股中心线与股或绳中心线的夹角），而捻距不同，因此，相邻两层钢丝之间呈点接触状态。点接触钢丝绳接触应力较高，在反复弯曲的工作过程中钢丝绳内钢丝易于磨损折断，寿命降低。点接触钢丝绳的优点是制造工艺简单、价廉，过去广泛用于起重机中，现多被线接触钢丝绳代替。

（2）线接触钢丝绳（平行捻）。

如图 5-7（b）（c）（d）和图 5-10（b）所示，股中所有钢丝具有相同的捻距，外层钢丝位于内层各钢丝之间的沟槽里，内外层钢丝互相接触在一条螺旋线上形成线接触。为了达到线接触，需要采用不同直径的钢丝。

这种绳的优点是：

①由于相邻钢丝之间为线接触，当钢丝绳在滑轮和卷筒上时，钢丝间的接触应力降低，从而挠性较好。

②粗细钢丝的分布合理，外层用粗钢丝可以提高耐磨性，内层用细钢丝可以增加绳

的挠性，故寿命较长。

③由于采用不同直径的钢丝，使绳的横截面内充填较满，故较之点接触钢丝绳承载能力大，而且防尘和抗潮性能好。

④在相同载荷下，采用线接触钢丝绳时，可以选用较小的直径，从而减小了滑轮和卷筒的直径，减小了减速器的输出轴力矩，可以使起升机构尺寸紧凑。

从国外生产的起重机中看到，一般都采用线接触钢丝绳。从试验台中，也明显地表明线接触钢丝绳要比点接触钢丝绳的寿命高一倍以上。因此，为了提高起重机上使用的钢丝绳寿命，《起重机设计规范》（GB/T 3811—2008）中建议优先采用线接触钢丝绳。

线接触钢丝绳，根据绳股断面的结构分为以下 3 种：

1）外粗型又称西鲁型（S 型）钢丝绳：如图 5-7（b）所示，股中间一层钢丝的直径相同，不同钢丝直径不同，内层细外层粗，外层耐磨。

2）粗细型又称瓦林吞型（W 型）钢丝绳：如图 5-7（c）所示，外层采用粗细两种钢丝，粗钢丝位于内层钢丝的沟槽中，细钢丝位于粗钢丝之间，断面充填系数高，挠性好，承载能力大。

3）填充型（F 型）钢丝绳：如图 5-7（d）所示，在股中内、外层钢丝沟槽中，填充细钢丝，增加了股中钢丝的数量，断面充填系数更高，挠性好，承载能力更大。

（3）面接触钢丝绳。

面接触钢丝绳常做成密封绳，为达到面接触，钢丝必须制成异形断面，其优点与线接触钢丝绳相同，但效果更为显著，缺点是制造工艺复杂，价格昂贵。面接触（密封）钢丝绳适用于架空索道、塔式起重机主索、吊桥主索等场合。

钢丝绳一般由 6 股绕成，也有 8 股、18 股或更多股的。股越多与卷绕装置接触越好，不仅钢丝绳寿命长，也减少了卷绕装置的磨损。如果内外层的钢丝捻向相反，还可制成不扭转钢丝绳。

4. 钢丝绳标记代号举例

钢丝绳标记系列的描述应按《钢丝绳　术语、标记和分类》（GB/ T 8706—2017）的相关规定进行。该系列列出了描述钢丝绳所要求的最少信息量（例如，当有规定时或需要证实时）。该系列适用于大多数钢丝绳结构、级别、钢丝表面状态和层数的描述。

（1）格式。

钢丝绳标记系列由下列内容组成，如图 5-11 所示。

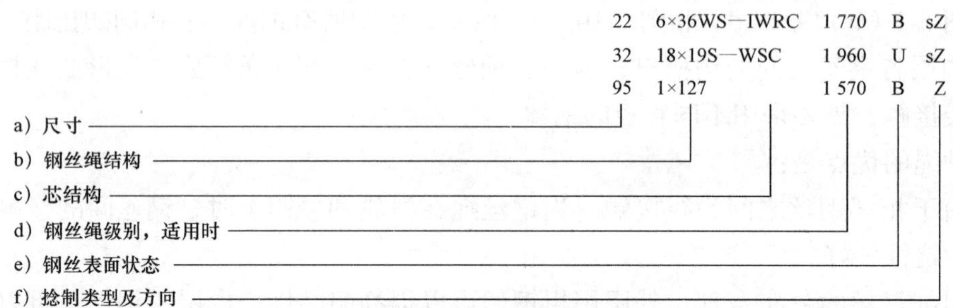

图 5-11　标记系列示例

（2）代号。

1）钢丝、股和钢丝绳横截面形状。

横截面形状代号：

①圆形：钢丝、股、钢丝绳均无代号。

②其他横截面形状代号参见《钢丝绳　术语、标记和分类》（GB/T 8706—2017）。

2）股结构类型。

普通类型的圆股结构代号：

①单捻：无代号

②平行捻：

i. 西鲁式：S

示例：19S 即（1−9−9）

ii. 瓦林吞式：W

示例：19W 即（1−6−6+6）

iii. 填充式：F

示例：21F 即（1−5−5F−10）

③组合平行捻：

WS：示例 26WS 即（1−5−5+5−10）

SWS：示例 49SWS 即（1−8−8−8+8−16）

FS：示例 37FS 即（1−6−6F−12−12）

SFS：示例 50SFS 即（1−7−7−7F−14−14）

其他股类型代号参见《钢丝绳　术语、标记和分类》（GB/T 8706—2017）。

（3）结构。

1）尺寸。圆钢丝绳和编制钢丝绳公称直径应以 mm 表示，扁钢丝绳公称尺寸（宽度 × 厚度）应以 mm 表示。

对于包覆钢丝绳应标明 2 个值：外层尺寸和内层尺寸。对于包覆固态聚合物的圆股钢丝绳，外径和内径用斜线（/）分开。

2）钢丝绳结构。多股钢丝绳结构应按下列顺序标记：

①单层股钢丝绳：

i. 外层股数。

ii. 乘号（×）。

iii. 每个外层股中钢丝的数量及相应股的标记。

iv. 连接号短划线（-）。

v. 芯的标记。

示例：6×36WS-IWRC［更多示例参见《钢丝绳　术语、标记和分类》（GB/T 8706—2017）的附录 B］

②平行捻密实钢丝绳：

i. 外层股数。

ii．乘号（×）。

iii．每个外层股中钢丝的数量及相应股的标记。

iv．连接号短划线（-）。

v．表明外层股经过密实加工的平行捻绳芯的标记。

示例：8×19S-PWRO［更多示例参见《钢丝绳　术语、标记和分类》（GB/T 8706—2017）的附录B］

③阻旋转钢丝绳：

i．10个或10个以上外层股：

a．钢丝绳中除中心组件外的股的总数。

b．当股的层数超过2层时，内层股的捻制类型标记在括号中标出。

c．乘号（×）。

d．每个外层股中钢丝的数量及相应股的标记。

e．连接号短划线（-）。

f．中心组件的标记。

示例：18×7-WSC或19×7［更多示例参见《钢丝绳　术语、标记和分类》（GB/T 8706—2017）的附录B］

ii．8个或9个外层股：

a．外层股数。

b．乘号（×）。

c．每个外层股中钢丝的数量及相应股的标记。

d．连接号冒号（：）表示反向捻芯。

e．IWRO。

示例：8×25F：IWRC

3）芯结构。

单层股钢丝绳芯、平行捻密实钢丝绳中心和阻旋转钢丝绳中心组件的代号应符合下列规定：

①单层钢丝绳：

i．纤维芯：FC

a．天然纤维芯：NFC

b．合成纤维芯：SFC

c．固态聚合物芯：SPC

ii．钢芯：WC

a．钢丝股芯：WSC

b．独立钢丝绳芯：IWRC

c．压实股独立钢丝绳芯：IWRC（K）

d．聚合物包覆独立绳芯：EPIWRC

②平行捻密实钢丝绳：

i．平行捻钢丝绳芯：PWRC

ii．压实股平行捻钢丝绳芯：PWRC（K）

iii．填充聚合物的平行捻钢丝绳芯：PWRC（EP）

③阻旋转钢丝绳：

中心构件：

①纤维芯：FC

②钢丝股芯：WSC

③压实钢丝股芯：KWSC

4）钢丝绳级别。

当需要给出钢丝绳的级别时，应标明钢丝绳破断拉力级别，如 1770、1370/1770。不是所有的钢丝绳都需要标明钢丝绳的级别。

5）钢丝绳表面状态。

钢丝的表面状态（外层钢丝）应用下列字母代号标记：

①光面或无镀层：U

②B 级镀锌：B

③A 级镀锌：A

④B 级锌合金镀层：B（Zn/Al）

⑤A 级锌合金镀层：A（Zn/Al）

对于其他的表面状态的标识应保证所选用的字母代号的含义是明确的。

6）捻制类型及方向。

①单捻钢丝绳：

捻制方向应用下列字母代号标记：

i．右捻：Z

ii．左捻：S

②多股钢丝绳：

捻制类型和捻制方向应用下列字母代号标记：

i．右交互捻：sZ

ii．左交互捻：zS

iii．右同向捻：zZ

iv．左同向捻：sS

v．右混合捻：aZ

vi．左混合捻：aS

（注：交互捻和同向捻类型中的第一个字母表示钢丝在股中的捻制方向，第二个字母表示股在钢丝绳中的捻制方向。混合捻类型的第二个字母表示股在钢丝绳中的捻制方向。）

塔式起重机应采用起重机专用钢丝绳。

三、钢丝绳的破坏及报废基准

钢丝绳极少突然断裂，都是由于外层钢丝反复弯曲、磨损、断丝数逐渐增多，使钢丝绳报废或破坏。

在实际工作中，钢丝绳受力极其复杂，有钢丝绳受拉时，使钢丝产生的拉应力；钢丝绳绕过卷筒或滑轮时，钢丝受到弯曲产生的弯曲应力；钢丝绳与卷筒或滑轮表面接触产生的挤压应力；钢丝在钢丝绳中呈螺旋形，钢丝绳的拉伸载荷位于轴线上，有将钢丝拉直的趋势，因此，使钢丝受扭，产生扭转剪切应力等。实践证明，由于钢丝反复弯曲与反复挤压所造成的金属疲劳是钢丝破坏的主要原因。反复弯曲挤压达到一定次数，加上磨损，钢丝就会断折，断折的钢丝达到一定数值，钢丝绳就报废，应更换新绳。

钢丝绳的报废主要有可见断丝数超标、直径的减少超标以及断股、腐蚀、畸形和损伤等。

1. 可见断丝报废基准

不同种类钢丝绳的可见断丝报废基准不同。单层股钢丝绳（如六股和八股）和平行捻密实钢丝绳按照钢丝绳内承载钢丝的总数按照 6*d* 和 30*d* 长度范围内读取相应的断丝数报废值。对阻旋转钢丝绳按钢丝绳外层股数和外层股内承载钢丝总数在 6*d* 和 30*d* 长度范围内读取相应的断丝数报废值。报废基准与断丝种类、钢丝绳的捻向、钢丝绳的缠绕层数等因素有关。一根钢丝绳只要是在任何部位断丝数达到报废基准值，就应报废。

钢丝绳达到报废程度的最少可见断丝数，以《起重机　钢丝绳　保养、维护、检验和报废》（GB/T 5972—2016）为准。

在实际应用中，钢丝绳达到报废程度的最少可见断丝数的简易判断方法总结如下，仅供参考：以单层股钢丝绳和平行捻密实钢丝绳为例。单层缠绕在卷筒或钢制滑轮上，在长度为 6*d* 范围内交互捻绳断丝数达到总丝数的 4%即报废，同向捻绳断丝数达到总丝数的 2%即报废；在长度 30*d* 范围内交互捻绳断丝数达总丝数的 8%即报废，同向捻绳断丝数达总丝数的 4%即报废。多层缠绕在卷筒上，在长度为 6*d* 范围内断丝数达到总丝数的 8%即报废，在长度 30*d* 范围内断丝数达总丝数的 16%即报废。

对于阻旋转钢丝绳中达到报废程度的最少可见断丝数以《起重机　钢丝绳　保养、维护、检验和报废》（GB/T 5972—2016）为准。

对于外股为西鲁式结构且每股的钢丝数≤19 的钢丝绳（如 6×19Seale），达到报废程度的最少可见断丝数比上述简易判断方法的断丝数相应减少，具体参见《起重机　钢丝绳　保养、维护、检验和报废》（GB/T 5972—2016）。

2. 钢丝绳直径减少报废基准

单层缠绕卷筒和钢制滑轮上的钢丝绳，直径沿长度等值减少的报废基准如下：对于纤维芯单层股钢丝绳，直径减少超过 10%即报废；对于钢芯单层股钢丝绳或平行捻密实钢丝绳，直径减少超过 7.5%即报废；对于阻旋转钢丝绳，直径减少超过 5%即报废。

3. 其他报废情况

《起重机　钢丝绳　保养、维护、检验和报废》（GB/T 5972—2016）规定，钢丝绳出现劣化模式以及严重缺陷应当及时报废更新。如图 5-12（a）～（s）所示，列出了钢丝绳 18 种典型的劣化模式（缺陷）。

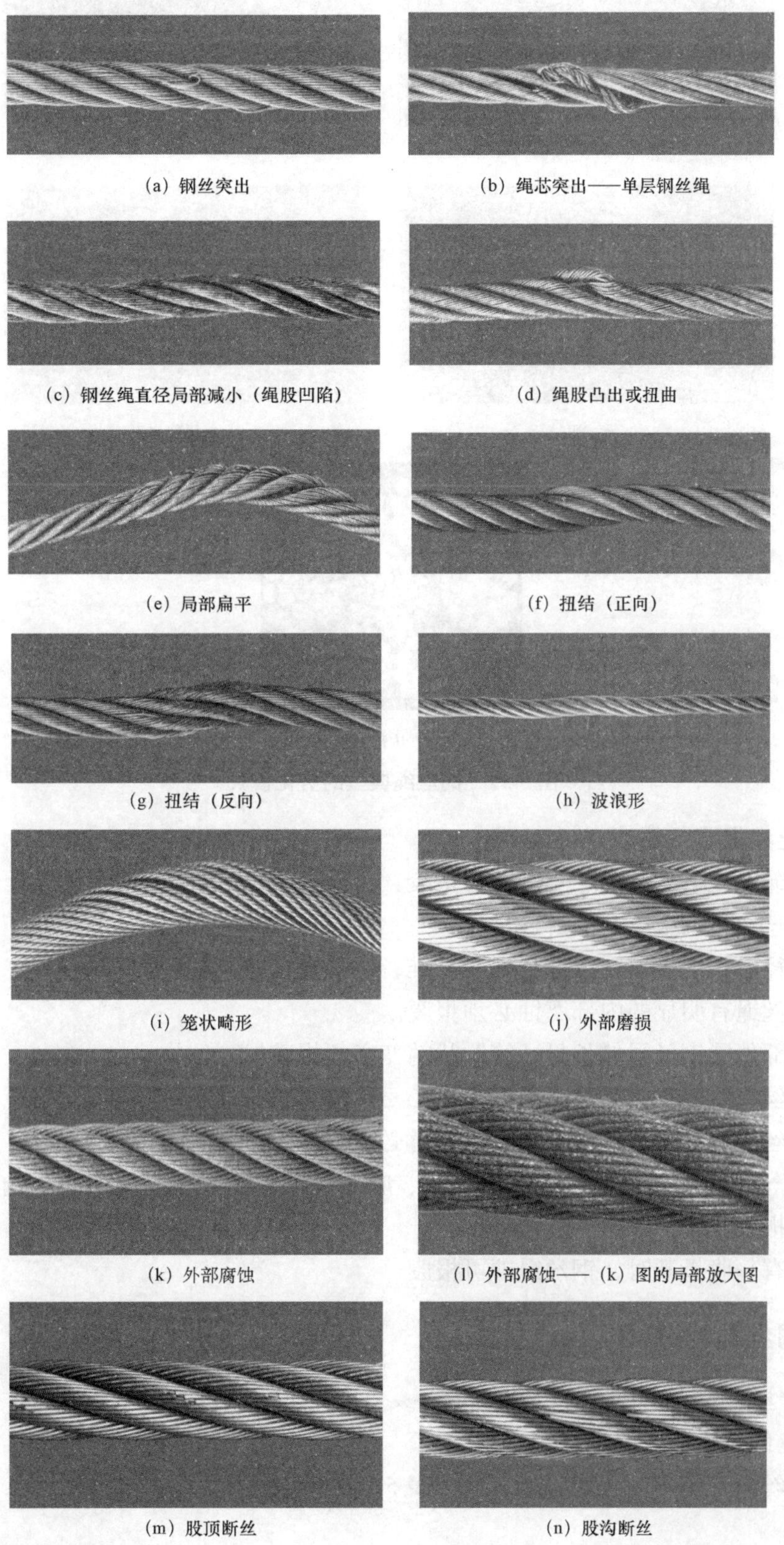

（a）钢丝突出

（b）绳芯突出——单层钢丝绳

（c）钢丝绳直径局部减小（绳股凹陷）

（d）绳股凸出或扭曲

（e）局部扁平

（f）扭结（正向）

（g）扭结（反向）

（h）波浪形

（i）笼状畸形

（j）外部磨损

（k）外部腐蚀

（l）外部腐蚀——（k）图的局部放大图

（m）股顶断丝

（n）股沟断丝

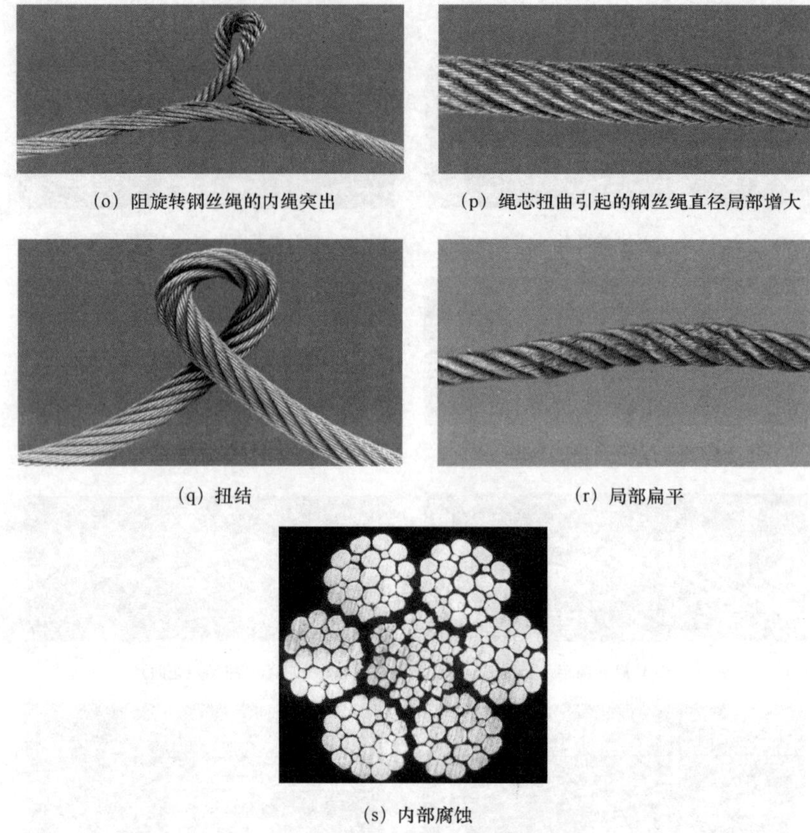

（o）阻旋转钢丝绳的内绳突出　（p）绳芯扭曲引起的钢丝绳直径局部增大

（q）扭结　（r）局部扁平

（s）内部腐蚀

图 5-12　钢丝绳典型的劣化模式

4. 钢丝绳报废条件

当钢丝绳出现下列情况之一时即可报废：

（1）断丝数达到报废基准。

（2）直径沿长度等值减少达到报废基准；局部直径减少报废。

（3）钢丝绳有明显的内部腐蚀必须报废。

（4）局部外层钢丝绳伸长显“笼”状畸变必须报废。

（5）钢丝绳出现整股断裂必须报废。

（6）钢丝绳的纤维芯直径增大较严重时必须报废。

（7）钢丝绳发生扭结、弯折塑性变形、麻芯脱出、受电弧高温灼伤影响钢丝绳性能指标时必须报废。

（8）当有一股折断时，钢丝绳即可报废。

四、钢丝绳的选择

选择钢丝绳的方法分为以下两个步骤：

1. 钢丝绳结构形式的选择

根据钢丝绳使用的场合和要求，参考表 5-1 选择钢丝绳。

表 5-1　钢丝绳的使用场合及其结构形式

<table>
<tr><th colspan="5">使用场合</th><th>常用型号</th></tr>
<tr><td rowspan="4">起升或变幅用</td><td rowspan="3">单层卷绕</td><td rowspan="2">吊钩及抓斗起重机</td><td rowspan="2">h</td><td><20</td><td>6×31S+FC、6×37S+FC、6×36W+FC、6×25F+FC、8×25F+FC</td></tr>
<tr><td>≥20</td><td>6×19S+FC、6×19W+FC、8×19S+FC、8×19W+FC、6V×21+7FC</td></tr>
<tr><td colspan="3">起升高度大的起重机</td><td>多股不扭转 18×7+FC、18×19+FC</td></tr>
<tr><td colspan="4">多层卷绕</td><td>6×19W+IWR</td></tr>
<tr><td rowspan="2">牵引用</td><td colspan="4">无导绕系统（不绕过滑轮）</td><td>1×19、6×19+FC、6×37+FC</td></tr>
<tr><td colspan="4">有导绕系统（绕过滑轮）</td><td>与起升绳或变幅绳同</td></tr>
</table>

注：h——与机构工作级别和钢丝绳结构有关的系数，具体数值的确定见表 5-3 中的 h_1、h_2。

为了延长钢丝绳的使用寿命，在选择钢丝绳的结构形式时，《起重机设计规范》（GB/T 3811—2008）建议优先采用线接触钢丝绳。在腐蚀较大的环境采用镀锌钢丝绳。

2. 钢丝绳直径的选择

按钢丝绳所在机构工作级别有关的安全系数选择钢丝绳直径。所选钢丝绳的破断拉力应满足式（5-1）。

$$F_0 \geqslant K \cdot S_{max} \tag{5-1}$$

式中，F_0——所选用钢丝绳的破断拉力，kN；

K——钢丝绳最小安全系数，按表 5-2 选取；

S_{max}——钢丝绳最大工作静拉力，kN。

表 5-2　安全系数 *K* 值

机构工作级别	安全系数 K
M1～M3	4
M4	4.5
M5	5
M6	6
M7	7
M8	8

注：1. 对于运搬物品的起重用钢丝绳，一般应按比设计工作级别高一级的工作级别选择表中的 K 值，对起升机构工作级别为 M7、M8 的某些冶金起重机，在保证一定寿命的前提下允许按低的工作级别选择，但最低安全系数不得小于 6；

2. 对缆索起重机的起升绳和牵引绳可作类似处理，但起升绳的最低安全系数不得低于 5，牵引绳的最低安全系数不得小于 4；

3. 臂架伸缩用的钢丝绳，安全系数不得小于 4。

为了保证钢丝绳具有一定的使用寿命，必须对影响其寿命的钢丝绳卷绕直径即按钢丝绳中心计算的卷筒和滑轮卷绕直径作出规定。钢丝绳的使用寿命总是随着滑轮和卷筒的卷绕直径的减小逐渐降低的。因此，卷筒、滑轮的直径与钢丝绳直径之间应有一定的比例。

根据《起重机设计规范》（GB/T 3811—2008）的规定，按钢丝绳中心计算的卷筒和滑轮的最小缠绕直径按式（5-2）计算：

$$D_{0\,\min}=h\cdot d \tag{5-2}$$

式中，$D_{0\,\min}$——按钢丝绳中心计算的滑轮和卷筒的最小卷绕直径，mm；

h——与机构工作级别和钢丝绳结构有关的系数，按表 5-3 选取；

d——钢丝绳的直径，mm。

表 5-3　系数 h

机构工作级别	卷筒 h_1	滑轮 h_2
M1～M3	14	16
M4	16	18
M5	18	20
M6	20	22.4
M7	22.4	25
M8	25	28

注：1. 采用不旋转钢丝绳时，h 值应按比机构工作级别高一级的值选取；

2. 对于流动式起重机，建议取 h_1=16 及 h_2=18，与工作级别无关。

平衡滑轮的直径，对于桥式类型起重机取与 $D_{0\,\min}$ 相同；对于臂架起重机，根据结构需要，取为不小于 $D_{0\,\min}$ 的 0.6 倍。

从表 5-3 中可见，机构工作级别相同时，h_1 小于 h_2，这是因考虑钢丝绳在卷筒上卷绕时只弯折一次（收钢丝绳时由直变弯）。而在滑轮上绕过时一进一出要弯折 2 次。并且在多层卷绕时钢丝绳在卷筒上的弯曲半径实际已经加大。这些都是对钢丝绳寿命的有利因素。

五、钢丝绳的使用、维护和保养

钢丝绳的使用和维护保养得当与否，直接影响到钢丝绳的使用寿命及起重作业的安全，因此正确地使用和维护保养钢丝绳是很重要的工作，下面介绍钢丝绳的正确使用和维护方法。

（1）钢丝绳的开卷。钢丝绳的出厂长度一般都是 250 m、500 m 或 1 000 m，并且总是绕成绳卷或绕在木卷筒上，在使用前必须将钢丝绳从绳卷上或卷筒上解下来。在解开钢丝绳时必须要按照正确的方法进行，不要使钢丝绳形成绳环，因为形成绳环后，很容易使钢丝绳磨损，甚至断裂，直接影响钢丝绳的使用。在把钢丝绳绕入和绕出起重机工作卷筒时同样要注意采取正确的绕法，在绕入卷筒时应让钢丝绳一圈一圈排列紧密整齐，绝不可有乱绕现象，以免过早损坏。

（2）钢丝绳在使用过程中必须经常检查其强度，一般至少 6 个月就要做一次强度试验。

（3）钢丝绳应该根据其使用场合恰当地选用其构造、形式，并按静力计算合理地确定钢丝绳直径。

（4）钢丝绳在使用过程中，不能超负荷使用，不应受冲击力，在捆绑或吊运重物时，注意不要使钢丝绳直接和物件的尖棱锐角相接触，在它们的接触处要垫以木板、麻片或其他衬垫物，以免物件的尖棱锐角损坏钢丝绳，特别是在运动中不要和其他物件摩擦，以免直接降低钢丝绳的寿命。

（5）钢丝绳穿绕的滑轮其边缘不应有破裂或缺陷，滑轮及卷筒的直径在条件允许的情况下尽量选较大的直径，尽量减少钢丝绳的过分弯曲。滑轮槽底的尺寸与材料对钢丝绳的使用寿命也有很大影响，滑轮槽底半径太大使钢丝绳与滑轮槽接触面积减少，太小又会卡紧钢丝绳，由于钢丝绳绕过滑轮时要产生横向变形，故滑轮槽底半径应稍大于钢丝绳半径，常取的滑轮槽底半径为 $R\approx(0.54\sim0.6)d$，钢丝绳直径小时 R 取大些。滑轮与卷筒的材料太硬，对钢丝绳的磨损较大。试验证明，以铸铁滑轮代替钢滑轮能提高钢丝绳寿命 10%～20%。但材料太软，滑轮及卷筒极容易磨损，而且磨损落下的粉末对钢丝绳有研磨作用，也会缩短钢丝绳的使用寿命。

（6）为了延长钢丝绳的使用寿命，在使用中尽量减少弯折次数，并且尽量避免反向弯折。因为，多次弯折会增加绳的疲劳，而反向弯折则更加剧钢丝绳的疲劳，其强度的影响较同向弯折成倍增加。

（7）在高温的物体上使用钢丝绳时必须要采取隔热措施，因为钢丝绳在受高温后强度会降低。

（8）钢丝绳在使用一段时间后，必须加润滑油，一方面可以防止钢丝绳生锈，另一方面，钢丝绳在使用过程中，它的各股绳间或每一股中的钢丝与钢丝之间都会相互产生滑动摩擦，特别是在钢丝绳受弯时，这种摩擦更加激烈，加了润滑油后就可以减小这种摩擦。

新钢丝绳的绳芯（麻芯）在出厂前都是浸透润滑油的，当钢丝绳受力后，特别是受弯时，储存在绳芯内的润滑油一点一点地被挤出，并沿着钢丝绳的缝隙渗出来，当钢丝绳使用一段时间后，绳芯内的润滑油已逐渐挤干，不能再起到润滑作用，所以使用一段时间之后，必须加润滑油。对于其他材料绳芯的钢丝绳更要注意润滑问题。

在加润滑油之前，用钢丝刷子和柴油（或煤油）把钢丝绳上黏附的泥土、铁锈和其他脏东西消除干净，然后用毛刷或棉团把润滑油涂在钢丝绳上。润滑时要将油加热到80℃以上，使油容易渗到钢丝绳内部。润滑周期一般为 15～30 d，也可根据具体的使用和绳的润滑情况确定。目前我国的工程起重机用钢丝绳一般要求每 400 h 必须进行一次润滑；日本起重机械对钢丝绳的润滑一般要求一个月进行一次，润滑油可选用钢丝绳油脂（例如我国常用的石墨钙基润滑脂 ZG-5 等）或无水而且不含酸性或碱性的其他油脂。在使用时如找不到合适的润滑脂和润滑油液时可根据如下配方自行配制，见表 5-4。

表 5-4　钢丝绳用润滑脂、油液配方

油脂	1 号	煤焦油 68%	石油沥青 10%	松香 10%	凡士林 7%	石墨 3%	石蜡 2%
	2 号	黄干油 90%	牛油 10%	—	—	—	—
油液		黄干油 90%	石油沥青 10%	—	—	—	—

（9）钢丝绳在切断时，一定要在切断处的两端先用细软钢丝把它扎紧，扎捆的距离为（3～5）*d*（*d*为钢丝绳直径），否则钢丝绳一但被切断，绳头就会松散开来。

（10）钢丝绳存放时，要先按上述方法将钢丝绳上的赃物清除干净后上好润滑油，然后盘好，存放在干燥的地方，在钢丝绳的下面垫以木板或枕木，并且要定期进行检查，以防锈蚀。

六、钢丝绳端头的固定

为了便于与其他承载零件连接，钢丝绳端部常用的固定方法有：

1. 末端捆扎

如图 5-13（a）所示，钢丝绳一端绕过套环后与自身编结在一起，并用细钢丝绳扎紧。捆扎长度 *l*=（20～25）*d*（*d*为钢丝绳直径），但不应小于 300 mm。固定处的强度，为钢丝绳自身强度的 75%～90%。

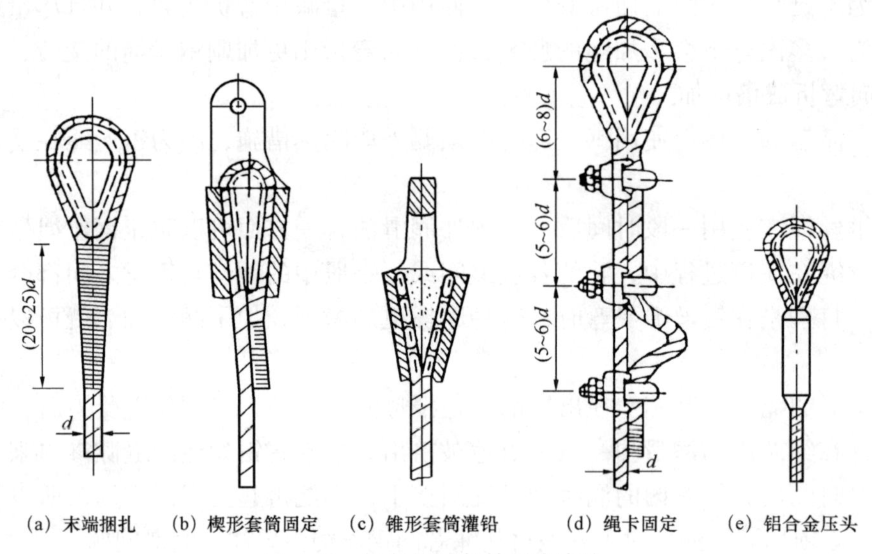

（a）末端捆扎　（b）楔形套筒固定　（c）锥形套筒灌铅　（d）绳卡固定　（e）铝合金压头

图 5-13　钢丝绳端部的固定方法

2. 楔形套筒固定

如图 5-13（b）所示，钢丝绳一端绕过楔块，连同楔块一起放入套筒内，利用楔块在套筒内的锁紧作用，使钢丝绳与套筒固定一体。固定处的强度为钢丝绳自身强度的 75%～85%。

3. 锥形套筒灌铅固定

如图 5-13（c）所示，钢丝绳末端穿过锥形套筒后将钢丝绳松散，把钢丝绳末端弯成钩状，浇入铅或锌液，凝固后即成。固定强度与钢丝绳强度大致相等。

4. 绳卡固定

如图 5-13（d）所示，这种方式简单、可靠，并能预报松劲信号，因此被广泛应用。但应注意以下几方面情况：

（1）绳卡数量根据钢丝绳直径而定，但不能少于 3 个，见表 5-5。

表 5-5　钢丝绳直径与绳卡数

钢丝绳直径 d/mm	7～16	17～27	28～37	38～45
绳卡数	3	4	5	6

（2）绳卡底板扣在承载分支上，U 形螺栓扣在无载分支上。固定处强度为钢丝绳自身强度的 80%～90%，如果装反，强度下降到 75%以下。

（3）最后一个绳卡前，放松无载分支，用以预报绳长松劲情况，以便及时采取措施。

（4）绳卡型号应与钢丝绳直径相对应，见表 5-6。

表 5-6　绳卡型号与对应的钢丝绳直径

绳卡型号	钢丝绳最大直径 d/mm	绳卡型号	钢丝绳最大直径 d/mm
Y1—6	6	Y8—25	25
Y2—8	8	Y9—28	28
Y3—8	10	Y10—32	32
Y4—12	12	Y11—40	40
Y5—15	15	Y12—45	45
Y6—20	20	Y13—50	50
Y7—22	22		

5. 铝合金压头固定

如图 5-13（e）所示，将钢丝绳端头拆散后分为 6 股，各股留头错开，留头最长不超过铝套长度，并切去绳芯弯转 180° 后用钎子分别插入主索中，然后套入铝套，用压力机压紧即可。此法加工工艺性好、重量轻、安装方便，一般常作起重机固定拉索用，目前国外引进的起重机上已见广泛应用。

第三节　滑轮和滑轮组

一、滑轮的构造

起重机的起升机构中，钢丝绳经常要先绕过若干滑轮，然后固接到卷筒上。滑轮是支持钢丝绳的零件，是一个圆形的轮，轮周上有防止绳索脱落的绳槽。直径小的滑轮一般做成实体的，直径较大时，在轮缘与轮缘之间做成带刚性筋的或者做成带孔的圆盘，如图 5-14 所示。滑轮活套在轴上，滑轮转动，轴不转动，滑轮和心轴间装有滚动轴承，少数的采用滑动轴承。

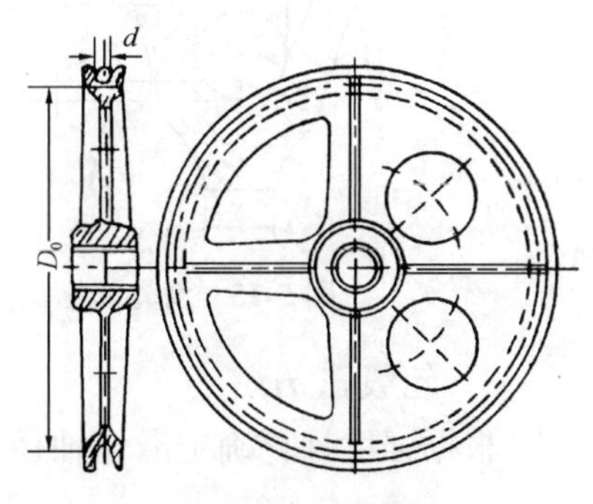

图 5-14　绳索滑轮

在轻级和中级工作级别的起重机中，滑轮可用牌号为 HT200 的灰铸铁或 QT400—10 球墨铸铁铸造；在重级以上的起重机中，滑轮用铸钢 ZG25Ⅱ或 ZG35Ⅱ制造；对于大直径（D>800 mm）的滑轮可用 Q235 钢焊接。

二、滑轮几何尺寸的确定

1. 滑轮直径 D_0

为了保证钢丝绳具有足够的使用寿命，必须降低钢绳经过滑轮时的弯曲应力和挤压应力，因此滑轮直径不能过小，应按式（5-2）计算滑轮的最小缠绕直径，即

$$D_{0\,\min}=h\cdot d$$

式中，$D_{0\,\min}$——按钢丝绳中心计算的滑轮的最小卷绕直径，mm；

h——与机构工作级别和钢丝绳结构有关的系数，按表 5-3 选取；

d——钢丝绳的直径，mm。

为了简化制造工艺、降低成本、便于使用，滑轮已成为系列产品。在设计时，钢丝绳卷绕直径 $D_0=D+d$ 要进行圆整，尽量取下列标准值（D 为轮槽底部直径）：

D_0=250 mm，300 mm，350 mm，400 mm，500 mm，600 mm，700 mm，800 mm

均衡滑轮

$$D_j=(0.6\sim0.8)D_0$$

2. 滑轮绳槽形状和尺寸

如图 5-15 所示，绳槽应保证：

（1）钢丝绳与绳槽有足够的接触面积。

（2）钢丝绳偏斜一定角度（每度的正切约为 1/10），不脱槽，不磨边，能正常工作。

根据实践经验，绳槽半径：

$$R\approx(0.53\sim0.6)d$$

$$\alpha\approx35°\sim40°$$

若滑轮绳槽需要通过钢丝绳接头时，绳槽尺寸必须加大，如图 5-16 所示。

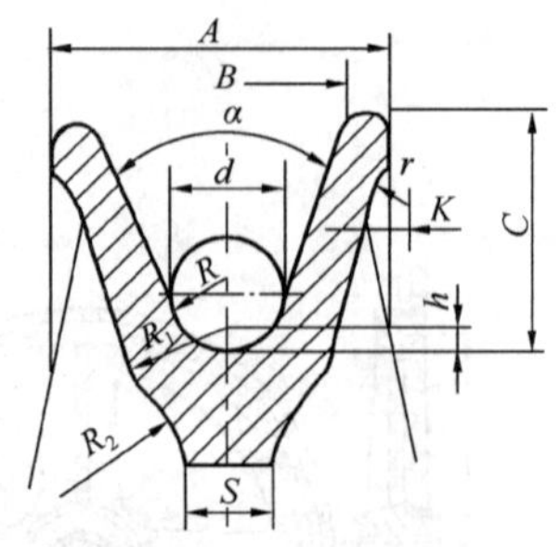

图 5-15　滑轮绳槽

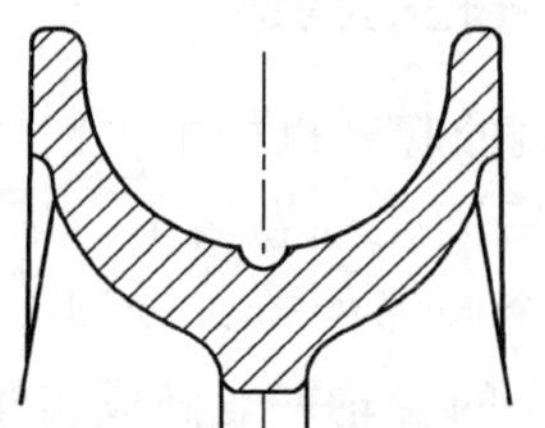
图 5-16　过接头的滑轮绳槽

3. 轮毂孔 d_1

根据强度计算确定滑轮轴径 d。选择轴承，由轴承外圈的结构尺寸决定 d_1。

三、滑轮的类型

滑轮根据其作用特点分为定滑轮和动滑轮两种。

1. 定滑轮

位置固定的滑轮叫定滑轮，如图 5-17（a）所示。定滑轮用于支持钢丝绳的运动，并改变其运动方向。这时

$$S_0=Q \tag{5-3}$$

$$L=h \tag{5-4}$$

$$\upsilon=V \tag{5-5}$$

式中，S_0——钢丝绳自由端的理论拉力（不计摩擦阻力）；

Q——被起升物品的重量；

L——钢丝绳自由端的行程；

h——物品的行程；

υ——钢丝绳自由端的速度；

V——物品的速度。

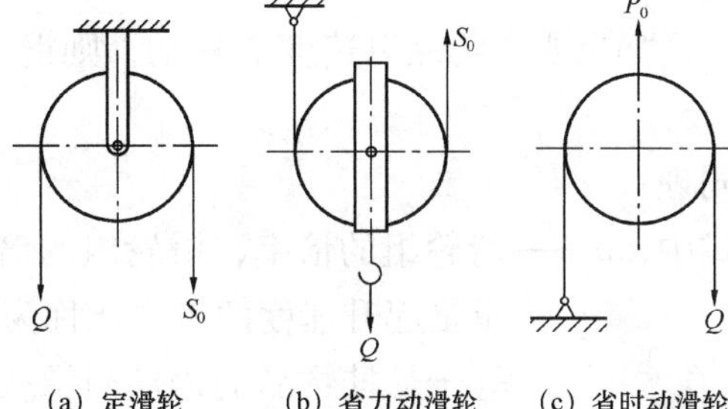

图 5-17　滑轮

2. 动滑轮

位置可以移动的滑轮叫动滑轮。动滑轮分为省力动滑轮与省时动滑轮两种。

（1）省力动滑轮。如图 5-17（b）所示，拉力作用在钢丝绳的自由端上，出端拉力为物品重量的一半，因此可用以减少钢丝绳上的拉力。

这时

$$S_0=Q/2 \tag{5-6}$$

$$L=2h \tag{5-7}$$

$$\upsilon=2V \tag{5-8}$$

（2）省时动滑轮。如图 5-17（c）所示，作用力加在滑轮的心轴上，可用以提高物品的起升速度。如用于叉车门架上和轮胎式起重机的起重臂伸缩机构中，可以达到多节伸缩臂同步伸缩的目的。

这时

$$P_0=2Q \tag{5-9}$$

$$L=\frac{h}{2} \tag{5-10}$$

$$\upsilon=\frac{V}{2} \tag{5-11}$$

式中，P_0——作用在滑轮心轴上的理论拉力；

L——滑轮心轴的行程；

υ——滑轮心轴的速度。

四、滑轮组

将钢丝绳绕过一定数量的定滑轮及动滑轮所组成的装置叫滑轮组。滑轮组分为省力滑轮组与省时滑轮组两种。在起重机械中一般只用省力滑轮组。

在滑轮组中，绕过滑轮的钢丝绳，一端为固定，另一端为自由端的叫单联滑轮组。在单联滑轮组中，按照钢丝绳自由端绕出情况分为从定滑轮绕出和从动滑轮绕出两种。

由两个并列对称单联滑轮组所组成的滑轮组叫作双联滑轮组。

1. 钢丝绳从定滑轮绕出的单联滑轮组（如图 5-18 所示）

在滑轮组中物品重量 Q 是由几段钢丝绳来承担的。钢丝绳的分担段数称为滑轮组的承载分支数。这样就减小了钢丝绳中的拉力，并使物品的上升速度降低。例如在图 5-18 中，如承载分支数为 Z，则钢丝绳自由端的出端理论拉力为

$$S_0=Q/Z=Q/a \tag{5-12}$$

式中 $Z=a$

如果要求物品以速度 V 移动，则钢丝绳自由端应有的牵出速度为

$$v=a\cdot V \tag{5-13}$$

同理： $$L=a\cdot h \tag{5-14}$$

式中，a——滑轮组的倍率，滑轮组的倍率也就是它的传动比，即钢丝绳自由端的速度和重量起升速度两者之比称为倍率。如图 5-18 所示的情况，滑轮组的倍率 a 就等于悬挂物品的钢丝绳承载分支数。显然，滑轮组的倍率越大，起重物品也越省力。因此倍率 a 是表征滑轮组的重要特性。

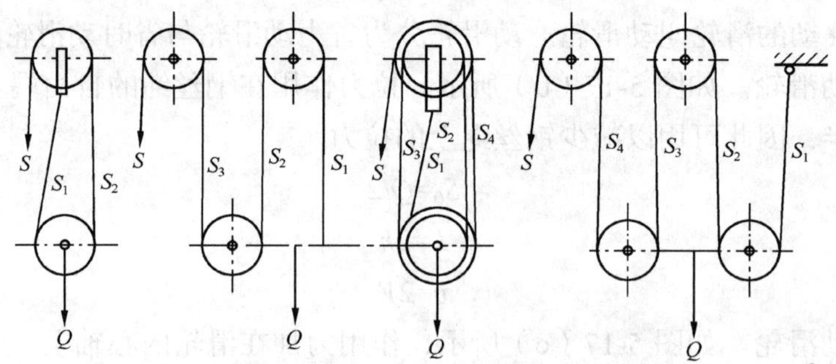

图 5-18 钢丝绳从定滑轮绕出的单联滑轮组

这种滑轮组一般用在动臂起重机中。

2. 钢丝绳从动滑轮绕出的滑轮组（如图 5-19 所示）

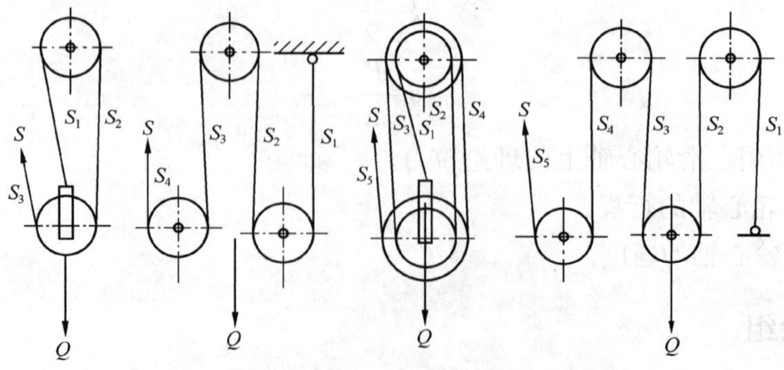

图 5-19 钢丝绳从动滑轮绕出的单联滑轮组

在这种滑轮组中，滑轮组倍率等于所有承载分支的数目，包括出端钢丝绳。可以用同样的公式进行计算，即

钢丝绳出端拉力：$S_0=Q/a$ （5-15）

钢丝绳出端行程：$L=a\cdot h$ （5-16）

钢丝绳出端速度：$v=a\cdot V$ （5-17）

单联滑轮组的缺点是当物品升降的同时货物会产生水平位移，如图 5-20（a）所示，不容易对准放货的位置，如升降速度很快，物品常会空中摇晃，威胁起重工的安全，使起重机操作不方便，起重量越大，起升高度越大（卷筒越长）的起重机，这个问题越严重。为了消除这种影响，在钢丝绳绕入卷筒之前，可先经过一个固定的导向滑轮，如图 5-20（b）所示。

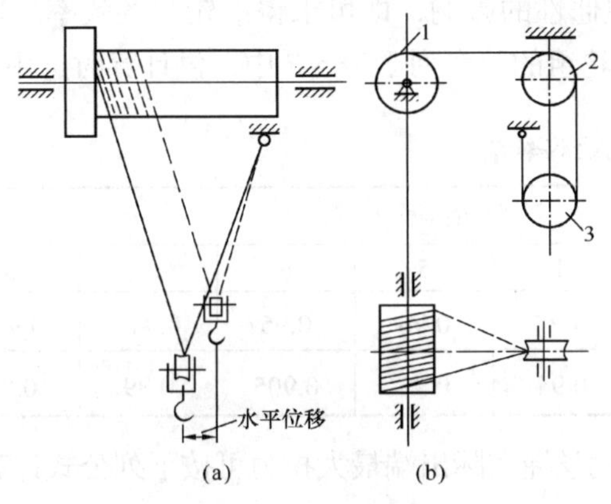

图 5-20　单联滑轮组

1–卷筒；2–导向滑轮；3–动滑轮

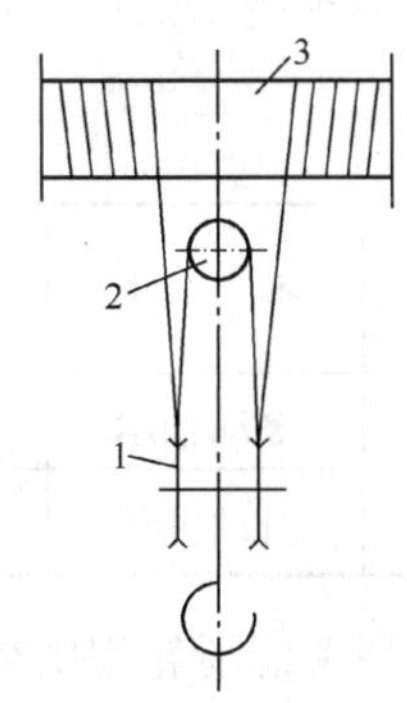

图 5-21　双联滑轮组

1–动滑轮；2–均衡滑轮；3–卷筒

3. 双联滑轮组（如图 5-21 所示）

双联滑轮组用于桥式类型起重机中，在建筑工程起重机中则主要是采用带有导向滑轮的单联滑轮组。

对于双联滑轮组，倍率 a 等于承载分支数 Z 的一半，即

$$a=\frac{Z}{2} \tag{5-18}$$

五、滑轮的效率

1. 滑轮的效率

从理论上讲，加在绕过滑轮的钢丝绳两边的作用力，只是方向不同，而大小是相等的，但实际上出端拉力 S_2 除了要平衡入端拉力 S_1 外，还要克服钢丝绳绕过滑轮所产生的阻力，这种阻力是由于钢丝绳的僵性和滑轮轴承上的摩擦阻力所造成的。

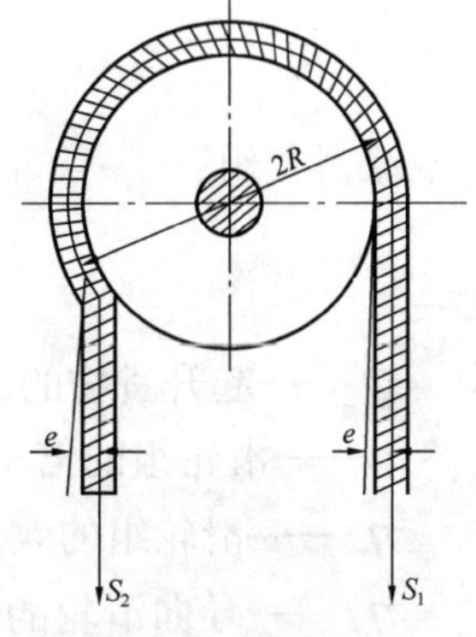

图 5-22　钢丝绳进滑轮部位的僵性

由于钢丝绳的僵性使钢丝绳的进端不能立即沿着滑轮的圆周而弯曲，出端不能立即伸直，如图 5-22 所示，因而使进端拉力和出端拉力对滑轮回转轴线的力臂不等，造成出端拉力大于入端拉力，

其差值即为钢丝绳的僵性阻力，同时，滑轮旋转时轴承还存在摩擦阻力，钢丝绳出端拉力还由于克服轴承阻力而加大一些，这样出端拉力总是大于入端拉力：

$$S_2 > S_1 \tag{5-19}$$

通常，钢丝绳入端拉力与实际出端拉力之比称为滑轮的效率，即

$$\eta = \frac{S_1}{S_2} \tag{5-20}$$

滑轮效率η的值，由实验决定，根据滑轮支承的不同，滑轮轴承η=0.94～0.96；滚动轴承η=0.97～0.98。

2. 滑轮组的效率

累计滑轮组中各个滑轮摩擦阻力和钢丝绳僵性的影响，即可求得滑轮组的效率。现将钢丝绳从动滑轮绕出的单联滑轮组以及双联滑轮组的效率列于表 5-7 中，供计算时选用。

表 5-7　滑轮组效率 η_z

滑轮效率	轴　承	倍 率 a						
		2	3	4	5	6	7	8
0.98	滚动轴承	0.99	0.98	0.97	0.96	0.95	0.945	0.935
0.96	滑动轴承	0.98	0.96	0.94	0.92	0.905	0.89	0.87

这样，当考虑滑轮组的效率后，滑轮组中钢丝绳实际出端最大拉力可按下列公式计算：

（1）无导向滑轮时。

单联滑轮组：

$$S_{\max} = \frac{Q}{a \cdot \eta_z} \tag{5-21}$$

双联滑轮组：

$$S_{\max} = \frac{Q}{2 \cdot a \cdot \eta_z} \tag{5-22}$$

（2）有导向滑轮时。

单联滑轮组：

$$S_{\max} = \frac{Q}{a \cdot \eta_z \cdot \eta_d^n} \tag{5-23}$$

双联滑轮组：

$$S_{\max} = \frac{Q}{2 \cdot a \cdot \eta_z \cdot \eta_d^n} \tag{5-24}$$

式中，Q——起升货物的重量（包括取物装置重量）；

a——滑轮组的倍率；

η_z——滑轮组的效率，由表 5-7 选取；

η_d——导向滑轮的效率，由滑轮组的动滑轮引上卷筒的钢丝绳分支中间经过的滑轮为导向滑轮，其效率等于滑轮效率η；

n——导向滑轮的个数。

六、滑轮的报废

依据《起重机械安全规程 第1部分：总则》（GB 6067.1—2010）及《塔式起重机安全规程》（GB 5144—2006）的规定，滑轮出现下述情况之一时，应报废：

（1）影响性能的表面缺陷（如裂纹或轮缘破损等）。

（2）轮槽不均匀磨损达 3 mm。

（3）滑轮槽壁厚磨损达原壁厚的 20%。

（4）滑轮槽底部磨损量超过相应钢丝绳直径的 25%。

第四节 卷筒

一、卷筒的构造

卷筒的作用是卷绕、收存钢丝绳，以便把原动机的回转运动变为直线运动，并把原动机的驱动力传递给钢丝绳，用以起吊货物。

卷筒一般是中空的圆柱体，多用不低于 HT200 的铸铁铸成，只有在工作比较繁重的情况下应用铸钢卷筒（ZG25、ZG35），此外也有用钢板焊成的卷筒，但用得很少。

钢丝绳在卷筒上卷绕的层数可以是单层的或多层的。在多层卷绕时，内层的钢丝绳要受到外层钢丝绳的挤压，而在卷绕过程中互相摩擦，从而加速钢丝绳的磨损。此外，由于卷绕层数的增加，必然使卷筒的计算直径增加，这时如果钢丝绳中的拉力不变，则卷筒轴所受的载重力矩就会发生变化，使得机构工作不稳定。因此，只有在绕绳量很大，或卷筒地位很窄时才采用，例如工程起重机中随着起升高度的增大，起升机构中卷筒的绕绳量相应增加，这时采用尺寸较小的多层卷绕卷筒对于减小机构尺寸是很有利的。多层绕卷筒的表面一般做成光面的，也可做成螺旋绳槽的。卷筒两端必须有侧板以防止钢丝绳脱出。卷筒两侧边缘的高度应超过钢丝绳卷绕的最外层，超过的高度应不小于钢丝绳直径的 2.5 倍，如图 5-23 所示。

单层卷绕卷筒表面通常切有螺旋形绳槽，如图 5-24 所示。有了绳槽，钢丝绳与卷筒的接触面积增加，减少它们之间的接触应力，同时也消除钢丝绳间在卷绕过程中可能发生的摩擦，从而延长了钢丝绳的使用期限。绳槽的尺寸已有标准，可参阅有关手册。

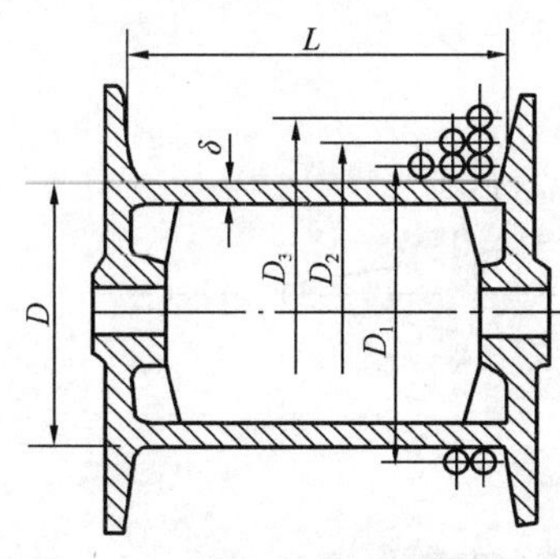

图 5-23 多层卷绕的卷筒（光面）

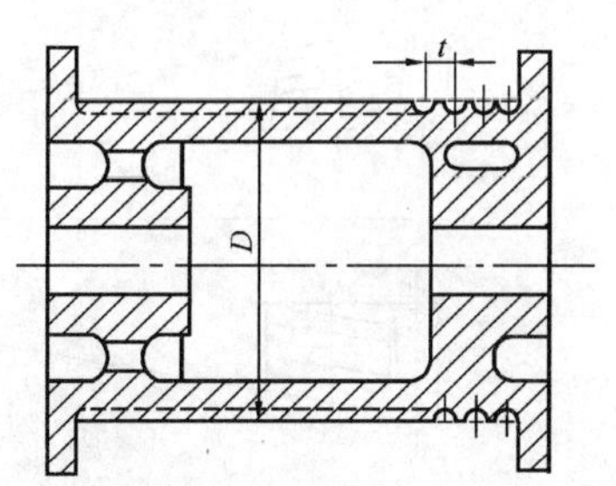

图 5-24 单层卷绕的卷筒（切有螺旋槽）

机构工作时，如果钢丝绳绕上卷筒的偏斜角度太大，在光面卷筒上，会使卷绕的钢丝绳发生疏密不匀或叠绕现象，在螺旋槽卷筒上会有使钢丝绳与卷筒槽壁摩擦甚至有从槽中脱出的危险。因此，对钢丝绳的偏斜角度要有一定限制。

钢丝绳绕进或绕出滑轮槽时偏斜的最大角度（即钢丝绳中心线和与滑轮轴垂直的平面之间的角度），依据《塔式起重机》（GB/T 5031—2019）不大于 4°，如图 5-25 所示。

钢丝绳绕进或绕出卷筒时钢丝绳偏离螺旋槽两侧的角度不大于 3.5°。

对于动臂变幅塔式起重机，钢丝绳偏离与卷筒轴垂直平面的角度不大于 1.5°。

对于光面卷筒和多层卷绕卷筒，钢丝绳偏离与卷筒轴垂直的平面的角度不大于 2°。

为了使钢丝绳在卷筒上排列整齐，多层绕卷筒可采用排绳器，钢丝绳易掉槽的单层绕卷筒，可使用压绳器。多层绕卷筒使用压绳器，也能使钢丝绳在卷筒上整齐排列。

图 5-26 所示为常用的锥滚压绳器。辊子的锥度视卷筒相对于起重臂中线的位置而定，一般为 1 : 50，卷筒偏离起重臂中线时，锥滚大头放在卷筒靠近起重臂中线的一端，如图 5-27 所示。

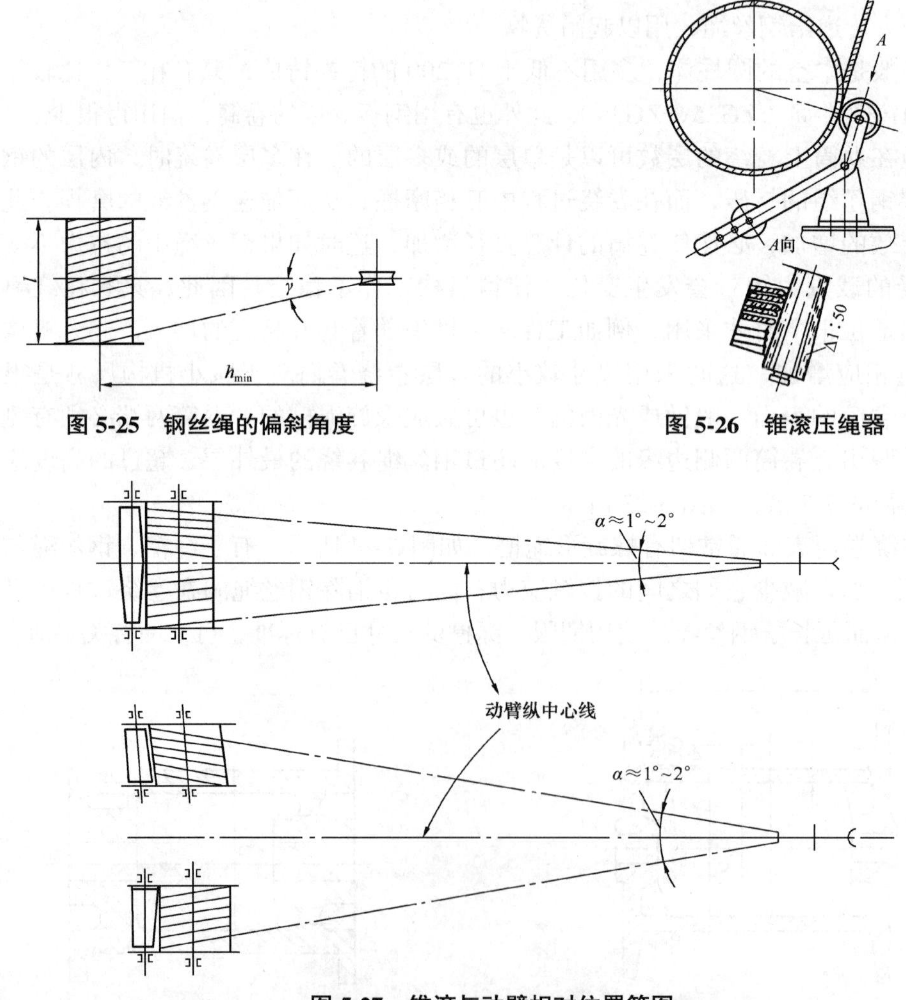

图 5-25　钢丝绳的偏斜角度

图 5-26　锥滚压绳器

图 5-27　锥滚与动臂相对位置简图

图 5-28 为螺旋排绳器示意图，卷筒轴上装有主动链轮，通过链条和被动链轮带动螺杆旋转，使带有钢丝绳导向滚的螺母沿螺杆轴向移动，卷筒转一圈，螺母移动一个节距。

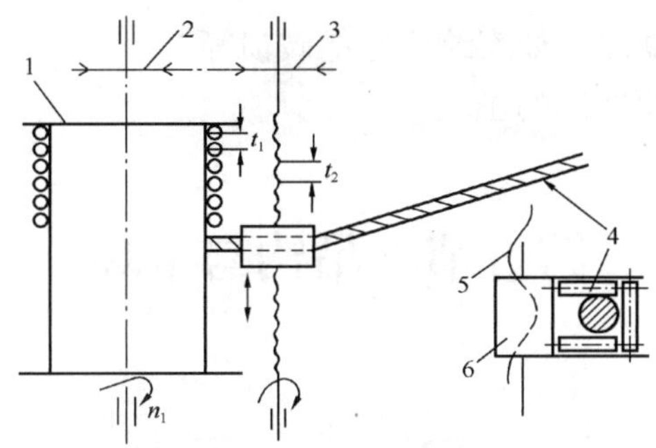

图 5-28　螺旋排绳器示意

1–卷筒；2–主动链轮；3–被动链轮；4–钢丝绳；5–双向螺杆；6–螺母

二、卷筒的直径

卷筒的直径可按式（5-4）（即 $D_{0\,\min}=h\cdot d$）和表 5-3 确定。卷筒直径确定后，应按卷筒系列最后圆整为下列数值：300 mm、400 mm、500 mm、650 mm、700 mm、800 mm、900 mm、1 000 mm……

三、钢丝绳在卷筒上的固定方法

钢丝绳的尾端必须可靠地固定在卷筒上，并保证安全可靠，便于检查和更换钢丝绳。在固定处不应使钢丝绳过分弯折。固定方法很多，在多层卷绕中常见的有楔块固定法，如图 5-29 （a）所示，以及压板固定法，如图 5-28（b）所示。

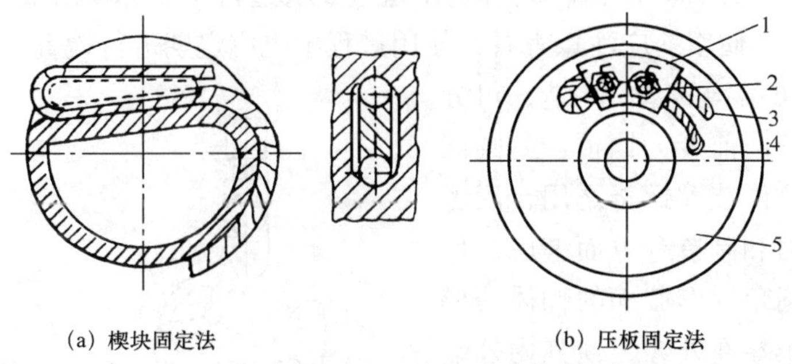

（a）楔块固定法　　（b）压板固定法

图 5-29　钢丝绳在卷筒上的固定

1–压板；2–螺钉；3–绳头；4–绳孔；5–卷筒侧板

楔块固定是将钢丝绳绕在楔块上打入卷筒特制的楔孔内固定。楔形块的斜度一般为 1/4～1/5，以满足自锁条件。

压板固定是将钢丝绳端穿过卷筒侧板后用螺钉、压板固定在卷筒端面上；压板上刻有梯形的或圆形的槽。对于各种最大工作拉力下相应的钢丝绳所采用的螺钉及压板，已有标准，可查阅有关手册，此法构造简单，更换方便，又便于检查，目前在多层卷绕中用得较多。

四、卷筒的报废

卷筒出现下述情况之一时，应报废：

（1）影响性能的表面缺陷（如裂纹或轮缘破损等）。

（2）卷筒壁厚磨损达原壁厚的 10%。

第五节　吊钩与卡环

一、吊钩

1. 吊钩的一般知识

在起重机械中，用钢丝绳提取重物时，为了提高劳动生产率，往往货物的形状、尺寸、重量和物理性质的不同、配备与物料特征相适应的取物装置。对于各种取物装置，除了必须具有足够的强度，保证可靠的工作外，还要求有最小的自重、使用简便、能迅速地提取和放下物料等。起重吊钩是最常用的一种取物装置，它不仅能直接悬挂载荷，同时也常用作其他取物装置的挂架，吊钩可用来提取任何种类的成件物料。所以它是起重机上的一种通用部件。起重吊钩有单钩和双钩两种类型，单钩应用广泛，当吊运较重或体形较大的物品时，为使绳索绑扎更方便，可用双钩提取。

吊钩在提取重物过程中受力大且受冲击载荷，要求必须安全可靠，因此吊钩大都采用软钢锻造而成，锻后还要经过退火处理并去鳞片，表面应光洁，不许有毛刺伤疤、裂纹等，也不许用焊接方法对裂缝等缺陷进行填补。成品吊钩都应当有制造厂的厂牌、载重能力的印记和合格证书。吊钩制成后应作超重 25%进行 10 min 以上的强度试验，钩上不得有变形及裂口。使用前应注意查看，使用过程中也应定期进行检查。

图 5-30 为起重吊钩的基本构造，可分为直杆和曲杆部分。前者为钩顶，是圆截面的，顶端有螺纹供装配螺母之用，后者为钩体，因从受力和制造等方面考虑，目前用得最多的是圆角梯形截面的钩体。梯形大端在内缘，小端在外缘，使其内外端强度接近相等，材料得以合理利用。

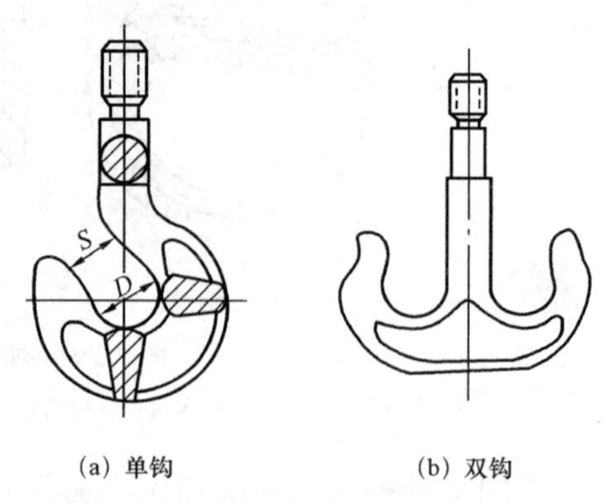

（a）单钩　（b）双钩

图 5-30　起重吊钩

钩子的开口尺寸 S 与内缘尺寸 D 应保证足够放置两根绑扎绳，并能良好地工作，不致使绳滑出。锻造单钩现已规格化，使用时可根据需要按额定起重量和工作级别选取适当尺寸的吊钩，见表 5-8。必要时可将吊钩视为曲梁进行强度计算。

表 5-8　单钩尺寸（梯形截面）　　单位：mm

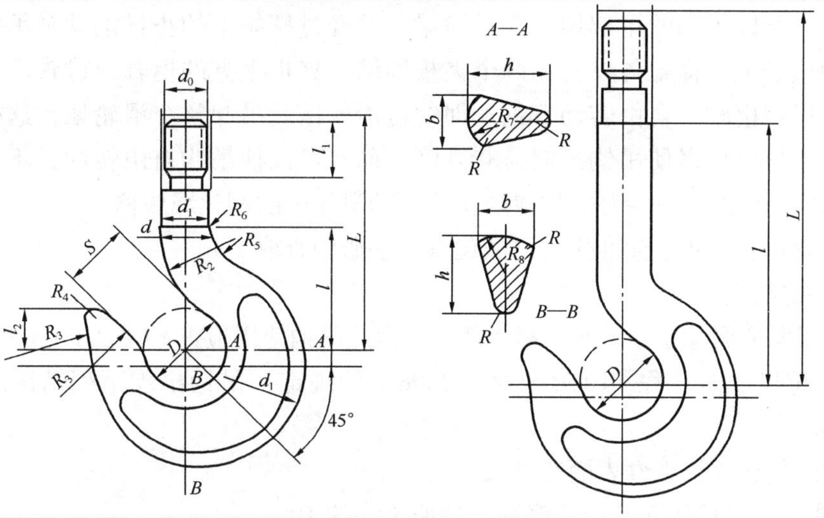

起重量/t	D	S	b	h	d	d_1	d_0	L		l >	l_1	重量	
								A 型	B 型			A 型	B 型
3.5	65	50	40	65	45	40	M36	190	375	95	55	54	80
5	85	65	54	82	56	50	M48	230	475	130	70	112	150
8	110	85	65	100	68	60	M56	280	580	150	80	231	300
10	120	90	75	115	80	70	M64	325	640	180	90	300	400
12.5	130	100	80	130	85	75	T70 × 4	360	700	190	95	400	520
16	150	120	90	150	95	80	T80 × 4	420	760	210	100	550	700

为了把吊钩悬挂到起升机构的起重挠性件上，通常采用夹套作为吊钩的悬挂装置。图 5-31 为标准吊钩装置的结构图。

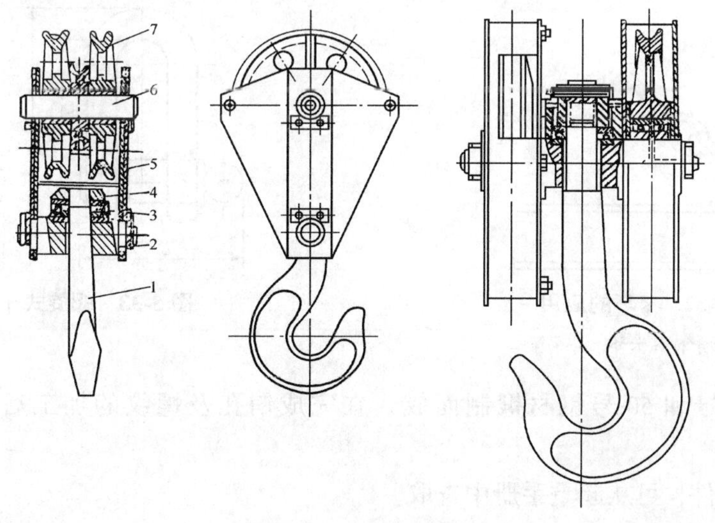

图 5-31　起重吊钩夹套

1-起重钩；2-横梁；3-止推轴承；4-螺母；5-夹套；6-心轴；7-绳轮

在起重工作过程中，常常要求吊钩能方便地围绕着垂直的轴线转动，以便挂上所需起吊的物品。所以吊钩的尾部螺栓穿过横梁，并经过螺帽下的止推滚动轴承而悬挂在滑轮夹下端的横梁上。横梁与夹套的两个夹板固结，夹板上方的枢轴通过轴承与滑轮组相连，滑轮可以在枢轴上自由转动。钢丝绳绕过滑轮槽后吊起整个滑轮架，这样，由于钢绳的收紧或放松就可以使吊钩吊起荷载升降，而且可以使吊钩自由转动，不会使钢丝绳产生绞扭现象。在滑轮下端有防护罩防止装在动滑轮中的钢丝绳脱槽。

吊钩滑轮架的尺寸已标准化，可从起重机手册中查取。

2. 吊钩的报废

吊钩的报废依据《起重吊钩　第 3 部分：锻造吊钩使用检查》(GB/T 10051.3—2010) 及《塔式起重机安全规程》(GB 5144—2006) 的规定，吊钩出现下列情况之一时，应报废：

1) 用 20 倍放大镜观察表面有裂纹。

2) 吊钩与索具接触面磨损或腐蚀，达原尺寸的 10%。

3) 钩尾和螺纹部分等危险截面积钩筋有永久变形。

4) 心轴磨损量超过其直径的 5%。

5) 吊钩开口度比原尺寸增加 15%。

6) 钩身的扭转角超过 10° 时应报废。

二、卡环

卡环是钢丝绳的连接零件，在吊装工作中，用它来与钢丝绳或吊具卡合成或卸离，它能快速、安全地完成装载和卸装的任务，如图 5-32 所示。

卡环是由一个马蹄形的钢环和一根止动横销组成的。根据横销固定方法不同，卡环可分为销子式和螺旋式两种，而以螺旋式卡环最为常用，如图 5-33 所示。

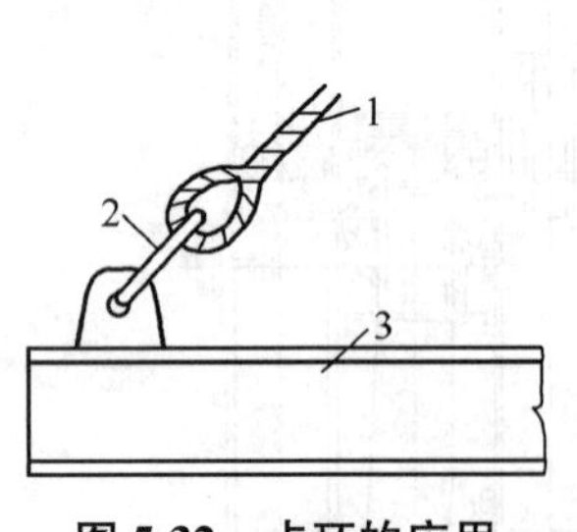

图 5-32　卡环的应用

1–千斤索；2–卡环；3–吊梁

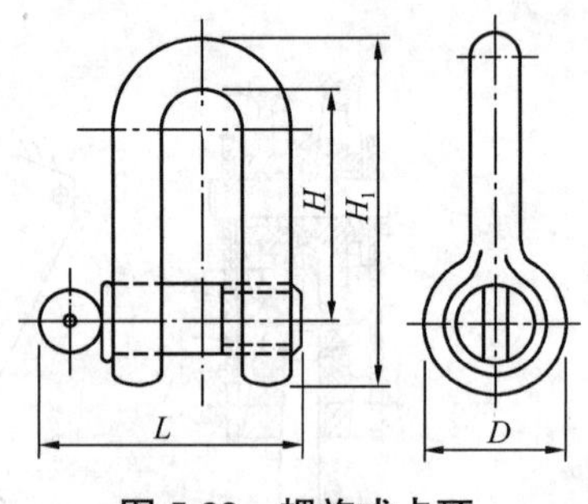

图 5-33　螺旋式卡环

卡环由 40 号和 50 号钢材锻制而成，在完成销孔及螺纹的加工后均进行热镀锌处理。

卡环是标准件，可从起重手册中查取。

第六节　制动器

为保证起重机工作的安全和可靠，在起升机构中必须装设制动器，而在其他机构中视工作要求也要装设制动器。如起升机构中的制动器使重物的升降运动停止并使重物保持在空中，或者用制动器来调节重物的下降速度。而在回转和行走机构中则可用制动器以保证在一定行程内停住机构。归纳起来，制动器的主要作用如下：

①支持制动，当重物的起升和下降动作完毕后，使重物保持不动。

②停止制动，消耗运动部分的功能，使其减速直至停止。

③下降制动，消耗下降重物的位能以调节重物下降速度。

（1）制动器按其工作状态可分为常闭式、常开式和综合式。

常闭式制动器经常处于上闸状态，机构工作时，借外力使制动器松闸。

常开式制动器经常处于松闸状态，当需要制动时借外力使制动器上闸制动。

综合式制动器在起重机通电工作过程中为常开，可通过操纵系统随意进行制动，起重机不工作时，切断电源，制动器上闸成为常闭。

在起升和变幅机构中均应采用常闭式制动器以保证工作安全可靠。而回转和行走机构中则多采用常开式或综合式制动器以达到工作平稳。

（2）制动器按其构造形式可分为带式制动器、块式制动器等。

带式制动器结构简单、紧凑，制动力矩较大，可以安装在低速轴上并使起重机的机构布置得很紧凑，在轮胎式起重机中应用较多。其缺点是制动时制动轮轴上产生较大的弯曲载荷，制动带磨损不均匀。

块式制动器构造简单，工作可靠，两个对称的瓦块磨损均匀，制动力矩大小与旋转方向无关，制动轮轴不受弯曲作用。但制动力矩较小，宜安装在高速轴上，与带式相比构造尺寸较大。在电动的起重机械，特别是塔式起重机中应用较普遍。以下重点介绍块式制动器的结构类型、工作原理和有关计算方法。

一、块式制动器的工作原理

块式制动器已有系列产品，并有多种类型可供选用。如 JWZ 型短行程交流电磁铁块式制动器；JCZ 型长行程交流电磁铁块式制动器；YWZ 型液压推杆块式制动器；YDWZ 型液压电磁块式制动器等。

现以短行程交流电磁铁块式制动器的构造简图来说明其工作原理。如图 5-34 所示，图中直径为 D 的圆周表示与机构传动轴相联系的制动轮，制动瓦块 2 与制动臂 1 铰接相连，主弹簧 4 用来产生制动力矩。主弹簧右端顶在框架 6 上，框架 6 与左制动臂固接在一起。推杆 6 与右制动臂连系在一起。上闸制动时，主弹簧的压力左推推杆 5、右推框架 6，从而带动左右制动臂及其瓦块压向制动轮，实现制动。当机构工作时，机构电动机通电，与电动机相连的电磁铁 7 也通电而产生磁力，磁铁吸引衔铁 8 绕铰点作反时针转动，并压迫推杆向右移动，使主弹簧进一步压缩，这时在副弹簧及电磁铁自重偏心的作用下，左右制动臂张开，制动器松闸。一旦发生事故，电机断电，制动器也立即上闸，这是一种常闭式的制动器。这种短行程制动器的松闸装置（电磁铁）直接装在制动臂上，使制动器结构紧凑，制动快。但由于电磁铁尺寸限制，其制动力矩较小（制动轮直径一般不大于 300 mm），并且在工作时冲击及响声较大。

图 5-35 为液压电磁推杆块式制动器，这是一种长行程块式制动器，它采用弹簧上闸，而松闸装置液压电磁推杆则布置在制动器的旁侧，通过杠杆系统与制动臂联系而实现松闸。

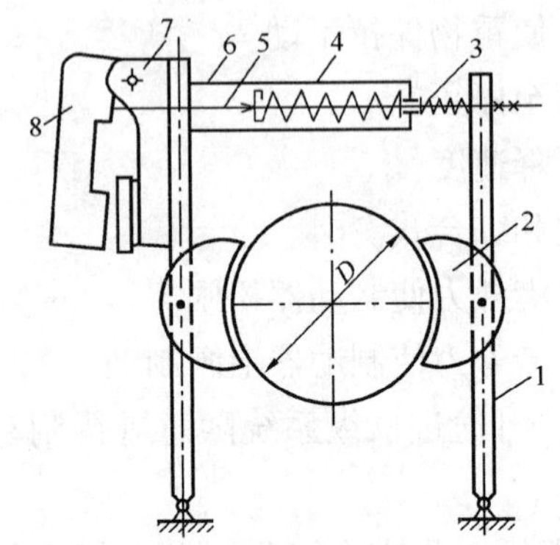

图 5-34　短行程交流电磁铁块式制动器

1–制动臂；2–制动瓦块；3–副弹簧；4–主弹簧；5–推杆；6–框架；7–电磁铁；8–衔铁

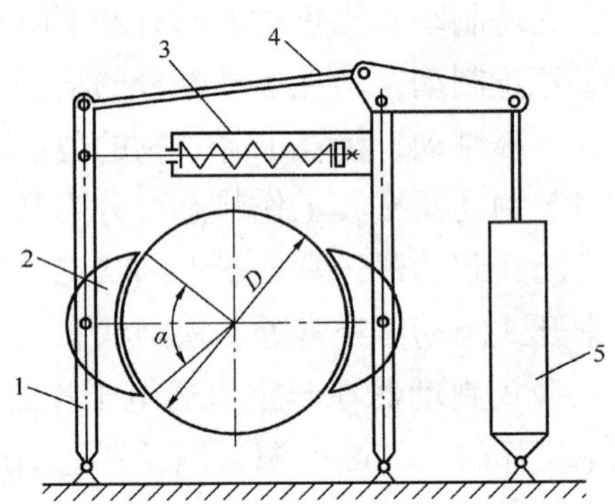

图 5-35　液压电磁块式制动器

1–制动臂；2–制动瓦块；3–上闸弹簧；4–杠杆；5–液压电磁推杆松闸器

二、块式制动器的松闸装置

1. 制动电磁铁

制动电磁铁根据激磁电流的种类分为直流电磁铁和交流电磁铁，使用时分别与直流电机或交流电机配套。

根据行程的大小，制动电磁铁有长程与短程之分，交流长行程制动器如图 5-36 所示。

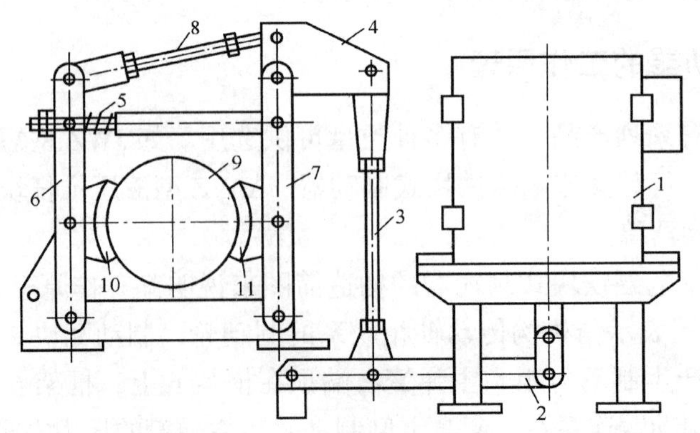

图 5-36　交流长行程制动器

1–松闸电磁铁；2–杠杆；3–拉杆；4–三角形钢板；5–弹簧；6、7–制动臂；8–拉杆；9–制动轮；10、11–制动瓦块

制动电磁铁的优点是构造简单，工作安全可靠。但在动作时产生猛烈冲击，引起传动机构的机械振动。同时由于起重机机构的启动，制动次数频繁，电磁铁吸上和松开时发出较大的撞击响声。电磁铁的使用寿命较低，经常需要修理和更换。

2. 电动液压推杆

电动液压推杆的构造如图 5-37 所示。当空心轴电动机 2 通电转动时，离心泵叶轮 8 将油缸 6 上部的油吸入，送至油缸下部的压力油腔 10 内，所产生的压力推动活塞 9，则推杆 3 及连接头 1 向上运动，进行松闸动作。断电时，在上闸弹簧及活塞自重的作用下使推杆向下运动，进行上闸动作。

电动液压推杆的优点是动作平衡，噪声小，并可与电动机联合进行调速。《起重机设计规范》（GB/T 3811—2008）推荐，对交流传动系统，运动机构、起升机构宜采用液压推杆制动器，在接电持续率低（*JC* 值不大于 25%），每小时通电次数较少（不大于 300/h），以及制动力矩小的情况下，允许采用单相短行程制动电磁铁。

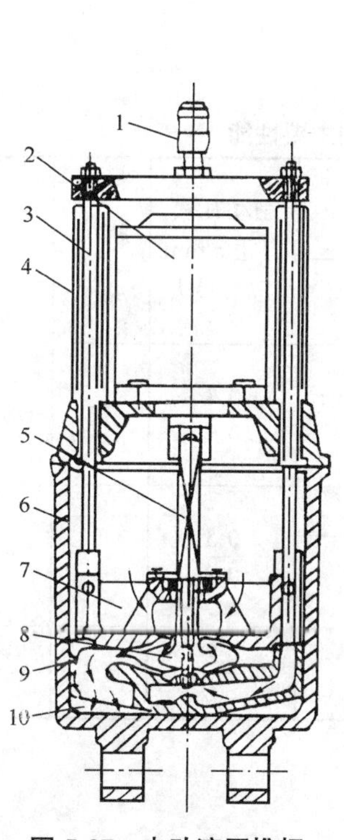

图 5-37　电动液压推杆

1–连接头；2–空心轴电动机；3–推杆；4–防尘管；5–方轴；6–油缸；7–活塞盖；8–离心泵叶轮；9–活塞；10–压力油腔

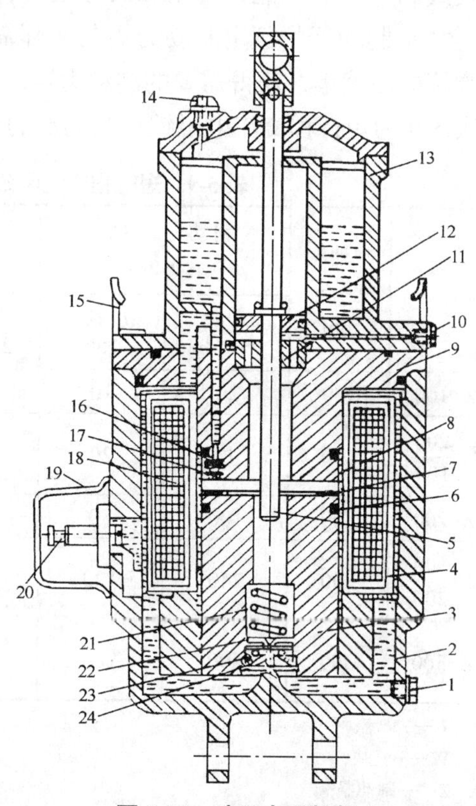

图 5-38　液压电磁推杆

1–放油螺塞；2–底座；3–动铁心；4–绝缘圈；5–推杆；6–密封环；7–垫；8–引导套；9–静铁心；10–放气螺塞；11–轴承；12–活塞；13–油缸；14–注油螺塞；15–吊耳；16–齿形阀片；17–齿形阀；18–线圈；19–接线盖；20–接线柱；21–弹簧；22–带孔弹簧座；23–下阀片；24–下阀体

3. 液压电磁推杆

液压电磁推杆具有电磁铁及电动液压推杆两者的优点，动作迅速平稳，无噪声，寿命长，并能自动补偿由于制动片磨损而出现的空行程，其构造如图 5-38 所示。在动铁心

3 与静铁心 9 之间形成工作间隙，工作油可经通道由单向齿形阀 16、17 进入工作间隙。当线圈通电后，动铁心 3 被静铁心 9 吸起向上运动，工作腔内压力增高，齿形阀片关闭通道，工作油则推动活塞杆 12 及推杆 5 向上运动，制动器松闸。当线圈断电后，电磁力消失，制动器主弹簧迫使推杆及动铁心一起下降，制动器上闸。随着工作中制动片的不断磨损，活塞推杆上闸时最终静止位置也将下移一段微小的距离，这段距离称补偿行程。这时由于活塞下移而排出的油，是在每次上闸时当动铁心被释放落下后通过底部单向阀流出的。

这种制动装置采用直流电源，当用于交流电源时必须配备整流设备。目前生产厂已有配套的硅整流器供使用。

三、块式制动器的选择

块式制动器的性能、规格和尺寸已有标准，根据机构所需的制动力矩，选择标准制动器。如果制动器的额定制动力矩与实际需要值不一致时，可从通过计算和实测，调整制动弹簧的压缩量，获得需要的制动力矩。

表 5-9 为短行程交流电磁铁块制动器的主要性能。

表 5-9　短行程交流电磁铁块式制动器的主要性能

<table>
<tr><th rowspan="2">制动器型号</th><th rowspan="2">制动轮直径/mm</th><th colspan="2">制动力矩 M_B/（N·m）</th><th colspan="2">电磁铁力矩 $M_{磁}$/（N·m）</th><th rowspan="2">制动瓦块退距 ε/mm 正常/最大</th><th rowspan="2">衔铁转角 $\varphi_{铁}$/（°）</th><th rowspan="2">电磁铁型号</th></tr>
<tr><th>JC%=25～40</th><th>JC%=100</th><th>JC%=25～40</th><th>JC%=100</th></tr>
<tr><td>JWZ−100</td><td>100</td><td>20</td><td>10</td><td>5.5</td><td>3</td><td rowspan="2">$\frac{0.4}{0.6}$</td><td rowspan="2">75</td><td rowspan="2">MZD−100</td></tr>
<tr><td>JWZ−$\frac{200}{100}$</td><td>200</td><td>40</td><td>20</td><td>5.5</td><td>3</td></tr>
<tr><td>JWZ−200</td><td>200</td><td>100</td><td>80</td><td>40</td><td>20</td><td rowspan="2">$\frac{0.5}{0.8}$</td><td rowspan="2"></td><td rowspan="2">MZD−200</td></tr>
<tr><td>JWZ−$\frac{300}{200}$</td><td>300</td><td>240</td><td>120</td><td>40</td><td>20</td></tr>
<tr><td>JWZ−300</td><td>300</td><td>500</td><td>200</td><td>100</td><td>40</td><td>$\frac{0.7}{1}$</td><td>5.5</td><td>MZD−300</td></tr>
</table>

注：J——交流；
W——瓦块；
Z——制动器；
短横线后的整数表示制动轮直径，分数值中的分子表示制动轮直径，分母表示电磁铁型号。

四、块式制动器的调整

为使制动器的工作安全可靠，必须对制动器进行经常的检查和调整。

1. 短行程交流电磁铁块式制动器调整

（1）制动力矩的大小（即主弹簧的长度）。制动力矩是由主弹簧产生的，所以主弹簧在上闸时被压缩的长度就决定了制动器所能发出的制动力矩的大小，为了得到需要的制动力矩，调整主弹簧的压缩长度即可获得。具体的调整方式是：首先夹紧推杆的外端四方头，旋松张臂螺母10和锁紧螺母9，然后再旋动调整螺母8（也可以紧住调整螺母8，旋动推杆的四方头），使主弹簧被压缩在框架板上的刻线范围内，弹簧伸长，制动力减小；弹簧缩短，制动力增大。调整好之后，把锁紧螺母9和张臂螺母分别旋回并锁紧，以防止松动，如图5-39所示。制动力矩调整数值见表5-10。

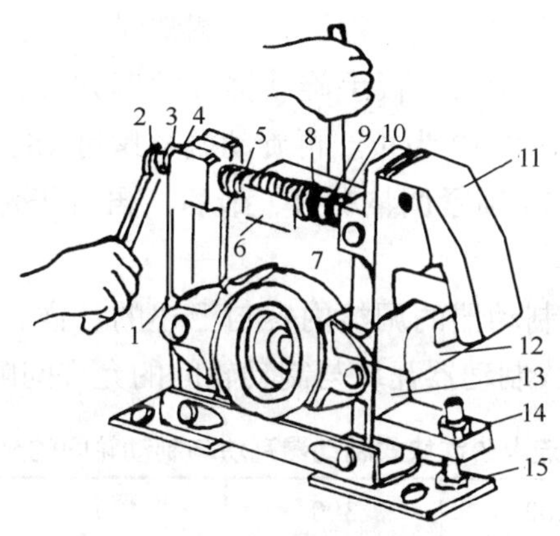

图5-39　短行程交流电磁铁瓦块制动器的调整

1-左制动臂；2-推杆；3-锁紧螺母；4-调整螺母；5-辅助螺母；6-锁紧螺母；7-主弹簧；8-调整螺母；9-锁紧螺母；10-张臂螺母；11-衔铁；12-电磁铁线圈铁芯；13-右制动臂；14-锁紧螺母；15-调整螺钉

表5-10　短行程交流电磁铁瓦块制动器的制动力矩有关数据

	型号	L（最小）
L	JWZ-100	52
	$JWZ-\frac{200}{100}$	138
	JWZ-200	115

（2）衔铁行程的长短。随着制动瓦块（衬垫）和铰链的磨损，衔铁行程逐渐增大，当行程过大时，将产生以下两个弊端：一是电磁铁吸力减小，松不开闸；二是通过线圈的电流增大，线圈发热，可能烧坏线圈。因此，必须经常检查衔铁行程是否适当，如果不适当，应及时调整。

调整时，如图5-39所示，首先旋松锁紧螺母3，然后夹紧调整螺母4，并转动推杆的四方头，使推杆前进或后退。前进时顶起衔铁，行程增大，延长制动时间；后退时衔铁下落，行程减小，缩短了制动时间。要用量具量衔铁的行程，当行程调整到符合表5-11中的数值，然后将螺母3旋紧。

表5-11　电磁铁允许行程

电磁铁型号	MZD-100	MZD-200	MZD-300
行程/mm	3	3.8	4.4

（3）制动瓦块片与制动轮之间的间隙大小。制动瓦块片与制动轮之间的间隙，是指

松闸时制动瓦块从轮上脱开的移动量。其大小决定着制动器动作的快与慢。间隙过小，虽然制动快，但制动瓦块与制动轮之间容易发生脱开时的半联动现象，使制动瓦块片（衬垫）加快磨损，制动轮温度升高，消耗动力，增大振动。间隙过大，衔铁行程增大，电磁铁吸力减小，上闸动作慢，易产生制动时的半联动现象。使制动轮与制动瓦块片迅速磨损，同时温度也随之增高，产生制动瓦块片冒烟、制动轮变色及线圈发热等。因此，制动瓦块片与制动轮的间隙必须经常调整。调整时，首先将张臂螺母旋松并使其紧靠制动臂，然后夹紧不动，再用另一扳手旋动推杆的四方头，使左右制动臂向外张开，直到衔铁碰到电磁铁的线圈铁芯 12 为止。再旋动调整螺钉 15，使左右制动臂张开间隙符合技术规定。再用锁紧螺母 14 锁紧调整螺钉，最后，再将张臂螺母旋回来，使之仍然紧贴锁螺母 3，如图 5-39 所示。

长行程交流电磁铁块式制动器的调整内容与上述的一样，也是 3 项，操作过程大致相同。长行程交流电磁铁块式制动器瓦块与制动轮间的允许间隙（单例）见表 5-12。

表 5-12　长行程交流电磁铁块式制动器瓦块与制动轮间的允许间隙（单例）

制动轮直径/mm	200	300	400	500	600
间隙/mm	0.7	0.7	0.8	0.8	0.8

液压电磁块式制动器的调整与电力液压推杆块式制动器的调整方法基本相同。下面只就液压电磁块式制动器的调整方法加以介绍。

2. 液压电磁块式制动器调整

（1）制动力矩调整，如图 5-40 所示。在这类制动器的闸架上，都打有主弹簧调整长度的标记，调整时，旋转拉杆 7，使弹簧 5 压缩至套板 4 上两条刻线之间，即为所需之额定力矩。

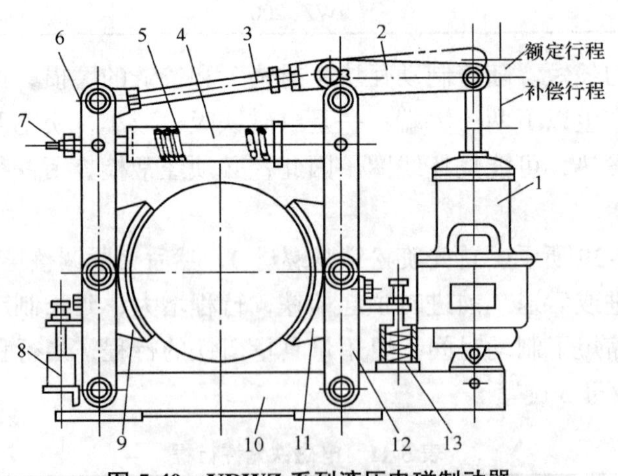

图 5-40　YDWZ 系列液压电磁制动器

1-液压电磁铁；2-杠杆；3-拉杆；4-套板；5-主弹簧；6-左制动臂；7-拉杆；8、13-自动补偿器；9、11-瓦块；10-底座；12-右制动臂

（2）瓦块与制动轮的间隙调整。调整自动补偿器 13 和 8，保证两制动瓦块之打开

间隙相等。当制动瓦块片在工作中逐渐磨损时，依靠自动补偿的作用，仍然保证打开间隙不变。

五、制动器的报废

依据《起重机械安全规程　第 1 部分：总则》（GB 6067.1—2010）及《塔式起重机安全规程》（GB 5144—2006）的规定，制动器零件出现下述情况之一时，其零件应更换或制动器报废：

1. 驱动装置

（1）磁铁线圈或电动机绕组烧损。

（2）推动器推力达不到松闸要求或无推力。

2. 制动弹簧

（1）弹簧出现塑性变形且变形量达到了弹簧工作变形量的 10%以上。

（2）弹簧表面出现 20%以上的锈蚀或有裂纹等缺陷的明显损伤。

3. 传动构件

（1）构件出现影响性能的严重变形。

（2）主要摆动点出现磨损，并且磨损导致制动器动行程损失达原驱动行程 20%以上时。

4. 制动衬垫

（1）铆接或组装式制动衬垫的磨损量达到衬垫原始厚度的 50%。

（2）带钢背的卡装式制动衬垫的磨损量达到衬垫原始厚度的 2/3。

（3）制动衬垫表面出现碳化或剥落面积达到衬垫面积的 30%。

（4）制动衬垫表面出现裂纹或严重的龟裂现象。

5. 制动轮

制动轮出现下述情况之一时，应报废：

（1）影响性能的表面裂纹等缺陷。

（2）起升、变幅机构的制动轮，制动面厚度磨损达到原厚度的 40%。

（3）其他机构的制动轮，制动面厚度磨损达到原厚度的 50%。

（4）轮面凸凹不平度达 1.5～2 mm 时，如能修理，修复后制动面厚度应符合上述（2）和（3）的要求。

第七节　停止器

停止器是实现单向运动的装置。在起升机构中装设停止器，就能使机构在起升方向自右旋转，在下降方向有止动作用。只有脱开停止器后重物才能下降。

停止器根据工作原理的不同可以分为棘轮停止器和摩擦停止器。摩擦停止器又分为凸轮停止器和滚柱停止器。本节主要介绍棘轮停止器和滚柱停止器。

一、棘轮停止器

棘轮停止器由棘轮、棘爪等组成。手动机构的棘轮可以用铸铁制造，机动机构的棘轮均用锻钢或铸钢制造。棘爪通常用强度不低于棘轮的锻钢如 45 或 40Cr 钢制成，其支承端需要淬火。

在图 5-41 所示的棘轮停止器中，当提升重物时，棘轮沿逆时针方向旋转。棘爪则沿棘轮齿背滑过，当棘轮受载荷作用而要反转时，棘爪在自重或在弹簧作用下嵌入棘轮的齿间。制止其反转，使起升重物停止在一定的高度上，这种停止器的构造简单，工作可靠，常与带式制动器联合工作。

为了使棘爪能顺利地进入棘轮的齿间，齿面应与齿顶至棘轮的中心连线成一倾角 α 并且 α 角应大于棘轮轮齿与棘爪之间的摩擦角。通常取 α 值为 15° ～20° 。

棘轮停止器工作时产生较大的冲击，增加棘轮齿数或分设多个棘爪可以减小冲击。但齿数过多将降低齿的弯曲强度，增设过多的棘爪则使结构复杂化，通常齿数取 6～30，手动时取小值，机动时取大值，棘轮的齿形及模数已经标准化。设计计算时可参阅有关手册。

为了避免棘爪在机构正转时不断冲击棘轮，以及因此引起的噪声，也可采用如图 5-42 所示的无声棘轮装置。

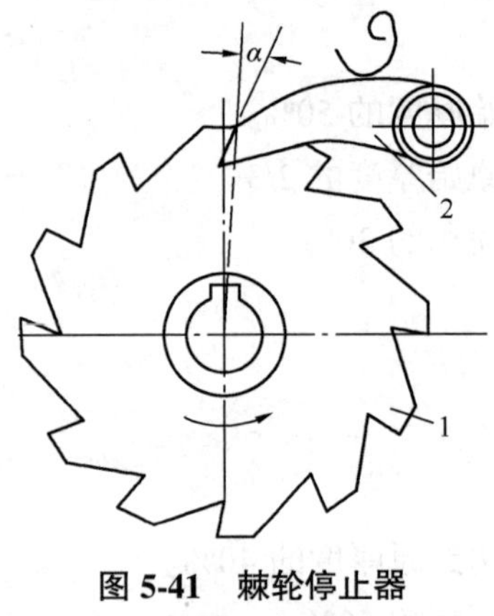

图 5-41　棘轮停止器

1–棘轮齿；2–棘爪

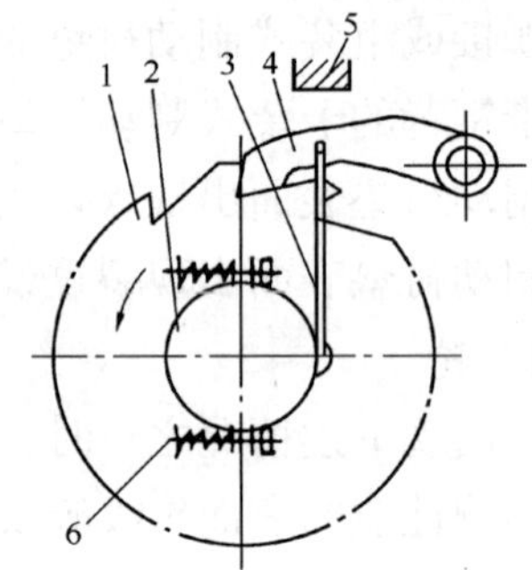

图 5-42　无声棘轮

1–棘轮；2–摩擦环；3–连杆；4–棘爪；5–挡铁

当棘轮 1 按箭头方向旋转时，摩擦环 2 也向同一方向旋转。此时通过连杆 3 将棘爪 4 推向挡铁 5 使棘爪不与棘轮相碰，消除了噪声。当棘轮 1 反方向旋转时，摩擦环通过连杆 2 将棘爪拉回，插入棘轮齿间，阻止棘轮反转。弹簧 6 保持摩擦环与转动轴之间有一定的摩擦力。

二、滚柱停止器

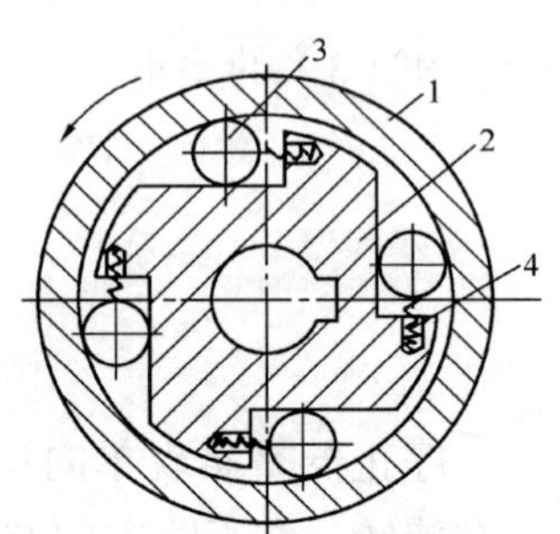

图 5-43　滚柱停止器

1–外圈；2–轮芯；3–滚柱；4–弹簧

滚柱停止器的构造如图 5-43 所示，它由外圈、轮芯、滚柱和弹簧组成。滚柱停止器的反转停止是靠外圈与滚柱、滚柱与轮芯之间的摩擦力来实现的。

在工作时外圈 1 不动，轮芯 2 只能向箭头方向旋转，这时摩擦力使滚柱 3 向楔形空间的大端滚动，它松弛地随着轮芯转动。当轮芯 2 向反方向旋转时，摩擦力使滚柱向楔形空间的小端滚动，越来越紧，使轮芯不能转动，弹簧 4 是用来保持滚柱与轮芯及外圈的接触，使其产生一定的摩擦力。

滚柱停止器结构紧凑，工作时无噪声、无冲击，但对材质和制造工艺要求较高，耐用性和可靠性不如棘轮停止器，所以应用受到一定的限制。

第八节　卷扬机

卷扬机又称绞车，是建筑起重机械的主要组成部分，配合井（门）架、桅杆、滑轮等辅助设备，可用来提升物料、安装设备等作业。由于其结构简单、移动灵活、操作方便、使用成本低、对作业环境适应性强等特点，在建筑施工中广泛应用于起重、拖曳重物等工作。建筑卷扬机是指在建筑和安装工程中使用的由电动机通过传动装置驱动带有钢丝绳的卷筒来实现载荷移动的机械设备。《建筑卷扬机》（GB/T 1955—2019）2019 年 10 月 18 日发布，2020 年 9 月 1 日实施。

一、卷扬机的分类

1. 卷扬机的型式与特征

（1）卷扬机按型式分为单筒卷扬机和双筒卷扬机。

（2）按速度和是否有溜放功能等特征分为快速、慢速和溜放 3 类。快速卷扬机是指额定速度大于 25 m/min 的卷扬机；慢速卷扬机是指额定速度小于或等于 25 m/min 的卷扬机；溜放卷扬机是指可断开电动机与卷筒之间的动力，利用载荷自身的重力来实现载荷下降的卷扬机。

2. 卷扬机型号编制方法

卷扬机的型号由型式、类组、特征、主参数及变型代号组成，说明如下：

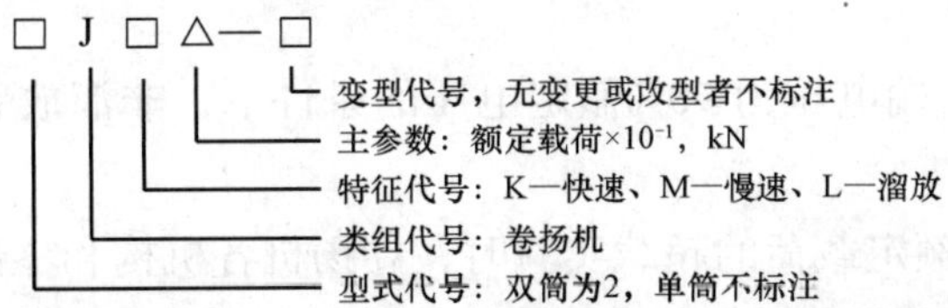

标记示例 1：额定载荷为 20 kN 的单筒高快卷扬机，其型号为：建筑卷扬机 JG2

标记示例 2：额定载荷为 50 kN 的双卷慢速卷扬机，其型号为：建筑卷扬机 2JM5

3. 主参数

卷扬机的主参数是额定载荷。主参数系列有 5、7.5、10、12.5、16、20、25、32、40、50、63、80、100、125、160、200、250、320、400、500、630、800、1 000、

1 250、1 600、2 000、2 500 等，单位是 kN。

主参数也可以由供需双方商定。

二、卷扬机的技术要求

1. 工作级别

工作级别可作为设计计算的依据，也可作为用户选择和使用卷扬机的参考。卷扬机的工作级别按其总工作时间和载荷状态分为 M1～M8 共 8 个级别，见表 5-13。工作级别的确定方法详见《建筑卷扬机》（GB/T 1955—2019）附录 A。

表 5-13 建筑卷扬机工作级别

载荷状态	名义载荷谱系数 K_m	载荷状态说明	总工作时间/h							
			400	800	1 600	3 200	6 300	12 500	25 000	50 000
轻	0.125	很少承受额定载荷，通常承受较轻载荷	—	M1	M2	M3	M4	M5	M6	M7
中	0.250	较少承受额定载荷，通常承受中等载荷	M1	M2	M3	M4	M5	M6	M7	M8
重	0.500	经常承受额定载荷，通常承受较重载荷	M2	M3	M4	M5	M6	M7	M8	—
特重	1.000	通常承受额定载荷	M3	M4	M5	M6	M7	M8	—	—

2. 基本性能

（1）卷扬机应能在环境温度为-20℃～40℃的条件下正常工作。

（2）卷扬机各机构的动作应准确，运行应平稳，不得有异常振动和声响。

（3）在额定载荷下，卷扬机额定速度实测值与其理论值之差，不得超过理论值的±5%。

（4）卷扬机在额定载荷下按其电动机的工作制运转 1 h，电动机的温度不得超过 110℃，温升不得超过 80℃；减速机润滑油的温度不得超过 80℃，温升不得超过 40℃。

（5）卷扬机在额定载荷下工作时，机外噪声不应大于 85 dB（A）；操作者耳边噪声不应大于 88 dB（A）。

（6）在电动机输入端电压为 90%额定电压的条件下，非溜放卷扬机应能正常起升额定载荷。

（7）在进行 125%额定载荷的超载实验时，卷扬机各机构和零部件不得出现裂纹、永久性变形、连接件松动及其他对性能和安全有影响的损坏。

3. 制动器

（1）卷扬机应设置制动器。由动力控制的制动器应是常闭式的。溜放卷扬机应设置常开式制动器，该制动器应兼有控制溜放速度和将处于溜放状态的额定载荷直接制停的功能。

（2）工作级别在 M6 以下的非溜放卷扬机制动器的制动力矩应大于按额定载荷计算的静力矩的 1.5 倍；溜放卷扬机和工作级别 M6 及以上的非溜放卷扬机制动器的制动力矩应大于按额定载荷计算的静力矩的 1.75 倍。

（3）进行试验时，卷扬机制动器的制动距离不得大于卷扬机以额定速度运转 1 min 所卷入钢丝绳长度的 1.5%。

4. 操纵机构

各操纵件的位置应正确，操纵应方便、灵活、可靠。采用手动或脚踏来操作的，操作力和行程应符合表 5-14 的要求。

表 5-14 操作力和行程

操纵方式	操作力/N	行程/mm
手动	≤200	≤600
脚踏	≤300	≤300

大于表中操作力和行程时，应增设助力装置和行程控制装置

5. 传动系统

（1）减速机不得有漏油现象。渗油面积不得大于 15 cm^2。

（2）开式齿轮、皮带轮、皮带等外露的传动件，应设防护罩。

6. 电动机和电气系统

（1）电动机工作制与定额应符合《旋转电机 定额和性能》（GB/T 755—2019）的规定，但不宜选用 S1 工作制的电动机。

（2）电气装置的防护等级，电动机不应低于《旋转电机整体结构的防护等级（TP 代码） 分级》（GB/T 4942.1—2006）规定的 IP44，控制盒、开关、控制器和电气元件不应低于《低压开关设备和控制设备 第 1 部分：总则》（GB/T 14048.1—2012）规定的 IP54，便携式控制装置不应低于《低压开关设备和控制设备 第 1 部分：总则》（GB/T 14048.1—2012）规定的 IP65。

（3）电动机、电气元件（不含电子元器件）和电气线路的对地绝缘电阻不应小于 1 MΩ。

（4）电气控制设备和元件应安装在电控箱内。电控箱应能防范雨水、尘土对电气控制设备和元件造成的危害，电控箱门应有闭锁装置。电气设备安装应牢固，电气连接应接触良好，不易松脱。

（5）主电路应采用铜芯多股导线，并采用橡胶绝缘。电缆、导线截面积应按载流量计算选定，但不得小于 1.5 mm^2。

（6）应设置短路、过流、零位、失压和错、断相保护以及限位开关接口。

（7）进线处应设有带熔断器的主隔离开关。

（8）卷扬机应设有接地连接螺栓。接地电阻不得大于 4 Ω。

（9）应在方便操作的位置设置能迅速切断总控制电源的紧急断电开关。

（10）应有防止正反转同时工作的联锁功能。

（11）遥控操作的卷扬机，应具备在控制信号失效时确保卷扬机停止运转的功能或设施。

（12）遥控操作系统起作用时，其他操作系统不得起作用；其他操作系统起作用时，遥控操作系统不得起作用。

三、卷扬机的构造

1. JK 系列卷扬机

JK 系列属单筒快速卷扬机，因其用电磁制动器制动，又称电控卷扬机。它主要由电动机、减速器、制动器、卷筒和机架等组成，其构造和传动如图 5-44 所示。启动电动机时，电磁制动器同步松开，动力通过联轴器经过减速器后驱动卷筒旋转。当电动机停转时，电磁制动器也同步制动，使卷筒停转。卷筒的正反转也要随电动机的转动方向有所不同。因此，物体下降也要依靠电动机转动，不能作自重下降，影响下降速度。由于采用封闭式减速器和电磁制动器，所以作业时只需手持按钮开关操纵，劳动强度低，工作平稳可靠，是建筑施工中使用最广泛的机型。

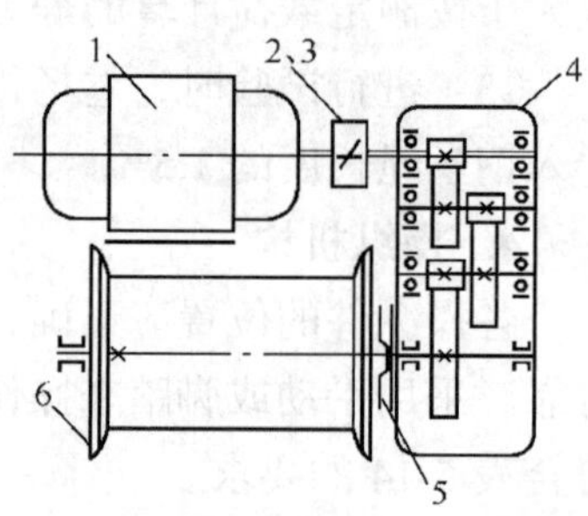

图 5-44　JK 型卷扬机传动示意

1–电动机；2、5–联轴器；3–电磁制动器；4–减速器；6–卷筒

2. JM 系列卷扬机

JM 系列属单筒慢速卷扬机，其绳速为 8～10 m/min，牵引力为 30～200 kN，是建筑施工中用于设备安装或张拉钢筋的卷扬机。它的结构和 JK 系列相似，也是采用电磁制动器，只是为了降低卷筒转速而采用蜗轮减速器，在减速器和卷筒之间再增加一对开式圆柱齿轮减速。其中 JM10 型、JM20 型等重型卷扬机，还在减速器内增加一级齿轮减速装置。JM20 型卷扬机还在卷筒上增设排绳器和紧急制动等装置，以保证安全，如图 5-45 所示。

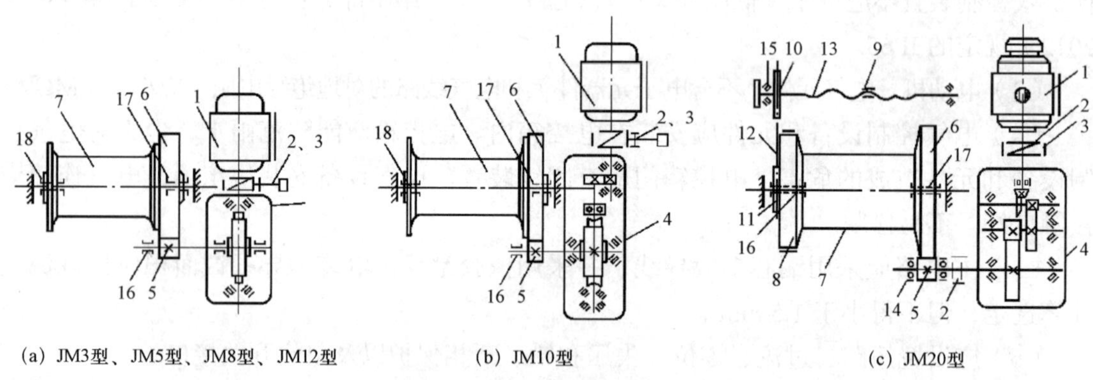

图 5-45　JM 系列各型卷扬机传动示意

1–电动机；2–联轴器；3–电磁制动器；4–减速器；5、6–开式齿轮；7–卷筒；8–紧急制动装置；9–排绳器；10、11–链轮；12–链条；13–丝杠；14、15、16、17、18–滑动轴承

3. 2JK 系列卷扬机

2JK 系列是用一台电动机和减速器使两个卷筒分别或同时转动以牵引物件的双筒快速卷扬机，其额定牵引力只作为单卷筒使用时的牵引力。如果需要两个卷筒同时起吊重物时，则两个卷筒上起吊的载荷，总计不得超过额定牵引力。按照两个卷筒的排列型式可分为纵列式和横列式两种，其传动系统和离合器的构造如图 5-46、图 5-47 所示。

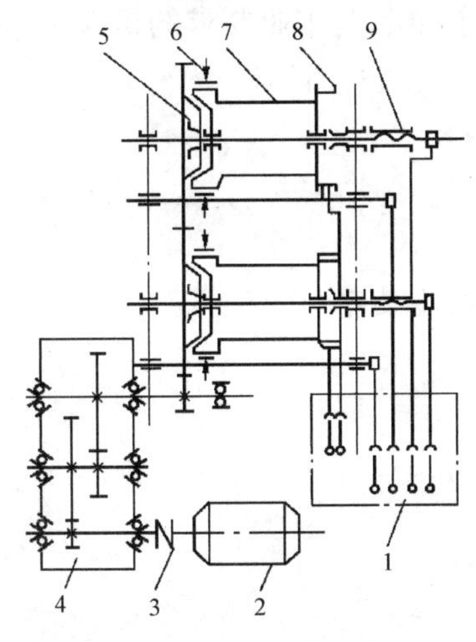

图 5-46　2JK 型卷扬机传动示意

1–操纵手柄；2–电动机；3–联轴器；4–减速机；5–锥形摩擦离合器；6–带式制动器；7–卷筒；8–棘轮；9–推力制动器

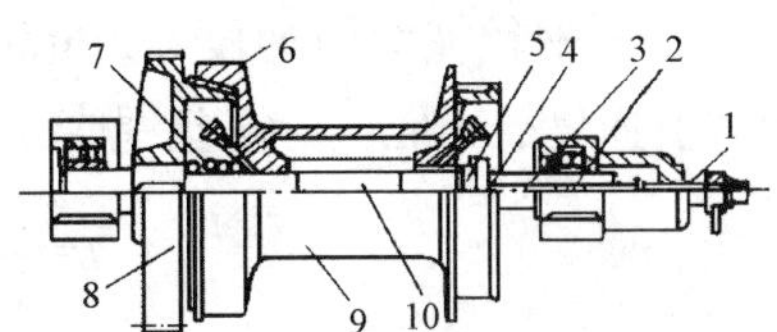

图 5-47　2JK 型卷扬机离合器构造

1–多头丝杠；2–钢球；3–顶杆；4–推进板；5–套；6–石棉树脂摩擦带；7–弹簧；8–摩擦大齿轮；9–卷筒；10–主轴

2JK 系列卷扬机是由电动机经弹性柱销联轴器和减速器输入轴相连接，减速器输出轴端经开式小齿轮和离合器大齿轮啮合。工作时前推操纵手柄使顶杆上的摆动臂转动，多头丝杆压紧钢球、顶杆和推力板使卷筒左移压缩压力弹簧，卷筒靠摩擦力和锥形摩擦离合器一起旋转，从而牵引物体。后拉操纵手柄时，在压力弹簧作用下，卷筒和锥形离合器分开，卷筒停止旋转。制动装置为装在卷筒上的带式制动器，并装有棘轮停止器以确保制动可靠。操作时，必须松开制动带先提升重物，使棘爪脱开棘轮，方能正常工作。

四、卷扬机的使用

1. 卷扬机的选择

（1）卷扬机类型的选择。

①速度选择。对于建筑安装工程，由于提升距离较短，而准确性要求较高，一般应选用慢速卷扬机；对于长距离的提升（如高层建筑施工）或牵引物体，为提高生产率，减少电能消耗，应选用快速卷扬机。

②动力选择。由于电动机械工作安全可靠，运行费用低，可以进行远距离控制，因此，凡是有电源的地方，应选用电动卷扬机；如果没有电源，则可选用内燃卷扬机。

③筒数选择。一般建筑施工多采用单筒卷扬机，因其结构简单，操作和移动方便；如果在双线轨道上来回牵引斗车，宜选用双筒卷扬机，以简化安装工作，减少操作人员，提高生产率。

④传动形式选择。行星式和摆线针轮减速器传动的卷扬机，由于机体较小、结构紧凑、重量轻、运转灵活、操作简便，很适合建筑施工使用，可以优先考虑。

（2）卷扬机规格的选择。

卷扬机的主参数为额定载荷，因此，可根据作业中需要的最大牵引速度、卷筒容绳量等，对照卷扬机性能参数表，选择能满足施工中起重和牵引作业要求的机型。

①最大牵引力。钢丝绳的最大牵引力 F（N）按式（5-15）计算：

$$F=\frac{P\times 60\times 102\times \eta\times 9.81}{\upsilon} \tag{5-25}$$

式中，P——卷扬机电动机功率，kW；

η——卷扬机机械效率：齿轮传动 η =0.8；蜗轮传动 η =0.25；

102——换算数，1 kW=120 kg · fm/s；

υ——钢丝绳牵引速度，m/min。

②牵引速度，m/min。钢丝绳牵引速度 υ 按式（5-26）计算。

$$\upsilon=\frac{\pi n}{1\,000}[D+d(2m-1)] \tag{5-26}$$

式中，n——卷筒转速，r/min；

D——卷筒直径，mm；

d——钢丝绳直径，mm；

m——卷绕层数。

③卷筒绳容量。卷筒上钢丝绳有效长度 L（m）按式（5-27）计算：

$$L=\frac{Zm\pi}{1\,000}(D+md)-\frac{2\pi(D+d)}{1\,000} \tag{5-27}$$

式中，Z——绕在卷筒上钢丝绳有效长度的圈数；

$2\pi(D+d)$——绕在卷筒上钢丝绳两个安全圈的长度。

2. 卷扬机的安装

（1）卷扬机的锚固。

卷扬机在牵引重物时，会产生一个水平分力。为了使卷扬机在工作时不至倾翻或滑动，必须妥善进行固定，根据不同的使用要求，采用相应的固定方法，如图 5-48 所示。

①固定基础法。如图 5-48（a）所示，在钢筋混凝土基础内，预埋好地脚螺栓，使卷扬机的底座由地脚螺栓固定，这种方法适用于长期固定的卷扬机采用。

②压重法。如图 5-48（b）所示，将卷扬机固定在木排上，木排前端设置木桩上，阻止卷扬机滑动；木排后加压重 Q，防止倾翻。压重 Q 的数值，按绕 A 点倾翻的平衡条件，并考虑 1.5 倍的安全系数计算，其计算公式为

$$Q=1.5\frac{Na}{b}\times\frac{1}{9.8} \tag{5-28}$$

式中，Q——压重的质量，kg；

N——钢丝绳的牵引力，N；

a——N 至 A 点的距离，m；

b——Q 至 A 点的距离，m。

压重法简单方便，适用于轻型卷扬机临时性施工。

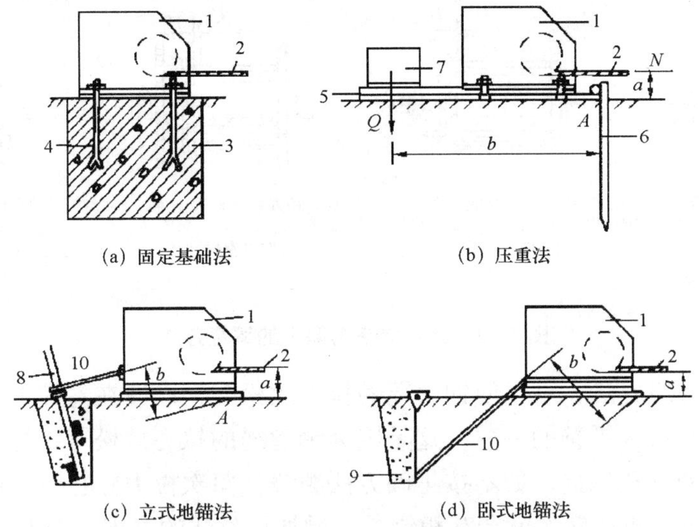

(a) 固定基础法　(b) 压重法

(c) 立式地锚法　(d) 卧式地锚法

图 5-48　卷扬机的固定方法示意

1-卷扬机；2-钢丝绳；3-混凝土基础；4-地脚螺栓；5-木排；6-木桩；
7-压重；8-立式地锚；9-卧式地锚；10-固定卷扬机的钢丝绳

③立式地锚法。如图 5-48（c）所示，立式地锚用于固定牵引力不大的卷扬机。由直径为 19～30 cm 的圆木埋入土内制成，根据情况可用两根或三根串联起来使用，如图 5-49 所示。木桩埋入土内深度应根据作用力和土壤的压力而定，一般不应小于 1.2 m。

④卧式地锚法。如图 5-48（d）所示，它是用集束圆木埋在土中，埋入的深度和圆木的数量应根据地锚受力大小和土质情况而定。一般埋入深度为 1.5～2.0 m，可受力 30～150 kN。圆木的长度为 1～1.5 m。当拉力超过 75 kN 时，地锚横木上应加压板，以抵抗向上的分力，当拉力大于 150 kN 时，应用立柱和木壁加强，以增加土壤的横向抵抗力。这种地锚的固定力大，但施工费用较高，适用于重型卷扬机的安装。地锚埋设后，应注意将回填分层夯实，再进行抗拉试验。试验方法可采用环链手拉葫芦，通过拉力表，按 1.5 倍安全系数的拉力进行试验，确认安全可靠、无裂痕现象后，方可投入使用。

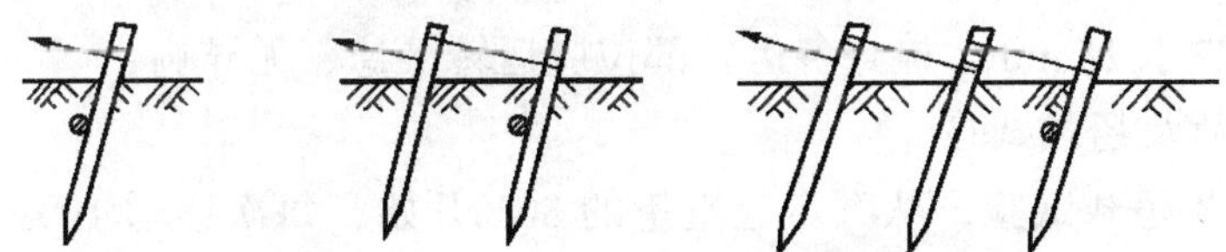

图 5-49　卷扬机立式地锚多根串联示意

（2）卷扬机安装的注意事项。

①卷扬机应安装在吊装区域外，视野宽广处，并应搭设简易机棚，操作者应能顺利地监视卷扬机全部作业过程。

②钢丝绳应成水平状态从卷筒下面卷入，并与卷筒轴线垂直，这样能使钢丝绳圈排列整齐，不致斜绕和互相错叠挤压。

③钢丝绳在卷筒上缠绕的旋向，要根据钢丝绳是右捻还是左捻，卷筒是正转还是反转，采用不同的缠绕方法，如图 5-50 所示。

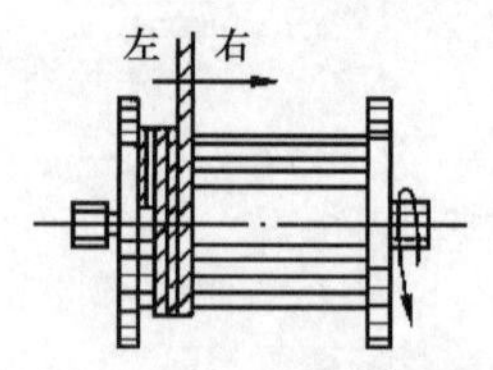

（a）用右捻钢丝绳上卷，钢丝绳一端固定在卷筒左边，由左向右排列

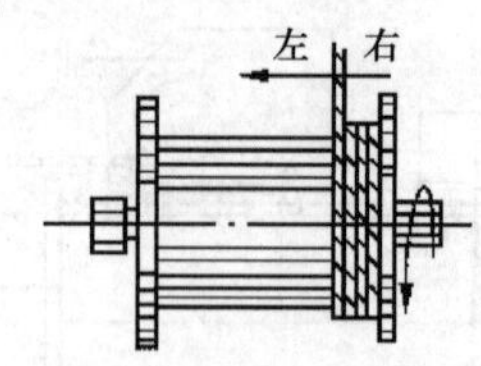

（b）用右捻钢丝绳下卷，钢丝绳一端固定在卷筒右边，由右向左排列

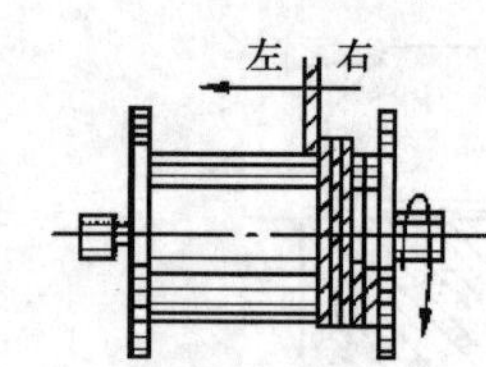

（c）用左捻钢丝绳下卷，钢丝绳一端固定在卷筒右边，由右向左排列

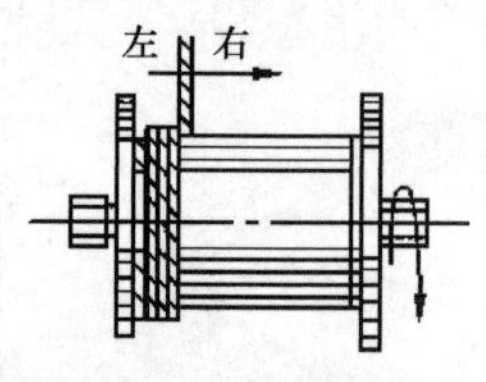

（d）用左捻钢丝绳下卷，钢丝绳一端固定在卷筒左边，由左向右排列（从卷筒上面放出钢丝绳的是上卷；从卷筒下面放出钢丝绳的是下卷）

图 5-50　钢丝绳在卷筒上的缠绕方法

采用正确的缠绕方法，可以使钢丝绳的拉力放松时，已缠在卷筒上的钢丝绳仍然会互相紧靠在一起，成为平整的一层。这是因为钢丝绳的拉力放松时，绳股会稍微扭转回来一些，而使绳圈互相靠拢。如不按正确方法缠绕，每次拉力停止时，已缠好的钢丝绳会自行散开；如卷筒再旋转，就会互相错叠，增加钢丝绳的磨损。图 5-50 所示的绕法，对交互捻或同向捻的钢丝绳都是适用的。

④钢丝绳应和卷筒及吊笼连接牢固，不得与机架或地面摩擦。通过道路时，应设过路保护装置。

⑤卷扬机必须有良好的接地装置，接地电阻应不大于 4 Ω。

3. 卷扬机的技术试验

卷扬机安装完成后，必须经过技术试验，合格后才能使用。

（1）试验前应检查。

①卷扬机的电气设备及其接线、接地及防护罩、油嘴等附件应配备齐全，安装正确。

②操纵机构装配位置正确，操纵手柄转动灵活。

③井（门）架设立的锚固、缆风绳等应安装正确，各部螺栓配备齐全，紧固可靠。

④制动器调整有效，联轴器的装配符合规定。

（2）空载试验。

空载运转不少于 15 min，检查各运转部位应运转平稳、无异响。

（3）额定载荷及超载试验。

①额定载荷及超载试验，从额定起重量的 80%开始，每次递增 10%，直到额定起重量的 110%为止。超载试验不得少于 30 min。

②运转时应正、反交替重复各 3 次，重物在悬空状态下进行提升、下降和制动。制动时钢丝绳的下滑量：慢速系列不大于 100 mm，快速系列不大于 200 mm。

③试验中，离合器结合应平稳、不打滑。各操纵机构灵敏可靠，传动部分平稳无异响。

④试验后，检查各紧固件应牢靠、无松动、无变形情况。

4. 操作和使用卷扬机的注意事项

（1）操作人员应身体健康，且受过相关的安全教育，取得了相应的上岗操作资格。

（2）操作人员或操作指挥人员应能在自己的工作岗位上清晰地观察到运送载荷的情况、相关工作人员位置和工作情况。

（3）每天使用前应进行检查，此外还应进行定期检查。

（4）钢丝绳应按《起重机　钢丝绳　保养、维护、检验和报废》（GB/T 5972—2016）的规定进行检验和报废。

（5）卷扬机不得超载使用，不得用于运送人员，人也不得乘坐在被吊运的物品上。

（6）人不能进入被吊运物体的下方。

（7）不得反接制动，不得用人力打开动力控制的制动器来实现溜放。

（8）卷扬机处于工作状态时，操作人员不得离开操作位置。

（9）卷筒上的钢丝绳不能全部出尽，在最大出绳状态时，卷筒上也应至少保留 3 圈钢丝绳。

（10）不能超过电动机的接电持续率和最大启动次数使用。

（11）不得擅自对卷扬机进行改造。

（12）每天均应记录卷扬机的运行情况，记录的内容包括每天的工作时间、载荷情况以及检查、修理、调整等情况。

第九节　高强度螺栓连接及销轴连接

在塔机安全事故中因塔机销轴脱落、高强度螺栓连接等安装缺陷造成的事故占有一定的比例，因此必须在塔机安装中重视销轴连接及其销轴与挡板固定。

一、高强度螺栓连接

（1）主要受力构件间的螺栓连接，应采用高强度螺栓，高强度螺栓副应符合《紧固件机械性能　螺栓、螺钉和螺柱》（GB/T 3098.1—2010）和《紧固件机械性能　螺母》（GB/T 3098.2—2015）的规定，并应有性能等级符号标识及合格证书。

（2）标准节、回转支撑等类似受力连接用高强度螺栓应提供楔荷载合格证明。

（3）高强度螺栓的连接形式分为摩擦型和承压型，塔机一般采用摩擦型，因此必须符合塔机使用说明书规定的预紧力和扭矩值。

（4）安装塔身前先对高强度螺栓进行全面检查，核对其规格、等级标志，确认无误后在螺母支承面及螺纹部分涂上少量润滑油以降低摩擦系数，保证预紧力和扭矩值。

（5）8.8 级及以上等级的高强度螺栓不得采用弹簧垫片防松，必须使用平垫圈，塔机高强度螺栓必须采用双螺母锁紧，防止松动，如图 5-51（a）（b）所示。

（6）高强度螺栓穿插方向有 2 种：一种是将螺栓自上而下穿插；另一种是自下而上穿插，其受力状况相同。宜采用自下而上穿插，即螺母在上。

（7）高强度螺栓安装时必须按照使用说明书规定的等级配备，必须使用扭力扳手并符合高强度螺栓的扭矩，保证高强度螺栓预紧力。

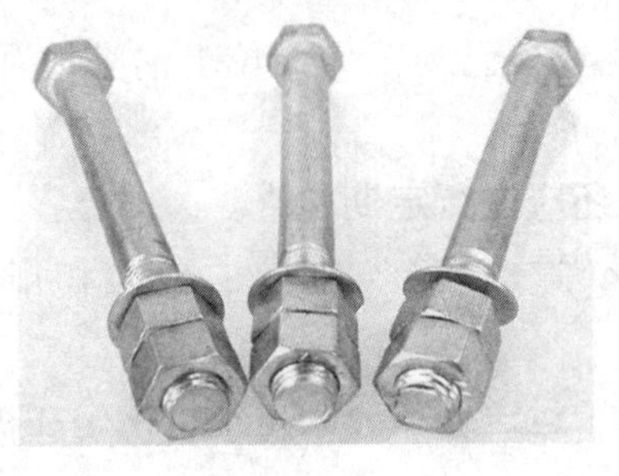

(a) 组件

(b) 安装实物图

图 5-51 高强度螺栓连接

(8) 高强度螺栓安装注意事项:

①螺栓孔端面应平整。

②清除连接结合面金属切屑物、污泥、油漆、锈蚀等影响平整度的污物。

③高强度螺栓不得一次性拧紧，应分 2～3 次拧紧。

④高强度螺栓安装应对角紧固，避免偏角紧固。

⑤应使用力矩扳手或专用扳手，按使用说明书要求拧紧。

⑥拆下将再次使用的高强度螺栓、螺母必须无任何损伤、变形、滑牙、缺牙、锈蚀及螺栓粗糙度变化较大等现象，反之则禁止用于受力构件的连接。

⑦高强度螺栓、螺母使用后拆卸再次使用，一般不得超过 2 次。塔机回转支承的高强度螺栓、螺母拆除后，不得重复使用，且全套高强度螺栓、螺母必须按原件的要求全部更换。

二、销轴连接

在塔式起重机的起重臂、平衡臂上都通过销轴连接及其销轴与挡板固定。

(1) 销轴连接与开口销固定必须可靠。

销轴连接与开口销固定应避免以下缺陷，防止销轴窜出:

①销轴端未安装开口销。

②开口销未开口或开口度不够。

③开口销以小代大。

④采用钢丝、焊条等代替开口销。

⑤开口销锈蚀严重。

(2) 销轴与挡板固定必须可靠。

①在销轴固定轴端挡板安装中一旦发现连接螺栓有损坏或螺栓孔脱扣时一定要修复后才能继续安装。

②应避免销轴已安装到位，再继续锤击，使焊缝受损。

③臂节偏转，防止轴端撞击轴端挡板，使焊缝产生裂纹。起重臂销轴安装示意，如图 5-52 所示。

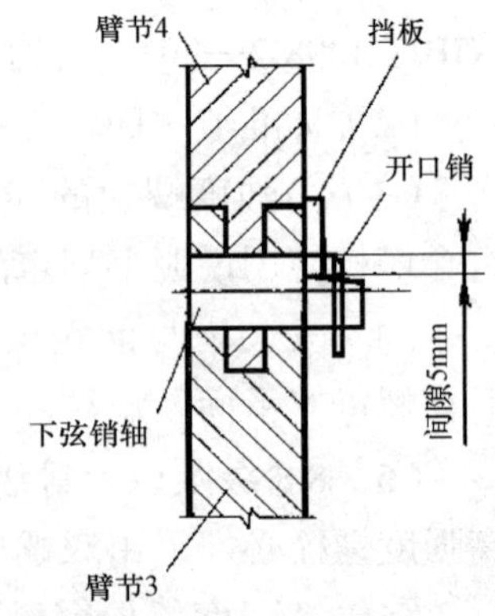

图 5-52 起重臂销轴安装示意

第三篇

专业技术理论

第六章 塔式起重机结构原理

第一节 塔式起重机概述

塔式起重机（简称塔机或塔吊）主要用于房屋建筑工地和市政工程工地中物料的垂直和水平输送及建筑构件的安装。塔式起重机发明于20世纪之初的欧洲。

我国塔机始于20世纪50年代。进入21世纪，塔式起重机进入了一个迅速发展时期，自升式、水平起重臂式等塔式起重机得到了广泛应用。目前我国已成为世界塔机生产大国，也是世界塔机主要需求市场之一。

从塔式起重机的技术发展方面来看，新的产品层出不穷，新产品在生产效能、操作简便、保养容易和运行可靠方面均有提高。目前，塔式起重机的研究向着组合式发展，即以塔身结构为核心，按结构和功能特点，将塔身分解成若干部分，并依据系列化和通用化要求，遵循模数制原理再将各部分划分成若干模块。根据参数要求，选用适当模块分别组成具有不同技术性能特征的塔式起重机，以满足施工的具体需求。推行组合式的塔式起重机有助于加快塔式起重机产品开发进度，满足市场多元化的需求。

第二节 塔式起重机的构造、类型及性能参数

一、塔式起重机的构成及作用

塔式起重机由工作机构、钢结构和动力装置与控制系统组成。

1. 塔式起重机的工作机构

塔式起重机的工作机构通常是由起升机构、变幅机构、回转机构、液压顶升机构、行走机构组成。

起升机构实现重物的垂直上、下运动；变幅机构和回转机构实现重物在两个水平方向的移动；液压顶升机构实现标准节的增加或减少，从而升高或降低塔身；行走机构实现重物在塔式起重机力所能及的范围内任意空间运动。

2. 塔式起重机的钢结构

塔式起重机的钢结构由底架、塔身、套架、上下支座、起重臂、平衡臂、塔顶等主要构件组成。

钢结构是塔式起重机的骨架，它承受起重机的自重以及作业时的各种外载荷。组成起重机钢结构的构件较多，其重量通常占整机重量的一半以上，耗钢量大。因此，塔式起重机钢结构的合理设计，对起重机减轻自重，提高性能，扩大功用和节省钢材都有重要意义。

3. 动力装置和控制系统

动力装置是起重机的动力源，塔式起重机的动力源是使用外接电源的电动机。控制系统包括操纵装置和安全装置。塔式起重机的操纵装置是由联动控制台、配电箱、电阻器箱等组成，安全装置主要由高度限位器、幅度限位器、起重量限制器、力矩限制器、回转限位器等组成。

通过控制系统可改变起重机的运动特性，以实现各机构的启动、调速、改向、制动和停止，从而达到起重机作业所要求的各种动作。

二、塔式起重机分类

按照《塔式起重机》（GB/T 5031—2019），塔式起重机分类如下：

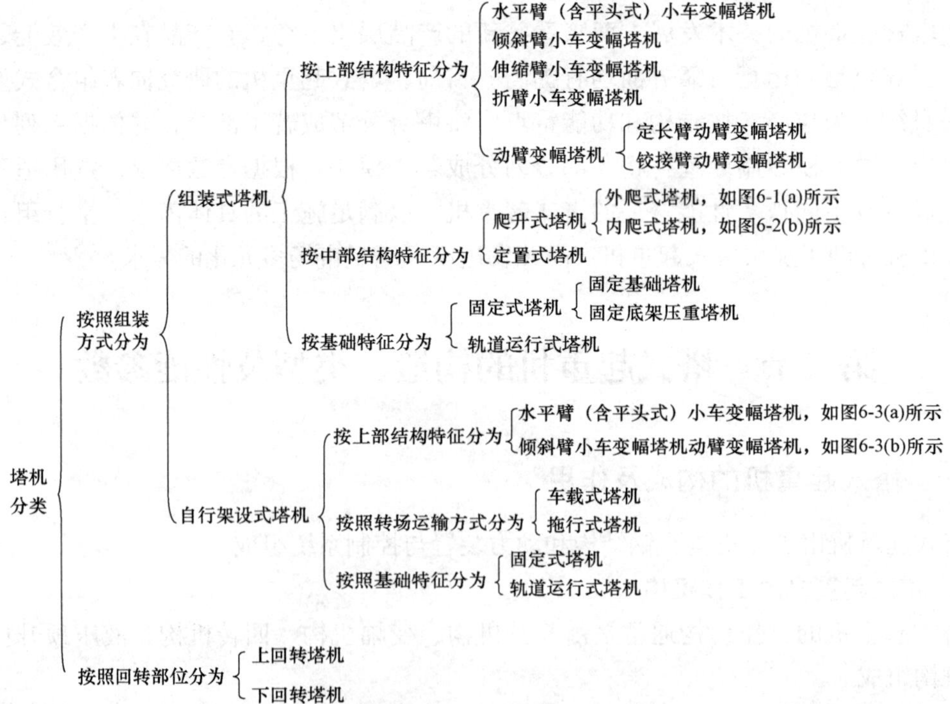

在建筑施工工地最常用的是组装式固定基础、上回转、外爬式（又称外附着式）、爬升式（又称自升式）、水平臂小车变幅塔式起重机，简称自升式（爬升式）小车变幅塔式起重机。

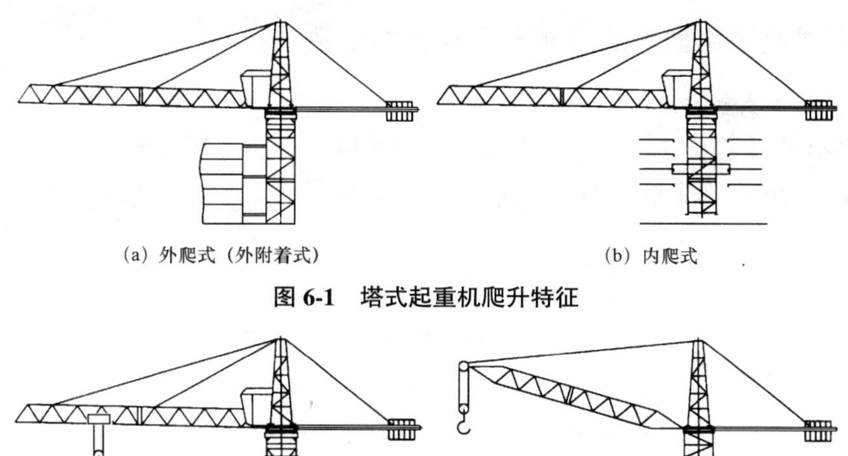

（a）外爬式（外附着式）　　（b）内爬式

图 6-1　塔式起重机爬升特征

（a）小车变幅式　　（b）动臂式

图 6-2　塔式起重机上部结构特征

三、自升（爬升）式塔式起重机工作基本原理

塔式起重机是一种起重运送重物的机械，它的工作基本原理是通过起升机构、变幅机构、回转机构的作用实现重物从某一位置运动到空间任一位置。通过液压顶升机构实现标准节的增加或减少；通过行走机构进一步扩大塔式起重机在空间的作用范围。图 6-3 所示为组装式固定基础、上回转、外爬式（又称外附着式）、爬升式、水平臂小车变幅塔式起重机，简称自升式小车变幅塔式起重机。

图 6-3　自升式塔式起重机

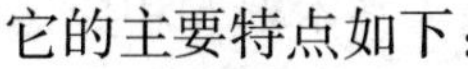

它的主要特点如下：

（1）起升高度和工作幅度较大。QTZ63 塔式起重机附着高度可达 120 m，作业范围为 360° 全回转。因此具有广泛的适用性，既能满足中小城市一般民用建筑施工的需要，又能满足大中城市高层建筑施工的需要，同时可用于多层大跨度工业厂房以及采用滑模施工的高大烟囱和筒仓等塔型建筑的施工需要，也可用于桥梁、电站建设及港口、货场的装卸。

（2）安装拆卸、运输方便迅速。

（3）工作速度高，工作平稳、效率高。起升机构基本上实现了高速轻载、低速重载的工作要求；小车牵引机构一般具有两种速度满足工作需要；回转机构设有液力偶合器和常开式制动器使塔机就位准确，便于安装作业。

（4）安全保护装置齐全，灵敏可靠。

（5）司机室独立侧置，宽敞、舒适、安全、操作方便，视野开阔。

四、塔式起重机型号的编制及主要性能参数

1. 塔机型号编制方法

（1）塔机型号编制方式之一：根据《土方机械　产品型号编制方法》（JB/T 9725—2014）的规定，塔式起重机的型号识别，如图 6-4 所示。

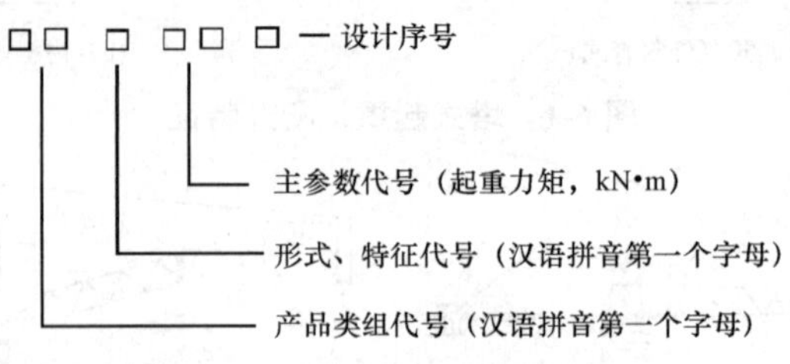

图 6-4　塔式起重机型号标识

塔式起重机型号为 QT，其中“Q”代表“起重机”，“T”代表“塔式”；“K”代表快装式，“Z”代表自升式，“G”代表固定式，“X”代表下回转式等。均以汉语拼音的第一个字母表示，塔式起重机型号标识方法，见表 6-1。

表 6-1　塔式起重机型号标识方法

型号标识	型号解释
QTZ 63	代表起重力矩 630 kN · m 的自升式塔机
QTZ80	代表起重力矩 800 kN · m 的自升式塔机
QTK40	代表起重力矩 400 kN · m 的快装式塔机
QTZ80B	代表起重力矩 800 kN · m 的自升式塔机，第二次改装型设计

我国起重机的型号编制一般是以额定力矩为主要参数来进行定义的，譬如 QTZ80，其中 QTZ 代表自升式塔式起重机，80 为公称起重力矩 800 kN · m（基本臂和相应额定起重量的乘积）除以 10。塔式起重机说明书一般也是以 QTZ63—5613、QTZ80—6010 标识，如 QTZ63—5613，其意义：QTZ 是指自升式塔式起重机，Q 是起重量，T 是塔式，Z 是自升式，合起来就是自升式塔式起重机。63 是力矩，单位是 t · m，就是力矩为 630 kN · m，5613 前两位数字是起重臂的长度，后两位数字是最大长度的最大起重量，就是臂长 56 m，在 56 m 处最大起重量为 1.3 t。

（2）塔机型号编制方式之二：第二种编制方式源于两个方面的因素，其一，以上型号编制方法只表明起重力矩，并不能清楚地表示一台塔机到底工作最大幅度是多大，在最大幅度处能吊多重。而这个数据更能明确表达一台塔机的工作能力。其二，受进口塔式起重机的影响，国际市场上有的塔机型号标识方法，是把最大臂长（m）与臂端（最大幅度）处所能吊起的额定重量（kN）两个主要参数作为标记塔机的型号。如 QTZ80 标识为 TC6010、TC5513。虽然这种标记方法与我国的国家标准不相符，但是却很直观地反映了塔机的起重性能。如我国现在一些制造商标记为 TC5013，其意义：T——塔的英语第一个字母（Tower），C——起重机的英语第一个字母（Crane），50—最大臂长 50 m，13——臂端起重量 13 kN（1.3 t），A——设计序号。TC5013 的标识，如图 6-5 所示。

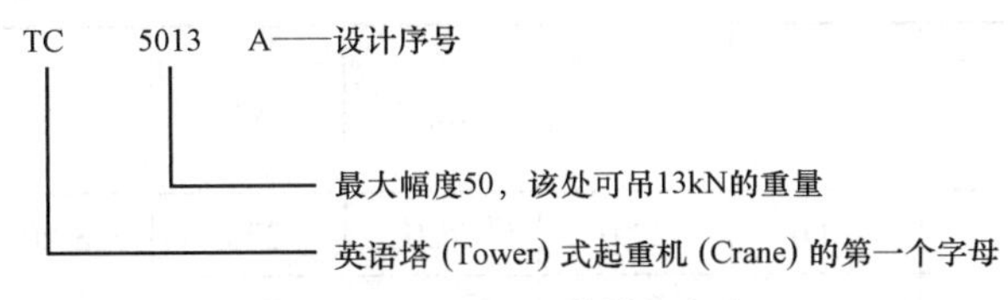

图 6-5　TC5013 的塔机标识

2. 塔式起重机主要性能参数

（1）幅度 R。塔式起重机的幅度是指起重机旋转中心与吊钩铅垂中心线之间的距离，单位为 m。

（2）额定起重量 Q。塔式起重机正常作业时，对应于某一幅度允许起吊物体的最大重量和可从吊钩上取下的吊具的重量之和，称为对应于该幅度的额定起重量。额定起重量与幅度密切相关，对应于不同的幅度有不同的额定起重量。对于臂长不同的同一型号的塔机，在同一幅度下有不同的额定起重量。

（3）起重力矩 M。起重力矩是指塔式起重机基本臂最大工作幅度与相应的起重量的乘积。起重力矩过去的计量单位为 t · m，现行的计量单位为 kN · m，换算关系：1 t · m=10 kN · m。额定起重力矩是塔式起重机工作能力的最重要参数，它是塔式起重机工作时保持塔式起重机稳定性的控制值。塔式起重机的起重量随着幅度的增加而相应递减，因此，在各种幅度时都有额定的起重量，不同幅度和相应的起重量绘制成起重特性曲线图，使操作人员明白在不同幅度下的额定起重量，防止超载。一般情况下，塔式起重机可以根据需要安装不同的臂长，每一种臂长的起重臂都有其特定的起重曲线。

（4）起升高度 H。起升高度是指吊钩提升到上极限位置时，吊钩钩环中心距地面或轨面的距离，单位为 m。

（5）额定起升速度 V。额定起升速度是指起升电机在额定转速下运转时，吊钩的平均上升速度，单位为 m/min。

3. 塔式起重机主参数及基本参数系列

《塔式起重机　分类》（JG/T 5037—1993）中规定了塔式起重机的主参数和基本参数系列，见表 6-2、表 6-3。

表 6-2　塔式起重机主参数系列　　单位：kN · m

公称起重力矩	100	160	200	250	315	400
公称起重力矩	500	630	800	1 000	1 250	1 600
公称起重力矩	2 000	2 500	3 150	4 000	5 000	6 300

表 6-3　非快装塔式起重机基本参数系列

主参数/（kN · m）	160	200	250	315	400	500	630
基本臂最大幅度/m	16.0	20.0	25.0		30.0		35.0
基本臂最大幅度处的额定起重量/t		1.00		1.26	1.34	1.67	1.80

<table>
<tr><td rowspan="2">最大起重量</td><td>水平起重臂</td><td rowspan="2">1.5</td><td rowspan="2">2.0</td><td rowspan="2">2.5</td><td rowspan="2">3.0</td><td rowspan="2" colspan="2">4.0</td><td>5.0</td></tr>
<tr><td>动臂</td><td>6.0</td></tr>
<tr><td colspan="2">起升高度不小于/m</td><td>20.0</td><td>22.0</td><td>25.0</td><td>27.0</td><td>30.0</td><td>35.0</td><td>40.0</td></tr>
<tr><td colspan="2">轨距/m</td><td colspan="2">2.8</td><td colspan="2">3.2</td><td colspan="2">4.0</td><td>4.5</td></tr>
<tr><td colspan="2">主参数/（kN·m）</td><td>800</td><td>1 000</td><td>1 250</td><td>1 600</td><td>2 000</td><td>2 500</td><td>3 150</td></tr>
<tr><td colspan="2">基本臂最大幅度/m</td><td>35.0</td><td colspan="2">40.0</td><td colspan="3">45.0</td><td>50.0</td></tr>
<tr><td colspan="2">基本臂最大幅度
处的额定起重量/t</td><td>2.29</td><td>2.50</td><td>3.13</td><td>3.56</td><td>4.40</td><td>5.60</td><td>6.30</td></tr>
<tr><td rowspan="2">最大起重量</td><td>水平起重臂</td><td>6.0</td><td colspan="2">8.0</td><td>10.0</td><td colspan="2">12.0</td><td>16.0</td></tr>
<tr><td>动臂</td><td>8.0</td><td colspan="2">10.0</td><td>12.0</td><td colspan="2">16.0</td><td>20.0</td></tr>
<tr><td colspan="2">起升高度不小于/m</td><td>45.0</td><td colspan="3">50.0</td><td colspan="2">55.0</td><td>60.0</td></tr>
<tr><td colspan="2">轨距/m</td><td colspan="3">5.0</td><td>6.0</td><td colspan="3">6.5</td></tr>
</table>

4. 五种常见的塔式起重机技术性能

五种常见的塔式起重机技术性能如表 6-4 所示。

表 6-4　五种常见的塔式起重机技术性能

<table>
<tr><td colspan="2">型　号</td><td>QTZ4508</td><td>QTZ5012
（QTZ63）</td><td>QTZ5510</td><td>QTZ5513
（QTZ80）</td><td>QTZ6015</td></tr>
<tr><td colspan="2">额定起重力矩/
（kN·m）</td><td>400</td><td>630</td><td>630</td><td>800</td><td>1 000</td></tr>
<tr><td colspan="2">最大起重量/t</td><td>4</td><td>6</td><td>6</td><td>6</td><td>8</td></tr>
<tr><td colspan="2">工作幅度/m</td><td>2.5～45</td><td>2.5～50</td><td>2.5～55</td><td>2.5～55</td><td>2.5～60</td></tr>
<tr><td rowspan="2">起升高度/
m</td><td>独立</td><td>30</td><td>40</td><td>45</td><td>50</td><td>40</td></tr>
<tr><td>附着</td><td>90</td><td>120</td><td>141</td><td>150</td><td>120</td></tr>
<tr><td colspan="2">最大起升速度/
（m/min）</td><td>65</td><td>66</td><td>66</td><td>80</td><td>100</td></tr>
<tr><td colspan="2">最低稳定下降速度/
（m/min）</td><td>10</td><td>7.3</td><td>7.3</td><td>9</td><td>10</td></tr>
<tr><td colspan="2">最大幅度额定起重量/
t</td><td>0.8</td><td>1.2</td><td>1.0</td><td>1.3</td><td>1.5</td></tr>
<tr><td rowspan="2">起升
速度/
（m/min）</td><td>a=2</td><td>65/44/10</td><td>66/33/7.3</td><td>80/39/9</td><td>100～10（变频）
（或 100/50/10）</td><td>66/33/7.3</td></tr>
<tr><td>a=4</td><td>32.5/22/5</td><td>33/16.5/3.6</td><td>40/19.5/5</td><td>50～5（变频）
（或 50/25/5）</td><td>33/16.5/3.6</td></tr>
<tr><td colspan="2">变幅速度/（m/min）</td><td>36/18</td><td>40.5/20</td><td>40.5/20</td><td>40.5/20</td><td>0～53
（或 50/25）</td></tr>
</table>

续表

型　号	QTZ4508	QTZ5012（QTZ63）	QTZ5510	QTZ5513（QTZ80）	QTZ6015
回转速度/（r/min）	0.66	0.54	0.54（双回转）	0.54	0～0.6（变频）
顶升速度/（m/min）	0.6	0.7	0.7	0.6	0.4
整机自重/t	19.4（独立高）	29.78（独立高）	30.88（独立高）	32.82（独立高）	46.39（独立高）
电机总功率/kW	21.6	36.5	37.2	38.3	69（61）
平衡重/t	8.8（45 m 臂）	12.5（50 m 臂）	12（55 m 臂）	13.5（55 m 臂）	14（60 m 臂）
工作温度/℃	−20～40	−20～40	−20～40	−20～40	−20～40
工作电压/V	380±5%50 Hz	380±5%50 Hz	380±5%50 Hz	380±5%50 Hz	380±5%50 Hz

第三节　塔式起重机钢结构和工作机构

一、底架

1. 底架的分类

总的来说，底架可分为固定式和行走式两种。

2. 固定式底架

（1）固定式底架的形式较多，有水母式、十字梁式、锚柱式等。水母式底架是由工字钢焊接成一方形框架，在四角处辐射状安装四条可拆支腿，通过连接螺栓可拆去支腿，以减少运输状态尺寸，如图 6-6 所示；十字梁式底架是由工字钢制成一根长梁、两根半梁，通过连接螺栓连接成一个十字架，如图 6-7 所示。锚柱式底架由无缝钢管焊接而成的四根内锚和四根外锚组成，结构更加简单，但制作混凝土基础时，四根内锚的安装找平难度较大，如图 6-8 所示。

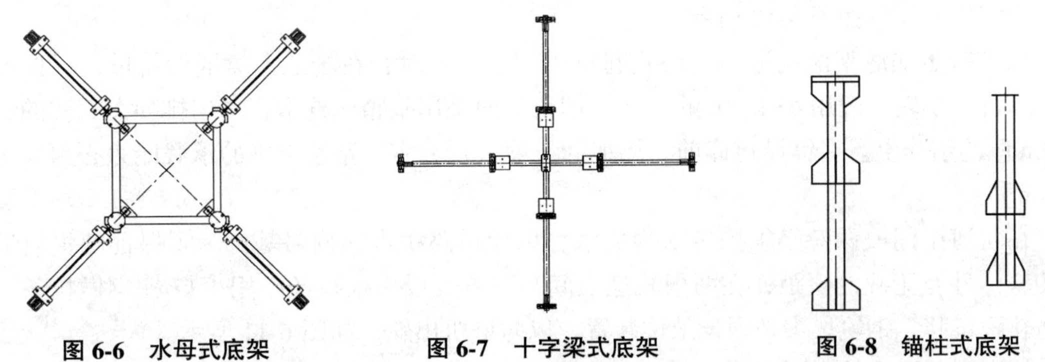

图 6-6　水母式底架　　**图 6-7　十字梁式底架**　　**图 6-8　锚柱式底架**

（2）固定式塔式起重机是安装在专用的混凝土基础上的，预埋的地脚螺栓一端与水母式、十字梁式底架连接；另一端与专用的混凝土基础固接。固定式塔式起重机的地基基础是保证塔机安全使用的必备条件，在安装塔机前应预先按照生产厂家提供的地基图进行混凝土基础的施工。如果地基承载力达不到塔机生产厂家提出的要求时，应采取措施重新设计混凝土基础，并按有关标准进行验算。另外，基础的地脚螺栓尺寸误差必须严格按照基础图的要求施工，地脚螺栓要保持足够的露出地面的长度，每个地脚螺栓要双螺帽预紧，如图 6-9 所示。在安装前要对基础表面进行处理，保证基础的水平度误差不能超过 1/500。同时塔机基础不得有积水，积水会造成塔机基础的不均匀沉降。在塔机基础附近不得随意挖坑或开沟。

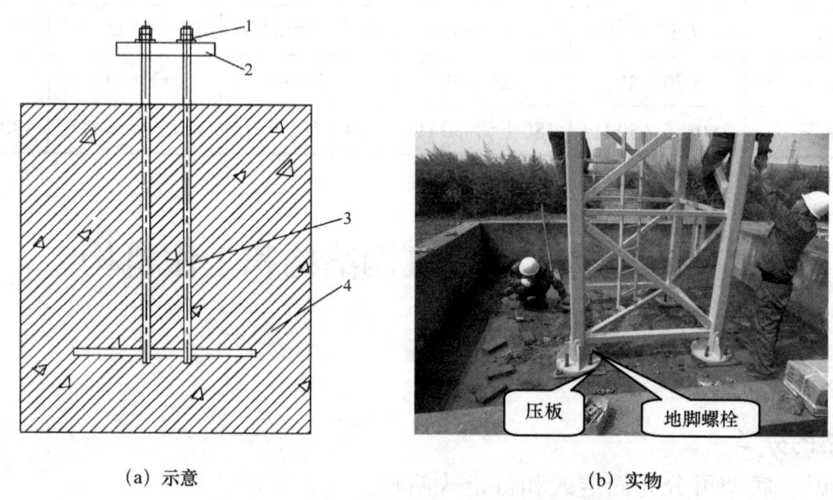

（a）示意　　（b）实物

图 6-9　预埋地脚螺栓双螺帽预紧

1–双螺母；2–压板；3–预埋地脚螺栓；4–混凝土基础

3. 行走式底架

行走式底架用于轨道式塔式起重机，塔机可沿轨道带载行走。

（1）行走式底架的构成。行走式底架一般由基础节、长梁、短梁以及斜撑等组成。长梁、短梁由销轴连接成一个十字架，四周由拉杆相连形成一个方形平面桁架。基础节用销轴固定在十字架上，基础节四周可安放压重块。斜撑杆通过螺栓及销轴分别与基础节、十字架相连，如图 6-10 所示。

（2）行走式底架的轨道。当塔式起重机用于行走时，在场地上需铺设轨道，以保证正常运行。钢轨一般用 43 kg/m 的重轨，钢轨下面采用基箱或枕木，均匀排列在夯实的约 40 cm 厚的道砟上。在铺设道砟前，场地的土壤必须夯实，路基土壤的承载能力必须大于 10 t/m^2。

在轨道中间或两旁必须挖排水沟放水，以免道路积水影响路基。为了保证两根轨道间的整体性及正确的轨距，在两根轨道之间每隔 6 m 设一根拉条。用［12 槽钢做拉条，以防轨距位移，钢轨尽头必须设限位装置，以防塔机出轨，如图 6-11 所示。

轨道安装后应符合下列要求：

轨距误差不得大于公称值的 1/1 000，其绝对值不得大于 6 mm。

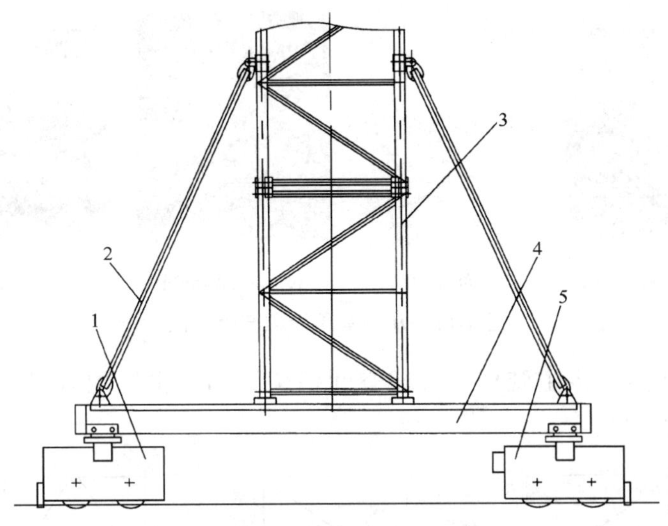

图 6-10　行走底架与斜撑

1-被动台车；2-斜撑；3-基础节；4-拉杆；5-主动台车

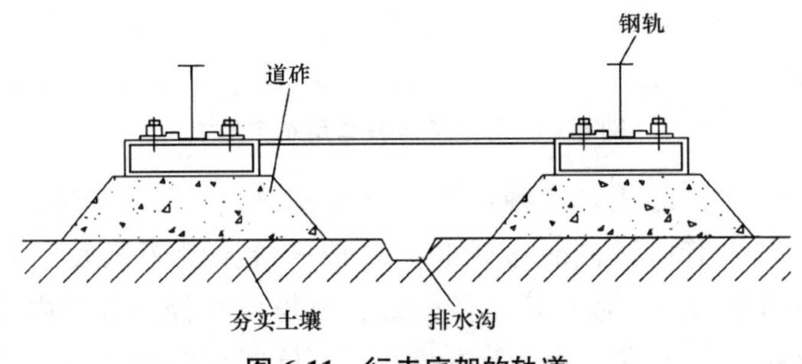

图 6-11　行走底架的轨道

轨道接头间隙不得大于 4 mm，与另一侧轨道接头的错开距离不得小于 1.5 m，接头处两轨顶高度差不得大于 2 mm。

塔机安装后，轨道顶面纵、横方向上的倾斜度，对于上回转塔机应不大于 3/1 000；对于下回转塔机应不大于 5/1 000。在轨道全程中，轨道顶面任意两点的高度差应小于 100 mm。轨道行程两端的轨顶高度应不低于其余部位中最高点的轨顶高度。

二、塔身及斜撑

塔身是塔式起重机最主要的受力构件之一，由标准节通过高强度螺栓连接而成。标准节主弦杆和腹杆常用无缝钢管、角钢或方钢管制作，如图 6-12（a）（b）（c）所示，截面为正方形，沿塔身高度方向做成等截面或变截面结构。通常，自升式塔式起重机做成正方形等截面塔身，快装式塔式起重机做成正方形变截面塔身。整个标准节是一空间桁架结构，其中一侧两根主弦杆上各焊有两个支撑块（踏步），该支撑块在塔身加节或降节时起支撑作用，各标准节内均设有工人上下的爬梯，以及供人休息的平台。为了运输方便，有的生产厂家也将标准节制作成片式结构，如图 6-12（d）所示，待运输到工地后，在地面上再通过标准节螺栓螺母将 4 片连接成一个整体。

(a) 无缝钢管式标准节

(b) 角钢式标准节

(c) 角钢式标准节

(d) 片式标准节

图 6-12　几种常用标准节外形图

标准节的腹杆体系将主弦杆连接成空间桁架结构，常用的有以下几种，如图 6-13 所示。

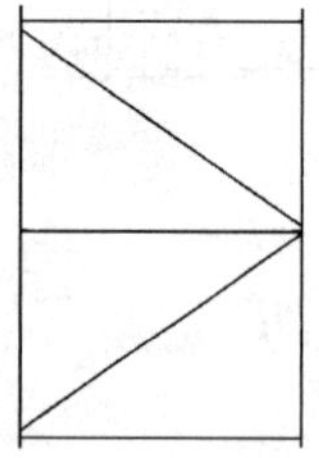

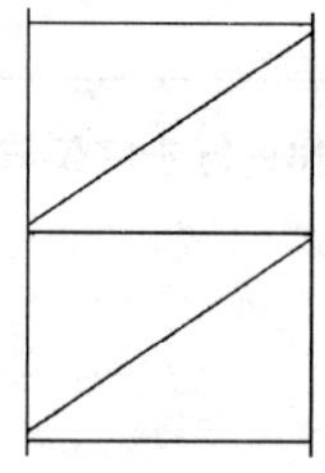

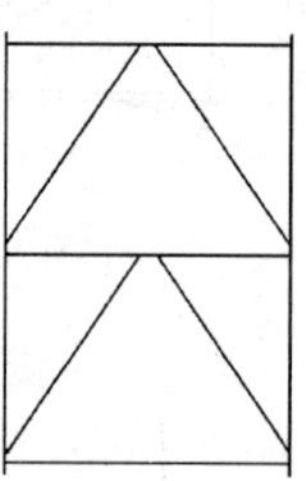

图 6-13　标准节腹杆常用布置形式

通常标准节套管连接形式有三种：第一种是套管与主弦杆焊接后，端面经过精加工，上、下主弦杆与套管端面同时接触对接。该连接接触面积大，单位面积上的压力小，抵抗水平扭矩的能力强，接点稳定性较好，靠螺栓外径与套管内径定位。第二种是上、下套管之间留有一定间隙，上、下主弦杆端面同时接触对接。在标准节上部主弦杆上焊有定位凸台，定位凸台伸入另一标准节主弦杆内，靠相应的配合面定位。定位准确，能有效阻止标准节水平方向的位移，接点稳定性好，该种形式目前采用较多。第三种是上、下套管之间留有一定间隙，上、下主弦杆端面同时接触对接。这种形式抗水平扭矩能力比第一种、第二种相对较差，优点是加工相对容易，所以应用也较多，如图 6-14、图 6-15 所示。

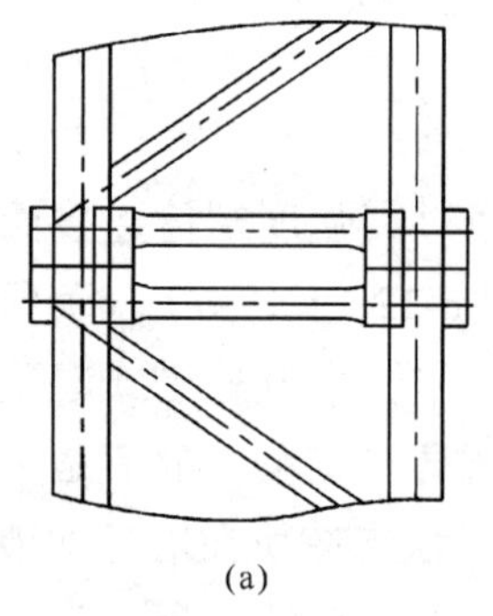
(a)

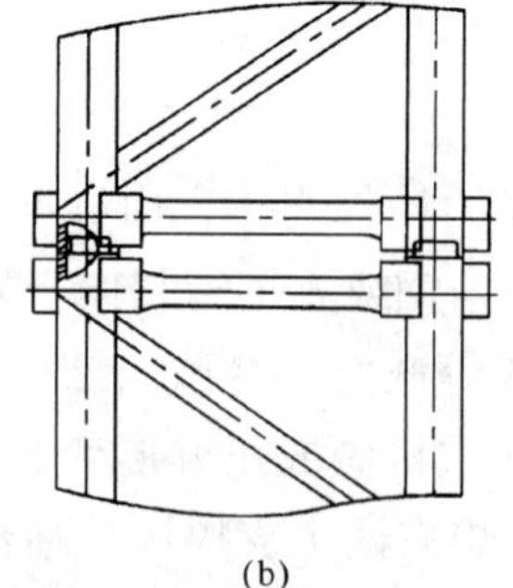
(b)

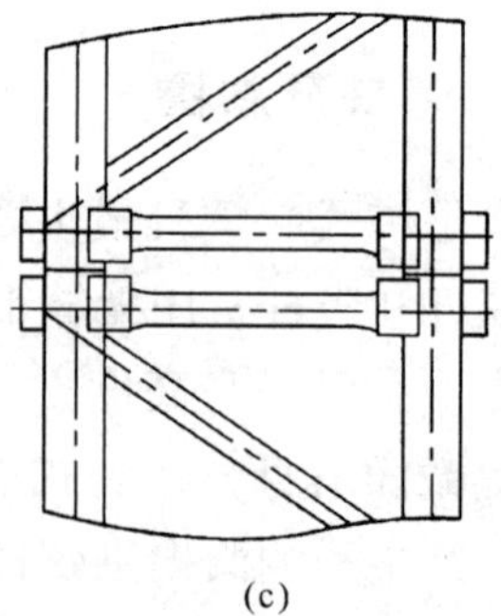
(c)

图 6-14　标准节套管三种连接形式

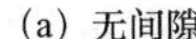
(a) 无间隙

(b) 有间隙、带凸台

(c) 有间隙、无凸台

图 6-15　标准节套管三种连接形式外形

撑是由角钢拼焊成方管或无缝钢管制成。一端通过销轴与固定式底架相连；另一端通过销轴和抱箍与标准节相连，塔机安装一开始不装斜撑，至一定高度后再装上。斜撑的作用是使塔身底部和底架的连接更为牢靠，同时提高塔身危险断面的位置，以减少塔身的计算长度。

三、套架（爬升装置）

随着高层和超高层建筑的大量增加，普通的上回转和下回转型式的塔式起重机已不能完全满足大高度吊装工作的需要了。因为这两种塔机塔身高度太大时，会使其钢结构过于笨重，起重机的安装架设也会很困难。所以，当建筑物的高度超过 50 m 时，必须采用自升附着式塔机。

自升式塔机的构造与普通上回转塔机相比较，只是增加了一个套架和一套顶升机构。自升式塔机有内爬式和附着式（外爬式）两种。内爬自升式塔机安装在建筑物内部，利用建筑结构来固定和支承塔身；附着自升式塔机安装在建筑物一侧专用的混凝土基础上，通过附着装置与建筑物连成一体，以增加塔身的强度和稳定性。

套架主要由套架结构、上下工作平台及装在套架上的液压顶升机构等组成，顶升（爬升）机构各部连接实物如图 6-16 所示。套架套在塔身标准节外部，在套架的四根主弦杆上各装有两套导向滚轮，以便套架在标准节上爬升降节时起导向并减少阻力作用；在套架下部的两侧横梁上安装有摆动爬爪，起支撑作用；套架后侧装有液压顶升装置的顶升油缸及顶升横梁，液压泵站放置在套架工作平台上，顶升时顶升横梁顶在塔身的支撑块（踏步）上，在油缸的作用下套架连同下支座以上部分沿塔身轴心线上升，油缸顶升两次，可引入一个标准节；套架前侧有一长方形的窗口，标准节就是通过下支座上装有的引进横梁和引进小车，从长方形的窗口引进的，如图 6-17 所示。

风速问题和调平衡问题：塔身的加节与降节是通过套架来完成的，塔身的加节与降节的过程是重大安全事故多发阶段，在这一过程中风速问题和调平衡问题尤为重要。在套架的计算中，风载荷引起的套架内力占相当比重，风载荷与风速的平方成正比，风速增大会使风载荷引起的套架内力增加很多。因此，塔式起重机技术条件规定安装、爬升或顶升时风速不得大于 13 m/s；另外，塔式起重机在加节与降节之前，应将自重产生的力矩调整为零，这一过程也叫作调平衡。在套架的设计计算中，一般是按自重力矩调整为零来考虑的。不调平衡就进行顶升作业，自重产生的不平衡力矩可能会造成套架等结构件内力大幅度超出设计范围，造成破坏甚至导致重大安全事故。

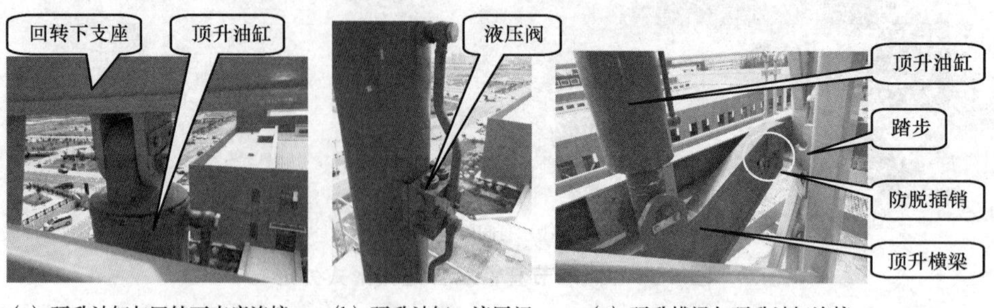

（a）顶升油缸与回转下支座连接　（b）顶升油缸、液压阀与油管连接　（c）顶升横梁与顶升油缸连接

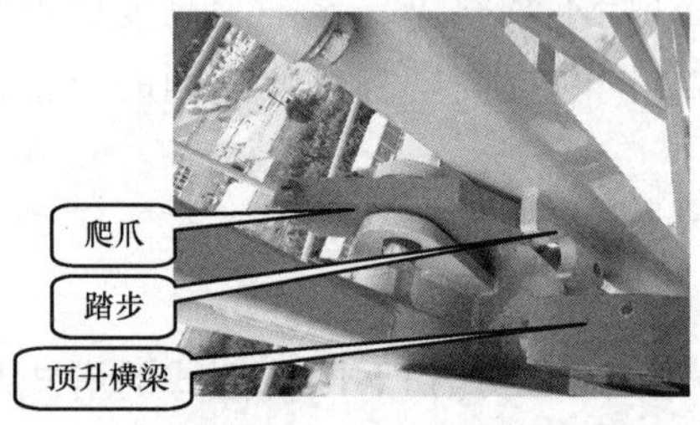

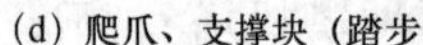

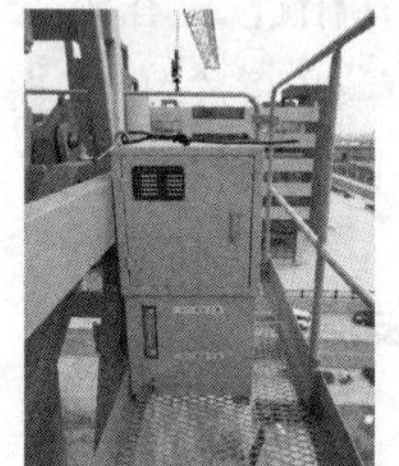

（d）爬爪、支撑块（踏步）　（e）液压泵站

图 6-16　顶升机构各部连接实物

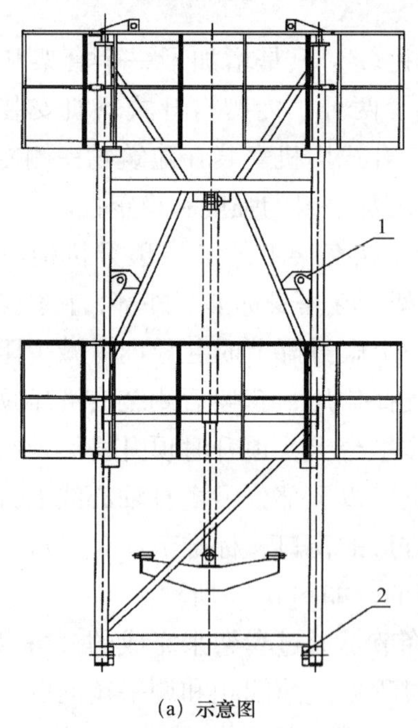

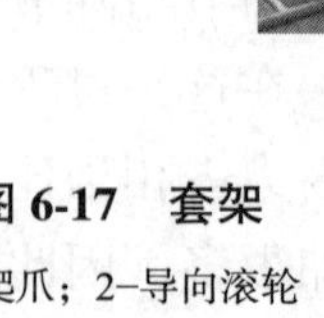

（a）示意图　（b）实物图

图 6-17　套架

1—爬爪；2—导向滚轮

塔式起重机在顶升加节、安装完毕后，套架通常通过销轴挂在下支座下面，也有部分套架在顶升加节安装完毕后，将其放至地面。

爬升支撑装置是爬升（自升）式塔机爬升时连接爬升（顶升）液压缸（包括顶升横梁）与塔身踏步（或称支撑块）或爬梯的传力装置。

爬升换步装置是爬升式塔机用于实现爬升液压缸卸载、爬升支撑装置换步的支撑装置（俗称爬爪）。

爬升装置防脱功能是指爬升式塔机爬升支撑装置应有直接作用于其上的预定工作位置锁定装置。在加节、降节作业中，塔机未到达稳定支撑状态（塔机回落到安全状态或被换步支撑装置安全支撑）被人工解除锁定前，即使爬升装置有意外卡阻，爬升支撑装置也不应从支撑处（踏步或爬梯）脱出。

爬升式塔机换步支撑装置（爬爪）工作承载时，应有预定工作位置保持功能或锁定装置（俗称插销）。

对爬升装置的要求：

①爬升速度宜不大于 0.8 m/min。

②正常爬升中即使液压缸完全伸出，爬升装置的导向仍应可靠有效。

③换步支撑装置应有被锁定或自动停靠在不干涉爬升装置升降运动位置的装置或功能。

四、上支座

上支座是整体箱形结构，由钢板拼焊而成。上部有 4 块耳板，通过销轴与塔顶相连，下部用高强度螺栓与回转支承相联结，在上支座一侧垂直地安装有一套回转机构，在它下面的小齿轮准确地与回转支承外齿啮合。对于 QTZ63 以上的起重机通常采用双回转机构，这样回转时塔身受力均衡，回转平稳。支座上设有平台、方便工作。另一面设有回转限位器，司机室放在上支座另一侧，出入容易，工作安全，如图 6-18 所示。

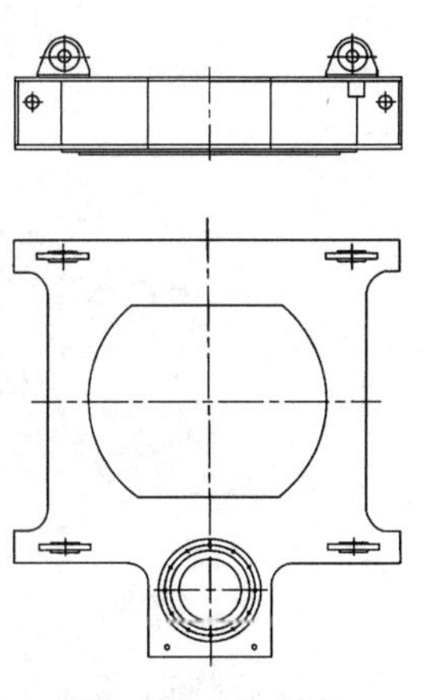

图 6-18　上支座

回转时打反车问题。由于塔式起重机塔身高、起重臂长，起重机在回转时突然反向回转，这时产生的瞬时扭矩特别大，对于塔身这样的细长杆特别危险，所以严禁塔式起重机在回转时打反车，也就是不允许利用打反车来制动。起重臂在一个反向回转时，突然人为地改变方向，使其向另一个方向回转，称为打反车。

五、下支座

下支座上部用高强度螺栓与回转支承联结，支承上部结构。底部用高强度螺栓与标准节相连接，四角用销轴与套架相连接，下部装有一根引进标准节用的横梁，下支座如图 6-19 所示。

上下支座、回转支承及回转机构组装实物图如图 6-20 所示。

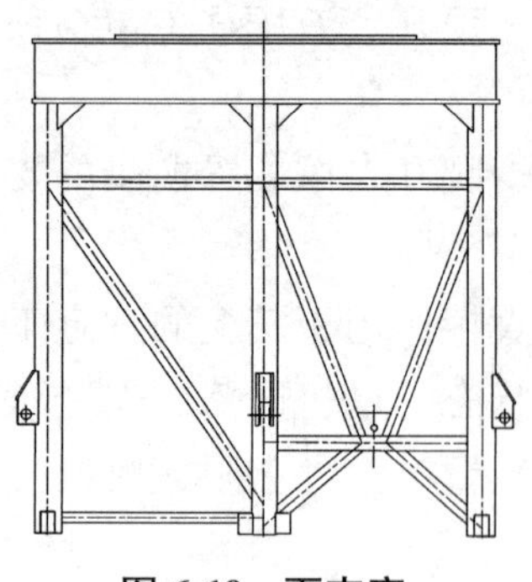

图 6-19　下支座

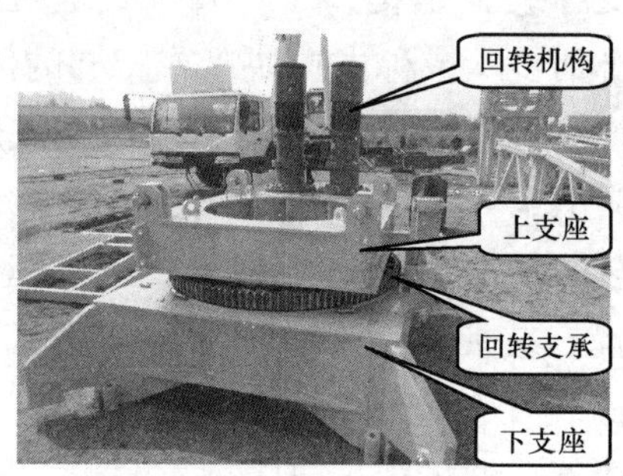

图 6-20　上下支座、回转支承及回转机构组装实物图

六、起重臂及拉杆

起重臂也称吊臂。小车变幅式起重臂一般采用格构式正三角形截面型式。起重臂的上弦杆为无缝钢管，下弦杆常用两个角钢拼焊成方管，兼作小车的运行轨道，整个臂架为三角形空间桁架结构。腹杆的布置，两个侧面桁架采用三角式体系，水平桁架采用带竖杆的三角式体系，如图 6-21 所示。

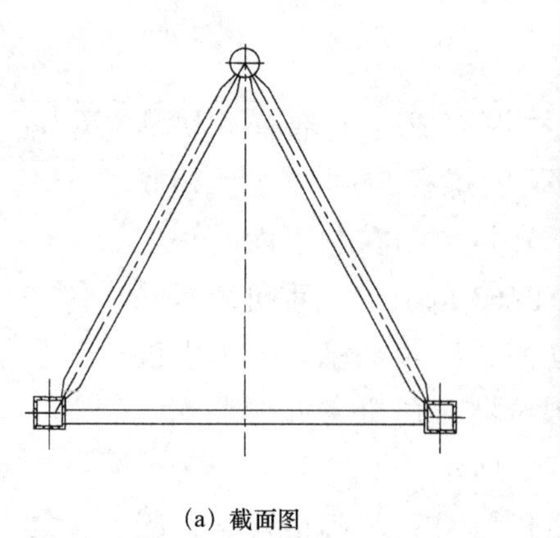

(a) 截面图

(b) 实物图

图 6-21　起重臂

为了制造及运输的方便，将整个起重臂划为数个臂架节，节与节之间用销轴联结；为了提高起重机性能，减轻起重臂重量，起重臂采用双吊点，变截面空间桁架结构；通常臂架根部用销轴与上支座相连，并且在起重臂第一节放置小车牵引机构和悬挂吊篮。吊篮是为了便于安装和维修。为了保证起重臂水平，在其余节臂上设有吊点，通过销轴和拉杆与塔顶相连。

起重臂节与节之间的连接通常有两种结构形式，一种是销轴加轴端安装开口销的结构；另一种是销轴加焊接轴端挡板加安装开口销的结构，第一种结构形式使用较普遍，可靠，装拆容易。第二种结构形式的轴端挡板焊缝容易开裂、脱落，生产厂家大都不愿采用。这是因为在焊接轴端挡板时，有的地方焊缝焊得较薄或虚焊，焊缝没有达到足够的强度，这样在安装的过程中锤击销轴时，很容易把轴端挡板的焊缝打裂。工人在锤击销轴的过程中，往往不是看着销轴逐步到位，而是听着锤击声音来判断销轴到位，听到锤击到位后的声音时销轴凸缘正好撞击在轴端挡板上，这种冲击力很容易把轴端挡板的焊缝震裂，容易造成安全事故，如图 6-22 所示。

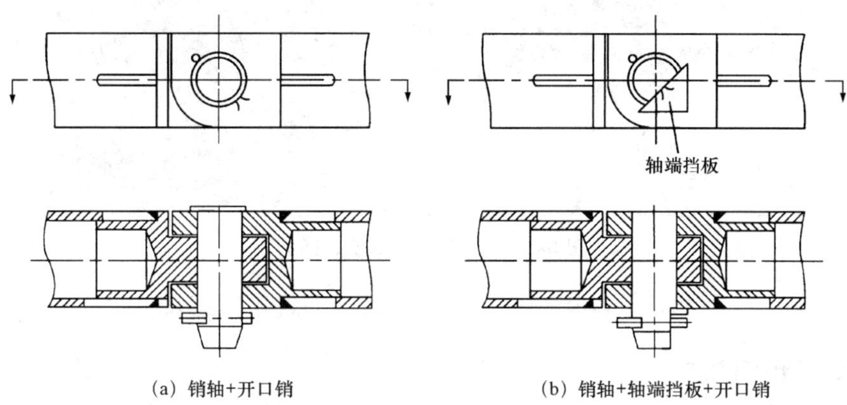

（a）销轴+开口销　　（b）销轴+轴端挡板+开口销

图 6-22　起重臂节头的两种形式

由于起重臂制造成数个臂架节，使用单位必须按出厂所做的标记或标牌顺序组装，切不可互相更换。又由于连接各节起重臂的销轴直径尺寸不同，应注意按相应的配合尺寸对应安装，切不可将小销装入大孔。

起重臂拉杆的结构型式主要有软性拉杆和刚性拉杆两种，目前使用的多数为多节拼装的刚性拉杆。拉杆是由圆钢和耳板焊接制成的，各节拉杆间通过销轴相连，销轴的防松脱措施采用轴端安装开口销。开口销在装入销轴后一定要张开，张开角度应大于 90°。这是因为起重机承受的交变载荷，如果不张开，销轴脱落，将引起起重臂折断，造成重大安全事故。刚性拉杆是重要的受力杆件，安装、运输及堆放过程中切勿损伤，每次使用前必须严格检查。

七、平衡臂及拉杆

平衡臂是由槽钢拼焊而成的一平面桁架，四周有护栏，四面有钢板网作为走道；起升机构和平衡重都放在平衡臂的尾部。根据不同的臂长配备不同的平衡重，平衡重的作用在于改善塔身受力，减少弯矩作用。为了保持平衡臂的水平，在它尾部有两拉板通过销轴和平衡臂拉杆把平衡臂与塔顶相连，平衡臂前端通过销轴与上支座相连。图 6-23 为平衡臂示意图，图 6-24 为平衡臂、塔顶及拉杆实物图。

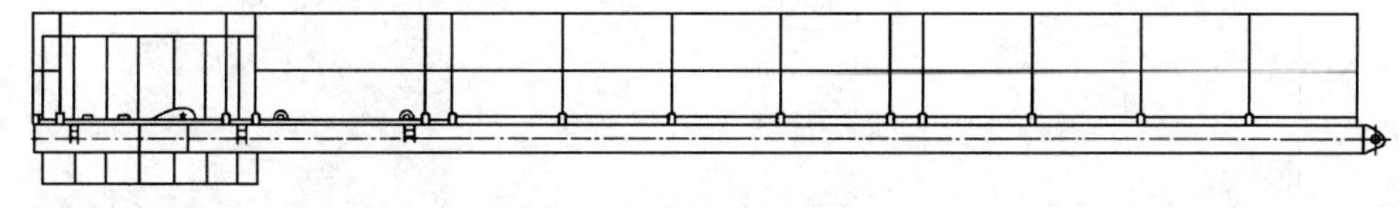

图 6-23　平衡臂

为了制造及运输方便，平衡臂的长度通常在超出一定值之后制作成两节，节与节之间用销轴连接。

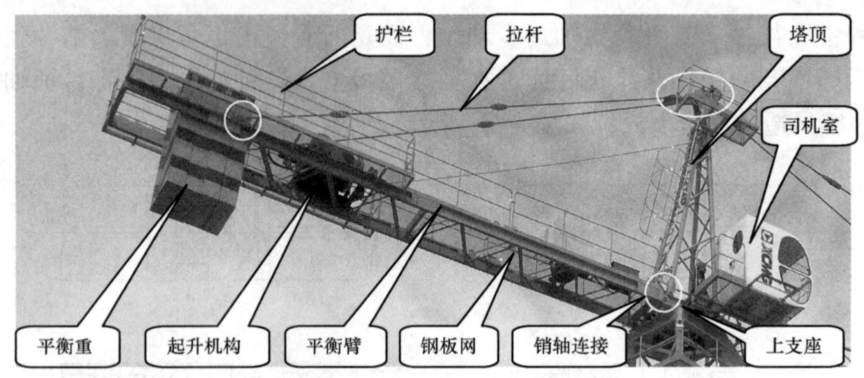

图 6-24　平衡臂、塔顶、拉杆

平衡臂拉杆由圆钢和耳板焊接制成，各节拉杆间通过销轴连接。

八、塔顶和司机室

1. 塔顶

塔顶是由圆管或角钢组焊成的四棱椎体，是一空间桁架结构。上端通过拉杆使起重臂与平衡臂保持水平，下端用四个销轴与上支座相连。塔顶上一般装有两个滑轮，塔顶最上端的滑轮用于安装起重臂拉杆，另一滑轮对缠绕起升绳起导向作用。塔顶护栏的作用是方便平衡臂拉杆和起重臂拉杆的安装和拆卸。塔顶下端一根主弦杆上安装了一套机械式力矩限制器。机械式力矩限制器是小车变幅塔机常用的力矩限制器。其作用原理是通过放大起重力矩作用在塔顶主弦杆的应变来控制起重力矩，当应变超过设计值，行程开关动作，切断起升及向外变幅电路。该种机械式力矩限制器的特点是构造简单、工作可靠、成本较低。

按主弦杆的倾斜形式，塔顶可分为前倾式、对称式和后倾式。为了减轻整机重量，降低安装高度，目前，有部分塔顶采用斜撑杆代替，图 6-25 为塔顶的倾斜形式示意图，图 6-26 为塔顶实物图。

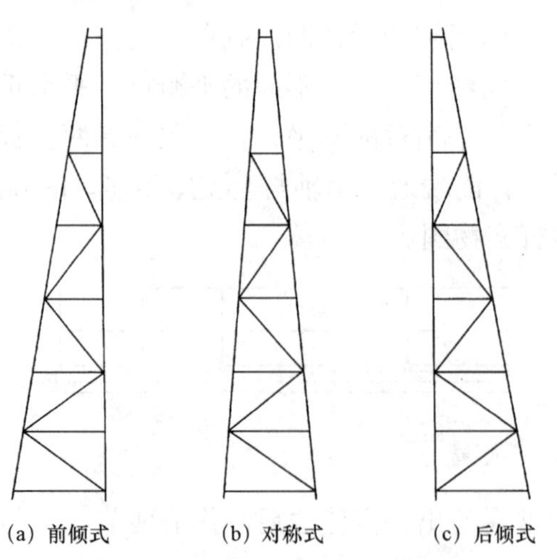

图 6-25　塔顶的倾斜形式示意

图 6-26　塔顶实物图

2. 司机室

司机室是一封闭式构件，独立侧置，宽敞、舒适、安全、操作方便，视野开阔。内部安装的联动控制台充分运用了人机工程学的原理，司机可通过联动控制台对各机构进行操纵控制，控制台手柄操作灵活、可靠、定位明显准确，并设有零位自锁装置，以防止误动作；控制台上座椅的高低、前后倾斜都可以调整，并可折叠，便于司机行走畅通。司机室的地板铺设了橡胶板，起绝缘、防滑作用。为了极大地提高舒适度，根据需要可安装铁壳防护式冷暖空调；还可配备监控系统，使司机及时了解起升吊钩的工作状况。塔机工作时司机室内的噪声应不大于 80dB（A）。

司机室内景实物图如图 6-27 所示，图 6-28 为司机室实物图，司机室安装位置如图 6-24 所示。

图 6-27　司机室内景实物图

图 6-28　司机室实物图

目前，很多塔机使用了太空舱，太空舱的使用可提高司机的视野达 40%以上，增加了安全性，更大地体现人性化设计理论。

九、附着

当塔机超过它的独立高度的时候要架设附着装置，以增加塔机的稳定性。附着装置由三根或四根撑杆和一套环梁等组成，它主要是把塔式起重机固定在建筑物的结构上，起着依附作用，如图 6-29、图 6-30 所示。

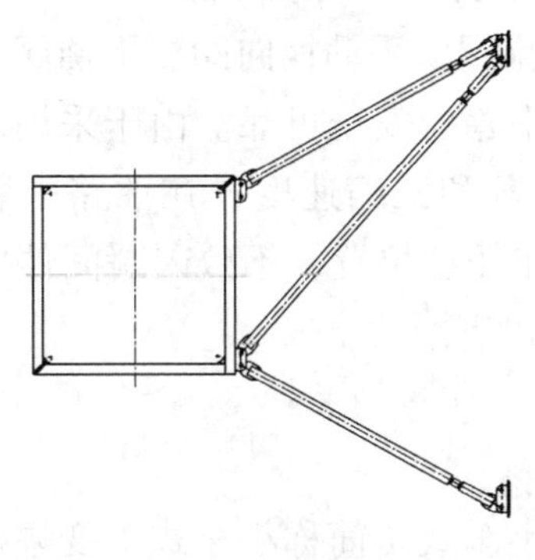

(a) 示意图

(b) 实物图

图 6-29　三根撑杆的附着装置

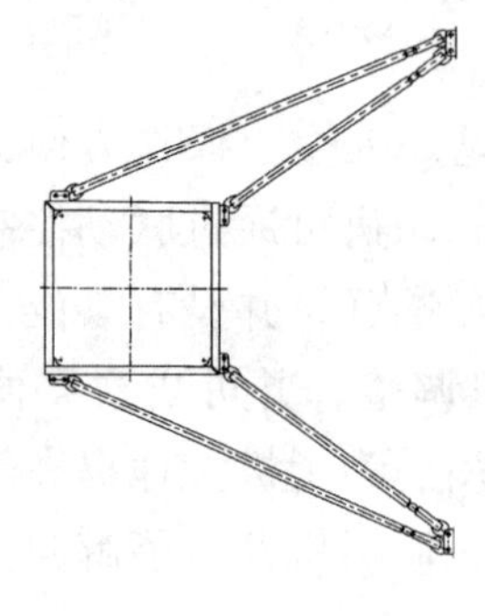

(a) 示意图

(b) 实物图

图 6-30　四根撑杆的附着装置

环梁由角钢和钢板焊接而成，使用时环梁套在标准节上，四角用八个调节螺栓通过顶块把标准节顶牢，通过环梁下的四个抱箍使附着架在标准节上定位。环梁通过三根或四根撑杆与建筑物连成一体，撑杆与建筑物的连接点应选在混凝土柱上或混凝土圈梁上。用预埋件或过墙螺栓与建筑物结构有效连接。有些施工单位用膨胀螺栓代替预埋件，或用缆风绳代替附着支撑，这些都十分危险。

每根撑杆的长度可调节，各撑杆应保持在同一平面内，调整顶块及撑杆的长度使塔身轴线垂直。一般附着后，附着点以下塔身的垂直度不大于 2/1 000，附着点以上垂直度不大于 4/1 000。

附着装置要按照塔机说明书的要求架设，附着间距和附着点以上的自由高度不能任意超长（具体的附着点允许根据建筑物的实际情况，在 1 m 范围内进行适当的调整）。超长的附着撑杆应另外设计并进行强度和稳定性的测算。

十、顶升机构

目前，自升式塔式起重机顶升机构主要有液压顶升式、齿轮齿条顶升式，应用较多的是液压顶升式。

液压顶升机构是用于自升式塔式起重机塔身升高或降低的液压动力系统。通过电动机驱动液压泵，将电能转化成液压能，再经过控制阀驱动液压缸转变为机械能驱动负载，使下支座以上部分与塔身标准节脱开，来完成塔身的升高或降低。

液压顶升机构由电动机、油泵（齿轮泵）、溢流阀、手动换向阀、平衡阀、顶升油缸等组成，如图 6-31 所示。该机构操作方便、工作平稳、安全可靠。由于采用双向回油节流调速系统，能有效地控制下支座以上部分的顶升和回缩速度；在油路中装有液压锁（或限速锁），可保证液压缸工作过程中随时停留在任意位置，不致因瞬间停电或空气开关脱扣时，下支座以上部分自行下滑而发生危险。

十一、变幅机构

变幅机构如图 6-32 所示，可分为两种：运行小车式（简称小车式）变幅机构和起重臂俯仰摆动式（简称动臂式）变幅机构。

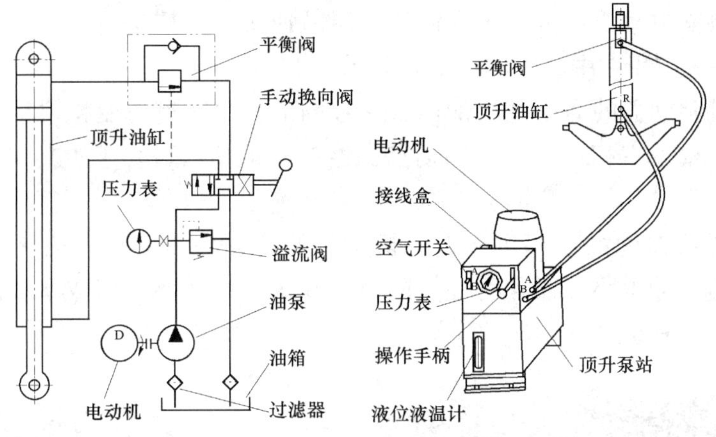

图 6-31　液压顶升机构传动简图

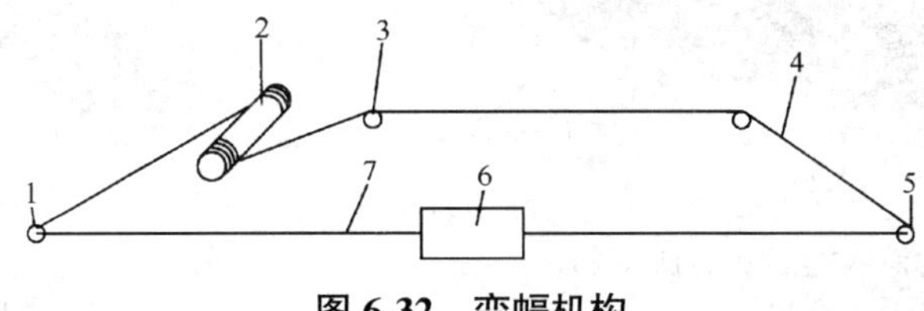

图 6-32　变幅机构

1–起重臂根部导轮；2–牵引卷筒；3–起重臂上弦杆导轮；4–牵引绳甲；5–起重臂端部导轮；6–载重小车；7–牵引绳乙

小车式变幅机构是利用小车沿起重臂水平移动来实现变幅的。它的优点是安装就位准确、变幅速度快、幅度利用率大，该变幅方式目前应用较广。其钢丝绳的穿绕方法如图 6-32 所示。牵引钢丝绳的一端缠绕固定在卷筒上；另一端固定在小车上，变幅时靠绳的一松一放来保证小车正常工作。

动臂式变幅机构是利用起重臂俯仰摆动来实现变幅的。它的优点是在建筑群的施工中不容易产生死角，拆装比较方便。它的缺点是幅度利用率较低。

按照所用电机及减速机的不同，目前变幅机构大致可分为以下几类：

（1）双速鼠笼电机加蜗轮减速机的变幅机构。变幅机构由双速鼠笼电机、蜗轮蜗杆减速机、卷筒、盘式制动器、变幅限位器等组成，如图 6-33 所示。该机构变幅速度快，具有结构紧凑、体积小、重量轻、维修方便的特点。根据起重臂长度不同，变幅限位器可随意调节。

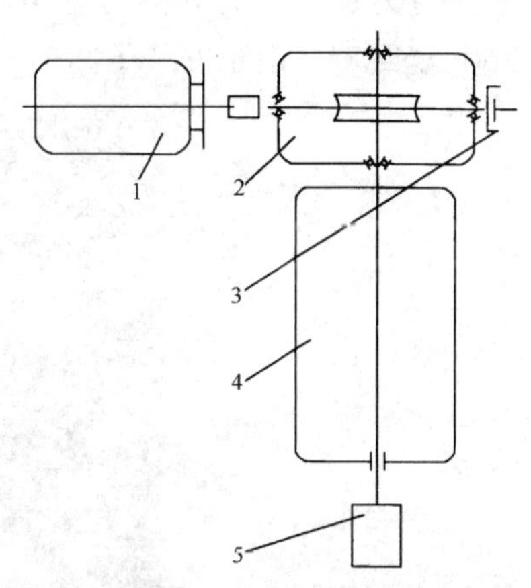

图 6-33　双速电机加蜗轮蜗杆减速机的变幅机构传动简图

1–电机；2–蜗轮蜗杆减速机；3–制动器；4–卷筒；5–变幅限位器

（2）双速鼠笼电动机加内置于卷筒的摆线针轮减速机的变幅机构：该机构结构简单，成本稍高于第一种方案，适用于中、小吨位塔式起重机，如图 6-34 所示。

（3）三速鼠笼电动机加内置于卷筒的行星减速机的变幅机构。该机构成本较高，具有三挡速度，一般应用在中、大吨位塔式起重机上。

（4）带涡流制动器的力矩电机加内置于卷筒的行星减速机变幅机构。该机构具有三挡速度，与第三种方案相比，启、制动平稳性有所提高，适合于 1 250 kN · m 以上的塔式起重机。

（5）变频无级调速的变幅机构。该机构的调速原理与变频无级调速的起升机构相同，其优点是运行冲击小，操作平稳，同时提高了工作效率。但成本较高，适合于大吨位塔式起重机，如图 6-35 所示。

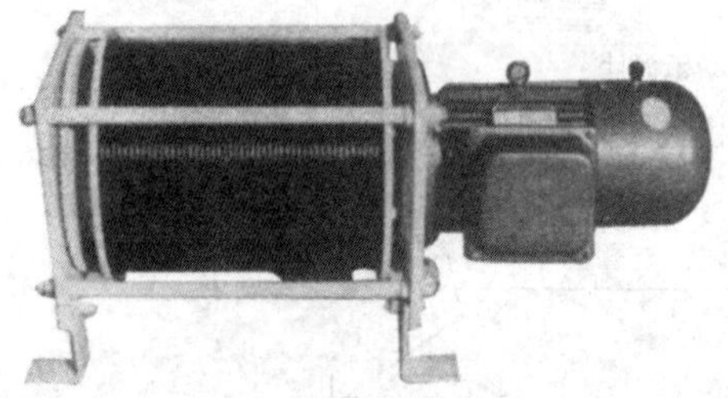

图 6-34　内置于卷筒的摆线针轮减速机的变幅机构外形

图 6-35　变频无级调速的变幅机构外形

十二、回转机构

回转机构（实物图参见绕线电机行星齿轮减速器回转机构的安装，如图 6-36 所示）由回转支承装置和回转驱动装置两部分组成。回转支承装置将整个回转部分（包括起重臂、司机室、平衡臂、起升机构等）支持在固定部分上并承受起重机回转部分作用于它的垂直力、水平力和倾覆力矩。回转机构通过回转支承可使回转部分在左、右方向上做 360° 全回转。由于安装了回转限位开关，塔式起重机左、右回转运动限定为 ±540° 。

图 6-36　绕线电机行星齿轮减速器回转机构的安装

回转支承装置按结构特点可分为立柱式和转盘式两大类。转盘式回转支承装置一般也可分为两种：支承滚轮式和滚动轴承式。滚动轴承式回转支承装置由球形滚动体、回转座圈和固定座圈组成，如图 6-37 所示。自升式塔式起重机上普遍采用滚动轴承式回转支承装置中的单排球式回转支承之一。该回转支承回转摩擦阻力矩小，承载能力大，高度低，结构紧凑，性能优良。回转支承实物图及安装图如图 6-38、图 6-39 所示。

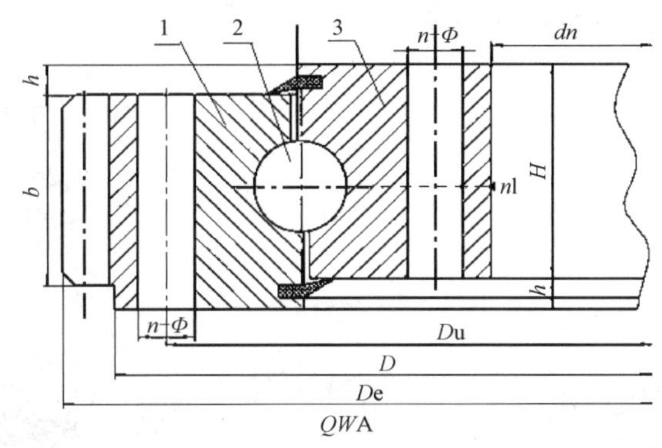

图 6-37　单排球式回转支承示意

1-固定座圈；2-球形滚动体；3-回转座圈

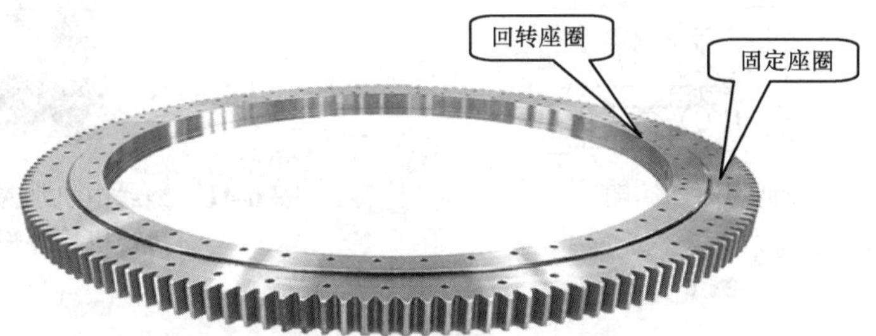

图 6-38　单排球式回转支承实物图

图 6-39　回转支承装置安装实物图

目前，回转机构大致可分为以下几类：

（1）绕线电机加液力偶合器的回转机构。该机构由立式绕线电机、液力偶合器、盘式制动器、立式行星减速器、输出小齿轮等构成，如图 6-40、图 6-41 所示。由于采用绕线式起重电机加电阻器启动，液力偶合器传动和直流盘式制动器，因此整个塔式起重机回转时，启动、制动平稳、无冲击，应用较广。但停车时有滑转，就位性能稍差，靠司机操作的熟练程度和技术水平来提高就位性能。盘式制动器处于常开状态，可以用于塔机工作时的制动定位，以提高工作效率。

（2）涡流制动绕线电机驱动的回转机构。该机构目前应用较多。控制系统设计合理时，就位性能比液力偶合器的方案稍好。

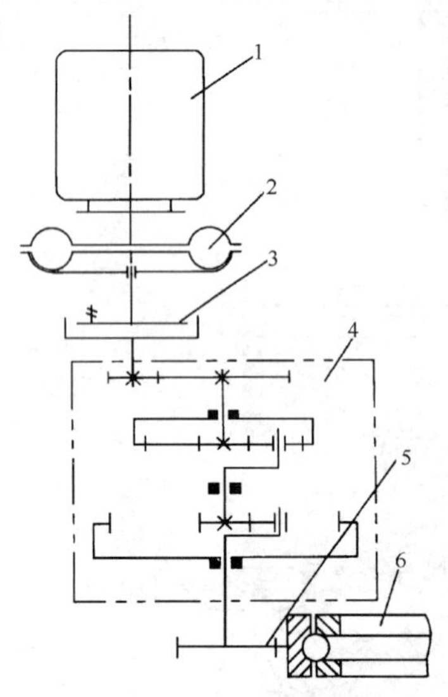

图 6-40 回转机构传动简图

1−电机；2−液力耦合器；3−盘式制动器；
4−行星减速器；5−小齿轮；6−回转支承

图 6-41 绕线电机加液力偶合器的回转机构外形图

（3）变频无级调速的回转机构。回转机构是塔机惯性冲击影响最直接的传动机构，臂架越长，影响越突出。传统的有级变速机构无法解决这一难题，导致臂架、塔身的扭摆冲击大，电机停车后臂架溜车时间长，就位十分困难，回转减速机容易损坏。变频无级调速的回转机构可以解决以上问题，其调速原理与变频无级调速的起升机构相同，优点是启、制动极其平稳，就位迅速准确；但成本较高，一般应用在中、大吨位塔机上，如图 6-42 所示。

图 6-42 变频无级调速的回转机构外形图

十三、起升机构

起升机构是塔式起重机最重要的传动机构，用以实现重物的升降运动。它通常由电机、减速器、卷筒、制动器、离合器、钢丝绳、滑轮组、高度限位器等组成。

1. 起升机构的穿绕系统

起升机构的穿绕系统是传动的一部分，其起升钢丝绳的穿绕方法如图 6-43 所示。起升钢丝绳的一端缠绕固定在卷筒上，另一端固定在起重臂端部，通过卷筒、钢丝绳、滑轮组起升机构将电机的旋转运动转变为吊钩的垂直上下运动。

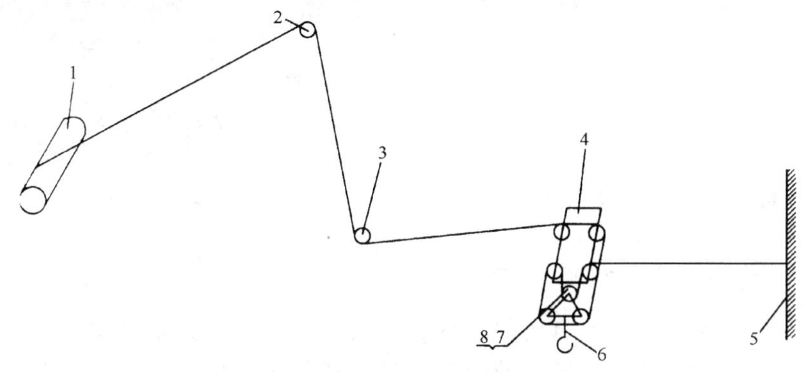

图 6-43　起升机构钢丝绳穿绕系统

1–起升卷筒；2–塔顶滑轮；3–起重量限制器滑轮；4–载重小车；5–臂端固定点；6–吊钩；7–上滑轮；8–中间销轴

2. 滑轮倍率变换装置

滑轮倍率变换装置的目的是使起升机构的起重能力提高一倍，而起升速度降低一半，这样起升机构能够更好地满足工作的需要。变换倍率的方法如下：将由四滑轮组成的四倍率吊钩降到地面，取出中间的销轴，然后开动起升机构，将吊钩上滑轮升到载重小车的下部固定住，这时吊钩滑轮由四倍率变为两倍率。利用同一原理，吊钩若需要从二倍率变为四倍率，只需将吊钩落地，放下吊钩上滑轮，用销轴连接即可。

3. 起升机构的分类

目前按照调速方式的不同，起升机构大致可分为以下几类：

（1）多速电机变极调速的起升机构。该机构一般由三速电机、圆柱齿轮减速机、液压推杆制动器、高度限位器等组成，如图 6-44 所示。通过改变电机的磁极对数而改变电机的转速，使得整个机构具有高、中、低三挡转速，以实现高速轻载、低速重载的工作要求。调整卷筒尾部的高度限位器，可以实现吊钩在预定高度时，起升机构停止工作且抱闸制动，若想再次起动，则只能先下降吊钩。该机构具有调速比大、构造简单、操纵方便、应用较广的优点；但起动电流和换挡切换电流较大，使用受到一定限制。四绳最大起重量小于等于 6 t 的中小型塔机以该方式调速为主。多速电机变极调速起升机构实物图如图 6-45 所示。

（2）电磁离合器换挡的起升机构。采用带涡流制动的单速绕线转子电机驱动装有 2～3 个电磁离合器的减速箱。靠电磁离合器换挡改变减速器的速比，靠带涡流制动的单速绕线转子电机串电阻获取较软的特性和慢就位速度。该起升机构的优点是运行比较平稳，调速比可以设计较大。但电磁离合器寿命短，可靠性差，减速器成本较高。该调速方式我国已采用几十年，现在逐渐被淘汰。

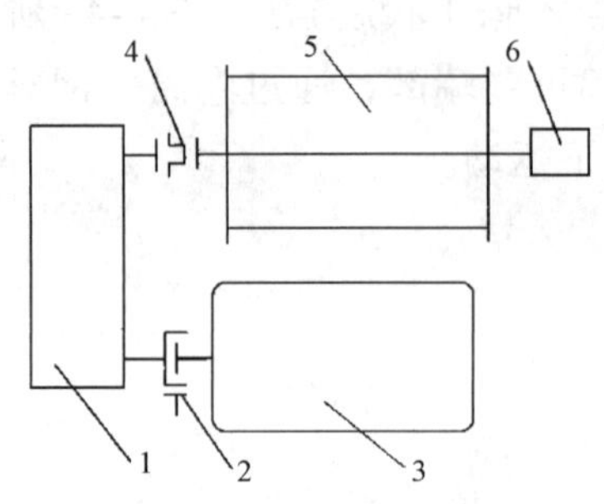

图 6-44 起升机构传动简图

1-标准减速机；2-制动器；3-电机；
4-十字滑块连轴器；5-卷筒；6-高度限位器

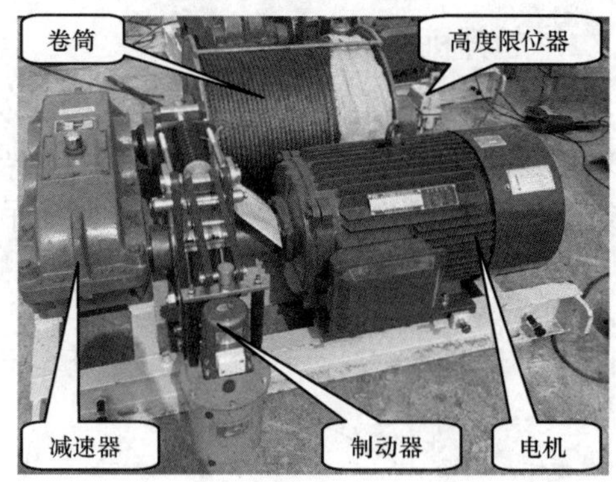

图 6-45 起升机构实物图

（3）差动行星减速器加双电机驱动的起升机构。行星减速器的太阳轮由一台电机驱动，行星架由另一台电机经行星减速驱动，外轨道的内齿圈固定在起升卷筒上。卷筒转速取决于两台电机的转速和转向，同向快速，反向慢速。如果是单速电机，每台电机则有正转、反转和停止三种状态与另一台电机相配，因此速度挡位很多。如果用多速电机，速度挡位就更多了，这就是差动调速原理。差动行星减速器结构复杂，加上双电机，成本较高，大多数生产厂家都不采用该机构。

（4）涡流制动的多速绕线转子电机驱动的起升机构。采用多速电机驱动普通单速比减速器。带涡流制动的多速绕线转子电机，彻底解决了起升机构起升、制动和换挡切换电流大的问题，有慢就位速度，功率可以比鼠笼电机大，具有调速范围大、启动冲击小、工作平稳、就位准确的优点。目前，8～12 t 起升机构大多采用这种调速方式，不足之处是电机较贵。

（5）变频无级调速的起升机构。变频调速是目前塔式起重机中最先进的交流调速方式。变频调速的原理是通过改变电动机定子供电频率来改变同步转速而实现调速。它的特点是无级调速，慢就位速度可长时间运行，可以零速制动。具有调速范围宽、运行平稳无冲击、安装就位准确、能满足不同工况的需求的优点。由于软启动、软停止的功能降低了机械传动冲击，可明显改善钢结构的承载性能，延长钢结构和传动件的寿命，提高塔机的安全性。该调速方式由于成本较高，一般中小吨位起升机构应用少，大吨位应用较多，是今后发展的主要方向，如图 6-46 所示。

图 6-46 变频无级调速的起升机构外形

第四节 基础

塔式起重机基础是塔机的根基，塔式起重机在架设后，所产生的各种作用力均直接作用在基础上由基础予以平衡，塔式起重机基础是塔机使用稳定性的关键环节，塔机基础质量是保证塔机抗倾覆能力的重要条件，也是确定塔机三维立体工作空间的决定因素。

一、塔机基础的基本分类

塔式起重机基础是指承载塔机整机重量传递塔机运行各种作用力的设施。

塔机基础分类：塔机基础根据塔机各类不同可分为固定式、装配式、轨道式三种。塔式起重机基础形式，如图 6-47 所示。

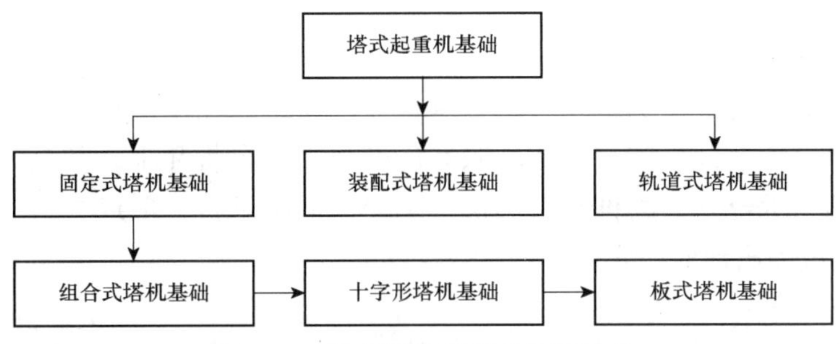

图 6-47 塔式起重机基础分类形式

二、固定式塔机基础

《塔式起重机混凝土基础工程技术标准》(JGJ/T 187—2019)自 2019 年 11 月 1 日起实施。该标准适用于建筑工程施工固定式塔机混凝土基础的设计、施工及质量验收。塔式起重机混凝土基础，用于安装固定塔机，保障塔机正常使用且传递其各种作用到地基的混凝土结构，包括组合式基础，简称塔机混凝土基础。

1. 固定式塔机基础施工

固定式塔机基础施工应按《塔式起重机混凝土基础工程技术标准》(JGJ/T 187—2019)和《建筑施工塔式起重机安装、使用、拆卸安全技术规程》(JGJ 196—2010)等相关规定以及塔式起重机使用说明书的要求进行设计和施工。

2. 固定式塔机基础

固定式塔机基础指采用独立的钢筋混凝土结构体作为基础传递各种作用力到地基。固定式塔机基础的结构形式有矩形（包括方形）板式和十字形式、桩基承台及组合式。

桩基承台，一般采用钢筋混凝土结构，起承上传下的作用，把墩身荷载传到基桩上。承台的沉降问题非常重要。

3. 天然地基承台基础

上部结构之下、垫层之上的结构物称为承台基础，它是在垫层上施工形成的承托上部结构物的台状体。天然承台基础由素混凝土垫层、钢筋、预埋地脚、预埋马镫（格构状钢结构）、防雷接地装置组成。塔机天然地基承台基础，如图 6-48 所示。

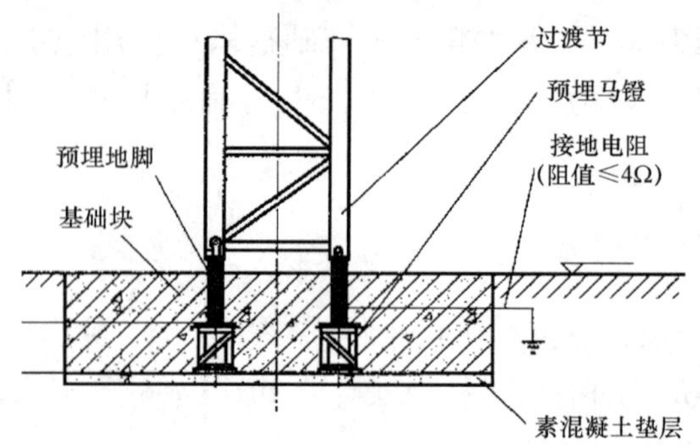

图 6-48 塔机天然地基承台基础

4. 桩基承台基础

桩基承台基础是指为承受、分布由墩身传递的荷载，在基桩顶部设置的连接各桩顶的钢筋混凝土平台。承台是桩与柱或墩联系的部分，承台将几根，甚至十几根桩联系在一起形成桩基础。承台分为高桩承台和低桩承台。低桩承台一般埋在土中或部分埋进土中；高桩承台一般露出地面或水面。

5. 管桩基础

管桩基础即预应力高强度混凝土管桩，是采用先张预应力离心成型工艺，制成的一种空心圆筒型混凝土预制构件，标准节长为 10 m，直径为 300～800 mm，混凝土强度等级≥C80。

6. 钢筋混凝土灌注桩基础

钢筋混凝土灌注桩基础是一种直接在现场桩位上就地成孔，然后在孔内浇筑混凝土或安放钢筋笼再浇混凝土而成的桩。

7. 钢管桩基础

钢管桩基础采用钢管作为桩体，采用桩机直接将钢管桩压入现场桩位上就地形成桩基基础。钢管桩基础如图 6-49 所示。

图 6-49 钢管桩基础

三、板式和十字形基础

1. 一般规定

（1）混凝土基础的形式构造应根据塔机使用说明书及现场工程地质等要求，选用板式基础或十字形式基础。

（2）确定基础底面尺寸和计算基础强度时，基底压力应符合《塔式起重机混凝土基础工程技术标准》(JGJ/T 187—2019）第 4 章地基计算的规定；基础配筋应按受弯构件计算确定。

（3）基础埋置深度的确定应综合考虑工程地质、塔机的荷载大小和相邻环境条件及地基土冻胀影响等因素。基础顶面标高不宜超出现场自然地面。冻土地区的基础应采取构造措施避免基底及基础侧面的土受冻胀作用。十字形基础如图 6-50 所示，矩形板式基础如图 6-51 所示。

图 6-50　十字形塔机基础

图 6-51　矩形板式塔机基础

2. 构造要求

（1）基础高度应满足塔机预埋件的抗拔要求，且不宜小于 1 200 mm，不宜采用坡形或台阶形截面的基础。

（2）基础的混凝土强度等级不应低于 C30，垫层混凝土强度等级不应低于 C20，混凝土垫层厚度不宜小于 100 mm。基础的配筋应符合国家现行标准《混凝土结构设计规范（2015 年版）》(GB 50010—2010）的规定，且板式基础最小配筋率不应小于 0.15%，梁式基础最小配筋率不应小于 0.20%。

（3）板式基础在基础表层和底层配置直径不应小于 12 mm、间距不应大于 200 mm 的钢筋，且上、下层主筋应用间距不大于 500 mm 的竖向构造钢筋连接；十字形基础主筋应按梁式配筋，主筋直径不应小于 12 mm，箍筋直径不应小于 8 mm，且间距不应大于 200 mm，侧向构造纵筋的直径不应小于 10 mm 且间距不应大于 200 mm。板式和十字形基础架立筋的截面积不宜小于受力筋截面积的一半。

（4）预埋于基础中的塔机基础节锚栓或预埋节，应符合塔机使用说明书规定的构造及材质要求，并应有支盘式锚固措施。

四、桩基础

桩基础的一般规定：

（1）当地基土为软弱土层，采用浅基础不能满足塔机对地基承载力和变形的要求时，宜采用桩基础。

（2）基桩可采用预制混凝土桩、预应力混凝土管桩、混凝土灌注桩或钢管桩等，宜采用与工程桩同类型的基桩。当在软土中采用挤土桩时，应计入挤土效应的影响。

（3）桩端持力层宜选择中低压缩性的黏性土、中密或密实的砂土或粉土等承载力较高的土层。桩端全断面进入持力层的深度，对于黏性土、粉土不宜小于 2d，对于砂土不宜小于 1.5d，对于碎石类土不宜小于 1d；当存在软弱下卧层时，桩端以下硬持力土层厚度不宜小于 3d，并应验算下卧层的承载力，位于基坑边的塔机基础基桩长度不宜小于邻近基坑围护桩的长度。d 为圆桩设计直径或方桩设计边长。

（4）桩基计算应包括桩顶作用效应计算、桩基竖向抗压及抗拔承载力计算、桩身承载力计算、桩承台计算等，可不计算桩基的沉降变形。

（5）柱基础设计应符合现行行业标准《建筑桩基技术规范》（JGJ 94—2008）的规定。

（6）当塔机基础位于岩石地基时，可采用岩石锚杆基础。

五、组合式塔机基础

组合式基础是由若干格构式钢柱或钢管柱（简称钢立柱）与其下端连接的基桩及上端连接的混凝土承台或型钢平台组成的基础。

当塔机安装于地下室基坑中时，根据地下室结构设计、围护结构的布置和工程地质条件及施工方便的要求，塔机基础（承台）可设置于地下室底板下、顶板上或底板至顶板之间。

组合式基础可由混凝土承台或型钢平台、格构式钢柱或钢管柱、型钢剪力撑及灌注桩或钢管桩等组成。格构式钢柱组合式基础如图 6-52 所示，深基坑桩基承台组合基础如图 6-53 所示。

图 6-52　格构式钢柱组合式基础

图 6-53　深基坑桩基承台组合基础

六、轨道式塔机基础

轨道式塔机基础是专为行走在轨道上的塔机而提供的一种基础。轨道式塔机基础，如图 6-54 所示。

轨道钢轨敷设要求：

（1）塔机轨道应通过垫块与轨枕可靠连接，每间隔 6 m 应设轨距拉杆一个，使用过程中轨道不得移动。

（2）钢轨接头处应有轨枕支撑，不得悬空，使用过程中轨道不得移动。

（3）轨距允许偏差为公称值的 1/1 000，其绝对值不大于 6 mm。

（4）钢轨接头处间隙不大于 4 mm，与另一侧钢轨接头的错开距离不小于 1.5 m，接头处两轨顶高度差不大于 2 mm。

（5）塔机轨道安装后，应对轨道间隙地基承载能力进行检验，符合使用说明书规定的技术条件后，方可进行塔机安装。

（6）塔机安装后，轨道顶纵、横方向上的倾斜度对于上回转塔机应不得大于 3/1 000；对于下回转塔机应不得大于 5/1 000；在轨道的全程中，轨道顶面任意两点的高度差应小于 100 mm。

图 6-54　轨道式塔机基础

（7）轨道行程两端的轨顶高度不低于其余部位中最高点的轨顶高度。

（8）塔机轨道基础两旁、混凝土基础周围应修筑边坡和排水设施，并应与基坑保持一定的安全距离。

（9）塔机金属结构、轨道应有可靠的接地装置，接地电阻不大于 4 Ω。若多处重复接地，其接地电阻不大于 10 Ω。

（10）距轨道终端 1 m 处必须设置缓冲止挡器，在距轨道终端 2 m 处必须设置限位开关。

第七章 塔式起重机的安全装置

安全装置是塔式起重机的一个重要组成部分。《塔式起重机》（GB/T 5031—2019）和《塔式起重机安全规程》（GB 5144—2006）对各种安全装置作了明确的规定。这些安全装置的设置、安装调试正确与否，安全装置的可靠性等直接关系到塔式起重机的使用安全。比如塔式起重机过载作业会造成起重钢丝绳断裂、传动机构损坏、电动机烧坏等事故，更严重的会造成钢结构永久变形、折断，以及过载破坏了塔式起重机的整体稳定性而发生倾翻等恶性事故。塔式起重机任意角度地旋转会造成主电缆线的扭断，形成短路或断电事故。有了这些安全装置，可以有效地防止此类事故的发生。

塔机安全装置主要有限位装置、限制装置、保险装置及监控系统等。塔式起重机类型不同，安全装置设置的种类也稍有不同。行走式塔式起重机必须设置行走限位，但固定式塔式起重机就无须设置。带有集电环装置的塔式起重机，可以任意角度地进行旋转，而没有集电环装置的就必须设置回转限位。尽管类型不同，塔式起重机安全设置中起重力矩限制器、起重量限制器、起升高度限位器、幅度限位装置是必不可少的。

塔式起重机安全装置是保证塔机在允许载荷和工作空间中安全运行，提供设备和人身安全的重要组成部分，如图 7-1 所示。

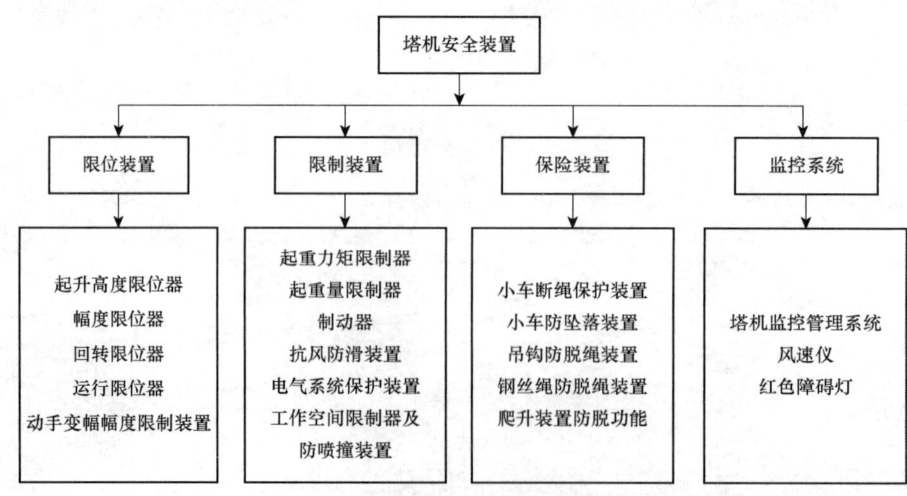

图 7-1 塔式起重机安全装置组成系统

第一节　限位装置

限位装置（也称限位器）是控制行程运行工作范围、防止运行机构行程越位的限位装置。限位装置包括起升高度限位器、幅度限位器、回转限位器、运行限位器、动臂变幅幅度限制装置。

一、起升高度限位器

起升高度限位器，也称行程开关，如图 7-2 所示。

起升高度限位器设置要求：

（1）动臂变幅的塔机。当吊钩装置顶部升至对应位置起重臂下端的最小距离为 800 mm 处时，应能立即停止起升运动，但应有下降运动。对没有变幅重物平移功能的动臂变幅的塔机，还应同时切断向外变幅控制回路电源。

（2）小车变幅的塔机。吊钩装置顶部升至小车架下端的最小距离为 800 mm 处时，应能立即停止起升运动，但应有下降运动。

（3）所有型式塔机。当钢丝绳松弛可能造成卷筒乱绳或反卷时应设置下限位器，在吊钩不能再下降或卷筒上钢丝绳只剩三圈时应能立即停止下降运动。

起升高度上限位安装位置，如图 7-3 所示。

图 7-2　起升高度限位器设置位置

图 7-3　起升高度上限位安装位置

二、幅度限位器

幅度限位器是限制塔式起重机工作幅度变化的范围，防止变幅超出范围造成安全事故的安全装置。塔机变幅限位装置有动臂变幅幅度限位器和小车变幅幅度限位器两种。

（1）对于动臂变幅的塔机，应设置幅度限位开关，在臂架到达相应的极限位置前开关动作，停止臂架继续往极限方向变幅。动臂式塔机设置有臂架低位和臂架高位的幅度限位开关，以及防止臂架后翻的装置。动臂式塔机还应安装幅度显示器，以便司机能及时掌握幅度变化情况并防止臂架仰翻造成重大破坏事故。动臂式塔机的幅度指示器，具有指明俯仰变幅动臂工作幅度及防止臂架向前后翻仰两种功能，装设于塔顶右前侧臂根交点处。

（2）对于小车变幅的塔机，应设置小车行程限位开关和终端缓冲装置。小车行程限位开关（即小车变幅幅度限位器）是使小车在到达臂架端部或臂架根部之前停车，防止小车发生越位事故的安全装置。限位开关动作后保证小车停车时其端部距缓冲装置最小距离为 200 mm，断开变幅机构的单向工作电源，以保证小车停止运行，避免越位。小车变幅幅度限位器，如图 7-4 所示。

(a) 小车变幅幅度限位器

(b) 小车变幅终端缓冲装置

图 7-4　小车变幅幅度限位装置

三、回转限位器

回转限位器（也称角度限位传感器），是用以限制塔机的回转角度，实现工作定位，防止部件和电缆损坏的安全装置。设置中央集电环的塔机可以实现回转限位，不设中央集电环的塔机应设置正反两个方向的回转限位开关，使正反两个方向的回转范围控制在 ±540° 内，以防止电缆线缠绕损坏，避免与障碍物发生碰撞等。当塔机回转达到极限位置时，自动切断往前方向回转的电源，使塔机只能朝相反方向运转，如图 7-5 所示。

图 7-5　回转限位器

四、运行限位器

运行限位器（也称行走限位器），主要用于行走轨道式塔机大车行走范围限位，防止塔机出轨的安全装置。行走限位器通常装设于行走台车的端部，前后台车各设一套，可使塔式起重机在运行到轨道基础端部缓冲止挡装置之前完全停车。运行限位器，如图 7-6 所示。

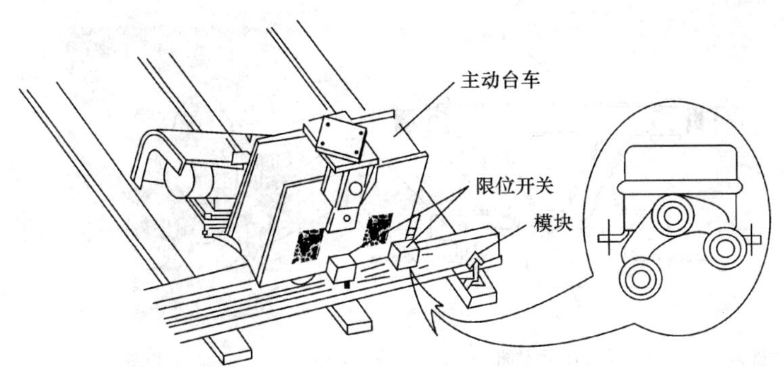

图 7-6　轨道行走式塔机运行限位器

五、动臂变幅幅度限制装置

动臂变幅幅度限制装置（也称防后倾限位装置），用于动臂变幅塔机，该装置设置在动臂的三脚架上，当起重臂在上仰时，超出规定的极限范围时，该装置将有效阻止起重臂在规定的幅度内停止，有效地防止起重臂向后倾覆事故发生。动臂变幅幅度限制装置，如图 7-7 所示。

图 7-7　动臂变幅幅度限制装置

第二节　保险装置

塔机保险装置是指冗余设计的一种保险与保护装置，以增加塔机运行的安全性、可靠性。保险装置包括小车断绳保护装置、小车防坠落装置（即小车防断轴装置）、吊钩防脱绳装置、滑轮防脱绳装置、爬升防脱装置。

一、小车断绳保护装置

对于小车变幅式塔式起重机，为防止变幅小车牵引钢丝绳断绳断裂导致失控，而造成事故发生，变幅机构的双向位置均设置小车断绳保护装置。

小车断绳保护装置的原理是：断绳保护装置平时受变幅小车牵引钢丝绳的牵制成水平状，变幅小车处于正常运行状态。当发生变幅小车牵引钢丝绳断裂时，钢丝绳下垂，断绳保护装置随着钢丝绳的下垂而呈垂直状，*A* 点上翘。断绳保护装置的 *A* 点受起重臂下横腹杆的阻挡，阻止行走小车无法移动。这种装置虽然简单有效，但在使用中会出现因牵引钢丝绳松动引起装置 *A* 点上翘，影响变幅小车正常运行，因此，必须使牵引钢丝绳的松紧适度。另外，变幅小车是由两根钢丝绳分别牵引两个方向，所以需要具有两组断绳保护装置。小车断绳保护装置，如图 7-8 所示。

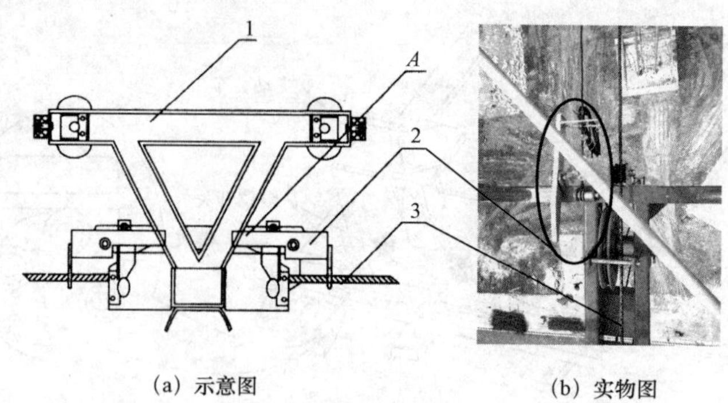

（a）示意图　　（b）实物图

图 7-8　小车断绳保护装置

1—变幅小车；2—断绳保护装置；3—小车牵引钢丝绳

二、小车防坠落装置

小车变幅塔式起重机设置有小车防坠落装置（也称小车断轴保护装置），即使小车轮轴断裂，小车也不会掉落，是阻止危害事故发生的安全装置。变幅小车断轴保护装置是依靠四个滚轮在起重臂的下弦杆上滚动，四根滚轮轴承受小车、吊具及起重物的全部重量，变幅小车的轮轴一旦断裂或出轨，行走小车就会坠落引起安全事故。其原理是：小车断轴保护装置安装在变幅小车架左右两根横梁上的两块固定挡板，当小车滚轮轴断裂时，固定挡板即落在起重臂弦杆上，固定挡板正好卡在滚轮轨道上，使小车不能脱落，起到断轴保护作用。小车断轴保护装置，如图 7-9 所示。

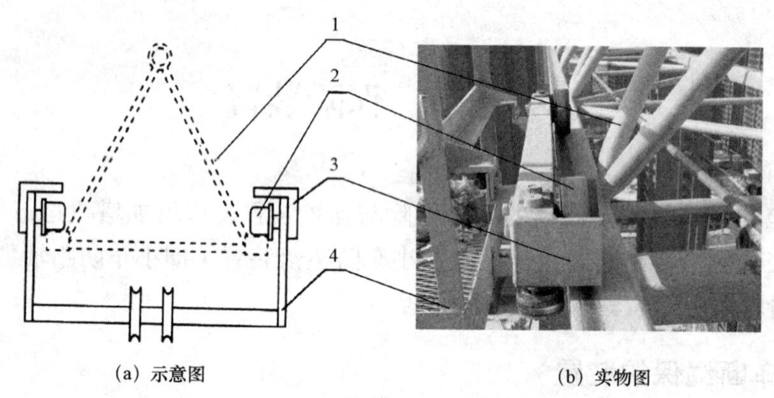

（a）示意图　　（b）实物图

图 7-9　小车防坠落装置（小车断轴保护装置）

1—起重臂；2—小车滚轮；3—防断轴保护装置；4—变幅小车

三、吊钩防脱绳装置

吊钩防脱绳装置（也称闭锁装置），是通过弹簧力或者重力促使防脱钩挡板与吊钩保持封闭锁合状况，以防止钢丝绳从吊钩中脱出而发生事故。吊钩防脱绳装置，如图 7-10 所示。

(a) 重力防脱

(b) 弹簧力防脱

图 7-10　吊钩防脱绳装置

四、滑轮防脱绳装置

《塔式起重机安全规程》(GB 5144—2006) 规定：滑轮、起升卷筒及动臂变幅卷筒均应设有钢丝绳防脱装置，该装置与滑轮或卷筒侧板最外缘的间隙不应超过钢丝绳直径的20%。

图 7-11 为滑轮和起升卷筒脱绳装置。排绳器是引导和控制钢丝绳均匀、逐层排绕在卷筒上的辅助装置，一方面能确保钢丝绳在卷筒上排列整齐，减轻钢丝绳相互之间的挤压，降低其磨损程度，延长钢丝绳的寿命；另一方面能最大限度地排除因排绳不畅引起钢丝绳跳出卷筒两端边凸缘而带来的风险。

(a) 滑轮防脱绳装置

(b) 卷筒防脱装置

图 7-11　滑轮和卷筒防脱绳装置

五、爬升防脱装置

爬升防脱装置，也称顶升防脱装置。自升式塔机应具有防止塔身在正常加节、降节作业时，顶升横梁从塔身支承中自行脱出的功能。其结构为：在顶升横梁固定块外侧及标准节支撑块上设置一个 $\phi15$ 销孔，在销孔中插入用于连接顶升横梁固定块与标准节支撑块的防脱插销。其原理为：在顶升作业时，将顶升销轴放入支撑块弧槽中，塔机上部的重量由顶升横梁两端的顶升销轴支撑，防脱插销插入的孔中，由防脱插销将顶升横梁与标准节之间紧紧地连接起来，使之形成一个整体，顶升或下降作业完成后，即可将防脱插销从孔中抽出。爬升防脱安全装置，如图 7-12 所示。

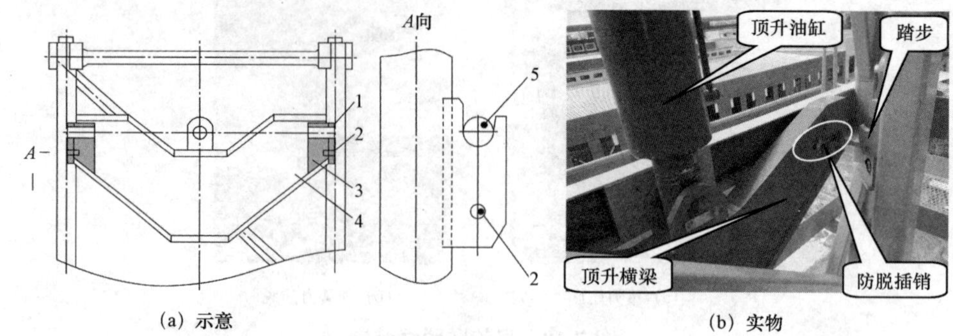

（a）示意　　（b）实物

图 7-12　爬升防脱安全装置

1–标准节支撑块（踏步）；2–防脱插销；3–顶升横梁固定块；4–顶升横梁；5–顶升销轴

第三节　限制装置

塔式起重机限制装置是为防止过载，预防倾覆事故而设置的安全装置。限制装置包括起重力矩限制器、起重量限制器、制动器、抗风防滑装置、工作空间限制器装置等。力矩限制器是限制起重臂相应幅度起重量；重量限制器是限制最大起重量。这两套限制装置是塔机必不可少的安全保护装置。

一、起重力矩限制器

起重力矩限制器（简称力矩限制器）在塔机起重力矩超载时起限制作用。按照《塔式起重机安全规程》（GB 5144—2006）的规定，塔机应安装起重力矩限制器，则其数值误差不应大于实际值的±5%。当起重力矩大于相应工况下的额定值并小于该额定值的110%时，应切断上升和幅度增大方向的电源，但机构可作下降和减小幅度方向的运动。

起重力矩限制器分为机械型和电子型两种，机械型中又有弓板式和杠杆环型两种形式。

1. 机械式力矩限制器

机械式力矩限制器是应用钢结构受力变形的原理，在塔式起重机的受力主肢上取样放大，当超过额定力矩时，即变形量超过规定值时，限位开关动作，切断起升机构的上升回路和向前变幅回路，起到力矩限制作用。机械式力矩限制器构造简单可靠，控制简单，使用比较普遍。机械式力矩限制器的性能好坏，关键在于塔式起重机的安装位置，即塔式起重机上主受力点。目前使用最多的是弓板式力矩限制器，安装在塔帽受力的主肢上。弓板式力矩限制器的结构如图 7-13 所示。

（1）弓板式力矩限制器。

弓板式力矩限制器安装在塔帽主肢上，靠起重臂方向。塔式起重机起升重物时，塔帽主肢受压变形，力矩限制器弓形放大杆受压向两边位移，带动固定在放大杆上的撞块向行程开关移动。当超过额定力矩时，撞块撞上行程开关，行程开关的触头打开，切断

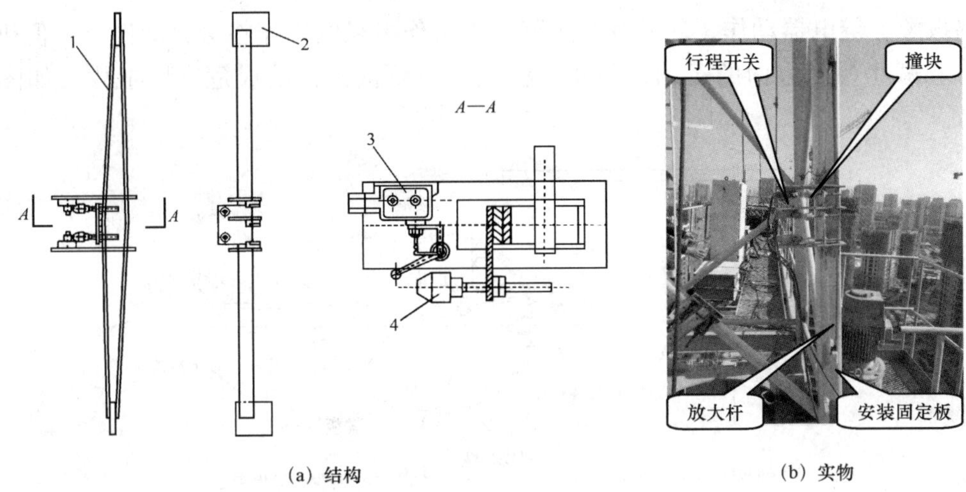

(a) 结构　　(b) 实物

图 7-13　弓板式力矩限制器

1–放大杆；2–安装固定板；3–行程开关；4–撞块

相应的控制电路。注意，弓板式力矩限制器安装位置不同，受力的状况也不同，如安装在塔帽靠平衡臂方向主肢上，塔式起重机起升重物时，受力状况是受拉，弓形放大杆从两边同时向中间收缩，因此行程开关和撞块的安装方向与图中相反。或者行程开关和撞块的安装方向不变，正常状态下，撞块压住行程开关，超力矩时，因受力放大杆收缩，撞块松开行程开关，只是改接下一行程开关的常开常闭触头。

（2）杠杆环型力矩限制器。

杠杆环型力矩限制器结构原理图及调试方法如图 7-14 所示。该力矩限制器一般安装在塔机塔顶主弦杆下端部位。当塔机起吊重物时，塔顶受力塔顶主弦杆发生弯曲变形，焊接在塔顶主弦杆上的上、下拉铁发生位移，即上拉铁向上方弧线位移，下拉铁向下方弧线位移，使拉杆受力后拉动环体发生变形，又使装在环体内的弓形板发生变形，带动微动开关触头杆触碰到环体上的可调螺钉，微动开关进入转换状态。根据塔机起重臂顶端起吊重物的额定吨位，调整微动开关 K_1～K_4 的可调螺钉来控制力矩报警、超力矩断电等功能。当塔顶起重臂顶端超过额定起吊重量时，塔机停止起吊重物。

另外，在力矩限制器环体内装有微动开关 K_4（常开），当力矩限制器安装完毕，在调整拉杆顶部的松紧螺母时，应将 K_4（常开）点的接线调整为接通状态，将连接线路穿入起升机构的控制线路中，防止随意增加塔机的起重量。图 7-15 所示为环型力矩限制器实物图。

（3）电子式力矩限制器。

电子式力矩限制器工作时，当实际载荷为额定载荷的 90%以下时，显示器“正常”灯亮；当实际载荷达到额定载荷的 90%时，显示器“90%”灯亮，同时力矩限制器主机上蜂鸣器开始间断鸣叫预警；当实际载荷达到额定载荷的 100%时，显示器“100%”灯亮，同时力矩限制器主机上蜂鸣器开始间断加快鸣叫报警；当起重力矩大于相应工况下的额定值并小于该额定值的 110%时，显示器“110%”灯亮，同时力矩限制器主机上蜂鸣器长鸣报警，继电器动作，起升及起重臂增大工作半径的操作将会自动停止，但机构可作下降和减小幅度方向的运动，防止司机失误或野蛮操作造成危害性事故，如图 7-16 所示。

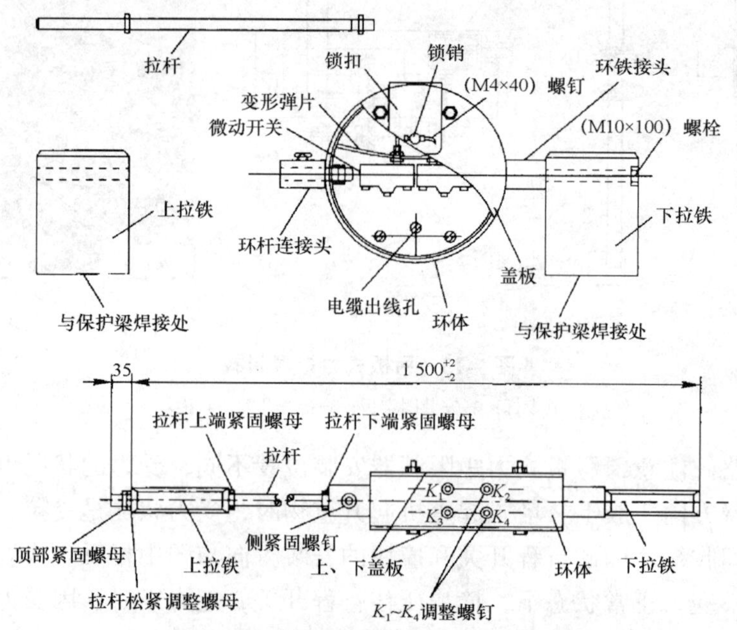

图 7-14　环型力矩限制器结构原理图及调试方法

图 7-15　环型力矩限制器

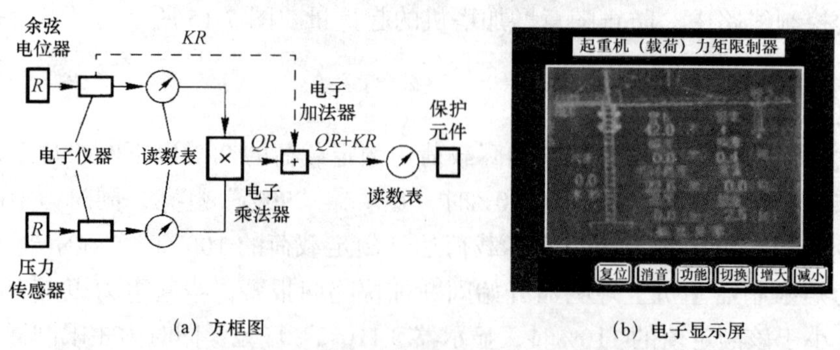

(a) 方框图　　(b) 电子显示屏

图 7-16　电子式力矩限制器框及电子显示

二、起重量限制器

起重量限制器，其作用是限制塔式起重机的最大起重量，防止过载，保护塔机的起升机构不受破坏。当起升载荷超过额定载荷时，起重量限制器能输出电信号，切断起升控制回路，并能发出警报达到防止起重量超载的目的。

起重量限制器有机械式和电子式。机械式起重量限制器有测力环型、弹簧秤型等。

1. 机械式测力环型起重量限制器

测力环型起重量限制器结构与安装部位，如图 7-17 所示。当塔式起重机吊载重物时，滑轮受到钢丝绳合力作用，将此力传给测力环，测力环外壳产生弹性变形（测力环的变形与载荷成一定的比例）；根据起升荷载的大小，滑轮所传来的力大小也不同。测力环外壳随受力产生变形，测力环内的金属片与测力环壳体固接，并随壳体受力变形而延伸。此时根据荷载情况来调节固定在金属片的调整螺栓与限位开关距离，当载荷超过额定起重量就使限位开关动作，从而切断起升机构的电源，达到对起重量超载限制的作用。

(a) 原理　(b) 内部结构　(c) 安装

图 7-17　机械式测力环型起重量限制器

1、3、5、8–调整螺钉；2、4、6、7–限位开关

2. 电子式起重量限制器

电子式超载限制器克服了机械式超载限制器体积大、重量大、精度低等缺点，并可以随时显示起吊物品的重量，近年来，已成为塔式起重机新型超载保护装置。电子式超载限制器可以根据预先调整好的起重量来进行控制。一般把它调节为额定起重量的 90%报警，额定量的 110%切断电源。电子式超载限制器主要由载荷传感器、电子放大器、数字显示装置、控制仪表等组成一个自动控制系统。电子式超载限制器工作原理，如图 7-18 所示。

三、起重量限制器与起重力矩限制器的区别

起重量限制器是限制塔式起重机的起重量不超过最大额定起重量，起重量限制器是主要保护塔式起重机的提升系统。通过切断上升方向的电源来限制超载，危险部位位于臂根位置，起重量限制器行程开关动作的信息来源于起升机构的钢丝绳，它与起重量的大小有关。每套起重量限制器上均安装了两个行程开关。一个用于控制起升机构由高速

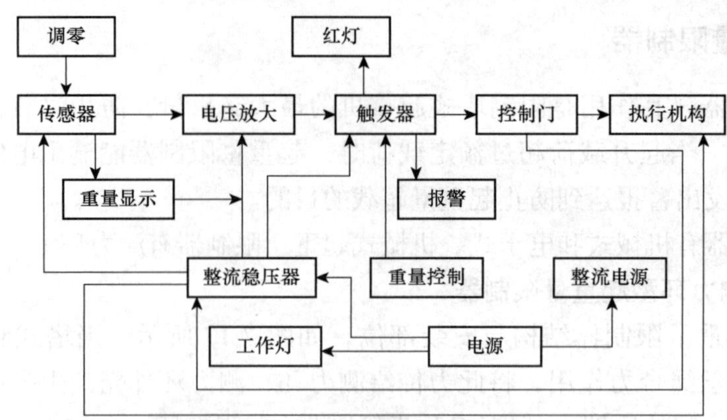

图 7-18　电子式超载限制器工作原理

转换为低速，另一个用于控制塔式起重机的最大起重量，当达到最大额定起重量的100%～110%时，就切断起升机构的电源，吊物的重量减少后，才能恢复工作。

起重力矩限制器是限制塔式起重机的起重力矩不超过最大额定起重力矩，当起重力矩大于相应工况下的额定值并小于该额定值的110%时，应切断上升和幅度增大方向的电源，但机构可做下降和减小幅度方向的运动。起重力矩限制器主要保护起重机结构，通过同时切断上升及增幅方向电源来限制超载，其危险部位是靠近最大起重量相应最大幅度至臂端位置。

四、制动器

塔式起重机在起升、回转、变幅、行走机构都应配备制动器。制动器设置在卷扬机一侧，是卷扬机运行、控速、停车的配套机构。制动器如图 7-19 所示。

图 7-19　制动器

五、抗风防滑装置

抗风防滑装置如图 7-20 所示，是指防止塔机运行部件受到风载情况时处于静止状态下驻停不变的一种装置，包括缓冲垫、止挡装置、夹轨器、清轨板等。

(a) 夹轨器

(b) 缓冲及止挡装置

(c) 清轨板

图 7-20　抗风防滑装置

夹轨器和清轨板主要设置在轨道式塔机上。夹轨器（也称抓轨器）是防止塔机在非工作状态下停止（驻车）在轨道上滑移的装置。清轨板是在塔机大车运行机构与轨道之间设置清除轨道障碍的装置，清轨板与轨道之间的间隙不应大于 5 mm。

六、工作空间限制器及防碰撞抗风防滑装置

根据《塔式起重机》（GB/T 5031—2019）的规定，用户需要时，塔机可装设工作空间限制器。对单台塔机，工作空间限制器应在正常工作时根据需要限制塔机进入某些特定的区域或进入该区域后不允许吊载。对群塔（两台以上），该限制器还应限制塔机的回转、变幅和整机运行区域以防止塔机间结构、起升绳或吊重发生相互碰撞。

当群塔作业的工作空间限制器间采用有线通信时，应采取有效措施防止电缆（电线）意外损坏。

对于工作空间限制器的电源供应，因工作空间限制器不能脱离塔机而独立工作，当塔机电源切断时，工作空间限制器电源应同时自动切断。

对于防碰撞装置的电源供应，因塔机停止工作时，防碰撞装置仍需运行，在切断塔机机构动力和控制电源时，应继续给防碰撞装置供电。

七、电气系统保护装置

根据《塔式起重机》（GB/T 5031—2019）的规定，塔机应设置以下电气系统保护装置：

1. 电动机的保护

电动机应具有如下一种或一种以上保护，具体选用应按电动机及其控制方式确定：

（1）短路保护。

（2）在电动机内设置热传感元件。

（3）热过载保护。

2. 线路保护

所有线路都应具有短路或接地故障引起的过电流保护功能，在线路发生短路或接地故障时，瞬时保护装置应能分断线路。

3. 错相与缺相保护

电源电路中应设有错相与缺相保护装置。

4. 零位保护

塔机各机构控制回路应设有零位保护。初始供电以及运行中因故障或失压停止运行后重新恢复供电时，机构应不能自行动作，只有控制装置置零位后，机构才能重新启动。

5. 失压保护

当塔机供电电源中断后，凡涉及安全或不宜自动开启的用电设备均应处于断电状态，避免恢复供电时用电设备自动启动。

6. 欠压与过压保护

应设置欠压与过压保护装置。当电压低于85%或高于110%额定电压时，装置应发出报警或自动切断电源电路。

7. 紧急停止

司机操作位置处应设置紧急停止按钮，在紧急情况下能方便切断塔机控制系统电源。紧急停止按钮应为红色非自动复位式。

8. 预减速保护

具有多挡变速的变幅机构，应设有自动减速功能使变幅到达极限位置前自动降为低速运行。

具有多挡变速的起升机构，应设有自动减速功能使吊钩在到达上限位前自动降为低速运行。

9. 超速开关

动臂变幅机构应设置超速开关，超速开关的整定值取决于控制系统性能和额定下降速度，通常为最大外变幅速度的1.25～1.4倍。

10. 避雷保护

塔机主体结构、电动机机座和所有电气设备的金属外壳、导线的金属保护管均应可靠接地，其接地电阻应不大于4 Ω。采用多处重复接地时，其接地电阻应不大于10 Ω。

第四节 监控系统

一、塔机监控管理系统

根据《塔式起重机》（GB/T 5031—2019）的规定，塔式起重机宜安装符合《起重机械 安全监控管理系统》（GB/T 28264—2017）或《建筑塔式起重机安全监控系统应用技术规程》（JGJ 332—2014）要求的安全监控管理系统。

1. 塔机及管理系统一般要求

（1）塔机安全监控系统应具有对塔机的起重量、起重力矩、起升高度、幅度、回转角度、运行行程信息进行实时监视和数据存储功能。当塔机有运行危险趋势时，塔机控制回路电源应能自动切断。塔式起重机安全监控管理系统装设位置如图7-21所示。

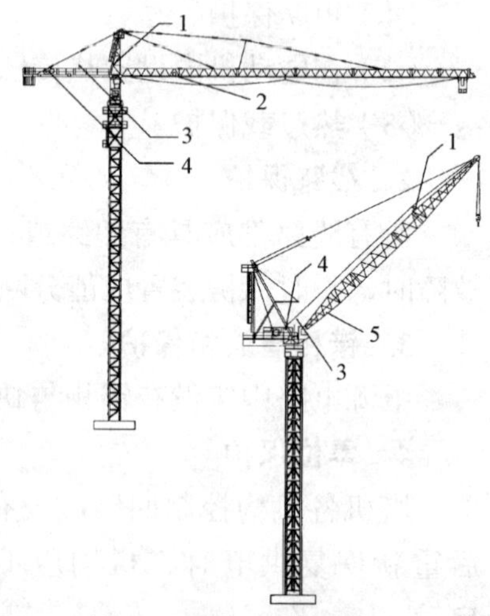

图7-21 塔式起重机安全监控管理系统装设位置

1-重量传感器；2-幅度传感器；3-回转角度传感器；4-起升高度传感器；5-倾角传感器

（2）在既有塔机升级加装安全监控系统时，严禁损伤塔机受力结构。

（3）在既有塔机升级加装安全监控系统时，不得改变塔机原有安全装置及电气控制系统的功能和性能。

（4）塔机安全监控系统（以下简称系统）不得执行来自本系统外的塔机操作控制指令。

（5）系统应具有产品出厂合格证书。

2. 功能要求

（1）显示装置。塔机应安装有显示记录装置。该系统显示装置应能以图形、图表或文字的方式显示塔机当前主要工作参数及与塔机额定能力比对信息，主要工作参数至少包含起重量、起重力矩、起升高度、幅度、回转角度、运行行程、倍率。

系统显示的文字表达应采用简体中文。信息显示应在各方向光照等条件下清晰可辨，不耀眼刺目。

（2）系统内置存储装置。

1）存储能力至少应存储最近 1.6×10^4 个工作循环及对应起止工作时刻信息。

2）在电源关闭或供电中断之后，其内部的所有信息均应被保留且不能被破坏。

3）信息下载不影响存储装置内信息的完整性。

（3）系统应具有控制吊钩避让固定障碍物的单机区域限制功能，可设定限制区域不少于 5 个，且应满足现场实际需求。

（4）系统应具有开机自检功能，在系统自身发生故障时，应能立即显示并记录故障信息。

（5）系统参数的录入和更改应由设备管理人员进行，并应有不少于 5 位的密码保护功能，系统应至少留存最近 5 次参数更改时刻信息。

（6）系统应设有声光报警装置，在达到设定的塔机相应额定能力阈值时，应能向司机发出报警信号，报警信号应符合《塔式起重机》（GB/T 5031—2019）的规定。

（7）系统应至少设有下列外设装置：

1）存储信息导出端口，该端口可与计算机或其他存储设备相连，应能实现塔机历史工作信息的导出。

2）群塔作业信息交换装置连接端口，该端口可与信息交换装置相连实现局域组网，信息交换装置间，或与群塔干涉运算装置间的通信频带宜采用 2.4 GHz，通信协议应符合《建筑塔式起重机安全监控系统应用技术规程》（JGJ 332—2014）的要求。

3）报警与安全控制信号输出装置，在达到系统设定的安全阈值时通过信号输出装置输出相应的安全控制开关信号，信号输出装置的控制继电器触点容量不应低于 3 A，安全控制开关信号应包括：

①80%额定力矩、90%额定力矩、100%额定力矩。

②90%最大额定起重量、100%最大额定起重量及 2 路挡位起重量。

③幅度前后预减速及限位。

④高度上下预减速及限位。

⑤回转左右预减速及限位。

⑥位移前后预减速及限位。

4）远程传输单元连接端口，该端口可与远程传输装置 TCP/IP 通信协议，信息格式应符合《建筑塔式起重机安全监控系统应用技术规程》（JGJ 332—2014）的要求。

（8）信息系统应能接受并执行远程时钟校准指令。

（9）系统应能接收群塔干涉运算装置发出的警报、避让指令并给司机相应的指示。

例如：某塔式起重机安全监控管理系统结构如图 7-22 所示。

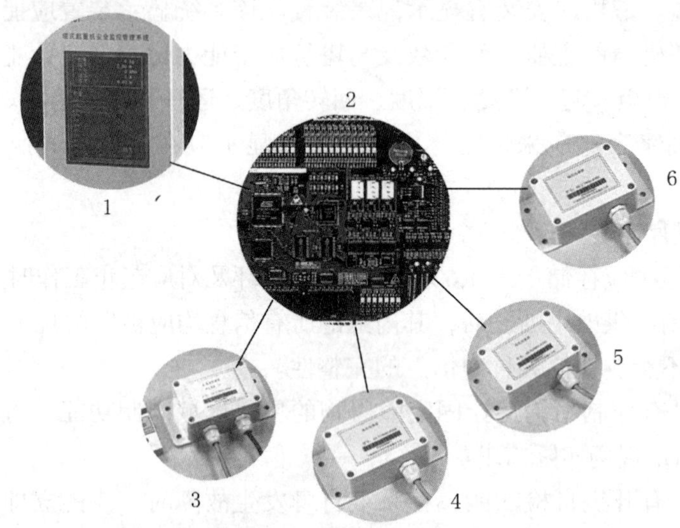

图 7-22　TSCMS 塔式起重机安全监控管理系统结构

1-显示屏；2-主板；3、4、5、6-传感器

二、其他警示装置

（1）塔机安装高度大于 30 m 时应安装红色障碍灯，如图 7-23 所示。

（2）塔机安装高度大于 50 m 时应安装风速仪，如图 7-24 所示。

图 7-23　红色障碍灯

图 7-24　风速仪

第五节　安全装置调试

塔机安装完毕后应按照使用说明书规定调试各种安全装置，以确保安全装置性能。

一、限制器的调试

1. 小车变幅式塔式起重机起重量限制器的调试

起重量限制器在塔式起重机出厂前都已经按照机型进行了调试及整定，与实际工况的载荷不符时需要重新调试，调试后要反复试吊重块 3 次以上确保无误后方可进行作业。

以 QTZ63 塔式起重机上使用的起重量限制器为例，介绍拉力环式起重量限制器的调试方法，如图 7-25 所示。

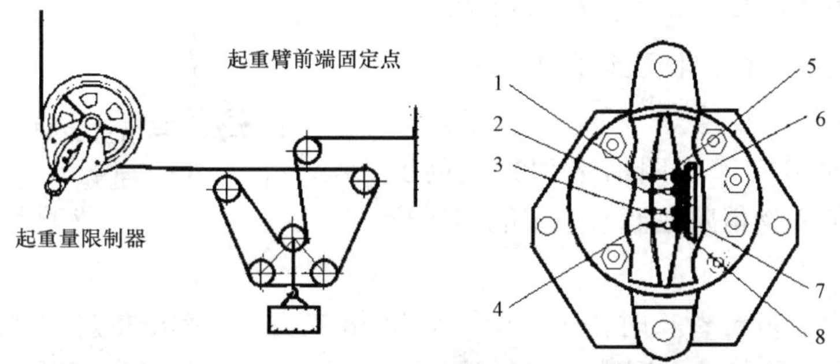

图 7-25　拉力环式起重量限制器调试示意

1、2、3、4–螺钉调整装置；5、6、7、8–微动开关

（1）当起重吊钩为空载时，用小螺丝刀分别压下微动开关 5、6、7，确认各挡微动开关是否灵敏可靠：

1）微动开关 5 为高速挡重量限制开关，压下该开关，高速挡上升与下降的工作电源均被切断，且联动台上指示灯闪亮显示。

2）微动开关 6 为 90%最大额定起重量限制开关，压下该开关，联动台上蜂鸣报警。

3）微动开关 7 为最大额定起重量限制开关，压下该开关，低速挡上升的工作电源被切断，起重吊钩只可以低速下降，且联动台上指示灯闪亮显示。

（2）工作幅度小于 13 m（即最大额定起重量所允许的幅度范围内），起重量 1 500 kg（倍率 2）或 3 000 kg（倍率 4），起吊重物离地 0.5 m，调整螺钉 1 至使微动开关 5 瞬时换接，拧紧螺钉 1 上的紧固螺母。

（3）工作幅度小于 13 m，起重量 2 700 kg（倍率 2）或 5 400 kg（倍率 4）；起吊重物离地 0.5 m，调整螺钉 2 至使微动开关 6 瞬时换接，拧紧螺钉 2 上的紧固螺母。

（4）工作幅度小于 13 m，起重量 3 000 kg（倍率 2）或 6 000 kg（倍率 4）；起吊重物离地 0.5 m，调整螺钉 3 至使微动开关 7 瞬时换接，拧紧螺钉 3 上的紧固螺母。

（5）各挡重量限制调定后，均应试吊 2～3 次检验或修正，各挡允许重量限制偏差为额定起重量的±5%。

2. 小车变幅式塔式起重机力矩限制器的调试

以 QTZ63 塔式起重机上使用的起重力矩限制器为例，介绍弓板式力矩限制器的调试方法，如图 7-26 所示。

（1）当起重吊钩为空载时，用螺丝刀分别压下行程开关 1、2 和 3，确认三个开关是否灵敏可靠。

1）行程开关 1 为 80%额定力矩的限制开关，压下该开关，联动台上蜂鸣报警。

2）行程开关 2、3 为额定力矩的限制开关，压下该开关，起升机构上升和变幅机构向前的工作电源均被切断，起重吊钩只可下降，变幅小车只可向后运行，且联动台上指示灯闪亮、蜂鸣持续报警。

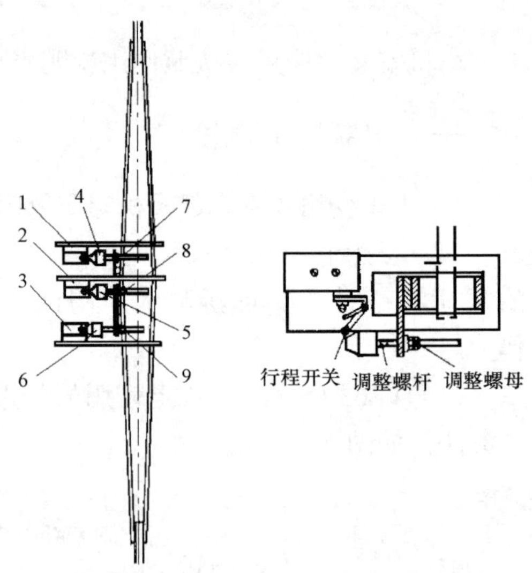

图 7-26 弓板式力矩限制器调试示意

1、2、3–行程开关；4、5、6–调整螺杆；7、8、9–调整螺母

（2）调整时吊钩采用四倍率和独立高度 40 m 以下，起吊重物稍离地面，小车能够运行即可。

（3）工作幅度 50 m 臂长时，小车运行至 25 m 幅度处，起吊重量为 2 290 kg，起吊重物离地塔式起重机平稳后，调整与行程开关 1 相对应的调整螺杆 4 至行程开关 1 瞬时换接，拧紧相应的调整螺母 7。

（4）按定幅变码调整力矩限制器，调整行程开关 2。

1）在最大工作幅度 50 m 处，起吊重量 1 430 kg，起吊重物离地塔式起重机平稳后，调整与行程开关 2 相对应的调整螺杆 6 至使行程开关 2 瞬时换接，并拧紧相应的调整螺母 8。

2）在 18.8 m 处起吊 4 200 kg，平稳后逐渐增加至总重量小于 4 620 kg 时，应切断小车向外和吊钩上升的电源；若不能断电，则重新在最大幅度处调整行程开关 2，确保在两工作幅度处的相应额定起重量不超过 10%。

（5）按定码变幅调整力矩限制器，调整行程开关 3。

1）在 13.72 m 的工作幅度处，起吊 6 000 kg（最大额定起重量）；小车向外变幅至 14.4 m 的工作幅度时，起吊重物离地塔式起重机平稳后，调整与行程开关 3 相对应的调整螺杆 6 至使行程开关 3 瞬时换接，并拧紧相应的调整螺母 9。

2）在工作幅度 38.7 m 处，起吊 1 800 kg，小车向外变幅至 42.57 m 以内时，应切断小车向外和吊钩上升的电源；若不能断电，则在 14.4 m 处起吊 6 000 kg。重新调整力矩限制器行程开关 3，确保两额定起重量相应的工作幅度不超过 10%。

（6）各幅度处的允许力矩限制偏差计算式为：

1）80%额定力矩限制允差：

（1−额定起重量×报警时小车所在幅度 10.80×额定起重量×选择幅度）≤5%。

2）额定力矩限制允差：

（1−额定起重量×电源被切断后小车所在幅度 1.05×额定起重量×选择幅度）≤5%。

3. 限制器的维护保养

1）塔式起重机再次安装，投入使用前必须核对限制器是否变动，以便及时调整。

2）限制器经过调整后，严禁擅自触动。

3）限制器应该有防雨措施，保证螺栓和限位开关不锈蚀。

4）定期检查微动开关、行程开关是否灵敏可靠。

5）定期检查电缆是否老化。

6）定期注油润滑。

二、限位装置的调试

以 QTZ63 塔式起重机上使用的限位器为例，介绍多功能限位器的调试方法，如图 7-27 所示。

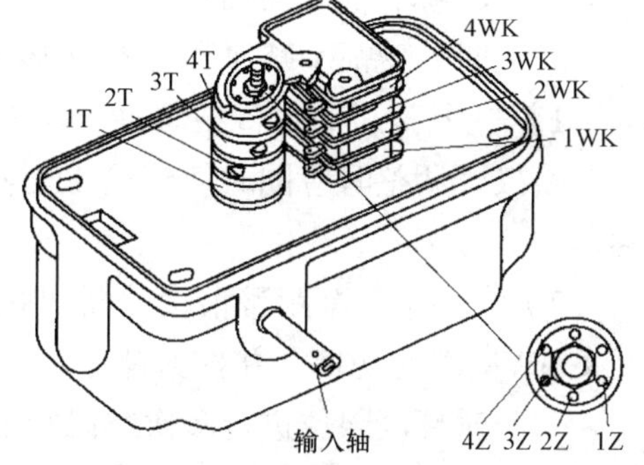

图 7-27　起升高度限位调试

1Z、2Z、3Z、4Z−调整轴；1T、2T、3T、4T−凸轮；1WK、2WK、3WK、4WK−微动开关

根据需要将被控制机构动作所对应的微动开关瞬时切换。即→调整对应的调整轴 Z 使记忆凸轮 T 压下微动 WK 触点，实现电路切换。其调整轴对应的记忆凸轮及微动开关分别为：

1Z→1T→1WK；2Z→2T→2WK；3Z→3T→3WK；4Z→4T→4WK。

1. 起升高（低）度限位器调试

（1）调整在空载下进行，分别压下微动开关（1WK、2WK），确认该两挡起升限位微动开关是否灵敏可靠。

当压下与凸轮相对应的微动开关 2WK 时，快速上升工作挡电源被切断，起重吊钩只可低速上升；当压下与凸轮相对应的微动开关 1WK 时，上升工作挡电源均被切断，起重吊钩只可下降不可上升。

（2）将起重吊钩提升，使其顶部至小车底部垂直距离为 1.3 m（2 倍率时）或 1 m（4 倍率时），调动轴 2Z，使凸轮 2T 动作至使微开关 2WK 瞬时换接，拧紧螺母。

（3）以低速将起重吊钩提升，使其顶部至小车底部垂直距离为 1 m（2 倍率时）或 0.7 m（4 倍率时），调动轴 1Z，使凸轮 1T 动作至微动开关 1WK 瞬时换接，拧紧螺母。

（4）对两挡高度限位进行多次空载验证和修正。

（5）当起重吊钩滑轮组倍率变换时，高度限位器应重新调整。

2. 变幅限位器的调试

（1）调整在空载下进行，分别压下微动开关（1WK、2WK、3WK、4WK），确认该四挡变幅限位微动开关是否灵敏可靠。

1）当压下与凸轮相对应的微动开关 2WK 时，快速向前变幅的工作挡电源被切断，变幅小车只可以低速向前变幅。

2）当压下与凸轮相对应的微动开关 1WK 时，变幅小车向前变幅的工作挡电源均被切断，变幅小车只可向后，不可向前。

3）当压下与凸轮相对应的微动开关 3WK 时，快速向后变幅的工作挡电源被切断，变幅小车只可以低速向后变幅。

4）当压下与凸轮相对应的微动开关 4WK 时，变幅小车向后变幅的工作挡电源均被切断，变幅小车只可向前，不可向后。

（2）向前变幅及减速和臂端极限限位。

1）将小车开到距臂端缓冲器 1.5 m 处，调整轴 2Z 使凸轮 2T 动作至使微动关 2WK 瞬时换接（调整时应同时使凸轮 3T 与 2T 重叠，以避免在制动前发生减速干扰），并拧紧螺母。

2）将小车开至距臂端缓冲器 200 mm 处，按程序调整轴 1Z 使凸轮 1T 动作至使微动开关 1WK 瞬时切换，并拧紧螺母。

（3）向后变幅及减速和臂根极限限位。

1）将小车开到距臂根缓冲器 1.5 m 处，调整轴 4Z 使凸轮 4T 动作至使微动关 4WK 瞬时换接（调整时应同时使凸轮 3T 与 2T 重叠，以避免在制动前发生减速干扰），并拧紧螺母。

2）将小车开至距臂根缓冲器 200 mm 处，按程序调整轴 3Z 使凸轮 3T 动作至使微动开关 3WK 瞬时切换，并拧紧螺母。

（4）对幅度限位进行多次空载验证和修正。

3. 回转限位器的调试

（1）将塔式起重机回转至电源主电缆不扭曲的位置。

（2）调整在空载下进行，分别压下微动开关（2WK、3WK），确认控制向左或向右回转的这两个微动开关是否灵敏可靠。这两个微动开关均对应凸轮，分别控制左右两个方向的回转限位。

（3）向右回转 540° 即一圈半，调动轴 2Z（或 3Z），使凸轮 2T（或 3T）动作至使微动开关 2WK（或 3WK）瞬时换接，拧紧螺母。

（4）向左回转 1 080° 即三圈，调动轴 3Z（或 2Z），使凸轮 3T（或 2T）动作至使微动开关 3WK（或 2WK）瞬时换接，拧紧螺母。

（5）对回转限位进行多次空载验证和修正。

4. 限位装置的维护保养

（1）塔式起重机再次安装使用前，必须拔下位于多功能限位器下部的塞子，排去其中的积水；塔式起重机运输过程中必须再塞上塞子。

（2）塔式起重机投入使用时，每天要检查一次，清除行程限位装置上面的建筑垃圾和其他障碍物。

（3）每班检查各连接螺栓是否紧固以及电缆是否完好。

（4）每班检查限位装置的灵敏可靠性。

（5）限位器减速装置要定期加油润滑。

5. 其他安全装置的维护保养

（1）每班检查夹轨器、小车断绳保护装置、风速仪和缓冲器等装置的可靠性。

（2）每班清除安全装置的油污及尘垢。

（3）定期检查各装置的连接，紧固连接螺栓。

（4）定期检查各装置的润滑情况，及时添加润滑油。

（5）定期检查风速仪电缆的绝缘情况。

第八章 塔式起重机电气系统

电气在塔式起重机中占有较重要的位置，如果把塔式起重机的钢结构比作人体的骨骼，那么电气就是人体的神经系统。首先，当塔式起重机安装好投入使用后，人们对塔式起重机的一切动作指令都是通过电气系统得以传递实现的，塔式起重机上的一些安全保护装置最终也是通过电气系统的运作起到安全保护作用的。其次，电气系统中的各种电器元件有其各自的特点，电气元件的电气寿命比电气元件的机械寿命低，一些电气元件使用时对环境和使用条件有着较高的要求，稍有不慎就会出现故障或损坏。在塔式起重机使用过程中，电气故障似乎比机械故障多些。所以，在学习掌握塔式起重机时，除了掌握机械方面的知识，还要细致、深入地掌握塔式起重机的电气知识，只有这样，才能安全地使用塔式起重机，迅速排除塔式起重机的各类电气故障。

第一节 塔式起重机常用电气元器件

塔式起重机是机电一体化的大型起重设备，主要动力来源为电能，控制系统和最终的执行器件通过将电能转化为磁能、机械能实现起重设备的正常运行。

塔式起重机电气系统主要由操作系统、电气控制系统、安全控制系统、电动机等构成。

图 8-1 表示塔式起重机电气系统构成的基本情况，每一个构成部分由相关的元器件组成，在电气系统中起着不同的作用。要正确掌握塔式起重机电气部分，除了需要了解第四章所述的电工基础知识外，还需要认识一些常用电气元器件的知识。

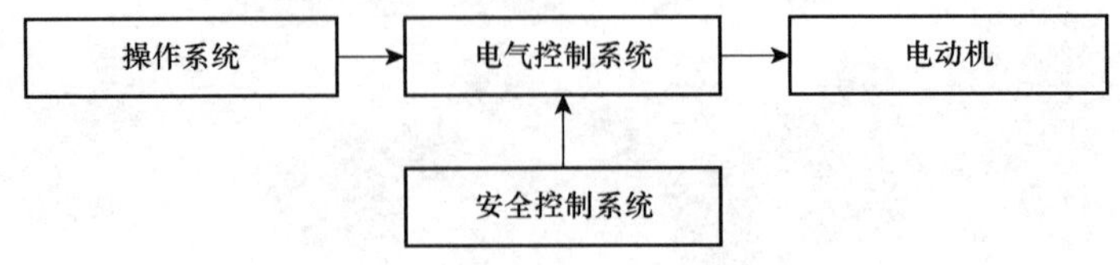

图 8-1 塔式起重机电气系统构成

一、常用低压电器

低压电器是指工作电压在交流 1 200 V 或直流 1 500 V 以下，在低压配电系统和控制系统中起通断、保护、控制或调节作用的电器。按其功能分有开关电器、控制电器、保护电器、调节电器、主令电器、成套电器等。

1. 主令电器

主令电器是一种能向外发送指令的电器，主要有按钮、行程开关、万能转换开关、接触开关等。利用它们可以实现对控制电器的操作或实现控制电路的顺序控制。

（1）按钮。按钮是一种靠外力操作接通或断开电路的电气元件，一般不能直接用来控制电气设备，只能发出指令，但可以实现远距离操作。几种常见按钮如图 8-2 所示。

（2）行程开关。行程开关又称限位开关或终点开关，是一种将机械信号转换为电信号来控制运动部件行程的开关元件。它不用人工操作，而是利用机械设备某些部件的碰撞来完成的，以控制自身的运动方向或行程大小的主令电器，被广泛用于顺序控制器、运动方向、行程、零位、限位、安全及自动停止、自动往复等控制系统中。几种常见的行程开关如图 8-3 所示。

图 8-2　几种常见按钮

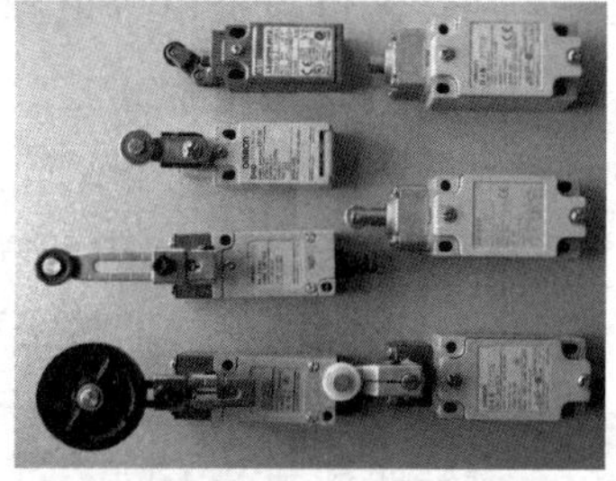

图 8-3　几种常见的行程开关

（3）万能转换开关。万能转换开关是一种多对触头、多个挡位的转换开关。主要由操作手柄、转轴、动触头及带号码牌的触头盒等构成。常用的转换开关有 LW2、LW4、LW5-15D、LW15-10、LWX2 等。图 8-4 为一种万能转换开关。

（4）主令控制器。主令控制器（又称主令开关，如图 8-5 所示）主要用于电气传动装置中，按一定顺序分合触头，达到发布命令或其他控制线路联锁转换的目的。其中塔式起重机的联动操作台就属于主令控制器，用来操作塔式起重机的回转、变幅、升降，如图 8-6 所示。

图 8-4　万能转换开关

图 8-5　主令控制器

图 8-6　塔式起重机的操作台

2. 空气开关

低压空气断路器又称自动空气开关或空气断路器，属开关电器，适用于当电路中发生过载、短路和欠压等不正常情况时，能自动分断电路的电器，也可用作不频繁的启动电动机或接通、分断电路，有万能式断路器、塑壳式断路器、微型断路器、漏电保护器等。几种常见的断路器如图 8-7 所示。

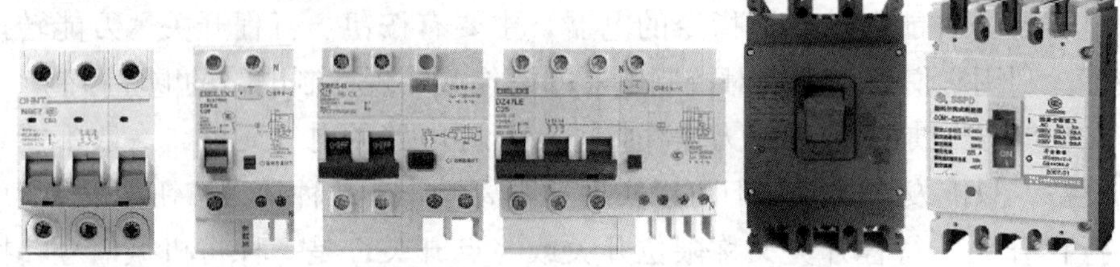

图 8-7　几种常见的断路器

3. 漏电保护器

漏电保护器，又称剩余电流动作保护器，主要用于保护人身因漏电发生电击伤亡、防止因电气设备或线路漏电引起电气火灾事故。

安装在负荷端电气电路的漏电保护器，是考虑到漏电电流通过人体的影响，用于防止人为触电的漏电保护器，其动作电流不得大于 30 mA，动作时间不得大于 0.1 s。应用于潮湿场所的电器设备，应选用动作电流不大于 15 mA 的漏电保护器。

漏电保护器按结构和功能分为漏电开关、漏电断路器、漏电继电器、漏电保护插头、插座。漏电保护器按极数还可分为单极、二极、三极、四极等多种。

4. 接触器

接触器用于动力回路中，对电机的正（反）转、挡位切换等进行控制。

接触器是利用自身线圈流过电流产生磁场，使触头闭合，以达到控制负载的电器。接触器用途广泛，是电力拖动和控制系统中应用最为广泛的一种电器。它可以频繁操作，远距离闭合、断开主电路和大容量控制电路，接触器可分为交流接触器和直流接触器两大类。

接触器主要由电磁系统、触头系统和灭弧装置等几部分组成。交流接触器的交流线圈的额定电压有 380 V、220 V 等，几种常见的接触器如图 8-8 所示。

图 8-8　几种常见的接触器

5. 继电器

继电器是一种自动控制电器，在一定的输入参数下，它受输入端的影响而使输出参数有跳跃式的变化。常用的有中间继电器、热继电器、时间继电器、温度继电器等。几种常见的继电器如图 8-9 所示。时间继电器和中间继电器是继电—接触控制回路中用于组搭控制逻辑的电气元器件，对整个控制回路的逻辑关系进行控制。热继电器主要用于电动机的过载保护，当电动机过载发热时，热继电器动作，切断电动机电源，从而起到保护作用。

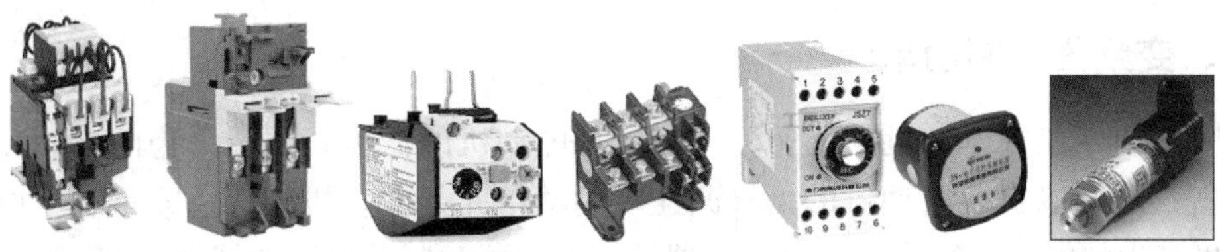

图 8-9　几种常见的继电器

6. 刀开关

刀开关又称闸刀开关或隔离开关，它是手控电器中最简单而使用又较广泛的一种低压电器。刀开关在电路中的作用是隔离电源和分断负载。常见的隔离开关如图 8-10 所示。

图 8-10　刀开关

7. 熔断器

熔断器是使熔体在电流超出限定值时熔化，从而分断电路的一种用于过载和短路保护的电气元器件。当用电设备发生过载（或短路）时，熔体能熔化而分断电路，避免由于过电流热效应及电动力引起用电设备的损坏，几种常见的熔断器如图 8-11 所示。

图 8-11　几种常见的熔断器

8. 欠压、过压、错断及相序保护器

欠压、过压、错断及相序保护器是一种对电压进行检测的保护装置。当供给的电压出现欠压、过压、错断、缺相和相序不正确等情况时，保护器动作，切断设备电源，保护设备的安全。欠压、过压及断相错相保护器如图 8-12 所示。

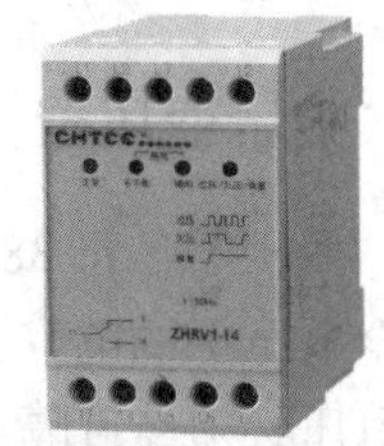

图 8-12　欠压、过压及断相错相保护器

二、可编程控制器

可编程控制器（PLC）是将控制逻辑通过软件编程进行集中控制的电气元器件，可以减少大量的中间继电器和时间继电器，也可以减小电控箱的外观尺寸，如图 8-13 所示。

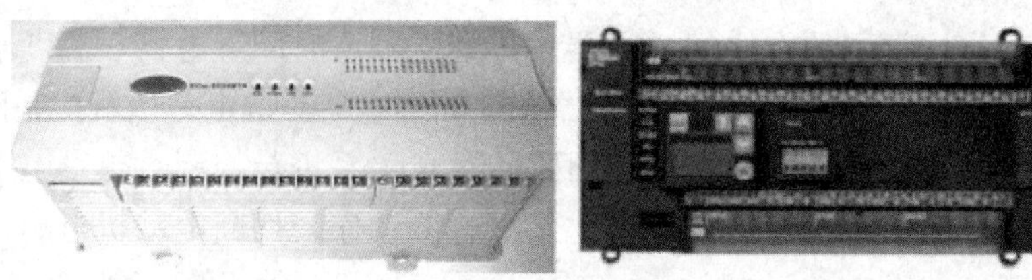

图 8-13　可编程控制器

三、变频器、制动单元

变频器用于变频电动机的调速，可以实现电动机的低速就位及平稳的启动和制动，减少冲击，还可以实现电动机的无极凋速。制动单元是电动机减速（或重载下放）时，将电动机产生的电能进行释放的电气元器件。变频器和制动单元如图 8-14 所示。

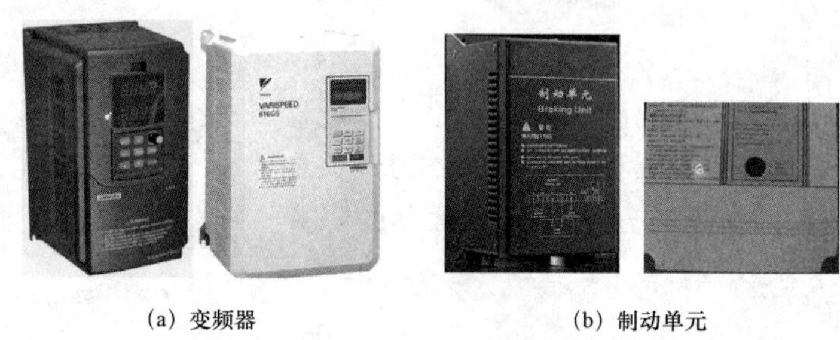

（a）变频器　　　　（b）制动单元

图 8-14　变频器和制动单元

四、二极管的构造

二极管在控制系统中作为整流使用，通过整流桥将交流电转化成直流电；在直流刹车系统中作为续流使用。二极管如图 8-15 所示。

图 8-15　二极管

五、变压器

变压器是将 380 V 电压转换成所需的控制电压（或安全电压）的电气元器件，塔式起重机控制回路中的控制电压必须经过隔离变压器。变压器如图 8-16 所示。

图 8-16　变压器

六、电线电缆

1. 电缆卷筒

电缆卷筒是轨道式塔式起重机必须装备的，外界电源经由电缆卷筒引到塔式起重机控制柜再分送到各个用电部位。电缆的一端由卷筒引出经由导缆盒架引至配电柜，电缆的另一端则经过电缆卷筒中心处橡胶衬套伸入中空的轴再接至集电环处。电缆的张紧力，可通过调整摩擦滑轮传递的扭矩调定。电缆卷筒如图 8-17 所示。

图 8-17　电缆卷筒

2. 电缆

电缆是连接电源、操作台、电控箱和电动机的中间连接件，通过电缆将塔式起重机电控系统的各个部分有机地联系在一起，确保塔式起重机的运行。电缆分为动力电缆（橡套电缆）和控制电缆（多芯电缆），如图 8-18 和图 8-19 所示。

图 8-18　动力电缆

图 8-19　控制电缆

七、控制柜

电气控制柜是整个起重机械设备正常运行的中间枢纽，通过接收操作控制系统的命令和安全保护装置的信号指令并根据逻辑关系，确保动作执行机构正确、安全运行。电气控制柜内的各种电气元器件的组搭，实现对塔式起重机的逻辑控制，如图 8-20 所示。

图 8-20　电气控制柜

八、操作台

操作台是塔式起重机动作的命令源，通过操作台给出正确的命令指令，塔式起重机的各个机构做出对应的正确动作。操作台设有零位自锁装置，在对操作手柄操作前，需进行零位解锁。零位解锁分为下压式和上提式，如图 8-21 所示。

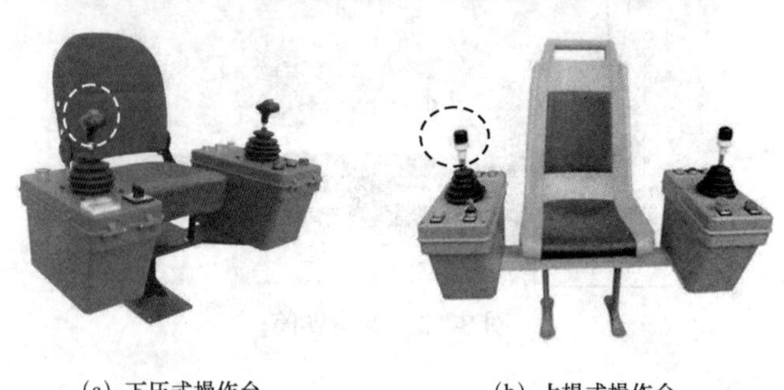

(a) 下压式操作台　　(b) 上提式操作台

图 8-21　下压式和上提式零位解锁

第二节　塔式起重机电气控制系统

塔式起重机电气控制有继电器控制和 PC 元件控制等方式。继电器控制使用得最多、最普遍，PC 元件控制比较先进，目前逐渐在一些中大型的塔式起重机上得到运用，如用可编程控制器与变频器一起构成的变频控制电路。这里主要介绍继电器控制方式。

塔式起重机电气控制系统按其职能由主回路和控制回路两大部分组成。主回路是指流过电气设备负荷电流的电路。控制回路是指控制主回路通断或监控、保护主回路正常工作的电路。

一、主回路

主回路比较清晰明了，它表明了电源接入塔式起重机后，通过开关到达各机构电动机及其他电气设备的走向。这里以 QTZ63 塔式起重机电气原理图为例分析主回路原理，如图 8-22 所示。

电源首先通过总电源开关 QL。这只总电源开关设在司机室内，操作人员容易操作的地方，用于控制整台塔式起重机电源的通断。由于自升式塔式起重机的司机室在塔顶处，离地面较远，所以往往在塔式起重机的底部也设一只总开关，方便控制。经过总开关电源后，还要经过总接触器 KM，总接触器的作用相当于总开关。但是总开关全部依靠人工操作控制电源的通断，而总接触器除了人工控制外，电路中的保护装置和塔式起重机的安全装置也能控制总接触器，主要控制总接触器断开，切断电源，保护塔式起重机的机械或电气的安全。从总接触器出来的电源分别通往各机构电动机。以起升机构为例，从总接触器出来的三相电流先通过电动机保护元件过流继电器，流经交流接触器 KM_1、KM_2，这两只接触器控制电动机的正反转。再通过控制电动机速度的接触器 KM_3

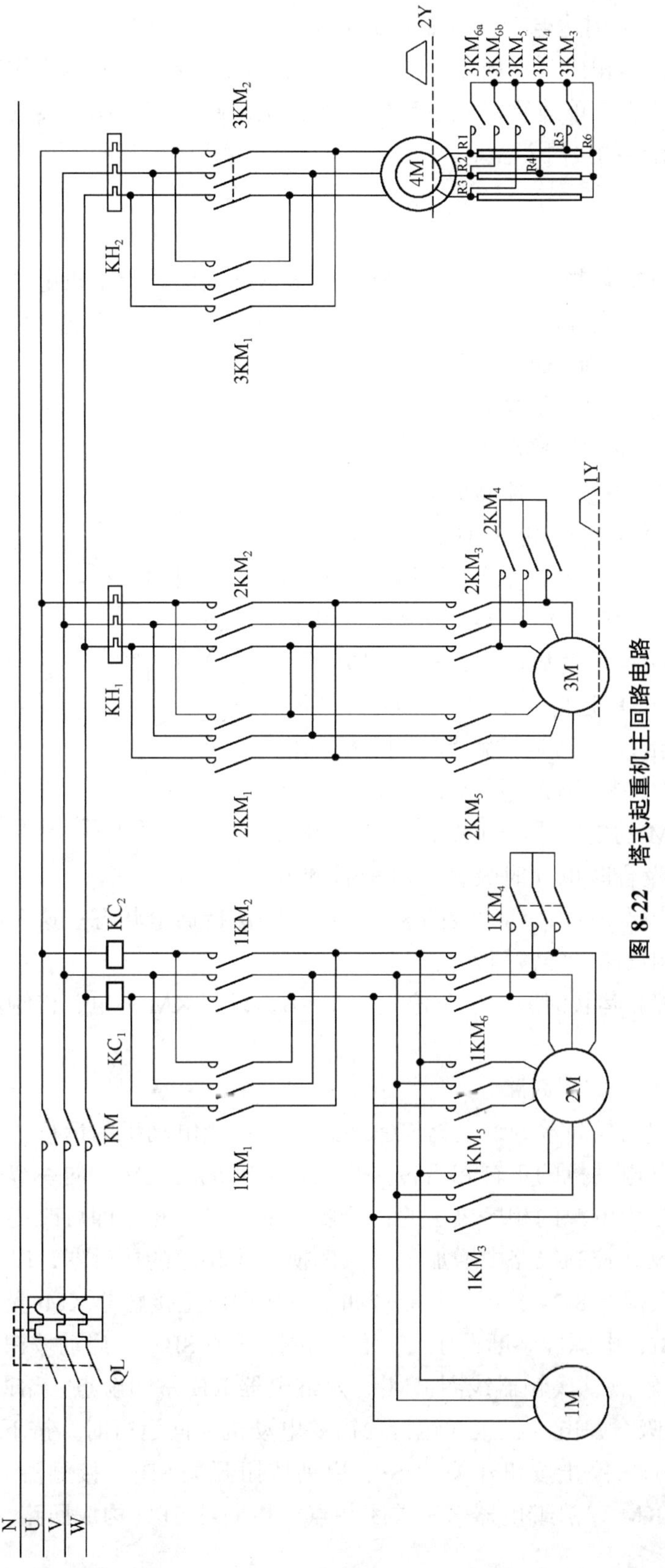

图 8-22　塔式起重机主回路电路

（KM_4、KM_5、KM_6）到达电动机。如果是单速电动机就没有这组接触器。变幅机构的主回路与起升机构基本相似，不同之处在于变幅电动机是双速，所以少用一只接触器。回转机构的回转电动机是单速绕线式电动机，所以主回路没有控制速度的接触器，而增加一组切除启动电阻器的接触器。

二、控制回路

控制回路相对复杂些，其主要按照控制要求，控制塔式起重机电源的通断，以及对塔式起重机的使用安全和电气系统的安全进行监控。要掌握塔式起重机电气控制，我们先从最简单的继电器控制电路开始分析。

1. 最简单的继电器控制电路

图 8-23 是用一只交流接触器控制一只电动机的运转，停止的控制电路。控制原理为：按下启动按钮 SB，电源通过熔断器 1FU、停止按钮 SBS、启动按钮 SB、交流接触器线圈 KM、熔断器 2FU 构成回路。交流接触器线圈 KM 得电吸合，主触点 KM 接通电动机电源，电动机开始运转。但是启动按钮 SB 是自复位的，当手松开后，启动按钮 SB 就会断开，接通接触器线圈 KM 的电源也因此断开，电动机停转。所以在按钮 SB 处并联一组接触器 KM 的辅助常开触点，该辅助触点在接触器主触点吸合时也同时吸合，启动后的电源就从 KM 辅助触点通过，到达线圈 KM，使线圈保持通电状态。这个电路叫作自保电路，在接触器控制线路中经常用到。

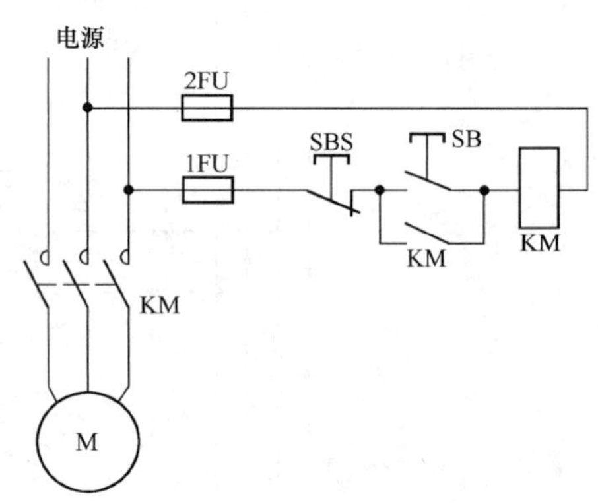

图 8-23 继电器控制电路

需要电动机停止运转时只要按下停止按钮 SB，线圈 KM 失电，接触器主触点 KM 断开，电动机停转。

2. 电动机正反转控制回路

前面我们介绍的最简单的继电器控制线路只能控制电动机的运行和停止。实际使用中，有时还要控制电动机的正转和反转。我们在电动机的旋转方向一节中已经了解，电动机的旋转方向是由电源的相序决定的，只要改变其电源相序即可改变它的旋转反向。所以在电动机正反转控制线路中增加了一只倒换电源相序的接触器，以及控制这只接触器的按钮开关。根据图 8-24 分析，其原理如下：我们设定接触器 KM_1 吸合电动机正转。按下启动按钮 SB_1，电源经熔断器 1FU、停止按钮开关 SBS_1、启动按钮开关 SB_1、接触器 KM_2 常闭辅助触点、接触器线圈 KM_1、热继电器 KH 常闭触点、熔断器 2FU 构成回路，接触器 KM_1 吸合，电动机正向运行。需要电动机反向运行时，按下启动按钮 SB_2，电源经熔断器 1FU、停止按钮开关 SBS_2、启动按钮开关 SB_2、接触器 KM_1 常闭辅助触点、接触器线圈 KM_2，热继电器 KH 常闭触点，熔断器 2FU 构成回路，接触器 KM_2 吸合，电动机反向运行。

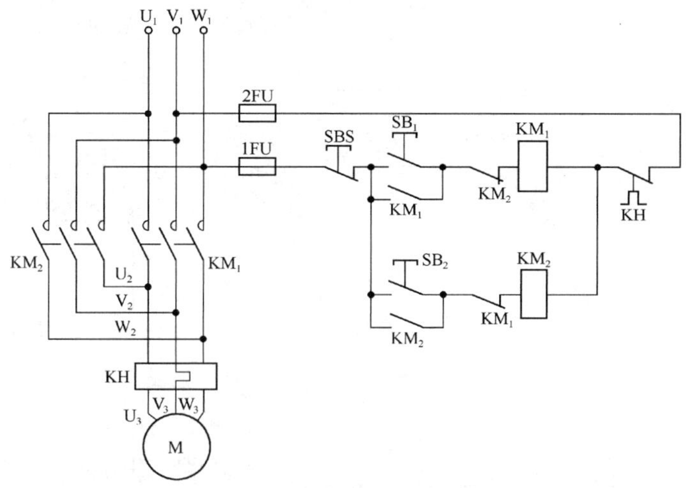

图 8-24　电动机正反转控制电路

接触器 KM_1、KM_2 起着倒换相序的作用。接触器 KM_1 吸合时，电源 U_1 经过接触器主触点输出为 U_2，再经过热继电器，输送到电动机为 U_3，始终是 U 相电源。同理，其他两相输送到电动机分别为 V_3、W_3，始终是 V 相电源和 W 相电源。当接触器 KM_2 吸合时，电源 U_1 经过接触器主触点输出变为 W_2，再经过热继电器，输送到电动机为 W_3，由 U 相电源改变为 W 相电源。W_1 经过接触器主触点输出变为 U_2，到电动机时为 U_3，由 W 相电源改变为 U 相电源。V 相电源没改变，到电动机仍为 V_3。与接触器 KM_1 相比较，电动机得到的三相电源其 U 相电源与 W 相电源进行了换相。电源相序改变了，所以电动机反向运行。

控制线路中接触器 KM_1 的常闭辅助触点串联在接触器 KM_2 的控制回路中；接触器 KM_2 的常闭辅助触点又串联在接触器 KM_1 的控制回路中，这叫作互锁电路，其作用是防止或禁止多只接触器同时吸合。换相电路中，两只接触器同时吸合会造成电源短路故障；有些设备控制中，多只接触器同时吸合，会造成设备安全事故。有了互锁电路，当其中一只接触器在吸合时，其辅助常闭触点断开，使另一接触器控制回路无法接通，可以可靠地避免两只接触器同时吸合。

3. 塔式起重机控制电路

塔式起重机控制电路主要由总电源控制部分、各机构控制部分（起升机构、回转机构、变幅机构、行走机构）、安全装置控制部分及辅助部分组成。分析控制电路时，首先区分好几大部分后，再着重分析某个部分就比较容易了。

（1）总电源控制电路。

塔式起重机总电源除了有一只总电源开关控制外，在主回路中还串联一只总接触器进行电源的通断控制。总电源控制线路就是控制总接触器通断的电路，如图 8-25 所示。

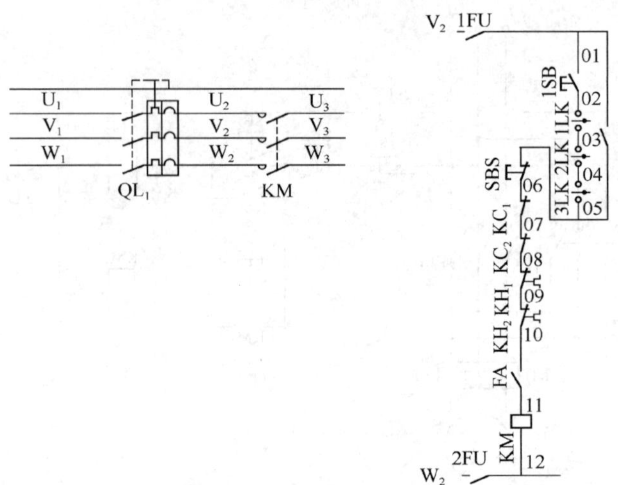

图 8-25　总电源控制电路

1SB–启动按钮开关；1LK、2LK、3LK–主令开关的零位触头；SBS–停止按钮开关；
KC_1、KC_2–过流保护元件触头；KH_1、KH_2–过热保护元件触头；FA–相序保护继电器触头；KM–总接触器线圈

当按下启动按钮 1SB 时，V_2 电源经过 1SB→1LK→2LK→3LK→SBS→KC_1→KC_2→KH_1→KH_2→FA→到达总接触器线圈 KM→与电源 W_2 构成回路。接触器线圈得电，总接触器吸合。需要总接触器断开时，只要按下停止按钮 SBS，线圈 KM 的电源被切断，总接触器释放。图 8-25 中，KM 常开点是自保电路。主令开关 1LK、2LK、3LK 的零位触头串联在回路中，起零位保护作用。所谓零位保护，就是确保塔式起重机接通电源之前，所有操纵各机构的主令开关必须处在非工作位置，即零位挡。防止有的主令开关在未接通电源前处在工作挡，接通电源后，该主令开关所控制的机构就会自行运转，而发生安全设备事故。串联在总电源控制回路中还有过流保护元件 KC_1、KC_2，过热保护元件 KH_1、KH_2，相序保护元件 FA 等保护性元件的常闭触头，当这些保护元件所保护的对象出现故障时，相应保护元件的常闭触头就会打开，切断总接触器线圈 KM 的电源，使总接触器释放，从而切断塔式起重机总电源，起到保护作用。根据这个原理，还可以根据塔式起重机使用安全、电气系统安全等加入其他保护元件，如有些塔式起重机有垂直度保护、电动机温度保护等。

（2）各机构控制电路。

塔式起重机各机构控制电路实际上由几组电动机正反转控制电路构成，每一个机构的控制电路就是一组相对独立的正反转控制电路。区别在于各机构使用的电动机形式不同，因而控制方式略有不同，以及各机构的安全保护装置设置有所区别。如变幅小车控制电路需设置变幅限位，回转控制回路需设置回转限位等。下面分析几种使用不同电动机的起升控制电路，可以举一反三，用此方法分析其他机构的控制电路。

1）采用变极调速电动机的起升控制电路分析。如图 8-26 是采用变极调速电动机的起升控制电路，所控制的电动机为三速笼式异步电动机，电动机的接线图见图 8-26，采用全压启动方式启动。整个控制电路主要由电动机倒顺控制加上变速控制组成。主令开关 1LK 具有上升、下降各三个挡位，控制电动机正反转和高、中、低三个速度，第一挡低

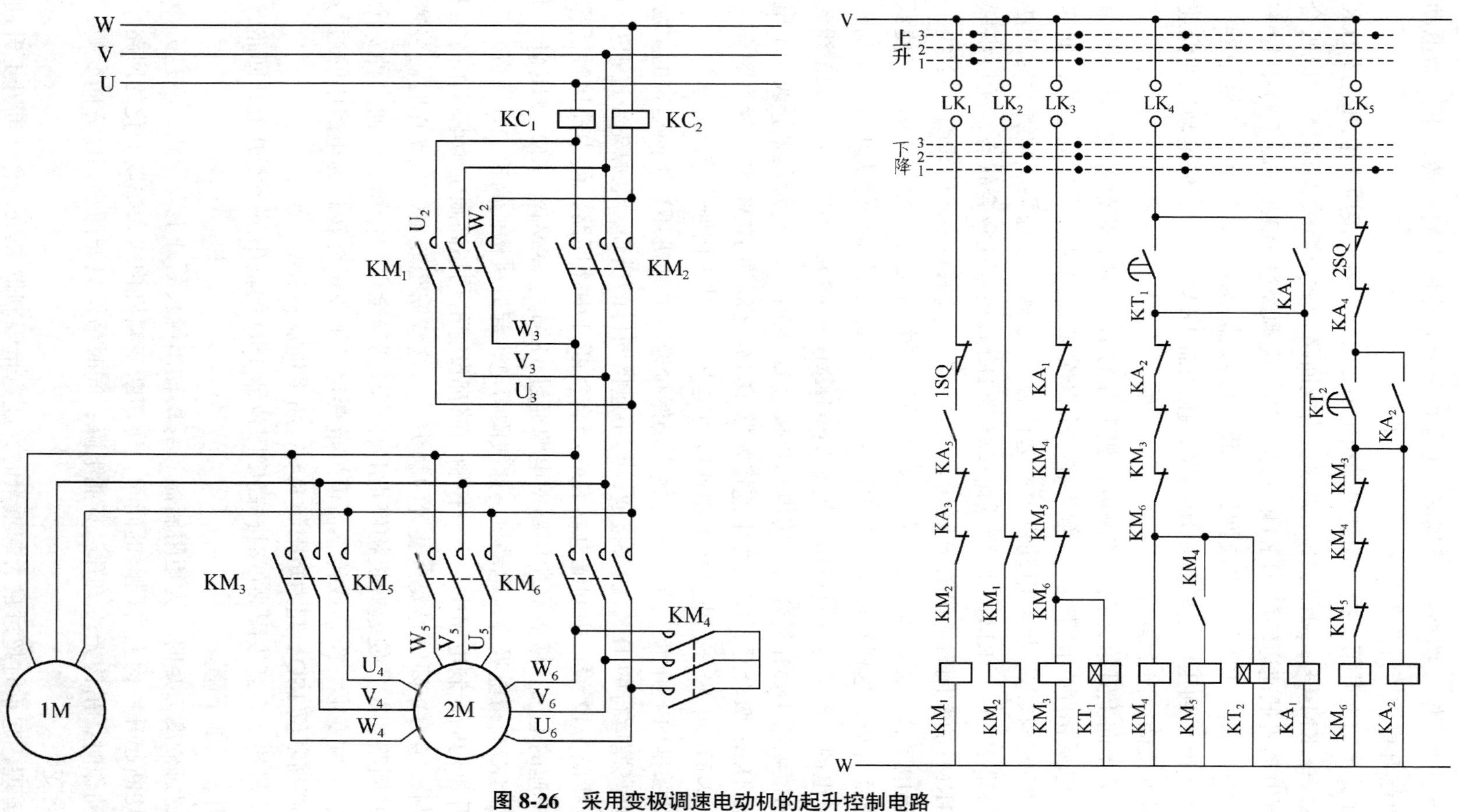

图 8-26　采用变极调速电动机的起升控制电路

速，第二挡中速，第三挡高速。设起升机构上升为电动机正向运转，下降为电动机反向运转。先以起升机构上升为例，分析控制过程。

主令开关推向上升第一挡，控制电动机上升的 $1LK_1$ 触头接通。电源经过 $1LK_1$→1SQ→KA_5→KA_3→$1KM_2$→$1KM_1$ 线圈→12#线，构成回路，上升接触器 $1KM_1$ 得电吸合。与此同时，控制电动机低速运转的 $1LK_3$ 触头也接通。电源经过 $1LK_3$→KA_1→$1KM_4$→$1KM_5$→$1KM_6$→$1KM_3$ 线圈→12#线，构成回路，低速接触器 $1KM_3$ 得电吸合。接触器 $1KM_1$ 吸合，使电动机能得到正向运转的电源相序，接触器 $1KM_3$ 吸合，使电动机的低速挡被接通。起升机构便低速向上运行。

主令开关推向上升第二挡，控制电动机上升的 $1LK_1$ 触头仍然接通，电动机继续得到正向运转的电源相序。由于 $1LK_3$ 触头在主令开关第二挡时仍然是接通的，低速接触器 $1KM_3$ 还处在吸合状态。控制电动机中速运转的 $1LK_4$ 触头接通后，电源暂时无法直接接通中速接触器 $1KM_4$、$1KM_5$，因为低速接触器 $1KM_3$ 还处在吸合状态，所以串联在中速回路中的 $1KM_3$ 的常闭触头处在开路状态。电源先经过 KT_1→KA_1 线圈→12#线，中间继电器 KA_1 得电吸合。KA_1 吸合后，串联在低速回路中的 KA_1 常闭触头断开，使低速接触器线圈失电而释放，这样释放串联在中速回路中的 $1KM_3$ 的常闭触头闭合，电动机低速线圈也断开了电源。于是电源就可以经过 KA_2→$1KM_3$→$1KM_6$→$1KM_4$ 线圈→12#线，改变电动机级数的接触器 $1KM_4$ 吸合后，将电动机接线 U_1、V_1、W_1 连接起来，改变了电动机级数。接触器 $1KM_4$ 吸合后，串联在中速接触器 $1KM_5$ 之间的 $1KM_4$ 常开触头闭合，中速接触器 $1KM_5$ 因而得电吸合。电动机的中速线圈得电，起升机构便中速向上运行。

主令开关推向上升第三挡，$1LK_1$ 触头仍然接通，电动机还是正向运转的电源相序。控制电动机高速运行的 $1LK_4$ 触头接通，与中速挡同样的道理，电源先经过 1SQ→KA_4→KT_2→KA_2 线圈→12#线，中间继电器 KA_2 吸合，断开中速回路，使中速接触器释放，断开电动机中速的电源。接着高速回路的电源经过 $1KM_3$→$1KM_4$→$1KM_5$→$1KM_6$→12#线，高速接触器 $1KM_6$ 得电吸合，电动机高速线圈得电，起升机构便高速上升运行。

在起升机构的控制电路中，上升控制回路都设有吊钩超高限位（也叫作高度限位）、超重量限制、超力矩限制等安全装置的触头。当这些安全装置一旦动作时，装置的触头就会把上升回路切断，使起升机构停止上升，起到安全保护作用。任何一种安全保护装置都是通过机械变形、位移或传感器模拟量变化等手段最终转化为电路中的通与断。如图 8-26 中超高限位 1SQ、超力矩限制 KA_5、超重量限制 KA_3。

当起重吊钩上升到极限高度时，高度限位器 1SQ 的输出触头断开上升回路，这时吊钩无法上升，只能下降。

起重超过额度力矩时，力矩限制器 KA_5 的输出触头断开上升回路，不过力矩限制器动作时在切断起升机构上升回路的同时，还切断变幅机构向大幅度变化的回路。所以力矩限制器动作时，吊钩无法上升，只能下降；同时吊钩只能向小幅度方向变幅，无法向大幅度方向变幅。

同样道理，起重时超过最大起重量时，超重量限制器 KA_3 动作，断开上升回路，吊钩只能下降，放下起重物，无法上升。

在多种速度的起升机构中，由于各种起升速度下的最大起重量是不同的，所以需在不同的速度的控制回路中设置最大起重量限制器。图 8-26 中控制的三种速度起升机构，其低速和中速的最大起重量相同，所以共用一个起重量限制器。而高速的最大起重量要小于低、中速的最大起重量，因此在高速控制回路中设置了高速起重量限制器 KA_4。起升机构高速起升，起重物超过最大起重量时高速起重量限制器 KA_4 动作，切断高速控制回路，高速控制回路中的接触器 $1KM_6$ 和中间继电器 KA_2 因失电而释放，电动机高速挡停止运行。中间继电器 KA_2 串联在中速回路中的常闭触头闭合后，起升机构的中速控制回路被接通，起升机构自行转入到中速运行。

图 8-26 中时间继电器 KT_1、KT_2 用于起升机构变换速度时，速度挡之间有一定的时间间隔。防止因操作不当，瞬间启动到中、高速挡，对塔式起重机的钢结构和起重安全造成不利影响。

还需注意：电动机改变级数时，改变级数的接触器 $1KM_4$、$1KM_5$ 吸合的顺序问题。$1KM_4$ 应首先吸合，将电动机的 U_1、V_1、W_1 短接，完成电动机改变级数，这时电动机绕组中还没有接通电源。然后 $1KM_5$ 吸合，给电动机中速挡送入电源。如果顺序相反，$1KM_5$ 先吸合，给电动机中速挡送入电源，那么 $1KM_4$ 短接 U_1、V_1、W_1 时，等于短路一组带有电感线圈的三相电源，将承受很大的短路电流，很容易损坏 $1KM_4$ 接触器。为了确保顺序正确，在接触器 $1KM_5$ 的回路中串联了接触器 $1KM_4$ 常开触头，保证接触器 $1KM_4$ 吸合后接触器 $1KM_5$ 才能吸合。

2）采用单速绕线电动机的起升控制电路分析。图 8-27 是一种采用单速绕线电动机做起升电动机的控制电路。绕线电动机的启动电流不能大于额度电流 2 倍，采用电阻器启动方式启动可以获得较高的功率因数、较大的启动转矩和较小的启动电流。电阻器启动方式有三相平衡式和三相不平衡式，这里主要分析控制方法。所谓三相平衡式，串联在转子回路中的三相电阻值是平衡的，在电动机启动过程中，三相电阻也是平衡地被逐段切除。所谓三相不平衡式，是指串联在转子回路中的三相电阻值是不平衡的，在电动机启动过程中，三相电阻也是不平衡地被逐一切除。虽然电阻器切除形式不一样，但在控制电路上基本相同。整个控制电路由电动机倒顺控制加上启动电阻器切除控制电路组成，因为是单速电动机，所以控制电路比较简单。

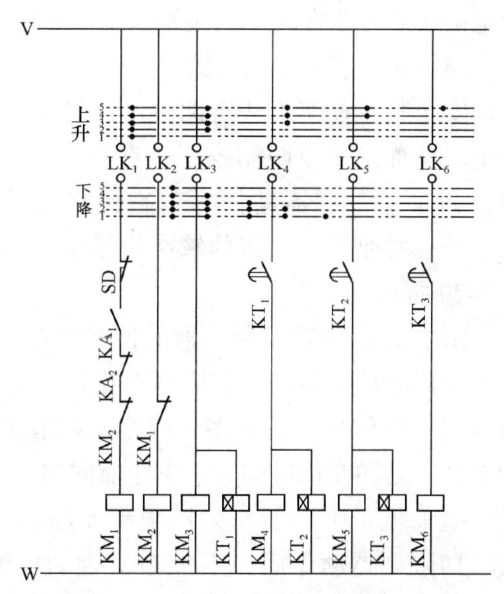

图 8-27　单速绕线电动机的起升控制电路

以起升机构为例。

主令开关推向上升第一挡，电动机开始正向运转，主令开关控制电动机上升或下降的原理与采用变极调速电动机的起升控制电路相同，不再赘述。电动机的转子回路串联全部电阻。

主令开关推向第二挡，主令开关 LK_3 触头接通，电源经过 LK_4→KM_3 线圈→12#线。切除电阻器的接触器 KM_3 得电吸合，电动机转子回路串联的电阻器第一部分被切除（即被短路），电阻值减小。

主令开关推向第三挡，主令开关 LK_4 触头接通，电源经过 LK_4→LK_3 延时常开→KM_4 线圈→12#。切除电阻器的接触器 KM_4 得电吸合，电动机转子回路串联的电阻器第二部分被切除，电阻值又减小。

主令开关推向第四挡，主令开关 LK_5 触头接通，电源经过 LK_5 主令→LK_4 延时常开→KM_5 线圈→12#。切除电阻器的接触器 KM_5 得电吸合，电动机转子回路串联的电阻器第三部分被切除，电阻值进一步减小。

主令开关推向第五挡，主令开关 LK_6 触头接通，电源经过 LK_6 主令→LK_5 延时常开→KM_6 线圈→12#。切除电阻器的接触器 KM_5 得电吸合，电动机转子回路串联的电阻器全部切除，转子绕组被连接在一起。电动机完成启动过程。

在启动电阻切除控制电路中，每挡之间加了时间继电器，进行延时控制，防止操作人员操作不当，直接把主令开关推到最后一挡，导致电动机近乎于直接启动而损坏电动机。在这个控制电路中使用的时间继电器采用延时头安装在接触器上的形式，时间继电器无须单独的电磁线圈。如果使用 JS_7 型的时间继电器，在控制电路上只要将时间继电器的电磁线圈并联在相应的接触器线圈上即可，如图 8-28 所示。

（3）安全装置控制电路。

安全装置控制方法有两种：一种是将安全装置的输出信号直接串联到相关的控制回路中。比如超重量限制控制，直接把重量限制器的通断信号串联到起升机构的上升回路中。当重量限制器动作时，直接将起升机构上升回路切断，停止上升而起到保护作用；另一种是安全装置的输出信号先控制中间继电器，再由继电器控制相应的回路，如图 8-29 所示。

图中 1SQ 为重量限制器的控制触点，2SQ 为高速重量限制器的控制触点，3SQ 为力矩限制器的控制触点。它们分别控制中间继电器 KA_1、KA_2、KA_3。这样控制的优点是，可以用一个信号来控制多个回路，如塔式起重机中的力矩控制，需要同时控制起升机构的上升回路和变幅机构的小车向前回路，还可以根据控制的需要增加延时功能等。

图中重量限制器与力矩限制器的控制方法略有不同。重量限制器采用通电控制方式，即限制器动作后触点 1SQ 接通，中间继电器 KA_1 得电吸合，从而切断上升控制回路。而力矩限制器采用断电控制方式，即限制器没有动作时，触点 3SQ 接通，中间继电器 KA_3 得电吸合，从而接通上升控制回路；限制器动作时，限制器触点 3SQ 断开，使中间继电器 KA_3 失电而释放，从而切断上升控制回路和变幅向前控制回路。断电控制方式的优点是可以及时发现中间继电器损坏，因为正常情况下中间继电器必须正常吸合，起升机构才能工作。缺点是塔式起重机工作时，中间继电器始终是吸合的，要多消耗些电能。

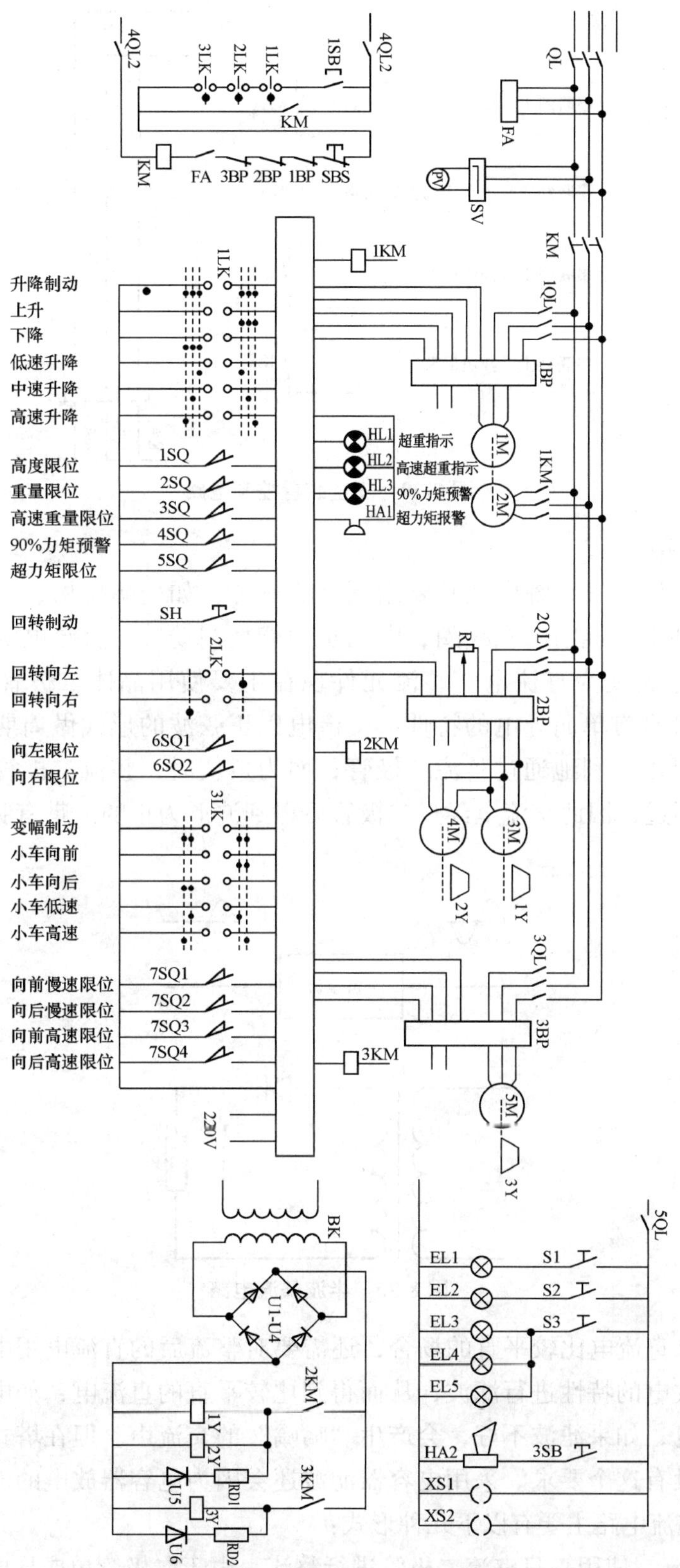

图 8-28　塔式起重机变频调速控制电路

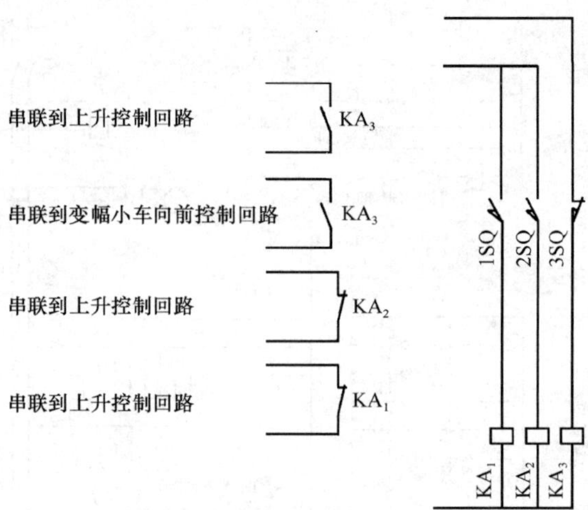

图 8-29　安全装置控制电路

（4）整流电路。

在塔式起重机电气系统中经常要用到直流电源，如变幅机构、回转机构的制动器线圈，涡流制动电动机的励磁线圈，电动机的能耗制动等。直流电源的取得主要靠整流电路把交流电转变为直流电。整流元件现在主要使用晶体二极管，也叫整流二极管。整流二极管具有单向导电的特性，交流电以正弦波的形式做周期性的变化，当波形为正值时，可以顺利地通过整流二极管；而为负值时，整流二极管呈现出很高的电阻，交流电通不过，因此交流电经过二极管后得到波形为正的、带有脉动的支流电，如图 8-30 所示。

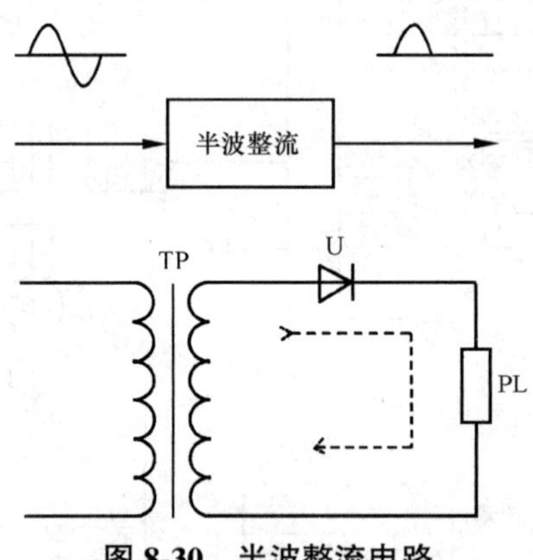

图 8-30　半波整流电路

在一些要求直流电比较平直的场合，还需要对整流后的直流电用电容进行滤波，利用电容充电、放电的特性进行滤波，从而得到比较平直的直流电，如电视机、收音机等电器中的直流电，如果滤波不好，会产生“嗡嗡”的交流声。但在塔式起重机线圈上使用的直流电就没有这个要求。采用电容器滤波还会因为电容器放电的滞后作用，使制动器动作迟缓。整流电路主要有以下几种形式：

1）半波整流。使用一只整流二极管进行整流，由于二极管单向导电的特性，当波形为正时，二极管中有电流通过，当波形为负时，二极管中没有电流通过，因此只利用了其中半个波形，所以叫半波整流，半波整流的效率为 0.45。但半波整流使用元件少，运用简单，所以仍有许多场合运用，如有些塔式起重机的变幅机构使用的制动电动机中制动线圈大都运用半波整流。

2）全波整流。全波整流是相对半波整流而言的。全波整流在变压器次级增加了一组绕组和一只整流二极管。如图 8-31 所示，当绕组 A 端为正时，电流从整流二极管 U_1 通过，当绕组 B 端为正时，电流从整流二极管 U_2 通过。这样正弦交流电的正负波利用上，在负载上得到两个半波的直流电，所以叫作全波整流。与半波整流比较，全波整流的效率提高一倍，为 0.9。即一个电压为 10 V 的交流电，经过全波整流可以得到 9 V 的直流电。由于得到了两个半波，所以经过全波整流的直流电的波形较半波整流的直流电的波形要平直。缺点是需要两个绕组，增加了材料，运用场合也受到限制。

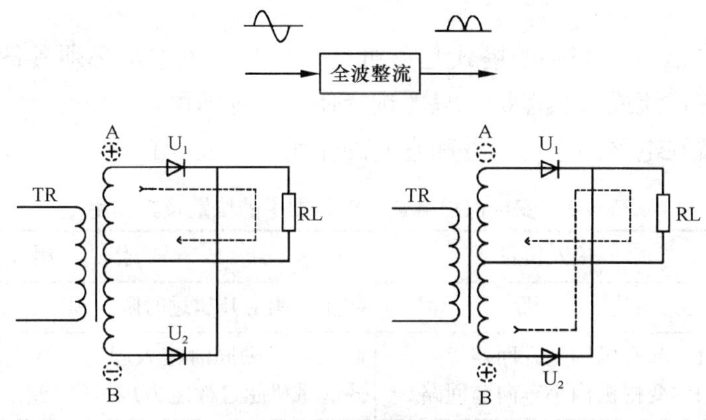

图 8-31　全波整流电路

3）桥式整流。桥式整流是采用四只整流二极管，接成桥式进行整流，它不需要两个绕组，就可以完成全波整流。

其工作原理如图 8-32 所示。

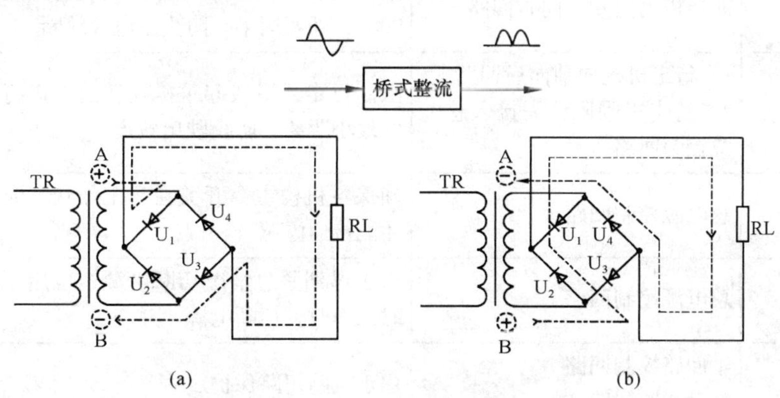

图 8-32　桥式整流电路

当 A 端为正，B 端为负时，电流从 A 端经过整流二极管 U_1→负载 RL→整流二极管 U_3→到达 B 端，完成半个波形的整流；当 B 端为正，A 端为负时，电流从 B 端经过整流二极管 U_2→负载 RL→整流二极管 U_4→到达 A 端，又完成另半个波形的整流。在负载

RL 上得到两个半波。

桥式整流效率高，用材少，运用广泛。

三、塔式起重机电气控制中必须具有的安全保护设置

通过对塔式起重机电路图的分析，我们应该清楚地了解到整个塔式起重机电气控制中应该具有的安全保护装置。

这里说的安全保护设置包括两个方面：限位保护和电气保护。

限位保护主要有吊钩超高限位、超力矩限制、超重量限制、变幅限位、回转限位、行走限位、零位保护、紧急开关。

电气保护有短路保护、过载保护、过流保护、过热保护、欠电压和过电压保护、相序保护、断相保护。

这些安全保护装置在完整的塔式起重机电气控制系统中是必须具备的，其中防止电动机过载的保护有过流或过热保护，只要选择使用一种即可。

安全保护装置在电路图中的位置和它们的作用，见表 8-1。

表 8-1　安全保护装置在电路图中的位置及其作用

名　　称	接入位置	作　　用
吊钩超高限位	起升机构上升回路	防止吊钩上升超过时限，顶撞起重臂，即吊钩冒顶
超力矩限制	1．起升机构上升回路 2．变幅机构小车向前回路	此限位必须同时接入起升、变幅两个位置，防止塔式起重机超过额定力矩工作
90%力矩预警	操纵台上声光指示	提醒驾驶员力矩接近最大值
超重量限制	起升机构上升回路	防止塔式起重机起升重物时，超过额定最大起重量
变幅限位	变幅机构小车向前、向后回路	限制变幅小车前后运行距离起重臂端的最小距离
回转限位	回转机构向左、向右回路	限制回转机构向某一方向旋转的最大角度，一般为 900°，即两周半。防止主电缆绞断
行走限位	1．行走机构向前向后回路 2．行走极限限位需接入总电源控制回路	限制行走式塔式起重机在轨道上运行距离轨道两端的最小距离，防止驶出轨道
零位保护	总电源控制回路	确保各机构主令开关在非工作状态时，塔式起重机才能接通电源
紧急开关	总电源控制回路	由于遇到紧急情况切断电源，也用于塔式起重机暂时工作时，切断电源
短路保护	主回路控制回路 辅助线路回路	用于线路短路保护
过载保护	电动机主回路	防止电动机过载
过流保护	电动机主回路	防止电动机过载
过热保护	电动机主回路	防止电动机过载

续表

名　　称	接入位置	作　　用
欠电压过电压保护	主电源始端	确保塔式起重机的工作电压在规定的范围内
相序保护	主电源始端	防止塔式起重机因相序接错，造成主令开关此操作方向颠倒，以及各安全保护装置失效
断相保护	主电源进线端	防止塔式起重机在电源缺相状态下运行，从而造成事故

四、塔式起重机的电气图纸

塔式起重机电气图纸根据其用途分为电气原理图、电气总接线图、电气总布置图、电控柜布置接线图等。这些图纸都是塔式起重机电气系统的组成部分，但侧重点不同。

1. 电气原理图

电气原理图是塔式起重机电气系统最重要的图纸。它表明了整个电气系统的控制原理，以上分析主回路、控制回路的电路图就是原理图的一部分。原理图由各电器符号、代号、连线、电器元件表和文字说明等组成。原理图侧重于阐明控制原理，不考虑某个元件的实际位置，因此在原理图上一个电器元件的组成部分，可以在图纸上几个地方出现。如接触器，线圈在控制回路，主触头出现在主回路。图 8-33 是某 QTZ 型塔式起重机的电气原理图，图纸的原理大部分在前面介绍控制电路时已做过分析，可以试着分析一下。

2. 电气总接线图

电气总接线图主要侧重于表明塔式起重机电气系统几大部件之间的外部连接。电气总接线图由电气系统中各部件的接线端子、端子符号、连接线和接线明细表等组成。如塔式起重机电气系统中的电动机、电控柜、配电箱、操纵台、照明灯等，以及它们的外部连线和连接线的型号规格、数量。塔式起重机的总接线图如图 8-34 所示。

3. 电气总布置图

电气总布置图主要侧重表明电气系统中各个电气部件在塔式起重机上的安装位置。如安全装置的位置、电动机的位置、电控箱的位置、操纵台的位置等。这里要注意的是，所谓的安装位置是大概的示意图，不是精确的安装位置，也不包括部件内部元件的布置。其主要由塔式起重机的外形示意图与电气部件示意图，以及文字代号组成，如图 8-35 所示。

4. 电控柜布置接线图

电控柜布置接线图主要表明电控柜内部构成的电器元件的布置与接线，主要由电器元件示意图、接线端子示意图、连线或线号等组成。接线比较多的一般采用线号法表示接线，即相同线号的端子都用线连接在一起。接线比较少的采用直接用线条表明。类似于电控柜布置接线图的还有司机室布置接线图、配电柜布置接线图等。这些图纸在生产与检修时作用比较大。

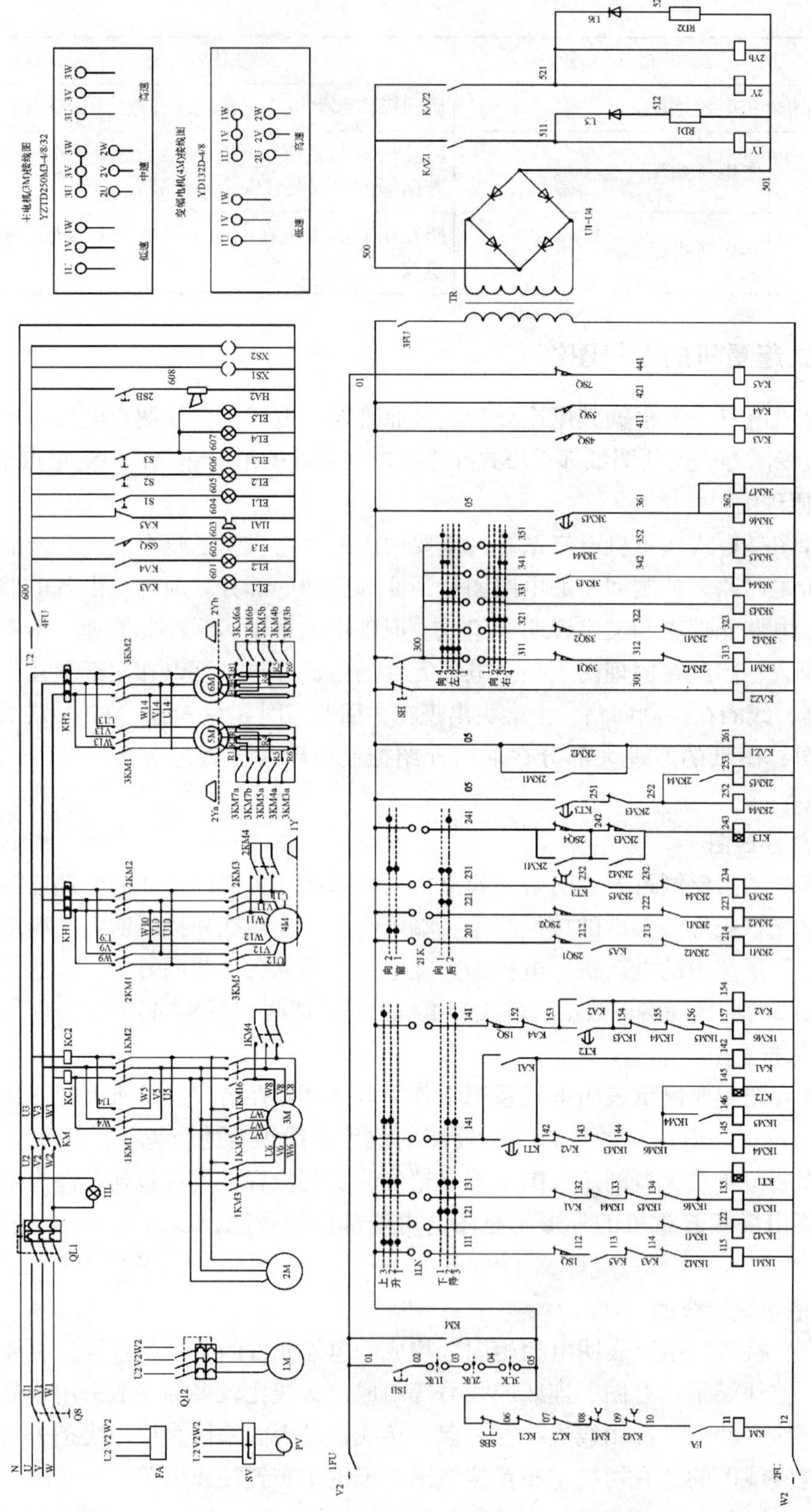

图 8-33 QTZ63 塔式起重机电气原理

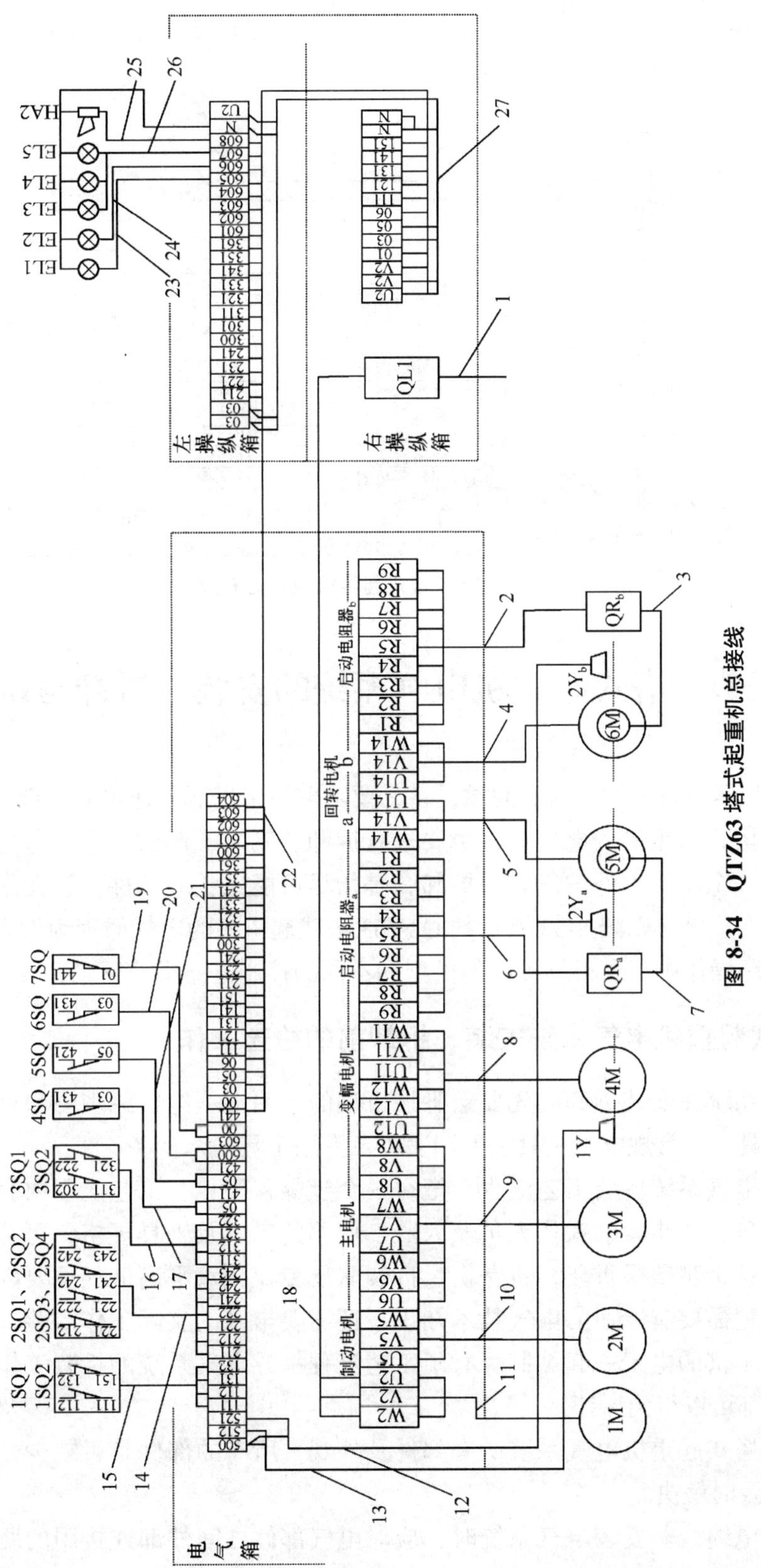

图 8-34　QTZ63 塔式起重机总接线

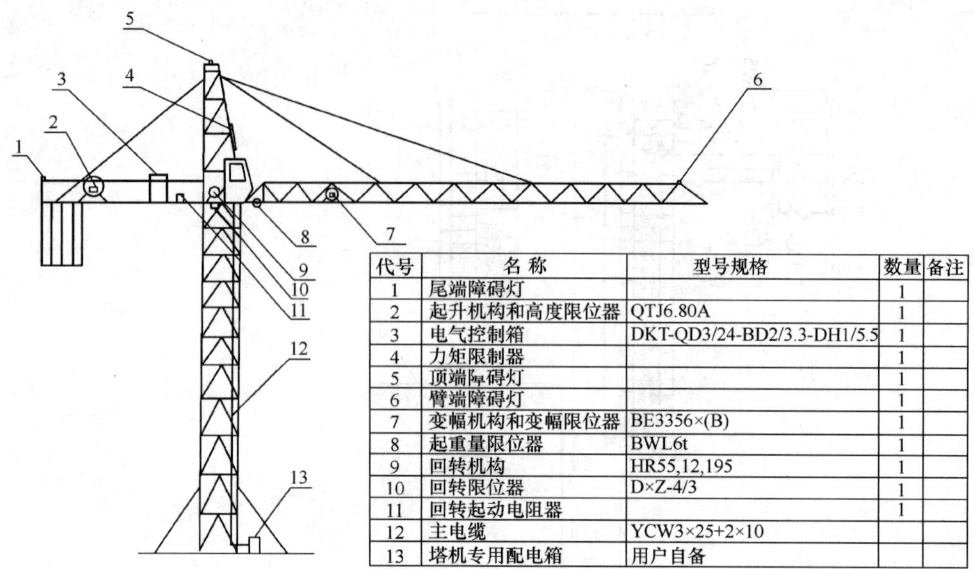

代号	名称	型号规格	数量	备注
1	尾端障碍灯		1	
2	起升机构和高度限位器	QTJ6.80A	1	
3	电气控制箱	DKT-QD3/24-BD2/3.3-DH1/5.5	1	
4	力矩限制器		1	
5	顶端障碍灯		1	
6	臂端障碍灯		1	
7	变幅机构和变幅限位器	BE3356×(B)	1	
8	起重量限位器	BWL6t	1	
9	回转机构	HR55,12,195	1	
10	回转限位器	D×Z-4/3	1	
11	回转起动电阻器		1	
12	主电缆	YCW3×25+2×10		
13	塔机专用配电箱	用户自备		

图 8-35　QTZ 塔式起重机电气总布置

第三节　塔式起重机电气系统的安装、拆卸与调试

塔式起重机属于可拆卸式大型起重设备，要随着施工场地的迁移而进行拆卸、转移和安装。因此，塔式起重机的电气系统也要进行拆卸、安装、调试工作。这里指的安装、拆卸不是指每一个小的零件的安装、拆卸，是指尽可能完整的部件，旨在便于运输和便于安装。我们在这里是以图 8-33 所示的 QTZ63 塔式起重机的电气原理为例来说明安装调试过程，在实际操作中，要根据不同的机型和不同的控制电路举一反三，灵活掌握。

一、塔式起重机电气系统安装、拆卸前的检查工作

（1）电气系统在安装拆卸前先要熟悉该机型的说明书、电气原理图和接线图，准备好所需要的工具，如常规电工工具、万用表以及专用工具。

（2）编制电气系统拆装工艺流程，把每一个步骤程序化。工艺流程内容应包括拆装内容、步骤，每一个步骤的操作人员及人数，使用的工具及工具规格，可能遇到的问题及排除方法。这个步骤很重要，也是衡量拆装队伍专业化水平高低的重要因素。编制电气系统工艺流程需要有专业的电气技术知识，还需要丰富的实际工作经验，最好由电器技术员和经验丰富的电工一起编制。有了工艺流程指导电气系统的拆装工作，拆装工作的质量、进度都可以得到保证。

（3）检查塔式起重机电气系统所有部件及外观。所有的部件是否缺少，外观有无损坏，发现问题及时解决。

（4）检查电缆线。安装电气系统时，应对电气部件之间外部连接用的所有电缆线仔细检查。

①检查电缆线数量、长度和型号规格与电气图纸是否相符。

②检查电缆线外皮有无破损、老化，有无折痕、压痕或断裂。因为大型设备在转场运输过程中稍不注意就容易损坏电缆。发现问题要马上进行修补或更换。

③检查电缆线内部通断情况。用万用表欧姆低阻挡 $R \times 1$ 测量每一根电缆线，及时发现电缆线内部铜线因断裂而不通的现象。再用万用表欧姆高阻挡 $R \times 10k$ 测量线与线之间有无因绝缘损坏发生通路现象，有疑问可以用兆欧表进一步检查。在检查通断的同时，检查电缆线两头编号是否相同。特别是多股控制电缆要着重进行核对两头的编号。这样可以减少接线错误引起的故障。

④在拆卸塔式起重机电气系统中时，应将所有拆卸下的电缆线分门别类地捆扎好，线的两端用绝缘胶布把线头和号码管全部裹好。每一捆线挂上标签，标签上注明线的规格及用在什么地方。所有拆卸下来的电缆线汇总记入明细表。这样做便于设备管理和接下来的安装。

（5）检查配电线配置是否符合要求。这里指的是外部提供塔式起重机电源的配电线，即输送到塔式起重机专用配电箱的电源线。检查配电电压与塔式起重机的额定工作电压是否相符。能提供的最大电流能否满足塔式起重机的尖峰电流。在满足尖峰电流的前提下，额定工作电压误差范围不超过±10%。

（6）检查各电气部件的绝缘电阻。所有部件在安装前要测量一下绝缘电阻，理由是部件在安装前相对独立，测量时不会产生因部件之间的相互牵涉而造成测量误差，可以及时发现问题，比较容易找到故障症结。检查绝缘电阻需要用 500 V 的兆欧表进行测量。要注意有些塔式起重机的电气控制系统中有 PC 电子元件，这些元件的耐压值一般比较低，所以测量这一类电气系统时，要先将 PC 元件部分与被测线路断开测量，如变频控制系统中的变频器和可编程控制器等。

①检查电动机绕组之间和绕组对地之间的绝缘电阻，其阻值应大于 0.5 MΩ。如低于 0.5 MΩ 可能是电动机绕组受潮或绝缘损坏。如受潮应进行干燥处理，如绝缘损坏应找出损坏部位进行修理。

②检查电控柜中主回路和控制回路对地绝缘电阻。主回路绝缘电阻值应大于 0.5 MΩ，控制回路的绝缘电阻值应大于 1 MΩ。

③检查各安全装置上的行程开关或微动开关对地绝缘电阻，其电阻值应大于 1 MΩ。

④电气系统整体安装后，还要测量总体上的主回路和控制回路的对地绝缘电阻。主回路应大于 0.5 MΩ，控制回路应大于 1 MΩ。

（7）检查所有电气零部件机械运行情况。此项目检查是在还没有接电的时候进行。主要检查电气各零部件是否存在机械上的故障。

①检查各机构电动机，先松开制动器，然后人工盘转电动机，检查刹车片上有无油漆、锈迹粘制动轮而使电动机无法旋转。电动机有无其他原因造成的阻塞现象和机械异常。

②检查制动器机械动作是否正常，整个动作行程有无异常。制动器铁心表面有无油污或其他影响铁芯吸合的异物。

③检查接触器机械动作，用手按动，应没有卡涩现象。灭弧罩应完好无损，触头应无缺损，接线端子螺丝应无松动脱落现象。

④检查各安全装置上的行程开关或微动开关，动作应灵活，无锈蚀和积水。

二、塔式起重机电气系统安装、拆卸

塔式起重机电气系统的拆卸安装是与钢结构安装交叉进行的，主要是进行各电气部件的外部连线。

首先把还没有吊装的各机构上电动机、制动器、限位器的电缆线全部接上，电缆的另一端要等到该机构吊装好后才能接线，所以先将电缆捆扎好绑在机构上，便于机构吊装而不会损坏电缆线。电缆线接线时，电缆线端头部分要用塑料绝缘胶布包扎好，电缆线的外层绝缘橡胶一定要塞到接线盒中，不能将没有外层绝缘橡胶，只有里层绝缘橡胶的电缆线端头露在接线盒外。

待司机室吊装好后，连接地面配电柜与司机室的主电缆。连接司机室操纵台与电控柜的电缆线。

随着钢结构部件的安装，将可以进行连接的电缆线逐一连接好。

由于塔式起重机的形式不同，电气系统的安装顺序有所不同，总的原则是尽量与钢结构部件安装交叉进行，又要考虑尽快接通电控柜，因为在钢结构安装时需要起升机构和回转机构配合运转。如条件还不具备，可以考虑接临时线。

三、塔式起重机电气系统调试

当电气系统外部接线全部接好后，就要进行调试工作。

1. 调试控制电路

先接通控制电路的电源，也可以暂时不连接电动机制动器与电控柜的连线，使操纵台只控制电控柜。按照电气原理图检查接触器自身的吸合是否正常，各个接触器吸合顺序是否符合要求。因为电控柜没有连接负载，所以可以非常从容地检查、调试。

按下总启动按钮开关，总电源控制接触器应该吸合，如不能吸合应检查相序保护继电器，一些相序保护继电器有红绿指示灯，红灯亮表示相序错误，绿灯亮表示相序正确。如果红灯亮，说明主电缆相序接反，调换相序即可解决。除了这个原因，还有操纵主令开关不在非工作状态，总停止开关没有复位（总停止开关不是自动复位的，需要手动）等，可以逐一检查处理。按下总停止按钮开关，总电源接触器释放。

（1）调试起升机构控制回路。按下总启动按钮开关，操纵主令开关，推向上升位置，上升接触器吸合，推向下降位置，下降接触器吸合。如方向相反，检查控制线是否接反。上升或下降接触器吸合的同时，低速接触器也应同时吸合。继续推向第二挡低速接触器释放中速接触器吸合，再推向第三挡，中速接触器释放，高速接触器吸合。接触器吸合顺序调试正确后，调整速度转换之间起延时作用的时间继电器，整定时间一般在3～5 s，长点也无妨。

（2）调试变幅机构控制回路。变幅机构控制电路有点类似于起升机构，可以参照调整。

（3）调试回转机构控制回路。回转制动开关与回转操作主令开关是互锁的，因此合上回转制动开关，回转制动继电器吸合，同时操纵回转主令开关，应没有任何动作。关上回转制动开关，操纵回转主令开关，推向向左挡，向左接触器吸合，推向向右挡，向右接触器吸合，继续推向 2 挡、3 挡、4 挡，相应的电阻切除接触器依次吸合。如顺序不对，首先检查操纵台与电控柜的控制线连接是否出现错误。

2. 调整安全保护装置控制电路及辅助电路

（1）零位保护。先按下总停止按钮开关，让总电源控制接触器释放。将起升主令开关置于工作状态，再按下总启动按钮开关，总电源控制接触器不应吸合。如能吸合说明零位保护没有起作用，应检查零位触头是否串联进控制线路。回转、变幅主令开关也依次重复上述过程。

（2）过流、过载保护。按下总启动按钮开关，总接触器吸合。用绝缘起子轻轻按下过流继电器的微动开关，总接触器释放，松开过流继电器的微动开关，总接触器又吸合。热继电器的触头无法接触到，可以采用松开触头接线端子来试验。线松开后，总接触器不应吸合。

（3）重量限制器。主将起升主令开关推向上升挡，上升接触器吸合。用手按下重量限制器上行程开关，重量限制控制继电器吸合，上升接触器释放。松开行程开关，上升接触器又重新吸合。

（4）力矩限制器。将起升主令开关推向上升挡，上升接触器吸合。同时将变幅主令开关推向向前挡，变幅向前接触器吸合。用手按下力矩限制器上的行程开关，力矩限制控制继电器释放，上升接触器和变幅向前接触器释放。松开力矩限制器上的行程开关，上升接触器和变幅向前接触器重新吸合。

（5）辅助电路。主要是提供指示灯、照明灯、电笛、单相电源等，主要调试其功能是否正常，如电笛按钮按下，电笛鸣声是否正常响亮，若出现无声，要检查接线正确与否。若出现声音嘶哑，要调整电笛的震动膜间隙。指示灯在指示其内容时，是否发光，照明灯控制是否正常等。

3. 调整主回路及电动机

控制回路调试好后，可以接上主回路电源和电动机的连接电缆。

（1）调试主起升电动机。按下总启动按钮，接通电源。将起升主令开关推向上升低速挡，观察电动机运行情况有无异常。旋转的方向是否与主令开关的方向一致，如不一致就要调整电动机低速挡连接电缆相序。低速挡相序调整好后，将主令开关推向中速挡，观察中速挡旋转方向与低速挡是否一致，如出现不一致，调整中速挡连接电缆相序。中速挡调整好后，继续调整高速挡，直至三种速度旋转方向一致。

（2）调试变幅电动机。变幅电动机的调试与调试起升电动机方法基本相同，主要观察运转情况和旋转方向与主令开关的操作方向是否一致。

（3）调试回转电动机。回转电动机调试除了观察电动机的运行情况和旋转方向外，还要观察电动机启动过程中切除启动电阻的情况，防止电阻器接线端子接错，发生电动机启动过程的速度跳跃现象。

经过以上几个步骤，整台塔式起重机电气系统的安装基本完成。

4. 塔式起重机安全装置的调试

塔式起重机在钢结构部分、电气系统、机械传动部分全部安装好后，还要对安全装置进行调试，因为安全装置的调试直接牵涉到电气控制，所以一般由电气专业操作人员来进行。

（1）变幅限位器的调试。这里以 DXZ-4 行程开关作变幅限位器为例介绍调试方法。DXZ-4 行程开关有四组控制触头，分别限制变幅小车低速前行、后行距离和变幅小车高速前行、后行距离。将变幅小车运行到距离起重臂前臂端防撞装置 0.5 m 处停止运行，调节行程开关中控制变幅小车低速前行回路的触头调整凸轮，使限位器触头断开，这时变幅小车无法向前运行。将变幅小车向后运行几米，使控制向前运行的触头复位，重复向前运行几次，如果距离有变动，可重复细调，直至符合要求。再将变幅小车向后运行到距离起重臂前臂端 10 m 处停止，调节行程开关中控制变幅小车高速前行回路的触头调整凸轮，使限位器触头断开。这时变幅小车无法高速向前运行，只能低速向前运行。同样来回试验几次。再将变幅小车运行到距离起重臂后臂端防撞装置 0.5 m 处停止运行，调节行程开关中控制变幅小车低速后行回路的触头调整凸轮，使限位器触头断开，这时变幅小车无法向后运行。将变幅小车向前运行几米，使控制向后运行的触头复位，重复向后运行几次，如果距离有变动，可重复细调，直至符合要求。将变幅小车向前运行到距离起重臂后臂端 10 m 处停止，调节行程开关中控制变幅小车高速前行回路的触头调整凸轮，使限位器触头断开，小车无法高速向后运行。变幅小车限位器全部调整好以后，变幅小车在起重臂上全程运行试验 3 次，限位开关应该灵活可靠。

（2）回转限位器的调试。以采用 DXZ-4 行程开关回转限位器为例介绍调试方法。先将塔式起重机向左旋转一周半后停止，调节行程开关中控制向左回转回路的触头调整凸轮，使限位器触头断开，塔式起重机无法继续向左运行。再将回转向右运行 3 周后停止，调节行程开关中控制向右回转回路的触头调整凸轮，使限位器触头断开，塔式起重机无法继续向右运行。调整好后，重复试验 3 次，限位器灵敏可靠即可。

（3）起升高度限位器的调试。以 DXZ-4 行程开关作起升高度限位器为例介绍调试方法。将吊钩向上起升到距离起重臂（即吊钩装置顶部升至小车架下端的距离）0.8 m 处停止。调节行程开关中控制起升向上回路的触头调整凸轮，使限位器触头断开，塔式起重机吊钩无法继续向上运行。有些塔式起重机还设有高速高度限位，限制高速起升距离。调整时将吊钩上升至距离起重臂 8～10 m 处停止，调节行程开关中控制高速起升回路的触头调整凸轮，使限位器触头断开。调整好试验高度限位器，吊钩高速起升到距离起重臂小于 8～10 m 时，高速自动转换成低速，低速在继续起升到距离起重臂 0.8 m 处时，吊钩停止上升。重复 3 次，应灵敏可靠。

（4）重量限制器的调试。重量限制器的形式有多种，但控制的原理是相同的，所以调试的方法基本相同。调整重量限制器和力矩限制器应准备砝码，但在施工现场不具备条件，可以就地取材，通过用磅秤称重来配置需要的重量，但不允许使用估算的方法。调整重量限制器的砝码重量分为两组，一组重量等于该塔式起重机最大额定起重量（Q_m）；另一组重量为最大额定起重量的 0.01～0.03 倍（$0.01～0.03Q_m$），视重量限制器的灵敏度而定，若灵敏度高可选轻点，若灵敏度低可选重点。两组砝码系钢丝绳时，轻的一组钢丝绳要比重的一组长 2～3 m，这样做的原因是，吊钩起升后，重的一组砝码首先离地，继续上升 1～2 m，轻的一组砝码才离地，起到逐步加载的作用。调整时，吊钩先慢速起升至重的一组砝码离地，待砝码稳定后，调节重量限制器上的凸轮，调节到限制器上的行程开关或微动开关处于即将断开的临界状态。再继续低速起升吊钩至轻的一组砝码离地或即将离地，这时重量限制器应该动作，吊钩停止上升。如轻的一组砝码离地后吊钩还能上升，需重新调整。这个限位器的临界状态因物而异，要反复调整。调整中要注意几点，砝码离地后，一定要等稳定后调整，也就是说在静态下调整。调整好的重量限制器起升最大起重量时，不应动作，但由于起升不稳造成重物上下颠簸，重量限制器动作是正常的，因为在动态下处在超载的临界点。由于塔式起重机用到最大起重量情况很少，从安全角度来说，重量限制器尽量调的小些，因为这样不影响正常使用，而且更为安全。

（5）力矩限制器的调试。力矩限制器的调试方法有定幅变码和定码变幅两种方法。在施工现场调试力矩限制器时，只需选择其中一种方法。

1）定幅变码调试。所谓定幅变码，是指调试时吊钩工作幅度不变，只改变砝码重量来进行调试。先查看该塔式起重机的起重性能表，找出最大工作幅度时的额定起重量（Q_0），准备一组相同重量的砝码（Q_0）和一组 0.1 倍（Q_0）的砝码（$0.1Q_0$）。在起重臂最大工作幅度处以最慢的工作速度起升这两组砝码，离地后停止起升，调整力矩限制器上的行程开关至断开，力矩报警铃响。放下砝码以正常速度起升额定重量砝码（Q_0），力矩限制器不应动作。再以最慢的工作速度起升这两组砝码（Q_0）+（$0.1Q_0$），力矩限制器动作，并报警。

再查出塔式起重机起升 0.7 倍最大额定起重量（$0.7Q_m$）时的相应幅度。准备（$0.7Q_m$）相同重量的砝码一组和该重量 0.1 倍的砝码一组，重复上面的试验。

2）定码变幅调试。所谓定码变幅是指调试时砝码重量不变，而改变幅度来进行调试。查看塔式起重机的起重性能表，找出最大额定起重量（Q_m）的最大工作幅度（R_m）以及该幅度 1.1 倍值 $1.1R_m$，在塔式起重机的地面上做好标记。准备最大额定起重量（Q_m）相同的砝码，在小幅度处起升砝码离地 1 m 处停止起升，待稳定后慢速向前变幅至 $1.1R_m$ 处停止变幅。调整力矩限制器上的行程开关至断开。变幅小车回到小幅度处以正常速度向前变幅至最大工作幅度（R_m）处力矩限制器不应动作，再向前在小于 $1.1R_m$ 处，力矩限制器应动作并报警。

再找出 0.3 倍最大额定起重量（$0.3Q_m$）时的最大工作幅度以及该幅度 1.1 倍值，在地面做好标记。重复上面的试验。

调试力矩限制器要注意的事项：

①塔式起重机的工作幅度，应在空载时测定。

②幅度与起重量的关系应以该塔式起重机的整机性能表为准。调试工作要细致，需反复多次才能达到要求。

③对于变幅小车最高速度超过 40 m/min 的塔式起重机，还要增加调试项目醒目。起升一组砝码，在该砝码的最大工作幅度的 0.8 倍处做好标记。变幅小车运行到 0.8 倍处，停止运行，调节力矩限制器上控制 80%力矩的行程开关，使其断开。然后变幅小车回到原位，以高于 40 m/min 的速度向前变幅，在到达额定起重量的最大工作幅度的 0.8 倍处应自动转换为低于 40 m/min 的速度向前变幅。

第三节　电气系统维修

由于电气系统的故障相对要比机械故障多，因此在塔式起重机的使用过程中，电气系统的维修工作显得非常重要，系统地学习了解电气知识，也是为更好地做好维修工作打下基础。

一、从事塔式起重机电气维修工作需具备的条件

（1）从事维修工作的人员必须是经过专业学习和培训的专职人员，能够熟练地进行各种常规电工工具、电工仪表的操作和使用。

（2）熟悉塔式起重机的电气图纸，包括原理图、接线图、布置图等，能够根据故障的症状，通过原理图分析产生的原因、位置，提出有效的解决办法。

（3）配备完善的维修工作所需的工具仪表，如电工常规工具，万用表、兆欧表、钳形电流表、漏电电流测试仪。

（4）维修操作人员应熟悉安全用电知识，掌握安全操作规程。

二、电气故障分类

电气故障从不同的角度可以进行不同的分类，分类的目的在于便于叙述、分析故障。在实际维修工作中遇到的故障往往不是孤立的某一种类型，故障的症状也是复杂多样的，因此不要拘泥于分类，要灵活掌握。

1. 配电线引起的故障

外部配电线配置不符合要求，会出现线损过大、工作电压偏差大、电压不稳等故障，直接影响到塔式起重机上所有电气设备的正常工作，甚至损坏元器件。内部配电线配置不符合要求，会出现过热、短路、与元器件接线端子脱落等故障。

2. 元器件损坏引起的故障

元器件损坏的故障发生率最高，电气元器件都有一定的使用寿命，使用寿命又受诸多因素影响，如元器件质量的好坏、元器件选用合适与否、使用环境条件等。

3. 安全装置失灵引起的故障

安全装置直接与控制电路相连，出现失灵或损坏会直接导致塔式起重机不能正常

工作。

4. 电气设备漏电引起的故障

电气设备都有规定的绝缘要求，当设备因受潮、过热、绝缘体受外力损坏等因素影响，绝缘电阻会显著下降，出现漏电故障和短路故障。

三、故障查找步骤与方法

故障查找首先通过故障现象确定故障范围，塔式起重机电气系统几个机构的电路是相对独立的，故障之间的影响比较小。只有总电源控制影响整个电气系统。出现故障时，可以根据这一规律首先确定故障位置。比如整个塔式起重机都不能运行了，电源指示灯也不亮，电压表没有指示，首先要检查电源配电箱，是否有电，在确保有电的情况下，检查总电源控制。再如起升吊钩无法运行，其他机构正常，故障位置基本上是在起升机构了。

确定范围后，逐步缩小范围来找出故障具体位置，加以排除。如果在范围内确定正常的，就要逐步扩大范围。寻找故障的方法有：

1. 排除法

在故障范围内，如果有多个元器件、多个因素都会造成故障时，就用排除法解决。仍以起升吊钩为例，如果吊钩无法正常运行，先检查是否上下都不能运行，还是某一个方向不能运行。如果有一个方向可以正常运行，那么可以排除起升机构中的其他因素，主要检查没有动作的那个回路。假定是上升没有动作，而下降正常，可以排除其他因素，把范围缩小到上升回路。再把主令开关推向上升挡，检查上升接触器是否动作，如果有动作，又可以排除上升控制回路的因素，着重检查上升部分的主回路；如果接触器没有动作，就要从控制回路检查。从原理图中分析影响吊钩上升的因素有主令开关触头、高度限位器、力矩限制器、重量限制器、下降接触器的互锁触头、上升接触器线圈以及控制线。在这些因素中，容易形成吊钩无法上升的是几个安全限制器。检查安全限制器应逐一排除；如果安全限制器没有问题，检查互锁触头、主令开关触头，仍旧没有问题，故障范围缩小到接触器的线圈和控制连线。接触器线圈和控制连线还没有问题，而且经测量电源能够到达接触器线圈。控制回路的因素可以排除，而要检查接触器的主触点和机械部分了。因为上升控制回路主要控制上升接触器的吸合和断开，上升接触器的吸合和断开又直接与电动机运行有关，控制回路经过检查没有问题，接触器线圈也正常，故障的原因极有可能就在接触器自身。

以上是采用排除法查找故障的例子，采用排除法涉及许多电工基础知识、电器元件知识、电气原理图的熟悉程度、维修工作经验，这些知识和经验越多越丰富，查找的准确度越高。在实际操作中，不一定都是从头开始，一样样排除。有经验的能一下排除多种因素，或者从某一处进行排除查找，这样查找的速度可以快一些。

2. 替换法

替换法是指维修中受检测条件限制无法确定某一元器件的好坏时，用一只可以确认完好的相同元器件进行替换试验。这种方法也经常用在电气系统疑难杂症的查找。如塔式起重机进电源配电箱中的漏电保护器频繁跳闸，经过对塔式起重机的电气系统检查没有发现有漏电情况，怀疑是漏电保护器自身故障，又没有仪表对保护器进行检测。这时可以用相同的保护器替换试验，换上后故障消失，说明那只保护器自身有故障；换上后故障没消失，说明故障不在漏电保护器，需从其他方面查找。

3. 短接法

短接法是指维修查找故障中，把一些可能影响主要元器件电路通路的触头用导线暂时短接，来查找故障。以总电源控制电路为例，影响总接触器线圈电路通路的触头有相序保护继电器、过流继电器、热继电器等保护电器的触头，查找总接触器没有动作的故障时，采用短接的方法把保护电器的触头短接起来，如果故障消失，说明故障在这几个触头中。

采用短接法查找故障要注意几点：

①操作人员一定要熟悉电气原理图，避免误操作，误操作会扩大故障范围。

②操作完毕一定要将短接的导线拆除。

③缺乏维修经验的人员不要采取此法。

4. 仪表测量法

仪表测量法是指运用常用的电工仪表对线路和电气元器件进行测量来查找故障，这个方法比较可靠。较常用的仪表有万用表、兆欧表、钳形电流表等，查找故障时，用这些仪表通过测量电压、电流、通断、绝缘电阻等来判断出故障的位置，加以排除。

5. 顺藤摸瓜法

顾名思义，顺藤摸瓜法是指查找故障时顺着电路一个接点一个接点地查找，适用于维修经验不太丰富的人员，对该塔式起重机电路图不太熟悉的人员，比较难以查找的疑难杂症。查找的方法是在电气原理图上找到要查找的部分，按照原理图用万用表的电阻挡，一段段往下找，该通的触头要通，该断的触头要断。遇到线圈，除了测量通断，还要测量电阻判断线圈是否短路。如遇到反常的地方就是故障之处。

四、常用低压电器的故障及处理方法

1. 接触器常见故障及处理方法

接触器常见故障及处理方法见表 8-2。

表 8-2 接触器常见故障及处理方法

故障症状	产生原因	处理方法
通电后不能吸合	1. 线圈断路 2. 线圈额定电压高于线路电压 3. 触头与灭弧罩壁之间卡住 4. 接触器内有胶木碎块或螺钉卡在运动导轨上	1. 修复或更换 2. 更换与线路电压相符的线圈 3. 位置调整 4. 打开接触器清理异物

续表

故障症状	产生原因	处理方法
通电后吸合不正常	1. 线路电压过低，低于 85%额定电压 2. 线圈额定电压略高于线路电压 3. 机械运动部分有卡涩现象 4. 触头超程过大 5. 动、静铁芯之间间隙过大	1. 调整线路电压 2. 更换与线路电压相符的线圈 3. 找出卡涩位置加以调整或修理更换零件 4. 调整触头超程 5. 加垫抬高静铁芯的位置来调整间隙
接触器运行中铁芯噪声大或振动	1. 线路电压低或电压不稳 2. 铁芯极面有污垢、生锈或平面度差 3. 短路环断裂 4. 铁芯夹紧铆钉松动	1. 调整线路电压 2. 清理铁芯极面，平面度太差的需更换铁芯 3. 更换短路坏 4. 重新铆紧
断电后不能释放	1. 反作用力过小 2. 铁芯极面有油污 3. 机械运动部分有卡涩或异物 4. 主触头熔焊在一起 5. 控制线路接线错误	1. 更换适合的弹簧 2. 用布擦净油污 3. 找到卡涩部位加以调整，清理异物 4. 由电流过大或触头质量差引起。分开触头，找到电流过大的原因，触头损坏严重的需更换触头 5. 排除接线错误
线圈损坏	1. 使用环境潮湿或有腐蚀气体所致 2. 外部机械碰撞、振动所致 3. 线路电压过高 4. 线路电压过低，使铁芯不能完全吸合，造成线圈过热烧毁 5. 接触器操作频率过高，引起线圈过热 6. 线圈内部断线 7. 线圈内部匝间短路	1. 改善使用环境 2. 找出原因，做好防护措施 3. 调整线路电压，使线圈电压与之相符 4. 调整线路电压 5. 选择操作频率高的接触器 6. 更换线圈 7. 更换线圈
短路环断裂	1. 质量差 2. 机械寿命终结	1. 更换短路环或更换铁芯 2. 更换铁芯
主触头严重发热	1. 负载电流过大 2. 触头因污物、氧化层引起接触不良 3. 触头表面烧损，使有效接触面积缩小 4. 触头接触压力不足 5. 接线松动 6. 使用类别选择错误	1. 如非线路故障，应更换大电流接触器 2. 用软布清除触头污物，严禁用锉刀锉 3. 用细锉刀修平，严重的需更换 4. 调整。因触头磨损过大引起行程过大导致压力不足的，更换触头 5. 清理线头，重新连接 6. 在 AC—4 工作类别下，要降容 50%～70%使用
触头熔焊	1. 线路与短路故障 2. 线路电压过低，触头吸合不稳 3. 控制电动机运行过程中过于频繁使用点动，电弧所致 4. 经锉刀修复的触头，因修复不良 5. 使用类别选择错误	1. 排除线路故障 2. 调整线路电压 3. 减少点动。确实需要频繁点动的，适当使用电流大点的接触器 4. 更换触头 5. 在 AC—4 工作类别中使用，选择大一点容量的接触器

2. 漏电保护器常见故障及处理方法

漏电保护器常见故障及处理方法见表 8-3 所示。

表 8-3 漏电保护器常见故障及处理方法

故障症状	产生原因	处理方法
漏电保护器不能合闸	1. 贮能弹簧变形导致闭合力减小 2. 漏电脱扣器未复位	1. 更换贮能弹簧 2. 先将脱扣器复位后再合闸
漏电保护器不能带电合闸	1. 过电流脱扣器未复位 2. 漏电脱扣器未复位	1. 等待过电流脱扣器自动复位 2. 手动使漏电脱扣器复位 3. 排除线路中漏电故障 4. 更换漏电脱扣器
漏电保护器打不开	1. 触头发生熔焊 2. 操作机构卡住	1. 负载线路中有短路故障，先排除短路故障，再更换触头 2. 操作机构发生位移或有异物，查出部位进行调整和修理
电动机启动时漏电保护器立即跳闸	1. 过电流脱扣器额定整定值太小 2. 漏电动作电流值太小 3. 线路压降太大	1. 调整或更换电流脱扣器 2. 更换热元件 3. 调整漏电动作电流值 4. 采取屏蔽措施或更换地磁脱扣器的漏电保护器 5. 查处不稳定的原因，加以排除
漏电保护器试验按钮不起作用	1. 试验回路不通 2. 试验电阻烧坏 3. 试验按钮接触不良 4. 漏电脱扣器失灵	1. 检查回路，接好连线 2. 更换试验电阻 3. 修理或更换 4. 更换

3. 热继电器常见故障及处理方法

热继电器常见故障及处理方法见表 8-4。

表 8-4 热继电器常见故障及处理方法

故障症状	产生原因	处理方法
热继电器主电路不通	1. 热元件烧坏 2. 引出线脱焊	1. 更换热元件 2. 重新连接焊牢
热继电器控制电路不通	1. 整定电流调节旋钮转到不合适的位置，以致触头被顶开 2. 触头烧坏或动触头杆弹性消失，致使动静触头不能接触	1. 将调节旋钮旋到有电流刻度的位置上 2. 修理或更换
热继电器动作不稳	1. 热继电器自身机构部件松动 2. 双金属片被折弯	1. 查处松动位置，加以紧固 2. 把双金属片拆下，用 240℃ 高温进行热处理，消除内应力，或更换

续表

故障症状	产生原因	处理方法
热继电器在工作中经常误动作	1. 整定电流调的太小 2. 电动机启动太频繁 3. 热继电器安装出的环境温度过高	1. 按技术要求选择整定电流值 2. 根据电动机的工作状况，适当提高整定电流值 3. 改善热继电器的工作环境温度
电动机已烧毁而热继电器不动作	1. 电动机本身的故障，如散热风扇损坏 2. 热继电器整定电流过大起不到保护电动机的作用 3. 热继电器曾经通过大的短路电流，双金属片已永久变形 4. 热继电器动作机构有异物	1. 检修电动机 2. 按电动机的额定电流大小正确选择热继电器 3. 更换双金属片 4. 检查机构，清除异物

4. 过流继电器常见故障及处理方法

过流继电器常见故障及处理方法见表 8-5。

表 8-5　过流继电器常见故障及处理方法

故障症状	产生原因	处理方法
过流继电器控制触头不通	1. 微动开关损坏 2. 微动开关触头有污物或氧化层 3. 微动开关安装位置不正确，推杆被外力卡住	1. 更换微动开关 2. 用软布蘸汽油清理触头 3. 调整微动开关
电动机一启动，过流继电器就动作	1. 过流继电器的额定电流太小 2. 过流继电器没有反时限特性 3. 过流继电器中起阻尼作用的硅油泄漏	1. 选择合适的额定电流，太小易误动作，太大起不到保护作用 2. 选择具有反时限特性的过流继电器 3. 补充相同品种的硅油

五、电动机故障及处理方法

如果正确使用电动机，并且定时进行维护，一般故障较少。但是人们在使用塔式起重机时，往往忽视了对电动机的正确使用和维护，造成一系列故障。由于电动机与其他低压电器相比体积大、重量大，而且电动机与机构上的减速机、制动器等连在一起，互相牵连，判断故障时有一定的难度，有时会造成误判。怎样把它区分开来？检查电动机故障主要通过听声音，看故障特征，测量电动机电流等方法来判断。电动机的故障可分为机械故障和电气故障，无论是机械故障还是电气故障，出现故障时，会出现异常噪声。首先要区别噪声。把电动机通上电运转，异常噪声出现。然后断电，机械噪声要到电动机停转后才消失，而电磁噪声随着电源被切断立即消失。

机械噪声有轴承损坏产生的“咕噜咕噜”声，转子扫膛产生的“嚓嚓”声，散热风叶打到罩壳上的“嗒嗒”声等。

电磁噪声有电动机转子拆装次数较多后，轴承室摩擦大，致使电动机旋转时，转子发生轴向位移，使转子与定子长度配合不好而出现低沉的“嗡嗡”声。电动机缺相时光“嗡嗡”转不动的声音，电动机断笼时类似于减速机故障的较大噪声等。

常见的电磁故障主要有：

1. 电源缺相

电源缺相时，电动机无法启动有明显的“嗡嗡”声。如果电动机在运转当中缺相，在负载不大的情况下还能继续运转。这是测量电动机的定子电流，星形接法电动机的空载缺相时电流为正常时 1.4～1.7 倍；满载缺相时电流为正常时的 2 倍。

电源缺相时引起电动机定子绕组烧坏的特征是：星形接法电动机两相绕组发黑，另一组完好。三角形接法电动机一相绕组发黑，另两相比较完好，或稍有焦黑。

2. 匝间短路

电动机有一相绕组出现匝间短路时，测量绕组电流，有两相空载电流比正常值大，其中一相是短路相。另一相电流较小，甚至小于正常值。

匝间短路时引起电动机定子绕组烧坏的特征是：匝间短路部分发黑，一般只有几匝，其他部分完好。

3. 绕组接地

电动机绕组发生接地，主要看接地的位置和范围。如果接地点在绕组进电源线端处，相当于电源接地短路，引起熔断器熔断，比较容易发现。如果接地点离绕组进电源线端处较远，而且只有一点接地，那么电动机仍然能正常运行，不太容易发现。在有漏电保护器的线路中，漏电保护器就会出现跳闸。出现这种故障要注意，电动机的机壳可能带电。

4. 绕组断路

绕组断路是指电动机绕组内部断路。星形接法电动机发生绕组断路与电源缺相相同，其后果与特征也相同。三角形接法电动机发生绕组短路的特征是，三相电流都比正常值大，其中 A 相和 C 相电流比较接近，B 相电流比 A 相和 C 相电流大但又不小于 A 相和 C 相电流之和。

5. 星形接法与三角接法颠倒

这种故障容易发生在电动机维修、检查故障时，把接线盒中的连接板拆下后重新安装，稍不留意就会接错。倾倒的后果是：

①星形接法接成三角接法时，电动机每相绕组所承受的电压增至 $\sqrt{3}$ 倍，电动机的铁芯严重过热。定子绕组电流过大最后烧坏电动机。

②三角形接法接成星形接法时，电动机每相绕组所承受的电压只有 $1/\sqrt{3}$，电动机的启动转矩下降，满载时电流剧增，电动机烧坏。

6. 转子断笼

笼式电动机转子的笼条断开，一般是电动机超载引起转子电流过大造成的。表现特征是：

（1）启动转矩降低。

（2）满载运行时转速比正常低，转子过热，定子电流却没有明显增加。

（3）满载时有较大的噪声。

（4）带负载运行时，三相电流表指正周期性摆动。

第三项特征有时会误判为减速机的噪声，要结合其他几项综合判断。

7. 绕组有一相接反

电动机三相绕组，其中有一组头尾接反。表现特征是：

（1）启动转矩严重降低，只要捎带负载就无法运转到正常转速。

（2）电动机三相空载电流明显不等，而且都比正常值大得多。

（3）电动机机身振动并有明显噪声。

（4）即使空载运行，电动机也会严重发热。

六、常见电气故障及处理方法

塔式起重机常见电气故障及处理方法见表 8-6。

表 8-6　塔式起重机常见电气故障及处理方法

故障症状	产生原因	处理方法
塔机整机没有动作	1. 停电 2. 漏电保护器跳闸 3. 三相电源缺相	1. 检查施工现场配电房和供电线路 2. 检查塔机有无漏电故障，排除后再合闸 3. 排除缺相故障
总启动没有响应	1. 控制线路短路保护熔断器熔断 2. 三大机构主令开关不在非工作状态，零位保护起作用 3. 总停止按钮没有复位 4. 主电源相序接反 5. 其他保护装置的触头不通 6. 总启动按钮开关失灵 7. 总接触器损坏	1. 先查找熔断器熔断原因，更换相同规格的熔芯 2. 将主令开关全部置于非工作状态 3. 总停止开关非自动复位的，手动复位 4. 调换主电源相序 5. 检查不通的原因。安全装置起作用了，先排除安全隐患；触头不通，修理或更换 6. 修理或更换 7. 修理或更换
起升机构只有低速，没有中速和高速，或者只有低速、中速，没有高速	1. 速度换挡之间的时间继电器失灵 2. 接触器损坏	
吊钩上升到极限位置，仍能上升，紧急停止后却不能下降	主电机三相电源相序接反	
吊钩只能下降，不能上升，同时变幅小车只能向后不能向前	力矩限制器起作用	
低压电器零件故障	参见“常用低压电器故障及处理方法”	

七、维修案例

1. 由供电线引起的塔式起重机故障分析

塔式起重机除自身出现电气故障、机械故障外，供电线（这里指从配电房至塔机主电源电缆之间的线路）配置不当同样会引起塔机的各种故障，用多速鼠笼式电机做主起升电机的塔机尤为突出。

有一些塔机用户反映，塔机起吊最大额定重量时，中速不能起升，或半空中停车后不能再次起升。检查机械传动部分无故障，三相工作电压也在 380 V±10%范围内，于是提出是否起升电动机有故障或功率不足。经检查分析，此故障是供电线配置不当，塔机启动瞬间线路电压损失太大引起的。现举一例分析。

该塔机使用起重用三相三速电机作主起升电机，功率 30/24/7.3 kW，额定工作电流 60/54/50 A，全压启动，启动电流为额定电流的 6.5 倍。塔机主电源电缆为 YCW3 × 25 + 1 × 10 mm²，长度 60 m。用户配电房至塔机底下的配电箱的距离 200 m，用 25 mm² 铝线敷设。线路电压损失计算公式如下：

$$\Delta U=\frac{173I_{\max}L\cos\varphi}{\delta qU_e}\% \tag{8-1}$$

式中，$I_{\max}$——最大电流，A；

L——电缆或电线长度，m；

$\cos\varphi$——负荷的功率因数，绕线电机取 0.65，笼式电机取 0.5；

U_e——电网额定电压，V；

q——电缆或电线的线芯截面，mm²；

δ——导电材料的电导率，Ω · m，铜取 50，铝取 32。

计算塔机主电源电缆的电压损失（为了说明问题，以主起升电机中速启动电流为最大电流，其余电机略）：

由式（8-1）得：

$$\Delta U=\frac{173\times351\times60\times0.5}{50\times25\times380}\%\approx3.84\% \tag{8-2}$$

再计算电网供电线的电压损失：

由式（8-1）得：

$$\Delta U=\frac{173\times351\times200\times0.5}{35\times25\times380}\%\approx20\% \tag{8-3}$$

由式（8-2）和式（8-3）得知线路总电压损失达 23.84%，即塔机满负荷时启动瞬间工作电压只有 380−380 × 23.84%=289.4 V。《起重机设计规范》（GB/T 3811—2008）对总电压损失规定如下：

“对于交流电源供电在尖峰电流时，自供电变压器的低压母线至起重机任何一台电动机端子的电压损失不应超过额定电压的 15%”。塔式起重机设计时，在选择电动机容量时已考虑了这 15%的电压损失对启动转矩的影响。从以上实际计算可以看出，电压损失已超过 15%。电动机的启动转矩与电压平方成正比。当电压损失达 23.84%时，电动机的启动转矩下降了 42%，超出了设计时的余量，所以导致起升电动机堵转。这时导致如下恶性循环：

电流↑—电压↓—启动转矩↓—堵转

最后致使过流保护动作或熔断器芯子熔断。由于线路压降太大，还会造成接触器等电气元件无法正常工作。因此，出现上述故障时，还常伴有交流接触器吸合不上、触头经常烧坏等故障。

塔式起重机正常运转后，由于电机的额定电流比启动电流小得多，线损小，这时测得的工作电压往往符合要求，这不能说明供电线已符合要求。

塔机使用说明书中对塔机的工作电压都有一定的要求（380 V±10%）。用户往往以塔机电动机的额定电流为准配置供电线，而忽略了这个电压范围要求满足塔机的尖峰电流；在测量工作电压时至测量塔机空载、轻载时的电压，而忽略测量塔机主起升电机启动瞬间的工作电压，从而忽略了对电网供电线的检查，误判塔机本身存在故障。

从以上分析可以看出，塔机的供电线必须严格按塔机尖峰电流大小来配置，线路损失控制在说明书要求的范围内，才能保证塔机正常工作，否则会引起一系列故障。

2. 接错线引起的电气故障分析

有一台新安装的塔式起重机使用几天后总接触器烧坏，检查总电源控制回路以及电源电压都正常，检查接触器线圈额定电压与线路电压相符，判断是接触器质量问题，按常规处理，更换一只接触器，换上后用了几天又烧坏。后面接二连三换了几个都损坏，多的能用上几天，少的半天就烧坏。到底是什么原因呢？接触器经过对塔式起重机使用情况仔细分析，发现这样一个规律：塔式起重机使用时，一切正常，使用时间再长接触器都没烧坏；而当工作间隙暂停时，按照塔式起重机安全操作规程，司机按下总停止开关，总接触器释放，断开了塔式起重机的总电源。而几只接触器都是在暂停后这段时间里烧坏的，从原理上无法解释。重新对线路进行检查，总电源控制线路仍然正常，却发现线路中多出一根线。原来安装接线时，误将照明灯、指示灯回路的线（原来应该接 U_2 处）与总电源控制回路的 05#线连接到一起，如图 8-36 所示。

这样一来，总电源控制电路正常工作时，总接触器与 V_2 和 W_2 构成回路，接触器线圈得到 380 V 电压，接触器正常吸合。当暂停时，接触器线圈与 V_2 断开，接触器释放。但是从图 8-36 中可以看出，当按电笛时，特别是照明灯打开时，接触器线圈可以通过误接的那根线经过照明灯与工作零线构成回路，线圈得到一个 220 V 电压的电源。由于 220 V 电压太低，无法使接触器铁芯闭合，铁芯磁阻增大，线圈也因此电流增大而发热烧坏。

这个案例有两个启示：

（1）安装接线时一定要仔细，千万不能误接。

（2）检修分析故障时，要从多角度去分析思考。比如这个案例，接触器线圈烧坏一定会有电源从线圈中通过。总控制电路断开后，线圈还能烧坏说明另外还有电流从线圈中通过，检修时用万用表测量一下线圈就会发现这个 220 V 电源，就会很快查找到故障原因。

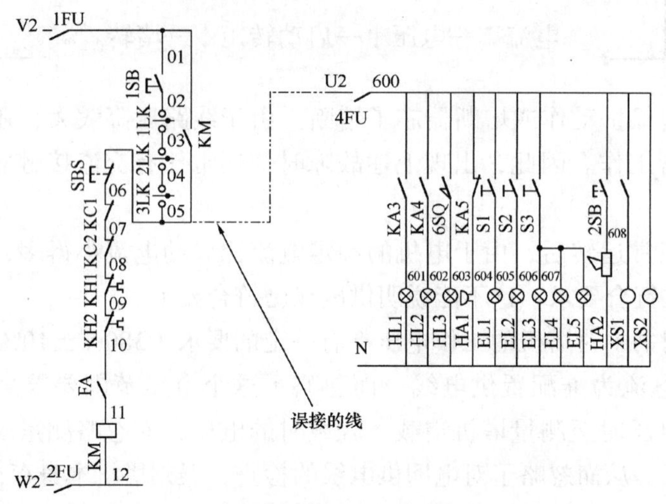

图 8-36　接错线路引起的电气故障示意

3. 以电气故障为表象的机械故障

某塔式起重机在使用中用户反映，回转时遇到迎风面就回转不动，机械部分运行正常，是否回转机构电动机的转矩不够。维修人员对回转机构的控制电路、电动机进行检查，没有发现异常，怀疑电动机的功率不够。经过对回转机构所需功率计算，理论上现用的电动机功率能满足要求。是什么原因呢？维修人员有对与电气相连的机械部分进行检查，发现液力耦合器存在细微的漏油现象，很难发现。耦合器中油量减小造成传递力矩下降。向液力耦合器中补充油后，故障消除。

这个案例也有两个启示：

（1）有些机械故障是以电气故障为表象，检查电气故障时，要把相关的机械故障考虑进去。

（2）电气维修人员也要掌握一定的机械知识。

第九章 塔式起重机的顶升系统与顶升过程

自升式塔式起重机在安装完成后，为满足工作需要，应进行顶升接高工作。

自升式塔式起重机在升高时增加标准节和降低时拆出标准节，均需要利用液压顶升装置，它由液压泵站、油缸、阀和油管等组成。这在前面略有叙述，这里加以重点讨论。

第一节　塔式起重机的顶升系统

一、液压传动的基本原理

液压传动是指在密闭工作容积中，用液体作为工作介质来变换和传递能量的一种综合装置。以图 9-1（a）所示的液压千斤顶来说明。

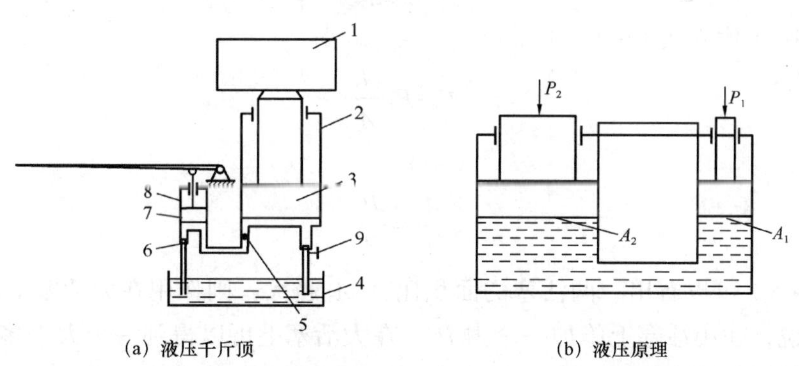

(a) 液压千斤顶　　(b) 液压原理

图 9-1　液压千斤顶

1–重物；2–大油缸；3–大活塞；4–油箱；5、6–单向阀；7、8–小活塞；9–放油塞

当小活塞把作用力传递到小油缸的液体表面时，由于液体可以流动，而千斤顶事实上是一个连通的密闭容器，它的另一端有一个大活塞，上面负载着重物，因而液体的流动受到阻碍，在这种情况下液体才受到压力的作用。这种压力会直接传到与大活塞接触的液体表面，油缸内这种前阻后推作用的不断加强，使压力不断提高，直至它足以克服大活塞负载（重物的重力）时为止。这表明缸内压力的形成与外界负载（或阻力）有

关，而且负载（阻力）越大，缸内压力也越高。

液体处于静止状况下的压力称为液体的静压力，它是由液体自重和液体表面所受到的外力共同作用而产生的。液体自重所产生的压力与离开液面的深度成正比，表面受压液体的静压力与作用于液体表面的外力成正比，而与受压表面的面积成反比。液体静压力可按式（9-1）计算。

$$p=h\gamma+\frac{P}{A} \tag{9-1}$$

式中，p——液体静压力，MPa；

γ——液体的重度，N/mm^3；

h——液体的深度，mm；

P——液体表面所受的作用力，N；

A——液体受压表面的面积，mm^2。

液体静压力有这样特征：静止液体中任何一点所受到的各个方向的压力都是相等的，液体压力垂直作用于受压表面，其方向与该表面的内法线方向一致；密闭容器内的静止液体中，任何一点的压力如果有变化，则这个变化值将传递给液体中所有各点，而且该值不变，这就是帕斯卡原理。如图 9-1（b）所示，设小活塞的面积为 A_1，大活塞的面积为 A_2，在小活塞上加一个力 P_1，则在小油缸中油液的静压力为：

$$p=\frac{P_1}{A_1} \tag{9-2}$$

这一压力将传到液体中的任何一点，因此大油缸中的液体静压力也是 p，则在大活塞上受到的液体静压力 P_2 为：

$$P_2=A_2p \tag{9-3}$$

将式（9-2）代入式（9-3）可得：

$$P_2=P_1\frac{A_2}{A_1} \tag{9-4}$$

则

$$\frac{A_1}{A_2}=\frac{P_1}{P_2} \tag{9-5}$$

由式（9-5）可以看出，两活塞的面积比 A_2/A_1 越大，则作用在大活塞上的力 P_2 也越大。这就是说，在小活塞上施加一个力 P_1，在大活塞上可以得到一个大得多的力 P_2，而力增大的倍数恰好等于两活塞面积的比值。两个活塞上的作用力与其面积成正比，因而构成了力的放大效果。液压千斤顶就是利用这一原理工作的。

在液压千斤顶及任何一种液压系统中，压力是靠油液的运动来建立的，压力的大小取决于外载荷。用来完成压力能传递的液压传动元件分为四类（第四章已有叙述）：

（1）液压动力元件：主要指液压泵，其功能是将机械能转换为液体的液压能，上述液压系统中的小活塞就起到液压泵的作用。

（2）液压执行元件：指的是液压缸，其功能是将液体的压力能转换为机械能，上述液压系统中大活塞和容器所组成的便是液压缸。

（3）液压控制元件：系指各类阀，其功能是控制液压传动系统中液体的压力、流量、方向，从而使工作装置完成预期的动作。

（4）液压辅助元件：指油箱、滤油器、接头、密封件、冷却器等，其功能是在液压传动中协助和完善能量传递，保证系统正常工作。

二、液压泵

液压泵用来将电动机的机械能转换为液体的压力能，是液压传动中的能量来源。表示液压泵性能的主要参数为工作压力 P 和输出流量 Q。液压泵按其结构分为齿轮泵、柱塞泵和叶片泵。塔机上的液压系统主要采用齿轮泵和柱塞泵，以齿轮泵应用较为普遍。

1. 齿轮泵的特点

（1）结构简单、紧凑、体积小、重量轻、工作可靠。

（2）工艺性好，价格低廉，便于维修和保养。

（3）自吸性能好，对液压油的污染不敏感，能使用黏性大的液压油。

（4）缺点是压力较低，流量脉动和压力脉冲较大，噪声大。

2. 齿轮泵的工作原理

齿轮泵主要由装在壳体内的一对互相啮合的齿轮组成，其中一个是主动齿轮；另一个是从动齿轮。齿轮的端面设有端盖密封，两齿轮将壳体内腔分成左右两个不相同的空腔。右腔叫吸油腔，与吸油口相接通；左腔叫压油（出油）腔，与压油口相通。

如图 9-2 所示，当电动机通电起动带动齿轮按图中所示箭头方向旋转时，吸油腔外的轮齿逐渐退出啮合，工作空间的容积便随之增大并形成部分真空，于是油箱中的液压油便在大气压力作用下，经吸油管而上升进入吸油腔，并逐渐填满轮齿之间的间隙。吸入轮齿之间缝隙里的液压油，随着齿轮的旋转而被带到压油腔。由于齿轮继续旋转选择，相应的轮齿进入啮合，使压油腔容积减小，液压油便由压油口被排出并送入压油管。齿轮不停地旋转，吸油腔便不断地吸油，压油腔不断地排油，从而形成连续的压力油流。这就是齿轮泵的工作原理。

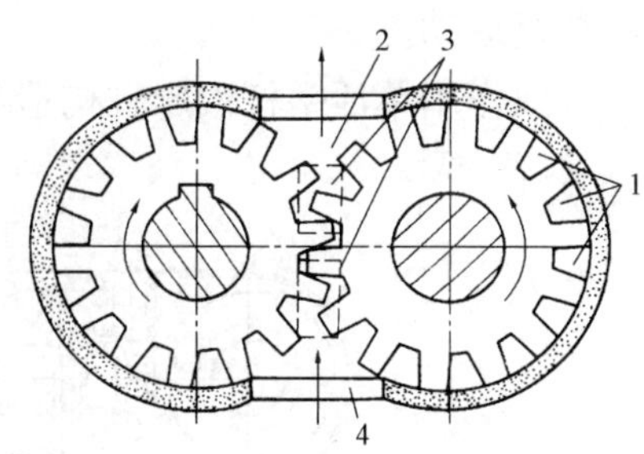

图 9-2　齿轮泵工作原理

1–齿隙；2–压油腔；3–油流；4–吸油腔

使用齿轮泵时，应注意其进出油口和泵的旋转方向。一般情况下，口径一样时进出油口通用。口径不同时，大口径为进油口，小口径为出油口。进出油口口径不同时，应特别注意其标明的旋转方向，不可弄错。此外，安装齿轮泵时应注意其吸油高度，一般不宜超过 50 cm。过高时，不易吸油甚至会吸不上油。

我国塔机液压顶升系统采用的液压泵大都是 CB-G 型齿轮泵，CB 为齿轮泵的代号，G 表示固定的轴向间隙，工作压力为 12.5～16 MPa。

3. 柱塞式液压泵

柱塞式液压泵分径向柱塞泵和轴向柱塞泵。柱塞泵的特点是：工作压力高，可达

35 MPa；转速高，可得 3 000 r/min；容积效率较高，最高可达 98%；在结构上易于实现无极变量。我国工程机械液压系统工作压力大于 16 MPa 的，多采用轴向柱塞泵。重型塔机液压顶升系统也多采用轴向柱塞泵。

轴向柱塞泵按结构型式不同，又可分为斜盘式和斜轴式两大类。斜盘式轴向柱塞泵的特点是外形尺寸小，结构紧凑，自重轻，体积小，国产 CY14—1 系列和 ZB 系列均为斜盘式轴向柱塞泵，但 ZB 系列应用较广。斜轴式轴向柱塞泵的特点是柱塞和配流盘磨损小，耐冲击，但结构和加工工艺较为复杂。国产 ZB 系列柱塞泵应用面较窄。CY14—1 型斜盘式轴向柱塞泵的额定工作压力达 32 MPa。

三、液压缸

液压油缸简称液压缸，是液压系统中的执行元件。从功能上来看，液压缸是把压力能转变成机械能的转换装置。液压缸按结构及工作特点可分为单作用液压缸、双作用液压缸、组合液压缸、摆动液压缸和伸缩液压缸。自升式塔机液压顶升接高系统、下回转快速拆装塔机的架设机构的液压系统以及在俯仰变幅动臂塔机的液压变幅系统主要采用的是活塞杆双作用液压缸。

所谓单作用液压缸，是指压力油只能向液压缸中活塞的一侧空腔（大腔）供油，油液压力推动活塞向一个方向运动，运动完成后，活塞借助自重或其他因素（如弹簧）返回原位。而双作用液压缸即可向有活塞杆的一端空腔（小腔）供油，也可向无活塞杆的一端（大腔）供油，通过改变压力油的输入方向，使油液压力推动活塞作上、下或左、右往复运动。

双作用单活塞杆液压缸构造如图 9-3 所示。

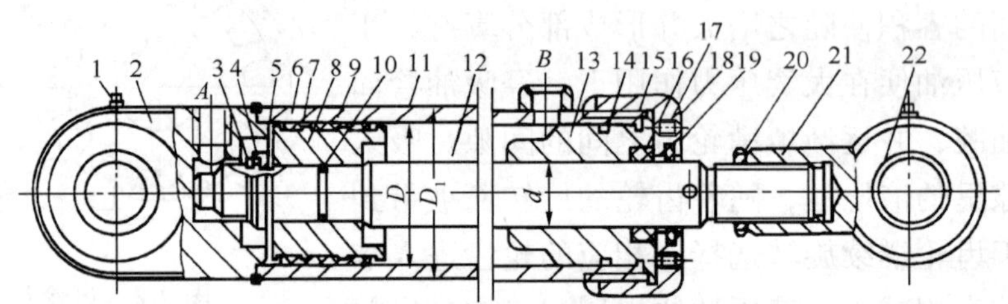

图 9-3　双作用单活塞杆液压缸的构造

1–压住油嘴；2–缸底；3、7、17–挡圈；4–卡键帽；5–卡键；6、16–Y 形密封圈；8–活塞；9–支承环；10、14–O 形密封圈；11–缸筒；12–活塞圈；13–导向套；15–端盖；18–螺钉；19–防尘圈；20–锁紧螺母；21–耳环；22–滑动轴承套；A–进油口；B–出油口

缸筒一端与杆底焊接，另一端则与缸盖采用螺纹连接，以便于拆装检修。活塞与活塞杆沟槽卡键连接，结构紧凑便于装卸。为了避免缸筒内壁与活塞直接发生摩擦而造成拉缸事故，活塞上套有支承环，支承环由耐磨材料制成，但不起密封作用。缸内两腔直径的密封是靠活塞内孔的 O 形密封圈，以及外缘 Y 形密封圈。当工作控油压升高时，Y 形密封圈的唇边就会张开贴紧活塞和缸壁表面，压力越高贴得越紧，从而防止内漏。为了确保活塞杆的移动不偏离中轴线，以免损伤缸壁和密封件，并改善活塞杆与缸盖孔的

摩擦，特在缸盖一端设置导向套 13，它由铸铁等耐磨材料制成。在缸底和活塞杆顶端的耳环 21 上，有供安装用或与工作结构连接用的销轴孔，销轴孔必须保证液压缸为中心受压。为了减轻活塞在行程终了时对缸底或缸盖的撞击，两端设有缝隙节流缓冲装置，当活塞快速运行临近缸底时，活塞杆端部的缓冲柱塞将回油口堵住，迫使剩油只能从柱塞周围的缝隙挤出，于是速度迅速减慢实现缓冲，回程也以同样原理获得缓冲。

四、控制阀

在塔机的液压系统中采用有多种不同控制阀来操纵和控制工作油液的流向、压力和流量，不仅要保证工作机构按预期的要求完成动作，而且还要起到对液压系统的安全保护作用。液压控制阀可以根据控制职能的不同分为：

1. 方向控制阀

方向控制阀简称方向阀，用来控制液压系统中油液的流向，以实现改变动作方向的要求。常用的有单向阀和换向阀两大类。

（1）单向阀：又称止回阀，其功能是保证油只能朝一个方向流动。单向阀由阀体、阀芯和弹簧等组成。弹簧的作用是保证阀芯迅速复位。当油液正向流动通过单向阀时，只需克服很小的弹簧阻力。但当液流反向流动时，由于阀芯回位并被压紧在阀座上，故不能通过。

单向阀的阀芯有球形和锥形两种，故又分为球式单向阀和锥式单向阀，其构造如图 9-4 所示。锥式单向阀的阻力小、密封性能好，应用较广泛。

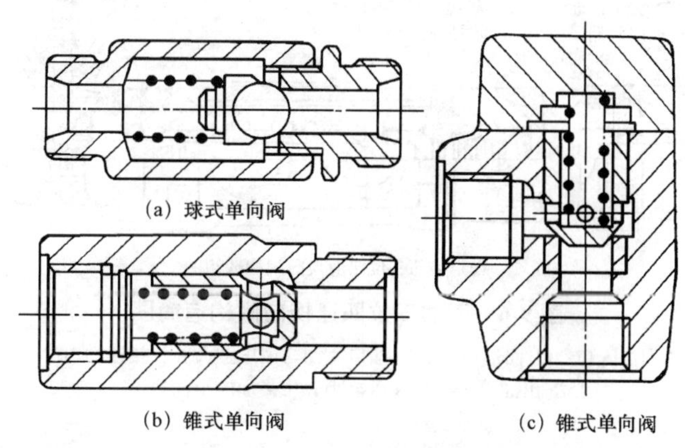

(a) 球式单向阀

(b) 锥式单向阀

(c) 锥式单向阀

图 9-4　单向阀结构

（2）换向阀：又称分配阀，由阀体、滑阀、弹簧和手柄等组成。其功用是控制液压油的流动方向，通过改变滑阀在阀体中的位置来接通不同的油路，使油液改变流向，从而改换执行元件的运动方向。换向阀按控制方式的不同可分为手动换向阀、液动换向阀、电磁换向阀和电液换向阀。

按油路相连通的油口数（“通”）和阀杆在阀体中的不同工作位置数（“位”），换向阀又可分为二位二通阀、三位二通阀、三位三通阀和三位四通阀等。塔机上的液压顶升系统和液压立塔系统油路中所采用的多是手动三位四通换向阀。

三位四通阀的四种通路如图 9-5 所示。

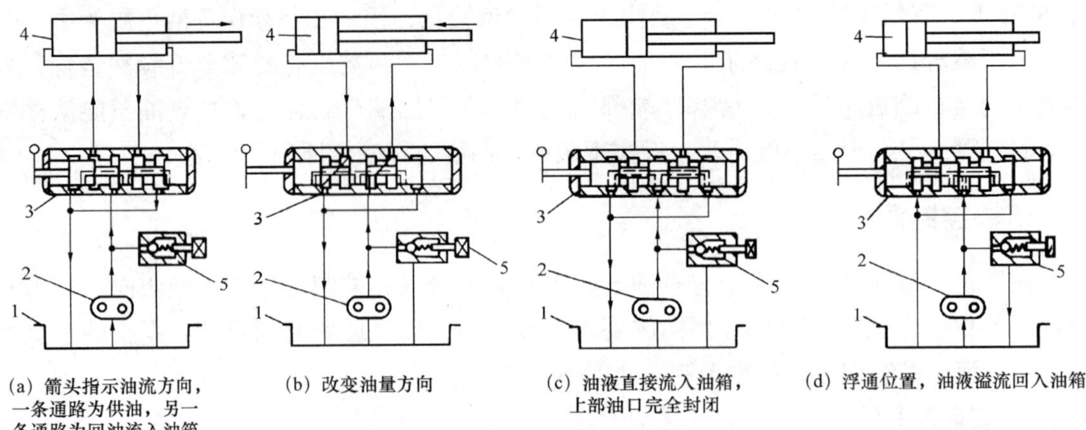

（a）箭头指示油流方向，一条通路为供油，另一条通路为回油流入油箱

（b）改变油量方向

（c）油液直接流入油箱，上部油口完全封闭

（d）浮通位置，油液溢流回入油箱

图 9-5　三位四通阀的四种控制通路

1–油箱；2–液压泵；3–三位四通阀；4–液压缸；5–安全阀

手动三位四通换向阀借助手动杠杆进行操作，作用于手柄上的操作力一般都小于 100 kN。换向阀的位置可以是定位的，也可以是利用弹簧复位的，图 9-6 所示为手动三位四通换向阀构造简图。

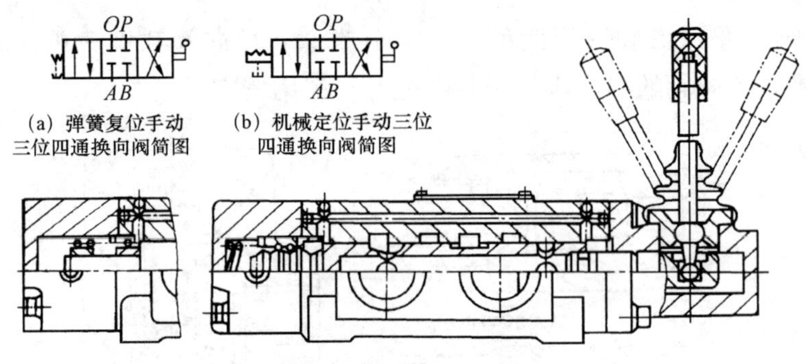

（a）弹簧复位手动三位四通换向阀简图

（b）机械定位手动三位四通换向阀简图

（c）手动三位四通换向阀构造简图

图 9-6　手动三位四通换向阀构造简图

P–压力油入口；*O*–回油口；*A*–出油口（如与液压缸大腔相接通的出油口）；*B*–出油口（如与液压缸小腔相接通的出油口）

2. 压力控制阀

压力控制阀的职能是控制和保护液压系统不被高压所损坏，有安全阀、溢流阀、限压阀和平衡阀等。

（1）溢流阀和安全阀。这两种阀的工作原理相同，但职能有所不同。安全阀起安全保护作用，当液压泵出油口的油压升高超过限定值时，安全阀便自动开启，使压力油经安全阀流回油箱，从而保护其他液压元件不致损坏。由于压力是限定，所以也称限压阀。溢流阀的作用是限定进入液压系统中的油流量，维持系统的压力近似恒定。通过溢流阀，多余的油流量直接流回油箱，从而保证液压缸速度平缓，其结构如图 9-7 所示。

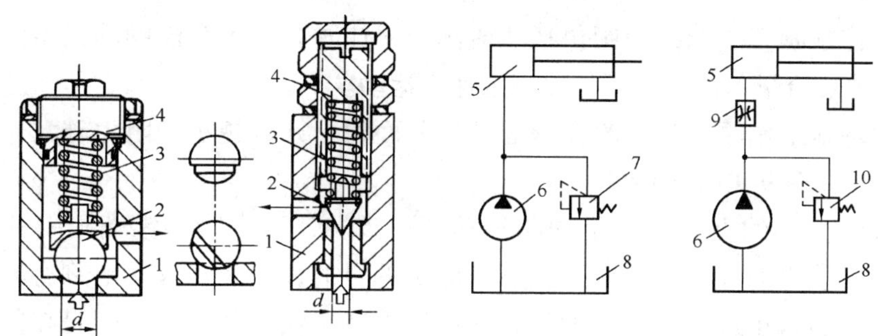

（a）球形溢流阀与锥形溢流阀结构简图　（b）溢流阀在油路中的应用　（c）安全阀在油路中的应用

图 9-7　安全阀和溢流阀结构简图

1–阀体；2–阀芯；3–弹簧；4–调压螺钉；5–液压油缸；6–液压泵；7–溢流阀；8–油箱；9–可调节流阀；10–安全阀

溢流阀有三种结构型式：直动式、差动式和先导式。

（2）平衡阀。平衡阀又名限速阀，其作用是限制负载下降速度，防止机构在负载作用下产生超速下降，保持平稳下降和微动下降。在结构上，平衡阀由单向阀和溢流阀组成，故兼有这两种阀的功能。

在自升式塔机液压顶升接高系统的油路中，在三位四通换向阀出油口接至液压油缸大小腔的通道上都设有一个或两个平衡阀，其作用为保证液压缸活塞杆伸缩（液压缸升降）的平稳，防止超速下降导致的安全事故。

平衡阀在结构上可分为锥阀式、滑阀式和组合式 3 种。塔机液压顶升系统所用的多是组合式平衡阀，如图 9-8 所示。

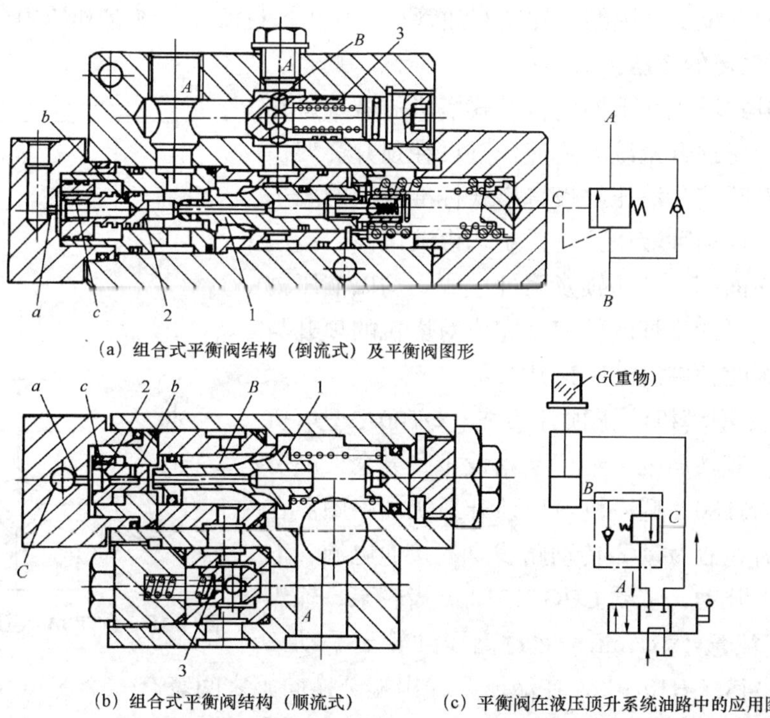

（a）组合式平衡阀结构（倒流式）及平衡阀图形

（b）组合式平衡阀结构（顺流式）　（c）平衡阀在液压顶升系统油路中的应用图

图 9-8　平衡阀的结构和应用

1–滑阀；2–导向活塞；3–单向阀

（3）流量控制阀。流量控制阀包括节流阀、限速阀和分流集流阀等，主要用以调节液压系统中的油液流量，使执行元件以一定速度运动。

节流阀的基本工作原理是，改变阀的开口截面积，开口越小，阻力越大，油液通过阀的流量越小，如图 9-9（a）所示。

改变阀开口大小的方式：一是轴向移动针形阀芯，增大阀芯锥端封闭开口的截面积，从而减小进油口的开口度，以达到减小流量的目的；二是在阀芯上刻有轴向斜槽，通过轴向移动阀芯减小进油口的截面积，从而达到减小流量的目的；三是在阀芯上沿着圆周刻有楔形缝槽，通过转动阀芯改变进油口的大小以减小油量；四是将阀芯端头做成斜面型式，通过轴向移动阀芯，改变进油口大小，来调节流量，如图 9-9（b）所示。

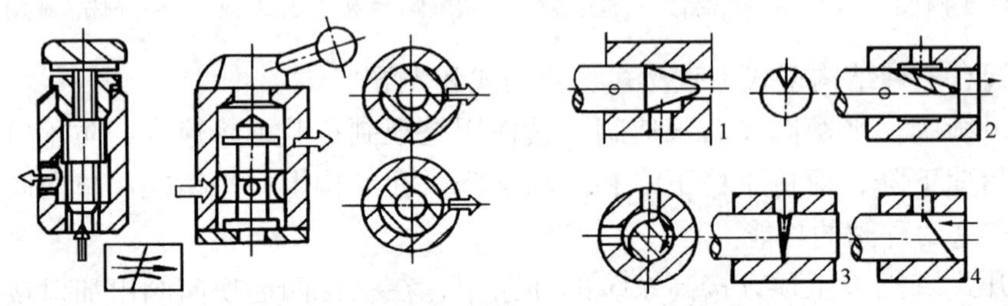

(a) 通过转动阀芯调节流量的节流阀结构及工作方式　　(b) 改变进油口大小的4种方式

图 9-9　节流阀结构与改变进油口大小的方式

1-轴向移动针型阀（锥形阀）芯；2-轴向移动刻有轴向斜槽的阀芯；
3-转动周向刻有楔形缝槽的阀芯；4-轴向移动端头斜切的阀芯

塔机的顶升系统中采用的元件还有油管和管接头、过滤器、油箱和压力表等。

3. 塔机所采用的液压顶升系统

上回转自升式塔机和下回转自升式塔机的塔身顶升接高所采用的液压顶升系统，将液压缸设在顶升套架一侧的属于侧顶升系统，液压缸设置塔式标准节内的属于中央顶升系统。这两种液压顶升系统均由液压泵、液压缸、平衡阀、换向阀、液压锁及附件组成。均以液压缸为执行元件，通过活塞杆的伸缩来完成对塔机的顶升与接高。下面介绍两种塔机液压顶升系统。

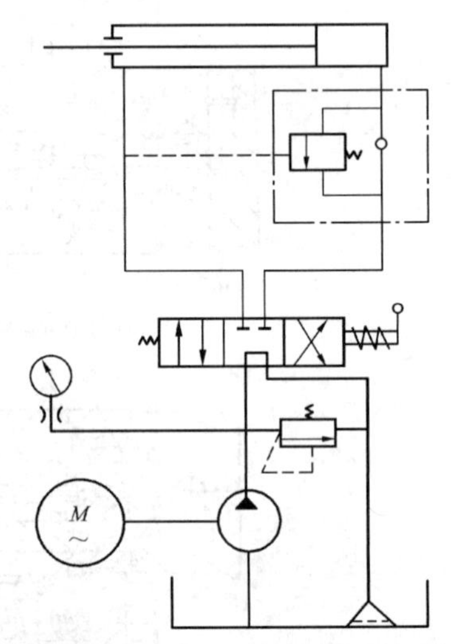

图 9-10　QT80A 液压顶升系统油路

（1）QT80A 型塔机液压顶升系统。QT80A 型塔机是侧顶升系统，其液压缸、液压泵站设于爬升套架的一侧。图 9-10 为 QT80A 型塔机液压顶升系统油路图。在此系统中，顶升过程及动力传动路线是：接通电源，电动机（2.5 kW）开动，带动 CBGF1018 型齿轮泵，输出油压 14 MPa，流量 18 L/min，通过高压油管至手动三位四通换向阀 34SM-B10H-T，在液压泵输出端至换向阀之间装有一个 Y60 型压力表，用以监测油液压力。手动换向阀用以控制进油和回油方向，液压油由手动换向阀排出后，经过平衡阀 BY101 输入液压缸中去，推动活塞杆的升降动作（即活塞杆的伸缩），从而完成顶升。液压缸的高压油腔连接有平衡阀，可防止顶升系统突然发生事故（如管路炸裂，突然停止供油或泄漏），活塞杆不致因自重或塔机上部载荷作用而产生超速下降。另外，与手动换向阀并联回油箱的管路中间，还装了一个 YF-B10H 型溢流阀，除确保安全工作外，还可以调节和稳定系统的压力。使液压泵和手动换向阀的回油箱管路中，装有 50 目的滤油器，以保持液压油的洁净。

QT80A 型塔机液压顶升系统的主要技术参数是：额定压力 16 MPa，流量 18 L/min，最大顶升力 62.04 kN，最大顶升行程 1.6 m，顶升速度 0.684 m/min，下降速度 1.150 m/min。

（2）FO/23B 型塔机液压顶升系统。FO/23B 型塔机液压顶升系统的特点是：采用侧顶升方式，装有高压柱塞定量泵，液压缸底端设有调节部，通过液控活塞调节单向阀的开闭。该塔机液压顶升系统泵站如图 9-11 所示，系统的安装方式如图 9-12 所示。

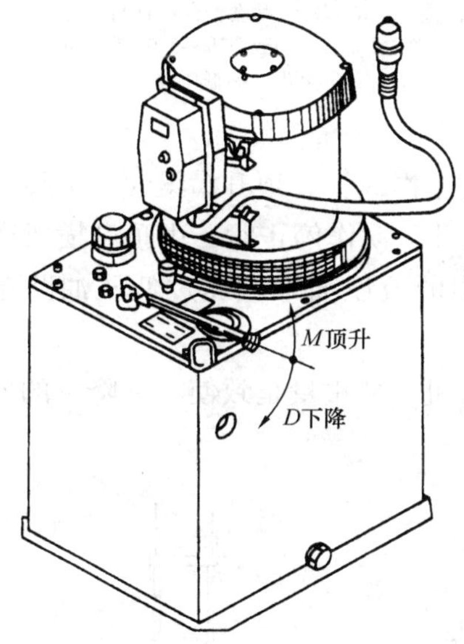

图 9-11　FO/23B 型塔机液压泵站

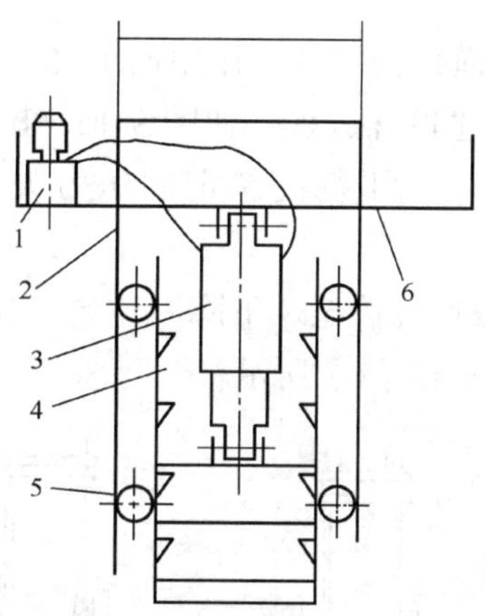

图 9-12　FO/23B 型塔机液压顶升系统安装方式

1–液压泵站；2–顶升套架；3–顶升液压缸；4–塔身标准节；5–滚轮；6–操纵平台

图 9-13 为 FO/23B 型塔机液压顶升系统油路图。图 9-14 为 FO/23B 型塔机液压顶升系统的液压缸主要组成部件。图 9-15 为 FO/23B 型塔机液压顶升系统工作过程原理，简述如下：

1）液压泵站上的操作杆既不提起也不按下。压力油流至换向阀后，随即流回油箱，顶升套架静止不动。

2）操作杆拨至“顶升”位置（提起操作杆）。提起操作杆后，液压油便在高压之下流入 *A* 口，将单向阀 5、7 打开而进入液压缸大腔，推动活塞向下，活塞杆向外伸出。此时塔机转台以上部分的重量全由液压活塞承受，并被向上举起，如图 9-15（a）所示。液压缸小腔中的液压油经管 *C* 及低压油路 *B* 流入油箱。

放下操纵杆，停止“顶升”时，阀 5、7 便在外载荷作用下闭合。

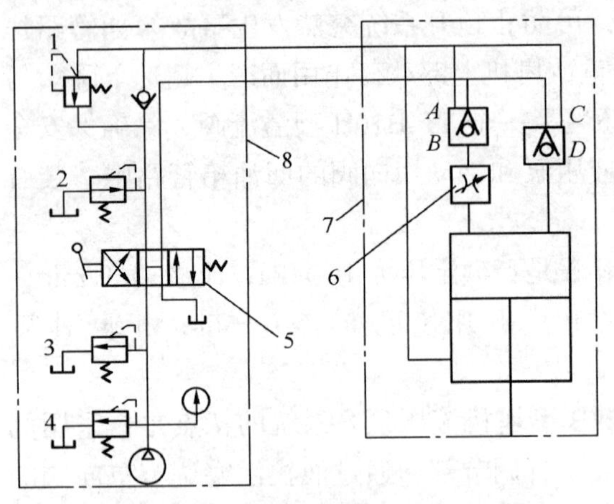

图 9-13　FO/23B 型塔机液压顶升系统油路

1–平衡阀；2–安全阀；3–安全阀（高压调节阀）；
4–安全阀（泵内）；5–手动三位四通阀；
6–可调节流阀；7–顶升液压缸；8–液压泵站
A、*C*–液控活塞；*B*、*D*–单向阀

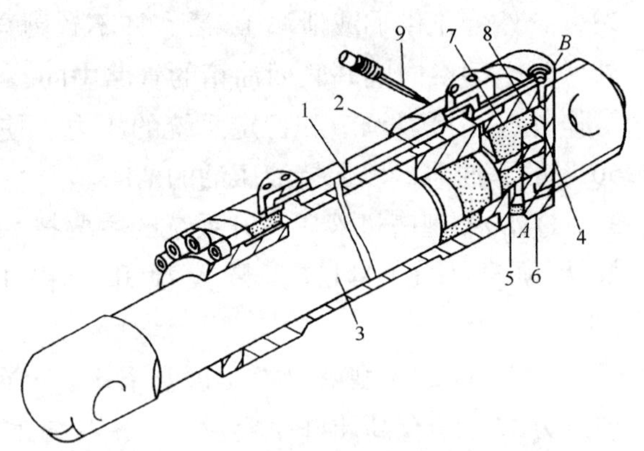

图 9-14　液压缸构造

1–缸筒；2–活塞；3–活塞杆；4–缸筒底端；
5、7–单向阀；6、8–液控活塞；9–节流阀；
A–高压油孔；*B*–低压油孔

顶升横梁会因自重作用而下降，因此，只要一提起操纵杆，顶升横梁便会下降，其过程同前述顶升过程，如图 9-15（b）所示。当“顶升”动作停止时，由顶升横梁产生的压力并不比平衡阀调定的压力大。因此，小腔中的液压油不能通过低压油路流入油箱。

3）操作杆拨至“下降”位置（按下操作杆）。塔机上部重量是致使“下降”的外载荷，如图 9-15（c）所示。

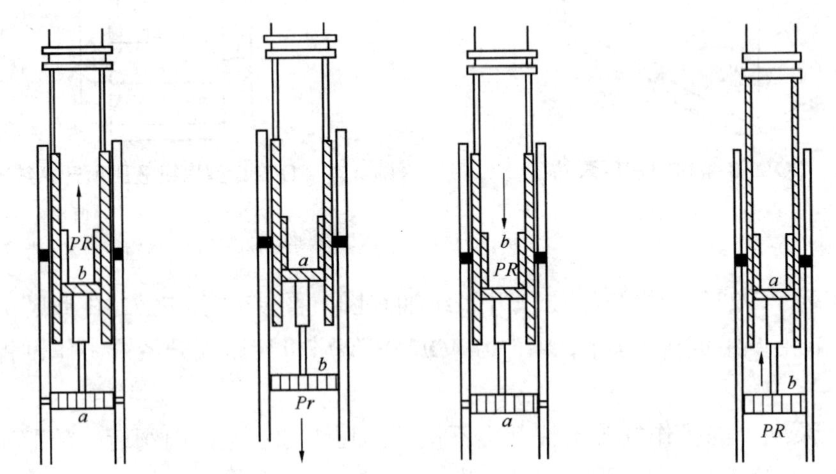

(a) 向上顶升、活塞杆伸出　(b) 顶升横梁向下降　(c) 塔机回转部分质量　(d) 回收活塞杆、提升顶升横梁

图 9-15　FO/23B 型塔机液压顶升系统工作过程原理

PR–塔机回转部分质量；*a*–固定部分；*b*–活动部分；*Pr*–顶升横梁质量的作用力

向下按下操作杆，低压油就流至 *B* 及 *C*。在 *C* 处，低压油的压力与由外载荷产生的压力相叠加。在 *B* 处，低压油推动液控活塞 8，打开单向阀 7。但此油液并不能推动液腔

活塞 6 以打开单向阀 5，因为作用于此活塞上的油液压力远小于大腔油液的压力。因此，大腔里的液压油便通过可调式节流阀 9，经单向阀 7 和高压油路 A 而回流入油箱。

下降速度既取决于油液流量，也取决于可调式节流阀的调节量。

这里指出：如颠倒高、低压软管的安装位置，将会招致严重危险。因为如高压控制下降动作，会使液控活塞 6 被推开而打开单向阀 5。这样流油量就不受节制，下降动作便会高速进行，从而导致抖动、冲击和气穴现象。

回收活塞杆，提起顶升横梁，如图 9-15（d）所示。此时，外载荷为顶升横梁的自重乃反作用力，其运动过程同前述“下降”过程。但由外载荷产生的压力与低压油流的压力相抵消，大腔油液压力减小，B 处油液压力足以推动液控活塞 6，以打开单向阀 5，油流经 5、9 及 7 而流回油箱。

顶升横梁向上提的速度取决于液压泵的排量，是顶升速度的 2 倍。

第二节　塔式起重机的顶升过程

一、顶升工艺

自升式塔机顶升加节工艺分为下顶升、中顶升、上顶升三种。对于现代外附着式塔机，由于顶升时不能松开锚固装置，一般采用由塔身侧面推入标准节的中顶升加节工艺。这种顶升接高还存在两种情况：

（1）整个塔架分为上、下两部。上部是内塔架，采用整体结构；下部是外塔架，采用散拼结构。在顶升接高时，先拼装接高外塔架，然后再顶升内塔架。如此外接内顶，反复交替进行，达到需要高度后，将内塔架固定并与外塔架联固。许多由国外引进的塔机，如 SG1740、H3/30B、Sinmma 等多采用这种顶升接高工艺。

（2）通过顶升套架先将塔机上部顶起，在套架内形成能容入一个标准节的所需空间后，将标准节经由引进轨道引入套架内，与下部塔身连成一体。这种标准节既可以是整体式，也可以是拼装式（国外塔机多采用），拼装式须预先在地面组拼好。目前，国产塔机几乎都采用这种顶升接高工艺。

二、顶升过程

图 9-16 为 QTZ80 型塔机加入标准节一个循环的液压顶升接高过程示意图，其拆卸下降标准节过程则相反。

三、液压顶升工作要点

（1）使用前调整。

1）排净液压缸内的空气：如果在液压缸内存有空气，则在顶升塔机过程中，一旦终止供油，顶起的塔机上部在重力作用下会下降，造成下滑故障。

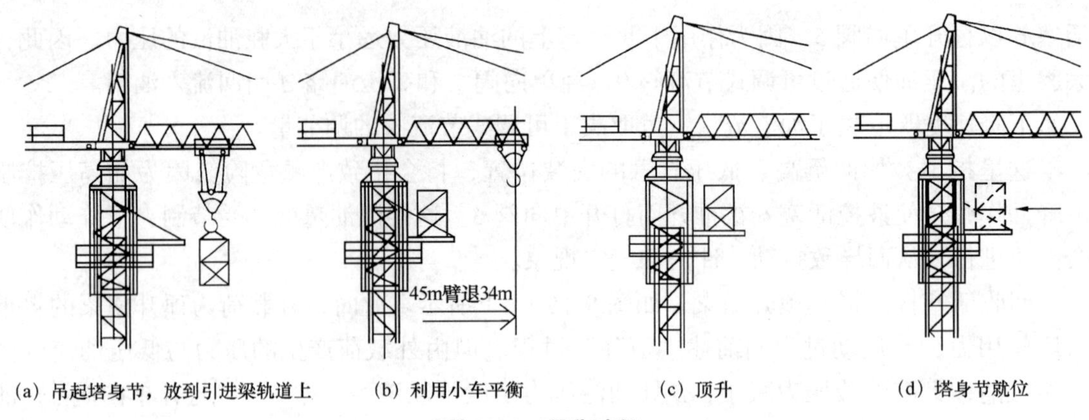

(a) 吊起塔身节，放到引进梁轨道上　(b) 利用小车平衡　(c) 顶升　(d) 塔身节就位

图 9-16　顶升过程

排净液压缸内空气，必须在液压缸无负荷情况下进行，排气时，整个顶升系统应挂在塔桅主弦杆的爬爪上。

排液压缸内空气的操作要领是：旋松液压泵站高压安全阀。缩回活塞杆，将低压排气螺钉 V_1 拧松 1/4 扣。尽可能安全地伸出活塞杆，然后拧紧排气螺钉 V_1。将高压排气螺钉 V_2 旋松 1/4 扣，缩回活塞杆。重新拧紧排气螺钉 V_2。如此反复进行上述操作，直至油液中不再见到气泡，如图 9-17 所示。

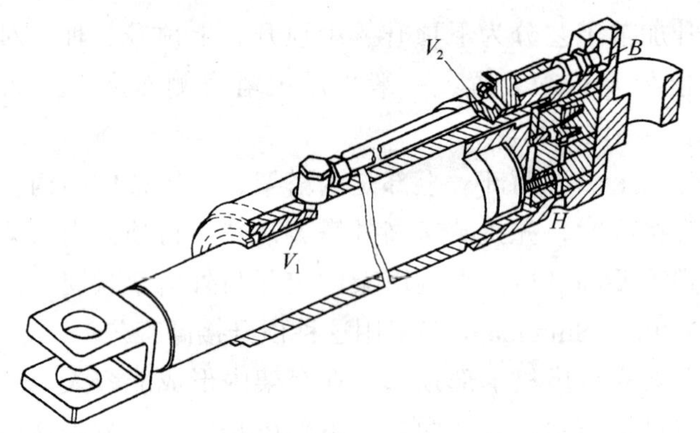

图 9-17　液压缸内空气排除及节流阀调节构造示意

B–低压口；*H*–高压口；V_1、V_2–排气螺钉

2）调整节流阀：在顶升工作中，顶起的塔机上部下降速度不得加快，以免造成抖动现象。为此，应及时调整节流阀流量，以调整塔机上部下降的速度。

节流阀流量的调整应在排净液压缸内残存空气之后进行。调定时，顶升套架必须支托在塔身爬爪上，并且液压缸不得承受任何载荷。

节流阀流量调整步骤如下：脱下螺帽，旋松锁紧螺母，安全拧入阀针，然后旋松 1/4 扣。开始向上顶升时，旋松量不得大于 1/4 扣。随后再拧紧锁紧螺母，微微向上顶升后再下降至原位。若速度过慢，可重复上述操作，每次至多只能旋松 1/4 扣。然后套上锁紧螺母并戴上螺帽。

（2）注意要点。

1）顶升前的准备工作：按塔机使用说明书中规定的数据将塔机变幅小车开到指定位置，或将小车吊起规定的载荷后移停在指定的幅度位置，以保证塔机上部结构完全平衡。

工作人员按各自的工作规定进入岗位，检查泵站的油压是否正常，并检查和调整顶升套架导轨（轮）的间隙。

2）顶升过程：应有专人负责指挥，专人照管电源，专人操作液压泵，专人拆、紧连接件。一般不得在夜间进行顶升操作。风速超过 5 级时，无论风向如何，均应禁止顶升作业。顶升中，禁止转动起重臂，一般应先将回转机构锁定住。如遇到卡阻或发生其他故障，须立即停机检查。故障未经排除不得继续顶升。

3）在液压泵站投入运行之前，应先拧松高压安全阀。工作时，不得超过液压缸许用的最大压力。应选用与塔机构造性能相匹配的液压顶升系统，不得截断高压安全阀油路或另用其他机械系统取代。

4）收尾工作：引进安装（拆卸）标准节后，降下塔机上部，紧固和检查塔身节之间的螺栓连接和柱销连接，确认稳妥后才能进行其他工作。

第十章 塔式起重机的试验方法、检验及验收

本章重点介绍塔式起重机的试验方法、安装后的检验及验收。

第一节 塔式起重机的试验方法

塔式起重机的试验方法分为空载试验、额定载荷试验、连续作业试验、拖行试验、110%额定载荷动载试验、125%额定载荷静载试验、安全装置试验等。

一、空载试验

塔机在空载状态下，进行起升、回转、变幅三个作业循环的空载试验。吊钩起升到最大起升高度位置，再下降到离地面 500～1 500 mm 处，上升下降过程中各进行制动 1～2 次；行走式塔式起重机往返运行各 20 m；小车变幅在工作全幅度范围内往返各变幅一次；左右各转 180º 以上一次。此后检查：①操作系统、控制系统、联锁装置动作准确性和灵活性；②各行程限位器的动作准确性和可靠性；③各机构中无相对运动部位是否有漏油现象，有相对运动部位的渗漏情况，各机构运动的平稳性，是否有爬行、震颤、冲击、过热、异常噪声等现象；④试验中各机构动作应平稳、灵活、无异常现象。

二、额定载荷试验

按表 10-1 进行。每一工况试验不少于三次。各参数的测定值取为三次测量的算术平均值。

表 10-1　塔机额定载荷试验

<table>
<tr><th rowspan="3">工况</th><th colspan="5">试验方法</th><th rowspan="3">试验目的</th></tr>
<tr><th rowspan="2">起升</th><th colspan="2">变幅</th><th rowspan="2">回转</th><th rowspan="2">运行</th></tr>
<tr><th>动臂变幅</th><th>小车变幅</th></tr>
<tr><td>最大幅度相应的额定起重量</td><td rowspan="3">在起升全程范围内以额定速度进行起升、下降，在每一起升、下降过程中进行不少于三次的正常制动</td><td>在最大幅度和最小幅度间，臂架以额定速度进行俯仰变幅</td><td>在最大幅度和最小幅度间，小车以额定速度进行两个方向的变幅</td><td rowspan="2">以额定速度进行左右回转。对不能全回转的塔机，应超过最大回转角</td><td rowspan="2">以额定速度往复行走。臂架垂直于轨道，吊重离地 500 mm 左右，往返运行不小于 20 m</td><td rowspan="2">测量各机构的运动速度；机构及司机室噪声；力矩限制器、起重量限制器精度</td></tr>
<tr><td>最大额定起重量相应的最大幅度</td><td>—</td><td>在最小幅度和对应该起重量允许的最大幅度间，小车以额定速度进行两个方向的变幅</td></tr>
<tr><td>具有多挡变速的起升机构，每挡速度允许的额定起重量</td><td colspan="4">—</td><td>测量每挡工作速度</td></tr>
</table>

注：1. 对设计规定不能带载变幅的动臂式塔机，可不按本表规定进行带载变幅试验。

2. 对可变速的其他机构，应进行试验并测量各挡工作速度。

三、连续作业试验

连续作业循环次数不少于 30 次，中途因故停机，循环次数应重新计算。

作业循环的规定：吊重为 70%最大额定起重量，在相应幅度起升不小于 10 m，回转 180° 以上再回到原位，在相应幅度至最小幅度间往返变幅一次，吊重下降到地面。这一作业过程为一次作业循环。

对于轨道运行的塔机，作业循环还应包括往返运行 20 m 以上距离。

试验完毕测量减速器温升，检查各部件是否有损坏及异常现象。

四、拖行试验

对拖行式自行架设塔机（快装塔），拖行试验总里程应不少于 20 km，其中 1.2 倍最大拖行速度连续拖运里程不少于 5 km。

五、110%额定载荷动载试验

按表 10-2 进行。每一工况试验不少于三次。每一次的动作停稳后再进行下一次启动。

表 10-2 110%额定载荷动载试验

工况	试验方法					试验目的
	起升	变幅		回转	运行	
		动臂变幅	小车变幅			
最大幅度相应额定起重量的 110%	在起升全程范围内以额定速度进行起升、下降	在最大幅度和最小幅度间，臂架以额定速度进行俯仰变幅	在最大幅度和最小幅度间，小车以额定速度进行两个方向的变幅	以额定速度进行左右回转的塔机，应超过最大回转角	以额定速度往复行走。臂架垂直于轨道，吊重离地 500 mm 左右，往返运行不小于 20 m	根据设计要求进行组合动作试验，并目测检查各机构运转的灵活性和制动器的可靠性。卸载后检查机构及结构各部件有无松动和破坏等异常现象
起吊最大额定起重量的 110%，在该吊重相应的最大幅度时		—	在最小幅度和对应该起重量允许的最大幅度间，小车以额定速度进行两个方向的变幅			
在上两个幅度的中间幅度处，相应额定起重量的 110%						
具有多挡变速的起升机构，每挡速度允许的额定起重量的 110%		—				

注：对设计规定不能带载变幅的动臂式塔机，可不按本表规定进行带载变幅试验。

六、125%额定载荷静载试验

按表 10-3 进行，试验时臂架分别位于与塔身成 0° 和 45° 的两个方位。

表 10-3 125%额定载荷静载试验

工况	试验方法	试验目的
最大幅度相应额定起重量的 125%	起升额定载荷，离地 100～200 mm，停稳后，逐次加载至 125%，测量载荷离地高度，停留 10 min 后同一位置测量并进行比较	检查制动器可靠性，并在卸载后目测检查塔机是否出现可见裂纹、永久变形、油漆剥落、连接松动及其他可能对塔机性能和安全有影响的隐患
起吊最大额定起重量的 125%，在该吊重相应的最大幅度时		
在上两个幅度的中间幅度处，相应额定起重量的 125%		

注：1. 试验时不允许对制动器进行调整。

2. 试验时允许对力矩限制器、起重量限制器进行调整。试验后应重新将其调整到规定值。

第二节　塔式起重机检验

塔式起重机安装后、顶升加节后都需要进行检验或验收，这项工作技术性强，管理要求严格，稍有不慎极易造成安全事故。

一、检验检测规定

（1）总体规定。塔式起重机安装后使用前，由安装单位组织质量监督人员对安装后塔机进行自行检查、纠偏校验、消除缺陷；并委托第三方进行检验检测，第三方检验检测合格后，向总承包报告，由总承包组织安装单位、监理单位、塔机使用单位、塔机租赁单位对安装后的塔机进行联合验收；联合验收合格后，由总承包单位向塔机使用所在地行政主管部门履行备案登记手续。自此安装后的塔机方可进入正式使用阶段。

（2）塔机顶升加节后使用前，由安装单位组织质量监督人员对顶升加节后的塔机进行自行检查、纠偏校验、消除缺陷；由总承包组织安装单位、监理单位、塔机使用单位、塔机租赁单位对顶升加节后的塔机进行联合验收；联合验收合格后，由总承包单位登记归档，塔机安装单位备案。

二、安装后的检验

安装单位自检合格后，应委托有相应资质的检验检测机构进行检验检测，检验检测机构应出具检验检测报告。检验检测机构应依据住建部行业标准《建筑施工升降设备设施检验标准》（JGJ 305—2013）及其他国家现行相关标准开展检验检测工作。检验检测不合格的不得投入使用。塔式起重机使用检验周期为 1 年。检验报告见表 10-4。

表 10-4　塔式起重机检验报告

工程名称		使用单位	
施工地点		监理单位	
检验单位		安装单位	
检验证号		塔机型号	
生产厂家		塔机产品标牌固定	
出厂日期		受检塔机机位编号	
出厂编号		安装位置坐标	
备案编号		最大额度起重量	
安装告知日期		最大幅度/安装幅度	
使用年限		检验时安装高度	
最大安装高度		检验时安装附着数	

拟安装附着道数								
检验依据								
主要检验仪器设备	仪器（工具）名称	型号	编号	仪器状态	仪器（工具）名称	型号	编号	仪器状态
检验结果	保证项目不合格数				一般项目不合格数			
	检验单位（章） 签发日期：							

批准：　　　　审核：　　　　检验：

序号	项目类别	检验内容及要求	检验结果	检验结论
1	资料复核	产品出厂合格证、监督检验证明、特种设备制造许可证、备案证明		
2		安装告知手续		
3		安装合同及安全协议		
4		专项施工方案		
5		地基承载力勘察报告		
6		基础验收及其隐蔽工程资料		
7		基础混凝土强度报告		
8		预埋件或地脚螺栓产品合格证		
9		塔式起重机安装前检查表		
10		安装自检记录		
*11	使用环境	塔式起重机尾部分与周围建筑物及其外围施工设施之间的安全距离不应小于 0.6 m		
*12		两台塔式起重机之间的最小架设距离，处于低位的塔式起重机的臂架端部与任意一台塔式起重机塔身之间的距离不应小于 2 m，处于高位塔式起重机的最低位置的部件与低位塔式起重机处于最高位置的部件之间的垂直距离不应小于 2 m		
*13		塔式起重机独立高度或自由端高度不应大于使用说明书的允许高度		

续表

<table>
<tr><th>序号</th><th>项目类别</th><th>检验内容及要求</th><th>检验结果</th><th>检验结论</th></tr>
<tr><td>*14</td><td>使用环境</td><td>有架空输电线的场所，塔式起重机的任何部位与架空线路边线的最小安全距离应符合下表规定
<table>
<tr><td rowspan="2">安全距离/m</td><td colspan="7">电压/kV</td></tr>
<tr><td><1</td><td>10</td><td>35</td><td>110</td><td>220</td><td>330</td><td>500</td></tr>
<tr><td>沿垂直方向</td><td>1.5</td><td>3.0</td><td>4.0</td><td>5.0</td><td>6.0</td><td>7.0</td><td>8.5</td></tr>
<tr><td>沿水平方向</td><td>1.5</td><td>2.0</td><td>3.5</td><td>4.0</td><td>6.0</td><td>7.0</td><td>8.5</td></tr>
</table></td><td></td><td></td></tr>
<tr><td>*15</td><td rowspan="2">基础</td><td>基础应符合使用说明书的要求</td><td></td><td></td></tr>
<tr><td>16</td><td>基础应有排水设施，不得积水</td><td></td><td></td></tr>
<tr><td>*17</td><td rowspan="10">结构件</td><td>主要结构件应无明显塑性变形、裂纹、严重锈蚀和可见焊接缺陷</td><td></td><td></td></tr>
<tr><td>*18</td><td>结构件、连接件的安装应符合使用说明书的要求</td><td></td><td></td></tr>
<tr><td>*19</td><td>销轴轴向定位应可靠</td><td></td><td></td></tr>
<tr><td>*20</td><td>高强度螺栓连接应按说明书要求预紧，应有双螺母防松措施且螺栓高出螺母顶平面的 3 倍螺距</td><td></td><td></td></tr>
<tr><td>*21</td><td>平衡重、压重的安装数量、位置与臂长组合及安装应符合使用说明书的要求，平衡重、压重吊点应完好</td><td></td><td></td></tr>
<tr><td>*22</td><td>塔式起重机安装后，在空载、风速不大于 3 m/s 状态下，独立状态塔身（或附着状态下最高附着点以上塔身）轴心线的侧向垂直度允许偏差不应大于 4/1 000，最高附着点以下塔身轴心线的垂直度允许偏差不应大于 2/1 000</td><td></td><td></td></tr>
<tr><td>23</td><td>塔式起重机的斜梯、直立梯、护圈和各平台应位置正确，安装应齐全完整，无明显可见缺陷，并应符合使用说明书的要求</td><td></td><td></td></tr>
<tr><td>24</td><td>平台钢板网不得有破损</td><td></td><td></td></tr>
<tr><td>25</td><td>休息平台应设置在不超过 12.5 m 的高度处，上部休息平台的间隔不应大于 10 m</td><td></td><td></td></tr>
<tr><td>*26</td><td>塔身高度超过使用说明书规定的最大独立高度时，应设有附着装置</td><td></td><td></td></tr>
<tr><td>*27</td><td rowspan="2">行走系统</td><td>轨道应通过垫块与轨枕可靠地连接，每间隔 6 m 应设一个轨距拉杆。钢轨接头处应有轨枕支承，不应悬空，在使用过程中轨道不应移动</td><td></td><td></td></tr>
<tr><td>28</td><td>轨距允许误差不应大于公称值的 1/1 000，其绝对值不应大于 6 mm</td><td></td><td></td></tr>
</table>

续表

序号	项目类别		检验内容及要求	检验结果	检验结论
29	行走系统		钢轨接头间隙不应大于 4 mm，与另一侧钢轨接头的错开距离不应小于 1.5 m，接头处两轨顶高度差不应大于 2 mm		
*30	行走系统		塔机安装后，轨道顶面纵横方向上的倾斜度，对于上回转塔机不应大于 3/1 000；对于下回转塔机不应大于 5/1 000。在轨道全程中，轨道顶面任意两点的高度差应小于 100 mm		
31	行走系统		轨道行程两端的轨顶高度不宜低于其余部位中最高点的轨顶高度		
*32	起升机构	钢丝绳	钢丝绳的规格、型号应符合使用说明书的要求，并应正确穿绕。钢丝绳润滑应良好，与金属结构无摩擦		
*33	起升机构	钢丝绳	钢丝绳绳端固结应符合使用说明书的要求		
*34	起升机构	钢丝绳	钢丝绳应符合现行国家标准《起重机　钢丝绳　保养、维护、检验和报废》（GB/T 5972—2016）的规定		
35	起升机构	卷扬机	卷扬机应无渗漏，润滑应良好，各连接紧固件应完整、齐全；当额定荷载试验工况时，应运行平稳、无异常声响		
*36	起升机构	卷扬机	卷筒两侧边缘超过最外层钢丝绳的高度不应小于钢丝绳直径的 2 倍，卷筒上的钢丝绳排列应整齐有序		
37	起升机构	卷扬机	卷筒上钢丝绳绳端固结应符合使用说明书的要求		
38	起升机构	卷扬机	当吊钩位于最低位置时，卷筒上钢丝绳应至少保留 3 圈		
39	起升机构	滑轮卷筒	滑轮转动应不卡滞，润滑应良好		
40	起升机构	滑轮卷筒	卷筒和滑轮有下列情况之一时应报废： ——裂纹或轮缘破损； ——卷筒壁磨损量达原壁厚的 10% ——滑轮绳槽壁厚磨损量达原壁厚的 20%； ——滑轮槽底的磨损量超过相应钢丝绳直径的 25%		
*41	起升机构	制动器	制动器零件不得有下列情况之一： ——可见裂纹； ——制动块摩擦衬垫磨损量达原厚度的 50%； ——制动轮表面磨损量达 1.5～2 mm； ——弹簧出现塑性变形； ——电磁铁杠杆系统空行程超过其额定行程的 10%		
*42	起升机构	制动器	制动器制动可靠，动作平稳		
43	起升机构	制动器	防护罩完好、稳固		
*44	起升机构	吊钩	心轴固定应完整可靠		
*45	起升机构	吊钩	吊钩防止吊索或吊具非人为脱出的装置应可靠有效		

续表

<table>
<tr><th>序号</th><th colspan="2">项目类别</th><th>检验内容及要求</th><th>检验结果</th><th>检验结论</th></tr>
<tr><td>*46</td><td>起升机构</td><td>吊钩</td><td>吊钩不得补焊，有下列情况之一的应予以报废：
——用 20 倍放大镜观察表面有裂纹；
——钩尾和螺纹部分等危险截面及钩筋有永久性变形；
——挂绳处截面磨损量超过原高度的 10%；
——心轴磨损量超过其直径的 5%；
——开口度比原尺寸增加 10%</td><td></td><td></td></tr>
<tr><td>47</td><td colspan="2" rowspan="3">回转机构</td><td>回转减速机应固定可靠、外观应整洁、润滑应良好；在非工作状态下臂架应能自由旋转</td><td></td><td></td></tr>
<tr><td>48</td><td>齿轮啮合应均匀平衡，且无断齿、啃齿</td><td></td><td></td></tr>
<tr><td>49</td><td>回转机构防护罩应完整，无破损</td><td></td><td></td></tr>
<tr><td>*50</td><td colspan="2" rowspan="4">变幅系统</td><td>钢丝绳、卷筒、滑轮、制动器的检验应符合《起重机　钢丝绳　保养、维护、检验和报废》（GB/T 5972—2016）第 8.2.5 条的规定</td><td></td><td></td></tr>
<tr><td>*51</td><td>变幅小车结构应无明显变形，车轮间距应无异常</td><td></td><td></td></tr>
<tr><td>*52</td><td>小车维修挂篮应无明显变形，安装应符合使用说明书的要求</td><td></td><td></td></tr>
<tr><td>53</td><td>车轮有下列情况之一的应予以报废：
——可见裂纹；
——车轮踏面厚度磨损量达原厚度的 15%；
——车轮轮缘厚度磨损量达原厚度的 50%</td><td></td><td></td></tr>
<tr><td>*54</td><td colspan="2">防脱装置</td><td>钢丝绳必须设有防脱装置，该装置与滑轮及卷筒轮缘的间距不得大于钢丝绳直径的 20%</td><td></td><td></td></tr>
<tr><td>*55</td><td colspan="2" rowspan="3">顶升系统</td><td>液压系统应有防止过载和液压冲击的安全溢流阀</td><td></td><td></td></tr>
<tr><td>*56</td><td>顶升液压缸应有平衡阀或液压锁，平衡阀或液压锁与液压缸之间不得采用软管连接</td><td></td><td></td></tr>
<tr><td>57</td><td>泵站、阀锁、管路及其接头不得有明显渗漏油渍</td><td></td><td></td></tr>
<tr><td>*58</td><td colspan="2" rowspan="2">司机室</td><td>结构应牢固，固定应符合使用说明书的要求</td><td></td><td></td></tr>
<tr><td>59</td><td>应有绝缘地板和符合消防要求的灭火器，门窗应完好，起重特性曲线图（表）、安全操作规程标牌应固定牢固，清晰可见</td><td></td><td></td></tr>
<tr><td>*60</td><td rowspan="2">安全装置</td><td rowspan="2">起升高度限位器</td><td>动壁变幅的塔机，当吊钩装置顶部升至起重臂下端的最小距离为 800 mm 处时，应能立即停止起升运动。对没有变幅重物平移功能的动臂变幅的塔机，还应同时切断向外变幅控制回路电源，但应有下降和向内变幅运动</td><td></td><td></td></tr>
<tr><td>*61</td><td>小车变幅的塔机，当吊钩装置顶部至小车架下端的最小距离为 800 mm 处时，应能立即停止起升运动，但应有下降运动</td><td></td><td></td></tr>
</table>

续表

序号	项目类别		检验内容及要求	检验结果	检验结论
*62	安全装置	起重力矩限制器和起重量限制器	当起重力矩大于相应幅度额定值并小于额定值110%时，应停止上升和向外变幅动作		
63			力矩限制控制定码变幅的触点和控制定幅变码的触点应分别设置，且应能分别调整		
*64			当小车变幅的塔机最大变幅速度超过 40 m/min，在小车向外运动，且起重力矩达到额定值得 80%时，变幅速度应自动转换为不大于 40 m/min		
*65			当起重量大于最大额定起重量并小于 110%最大额定起重量时，应停止上升方向动作，但应有下降方向动作。具有多挡变速的起升机构，限制器应对各挡位具有防止超载的作用		
*66		幅度限位器	动臂变幅的塔机应设有幅度限位开关，在臂架到达相应的极限位置前开关应能动作，停止臂架再往极限方向变幅		
*67			小车变幅的塔机应设有小车行程限位开关和终端缓冲装置。限位开关动作后应保证小车停车时其端部距缓冲装置最小距离为 200 mm		
*68			动臂变幅的塔机应设有臂架极限位置的限制装置，该装置应能有效防止臂架向后倾翻		
69		其他安全保护装置	回转处不设集电器供电的塔机，应设有正反两个方向的回转限位器，限位器动作时臂架旋转角度不应大于±540°		
*70			轨道行走式塔机应设行程限位装置及抗风防滑装置。每个运行方向的行程限位装置包括限位开关、缓冲器和终端止挡，行程限位装置应保证限位开关动作后，塔机停车时其端部距缓冲器最小距离应为 1 000 mm，缓冲器距终端止挡最小距离应为 1 000 mm，终端止挡距轨道尾端最小距离应为 1 000 mm；非工作状态抗风防滑装置应有效		
*71			小车变幅的塔机应设小车断绳保护装置，且在向前及向后两个方向上均应有效		
*72			小车变幅的塔机应设小车防坠落装置，且应有效、可靠		
*73			自升式塔机应具有爬升装置防脱功能，且应有效、可靠		
74			臂根铰点高度超过 50 m 的塔机，应配备风速仪。当风速大于工作允许风速时，应能发出停止作业的警报信号		
*75	电气系统		供电系统应符合现行行业标准《施工现场临时用电安全技术规范》（附条文说明）（JGJ 46—2005）的规定		
*76			动力电路和控制电路的对地绝缘电阻不应低于 0.5 MΩ		

续表

<table>
<tr><th>序号</th><th colspan="2">项目类别</th><th>检验内容及要求</th><th>检验结果</th><th>检验结论</th></tr>
<tr><td>77</td><td colspan="2" rowspan="9">电气系统</td><td>塔机应有良好的照明，照明供电不应受停机的影响</td><td></td><td></td></tr>
<tr><td>78</td><td>塔顶和臂架端部应安装有红色障碍指示灯，电源供电不应受停机的影响</td><td></td><td></td></tr>
<tr><td>79</td><td>电气柜或配电箱应有门锁。门内应有原理图或布线图、操作指示等，门外应有警示标志</td><td></td><td></td></tr>
<tr><td>*80</td><td>塔机应设有短路、过流、欠压、过压及失压保护、零位保护、电源错相及断相保护装置，并应齐全</td><td></td><td></td></tr>
<tr><td>*81</td><td>塔机的金属结构、轨道、所有电气设备的金属外壳、金属线管、安全照明的变压器低压侧等均应可靠接地，接地电阻不应大于 4 Ω，重复接地电阻不应大于 10 Ω</td><td></td><td></td></tr>
<tr><td>*82</td><td>塔机应设置有非自动复位的、能切断塔机总控制电源的紧急断电开关，该开关应设在司机操作方便的地方</td><td></td><td></td></tr>
<tr><td>83</td><td>在司机室内明显位置应装有总电源开合状况的指示信号灯和电压表</td><td></td><td></td></tr>
<tr><td>*84</td><td>零线和接地线必须分开，接地线严禁作载流回路。塔机结构不得作为工作零线使用</td><td></td><td></td></tr>
<tr><td>85</td><td>轨道行走式塔机的电缆卷筒应具有张紧装置，电缆收放速度与塔机运行速度应同步。电缆在卷筒上的连接应牢固，电缆电气接点不宜被拉曳</td><td></td><td></td></tr>
<tr><td>86</td><td rowspan="2">功能测试</td><td>空载试验</td><td>塔机空载状态下，起升、回转、变幅、运行各动作的操作试验、检查应符合下列规定：
——操作系统、控制系统、连锁装置应动作准确、灵活；
——各行程限位器的动作准确、可靠；
——各机构中无相对运动部位应无漏油现象，有相对运动的各机构运动的平衡性，应无爬行、振颤、冲击、过热、异常噪声等现象</td><td></td><td></td></tr>
<tr><td>*87</td><td>额定载荷实验</td><td>应符合现行国家标准《塔式起重机》(GB/T 5031—2019)的规定</td><td></td><td></td></tr>
</table>

注：1. 表中序号打*的为保证项目，其他为一般项目。

2. 要求量化的参数应按实测数据填在检验结果中，无实测数据的填写观测到的状况。

第三节　塔式起重机的验收

根据《建筑施工塔式起重机安装、使用、拆卸安全技术规程》（JGJ 196—2010）的规定："塔机安装后经自检、检验检测合格后，应由总承包单位组织出租、安装、使用、监理等单位进行验收，并应按规定填写验收表，合格后方可使用。"详见表 10-5。

表 10-5　塔式起重机安装联合验收记录表

<table>
<tr><td colspan="4">工程名称</td><td colspan="5"></td></tr>
<tr><td rowspan="2">塔式起重机</td><td>型号</td><td></td><td>设备编号</td><td></td><td>起升高度</td><td colspan="3">m</td></tr>
<tr><td>幅度</td><td>m</td><td>起重力矩</td><td>kN · m</td><td>最大起重量</td><td>t</td><td>塔高</td><td>m</td></tr>
<tr><td colspan="4">与建筑物水平附着距离</td><td>m</td><td>各道附着间距</td><td>m</td><td>附着道数</td><td></td></tr>
<tr><td colspan="2">验收部位</td><td colspan="5">验收要求</td><td colspan="2">结果</td></tr>
<tr><td colspan="2" rowspan="4">塔式起重机结构</td><td colspan="5">部件、附件、连接件安装齐全，位置正确</td><td colspan="2"></td></tr>
<tr><td colspan="5">螺栓拧紧力矩达到技术要求，开口销完全撬开</td><td colspan="2"></td></tr>
<tr><td colspan="5">结构无变形、开焊、疲劳裂纹</td><td colspan="2"></td></tr>
<tr><td colspan="5">压重、配重的重量与位置符合使用说明书要求</td><td colspan="2"></td></tr>
<tr><td colspan="2" rowspan="8">基础与轨道</td><td colspan="5">地基坚实、平整，地基或基础隐蔽工程资料齐全、准确</td><td colspan="2"></td></tr>
<tr><td colspan="5">基础周围有排水措施</td><td colspan="2"></td></tr>
<tr><td colspan="5">路基箱或枕木铺设符合要求、夹板、道钉使用正确</td><td colspan="2"></td></tr>
<tr><td colspan="5">钢轨顶面纵，横方向上的倾斜不大于 1/1 000</td><td colspan="2"></td></tr>
<tr><td colspan="5">塔式起重机底架平整度符合使用说明书要求</td><td colspan="2"></td></tr>
<tr><td colspan="5">止挡装置距钢轨两端距离不小于 1 m</td><td colspan="2"></td></tr>
<tr><td colspan="5">行走限位装置距止挡装置距离不小于 1 m</td><td colspan="2"></td></tr>
<tr><td colspan="5">钢轨接头间隙不大于 4 mm，接头高低差不大于 2 mm</td><td colspan="2"></td></tr>
<tr><td colspan="2" rowspan="8">机构及零部件</td><td colspan="5">钢丝绳在卷筒上面缠绕整齐、润滑良好</td><td colspan="2"></td></tr>
<tr><td colspan="5">钢丝绳规格正确，断丝和磨损未达到报废标准</td><td colspan="2"></td></tr>
<tr><td colspan="5">钢丝绳固定和编插符合国家及行业标准</td><td colspan="2"></td></tr>
<tr><td colspan="5">各部位润滑轮转动灵活、可靠，无卡塞现象</td><td colspan="2"></td></tr>
<tr><td colspan="5">吊钩磨损未达到报废标准，保险装置可靠</td><td colspan="2"></td></tr>
<tr><td colspan="5">各机构转动平稳，无异常响声</td><td colspan="2"></td></tr>
<tr><td colspan="5">各润滑点润滑良好，润滑油牌号正确</td><td colspan="2"></td></tr>
<tr><td colspan="5">制动器动作灵活、可靠，联轴节连接良好，无异常</td><td colspan="2"></td></tr>
</table>

续表

验收部位	验收要求	结果
附着锚固	锚固框架安装位置符合规定要求	
	塔身与锚固框架固定牢靠	
	附着框、锚杆、附着装置等各种螺栓、锁轴齐全、正确、可靠	
	垫铁、楔块等零部件齐全、可靠	
	最高附着点下塔身轴线对支承面垂直度不得大于相应高度的2/1 000 独立状态或附着状态下最高附着点以上 塔身轴线对支承面垂直度不得大于4/1 000	
	附着点以上塔式起重机悬臂高度不得大于规定要求	
电气系统	供电系统电压稳定、正常工作、电压380×（1±10%）V	
	仪表、照明、报警系统完好、可靠	
	控制、操纵装置动作灵活、可靠	
	电气按要求设置短路和过电流，失压及零位保护 切断总电源的紧急开关符合要求	
	电气系统对地的绝缘电阻不大于0.5 MΩ	
安全限位与保险装置	起重量限制器灵敏、可靠，其综合误差不大于额定值的±5%	
	力矩限制器灵敏、可靠，其综合误差不大于额定值的±5%	
	回转限位器灵敏、可靠	
	行走限位器灵敏、可靠	
	变幅限位器灵敏、可靠	
	超高限位器灵敏、可靠	
	顶升横梁防脱钩装置完好、可靠	
	滑轮、卷筒上钢丝绳防脱装置完好、可靠	
	小车断绳保护装置灵敏、可靠	
	小车断轴保护装置灵敏、可靠	
环境	布设位置合理，符合施工组织设计要求	
	与架空线最小距离符合规定	
	塔式起重机的尾部与周围建（构）筑物及其外围施工设施之间的安全距离不小于0.6 m	
其他	对检测单位意见进行复查	

出租单位验收意见： 签章： 日期：	安装单位验收意见： 签章： 日期：
使用单位验收意见： 签章： 日期：	监理单位验收意见： 签章： 日期：
总承包单位验收意见： 签章： 日期：	

第十一章 塔式起重机的使用与安全操作技术

第一节 塔式起重机安全使用制度

一、交接班制度

交接班制度是塔式起重机使用管理的一项非常重要的制度，明确了交接班司机的职责，交接程序和内容，包括对塔式起重机的检查、设备运行情况记录、存在的问题、应注意的事项等，交接班应进行口头交接，填写交接班记录，并经双方签字确认。

1. 交班司机职责

（1）检查塔式起重机的机械、电器部分是否完好。

（2）将空钩升到上极限位置，各操作手柄置于零位，切断电源。

（3）交接本班塔式起重机运转情况、保养情况及有无异常情况。

（4）交接塔式起重机随机工具、附件等情况。

（5）打扫卫生，保持清洁。

（6）认真填写好设备运转记录和交接班记录。

塔式起重机司机交接班记录见表 11-1。

表 11-1　塔式起重机司机交接班记录

<table>
<tr><td colspan="2">工程名称</td><td></td><td>塔式起重机编号</td><td colspan="3"></td></tr>
<tr><td colspan="2">塔式起重机型号</td><td></td><td>运转台时</td><td></td><td>天气</td><td></td></tr>
<tr><td>序号</td><td colspan="2">检查项目及要求</td><td colspan="2">交班检查</td><td colspan="2">接班检查</td></tr>
<tr><td>1</td><td colspan="2">保持各机构整洁，及时清扫各部位灰尘，作业处无杂物</td><td colspan="2"></td><td colspan="2"></td></tr>
<tr><td>2</td><td colspan="2">固定基础或轨道应符合要求</td><td colspan="2"></td><td colspan="2"></td></tr>
<tr><td>3</td><td colspan="2">各部结构无变形，螺栓紧固，焊缝无裂纹或开焊</td><td colspan="2"></td><td colspan="2"></td></tr>
<tr><td>4</td><td colspan="2">减速机润滑油油质、油量符合要求</td><td colspan="2"></td><td colspan="2"></td></tr>
<tr><td>5</td><td colspan="2">接通电源前各控制开关应处于零位，操作系统灵活准确，电气元件牢固正常</td><td colspan="2"></td><td colspan="2"></td></tr>
</table>

续表

序号	检查项目及要求	交班检查	接班检查
6	制动器动作灵活，制动可靠		
7	吊钩及各部滑轮转动		
8	各部钢丝绳应完好，固定端牢固，缠绕整齐		
9	安全保护装置灵敏可靠，吊钩保险、卷筒保险牢固有效		
10	附着装置安全可靠		
11	空载运转一个作业循环，机构无异常		
12	本班设备运行情况		
13	本班设备作业项目及内容		
14	本班应注意的事项		

交班人（签名）：　　　　　　　　　　　　接班人（签名）：
交接时间：　　　　　　　　　　　　　　　年　月　日　时　分

2. 接班司机职责

（1）认真听取上一班司机工作情况介绍。

（2）仔细检查塔式起重机各部件，按表 11-1 进行班前试车，并做好记录。

（3）使用前必须进行空载试验运转，检查限位开关、紧急开关、行程开关等是否灵敏可靠，如有问题应及时修复后方可使用。

（4）检查吊钩、吊钩附件、索具吊具是否安全可靠。

二、“三定”制度

“三定”制度是做好塔式起重机安全使用管理的基础。“三定”制度即定人、定机、定岗位责任，是把塔式起重机和操作人员相对固定下来，使塔式起重机的使用、维护和保养的每一个环节、每项要求都落实到具体人，有利于增强操作人员爱护塔式起重机的责任感。对保持塔式起重机状况良好，促使操作人员熟悉塔式起重机性能，熟练掌握操作技术，正确使用维护，防止事故发生等都具有积极的作用，并有利于开展经济核算、评比考核和落实奖罚制度。

三、机长职责

塔式起重机多人、多班作业，应组成机组，实行机长负责制，确保作业安全，机长应履行下列职责：

（1）带领机组人员坚持业务学习，不断提高业务水平，认真完成生产任务。

（2）带领及指导机组人员共同做好塔式起重机的日常维护保养，保证塔式起重机的完好与整洁。

（3）带领机组人员严格遵守塔式起重机安全操作规程。

（4）督促机组人员认真落实交接班制度。

四、塔式起重机司机岗位职责

（1）严格遵守塔式起重机操作规程，认真做好塔式起重机作业前的检查、试运转，及时做好班后整理工作。

（2）做好试车检查记录、设备运转记录。

（3）严格遵守施工现场的安全管理的规定。

（4）做好塔式起重机的“调整、紧固、清洁、润滑、防腐”等维护保养工作。

（5）及时处理和报告塔式起重机故障及安全隐患。

（6）保证塔式起重机安全运行。严禁违章操作，做到“十不吊”：

1）斜吊。

2）超载。

3）散装物装得太满或捆扎不牢。

4）吊物边缘无防护措施。

5）吊物上站人。

6）指挥信号不明。

7）埋在地下的构件。

8）安全装置失灵。

9）光线阴暗看不清吊物。

10）6 级以上强风。

第二节 塔式起重机的操作技术

塔式起重机的操作控制台有转换开关控制和联动台控制两种形式。联动台控制是新一代塔式起重机上广泛采用的控制装置，我国 20 世纪 80 年代生产的塔式起重机开始逐渐采用这种新型的控制装置。它充分体现了人性化舒适作业的特点，起到预防司机疲劳作业的作用。

一、控制台的操作

以 FO/23B 塔式起重机的联动台式控制台为例，介绍控制台的组成和操作方法，如图 11-1 所示。

1. 联动台的组成

联动台由左、右两部分组成，每一部分又包括联动操纵杆总成和若干按钮主令开关。

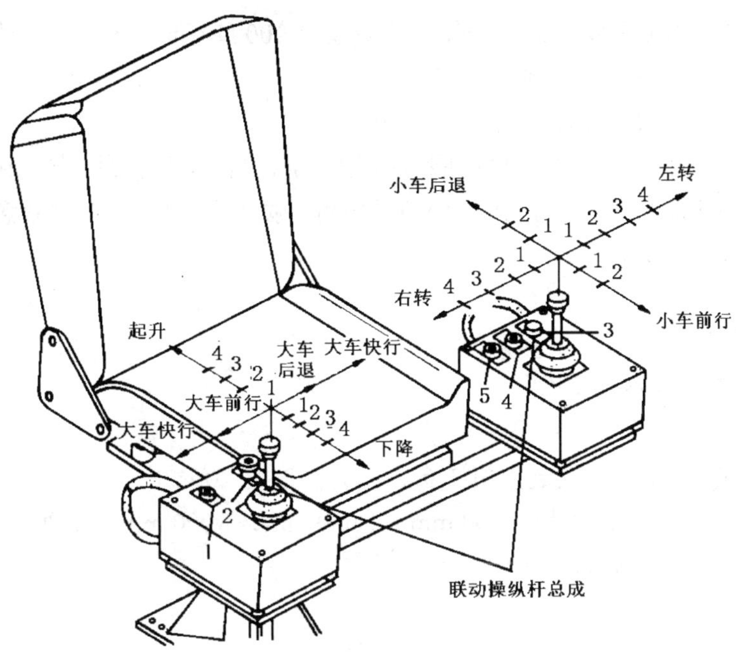

图 11-1　FO/23B 塔式起重机联动式控制台

1–鸣铃按钮；2–断电开关；3–警示灯；4–变速率；5–回转制动

2. 操作方法

（1）右联动操作杆，控制起升机构和大车行走机构：

1）握住右联动操纵杆前推或后拉，可控制吊钩上升或下降。

2）握住右联动操纵杆向两侧左右摆动，可控制大车前进或后退。

（2）左联动操纵杆控制变幅机构和回转机构：

1）握住左联动操纵杆前推或后拉，可控制小车前行或后退。

2）握住左联动操纵杆两侧左右摆动，可控制臂架左右转动。

（3）左右联动操纵杆可单独或同时控制不同工作机构动作。

（4）随着联动操纵杆移动量的增大或减小，相应工作机构电动机的转速也相应地加快或减慢。

（5）右联动操纵杆的联动台面上一般都附装一个紧急安全按钮，压下该按钮，便可将电源切断。

（6）左联动操纵杆的联动台面上还附装一个回转制动器控制按钮，通过该按钮可对回转机构进行制动。

（7）新生产的塔式起重机联动控制台均具有自动复位功能，老旧塔式起重机则没有自动复位功能。

3. 操作注意事项

（1）当需要反向运动时，必须将手柄逐挡扳回零位，待机构停稳后，再逆向运行。

（2）回转机构的阻力负载变化范围极大，回转启止时惯性也大，要注意保证回转机构启止平稳，减小晃动，严禁打反转。

（3）操作时，用力不要过猛，操作力不应超过 100 N，推荐采用以下值：

1）对于左右方向的操作，控制在 5～40 N。

2）对于前后方向的操作，控制在 8～60 N。

（4）可单独操作一个机构，也可同时操作两个机构，视需要而定。在较长时间不操作或停止作业时，应按下停止按钮，切断总电源，防止误动作。遇到紧急情况，也可按下停止按钮，迅速切断电源。

二、操作实例

1. 起吊水箱定点停放操作

（1）场地要求。

1）固定式 QTZ 系列塔式起重机 1 台，起升高度在 20～30 m。

2）吊物：水箱 1 个，边长 1 000 mm × 1 000 mm × 1 000 mm，水面距箱口 200 mm，吊钩距箱口 1 000 mm：平面摆放位置，如图 11-2 所示。

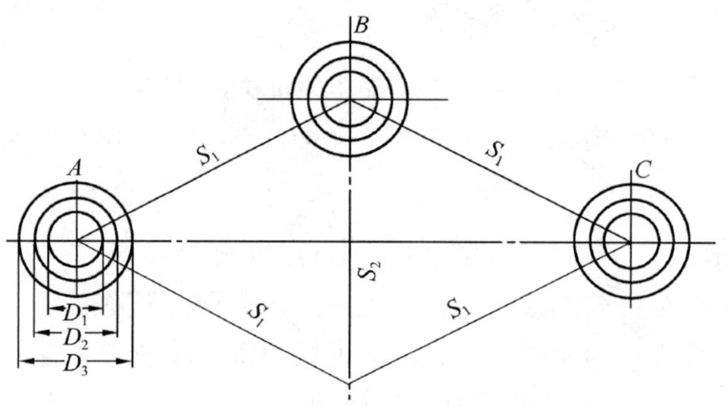

图 11-2　水箱定点停放平面

S_1= 18 000 mm；S_2=13 000 mm；
D_1 =1 700 mm；D_2= 1 900 mm；D_3=2 100 mm

3）其他器具：参见《起重机　手势信号》（GB/T 5082—2019）的要求及计时器 1 个。

4）个人防护用品。

（2）操作要求。

1）学员接到指挥信号后，将水箱由 *A* 位吊起，先后放入 *B* 圆、*C* 圆内。

2）再将水箱由 *C* 处吊起，返回放入 *B* 圆、*A* 圆内。

3）最后将水箱由 *A* 位吊起，直接放 *AC* 圆内。

水箱由各处吊起时均距地面 4 000 mm，每次下降途中准许各停顿 2 次。

（3）操作步骤。

先送电，各仪表正常，空载试运转，无异常，接到指挥信号后：

1）先鸣铃，再根据起重臂所在位置，左手握住左手柄，左（右）扳动使起重臂回转，先将手柄扳到 1 挡慢慢开动回转，回转启动后可以逐挡地推动操作手柄，加快回转速度，当起重臂距离 *A* 圆较近时，逐挡扳回操作手柄至零位，减速回转，使起重臂停止在 A 圆正上方。

2）先鸣铃，然后根据小车位置推（拉）左操作手柄使变幅小车前（后）方向移动，将手柄依次逐挡地推动，加快变幅速度，当变幅小车离 A 圆较近时，将手柄逐挡扳回 1 挡，当变幅小车到达 A 圆正上方时，将手柄扳回零位，小车停止移动。

3）在左手动作［上述 2）步］的同时，右手可以同时动作：右手握住右手柄，前推右手柄落钩，将手柄依次逐挡地推动，加快吊钩下降速度，当吊钩离 A 圆水箱较近时，将手柄逐挡扳回 1 挡，减速下降，当吊钩距水箱约 800 mm 高时，将手柄扳回零位，吊钩停止下降。

4）在 A 圆内挂好水箱后，先鸣铃，再后扳右手柄将水箱吊起，将手柄依次逐挡地拉动，加快吊钩上升速度，当水箱离地面接近 4 000 mm 高时，将手柄逐挡扳回 1 挡，减速上升，将手柄扳回零位，吊钩停止上升。

5）先鸣铃，左手握住左手柄右扳动使起重臂右转，先将手柄扳到 1 挡慢慢开动回转，回转启动后可以将手柄依次逐挡地推动操作手柄，加快回转速度，当起重臂距离 B 圆较近时，逐挡扳回操作手柄至零位，减速回转，使起重臂停止在 B 圆正上方。

6）先鸣铃，然后向后回拉左操作手柄使变幅小车向后方向移动，将手柄依次逐挡地推动，加快变幅速度，当变幅小车离 B 圆较近时，将手柄逐挡扳回 1 挡，当变幅小车到达 B 圆正上方时，将手柄扳回零位，小车停止移动。

7）在左手动作［上述 6）步］的同时，右手可以同时动作：右手握住右手柄，前推右手柄落勾，将手柄依次逐挡地推动，加快水箱下降速度，当水箱离 B 圆较近时，将手柄逐挡扳回 1 挡，减速下降，当水箱落到地面时，将手柄扳回零位，吊钩停止下降。

8）重复 4）、5）、7）操作方法把水箱运到 C 圆内，用同样方法将水箱返回放入 B 圆、A 圆内。

9）最后按 4）、5）、7）步骤将水箱由 A 圆吊起，直接放入 C 圆内。

2. 起吊水桶击落木块操作

（1）场地要求。

1）固定式 QTZ 系列塔式起重机 1 台，起升高度在 20 m 以上 30 m 以下。

2）吊物：水桶 1 个，直径 500 mm，水面距桶口 50 mm，吊钩距桶口 1 000 mm。

3）标杆 23 根，每根高 2 000 mm，直径 20～30 mm。

4）底座 23 个，每个直径 300 mm，厚度 10 mm。

5）立柱 5 根，高度依次为 1 000 mm、1 500 mm、1 800 mm、1 500 mm、1 000 mm，均布在 CD 弧上；立柱顶端分别立着放置 200 mm × 200 mm × 300 mm 的木块；平面摆放位置，如图 11-3 所示。

6）参见《起重机　手势信号》（GB/T 5082—2019）的要求及计时器 1 个。

（2）操作要求。

学员接到指挥信号后，将水桶由 A 位吊离地面 1 000 mm，按图示路线在杆内运行，行至 B 处上方，即反向旋转，并用水桶依次将立柱顶端的木块击落，最后将水桶放回 A 位。在击落木块的运行途中不准开倒车。

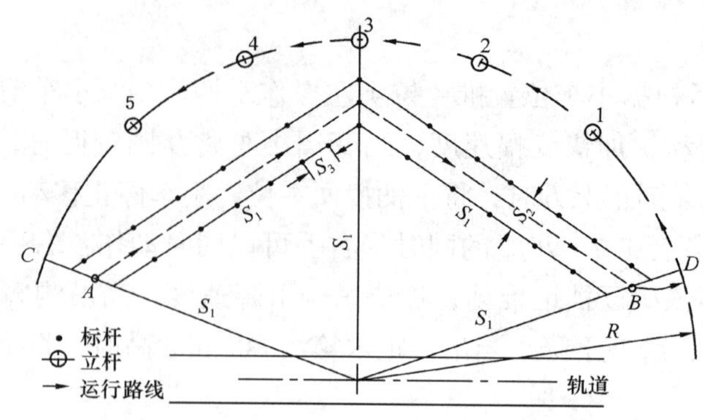

图 11-3　起吊水桶击落木块平面

R=19 000 mm；S_1=15 000 mm；S_2=2 000 mm；S_3=2 500 mm

（3）操作步骤。

先送电，各仪表正常，空载试运转，无异常。

1）接到指挥信号后，先鸣铃，再根据起重臂所在位置，左手握住左手柄左（右）扳动使起重臂回转，先将手柄扳到 1 挡慢慢开动回转，回转启动后可以将手柄依次逐挡地推动操作手柄，加快回转速度，当起重臂距离 A 位较近时，逐挡扳回操作手柄至零位，减速回转，使起重臂停止在 A 位正上方。

2）鸣铃，然后根据小车位置推（拉）左操作手柄使变幅小车前（后）方向移动，启动后将手柄依次逐挡地推动，加快变幅速度，当变幅小车离 A 位较近时，将手柄逐挡扳回 1 挡，当变幅小车到达 A 位上方时，将手柄扳回零位，小车停止移动。

3）在左手动作［上述 2）步］的同时，右手可以同时动作：右手握住右手柄，前推右手柄落钩，启动后将手柄依次逐挡地推动，加快吊钩下降速度，当吊钩离 A 位水桶较近时，将手柄逐挡扳回 1 挡，减速下降，当吊钩距水桶约 800 mm 高时，将手柄扳回零位，吊钩停止下降。

4）在 A 位挂好水桶后，先鸣铃，然后扳右手柄将水桶吊起，启动后将手柄依次逐挡地拉动，加快吊钩上升速度，当水桶离地面接近 1 000 mm 高时，将手柄逐挡扳回 1 挡，减速上升，将手柄扳回零位，吊钩停止上升。

5）先鸣铃，左手握住左手柄向右扳动使起重臂右转，使水桶按图 11-3 所示路线在杆内运行，回转中当水桶靠近外行立杆时，左手前后调整左手柄使小车慢慢前后移动，使水桶保持在内外两行立杆之间移动，继续右扳左手柄，重复前面的动作，保持水桶在两行立杆之间顺利运行到 B 位。

6）到达 B 位后，前推左手挡使小车前行至约 4 m 处，即左扳左手柄将水桶运行至 1 位，能碰倒其位置上的木块后，继续左扳左手柄，让水桶分别经过 2、3、4、5 位置，并用水桶依次将其立柱顶端的木块击落，最后左手轻后扳控制小车向后移至 A 处，同时操作右手柄，下降水桶，将水桶放回 A 位。在击落木块的运行途中不准开倒车。

第三节　塔式起重机主要机构操作的注意事项

一、起升机构操作时应注意的事项

对起升机构操作主要是平稳准确，防止冲击和过载。为此操作人员必须了解自己所操作的塔式起重机的构造和性能，特别是起升机构的调速方式，并遵守以下操作注意事项：

（1）起吊重物时，必须按低、中、高速顺序起钩。每挡至少停 4 s 以上，不得越挡，以免引起冲击；反之停车时，应按高、中、低速顺序操作。这样就位准确，制动平稳可靠，且磨损小。

（2）低速挡主要用于慢就位，不得长期连续使用，以防烧坏电机。

（3）对于双速绕线带涡流制动起升机构，不仅低速挡，而且带电阻运行的Ⅱ～Ⅲ挡，也不宜使用时间过长。因为此时速度较低，电阻一直处于发热状态，太久了容易烧坏。稳定的使用状态是切除电阻后的中速挡和高速挡。

（4）重载下不宜打高速。特别是所吊重物的实际质量不知道的情况下，不宜轻易打高速。高速挡主要用于轻载和落钩。重载下以切除电阻后的中速挡为最合适。

（5）重物已吊起一定的高度，如发现有下滑现象，应立即打回低速挡，切勿打向高速挡。因为在功率一定的情况下，起重量与速度是反比关系，重载低速，轻载高速。发现下溜，本已是力量不够的表现，打入高速，提升力更不够，只会加速向下溜车，很危险。返回低速挡，既然它开始吊得起来，那么现在它也能吊得起来。如怕过热，也应在低速挡停车。

（6）对于用电磁离合器换挡的起升机构，在重载下禁止在空中换挡。

（7）不要过多地连续使用点动。因为点动是一个启动过程，电流和力矩都有很大的冲击，过多使用点动对电机、电控设备和传动机构都很不利，特别是在满载情况下，冲击更大。

（8）下放吊钩时，注意不要轻易使吊钩落地。吊钩落地，钢丝绳松弛是反弹乱绳的重要原因，要尽量减少乱绳发生的机会。卷筒若乱了绳，宜理好后再进行操作。

（9）凡接近上限位和重物落地时，必须提早降速，用低速就位，要防止对目标的冲击。

（10）钢丝绳打扭严重，宜停止操作，要拆下绳头，用细绳牵住绳头，尽量放出绳长，释放内扭力，然后再装上去。

二、回转机构操作时应注意的事项

回转机构操作的总要求是平稳准确。塔式起重机回转时，惯性很大，启动时静态惯性大，并不容易启动，力矩过大又易于形成冲击；停车时动态惯性大，要想停还停不下来，停急了又会发生扭摆现象。而且臂端回转线速度大，要想就位就更困难。这就要求操作者积累经验，掌握技巧。一般情况下，要求操作者注意下列事项：

（1）启动回转，一定按低、中、高的顺序提速，绝不要越挡。回转加速度越大，惯性也就越大，振摆现象也就越严重。

（2）在回转到位前，就要求提早降速和停车。这是需要经验和技巧来掌握的。可能开始掌握不好，要注意摸索经验，大致提前多少角度为宜。带涡流制动器的回转机构可能好一些。但中小塔式起重机往往不带涡流制动，所以回转就位要困难一些。但是，在操作运行中，不允许使用回转定位的常开式电磁制动器来进行制动，否则可能造成扭摆。

（3）在低速下，可以使用逐步点动回转就位。

（4）鼠笼式电机驱动的回转机构，如发现启动冲击过大，可以将液力耦合器的油适当放出，以软化启动特性。

（5）调频调速回转机构，降速停车时，可一下打到低频挡，停留一会儿，使速度降下来再打到停车。不要一步步去降低频率，以免产生振摆现象。因为一步步降低频率时，回转电机可能时而处于发电机状态，时而处于电动机状态，掌握不准，容易振摆。如果一步就打到低频，回转电机就只会处于发电机制动状态，等速度降下来了也就不会有多大的冲击振摆。本来回转电机可以一步就断电停车，它也可以慢慢停下来，不会有振摆冲击。但这种停下来是靠阻尼溜车停下来的，要的时间较长，溜车距离较大。调频电机打低速挡，不断电，就会形成一个低速旋转磁场，起制动作用，就可以让电机较快地降速，比马上断电停车要好。

（6）下班时，在把吊钩提到足够高以后，一定要放开回转制动，让起重机臂架能自由回转。

三、变幅机构操作时应注意的事项

对于小车变幅塔式起重机来说，变幅机构只水平移动，负载较轻，速度也不高，因此应当便于掌握和操作。然而变幅涉及起重力矩的改变，如不及时停车，就会有超力矩的可能。因此对变幅机构的操作主要要求平稳停车、准确就位。

（1）变幅机构操作启动时要严格按照低、中、高速度的顺序启动，停车是按高、中、低速度的顺序停车。

（2）减小幅度，不仅减小起重力矩，也会减小回转线速度。因此当远处起吊时，提起重物后，宜先将小车往回走，减小一定幅度后再回转。回转方位差不多准确后，再对着下放目标变幅就位。变幅就位时最好是由内向外走，这样比较合理安全，可避免过大的回转力矩。

（3）在接近下放目标前，就要提早降速。一般用低速运行慢就位。单速运行的变幅机构，要考虑惯性作用，提早停车，等摆动停下来后再用点动就位。在接近障碍物或人的情况下，宜先提高一点，后再放下，防止摆动碰撞。

（4）当变幅牵引绳产生伸长而松弛下垂时，会使小车产生不均匀的爬行现象，这时宜停止操作，先张紧牵引钢丝绳，再操作。

对于动臂变幅塔式起重机的变幅机构，它本来就是一台功率较大的卷扬机。变幅时重物和臂架都会升降，安全要求更高。动臂式塔式起重机，一般不允许在额定起重力矩情况下变幅，这一点要特别引起注意。动臂变幅对制动器要求也很高，绝对不允许制动打滑，否则越滑力矩越大，制动越困难，故一定要低速制动停车。动臂变幅就位时，一般应该是从外往内就位比较安全。因为这样变位是起重臂就位，力矩越来越小，变幅时制动比较可靠。

四、液压顶升机构

液压顶升机构是以液压油为工作介质，除正确选用液压油外，还必须保持油的清洁，特别要防止杂质和污物混入。

（1）塔式起重机在使用过程中，应使油箱中的液压油保持在正确的油位，保证系统中的循环冷却条件。

（2）防止油温过高，尽量控制油的温度在 35～60℃。

（3）油箱的油面要尽量大些，出油侧和回油侧要用隔板隔开，以达到消除气泡的目的。

（4）每次开始使用时，必须先试用，检查系统是否能够正常工作。

（5）在系统不工作时，油泵必须卸载。

第四节　塔式起重机的使用

随着我国生产建设规模的不断扩大和机械化、自动化程度的不断提高，塔式起重机在建筑工地上的使用已经非常普遍。由于塔式起重机比其他机械有着突出的特殊性，从保证安全出发，国家规定把它作为特种设备进行管理，要求合理选用、正确操作、科学维护。因此，必须正确掌握塔式起重机的使用、维护、保养及维修知识，对避免事故的发生，延长机械的使用寿命，充分发挥塔式起重机的作用与效益，降低对塔式起重机的损耗，具有重要的作用。

塔机在进入工地施工前，塔式起重机的使用单位必须向塔式起重机管理部门及司机提供塔式起重机工作场地及轨道基础铺设的方案；主要作业对象及内容；最大起吊重物和放置部位等施工任务交底书。对于需要塔式起重机爬升、附着锚固的施工工程以及塔式起重机易装难拆的工地，在使用前还应制订出符合有关安全规定的拆除方案。

一、塔机的使用条件

根据《建筑施工塔式起重机安装、使用、拆卸安全技术规程》（JGJ 196—2010）和《建筑起重机械安全监督管理规定》（建设部令　第 166 号）的规定，应符合以下几方面要求。

（1）塔机使用前应检查下列项目：

1）塔机的备案登记证明等文件。

2）建筑施工特种作业人员的操作资格证书。

3）辅助起重机械的合格证及操作人员资格证。

4）塔机的检验检测机构检验合格证明。

5）塔机的验收合格证明。

6）塔机的使用登记证明文件。

（2）应对塔式起重机建立技术档案，其技术档案应包括下列内容：

1）购销合同、制造许可证、产品合格证、安装使用说明书、制造监督检验证明（适用时）、电气原理图和布线图以及配线目录等，备案证明等原始资料。

2）定期检验报告、定期自行检查记录、定期维护保养记录、维修和技术改造记录、运行故障和生产安全事故记录、累计运转记录等运行资料。

3）历次安装验收资料。

（3）有下列情况的塔式起重机严禁使用：

1）国家明令淘汰或者禁止使用的产品。

2）超过规定使用年限经评估不合格的产品。

3）经检验不符合国家或行业标准的产品。

4）没有完整安全技术档案的产品。

5）没有齐全有效的安全保护装置的产品。

（4）塔式起重机其他使用条件

1）对购买的旧塔式起重机，应有最近两年完整的运转履历书和相关修理资料。在使用塔式起重机前，应对塔式起重机的钢结构件、起升机构、回转机构、变幅机构、液压顶升机构、电气系统、操纵系统、安全装置等各部分进行检查、试验，保证其工作可靠。

2）大修出厂的塔式起重机要有出厂检验合格证。

3）对停用时间超过 1 个月的塔式起重机在重新启用时，必须做好各部分的润滑、保养检查工作，对各机构和安全装置进行验证和调整，对控制系统也要进行检修。

4）对正在使用的塔式起重机（包括新购买的、旧的、大修出厂的以及停用 1 年以上的塔机）应按说明书提供的技术性能，根据塔机生产的国家有关标准规定进行检查、试验，性能试验报告填入相关报表中，经第三方检验检测合格后，并提交给上级主管部门。

二、塔式起重机使用前的检查

（1）塔式起重机驾驶员交接班时要认真做好交接班登记手续，检查机械履历书、交接班记录及有关部门规定的记录填写和记载是否齐全。当发现和怀疑机械有异常情况时，交班驾驶员和接班驾驶员必须当面交接，严禁交班驾驶员和接班驾驶员不接头或经他人转告交班。

（2）塔式起重机各主要螺栓（如底架、标准节之间，上、下支座与回转支承之间等）应连接紧固，主要焊缝不应有裂纹和开焊等缺陷。

（3）电气部分：按有关要求检查起重机的接地和接零保护设施；工作电源电压应为380 V±5%；在接通电源前，各控制器应处于零位；操作系统应灵敏准确，电气元件工作正常，导线接头、各元器件的固定应牢固，无接触不良及导线裸露等现象。

（4）检查机械传动减速机的润滑油油量和油质，做到定期更换润滑油，以保证减速机传动零件的性能及寿命。

（5）检查液压油箱和制动储油装置中的油量是否符合规定，并且油路应无泄漏。

（6）检查各工作机构的制动器是否动作灵活、制动可靠。

（7）吊钩及各部分滑轮、导绳轮等应转动灵活，无卡塞现象，各部钢丝绳应完好，固定端牢固可靠。

（8）按照《塔式起重机使用说明书》检查高度限位器、幅度限位器的距离，塔式起重机的安全操作距离必须符合《塔式起重机安全规程》（GB 5144—2006）中的有关规定。

（9）塔式起重机遭受到风速超过 25 m/s 的暴风（相当于 9 级风）袭击，或经过中等地震后，必须对塔机进行全面检查，经主管技术部门认可后，方能投入使用。

（10）塔式起重机司机在作业前必须进行如下各项检查，确认完好后，方可开始起重作业。

①空载运转一个作业循环。

②试吊重物。

③核定和检查起升高度、幅度、回转等限位装置及起重量限制器、起重力矩限制器、断绳保护器等安全保护装置。

（11）对于附着式（外爬式）塔式起重机，应对附着装置进行检查，包括对塔身附着框架的检查、附着杆的检查以及对附着杆与建筑物连接情况的检查。

1）塔身附着框架的检查。

①附着框架在塔身上的安装必须安全可靠，在塔身上的固定必须牢固，并符合《塔式起重机使用说明书》中的有关规定。

②各连接杆不应缺少或松动。

2）附着杆的检查。

①附着杆与附着框架、附着杆与附着杆之间的连接必须牢固、安全可靠。

②附着杆与建筑物的连接情况。

3）附着杆与建筑物的连接情况。

①与附着杆相连接的建筑物不应有裂纹或损坏。

②工作中附着杆与建筑物的锚固连接必须牢固，不应有错动。

③各连接件应齐全、可靠。

需要强调的是，根据对施工现场发生的塔式起重机事故的调查统计，下列 5 个原因造成的塔式起重机安全事故占有较大比例，所以更要严格控制。

①结构件上有可见裂纹和严重锈蚀的。

②主要受力构件存在塑性变形的。

③连接件存在严重磨损和塑性变形的。

④钢丝绳达到报废标准的。

⑤安全装置不齐全或失效的。

三、塔机的使用

塔机的使用，必须在安全可靠的状态下操作，塔式起重机司机在作业过程中必须严格遵守执行以下规定：

（1）塔式起重机必须在符合设计图规定的固定基础上工作。

（2）在塔式起重机的任何部位，不得悬挂标牌，避免标牌在塔式起重机上产生附加风载荷，额外增加对塔式起重机不利的工作状况。

（3）司机必须熟悉所操作的起重机的性能，了解机构构造，熟知机械的保养和安全操作规程，掌握所操作塔式起重机的各种安全保护装置的结构、工作原理及维护方法，发生故障时必须立即排除，不得操作安全装置失灵的塔式起重机。操作过程中，严格按照塔式起重机的使用说明书的规定进行操作使用。起重吊物时，应严格按照贴在驾驶室里的塔机起重性能表进行起重物，严禁超载。驾驶员应拒绝在重量限制器或力矩限制器不正常的情况下上机操作。力矩限制器在正确操作塔机的情况下是不动作的，即不报警，只有在超载状况下才动作。因此平时往往不引起注意。驾驶员要经常检查力矩限制器，压一压力矩限制器上行程开关的触头，若报警铃响，证明力矩限制器是正常的；不报警，就是有故障，应修理调整好后，才可以操作塔机。

（4）严禁斜拉斜拽重物，吊拔埋在地下或黏结在地面、设备上和重物以及不明重量的重物。由于斜拉斜拽重物时，相当于对塔机会产生一个附加的水平倾翻力矩，而力的力臂是塔机的高度，故附加水平倾翻力矩是比较大的，对塔机的安全稳定性是有很大危害的，司机应坚决抵制这样野蛮的操作方式。

（5）塔式起重机开始工作时，司机应首先发出音响信号，回应指挥的信号，并提醒工作现场的作业人员注意。

（6）吊挂重物时，必须符合下列规定：

①吊钩必须用吊具、索具吊挂重物，严禁直接用吊钩吊挂重物。

②起吊短碎物料时，必须用强度足够的网、袋包装，不能直接捆扎起吊；起吊细长物料时，物料最少捆扎两处，并且用 2 个吊点吊运，在整个吊运过程中，应使物料处于水平状态。

③在整个吊运重物过程中，重物不得摆动、旋转；不得吊运不稳定的重物，吊运体积较大的重物，应拉溜绳；不得在起吊的重物上悬挂任何重物。吊运重物不得从人头顶通过，起重臂下严禁站人。放下吊钩时，不要让吊钩落地，吊钩落地会引起钢丝绳松弛使钢丝绳反弹、脱槽现象的发生。若发生这种现象，必须立即处理解决。

④吊运重物时，不得猛起猛落，以防吊运过程中发生物料散落、松绑、偏斜等情

况。起吊重物时，先将重物吊起离地面 50 mm 左右停住，确定制动、物料捆扎、吊点位置和吊具、索具无问题后，方可指挥操作。重物已吊起至一定高度时，如发现有下滑现象，应立即打回低速挡，绝不可以打向高速挡。因为在功率一定的情况下，起升速度在起升重量是反比例关系，重载低速，轻载高速。对于用电磁离合器换挡的起升机构，在重载下，不允许在空中换挡。

⑤操纵控制器时必须从零挡位开始，然后逐步推到所需要的挡位；传动装置作反向运行时，控制器先回零位，再逐挡逆向操作，禁止越挡操作和急停急开。因急停急开，使塔机在短时间内产生很大的冲击力，相应地塔式起重机就会产生很大的应力，安全稳定性大大降低，对塔机的结构、钢结构具有很大的破坏作用。不要过多地使用点动方式工作，因为点动是一个启动过程，瞬间会产生很大的破坏作用。

⑥司机在操作过程中必须集中精力，当安全装置显示或报警时，必须按塔式起重机使用说明书中的有关规定进行操作。

⑦塔式起重机正常工作时的风速为不大于 20 m/s，超过 20 m/s 时，禁止操作塔式起重机。正常工作温度为−20℃至+40℃。

（7）不允许塔式起重机超载作业，在特殊情况下如需超载，不得超过额定载荷的10%，并由使用部门提出超载使用的可行性分析报告和超载使用申请报告，报告应包括下列内容：

①超载作业项目和内容。

②超载作业的吊次和超载值。

③超载作业过程中所必须采取的安全措施。

④作业项目和使用部门负责人签字。

⑤设备主管部门和主管技术负责人对上述报告审查后签署意见并签字。

（8）超载使用时，必须选派有经验的塔式起重机司机操作和选派有经验的指挥人员指挥作业。

（9）在起升过程中，当吊钩滑轮组接近起重臂 5 m 时，应用低速起升，严防与起重臂顶撞；严禁用自由下降的方式下降吊钩和重物，当重物下降距就位点 1 m 处时，必须采用慢速就位。

（10）作业中平移起吊重物时，重物距所跨越障碍物的高度不小于 1 m；不得起吊带人的重物，禁止用塔式起重机吊运人员。

（11）作业中，临时停歇或停电时，必须将重物卸下，升起吊钩，将各操作手柄置于“零”位。如因停电无法升、降重物，则应根据现场的具体情况，经相关人员研究，采取适当的措施。

（12）塔式起重机在使用过程中，严禁对传动部分、运动部分以及运动部件所涉及区域做维修、保养、调整等工作。

（13）塔式起重机在工作过程中，遇有下列情况应停止作业：

①恶劣气候，如大雨、大雪、大雾，超过允许工作风力 20 m/s 等，影响安全作业。

②塔式起重机出现漏电现象。

③钢丝绳严重磨损、扭曲、断股、打结或脱槽。

④安全保护装置失效。

⑤各传动机构出现异常现象和有异常响声。

⑥钢结构件部分发生变形，主要受力结构件的焊缝出现裂纹。

⑦塔机发生其他妨碍作业及影响安全的故障。

（14）钢丝绳在卷筒上缠绕必须整齐，若出现爬绳、乱绳、啃绳、断绳各层的绳索互相塞挤时应立即停止作业，问题解决后方可继续作业。塔式起重机在出厂时，所有的钢丝绳的内扭力都已释放，在塔机作业时，若出现钢丝绳打扭严重，应该停止操作，拆下绳头，尽量放出绳长，使内扭力释放后，再将钢丝绳装上。

（15）不允许在塔式起重机的各个部位上乱放工具、零配件或杂物，严禁从塔式起重机上向下抛扔物品。

（16）塔式起重机司机必须在规定的通道内上、下塔式起重机，不允许在无平台的高空中从塔式起重机内翻到塔式起重机外或从塔式起重机外翻到塔式起重机内。上下塔式起重机时，不得携带任何物件。

（17）多台塔式起重机作业时，应避免各塔机在回转半径内重叠作业。在特殊情况下，需要重叠作业时，必须符合下列规定：两台塔机之间的最小架设距离应保证处于低位塔机的起重臂端面与另一台塔机之间至少有 2 m 的距离；处于高位塔机的最低位置的部件（吊钩升到最高点或平衡重的最低位）与低位塔机中处于最高位部件之间和垂直距离不应小于 2 m。

（18）塔式起重机司机必须专心操作，作业中不得离开驾驶室；塔式起重机运转时，司机不得离开操作位置。

（19）塔式起重机作业时，禁止无关人员上下塔式起重机，驾驶室内不得放置易燃易爆物品、危险品和妨碍操作的物品，防止触电和火灾事故的发生。驾驶室内应配备有消防器材。

（20）在夜间工作时，作业现场必须有足够的照明，并打开红色障碍指示灯。

（21）塔式起重机应定机定人，由专人负责，非机组人员不得进入驾驶室擅自进行操作；在处理机械、电气故障时，必须有两个以上专职维修人员。

（22）每班工作后的要求：

①凡是回转机构带有制动装置或常闭式制动器的塔机，在停止作业后，驾驶员必须松开制动，绝对禁止限制起重臂随风转动。

②对小车变幅的塔式起重机，应将小车开到说明书中规定的位置，并且将吊钩起升到最高点，吊钩上严禁吊挂重物；对动臂式塔式起重机，将起重臂放在最大幅度位置。

③把各控制器拉到零位，切断总电源，将所用的工具收集摆放好，关好所有门窗并加锁，夜间打开红色障碍指示灯。

④凡是在底架以上无栏杆的各部位进行检查、维修、保养、加油、螺栓紧固等工作时，必须系好安全带。

⑤填好当天工作的履历书及各种记录。

四、塔式起重机司机应具备的基本条件

（1）司机应年满 18 周岁，具有初中以上的文化程度。

（2）每年须进行一次身体检查，矫正视力不低于 5.0，没有色盲、听觉障碍、心脏病、贫血、美尼尔症、癫痫、眩晕、突发性昏厥、断指等妨碍起重作业的疾病和缺陷。

（3）接受专门安全操作知识培训，经建设主管部门考核合格，取得《建筑施工特种作业操作资格证书》。

（4）首次取得证书的人员实习操作不得少于 3 个月。否则，不得独立上岗作业。

（5）每年应当参加不少于 24 h 的安全生产教育。

第五节　塔式起重机司机必须具备的安全意识

一台塔式起重机，使用是否正确，维护保养是否周到有效，关键在于操作人员。而操作人员要清楚地认识到，自己掌握的不仅是一台大型设备，而且掌握着自己和工地上一部分人的生命安全，责任很重，必须时刻小心谨慎。作为一个操作人员，必须深刻地懂得：塔式起重机最可怕的是倒塔，其次就是碰撞和机构的损坏。因此，应千方百计防止塔式起重机失去平衡、防止碰撞、防止过载，操作人员应高度注意以下几个方面：

一、防止超力矩倒塔

造成超力矩有如下一些原因，应引起操作人员的高度注意：

（1）力矩限制器失灵或没有调整好就使用。力矩限制器只有超力矩才动作，平时不动作，因此往往不引起注意。操作人员平时要有意识地检查一下，压一压力矩限制器上行程开关的触头，看一看报警铃还响不响。响即证明能正常动作，如不响，就证明有故障，应先修后操作，至于没调整好就使用，是严重违章，非常危险。当然，建议最好能装力矩显示器，一起吊就能知道起重力矩是多少，离危险状况还有多远。操作人员应拒绝在力矩限制器不正常的情况下上塔式起重机操作。

（2）水平斜拉起吊。塔式起重机是禁止斜拉起吊的。但工地上完全垂直状态起吊也很难。一般计算时，考虑了吊索倾斜 3° 的水平力。水平分力 5%，但产生的力矩可不是 5%，因为水平分力的力臂是独立式高度，是比较大的。所以不可小看 3° 的倾斜角。最可怕的是用吊索斜拖物品，你不知道阻力系数是多大，危险性很大。所以操作人员要主动拒绝斜拉起吊。

（3）风力过大起吊。风荷会增加倾翻力矩。在使用说明书上规定禁止 6 级风以上作业。操作人员应引起注意，风力太大，不应去起吊。

（4）为了扩大作业面，故意短路掉力矩限制器，属于严重的违章作业，会极大地威胁操作人员自身安全，应坚决抵制。

二、防止碰撞

（1）起重机操作人员，应在得到地面的指挥信号后进行操作。而且操纵前应当按响电铃，以提起相关人员知道，起重机将要运行了。

（2）操纵时应当精力集中，随时观察吊钩的运行情况和位置，注意周围是否有障碍物存在。下班时，吊钩必须升到最高障碍物以上位置。

（3）要熟练掌握重物惯性作用，提前降速和停车，还要学会稳钩技术。尤其是对回转惯性，一定要提前停车，不可到位才停车，否则臂架和重物都停不下来，对不准工位，容易碰撞。当然具体提前多少，要靠自己积累经验才能掌握。稳钩技术，包含一定的力学知识，不是很容易就学会的。

（4）当下面有碰撞对象时，尽量提早提升吊钩避免相碰，不能等到快到了才提升吊钩。因为惯性摆动常常看不准，容易发生碰撞。反之在放吊钩时，不能放得过低，以免吊钩摆动伤人。

（5）当有人在塔式起重机上搞维修调整工作时，不得启动塔式起重机运转。

三、防止过载

有如下一些情况会造成过载，操作人员要注意防止。

（1）起重量限制器失灵或没有调整好就使用塔式起重机。与力矩限制器同样的原因，因为动作不常发生就没有引起重视和注意，失灵后不知道。因此要经常按一下起重量限制器开关触头，看电铃是否报警。如有故障及时排除。不调整好起重量限制器就使用塔式起重机，是严重违章作业，潜伏有事故危险，应抵制这种做法。

（2）用起重机起吊一些超重物品，故意短路掉起重量限制器，这同样是严重违章，很容易损坏起重机，应自觉制止。

（3）连续不断地满载起吊，虽然不一定超载，但会超过起升机构的负荷率。塔式起重机设计时起升机构的负荷率 JC=40%。不可以连续满载起吊，否则对机器同样会有损害。

（4）在高温下连续作业。在炎热的夏天，环境温度很高，对机器散热很不利。连续发热，会使机器超负荷，应注意防止。

（5）连续使用低速起升。低速起吊，散热条件不好，特别是使用涡流制动器，负荷很大，电流值大，很容易使电机发热，以致烧坏电机，所以操作者应当很明白这个道理，不许连续使用低速起升。一般规定，低速挡的负荷率 JC=15%，即每 10 min 低速挡累计使用时间应当小于 1.5 min。单次连续使用时间不宜超过 40 s。

第十二章 塔式起重机维护保养

塔式起重机既是大型产品，又是安全要求很高的产品，施工企业买台塔式起重机很不容易，因此正确掌握使用维护知识，避免事故，延长机械的使用寿命具有特别重大的意义。一台塔式起重机，工作得好不好，固然与设计质量、制作质量关系很大，但同种型号的塔式起重机，在不同的用户手里，发挥的作用与效益，差别可以很大，这充分说明用户使用维护得好与不好，对设备的损耗起了决定性的作用。

第一节 塔式起重机维护保养和管理的基本要求

（1）用户对塔式起重机应当建立管理档案，包括进入施工单位的使用说明书、发货清单、备品备件、安装移交记录等，做到有据可查。

（2）必须制订塔式起重机的维护保养制度，并严格执行。要求设备管理人员能了解自己的塔式起重机的运行状况，有过哪些故障，处理好没有，并有记录。

（3）正确处理好使用和维护保养的关系，不能只注重使用，放松保养。实际上维护保养得好，可以大大提高使用效率，减少事故损失。

（4）必须对操作人员进行技术培训，加强使用、维护和保养的基本知识的教育，培养他们自觉地爱护机械设备的习惯和风气，掌握基本技能和技巧，严格遵守操作规程。禁止无证人员上岗操作。

（5）准备必要的物质条件，满足维护保养作业的需要。如油壶、注油枪、油杯、漏斗和专用工具设备，按期按量提供棉纱、润滑油，按时供应所需的备品和配件。

（6）在特殊施工条件下，要改变塔式起重机的安装施工条件，必须与供应单位取得联系和协商，不可自以为是地做出变更。必要时必须向设计单位和专业人员进行咨询。

（7）为塔式起重机正常使用创造必要的环境条件，比如施工空间避免碰撞、灯光照明、供电环境、防水浸泡等。对操作人员，要尽可能地提供舒适、方便的工作条件，注意降温和取暖，减少他们的疲劳和分散注意力。

第二节 液压顶升系统使用、维护、保养要求

一、使用与维护

塔式起重机的液压系统还算比较简单，只要使用维护得好，一般来说，故障率是比较少的。但是如果忽视维护或者使用不当，就会出现各种故障。而且由于系统内部不易观察，出了故障往往不易一下子就找出原因，以致影响塔式起重机的使用。下面就将使用中应当特别注意的问题分述如下：

1. 液压油的使用与维护

液压传动系统以油液作为传递能量的工作介质。除了正确选用液压油，还必须使油液保持清洁，特别要防止油液中混入杂质和污物。经验证明，液压系统经常发生的各种故障、堵塞和损坏事故，往往与液压油变质、杂质、污染及密封不严有关。

液压系统使用维护的关键是保持系统和液压油的清洁，因此应当注意以下事项：

（1）油箱中的液压油应经常保持正常的油面。

（2）液压油必须经过严格的过滤。滤油器应当经常清洗，去除滤油网上的杂质，发现损坏要及时更换。

（3）系统中的油液应经常检查，并根据工作情况定期更换。尤其是新投入使用的系统设备，容易混入金属屑或其他杂质，要提早换油。

（4）一般情况下，液压元件不要轻易拆卸。但是在发生堵塞，往往又必须拆卸时，要用煤油清洗干净。特别是小孔，一定要防止堵塞。而且清洗后要放在干净的地方，及时装配好，特别注意防止金属屑、锈块、灰尘、棉纱等杂质落入液压元件中。

2. 防止空气进入液压系统

空气进入油液中会产生气泡，形成空穴现象。到了高压区，在压力作用下，这些气泡受到压缩会产生噪声，引起局部过热，使液压元件和液压油受到损坏。空气的可压缩性大，还会使油缸产生爬行现象，破坏系统工作的平稳性。为此，要注意做到：

（1）系统的回油管，必须插入到油箱的油面以下，防止回油带入空气。

（2）油箱的油面要尽量大些，吸入侧和回油侧要用隔板隔开，以达到消除气泡的目的。

（3）在管路及液压缸的最高部分设置气孔，在启动时应放掉其中的空气。

3. 防止油温过高

注意检查工作温度，一般应保持在35～60℃，应尽量控制油的温度，使其不超过上述允许值的上限。

（1）经常注意保持油箱中的正确油位，使系统中的油液有足够的循环冷却条件。

（2）在系统不工作时，油泵必须卸荷。

正确选择系统中所用油液的黏度。黏度过高，会增加油液流动时的能量损耗。黏度

过低，泄漏就会增加，两者都会使油温升高。

二、液压系统常见故障和排除方法

1. 油温过高

液压油温过高的产生原因及排除方法见表 12-1。

表 12-1　液压油温过高的原因及排除方法

产生原因	排除方法
1. 液压泵效率低，其容积、压力和机械损失较大，因而转化为热量较多	选择性能良好的、适用的液压泵
2. 系统沿途压力损失大，局部转化为热量	各种控制伐应在额定流量范围内，管路应尽量短，弯头要大，管径要按允许流速选取
3. 系统泄漏严重，密封损坏	油的黏度要适当，过滤要好，元件配合要好，减少零件磨损
4. 回路设计不合理，系统不工作时油经溢流阀回油	不工作时，应尽量采用卸荷回路，用三位四通阀
5. 油箱本身散热不良，容积过小，散热面积不足，或储油量太少，循环过快	油箱容积应按散热要求设计制作，若结构受限，要增添冷却装置。储油量要足

2. 噪声

产生噪声的原因及排除方法见表 12-2。

表 12-2　产生噪声的原因及排除方法

产生原因	排除方法
1. 系统吸入空气，油箱中油量不足，油量过低，油管侵入太短，吸油管与回油管靠得太近，或中间未加隔板，密封不严，不工作时有空气渗入	加足油量，油管侵入油面要有一定深度，吸油管与回油管之间要用隔板隔开，利用排气装置，快速全行程往返几次排气
2. 齿轮泵齿形误差大，泵的轴向间隙磨损大	两齿轮对研，啮合接触面应达到齿长的 65%，修磨轴向间隙
3. 液压泵与电动机安装不同心，换向过快，产生液压冲击	重新安装联轴节，要求同轴度小于 0.1 mm，手动换向阀要合适掌握，使换向平稳
4. 油液中脏物堵塞阻尼小孔，弹簧变形、卡死、损坏	清洗换油，疏通小孔，更换弹簧

3. 爬行现象

油缸爬行的原因及排除方法见表 12-3。

表 12-3　油缸爬行的原因及排除方法

产生原因	排除方法
1. 空气进入系统，油液不干净，滤油器不定期清洗，不按时换油	定期检查清洗，定期更换油液

续表

产生原因	排除方法
2. 运动件间摩擦阻力太大，表面润滑不良，零件的形位误差过大	改进设计，提高加工质量
3. 液压油缸内表面磨损，液体内部串腔	修磨液压缸，检修
4. 压力不足或无压力	提高回油背压

4. 压力不足或无压

油压不足或无压的原因及其排除方法见表 12-4。

表 12-4　油压不足或无压的原因及其排除方法

产生原因	排除方法
1. 液压泵反转或转速未达要求，零件损坏，精度低，密封不严，间隙过大或咬死，液压泵吸油管阻力大或漏气	检查，修正，修复，更换
2. 液压缸动作不正常，漏油明显，活塞或活塞杆密封失效，杂物、金属屑损伤滑动面，缸内存在空气，活塞杆密封压得过紧，溢流阀被污物卡住处于溢流状态	排气，减少压紧力，清洗，更换阀芯、阀座，对溢流阀位作调整
3. 其他管路、节流小孔、阀口被污物堵塞，密封件损坏致使密封不严，压力油腔或回油腔串油	清晰疏通，修复更换

第三节　日常使用维护要求及特别注意事项

塔式起重机是建筑工程中的大型设备，是安全要求很高的设备。因此，保持塔式起重机的正常使用性能，具有特别重要的意义。从工地领导、设备管理人员、使用人员都要高度重视塔式起重机的正常使用，不仅要会用，而且要会保养维护、会洞察各种故障、会修理和排除各种故障。只有这样，才能充分发挥出塔式起重机的工作效益，延长其使用寿命。

一、使用要求及注意事项

1. 对使用人员的责任要求

驾驶员是塔式起重机的直接使用者，素质好坏与塔式起重机能否正常使用有着密切的关系。一台塔式起重机，在使用过程中，充分发挥操作人员的主导作用，合理地使用塔式起重机，严格遵守有关技术规程和规章制度。在这个基础上，每日或定期地给塔式起重机进行清洁、润滑、紧固、调整、防腐、检查，排除故障，更换已磨损或失效的零件，使机械设备保持良好的工作状态。这就是对操纵使用人员的主要责任要求。要做到这一点并不容易，要求驾驶员具有如下素质：

（1）明确自己工作的重要性，有强烈的工作责任感，作风正派。

（2）具有相应的文化程度，并经过一定的技术培训和技术考核。

（3）能熟知安全操作规程和吊装技术及吊装信号。

（4）能搞懂自己所用的塔式起重机的整机构造、原理组成、结构及技术性能。

（5）懂得各种货物的捆扎、装卸、起吊的操作方法。

（6）懂得所用的起重机的系列保养和一级保养的范围。

（7）具有判断和排除常见故障的能力。

（8）具有在高空作业的身体条件和适应能力。

对每个驾驶员，应当按这样的要求去培养和训练，以适应工作要求。

2. 对使用过程的基本要求

使用操作过程是变化多端的，但有一个总的基本要求，就是稳、准、快、安全、合理地去使用操作起重机，这就要求多练基本功。

稳：是指在吊物和运行中，要使吊钩和重物不发生大的摆动。惯性是客观存在的，但稳钩是一项操作技巧，要学会消除惯性影响。

准：是指准确就位，在稳的基础上，正确地把物料送到指定位置。同样，这会有惯性影响，重要的是会总结经验，适时停车。

快：是指在稳、准的前提下，使起升、运行机构协调配合好，用尽量少的时间、最短的运行路线完成每一次吊运工作。

安全：指操作中严格执行安全技术操作规程。不发生设备及人身事故，有预见事故的能力，及时地制止事故。对设备能经常做到预检、预修。保证起重机在完好的技术性能下可靠地工作。在意外故障情况下，能机动灵活并准确地采取措施，制止事故或使损失减到最小。

合理：是指在了解、掌握机械设备特性的基础上，根据被吊对象的具体情况，正确地确定起吊方案，正确地发出控制指令。

3. 安全教育和安全使用技术要求

起重机使用操作人员，是在高空工作，而且是在与地面人员的密切配合下，通过钢丝绳和吊钩，远距离完成被吊物件的起落、停止和运行的。工作涉及面较广，安全要求很高。在工作过程中，操作不熟练、操作方法欠正确、精神不集中等因素，都可能造成人身事故与设备事故。因此，在使用中，要经常进行安全教育，并要求使用人员在操作中掌握和遵守各种安全使用操作技术要求。

安全教育有定期讲述和班前教育两种形式。其中班前教育每天由生产组长、安全员或司机利用班前几分钟，讲述有关生产安全注意事项。其内容主要是回顾近来安全生产情况，表扬先进，指出薄弱环节，提醒大家注意检查发现和消除安全隐患等。

二、塔式起重机的日常维护保养

一台塔式起重机，要想充分发挥作用，除了正确的操作，维护保养得好也是重要环节。塔式起重机的维护检查工作，直接关系到起重机的寿命、工作效率和安全生产。检查维护工作也是司机责任范围内的一个重要工作，绝不可轻视。塔式起重机的日常检查维护工作主要内容包括交接班检查、加注润滑油、预检、预修和排除临时故障等。

1. 交接班检查和维护的注意事项

（1）交接班时，当班人员应认真负责地向接班者介绍当班工作情况，交接班人员应共同做好检查维护工作。下班时，若无人接班，当班人员应写好交接班记事簿。

（2）连续工作的起重机，每班应有 15～20 min 的交接班检查维护时间。不连续工作的起重机，检查维护工作应在工作前进行。

（3）为了防止漏检，交接班检查应按一定的顺序进行，形成惯例。其主要检查内容有：

1）检查销轴连接板、卡板、开口销、螺母是否完好，有无松脱，发现问题及时更换。

2）检查钢丝绳在卷筒上的缠绕情况，有无跳槽、重叠、乱绳情况，绳尾压板螺栓是否有松脱或缺少现象。

3）紧固好各机械联轴器、销轴、机座、电机的螺栓。

4）检查配电箱、电路接线端子、控制器主触头是否良好。

5）检查调试各安全装置的工作性能是否正常。

6）检查连接螺栓、螺母是否有松动现象，有无变形过大现象。

7）检查制动器松紧情况是否合适，如不正常应进行调试。

8）检查各机构的减速机，是否有漏油、渗油现象，发现问题及时排除。

2. 定期检查和维护

定期检查保养，是指机械在运转一定时间后，为消除不正常状态，恢复良好的工作条件所进行的一种预防性的维护保养，其中包括季节变换保养。

定期检查有周检、月检和半年检等。各用户单位可根据自己的具体情况，组织由塔式起重机司机、设备员等组成临时检查小组进行检查。

各种定期检查的具体内容有：

（1）周检内容。

1）接触器、控制器触头的接触和腐蚀情况。

2）制动器闸带的磨损情况。

3）联轴器上的连接销、键的连接及螺钉的紧固情况。

4）使用半年以上的钢丝绳磨损情况。

5）钢结构件关键部位的连接情况，有无塑性变形现象。

（2）月检内容。

1）电动机、减速机、轴承支座等与底座螺钉紧固情况。电动机集电环碳刷磨损情况。

2）钢丝绳压板螺钉的紧固情况，使用 3 个月以上的钢丝绳磨损情况及润滑情况等。

3）各管口处导线绝缘层的磨损情况。

4）各限位开关转轴的润滑与防水情况。

5）各减速机及润滑油的油质与油量情况。

6）小车臂架下弦杆导轨的磨损情况。

（3）半年检查内容。

1）电气系统的控制器、电阻器及接线座、接线螺钉的紧固情况，要逐个检查并紧固。

2）检查电气设备绝缘情况。

3）液力推杆制动器的油量及油质情况。

4）各钢结构的连接情况，耳板、导轨等磨损腐蚀情况。

5）各滑轮组的滑轮磨损情况。

3. 加注润滑油

塔式起重机工作机构的润滑是日常维护工作的主要内容之一。润滑情况好坏，不仅直接影响各机构的正常运转与机件的寿命，而且还会影响安全生产和生产效率。各机构零部件的润滑工作应该遵循的原则是：凡在有轴和孔配合的地方，以及有摩擦面的机械部分，都要定期进行润滑。由于起重机的机构各种各样，对不同部位的润滑，操作人员要视具体情况灵活掌握。润滑时使用油枪或油杯对各润滑点分别加注润滑油，并保持各润滑点的清洁。

塔式起重机润滑工作的主要内容有：

（1）对各大传动机构的减速箱，观察油面，检查有无渗漏，发现油面过低或传动箱温度过高，要适时加注齿轮油。

（2）所有的滑轮、轴承座里面的轴承都要抹黄油，要适时补注润滑脂。

（3）所有的开式齿轮传动，要经常抹润滑脂，包括回转支承和回转小齿轮之间的传动。

（4）滑动轴套和轴之间，要注意加注润滑脂。

（5）卷筒上的钢丝绳，应适时涂抹黄油，以减小彼此之间的磨损。

4. 由操作人员承担的检查维护保养工作

为了维护塔式起重机日常的清洁、紧固、润滑和调整，确保机械在每班作业中能正常运转和安全操作，必须明确规定由操作人员承担的维护保养责任。其主要内容有：

（1）交接班时的检查维护。

1）检查供电系统是否正常、安全可靠。

2）通电后检查各控制器、接触器、仪表、指示灯及声响设备是否正常。

3）检查吊具、滑轮组、钢丝绳是否有裂纹、磨损过度等现象。

4）启动各传动机构，观察其运行情况，判断是否有不正常响声或者漏油、渗油现象。

5）检查各安全装置的限位开关，判断是否还正常起限制作用。

6）检查各机构零部件的润滑情况。

（2）日常作业中的检查维护。

1）随时注意各机构运行情况有无异味、异声。

2）随时注意各安全装置的工作情况。

3）利用作业间隙时间，检查各机构、电动机、减速箱、轴承座有无发热或温升过高的现象。

4）检查调整制动器、制动轮、制动块间的间隙是否均匀。紧固好松动的螺帽。

5）检查关键连接部位或振动较大部位的连接情况，是否有松动或脱开的趋向。如有，要立即设法排除。

（3）下班前的维护保养工作。

为确保下一班工作能顺利进行，在下班前，应认真做好以下工作：

1）检查钢丝绳是否在滑轮槽内，钢丝绳有无磨损过度现象。

2）查看各运行机构减速箱内的油量、传动齿轮啮合润滑情况，查看各润滑油路是否畅通。

3）检查联轴器的传动情况，查看是否还能正常传动、有无局部损坏。

4）检查各仪表、指示器、指示灯是否正常，查看各安全装置是否正常起作用。

5）各操纵杆回中位、清洁整理好现场、切断总电源、上好电控柜门锁、关好操作室门。

6）检查确认机器保养完好后，填写运行日志。若发现较大故障，或有不正常现象，则要记入运行日志，并提出诊断修理要求，告诉接班人员并报告主管部门。

第十三章　起重吊装及手势信号

第一节　起重吊点的选择及物体的绑扎

一、物体的稳定

起重吊运作业中，物体的稳定应从两个方面考虑：一是物体吊运过程中，应有可靠的稳定性；二是物体放置时保证有可靠的稳定性。

吊运物体时，为防止提升，运输中发生翻转、摆动、倾斜，应使吊点与被吊物体重心在同一条铅垂线上，如图 13-1 所示。

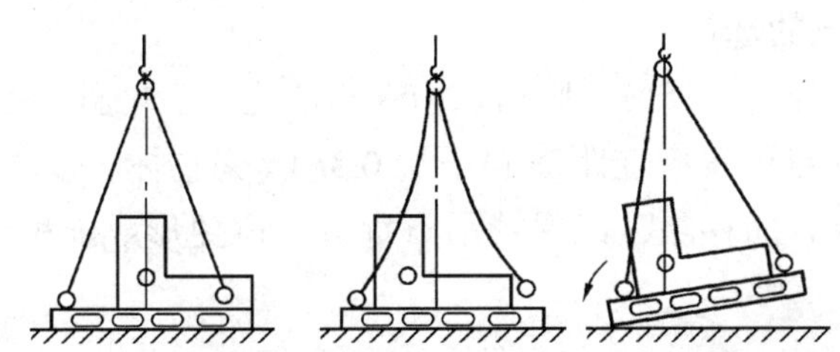

图 13-1　吊钩的吊点应与被吊重物重心在同一条铅垂线上

放置物体时存在支承面的平衡稳定问题。我们先来看一下长方形物体竖放时，不同位置上的不同结果，如图 13-2 所示（长方体 4 种位置）。

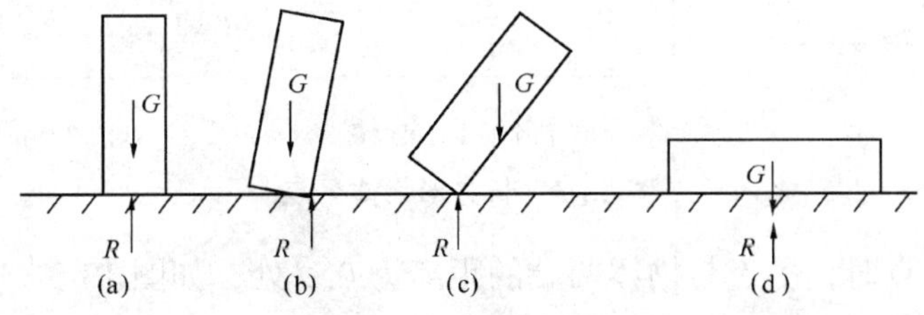

图 13-2　长方形 4 种位置

长方形物体在位置（a）时，重力 G 作用线通过物体重心与支反力 R 处于平衡状态；在位置（b）时，在 F 力的作用下，稍有倾斜，但重力 G 的作用线未超过支承面，此时三个力形成平衡状态，如果去掉 F 力，物体就会恢复到原来位置；当物体倾斜到重力 G 作用线超过支承边缘支反力 R 时，即使不再施加 F 力，物体也会在重力 G 与 R 形成的力矩作用下翻倒，即失稳状态，如（c）位置。由此可见，要使原来处于稳定平衡状态的物体，在重力作用下翻倒，必须使物体的重力作用线超出支承面；如果将物体改为平放如位置（d），其重心降低了很多，再使其翻倒就比较困难，这说明立放的物体重心高，支承面小，其稳定性差；而平放的物体重心低，支承面大，稳定性好。因此在司索吊运工作中，应观察了解物体的形状和重心位置，提高物体放置的稳定性。

二、物体吊点选择

在吊运各种物体时，为避免物体的倾斜、翻倒、变形损坏，应根据物体的形状特点、重心位置，正确选择起吊点，使物体在吊运过程中有足够的稳定性，以免发生事故。

1．试吊法选择吊点

在一般吊装工作中，多数起重作业并不需用计算法来准确计算物体的重心位置，而是估计物体重心位置，采用低位试吊的方法来逐步找到重心，确定吊点的绑扎位置。

2．有起吊耳环的物体

对于有起吊耳环的物件，其耳环的位置及耳环强度是经过计算确定的，因此在吊装过程中，应使用耳环作为连接物体的吊点。在吊装前应检查耳环是否完好，必要时可加保护性辅助吊索。

3．长方形物体吊点的选择

对于长方形物体，若采用竖吊，则吊点应在重心之上。

用一个吊点时，吊点位置应在距离起吊端 $0.3l$（l 为物体长度）处，起吊时，吊钩应向长方形物体下支承点方向移除，以保持吊点垂直，避免形成拖曳，产生碰撞，如图 13-3（a）所示。

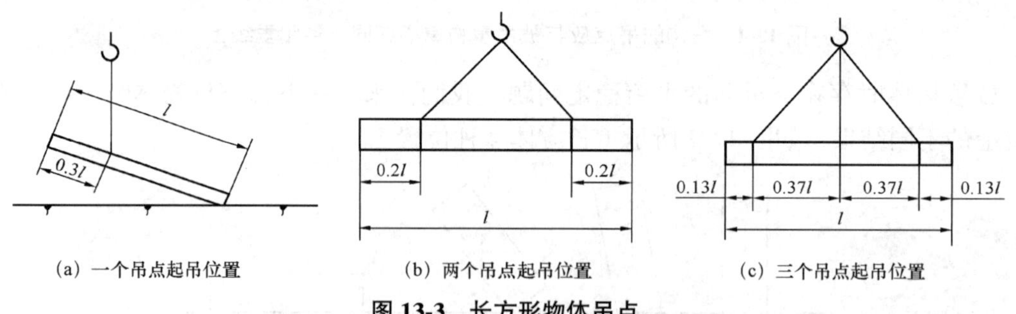

(a) 一个吊点起吊位置　(b) 两个吊点起吊位置　(c) 三个吊点起吊位置

图 13-3　长方形物体吊点

如采用两个吊点时，吊点与物体两端的距离为 $0.2l$ 处，如图 13-3（b）所示。

采用 3 个吊点时，其中两端的吊点与两端的距离为 $0.13l$，而中间吊点的位置应在物体中心，如图 13-3（c）所示。

在吊运长形刚性物体时（如预制构件）应注意，由于物体变形小或允许变形小，采用多吊点时，必须使各吊索受力尽可能均匀，避免发生物体和吊索的损坏。

4. 方形物体吊点的选择

吊装方形物体一般采用 4 个吊点，4 个吊点位置应选择在四边对称位置上。

5. 机械设备安装平衡辅助吊点

在机械设备安装精度要求较高时，为了保证安全顺利的装配，可采用辅助吊点配合简易吊具调节机件所需位置的吊装法。通常采用环链手拉葫芦来调节机体的位置，如图 13-4 所示。

6. 物体翻转吊运的选择

物体翻转常见的方法有兜翻，将吊点选择在物体重心之下，如图 13-5（a）所示，或将吊点选择在物体重心一侧，如图 13-5（b）所示。

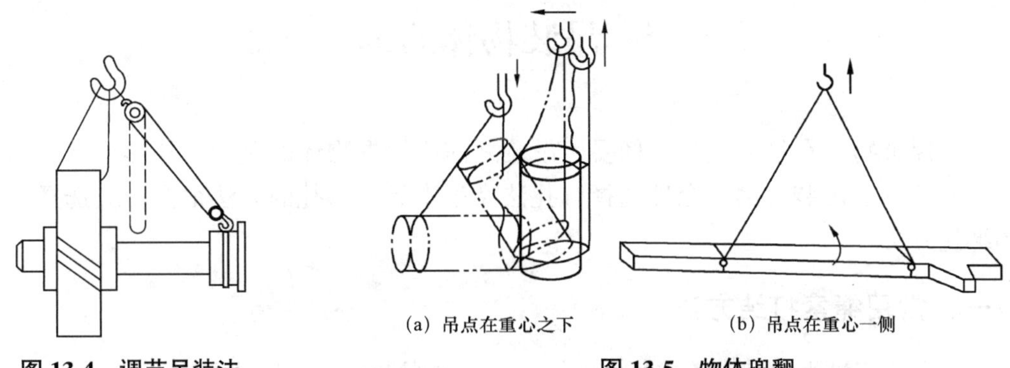

图 13-4　调节吊装法　　　图 13-5　物体兜翻

物体兜翻时应根据需要加护绳，护绳的长度应略长于物体不稳定状态时的长度，同时应指挥吊车，使吊钩顺翻倒方向移动，避免物体倾倒后的碰撞冲击。

对于大型物体翻转，一般采用绑扎后利用几组滑车或主副钩抑或两台起重机在空中完成翻转作业。翻转绑扎时，应根据物体的重心位置、形状特点选择吊点，使物体在空中能顺利安全翻转。

例如，用主副钩对大型封头的空中翻转，在略高于封头重心相隔 180° 位置选两个吊装点 *A* 和 *B*，在略低于封头重心与 *A*、*B* 中线垂直位置选一吊点 *C*。主钩吊 *A*、*B* 两点，副钩吊 *C* 点，起升主钩使封头处在翻转作业空间内。副钩上升，用改变其重心的方法使封头开始翻转，直至封头重心越过 *A*、*B* 两点，翻转完成 135° 时，副钩再下降，使封头水平完成 180° 空中翻转作业，如图 13-6 所示。

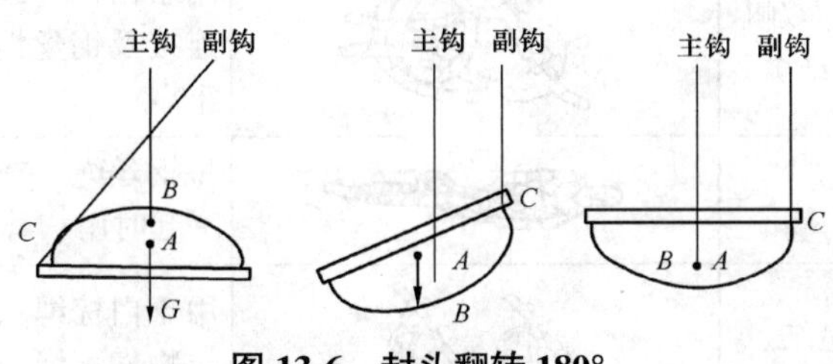

图 13-6　封头翻转 180°

物体翻转或吊运时，每个吊环、节点承受的力应满足物体的总重量。对大直径薄壁型物体和大型桁架构件吊装，应特别注意所选择吊点是否满足被吊物体整体刚度或构件结构的局部强度、刚度要求，避免起吊后发生整体变形或局部变形而造成的构件损坏。必要时应采用临时加固辅助吊具法，如图 13-7 所示。

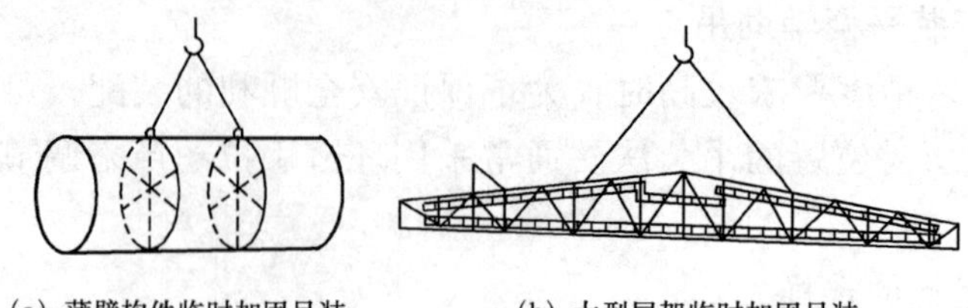

（a）薄壁构件临时加固吊装　　（b）大型屋架临时加固吊装

图 13-7　临时加固辅助吊装法

第二节　吊装物体的绑扎方法

为了保证物体在吊装过程中稳妥，吊装之前应根据物体的质量、外形特点、精密程度、安装要求、吊装方案、合理选择绑扎法及吊索具。绑扎的方法很多，应选择已规范化的绑扎方法。

一、常用绳索打结方法

绳索在使用过程中打成各式各样的绳结，钢丝绳及白棕绳的结绳法见表 13-1。

表 13-1　钢丝绳及白棕绳的结绳法

序号	绳结名称	简图	用途及特点
1	直结（又称平结、交叉结、果子扣）		用于白棕绳两端的连接，连接牢固，中间放一短木棒易解
2	活结		用于白棕绳需要迅速解开时
3	组合法（又称单帆索结，三角扣及单绕式双插法）		用于白棕绳或钢丝绳的连接。比直结易结、易解
4	双重组合结（又称双帆结、多绕式双插结）		用于白棕绳或钢丝绳两端有拉力时的连接及钢丝绳端与套环相连接。绳结牢靠
5	套连环结		将钢丝绳（或白棕绳）与吊环连接在一起时用
6	海员结（又称琵琶结、航海结、滑子扣）		用于白棕绳头的固定，系结杆件或拖拉物件。绳结牢靠，易解，拉紧后不出死结

续表

序号	绳结名称	简图	用途及特点
7	双套结（又称索圈结）	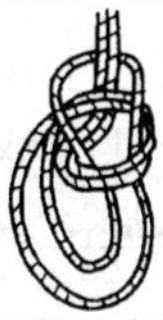	用途同上，也可做吊索用。结绳牢固可靠，结绳迅速，解开方便
8	梯形结（又称八字扣，猪蹄扣、环扣）	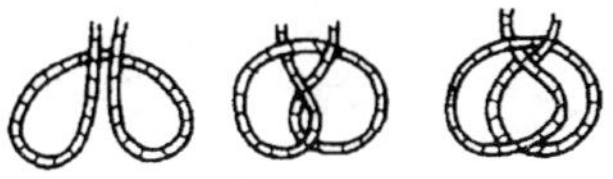	在人字及三角桅杆拴拖拉绳，可在绳中段打结，也可抬吊重物。绳圈易扩大和缩小。绳结牢靠又易解
9	拴住结（锚桩结）		1. 用于缆风绳固定端绳结 2. 用于溜松绳结，可以在受力后慢慢放松，且活头应放在下面
10	双梯形结（又称鲁班结）	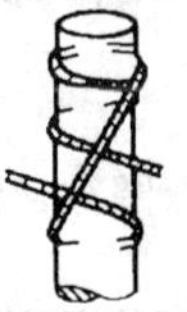	主要用于拔桩及桅杆绑扎缆风绳等，绳结紧且不易松脱
11	单套结（又称十字结）		用于钢丝绳的两端或固定绳索用
12	双套结（又称十字结、对结）		用于钢丝绳的两端，也可用于绳端固定
13	抬扣（又称杠棒结）	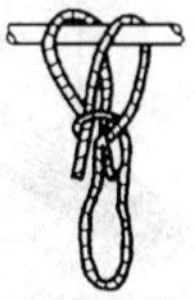	以白棕绳搬运轻量物件时用，抬起重物时绳自然缩紧。结绳、解绳迅速
14	死结（又称死圈扣）	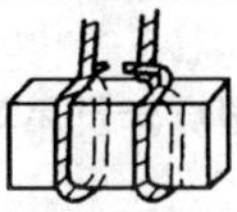	用于重物吊装捆绑，方便牢固安全
15	水手结	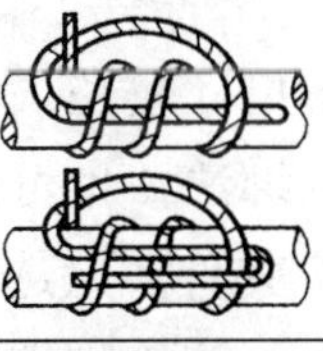	用于吊索直接系结杆件起吊。可自动勒紧，容易解开绳索
16	瓶口结	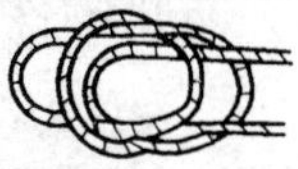	用于拴绑起吊圆柱形杆件，特点是越拉越紧
17	桅杆结	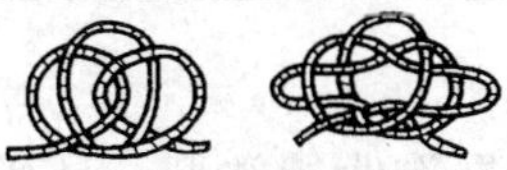	用于竖立桅杆，牢固可靠
18	抬杠结	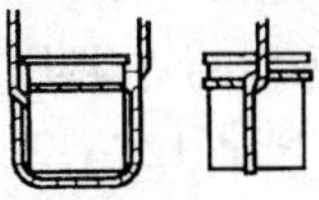	用于抬缸或吊运圆形物件

二、柱形物体的绑扎方法

（1）平行吊装绑扎法

平行吊装绑扎法一般有两种。一种是用一个吊点，仅用于短小、重量轻的物品。在绑扎前应找准物件的重心，使被吊装的物件处于水平状态，这种方法简便实用，常采用单支吊索穿套结索法吊装作业。根据所吊物件的整体和松散性，选用单圈或双圈穿套结索法，如图 13-8 所示。

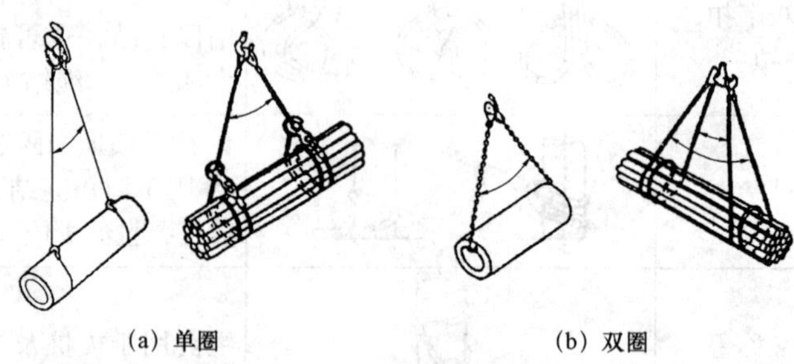

图 13-8　单双圈穿套结索法

另一种是用 2 个吊点，这种吊装方法是绑扎在物件的两端，常采用双支穿套结索法和吊篮式结索法，如图 13-9 所示。

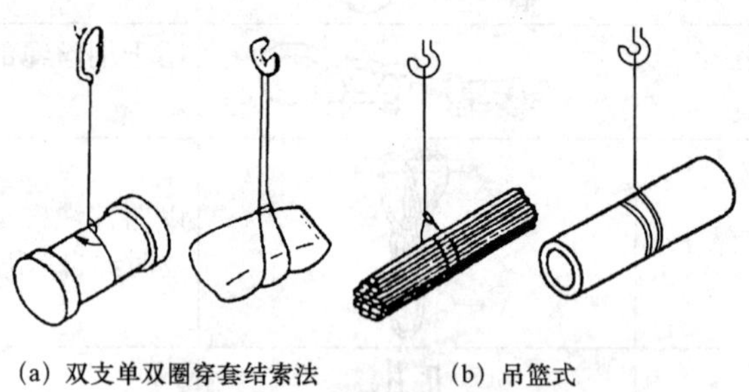

图 13-9　单双圈穿套及吊篮结索法

（2）垂直斜形吊装绑扎法

垂直斜形吊装绑扎法多用于物件外形尺寸较长、对物件安装有特殊要求的场合。其绑扎点多为一点绑法（也可用两点绑扎）。绑扎位置在物体端部，绑扎时应根据物件质量选择吊索和卸扣，并采用双圈或双圈以上穿套结索法，防止物件吊起后发生滑脱，如图 13-10 所示。

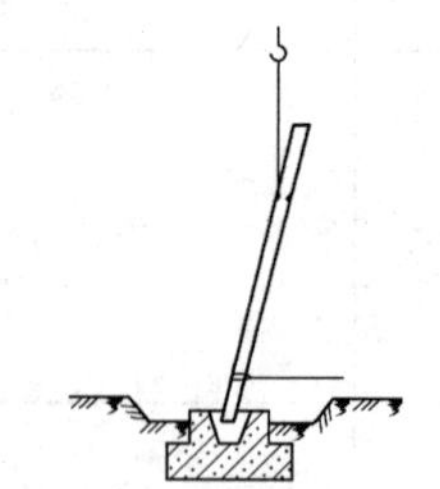

图 13-10　垂直吊装绑扎法

三、长方形物体的绑扎方法

长方形物体绑扎方法较多。应根据作业的类型、环境、设备的重心位置来确定。通常采用平行吊装两点绑扎法。如果物件重心居中可不用绑扎，采用兜挂法直接吊装，如图 13-11 所示。

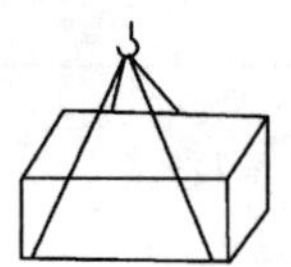

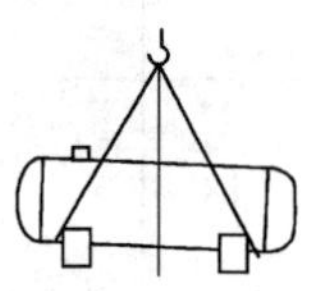

图 13-11　兜挂法

四、绑扎安全要求

（1）用于绑扎的钢丝绳吊索不得用插接、打结或绳卡固定连接的方法缩短或加长。绑扎时锐角处应加防护衬垫，以防钢丝绳损坏。

（2）采用穿套结索法，应选用足够长的吊索，以确保挡套处角度不超过 120°，且在挡套处不得向下施加损坏吊索的压紧力。

（3）吊索绕过吊重的曲率半径应不小于该绳径的 2 倍。

（4）绑扎吊运大型或薄壁物件时，应采取加固措施。

（5）注意风载荷对物体引起的受力变化。

第三节　预制构件的吊装

在现代建筑中，基本上都是采用钢筋混凝土和钢结构预制构件作为装配式结构工业厂房。需要吊装的构件主要有柱子、柱间支撑、吊车梁、屋面系统（屋架、天窗架、屋面板及支撑系统等）。

在吊装每一个构件时都有绑扎、起吊和就位、临时加固、校正、最后固定等操作程序。

一、吊装构件操作程序的一般要求

（1）绑扎。绑扎时用绳索和卡具将构件与起重机的吊钩连接起来，以便起吊。绑扎应牢固可靠、绑拆方便，保证构件在起吊过程中不发生永久变形，不断裂，便于安装。

（2）起吊和就位。起吊时将构件吊离地面，就位是将构件吊放到设计位置上。在起吊过程中，应保证构件在空中起落和旋转平稳；就位时应目测或用线锤初步找正构件的垂直度和平整度，并加以临时固定。

（3）临时固定。是为了提高吊装效率，及时卸去吊钩，吊装下一个构件而采取的临时加固措施。临时固定应保证构件在校正过程中不倾倒。

（4）校正。是对构件的平面位置、标高、垂直度、平整度等进行校正，使其符合设计和施工规范的要求。

（5）最后固定。构件校正后，应按设计要求将构件加以永久性固定。

二、吊装前的准备工作

为了保证构件的安装质量，吊装前应对所有构件进行全面检查，内容如下：

（1）检查构件的型号、规格、数量是否符合设计要求。

（2）起吊时构件的混凝土强度，一般不低于设计强度等级的 75%；大跨度构件，如屋架，应达到 100%。

（3）检查构件的截面尺寸、预埋件、预留孔和吊环的位置和尺寸是否正确。

（4）检查构件的表面有无裂纹、变形及其他损坏现象，预埋铁件上如粘有砂浆等污物，应事先清理，以免影响构件的拼装和焊接。

（5）检查吊环的位置和固定情况，有无变形和损伤，吊环孔洞能否顺利穿过卡环和钢丝绳等。

（6）检查合格的构件，按计划分批运入施工现场。运输道路应平整坚实、有足够的宽度和转弯半径，使构件和运输车辆能顺利通过。构件运输时支座位置应正确，固定牢靠。

（7）构件进场后应按施工组织场地布置图进行堆放。堆放场地应平整坚实、排水良好，上下垫木应在同一垂线上。堆垛高度，梁一般为2～3层，大型屋面板叠层不宜超过6块，空心楼板叠层不宜超过8块。构件吊环要向上，标志朝外，以便查找和吊挂。

（8）做好构件的弹线和标号及钢筋混凝土杯形基础的准备工作。根据吊装构件的特点，选择好索具、吊具等。

做好吊装准备工作以后，一般吊装分两个阶段进行。第一阶段用“分件流水法”吊装柱子、柱间支撑和吊车梁，第二阶段用“节间综合法”吊装屋盖系统。

三、吊装实训

（一）训练1　钢筋混凝土预制柱的吊装

柱子的吊装和整个厂房预制吊装中占有很大的比重，根据柱子的质量、外形尺寸、形状和结构特点，确定柱子的绑扎和吊装方法，选择索具、吊具及起重机的规格。

1. 柱子的绑扎

绑扎柱子用的吊具有吊索、卡环、铁扁担（平衡梁）等。为了在空中脱钩方便，应尽量用活络式卡环，如果没有活络式卡环，可在绳索捆绑处设置一根解脱麻绳（拉绳）。为避免钢丝绳磨损构件表面，可在钢丝绳与构件接触处垫麻袋或木板等物。

（1）有吊环柱的绑扎（附加保险绳）（如图13-12所示）。

柱顶面有预埋吊环，起吊同时附加保险绳，使操作更为安全可靠。采用此法，应注意柱身高度和所用起重设备的提升高度要与之匹配。

（2）用千斤绳索（钢丝绳扣）绑扎T形柱（如图13-13所示）及其他形状的柱。

T形柱有牛腿的柱或其他形状的柱，均可用钢丝绳扣绑扎，绑扎时绳套上缚以拉绳。当柱起吊安装后，起重机吊钩下落，放松吊索。只要拉动拉绳，即可解脱绳索，不必登高解索。柱的棱角绑扎处要加垫。

（3）双面及三面牛腿柱的绑扎（如图13-14所示）。

绑扎点垫以麻袋或木块防损构件，绑扎位置在牛腿下面。钢丝绳起吊位置，对单面或双面有牛腿的柱，放在无牛腿的一面；对三面或四面有牛腿的柱，则将钢丝绳放在柱角上，如此可不使起吊钢丝绳磨损和牛腿压坏。

（4）重型较长柱子的绑扎（如图13-15所示）。

对于重型较长柱子的吊装，一般采用双机抬吊，需捆绑2个吊点，如用单机吊装，可用自动平衡吊索进行吊装。

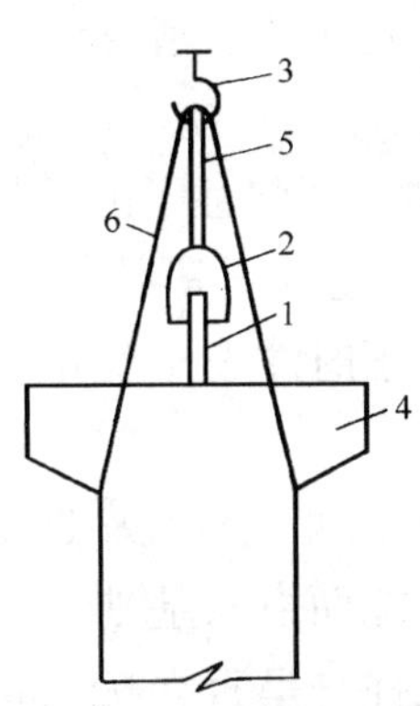

图 13-12　有吊环柱的绑扎

1–吊环；2–卡环；3–吊钩；4–柱子；5–吊索；6–保险绳

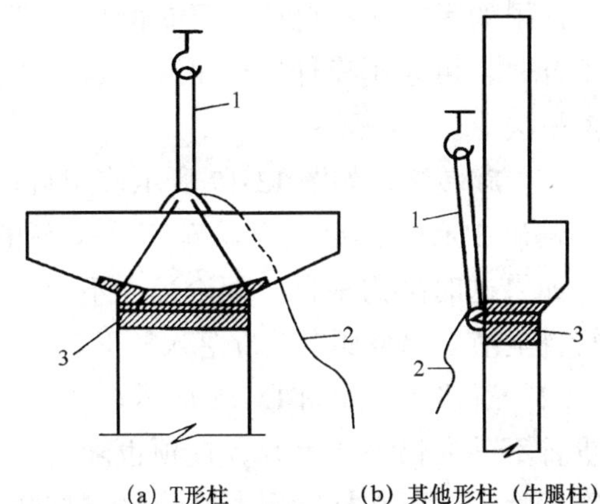

图 13-13　用千斤绳索绑扎 T 形柱

1–吊索；2–拉绳；3–垫物

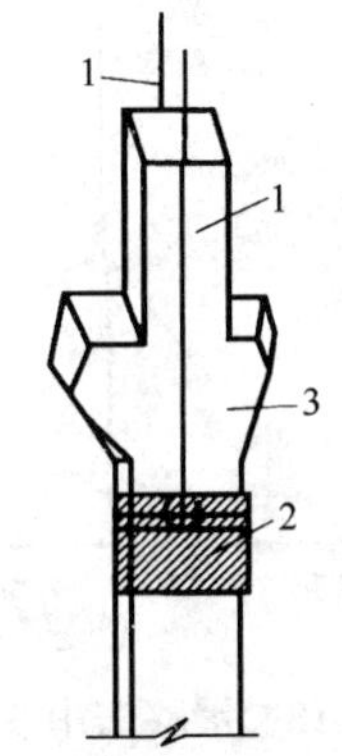

图 13-14　双面及三面牛腿柱的绑扎

1–吊索；2–垫物；3–柱子

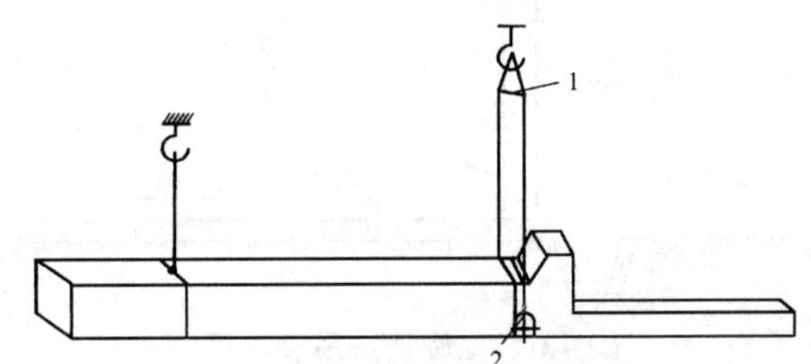

图 13-15　重型较长柱子的绑扎

1–支撑杆；2–卡环

（5）斜吊柱子的绑扎。有时吊装较长的柱子，而起重机的起吊高度受到限制，不得不减少吊索的长度，采用斜吊的方法进行绑扎，绑扎时绳结系在柱子的一面。如绑扎点为两点，可用平衡滑轮，如图 13-16 所示。

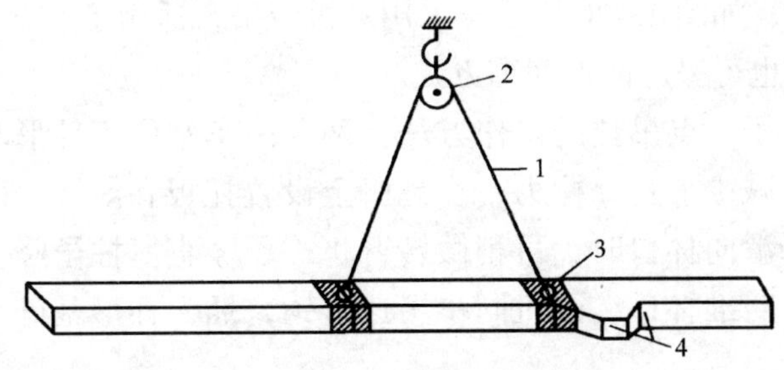

图 13-16　斜吊柱子的绑扎

1–吊索；2–平衡滑轮；3–垫物；4–柱子

2. 柱子的吊装

柱子的吊装在有自行式吊车的情况下，尽可能采用。在没有吊车的情况下或吊车施展不开时，可采用桅杆进行吊装。经常采用的吊装方法有旋转法、滑移法、斜吊法、双机抬吊法等。

（1）旋转法，如图 13-17 所示。用自行式起重机吊装时，要将柱子的吊挂点、柱脚、杯形基础中心点都摆放在吊车工作半径的同一圆弧上，一边起升吊钩，一边回转起重机，如果这时吊钩垂直，理论受力不变，只有全部吊起柱子时才发生变化。当柱绕柱脚旋转直至吊立起至杯口上方落入杯形基础中。

（2）滑移法，如图 13-18 所示。采用滑移法起吊柱子时，绑扎点宜靠近基础。起吊时起重臂不动，仅吊钩上升，柱顶也随之上升，而柱脚则沿地面滑向基础。为减少滑移时的摩擦阻力，可在柱脚下安装拖排滚杠或吊车送尾。直至柱身呈直立状态时，将柱子吊离地面，对准杯形基础中心，将柱脚插入杯口就位。

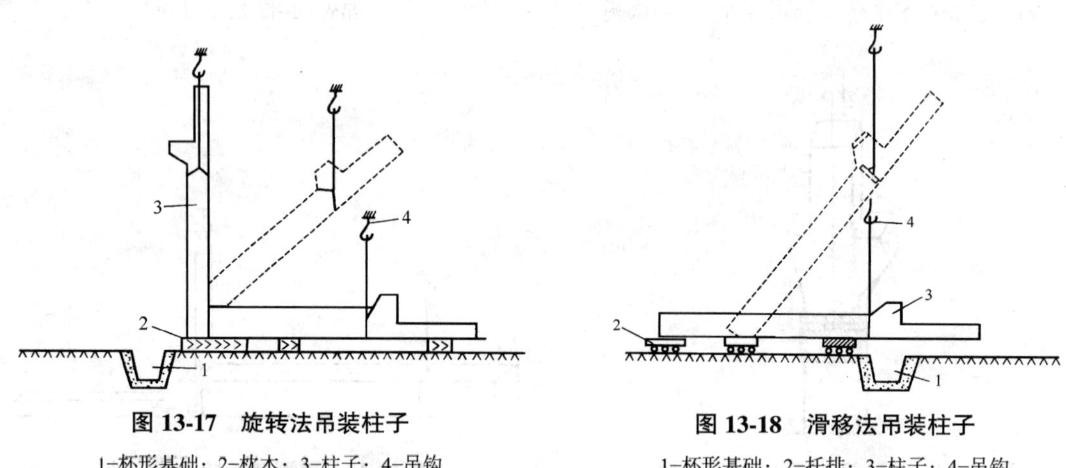

图 13-17　旋转法吊装柱子

1-杯形基础；2-枕木；3-柱子；4-吊钩

图 13-18　滑移法吊装柱子

1-杯形基础；2-托排；3-柱子；4-吊钩

（3）斜吊法，如图 13-19 所示。采用斜吊法吊装柱子适用于较长、较重的柱子，有时吊车能力够，而臂杆长度不够或受到长度的限制。这种方法适用于柱子平放起吊抗弯强度满足要求的柱子。柱子起吊后，呈倾斜状态，不能垂直落入杯形基础，应采用溜绳配合人力拉或撬拨，将柱子降落安装就位。

（4）双机抬吊法，如图 13-20 所示。采用双机台吊，适用于重型、较长的柱子，抬吊可采用同一点捆绑，也可采用两点捆绑方式。

双机抬吊重型柱子一点吊挂的操作方法：两台吊车站位于杯形基础中心线两侧，采用滑移法吊装，为了减少滑行摩擦力，在柱脚上设置托板和滚杠，两机同时起升，使柱脚滑向杯口。当柱脚滑向杯口时，可稍微转臂将柱子竖直。柱子竖直被抬起后，将柱用吊车旋转找正方位，对准杯口，两机同步慢速落钩，插入杯形基础，对好中心，临时固定后，摘钩解索。

（5）用桅杆吊装柱子。因吊装现场缺乏或用不上吊车的时候可以采用人工竖立桅杆来吊装。设置桅杆时，要根据柱子的重量、尺寸、场地来选用。其形式有独脚桅杆、人字桅杆、系缆式桅杆，一般都采用滑移法吊装。

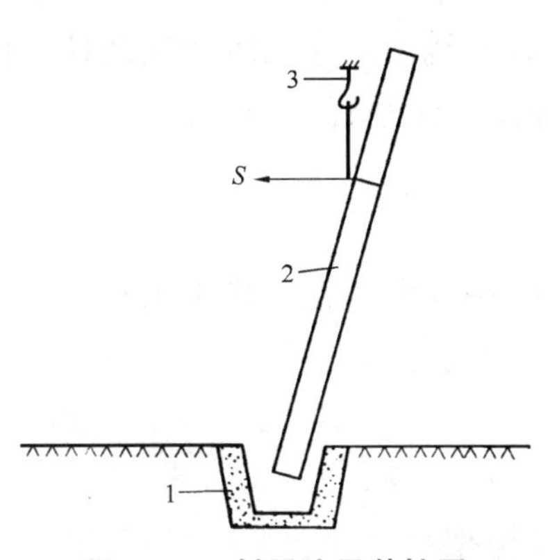

图 13-19　斜吊法吊装柱子

1–杯形基础；2–柱子；3–吊钩

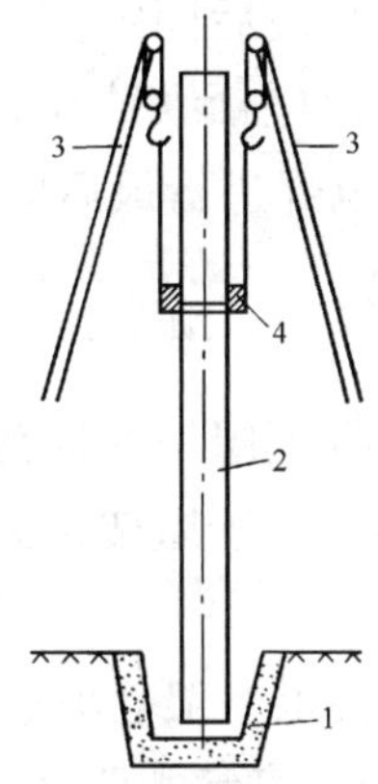

图 13-20　双机抬吊法吊装柱子

1–杯形基础；2–柱子；3–吊车臂；4–垫木

（二）训练 2　钢筋混凝土预制梁的吊装

预制梁一般都是 T 形梁，工业厂房的吊车梁都采用此种梁。另外也有矩形梁和 I 形梁。轻小型梁，重量在 1～5 t，重型梁可达百吨。梁多数都采用机械化吊装。在机械化实在施展不开的地方，才采用人工组立桅杆的形式来完成吊装作业。

1. 预制梁的绑扎

为了使预制梁能安全、快速、方便地就位，一般都采用水平双点起吊的方法绑扎。双点绑扎时，绑扎点设在重心对称的两边。一台起重机吊装，采用双分支或四分支吊挂，其吊索夹角不宜大于 90°。用两台起重机吊装，一般采用单根直索和双分支或四分支形式绑扎吊装。在绑扎梁时，要用衬垫物包垫，防止梁和绳索的损坏。如果预制梁有预埋吊环，可直接吊挂，为安全起见，最好加一根保险绳。

2. 预制梁的吊装（以桥式天车梁为例）

梁的吊装必须在柱子定位和杯形基础二次灌浆的混凝土强度达到设计强度等级的75%以后进行。

梁的吊装程序如下：

（1）吊车站位。选择好吊车型号和位置后，吊车站位最好一次能吊多跨的梁。如果吊一跨移一次，比较麻烦。

（2）梁的绑扎、起升。绑扎点应对称设在梁的两端，用一台吊索时，吊钩应对准梁的重心，以便起吊后梁保持水平状态。梁的两端应设溜绳控制其在空间的运行和旋转，避免碰撞柱子或吊车臂杆。

（3）梁的就位与临时固定。梁就位时，应慢慢落钩，使梁端与柱牛腿面的横轴线对准。在对位过程中不宜用撬棍顺纵轴方向撬动，因为柱子顺纵轴方向的刚度较差，撬动后会使柱顶产生水平位移。假如横轴线未对准，应重新吊起再次对位，直至符合要求。一般梁的稳定性比较好，对位后，用铁片垫平即可，无须采取临时加固措施即可松钩。

当梁高与梁宽之比大于 4 时，可用 8 号铁线将梁捆绑在柱上，以防倾倒。

（4）校正与最后固定。梁的校正主要是平面位置校正和垂直度校正。一般吊车梁平面位置的校正，包括纵轴线和跨距两项，校正方法有通线法和平移轴线法两种。校正合格后，立即用电焊进行最后固定，并在梁与柱的空隙间灌注细石混凝土。

（三）训练 3　预应力混凝土屋架的吊装

预应力混凝土屋架的局部抗弯能力较差，吊装的跨度大，在操作中稍有不慎就会造成屋架的断裂。由于屋架多采用平卧预制，在运输和安装前必须将屋架翻身扶直，然后进行绑扎吊装。

预应力混凝土屋架起吊点的绑扎如下。

1. 用普通吊索绑扎跨度 12～18 m 的预应力板梁屋架

先将板梁屋架用 10 cm × 10 cm 方木加固好，钢丝绳扣绑扎在板梁两头离端点 2 m 处，拉紧时两端吊索要均匀对称，防止偏斜扭曲，使构件产生裂纹，如图 13-21 所示。

2. 用横吊梁吊索绑扎跨度 24 m 的预应力桁架屋架

如图 13-22 所示，先将横吊梁下的两根主吊索绑牢绑正，两端的辅助吊索在起吊前要收紧，不能过松，防止主吊索绑扎点外屋架块体悬臂受力过大，造成上弦结合处产生裂缝。

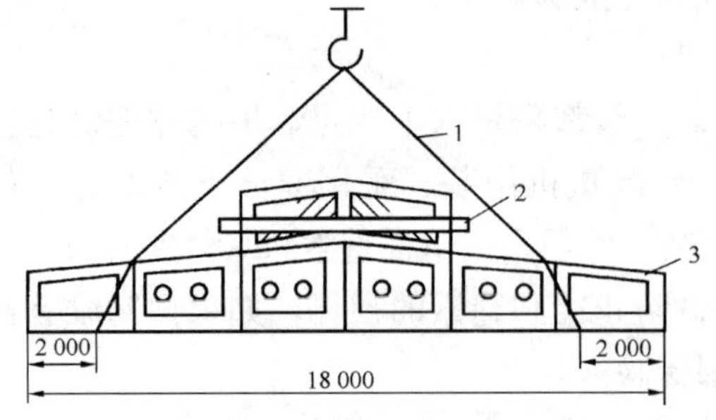

图 13-21　用普通吊索绑扎跨度 12～18 m 的预应力板梁屋架

1–吊索；2–加固横杆；3–屋架

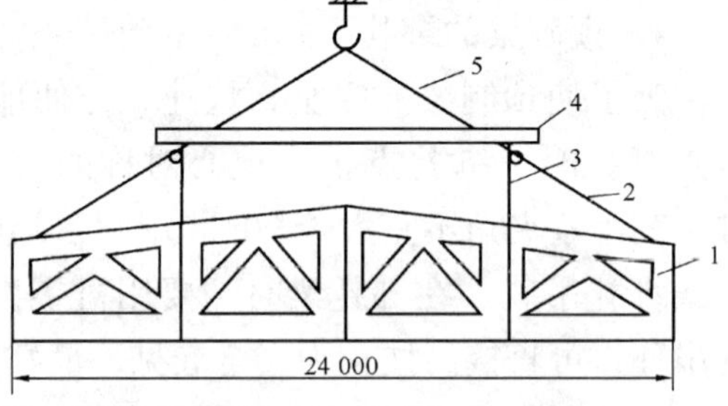

图 13-22　用横吊梁吊索绑扎跨度 24 m 的预应力桁架屋

1–屋架；2–辅助吊索；3–主吊索；4–横吊梁；5–吊索

3. 跨度 30 m 预应力桁架屋架的绑扎

跨度 30 m 预应力桁架屋架吊点的绑扎有横吊梁的采用 24 m 跨度的形式。如果没有横吊梁，屋架在吊装时，向内的水平分力增大，容易产生挤压，所以在起吊前要对屋架进行加固处理，以保安全吊装，如图 13-23 所示。

4. 预应力拱形屋架用横吊梁绑扎

采用横吊梁起吊，可使拱形屋架受力均匀，稳定性好，但其绑扎高度大，需用较长的起重臂杆，如图 13-24 所示。

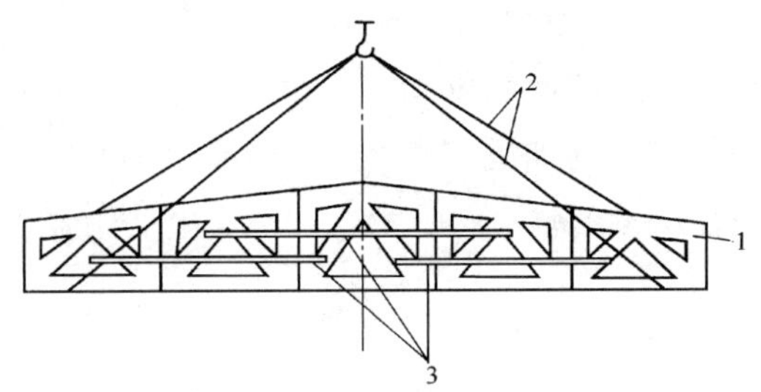

图 13-23　跨度 30 m 预应力桁架屋架的绑扎

1–屋架；2–吊索；3–加固木撑杆

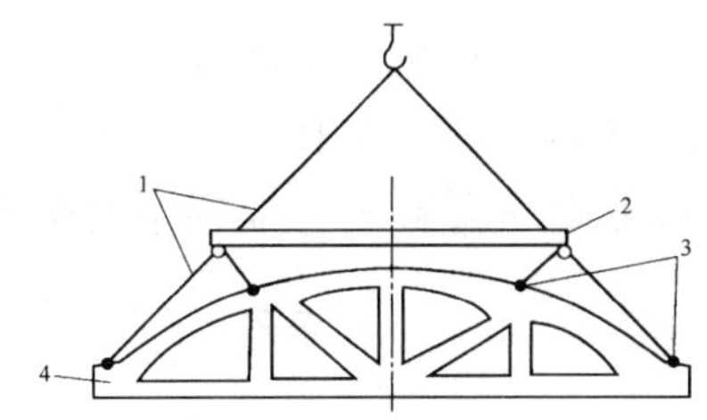

图 13-24　预应力拱屋架用横吊梁绑扎

1–吊索；2–横吊梁；3–卡环；4–屋架

5. 用平衡滑轮组绑扎预应力拱形屋架

如图 13-25 所示，用自动平衡吊索通过平衡滑轮组绑扎在屋架上弦的节点上，短吊索绑扎在屋架中间节点上，用卡环连接平衡滑轮组，这样能自动平衡调节吊索的长度，降低起吊高度，增加吊装的稳定性。

6. 用主吊索在屋架下弦起吊绑扎

如图 13-26 所示，用 2 根长度相等的吊索分别绑扎于屋架两面下弦，上弦中央节点也设有一绑扎点。这样稳定性好，绑扎高度低。

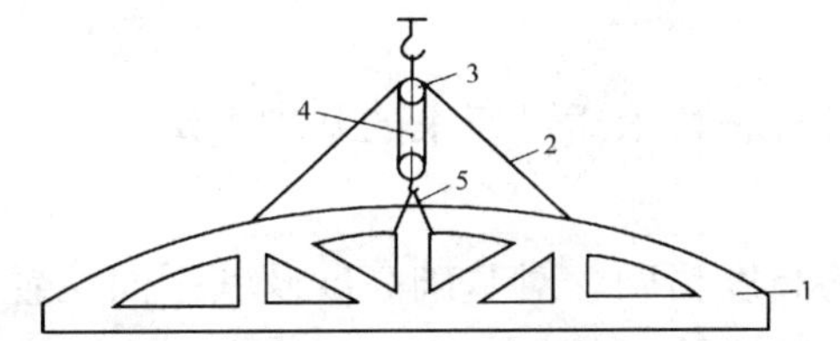

图 13-25　用平衡滑轮组绑扎预应力拱形屋架

1–屋架；2–吊索；3–平衡滑轮组；4–自动平衡吊索；5–短吊索

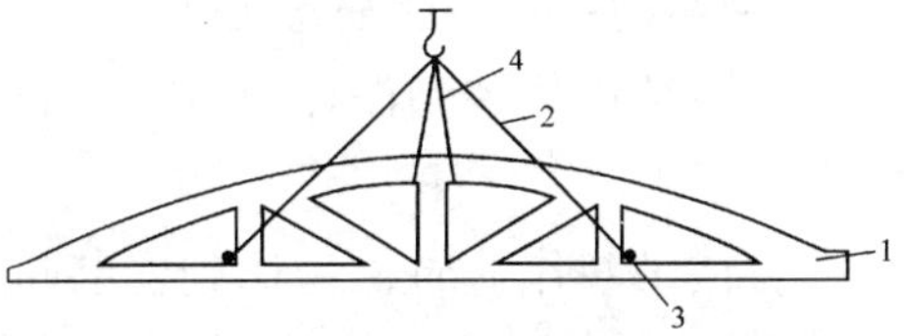

图 13-26　用主吊索在屋架下弦起吊绑扎

1–屋架；2–吊索；3–卡环；4–短吊索

预应力混凝土屋架的绑扎、吊装及注意事项如下。

屋架的吊装一般都选用履带式起重机，因为它灵活方便，不用支腿。轻小型屋架可用单机吊装，重大型屋架可用双机抬吊。屋架吊起至柱顶上，用溜绳旋转屋架对准柱头，缓慢下落，操作人员用手扶住屋架对准柱顶轴线下落到柱顶，稍有偏差可使用撬棍校正，并用斜口铁片垫平空隙，找正后进行临时固定。屋架在绑扎和起吊过程中的注意事项如下。

（1）主吊索必须绑正，严禁超载。

（2）试吊时检查吊钩两端吊索是否均匀对称，防止偏斜扭曲，使构件产生裂缝。

（3）主吊索与屋架上弦夹角应不小于 40°；两端用麻绳拴牢溜放和旋转。

（4）绑扎屋架两端的辅助吊索在起吊前应收紧，不得过松，以防主吊索绑扎点外的悬臂受力过大，上弦结合处因受拉而产生裂缝。

（5）起吊时，防止屋架在空中摆动扭曲和碰撞，应用麻绳溜稳。

（6）保持垂直起吊，起升要稳，防止构件离地时突然倾斜、摆动，导致接合缝开裂等情况的发生。

（7）利用横吊梁起吊能改善构件受力，有利于压缩起吊高度。

（8）无横吊梁的绑扎，在起吊前须将构件进行必要的加固。

（9）操作人员高处作业须系安全带，尤其是在解索时。

（四）训练 4　屋面板的吊装

（1）屋面板具有预埋吊环的，吊点在既定的位置上，通常用普通四钩或 2 根双钩吊索钩牢吊环起吊。

（2）利用由横吊梁组成的自动平衡吊具。

（3）无吊环的板，可采用等长吊索四分支形式兜挂。兜索应对称设置，使板起吊后呈水平状态。吊索与屋面板的水平夹角必须不小于 60°。

（4）屋面板的安装顺序应自两边檐口左右对称地逐块铺向屋脊，避免屋架承受半边载荷。

（5）屋面板对位后，立即进行电焊固定。

（五）训练 5　钢结构吊装

1. 钢结构吊装前的准备工作

（1）钢结构吊装到设计位置前，首先要具备符合技术质量要求的基础支承面，并准备好安装接头。

（2）在吊装作业时，为达到安装接头合缝的高度精确，对基础高度及其平面位置都应用水平仪或经纬仪校正和划线，并准备好锥形保护螺纹套帽。

（3）根据钢结构的重量、尺寸和结构特点，选择合适的吊索、吊具、吊带、卡环和特制的吊装工具。选择好起重机械和方法。

2. 钢结构吊装绑扎方法

（1）钢柱吊装绑扎方法。一是用两端带有卡环的吊索直接绑扎在有吊环、螺孔的地方；二是用钢丝绳套死扣的办法直接锁在钢柱的头部位置或距底部 1/2～2/3 柱长的位置竖立。同时绑扎处应加护垫。

（2）钢梁吊装绑扎方法。轻型梁可用一根吊索直接绑扎在中心，也可用两根吊索各绑扎在梁的两端，无论怎样绑扎应使钢梁平衡。重型钢梁可采用双分支、四分支形式吊装。最好用特制的卡具、吊带来吊绑，解索方便快捷，同时绑扎处加护垫和溜绳。

（3）钢屋架在不同跨度时的绑扎方法。在钢屋架跨度小于或等于 15 m 时，可用 1 个吊点起吊，绑扎在屋架顶端的节点上，并进行必要的加固。跨度在 15～30 m 的屋架，可用 1 个吊钩起吊，也可用 2 条吊索或 1 根两端带钩的吊索绑扎，绑扎 2 个吊点，以圆木加固，或采用带有平衡梁的吊索吊挂 2 个节点进行吊装，但下弦也应进行必要的加固。对于跨度大于 30 m 的钢屋架，可绑扎 2 个节点或 4 个节点。用 2 台吊车进行吊装，屋架腹杆和顶杆也需必要的加固，如图 13-27 所示。

3. 钢结构的吊装方法

（1）柱子的吊装。工业建筑的钢柱通常用自行式起重机吊装。在自行式起重机中尤以履带式起重机最为方便。一般的吊装方法有悬吊法、旋转法、滑移法。这几种吊装方法中，以悬吊法最为简便。钢梁、屋架等构件的吊装大多采用此法。悬吊法就是先将构件吊离地面并吊至所需高度，回转就位并校正后予以固定。但此法必须满足吊装能力和起升高度（起吊高度）。当起升高度和吊装能力受到限制，在吊装柱子时，可采用旋转法和滑移法，由于这两种方法使用时，柱子的根部不离地面，绑扎点可在头部或距底部 2/3 柱长的部位。特大的重型钢柱，可用 2 台起重机抬吊或用各式桅杆来吊装。

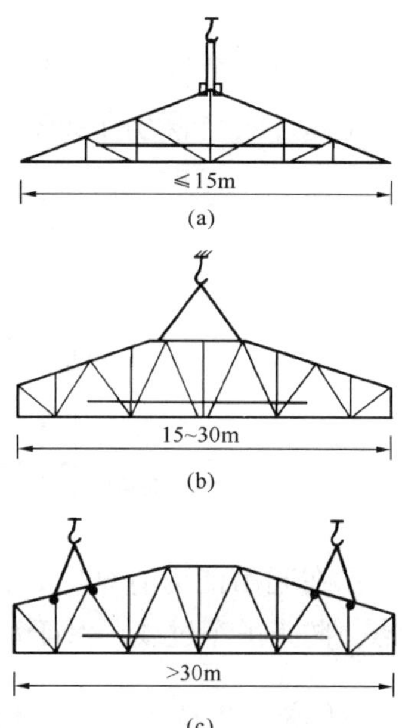

图 13-27　钢屋架的绑扎法

（2）钢梁的吊装。在钢柱吊装完成，经调整固定于基础上以后，即可吊装钢梁。厂房内的钢梁根据有无起重设备及起重能力而分为轻型、中型、重型 3 种。吊装轻、中型的钢梁一般使用 1 台自行式起重机就可以。而重型的则采用专门措施，如用 2 台起重机抬吊、分段抬吊、用桅杆吊装等。

①用 1 台自行式起重机吊装。用自行式起重机吊装首先要满足吊装能力和起升高度。起重机站位于柱托座的一边，梁吊起升高后，用先绑好的绳索控制就位。

②用 2 台自行式起重机吊装。重型梁长度一般在 20 m 以上，重达 30 t 以上，可采用双机抬吊。绑扎点应在距端头的 0.207L 处。另外，若两台吊车能力不足，可分段吊装，中间使用临时支架，但增加组对难度和高处作业。

③用桅杆吊装钢梁。用桅杆吊装时可根据情况和现场机具，采用单桅杆和双桅杆形式，还有用回转桅杆和门形桅杆吊装。形式不同，但目标一致，用桅杆代替起重机来完成吊装。

（3）钢屋架的吊装。根据钢屋架重量、跨度、安装高度的不同，结合现场条件与吊装方法的不同来决定。一般情况下，首选也是利用自行式起重机来吊装，如果起重机满足不了需要，就利用桅杆来吊装。

以上所述，都属单件结构吊装，在有条件的情况下，最好采用组合吊装，如将屋架与钢柱连接组装好，这样在地面上用吊车辅助拼装，不仅能加快施工进度，还大大减少了高处作业。组合吊装不仅广泛应用于厂房建筑、管道、焦炉、桥涵等工程结构的安装，同时在安装设备时也可具体运用。

（4）双机抬吊屋架的负荷分配。双机抬吊屋架时，可选择不同类型的吊车，但必须对两机进行合理的负荷分配和统一指挥，使之互相配合、动作协调。在整个吊装过程中，两台吊车的起吊滑轮组都应基本保持垂直状态。如用两机抬吊跨度 36 m、自重 180 kN 的钢屋架，若两机同时水平将屋架吊离地面，则每机负荷为 90 kN，若一机先将屋架吊离地面，则该机负荷为：

$$F_1=18\times180/30=108\text{（kN）}$$

超过原计算分配负荷的 20%，所以，两机或多机抬吊时要乘以不均衡系数 1.25，或者不超过额定能力的 80%。双机抬吊屋架的受力分析如图 13-28 所示。

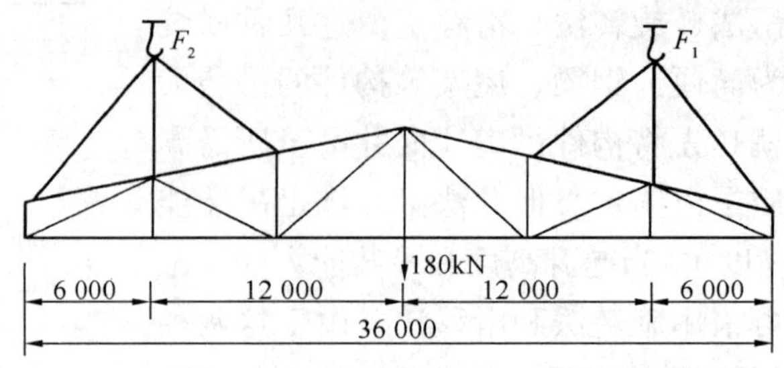

图 13-28　双机抬吊屋架的受力分析

在起吊能力有余时，吊装比较容易，在满负荷时一定要进行负荷分配，选择好吊点，防止吊车过载，保证安全。

（六）训练 6　预制构件运输要点及装运方法

1. 运输要点

（1）预制构件由制作厂运输到安装地点，要使用吊车吊装到各种类型的运输卡车上。在运输过程中，应注意不打乱已经配合的组合成套构件，应在构件上做好标记和确定好装运程序。

（2）除柱子、楼梯踏步能平放运输外，其他构件应按设计要求的放置方法运输。在放置构件时，运输工具上应有固定装置，以保证构件在运输途中稳固。

（3）装车时，载荷要均匀对称，所运构件，尤其是立放的构件之间的垫板、隔板，要保证紧密贴靠，防止运输时构件受损伤。

（4）预制构件尽可能由预制厂直接运送到吊装现场。尽量减少重复运输，防止构件多次倒运中损坏。

（5）严禁超载运输，以防人身和构件事故发生。

2. 构件的装运方法

（1）长度在 6 m 左右的桩或柱，可用卡车装运。长桩或柱须用拖车或挂车装载。装车时必须稳固系牢，并按设计要求支垫，防止移动。

（2）鱼腹梁的运输：若腹板较厚，配筋较密，侧向刚度大，可平放运输；若梁腹较薄、运距较长、路面差，可将梁腹向上，将几根梁用铁线拉成一体运输。

（3）对于高、长屋架须在拖挂车上设置支架运输，屋架靠支架两侧，用绳索缚牢。每次可运 24 榀。另外可制作钢拖架装运，前方用牵引车或拖拉机牵引。

（4）大型屋面板用卡车和拖车运输，一般 8 t 的载重车可装 1.5 m × 6 m 的屋面板 4～6 块。每块之间要上下对正，两端垫木垂直，同时支架柱相对拉紧。

（5）在施工现场，对于小而长、重量轻的构件，可用人力钢管车来运输，方便又快捷。

无论何种运输方法，一定要选择好运输工具，确保构件、车辆、操作人员的安全。

第四节　《起重机　手势信号》摘录

在塔机工作现场，操作人员不一定看得到起重物，或者看不清起吊挂钩情况，或者不知道吊运目标和吊运意图，这就必须看指挥人员的指令工作。也可能下面有多人发出指示，那只能确定听一人的指挥。为此，起重机司机与指挥人员之间应当有规定好的信号系统，而且双方都应当熟练掌握和遵守这样的信号系统，只有这样才能准确地配合完成所要完成的起吊作业。

2019 年 12 月 10 日《起重机　手势信号》（GB/T 5082—2019）发布，2020 年 7 月 1 日开始执行。新标准除编辑性修改外主要技术变化为：修改了范围；增加了规范性引用文件；修改了术语和定义；修改了手势信号的要求；删除了司机使用的音响信号；删除了信号的配合应用；删除了对指挥人员和司机的基本要求；删除了管理方面的有关规定。

下面摘录了《起重机　手势信号》（GB/T 5082—2019）正文内容，方便读者学习使用。

1　范围

本标准规定了用于起重机吊运操作的手势信号。

2　规范性引用文件

下列文件对于本文件的应用是必不可少的。凡是注日期的引用文件，仅注日期的版本适用于本文件。凡是未注日期的引用文件，其最新版本（包括所有的修改单）适用于本文件。

ISO 4306—1 起重机 术语 第 1 部分：总则（Cranes-Vocabulary—Part 1：General）

3　术语和定义

ISO 4306—1 界定的以及下列术语和定义适用于本文件。

3.1　结束指令 cease operation；dogging

卸载后，长久或临时性停止指令。

3.2　回转 slewing；swinging

起重机基座静止，载荷绕轴水平运动。

3.3　运行 travel

起重机的整机（汽车式和轮式）移动。

4　手势信号的要求

4.1　总则

手势信号应符合下列要求：

a）手势信号应合理使用，并被起重机操作人员完全理解；

b）手势信号应清晰、简洁，以防止误解；

c）非特殊的单臂信号可以使用任何一只手臂表示（特殊信号可以用一只左手或右手表示）；

d）指挥人员应遵循以下规定：

1）处于安全位置；

2）应被操作人员清楚看见；

3）便于清晰观察载荷或设备；

e）操作人员接收的手势信号只能由一个人给出，紧急停止信号除外；

f）必要时，信号可以组合使用。

4.2 通用手势信号

4.2.1 操作开始（准备）

手心打开、朝上，水平伸直双臂。如图 1 所示。

4.2.2 停止（正常停止）

单只手臂，手心朝下，从胸前至一侧水平摆动手臂。如图 2 所示。

4.2.3 紧急停止（快速停止）

两只手臂，手心朝下，从胸前至两侧水平摆动手臂。如图 3 所示。

4.2.4 结束指令

胸前紧扣双手。如图 4 所示。

4.2.5 平稳或精确的减速

掌心对扣，环形互搓，如图 5 所示。这个信号发出后应配合发出其他的手势信号。

图1 图2 图3

图4 图5

4.3 垂直运动

4.3.1 指示垂直距离

将伸出的双臂保持在身体正前方，手心上下相对。如图 6 所示。

4.3.2 匀速起升

一只手臂举过头顶，握紧拳头并向上伸出食指，连同前臂小幅地水平划圈。如图 7

所示。

4.3.3　慢速起升

一只手给出起升信号，另外一只手的手心放在它的正上方。如图 8 所示。

4.3.4　匀速下降

向下伸出一只手臂，离身体一段距离，握紧拳头并向下伸出食指，连同前臂小幅地水平划圈。如图 9 所示。

4.3.5　慢速下降

一只手给出下降信号，另外一只手的手心放在它的正下方。如图 10 所示。

图6　图7　图8

图9　图10

4.4　水平运动

4.4.1　指定方向的运行/回转

伸出手臂，指向运行方向，掌心向下。如图 11 所示。

4.4.2　驶离指挥人员

双臂在身体两侧，前臂水平地伸向前方，打开双手，掌心向前，在水平位置和垂直位置之间，重复地上下挥动前臂。如图 12 所示。

4.4.3　驶向指挥人员

双臂在身体两侧，前臂保持在垂直方向，打开双手，掌心向上，重复地上下挥动前臂。如图 13 所示。

4.4.4　两个履带的运行

在运行方向上，两个拳头在身前相互围绕旋转，向前如图 14（a）所示，或向后，如图 14（b）所示。

4.4.5　单个履带的运行

举起一个拳头，指示一侧的履带紧锁。在身体前方垂直地旋转另外一只手的拳头，指示另外一侧的履带运行。如图 15 所示。

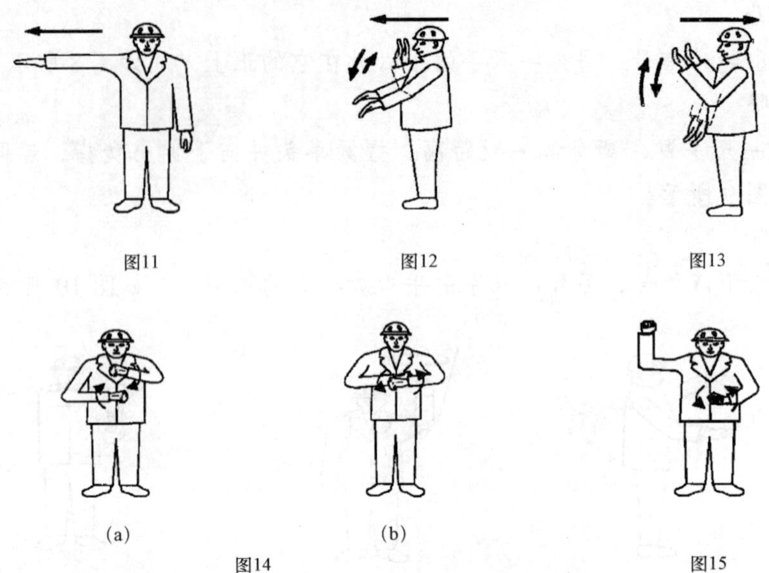
图11　图12　图13

(a)　(b)

图14　图15

4.4.6　指示水平距离

在身前水平伸出双臂，掌心相对。如图 16 所示。

4.4.7　翻转（通过两个起重机或两个吊钩）

水平、平行地向前伸出两只手臂，按翻转方向旋转 90°。如图 17（a）和图 17（b）所示。

注：足够的安全余量是每台起重机或吊钩能够承受瞬时偏载的保证。

(a)　(b)

图16　图17

4.5　相关部件的运行

4.5.1　主起升机构

保持一只手在头顶，另一只手在身体一侧，如图 18 所示。在这个信号发出之后，任何其他手势信号只用于指挥主起机构，当起重机具有两套或以上主起升机构时，指挥人员可通过手指指示的方式来明确数量。

4.5.2　副起升机构

垂直地举起一只手的前臂，握紧拳头，另外一只手托于这只手臂的肘部，如图 19 所示。在这个信号发出后，任何其他手势信号只用于指挥副起升机构。

4.5.3　臂架起升

水平地伸出手臂，并向上竖起拇指。如图 20 所示。

4.5.4　臂架下降

水平地伸出手臂，并向下伸出拇指。如图 21 所示。

4.5.5　臂架外伸或小车向外运行

伸出两只紧握拳头的双手在身前，伸出拇指，指向相背。如图 22 所示。

4.5.6　臂架收回或小车向内运行

伸出两只紧握拳头的双手在身前，伸出拇指，指向相对。如图 23 所示。

4.5.7　载荷下降时臂架起升

水平地伸出一只手臂，并向上竖起拇指。向下伸出另一只手臂，离身体一段距离，连同前臂小幅地水平划圈。如图 24 所示。

4.5.8　载荷起升时臂架下降

水平地伸出一只手臂，并向下伸出拇指。另一只手臂举过头顶，握紧拳头并向上伸出食指，连同前臂小幅地水平划圈。如图 25 所示。

图18　图19　图20

图21　图22　图23

图24　图25

附录 A

（资料性附录）

起重吊具的控制

起重吊具的手势信号可用于指示吊具的特殊功能。以下是抓斗开闭的手势信号：

a）抓斗张开：双臂与肩平齐伸直，掌心向下。如图 A.1 所示。

b）抓斗关闭：手臂在身体正前方成一环形，十指平行相对。如图 A.2 所示。

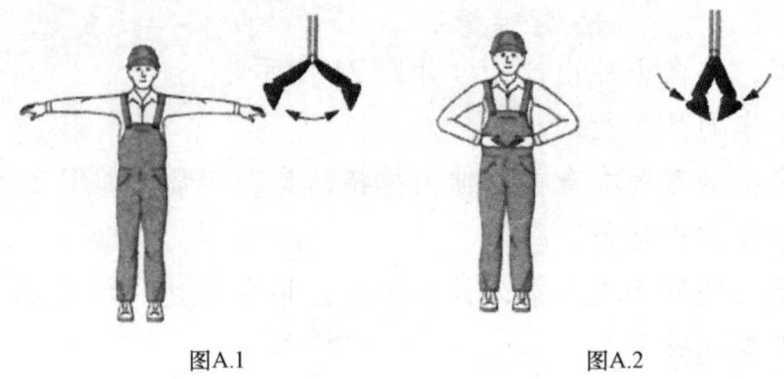

图A.1　　图A.2

第十四章　塔式起重机常见故障及维修

塔式起重机在使用过程中发生故障的原因很多，主要是因为工作环境恶劣，维护保养不及时，操作人员违章作业，零部件的自然磨损等多方面原因。塔式起重机发生异常时，操作人员应立即停止操作，及时向有关部门报告，以便及时处理，消除隐患，恢复正常工作。

塔式起重机常见的故障一般分为机械故障和电气故障两大类。由于机械零部件磨损、变形、断裂、卡塞，润滑不良以及相对位置不正确等而造成机械系统不能正常运行，统称为机械故障。由于电气线路、元器件、电气设备，以及电源系统等发生故障，造成用电气系统不能正常运行，统称为电气故障。机械故障一般比较明显、直观，容易判断，在塔式起重机运行中，比较常见；电气故障相对来说比较多，有的故障比较直观，容易判断，有的故障比较隐蔽，难以判断。

第一节　机械故障的判断及处置

塔式起重机机械故障的判断和处置方法按照其工作机构、液压系统、金属结构和主要零部件分类叙述。

一、工作机构

1. 起升机构

起升机构故障的判断和处置方法见表 14-1。

表 14-1　起升机构故障的判断和处置方法

故障现象	可能的故障原因	处置方法
卷扬机构声音异常	接触器缺相或损坏	更换接触器
	减速机齿轮磨损、啮合不良、轴承破损	更换齿轮或轴承
	联轴器连接松动或弹性套磨损	紧固螺栓或更换弹性套
	制动器损坏或调整不当	更换或调整刹车
	电动机故障	排除电气故障

续表

<table>
<tr><th>故障现象</th><th colspan="2">可能的故障原因</th><th>处置方法</th></tr>
<tr><td rowspan="5">吊物下滑（溜钩）</td><td colspan="2">制动器刹车片间隙调整不当</td><td>调整间隙</td></tr>
<tr><td colspan="2">制动器刹车片磨损严重或有油污</td><td>更换刹车片，清除油污</td></tr>
<tr><td colspan="2">制动器推杆行程不到位</td><td>调整行程</td></tr>
<tr><td colspan="2">电动机输出转矩不够</td><td>检查电源电压</td></tr>
<tr><td colspan="2">离合器片破损</td><td>更换离合器片</td></tr>
<tr><td rowspan="9">制动副脱不开</td><td rowspan="5">闸瓦式</td><td>制动器液压泵电动机损坏</td><td>更换电动机</td></tr>
<tr><td>制动器液压泵损坏</td><td>更换</td></tr>
<tr><td>制动器液压推杆锈蚀</td><td>修复</td></tr>
<tr><td>机构间隙调整不当</td><td>调整机构的间隙</td></tr>
<tr><td>制动器液压泵油液变质</td><td>更换新油</td></tr>
<tr><td rowspan="4">盘式</td><td>间隙调整不当</td><td>调整间隙</td></tr>
<tr><td>刹车线圈电压不正常</td><td>检查线路电压</td></tr>
<tr><td>离合器片破损</td><td>更换离合器片</td></tr>
<tr><td>刹车线圈损坏或烧毁</td><td>更换线圈</td></tr>
</table>

2. 回转机构

回转机构故障的判断和处置方法见表 14-2。

表 14-2 回转机构故障的判断和处置方法

故障现象	可能的故障原因	处置方法
回转电动机有异响，回转无力	液力耦合器漏油或油量不足	检查安全易熔塞是否熔化，橡胶密封件是否老化等，按规定填充油液
	液力耦合器损坏	更换液力耦合器
	减速机齿轮或轴承破损	更换损坏齿轮或轴承
	液力耦合器与电动机连接的胶垫破损	更换胶垫
	电动机故障	查找电气故障
回转支承有异响	大齿圈润滑不良	加油润滑
	大齿圈与小齿轮啮合间隙不当	调整间隙
	滚动体或隔离块损坏	更换损坏部件
	滚道面点蚀、剥落	修整滚道
	高强螺栓预紧力不一致，差别较大	调整预紧力
臂架和塔身扭摆严重	减速机故障	检修减速机
	液力耦合器充油量过大	按说明书加注
	齿轮啮合或回转支承不良	修整

3. 变幅机构

变幅机构故障的判断和处置方法见表 14-3。

表 14-3　变幅机构故障的判断和处置方法

故障现象	可能的故障原因	处置方法
变幅有异响	减速机齿轮或轴承破损	更换
	减速机缺油	查明原因，检修加油
	钢丝绳过紧	调整钢丝绳松紧度
	联轴器弹性套磨损	更换
	电动机故障	查找电气故障
	小车滚轮轴承或滑轮破损	更换轴承
变幅小车滑行和抖动	钢丝绳未张紧	重新适当张紧
	滚轮轴承润滑不好，运动偏心	修复
	轴承损坏	更换
	制动器损坏	经常加以检查，修复更换
	联轴器连接不良	调整、更换
	电动机故障	查找电气故障

4. 行走机构

行走机构故障的判断和处置方法见表 14-4。

表 14-4　行走机构故障的判断和处置方法

故障现象	可能的故障原因	处置方法
运行时啃轨严重	轨距铺设不符合要求	按规定误差调整轨距
	钢轨规格不匹配，轨道不平直	按标准选择钢轨，调整轨道
	台车框轴转动不灵活，轴承润滑不好	经常润滑
	台车电动机不同步	选择同型号电动机，保持转速一致
驱动困难	啃轨严重，阻力较大，轨道坡度较大	重新校准轨道
	轴套磨损严重，轴承破损	更换
	电动机故障	查找电气故障
停止时晃动过大	延时制动失效，制动器调整不当	调整

二、液压系统

液压系统故障的判断和处置方法见表 14-5。

表 14-5　液压系统故障的判断和处置方法

故障现象	可能的故障原因	处置方法
顶升时颤动及噪声大	液压系统中混有空气	排气
	油泵吸空	加油
	机械机构、液压缸零件配合过紧	检修，更换
	系统中内漏或油封损坏	检修或更换油封
	液压油变质	更换液压油
带载后液压缸下降	双向液压锁或节流阀不工作	检修，更换
	液压缸泄漏	检修，更换密封圈
	管路或接头漏油	检修，排除，更换
带载后液压缸停止升降	双向液压锁或节流阀失灵	检修，更换
	与其他机械机构有挂、卡现象	检查，排除
	手动液控阀或溢流阀损坏	检查，更换
顶升缓慢	单向阀流量调整不当或失灵	调整检修或更换
	油箱液位低	加油
	液压泵内漏	检修
	手动换向阀换向不到位或阀泄漏	检修，更换
	液压缸泄漏	检修，更换密封圈或油封
	液压管路泄漏	检修，更换
	油温过高	停止作业，冷却系统
	油液杂质较多，滤油网堵塞，影响吸油	清洗滤网、清洁液压油或更换新油
顶升无力或不能顶升	油箱存油过低	加油
	液压泵反转或效率下降	调整，检修
	溢流阀卡死或弹簧断裂	检修，更换
	手动换向阀换向不到位	检修，更换
	油管破损或漏油	检修，更换
	滤油器堵塞	检修，更换
	溢流阀调整压力过低	调整溢流阀
	液压油进水或变质	更换液压油
	液压系统排气不完全	排气
	其他机构干涉	检查，排除

三、金属结构

金属结构故障的判断和处置方法见表14-6。

表14-6 金属结构故障的判断和处置方法

故障现象	可能的故障原因	处置方法
焊缝和母材开裂	超载严重，工作过于频繁产生比较大的疲劳应力，焊接不当或钢材存在缺陷等	严禁超负荷运行，经常检查焊缝，更换损坏的结构件
构件变形	密封构件内有积水，严重超载，运输吊装时发生碰撞，安装拆卸方法不当	要经过校正后才能使用，但对受力结构件，禁止校正，必须更换
高强度螺栓连接松动	预紧力不够	定期检查，紧固
销轴退出脱落	开口销未打开	检查，打开开口销

四、钢丝绳、滑轮

钢丝绳、滑轮故障的判断和处置方法见表14-7。

表14-7 钢丝绳、滑轮故障的判断和处置方法

故障现象	可能的故障原因	处置方法
钢丝绳磨损太快	钢丝绳滑轮磨损严重或者无法转动	检修或更换滑轮
	滑轮绳槽与钢丝绳直径不匹配	调整使之匹配
	钢丝绳穿绕不准确、啃绳	重新穿绕、调整钢丝绳
钢丝绳经常脱槽	滑轮偏斜或移位	调整滑轮安装位置
	钢丝绳与滑轮不匹配	更换合适的钢丝绳或滑轮
	防脱装置不起作用	检修钢丝绳防脱装置
滑轮不转及松动	滑轮缺少润滑，轴承损坏	经常保持润滑，更换损坏的轴承

第二节 电气故障的判断及处置

塔式起重机电气系统故障的判断和处置方法见表14-8。

表14-8 电气系统故障的判断和处置方法

故障现象	可能的故障原因	处置方法
电动机不转动	缺相	查明原因
	过电流继电器动作	查明原因，调整过电流整定值，复位
	空气断路器动作	查明原因，复位
	定子回路断路	检查拆修电动机

续表

故障现象	可能的故障原因	处置方法
电动机有异响	相间轻微短路或转子回路缺相	查明原因，正确接线
	电动机轴承破损	更换轴承
	转子回路的串接电阻断开、接地	更换或修复电阻
	转子碳刷接触不良	更换碳刷
电动机温升过高	电动机转子回路有轻微短路故障	测量转子回路电流是否平衡，检查和调整电气控制系统
	电源电压低于额定值	暂停工作
	电动机冷却风扇损坏	修复风扇
	电动机通风不良	改善通风条件
	电动机转子缺相运行	查明原因，接好电源
	定子、转子间隙过小	调整定子、转子间隙
电动机烧毁	操作不当，低速运行时间较长	缩短低速运行时间
	电动机修理次数过多，造成电动机定子铁芯损坏	予以报废
	绕线式电动机转子串接电阻断路、短路、接地，造成转子烧毁	修复串接电阻
	电压过高或过低	检查供电电压
	转子运转失衡，碰擦定子（扫膛）	更换转子轴承或修复轴承室
	主回路电气元件损坏或线路短路、断路	检查修复
电动机输出功率不足	线路电压过低	暂停工作
	电动机缺相	查明原因，正确接线
	制动器没有完全松开	调整制动器
	转子回路断路、短路、接地	检修转子回路
按下启动按钮，主接触器不吸合	工作电源未接通	检查塔式起重机电源开关箱，接通
	电压过低	暂停工作
	过电流继电器辅助触头断开	查明原因，复位
	主接触器线圈烧坏	更换主接触器
	操作手柄不在零位	将操作手柄归零
	主启动控制线路断路	排查主启动控制线路
	启动按钮损坏	更换启动按钮
启动后，控制线路开关断开	控制回路线路短路、接地	排查控制回路线路

续表

故障现象	可能的故障原因	处置方法
接触器噪声大	衔铁芯表面积尘	清除表面污物
	短路环损坏	更换修复
	主触点接触不良	修复或更换
	电源电压较低，吸力不足	测量电压，暂停工作
吊钩只下降不上升	起重量、高度、力矩限位误动作	更换、修复或重新调整各限位装置
	起升控制线路断路	排查起升控制线路
	接触器损坏	更换接触器
吊钩只上升不下降	下降控制线路断路	排查下降控制线路
	接触器损坏	更换接触器
回转只朝同一方向动作	回转限位误动作	重新调整回转限位
	回转线路断路	排查回转线路
	回转接触器损坏	更换接触器
变幅只向后不向前	力矩限位、重量限位、变幅限位误动作	更换、修复或重新调整各限位装置
	变幅向前控制线路断路	排查变幅向前控制线路
	变幅接触器损坏	更换接触器
变幅只向前不向后	变幅向后控制线路断路	排查变幅变后控制线路
	变幅接触器损坏	更换接触器
带涡流制动器的低速挡速度变快	整流器击穿	更换整流器
	涡流线圈烧坏	更换或修复线圈
	线路故障	检查修复
塔式起重机工作时经常跳闸	漏电保护器误动作	检查漏电保护器
	线路短路、接地	排查线路，修复
	工作电源电压过低或压降较大	测量电压，暂停工作

第十五章 塔式起重机事故原因综述及应急预案

塔式起重机是工作空间最大的起重机，起吊高度高、工作幅度大、行走范围也很大，因而在实际使用中容易出现各种事故，给人民生命和财产造成损失。本章汇集我国近年来所发生的种种事故实例，通过分析，找出经验教训，对防止事故发生、保证安全生产具有相当大的实际意义。

第一节 倒塔事故及原因分析

一、基础不稳固或遇意外风暴袭击引发倒塔事故

因基础不符合要求而发生倒塔的种种现象有：

（1）地基设在沉陷不均的地方，或者地沟没有夯实就浇混凝土。用久了以后，发生局部下沉，而又没有采取补救措施。拼装式基础更要注意与地面紧密接合的问题。因为不是现浇的，一定要注意防止水泥块与地沟之间留有空穴，如图 15-1 所示。

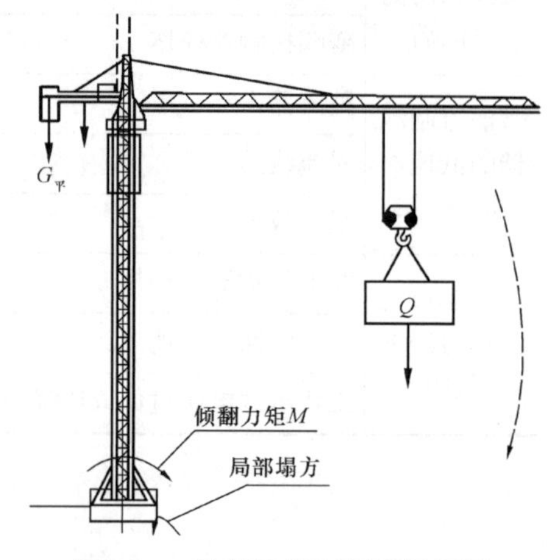

图 15-1 地基局部下塌引起倾倒

（2）地基太靠近边坡，尤其是在有地下室的建筑物，基础离开挖坑边太近，在暴风雨后，容易滑坡倒塔。凡是离边坡很近的塔机，在浇灌基础前一定要打桩或加固。

（3）虽然基础打下了桩，但桩下又挖得太空，实际有些桩承载能力较低，局部塌陷而倒塔。这种事故已发生过，必须要靠工地有关负责人员掌握。

（4）混凝土基础浇灌不合要求，配比不对，达不到抗拉强度，提早破裂。地脚螺栓松脱，发挥不了作用。

（5）基础浇灌后，没有注意对混凝土的养护，没有及时浇水降温，造成基础内部被

浇坏，达不到强度要求。

（6）基础浇灌后，时间太短就使用，混凝土达不到强度要求，满足不了负载的要求。

（7）地脚螺栓钩内没穿插横杆，螺栓拉力传不出去，引起钩头局部混凝土破坏。

（8）有的塔机用埋入半个钢架作基础，重复使用时不是用螺栓连接，而是将地上地下部分用气割割开又对焊上，容易发生焊缝开裂，或产生脆性疲劳断裂而倒塔。

（9）行走式塔机压重平衡稳定储备量不足，在超载情况下易于发生倾翻倒塔。

（10）行走式塔机，下班后忘记锁夹轨器，晚上突遭风暴袭击而倒塔，如图 15-2 所示。

（11）行走式塔机，轨道铺设不可靠，或地面承载能力不够，引起局部下沉，导致倾斜过分而引发倒塔。

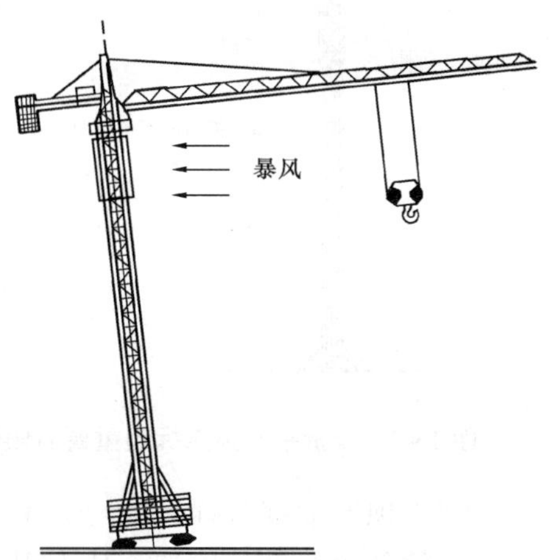

图 15-2　暴风雨袭击下倒塔

二、安装、顶升、附着、拆卸引发的倒塔事故

（1）违背安装顺序、没掌握好平衡规律。最突出的是要先装平衡臂，再装 1～2 块平衡重，使之有适当后倾力矩，然后才能装起重臂。装了吊重臂后塔机向前倾，最后再装平衡重，使塔机在空载状态有后倾力矩。有的人一装平衡重就一直装下去，没掌握适当的后倾力矩，就会引发后倾倒塔。反之在拆塔时，一定要先拆平衡重，最多留 1～2 块，然后才能拆起重臂，最后再拆留下的平衡重和平衡臂。但是有的人在拆卸吊重平衡前，不先拆平衡重，后倾力矩过大，结果一拆了平衡臂就倒塔。这些经验教训非常重要，如图 15-3 所示。

（2）顶升时扁担梁（也叫顶升横梁）没搭好，有一头只搭上一点点，或者只搭在踏步的槽边上，当顶升到一定高度后发生单边脱落，造成整个上部倾斜，很难挽回，有的就导致倒塔。这种事故发生较多，值得引起高度注意。每次顶升油缸开动前，工作人员都应检查一下扁担梁的搭接情况，搭接不好就不要顶升。

（3）球形油缸支座的扁担梁，没有防横向倾斜的保险销，或者有保险销也没有用上，在顶升时扁担梁向外翻又没有引起注意，结果横向分力导致扁担梁横向弯曲，在得不到限制的条件下，过大的弯曲变形会引起扁担梁端部从踏步的槽内脱出，造成倒塔事故，如图 15-4 所示。

（4）顶升时装在顶升套架上的两块自动翻转的爬爪没有可靠地搭在标准节踏步的顶部，当油缸回缩使爬爪受力时，发生单边脱落，造成单边受力而使顶部倾斜，引发倒塔。

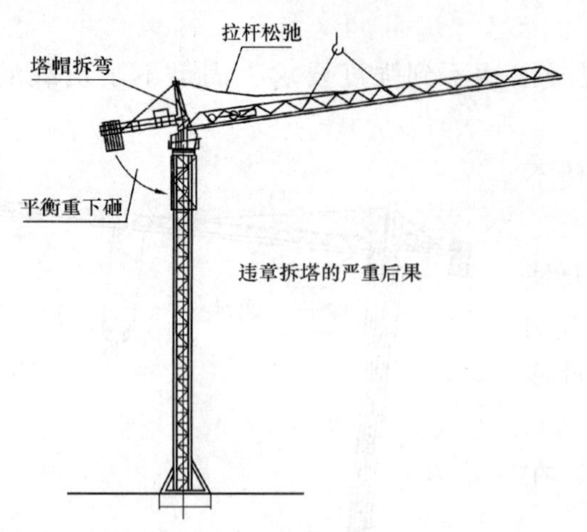

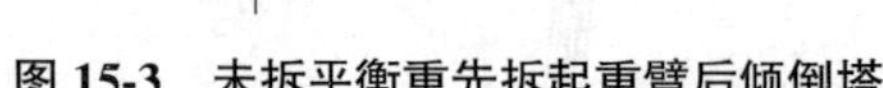
图 15-3　未拆平衡重先拆起重臂后倾倒塔

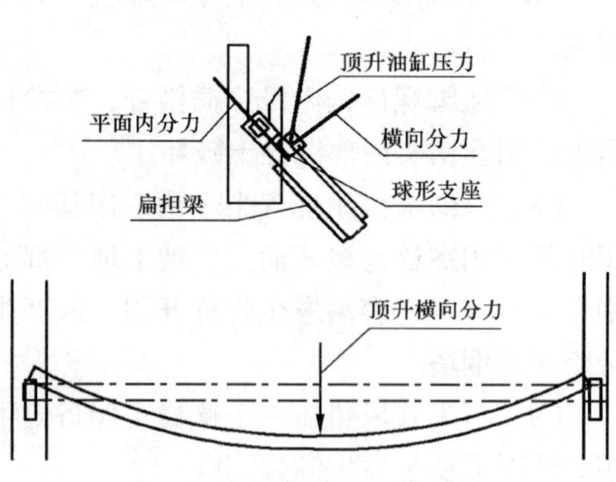

图 15-4　球形支座扁担梁横弯

（5）顶升油缸行程长度与套架滚轮布置不相配，当油缸全行程伸出时，可以使套架上部滚轮超出标准节顶端，从而引起上部倾斜，导致倒塔。所以塔机顶升油缸的规格，一定要按设计要求配置，不可轻易变动。

（6）顶升时回转机构没有制动，在偶然的风力作用下臂架发生回转，致使套架引入门的主弦杆单边受力太大而失去稳定，导致上部倾斜而倒塔。

（7）顶升套架下面的滚轮距离太短，含入量太短，在不平衡力矩作用下，引起滚轮轮压太大，标准节主弦杆在轮压作用下局部弯曲，导致上部倾斜而倒塔。

（8）顶升时没有注意把小车开到足够远处，或者没有吊一个标准节来调节上部的重心位置，使上部重心偏离油缸轴线太远，导致滚轮的局部轮压太大，使主弦杆局部弯曲而倾斜。

（9）套架已顶起一定高度后，液压顶升系统突然发生故障，造成上不能上，下不能下。而作业人员缺乏经验，无法及时排除，停留过久，遇到过大的风力，容易引发倒塔。

（10）塔机安装附着时，没有设置结实可靠的附着支点，当附着架受力时，把支点毁坏，导致上部变形过大而发生重大事故。

（11）受条件限制，附着距离远远超过说明书上的附着距离，不经咨询计算，随意增加附着杆的长度，结果导致附着杆局部失稳，上部变形过大而发生倒塔。

（12）塔机超高使用，不经咨询计算，随意增加附着高度，在高空恶劣的风力条件下，因附加风力太大，而发生附着失效，引发倒塔事故。

（13）在拆塔和降塔时粗心大意，没有注意调节平衡就拆除回转下支座与标准节的连接螺栓，结果同样会引发顶升时局部轮压过大问题。

（14）在未拆除回转下支座与标准节之间的连接螺栓的情况下进行起吊，结果导致不平衡力矩失控而发生顶部倾斜。

（15）前面所述顶升时容易倒塔的各种因素，在拆塔时同样存在。因为拆塔时，为了把标准节从套架内拉出来，先要顶升一小段距离，所以操作中的粗心大意，同样存在事故危险。

（16）降塔时由于受建筑物的条件限制，容易碰到其他障碍物。在缺乏考虑的条件下，轻易开动回转来避开障碍物，从而很容易造成套架引入门的单根弦杆受力过大而失稳倒塔。

（17）在安装中，销轴没有可靠的防窜位措施。有的用铁丝、钢筋代替开口销，日久因锈蚀而发生脱落。销轴失去定位而窜动脱落，会导致重大的倒塔事故。所以加强检查很有必要。

（18）多次安装和拆卸中丢失高强度螺栓，不按原规格购买补充，而是随意就近购买普通螺栓代用，结果因强度不够而发生断裂，导致倒塔。这种事故也较多。

三、使用维护管理不当引起的倒塔事故

（1）把小塔当大塔用，故意使力矩限制器短路不起作用，或者加大力矩限制值，抱有侥幸心理，不知道如此做的严重后果。从而导致超力矩倒塔，这种事故实例很多。

（2）日常保养不善，力矩限制器失灵或没发现，早已超力矩还在往外变幅，造成折臂而失去平衡，再引发倒塔。

（3）在力矩限制器没有调好或失灵的情况下，大幅度起吊不知重量大小的重物，造成严重超力矩而折臂倒塔。

（4）斜拉、侧拉起吊重物。不知道斜拉、侧拉会使起重臂产生很大的横向弯矩、起重臂下弦杆很容易局部屈曲，从而发生折臂。根部折臂会失去前倾力矩，引起平衡重后倾往下砸，打坏塔身而倒塔，如图 15-5 所示。

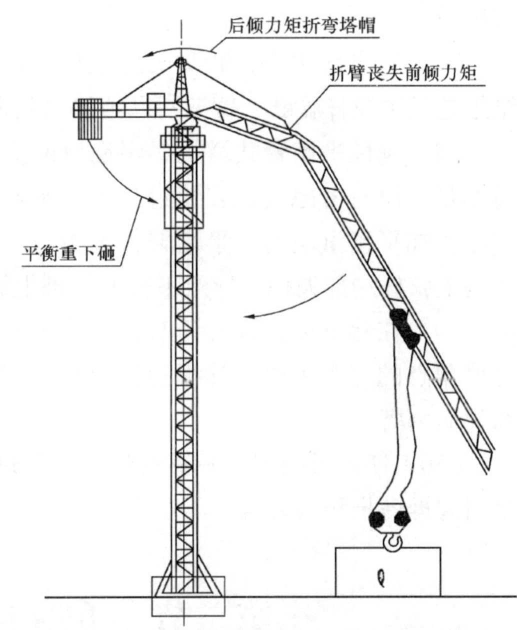

图 15-5　根部折臂引发后倾倒塔

（5）用塔吊去拔起压在别的东西下的物件，没有负载大小的概念，起升机构的惯性冲击引发严重超力矩，折断起重臂而倒塔。

（6）在有障碍物的场合下操作回转，快接近障碍物才停车，因惯性太大停不下来，横向冲击砸坏起重臂，失去平衡引发倒塔。

（7）在塔机安装起重臂各节连接过程中，因销轴敲击过重而冲坏卡板的焊缝，而检查维护管理中又没发现，使用中销轴慢慢内滑而脱出，造成起重臂突然折断而引起倒塔。有的销轴卡板用螺钉固定，使用中螺钉松脱而没有发现，或者忘了装开口销，同样会引发上面的严重后果。

（8）塔机年久失修，臂架下弦杆导轨磨损锈蚀严重，检查保养又不注意，造成薄弱处折臂而倒塔。塔机必须按照规定的报废年限报废。

（9）塔机零部件储存运输中不注意，杆件局部砸弯，已失去应有的承载能力，检查

维护时又没有引起注意，从而引发事故。

四、制作质量问题或设计缺陷

（1）塔顶或回转塔身焊缝过小，在反复起吊作业下，应力过大，提前产生疲劳破坏，使顶部突然发生断裂而掉下来，或者单根主弦杆连接焊缝撕裂，而使吊重臂先下坠，接着平衡臂下坠，砸坏塔身而倒塔。

（2）静不定双吊点拉杆支座精度不好，造成受力不均，一紧一松，在起吊中单根拉杆受力过大而破断，导致折臂倒塔。

（3）为减小回转支承规格，未经计算随意改动回转上支座。因刚度不够，导致产生附件的交变应力，使回转塔身主弦杆产生疲劳破坏，腹杆产生剪切变形，引发严重的事故危险。

（4）连接螺栓热处理不过关，过硬过脆，达不到应有的塑性变形余量指标。在交变应力下，提早产生疲劳脆断，引起塔身折断倒塔。

（5）塔身截面尺寸偏小，连接套的焊缝应力偏大，又有应力集中，用久了易产生疲劳开裂，引发倒塔。

（6）臂架截面高度偏小，刚度不够，起吊时挠度过大，容易造成往外溜车，又未设置防断绳溜车保护装置，结果在小车牵引绳断裂时失控，小车外溜，加大起重力矩而导致倒塔。

（7）为降低成本，购买劣质钢材，尺寸没保证，强度指标和塑性指标都没有保证。结果造成主弦杆脆断，臂架折断或塔身折断而导致倒塔。

（8）刚性平衡臂式塔机，平衡臂刚度不够，或者桁架式平衡臂的主弦杆局部稳定储备不足，没有考虑到在安装过程中，平衡臂在无拉杆时承受平衡重块的能力，导致在安装中预加平衡重块时，平衡臂根部折弯，平衡重下砸而倒塔。也有塔机在使用中，平衡臂的上弦杆局部失稳，导致平衡臂尾部上翘，吊重臂下坠而倒塔的实例。

（9）在起重臂拉杆设计时，只作了宏观应力分析，没考虑到拉杆耳板和圆钢焊接处开槽角点的应力集中，耳板边宽留得不够宽，结果该角点容易产生疲劳断裂，导致拉杆断裂而倒塔。

（10）使用说明书中不够细致，有些过程中没说清楚。尤其是拆塔过程中过于简单，易引起拆塔步骤的失误。

第二节　重物下坠事故及原因分析

重物突然下坠，虽然不及倒塔事故严重，但同样威胁人们的生命和财产安全，同样要引起高度重视。

一、使用维护管理不善方面的原因

（1）不重视起重量限制器的维护保养，不调节好起重量限制器就使用，有的甚至故意不用，或加大限制值，使其起不到应有的限制保护作用。他们以为重量过大反正吊不起来，不限制也没什么了不起。但是，塔式起重机的起升机构，往往是多速运行，重载低速，轻载高速，在低速下吊起来的物件，吊到一定的高度后，如切入到高速，就有可能吊不起来，而产生向下溜车。当装有起重量限制器时，这时它就会自动切换回低速，而没有起重量限制器就没有这个功能。溜车时司机若处理得当，打回低速，还不致造成事故，但不熟练的操作者，凭感性意气用事，反而往高速打，就会造成快速下坠事故。

（2）起升机构制动器没调好，太松。在超重情况高速下放时，因惯性作用而制不住，产生溜车下坠。尤其是盘式制动起升机构，更容易发生这种事故。电磁铁抱闸制动器也容易损坏，造成突然溜车下坠。所以塔机的起升机构，更容易发生这种事故，要经常检查调整制动器。

（3）自动换倍率机构，由 2 倍率换 4 倍率时切换不到位，也没注意检查，或者没有加保险销，在起吊中，活动滑轮会突然下落，引发重大事故。所以自动换倍率装置虽然好，但最好能加保险销。

（4）钢丝绳打扭乱绳严重，没及时排除，强行使用。或钢丝绳沾上砂粒，又没有抹润滑油，磨损严重。有断股现象，又没有及时更换引起断绳下坠。

（5）因吊钩落地，钢丝绳松动反弹，钢丝绳跳出卷筒外或滑轮之外，严重挤伤或断股，又没有及时更换，在满载或超载起吊时，引发断绳下坠。小而长的起升卷筒最易发生这类事故。

（6）钢丝绳末端绳扣螺母没有锁紧，使绳头从中滑出。

二、设计或制作质量方面的问题

（1）起升机构卷筒直径太小，又长又细，一方面使起升绳偏摆角太大，容易乱绳；另一方面钢丝绳缠绕直径小，弯曲度太大，弯曲应力反复交变，容易产生脆性疲劳。过大的弯曲也容易反弹乱绳，增加钢丝绳的磨损。

（2）起升卷筒和滑轮，没有设置防止钢丝绳跳出的挡绳板，或者挡绳板与轮缘距离太大，不能有效阻止钢丝绳跳出。

（3）自动换倍率装置没有设置防脱扣的保险销。因为这需要人上去检查和插拔，增加了麻烦，有些人不愿意设置。

（4）起升钢丝绳运动中某些地方和钢结构有轻微摩擦干涉现象，没有及时发现和排除，导致钢丝绳磨损过快。

（5）有些起升机构采用电磁铁换挡调速，而电磁换挡离合器质量不过关，容易磨损打滑。实际使用中很难判断在什么情况下不会打滑，不好预防。所以会发生突然下坠事故。一般地说，凡用电磁换挡的起升机构，不允许满负荷空中换挡。

（6）有些起升机构，仍然在使用带橡胶圈的销轴式联轴器（即弹性套柱销联轴器），在反复交变负载下，连接销很容易破坏，发生吊重下坠。

第三节　烧坏起升电机故障原因分析

塔机使用中，烧坏起升机构电机的事故发生较多。虽然它不算什么大事故，但会造成停机停产。尤其上回转塔机，在高空更换维修又非常困难，因此带来的损失较大，可以称得上重大故障。综合分析一下故障原因，主要有以下几种情况：

一、低速挡使用太多，使用时间过长

不管是什么电机，使用低速挡风扇转速低，风力太小，散热条件差，这是温升容易上去的直接原因。要使通风改善，只有增加强制通风。然而设置强制通风会增加设备成本，绝大多数电机都不会加设强制通风。这就要求操作人员必须注意低速挡不可使用太多。大约每 10 min 内使用时间累计不要超过 1.5 min，每次连续工作时间不宜超过 40 s。低速挡是慢就位用的，不是运行速度，这个时间是足够用的。问题是要理解为什么不能使用过多，自觉避免使用过多。特别是带涡流制动器的绕线式电机，低速时工作在大电流下，更容易发热。鼠笼式电机，起动时也是电流很大，起动次数太多对电机电气元件都不利，一定要避免快速连续点动操作。

二、起重量限制器调整、设置等原因

没有调整好起重量限制器，或者没有设置电机在不同极数下的起重量限制器，或者有起重量限制器故意不用，以小代大，造成电机经常连续严重超载。这种情况经常发生在小塔机上，因为中小塔机为了压低成本，以小代大，功率不富余的情况较多。而实际施工中的吊重量往往会超过它的允许额定重量。一些施工单位没有负荷率概念，认为只要能吊起来就行。而设计时，功率选择的大小是与负荷率有关的，负荷率越大，发热越严重。塔机起升机构的负荷率是 40%，不是 100%，并且不允许满负荷连续工作。对小吊车来说，能吊起来往往已是接近满负荷或超满负荷，连续使用当然就容易烧坏电机。

三、连续使用高速提升载荷

塔机高速挡主要是用来落钩的，或者也可以吊很轻的负载。但有的操作人员，当塔机吊索发生摆动时，不是去学会稳钩技术，而是用高速提升法去缩短吊索，以此来稳钩，这并不是好方法，容易造成电机发热。比如一个 8 t 起升机构额定功率为 30 kW，高速 120 m/min，理论吊重 1.3 t，吊钩重量 140 kg，综合传动效率 0.8，那么这时电机实际功率会达到 35 kW，早已超过额定的电机功率。而 1.3 t 是 80 塔机的最常用的重量。若常常用高速去提升，当然容易导致电机发热。

四、电气线路设计上有缺点

在使用带涡流制动的绕线电机作起升机构驱动时，当切除电阻时，如果没有切断涡流制动器或降低其励磁电流，就会使绕组在大电流下工作过长。因为切除电阻，会加快电机转速，而转速加快后，若励磁电流不变，涡流制动力矩就会加大，相当于给电机增加了额外负载，只会加大电流，这样涡流制动力矩减小，电机就不至于电流太大，即使如此，一挡和二挡也都不可以使用过久。

第四节　塔式起重机其他事故实例及经验教训

除此以外，在塔机安装使用中，还会发生一些其他事故，同样值得引起注意，吸取教训。

一、小车单边走轮脱轨

小车单边走轮脱轨，从起重臂上掉下来，或半边挂在空中。发生这种事故有两个方面的原因：

（1）小车单边负荷过大，另一边被抬起，使轮缘脱离轨道单边滑动。造成这种单边负荷过大，多是不正常的使用，如侧向斜拉，或者违章，小车吊篮超载严重。

（2）小车没有设置防下坠卡板，或者卡板制作不标准，侧面间隙过大，没有起到限位作用。

二、吊重撞人

吊重撞人主要是指挥人员或操作人员对吊重和臂架惯性估计不足引起，没有及时停车，或者现场人员对吊重的摆动力量缺乏认识，直接用手去推或拉重物，想让重物停下来。这种现象在场地受限制、缺乏退路的情况下更容易发生。斜拉起吊，当重物离地时容易摆动撞人，切不可站在正面。这些知识主要靠施工单位加强安全教育来避免。

三、人员从高空掉下来

一般情况下，塔机作了很多安全考虑，只要引起注意人员不太容易掉下来。发生这种现象，多是有关人员太不注意安全保护。比如不系安全带到危险地方去；不穿工作鞋上高空；还有的人有爬梯不爬，非得从标准节外上下；有的人攀吊钩或站在吊重篮内上下。所有这样做的人，不一定就会发生事故，但这是严重的事故隐患，出了事就无法挽回。尤其是操作人员，非正常工作情况，就不要开车。当然也有极少数塔机上、下回转支座通道设计缺少脚蹬，使人员上下有困难。这多是缺乏时间经验体会引起的，很容易改进。最根本的问题是要树立安全自保意识。有了安全意识，自然就不会去做这些违章的事了。

四、小件物品坠落伤人

塔机在安装过程中，上面有小件物品是不可避免的，比如工具、螺钉、螺帽、销轴、开口销之类。一般要求安装人员把这些东西装在工具袋内，但很难避免安装中把小东西拿出来，搁在某个地方。安装完后，理应清理好这些小东西，但实际工作中又常常发生丢下一些小件物品没有清理干净。在塔机现场很难做到每个人都戴有安全帽。所以在塔机安装和使用中，往往就会有小件物品掉下伤人的事。尽管安全使用知识中有规定，不准乱放和乱丢小件物品，然而很难保证大家都那么重视和认真执行。而且有些小件物品下掉并不是人为的，这种事也只有靠加强安全教育和检查来避免。

第五节　塔式起重机事故应急预案

一、应急预案的方针与原则

更好地适应法律和经济活动的要求；给企业员工的工作和施工场区周围居民提供更好更安全的环境；保证各种应急资源处于良好的备战状态；指导应急行动按计划有序地进行；防止因应急行动组织不力或现场救援工作的无序和混乱而延误事故的应急救援；有效地避免或降低人员伤亡和财产损失；帮助实现应急行动的快速、有序、高效；充分体现应急救援的“应急精神”。坚持“安全第一、预防为主”“保护人员安全优先、保护环境优先”的方针，贯彻“常备不懈、统一指挥、高效协调、持续改进”的原则。

二、应急策划

1. 工程概况

×××工程（以下简称本工程）是由×××房地产开发有限公司投资开发的建筑群，位于××市二环东路×××对面，处于××市开发区的繁华商住区。地下 3 层，地上 30 层。地下 3 层为车库和设备用房，地上 1～4 层为城市商业、金融、证券、商务会所及休闲娱乐中心，5～28 层为大空间商住两用房，29～30 层为设备和电梯房。本工程由×××设计公司设计，由两栋连体建筑通过裙房相连接，与 B 座、C 座及其裙房等工程共同形成塔楼、板式楼、裙房为一体的现代化建筑群。

本工程由两栋连体 30 层塔楼组成，塔楼呈正四方形，总高度 122.9 m，结构高度 104.5 m，建筑面积 71 025 m^2，南北长 78.4 m，东西宽 62.75 m，塔楼为 30.4～31.5 m 的长方形，外窗为竖向条窗，顶部为弧形反檐处理。塔楼标准层为 9 m×9 m 柱网，预应力梁板结构。基础设防震缝和沉降缝，在主楼与裙楼间设混凝土沉降后浇带。本工程抗震设防烈度为 6 度，框架—剪力墙抗震等级为三级。本工程地上部分为框架—剪力墙体系，主楼为箱式基础，裙楼为有梁式整板基础。

现场施工使用塔式起重机 1 台，用以提升建筑材料，施工电梯 2 台，主要是施工人员上下使用。

2. 应急预案工作流程图

根据本工程的特点及施工工艺的实际情况，认真地组织了对危险源和环境因素的识别和评价，特制定本项目发生紧急情况或事故的应急措施，开展应急知识教育和应急演练，提高现场操作人员应急能力，减少突发事件造成的损害和不良环境影响。其应急准备和响应工作程序如图 15-6 所示。

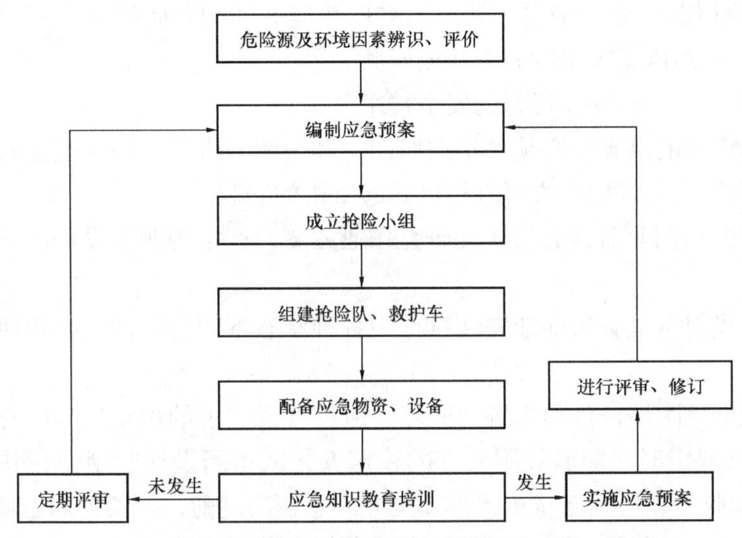

图 15-6　高层施工塔吊倾翻事故应急准备和响应工作程序

3. 重大事故（危险）发展过程及分析

（1）塔吊作业中安全限位装置突然失控，发生撞击护栏及相邻塔吊或坠物，或违反安全规程操作，造成重大事故（如倾倒、断臂）。

（2）基坑边坡在外力荷载作用下滑坡倒塌。

（3）液压升降式脚手架发生部分或整体倒塌及搭拆作业发生人员伤亡事故。

（4）施工电梯操作失误或失灵。

（5）自然灾害（如雷电、沙尘暴、地震、强风、强降雨、暴风雪等）对设施的严重损坏。

（6）塔吊、施工电梯安装和拆除过程中发生的人员伤亡事故。

（7）运行中的电气设备发生故障或线路发生严重漏电。

（8）其他作业可能发生的重大事故（高处坠落、物体打击、起重伤害、触电等）造成的人员伤亡、财产损失、环境破坏。

4. 突发事件风险分析和预防

为确保正常施工，预防突发事件以及某些预想不到的、不可抗拒的事件发生，事前有充足的技术措施准备、抢险物资的储备，最大限度地减少人员伤亡、国家财产和经济损失，必须进行风险分析和采取有效的预防措施。

（1）突发事件、紧急情况及风险分析。

根据本工程特点，在辨识、分析评价施工中危险因素和风险的基础上，确定本工程重大危险因素是塔吊倾覆、物体打击、高处坠落、触电、火灾等。在工地已采取机电管理、安全管理各种防范措施的基础上，还需要制定塔吊倾覆的应急方案。具体如下：假设塔吊基础坍塌时可能倾翻；假设塔吊的力矩限位失灵，塔吊司机违章作业严重超载吊装，可能造成塔吊倾翻。

（2）突发事件及风险预防措施。

从以上风险情况的分析来看，如果不采取相应有效的预防措施，不仅给工程施工造成很大影响，而且对施工人员的安全造成威胁。

塔式起重机安装、拆除及运行的安全技术要求：

1）塔式起重机的基础，必须严格按照图纸和说明书进行。塔式起重机安装前，应对基础进行检验，符合要求后，方可进行塔式起重机的安装。

2）安装及拆卸作业前，必须认真研究作业方案，严格按照架设程序分工负责，统一指挥。

3）安装塔式起重机必须保证安装过程中各种状态下的稳定性，必须使用专用螺栓，不得随意代用。

4）塔式起重机附墙杆件的布置和间隔，应符合说明书的规定。当塔身与建筑物水平距离大于说明书规定时，应验算附着杆的稳定性，或重新设计、制作，并经技术部门确认，主管部门验收。在塔式起重机未拆卸至允许悬臂高度前，严禁拆卸附墙杆件。

5）塔式起重机必须按照现行国家标准《塔式起重机安全规程》（GB 5144—2006）及说明书的规定，安装起重力矩限制器、起重量限制器、幅度限制器、起升高度限制器、回转限制器等安全装置。

6）塔式起重机操作使用应符合下列规定：

①塔式起重机作业前，应检查金属结构、连接螺栓及钢丝绳磨损情况；送电前，各控制器手柄应在零位，空载运转，试验各机构及安全装置并确认正常。

②塔式起重机作业时严禁超载、斜拉和起吊埋在地下等不明重量的物件。

③吊运散装物件时，应制作专用吊笼或容器，并应保障在吊运过程中物料不会脱落。

④吊笼或容器在使用前应按允许承载能力的 2 倍荷载进行试验，使用中应定期进行检查。

⑤吊运多根钢管、钢筋等细长材料时，必须确认吊索绑扎牢靠，防止吊运过程中吊索滑移、物料散落。

⑥两台及两台以上塔式起重机之间的任何部位（包括吊物）的距离不应小于 2 m。当不能满足要求时，应采取调整相邻塔式起重机的工作高度、加设行程限位、回转限位装置等措施，并制定交叉作业的操作规程。

⑦沿塔身垂直悬挂的电缆，应使用不被电缆自重拉伤和磨损的可靠装置悬挂。

⑧作业完毕，起重臂应转到顺风方向，并应松开回转制动器，起重小车及平衡重应置于非工作状态。

⑨为防止事故发生，塔吊必须由具备资质的专业队伍安装和拆除，塔吊司机必须持

证上岗。

⑩塔吊司机操作时，必须严格按操作规程操作，不准违章作业，严格执行“十不吊”，操作前必须有安全技术交底记录，并履行签字手续。

⑪塔吊安装、顶升、拆除必须先编制施工方案，经项目总工审批后遵照执行。

⑫塔吊安装完成后，必须经检验检测及验收，合格后方可投入使用。

三、应急准备

1. 机构与职责

一旦发生塔吊倾翻安全事故，公司领导及有关部门负责人必须立即赶赴现场，组织指挥应急处理，成立现场应急领导小组。

（1）公司应急领导小组组成。

组长：总经理。

副组长：主管施工生产的副总经理、总工程师。

成员：安全质量管理部、工程管理部、工会、生产保护部、公安处、劳资培训部、社会保险事业管理部、设备物资部、集团中心医院、集团公司机关门诊部。

（2）职责：

①研究、审批抢险方案。

②组织、协调各方抢险救援的人员、物资、交通工具等。

③保持与上级领导机关的通信联系，及时发布现场信息。

（3）项目部应急领导小组及其人员组成。

组长：×××

副组长：×××

下设：

通信联络组组长：×××

技术支持组组长：×××

抢险抢修组组长：×××

医疗救护组组长：×××

后勤保障组组长：×××

（4）应急组织的职责及分工。

1）组长职责：

①决定是否存在或可能存在重大紧急事故，要求应急服务机构提供帮助并实施场外应急计划，在不受事故影响的地方进行直接控制。

②复查和评估事故（事件）可能的发展方向，确定其可能的发展过程。

③指导设施的部分停工，并与领导小组成员的关键人员配合指挥现场人员撤离，并确保任何伤害者都能得到足够的重视。

④与场外应急机构取得联系以及对紧急情况的处理作出安排。

⑤在场（设施）内实行交通管制，协助场外应急机构开展服务工作。

⑥在紧急状态结束后，控制受影响地点的恢复，并组织人员参加事故的分析和处理。

2）副组长（即现场管理者）职责：

①评估事故的规模和发展态势，建立应急步骤，确保员工的安全，减少设施和财产损失。

②如有必要，在救援服务机构到来之前直接参与救护活动。

③安排寻找受伤者及安排非重要人员撤离到集中地带。

④设立与应急中心的通信联络，为应急服务机构提供建议和信息。

3）通信联络组职责：

①确保与最高管理者和外部联系畅通、内外信息反馈迅速。

②保持通信设施和设备处于良好状态。

③负责应急过程的记录与整理及对外联络。

4）技术支持组职责：

①提出抢险抢修及避免事故扩大的临时应急方案和措施。

②指导抢险抢修组实施应急方案和措施。

③修补实施中的应急方案和措施存在的缺陷。

④绘制事故现场平面图，标明重点部位，向外部救援机构提供准确的抢险救援信息资料。

5）保卫组职责：

①保护受害人财产。

②设置事故现场警戒线、岗，维持工地内抢险救护的正常运作。

③保持抢险救援通道的通畅，引导抢险救援人员及车辆的进入。

④抢救救援结束后，封闭事故现场直到收到明确解除指令。

6）抢险抢修组职责：

①实施抢险抢修的应急方案和措施，并不断加以改进。

②寻找受害者并转移至安全地带。

③在事故有可能扩大进行抢险抢修或救援时，高度注意避免意外伤害。

④抢险抢修或救援结束后，直接报告最高管理者并对结果进行复查和评估。

7）医疗救治组：

①在外部救援机构未到达前，对受害者进行必要的抢救（如人工呼吸、包扎止血、防止受伤部位受污染等）。

②使重度受害者优先得到外部救援机构的救护。

③协助外部救援机构转送受害者至医疗机构，并指定人员护理受害者。

8）后勤保障组职责：

①保障系统内各组人员必须的防护、救护用品及生活物资的供给。

②提供合格的抢险抢修或救援的物资及设备。

2. 应急资源

应急资源的准备是应急救援工作的重要保障，项目部应根据潜在事故的性质和后果分析，配备应急救援中所需的消防手段、救援机械和设备、交通工具、医疗设备和药品、生活保障物资。主要应急机械设备见表15-1。

表15-1　主要应急机械设备储备表

序号	材料、设备名称	单位	数量	规格型号	主要工作性能指标	现在何处	备注
1	液压汽车吊	辆	1	QY—16	161	现场	
2	电焊机	台	2	BX5000		现场	
3	卷扬机	台	2	JJ2—0.5	拉力5 t	现场	
4	发电机	台	1		75 kW	现场	
5	小汽车	台	1			现场	

应急物资主要有：

1）氧气瓶、乙炔瓶、气割设备1套。

2）备用5 m长绝缘杆1根。

3）备1根ϕ20棕绳长30 m，备1根ϕ12尼龙绳长30 m（存项目部）。

4）急救药箱2个（项目部、土建队各备1个）。

5）手电6个（塔吊、电工、抢险组、防护组、经理、副经理各1个）。

6）对讲机6部。

3. 教育、训练

为全面提高应急能力，项目部应对抢险人员进行必要的抢险知识教育，制定出相应的规定，包括应急内容、计划、组织与准备、效果评估等。

4. 互相协议

项目部应事先与地方医院、宾馆建立正式的互相协议，以便在事故发生后及时得到外部救援力量和资源的援助。

相关单位联系电话表（略）。

四、应急响应

施工过程中施工现场或驻地发生无法预料的需要紧急抢救处理的危险时，应迅速逐级上报，次序为现场、办公室、抢险领导小组、上级主管部门。由项目部安质部收集、记录、整理紧急情况信息并向小组及时传递，由小组组长或副组长主持紧急情况处理会议，协调、派遣和统一指挥所有车辆、设备、人员、物资等实施紧急抢救和向上级汇报。事故处理根据事故大小情况来确定，如果事故特别小，根据上级指示可由施工单位自行直接进行处理。如果事故较大或施工单位处理不了，则由施工单位向建设单位主管部门进行请示，请求启动建设单位的救援预案，建设单位的救援预案仍不能进行处理，则由建设单位的安全管理部门向政府的建筑安全监督管理部门请示启动上一级救援预案。

应急事故发生处理流程如图 15-7 所示。

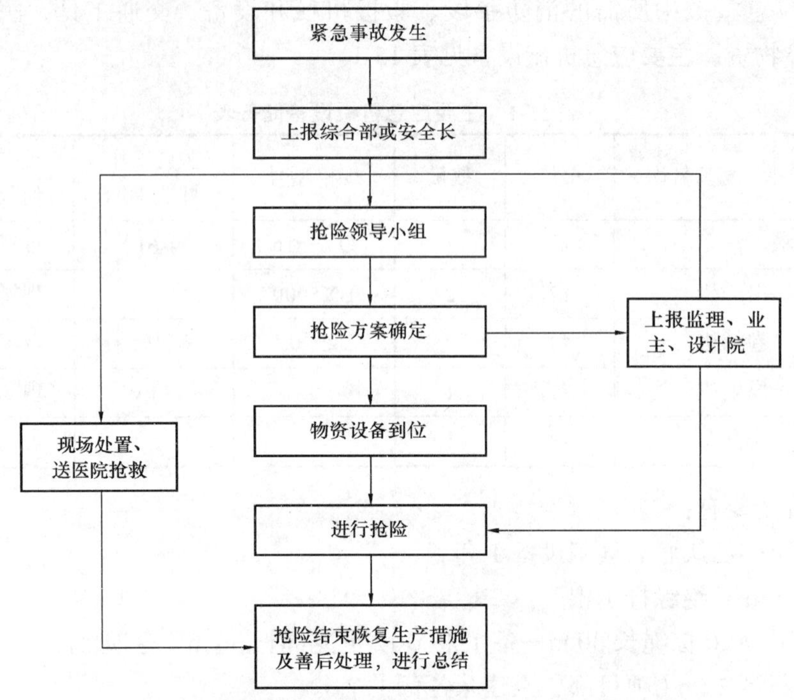

图 15-7　高层施工塔吊倾翻应急事故发生处理流程

（1）值班电话：×××××××，项目部实行昼夜值班制度，项目部值班时间和人员。

如：7:30—20:30×××；20:30—7:30×××。

（2）紧急情况发生后，现场要做好警戒和疏散工作，保护现场，及时抢救伤员和财产，并由在现场的项目部最高级别负责人指挥，在 3 min 内电话通报到值班人员，主要说明紧急情况性质、地点、发生时间、有无伤亡、是否需要派救护车、消防车或警力支援到现场实施抢救，如需可直接拨打 “120”“110” 等求救电话。

（3）值班人员在接到紧急情况报告后必须在 2 min 内将情况报告到紧急情况领导小组组长和副组长。小组组长组织讨论后在最短的时间内发出如何进行现场处置的指令。分派人员车辆等到现场进行抢救、警戒、疏散和保护现场等。由项目部安质部在 30 min 内以小组名义打电话向上一级有关部门报告。

（4）遇到紧急情况，全体职工应特事特办、急事急办，主动积极地投身到紧急情况的处理中去。各种设备、车辆、器材、物资等应统一调遣，各类人员必须坚决无条件服从组长或副组长的命令和安排，不得拖延、推诿、阻碍紧急情况的处理。

五、塔吊倾翻突发事件应急预案

1. 接警与通知

如遇意外塔吊发生倾翻时，在现场的项目管理人员要立即用对讲机向项目经理×××汇报险情。

×××立即召集施工队长、劳务队长、抢救指挥组其他成员，抢救、救护、防护组成员携带着各自的抢险工具，赶赴出事现场。

2. 指挥与控制

抢救组到达出事地点，在×××指挥下分头进行工作。

（1）首先抢救组和经理一起查明险情，确定是否还有危险源。如碰断的高、低压电线是否带电；塔吊构件、其他构件是否有继续倒塌的危险；人员伤亡情况；商定抢救方案后，项目经理向公司总工请示汇报批准，然后组织实施。

（2）防护组负责把出事地点附近的作业人员疏散到安全地带，并进行警戒不准闲人靠近，对外注意礼貌用语。

（3）工地值班电工负责切断有危险的低压电气线路的电源。如果在夜间，接通必要的照明灯光。

（4）抢险组在排除继续倒塌或触电危险的情况下，立即救护伤员：边联系救护车，边及时进行止血包扎，用担架将伤员抬到车上送往医院。

（5）对倾翻变形塔吊的拆卸、修复工作应请塔吊厂家来人指导进行。

（6）塔吊事故应急抢险完毕后，项目经理立即召集×××和塔吊司机组的全体人员进行事故调查，找出事故原因、责任人以及制订防止再次发生类似的整改措施。

（7）对应急预案的有效性进行评审、修订。

3. 通信

项目部必须将“110”“120”、项目部应急领导小组成员的手机号码、企业应急领导组织成员手机号码、当地安全监督部门电话号码，明示于工地显要位置。工地抢险指挥及安全员应熟知这些号码。

4. 警戒与治安

安全保卫小组在事故现场周围建立警戒区域实施交通管制，维护现场治安秩序。

5. 人群疏散与安置

疏散人员工作要有秩序地服从指挥人员的疏导要求进行疏散，做到不惊慌失措，不混乱，不拥挤，减少人员伤亡。

6. 公共关系

项目部安质部为事故信息收集和发布的组织机构，人员包括：×××。安质部届时将起到项目部的媒体的作用，对事故的处理、控制、进展、升级等情况进行信息收集，并对事故轻重情况进行删减，有针对性、定期和不定期地向外界和内部如实地报道，向内部报道要是向项目部内部各工区、集团公司的报道等，外部报道主要是向业主、监理、设计等单位的报道。

六、现场恢复

充分辨识恢复过程中存在的危险，当安全隐患彻底清除，方可恢复正常工作状态。

七、预案管理与评审改进

公司和项目部对应急预案每年至少进行一次评审，针对施工的变化及预案中暴露的缺陷，不断更新完善和改进应急预案。

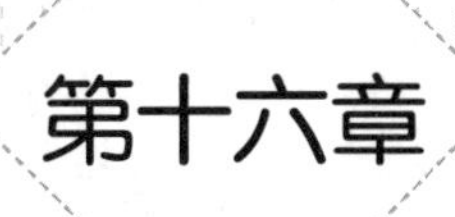

第十六章　塔式起重机典型事故案例分析

本章对塔式起重机使用中的一些典型事故案例进行了分析。作为建筑用塔式起重机的操作人员和设备管理人员，应能够认识和控制塔式起重机的安全风险，制定事故的防范措施。下面节选了有关塔式起重机使用方面的事故案例，以期对相关从业人员起到警示作用。

案例 1　QTZ60 塔机塔身折断倒塔事故

一、事故概况

（1）事故发生时间：20××年×月。

（2）事故发生单位：某小区工地。

（3）起重设备类型：自升式塔式起重机。

（4）作业特点：吊运袋装水泥。

（5）事故类型：吊运袋装水泥。

（6）事故危害程度：1 人死亡，电气线路中断，建筑物破坏。

二、事故过程简介

××××年×月某日晚 6 时 30 分左右，在某小区工地正在使用的 QTZ60 自升式塔式起重机在吊载作业中发生塔身折断倒塌事故。造成塔机司机当场死亡，并砸断高压线，造成供电线路中断，小区建筑物受到破坏，一辆出租车受损。

该塔机已在工地使用 10 年，事故发生前，该塔机正在吊运袋装水泥，当时起重臂平行于建筑物，经事故现场测量工作幅度 33.5 m，料斗中装载水泥 41 袋（每袋 49 kg），重 2 009 kg，料斗重 265 kg，吊运载荷总重量 2 274 kg。经核查该塔机使用说明书给出的起重特性曲线，在 33.5 m 幅度处，额定起重量应为 1 412 kg，经计算超载 61%。

三、事故原因

1．直接原因

（1）超载 61%，远远超过塔机的设计承载能力。

（2）塔机的斜支撑杆与塔身联结部位，有 3 根主弦杆完全断裂，其共同点是基础节主弦杆外侧扣方角钢与连接套纵向焊缝和扁担梁横焊缝都存在不同程度的陈旧性裂纹而断开，角钢横截面是新断口。

2．间接原因

（1）未安装塔机力矩限制器，未能防止在日常使用中塔机经常超载，使裂纹提前形成。

（2）该塔机塔身斜支撑杆与塔身成42°左右的角度，角度偏大，使纵向焊缝所受横向分力加大，产生疲劳裂纹。该处是塔身受力和各种冲击力最大的部位。

3．主要原因

（1）超载61%，远远超过塔机的设计承载能力。

（2）未安装塔机力矩限制器，未能防止在日常使用中塔机经常超载，使裂纹提前形成。

四、事故结论

（1）事故单位设备维护保养存在严重缺陷，力矩限制器失效，未能及时修复更换，致使该塔机在大量超载情况下仍强行作业，未能防止倒塌事故。

（2）本次作业中，司机和地面人员违章操作，严重超载，造成倒塌事故。

（3）断口处截面又存在严重的陈旧性裂纹（陈旧性裂纹的形成与经常超载有直接关系），使力的传递失效，埋下事故隐患。

五、事故预防措施

（1）安装前应仔细检查塔机结构的所有焊缝是否已经存在陈旧性裂纹。

（2）严禁超载作业。

案例2　塔吊维护保养导致的坍塌事故

2019年3月14日14时26分许，某市湖景新外滩·公馆8#塔吊在维护保养时，因操作不当发生坍塌事故，导致2人死亡，事故直接经济损失约226.6万元（不含事故罚款）。

一、事故发生经过

2019年3月11日，湖景新外滩开发公司工程部组织各栋施工负责人开会，会上要求各栋号长对塔吊按期进行维护保养，8#栋施工员曾××参加了会议，会后将情况向汪××进行了汇报，汪××让曾××联系塔吊老板周××安排人员对塔吊进行维护保养，周××答应近几天安排人员，并通知陈××，让他对塔吊进行维护保养，具体要请谁帮忙，让陈××自己看着办。

3月14日13时许，塔吊司机陈××请同村村民王××来工地一起对8#塔吊进行维护保养，陈××负责在塔吊驾驶室操作，王××负责对标准节螺栓进行更换作业，部分标准节螺栓因拉伸变形且锈蚀无法拧动，王××采用氧气液化气方式来割断，先行割断第1节与第2节标准节内侧螺栓进行更换（已安装到位）；然后割断第3节与第4节标准节东南侧螺栓进行更换（已安装到位）；因王××实施更换螺栓作业时是一个人，每切割一次必须点燃液化气才能施工，操作不便，于是违反标准节螺栓更换作业程序，违章蛮干，一次性切割了第3节与第4节标准节东北角的2颗螺栓，第2节与第3节标准节东南角、东北角的4颗螺栓，东侧4颗螺栓已全部割断，只剩下西侧4颗螺栓（第2节与第3

节标准节的连接螺栓为 8 颗）。

14 时 26 分许，塔身标准节整体承载能力完全失效，第 2 节与第 3 节标准节西侧螺栓在巨大的倾覆力矩作用下被拉断，平衡臂先触地，受起重臂拉杆的作用，起重臂整体翻转，倾覆到西侧的土堆上，陈××从驾驶室直接摔至地面受伤，王××从标准节上摔至地面受伤，事故发生。

二、事故直接原因

无资格人员违反塔机标准节螺栓更换作业程序，违反操作规程更换标准节螺栓，未按要求进行安装，是导致本次事故发生的直接原因。

三、事故间接原因

（1）湖景新外滩开发公司未认真履行建设单位职责，建筑工程开工前未依法办理《建设工程规划许可证》和《施工许可证》，在项目手续不全的情况下违规组织人员施工，对施工现场安全管理不力。

（2）建筑公司企业安全生产主体责任落实不到位，对公司员工开展业务疏于管理。

（3）监理公司未能依照法律法规实施监理，违规对未完善报建手续的项目实施有效监理，公司派出人员未认真履行职责，对塔吊违规安装使用情况监督不到位。

（4）安装公司未按要求签订安装协议、办理相关手续，在建设项目手续不全的情况下，违规安装塔吊，安装完毕未经验收合格，塔吊投入使用。

（5）租赁公司落实企业主体责任不力，作为塔吊产权单位，对设备使用、管理情况失控，公司各项规章制度落实走过场。

（6）市城市管理行政执法局与市住房和城乡建设局安全监管履职不到位，打非治违不力。

（7）塔吊老板周××违规将塔吊出租、违规安排安装单位、将塔吊维护保养业务承包给无资格人员。栋号长汪××对施工作业现场安全疏于管理，对维护保养人员违规操作行为未发现。

四、事故性质

经调查认定，此次事故是一起一般生产安全责任事故。

案例 3　塔式起重机超载倾覆事故

一、事故简介

20××年 5 月 4 日，×市×住宅小区发生一起塔式起重机倾覆事故，造成 3 人死亡。

二、事故发生经过

×市×住宅小区 12 号楼工地于 20××年 4 月 30 日开工挖槽，5 月 2 日组装一台轻型塔式起重机，5 月 3 日开始用塔式起重机吊运回填土及毛石，连续作业至 5 月 4 日晨，当塔吊司机正将一筐毛石吊离地面时，起重机突然倾覆，造成 3 人死亡的重大事故。

三、事故原因分析

1．技术方面

超载作业是导致事故的直接原因。塔式起重机的特点是作业范围大、重心高、整体稳定性差。控制塔式起重机稳定性最主要的参数是起重力矩，而作业半径及起重量的变化，都会直接影响起重力矩的变化。该塔式起重机为轻型起重机，起重量一般应控制在2 t以下，因此在作业中必须严格控制重量。工地用塔式起重机吊运毛石（每立方米重约2 t），容器为筐，每筐吊运重量不能做到严格控制，再加上吊运地点不同，作业半径需变化，因此必然造成塔式起重机超载，当超载严重时，塔身便会失稳倒塌。

塔式起重机性能不符合要求是事故的主要原因。按照规定，塔式起重机在施工现场重新组装后，应进行试运行检测，经静载、动载试验，并检验各安全装置的灵敏可靠性，确认合格后方可投入运行。而该塔式起重机没按规定进行检查就投入使用，运行中变幅操纵机构失灵，且无力矩限制器保护，造成超载倒塔事故。

2．管理方面

设备不按规定进行检查是导致事故的重要原因。

塔式起重机属特种设备，对这类设备不仅要按一般设备要求进行定期保养，还要对安全装置灵敏可靠性进行检查和对起重机的结构变形进行检验，以确定其最大承载能力，并随机械使用年限的变化及机械性能情况减载使用。在施工现场每次重新组装后使用前，必须进行检验以确认其可靠度。本次事故的发生，暴露了该单位设备管理方面存在的严重问题，“只使用不管理”最终导致了事故的发生。

项目负责人不懂塔式起重机性能，只注重使用不注重操作安全，对司机不交底，对设备不检查，对违章作业不制止，结果因作业超载致使倒塔。

四、事故结论与教训

1．事故主要原因

造成本次事故的原因包括企业对塔式起重机忽视管理，设备带病运行，司机违章作业。主要原因是司机违章作业造成塔吊超载引起倒塔。但塔吊缺少必要的安全装置，不经检验就使用的问题也是不容忽视的。

2．事故性质

本次事故属于责任事故。设备部门失于管理，项目负责人不懂塔式起重机操作技术规范，司机违章超载。

3．主要责任

项目指挥人和设备负责人应对设备检查不到位使得设备带病运行，对司机违章不制止以致超载引起倒塔负主要责任。

该城市×建筑公司主要负责人对企业管理失控负有责任。

五、事故的预防对策

（1）对本单位现有的塔式起重机应逐台建立设备档案，从使用年限到设备现状，从每次现场检验结果到每次定期的大修检验结果都应列入档案，由设备主管部门每年提出管理意见，在施工现场使用中检验执行情况。

（2）对起重机除去按照大修进行的结构检验外，还应每年定期进行一次全面检查，以进一步确认该起重机的结构变形情况及起重能力，必要时应规定减载使用。

（3）必须坚持执行起重机转移到工地后进行试运转检验的制度，按照起重机的类别及试验规则规定的程序进行，在进行运转检验时，应同时对其安全装置的灵敏度进行试验。

（4）应特别注意加强对起重机司机的培训考核，使每位起重机操作人员都熟知所操作的起重机机型的性能。

（5）还应注意对项目经理进行培训。目前项目经理多为工民建专业，但随着城市建设的发展，要求生产指挥人员知识更加全面，以适应建设需要，做名副其实的项目指挥人。

六、专家点评

塔式起重机的种类较多，20 世纪 70 年代因不熟悉其性能发生的事故较多，80 年代开始逐渐减少，90 年代因高层建筑的增加，自升塔拆装事故开始上升。目前，由于各地加强了管理，这类事故的发生又逐渐减少。然而，随着一些大型企业的轻型塔或淘汰型塔部分流入小企业和农民建筑队，因这些设备老、隐患多，再加上小企业对设备管理和使用缺乏经验，所以仍存在轻型塔吊事故隐患。

塔吊生产已经定型，规定由厂家生产，但前一段时间，社会上出现了一些非定型产品曾引起管理混乱。建设部对塔吊管理曾专门下发了文件，各地应认真贯彻执行。企业对本企业的塔吊应进行逐台检验并建立档案，由专人管理，使现有的塔吊尽量发挥潜力；对于不合格和淘汰的塔吊，不得再出现在施工现场。

案例 4　塔机料斗坠落事故

一、事故发生的经过

2017 年 10 月 23 日中午 12 时许，×公司木工班班组赵××、钱××、蔡××等 8 名工人在中美信托金融大厦项目 D 区基坑地下二层（−10.95 m 处）进行支模和垃圾清理作业，赵××安排钱××去工地 1 号塔吊边的木工棚附近接应 1 号塔吊吊运的干粉及 2 号塔吊从基坑内吊运过来的垃圾（用料斗装载）。

13 时许，2 号塔吊吊运第二斗垃圾至钱××处，钱××将料斗四点吊的卸扣解开，将挂钩挂在料斗尾部的钢丝绳上单点起吊，塔吊指挥徐××检查挂点后，指挥塔吊拉起料斗倾倒垃圾并吊回基坑赵××处。2 号塔吊司机徐××转动塔吊大臂将空料斗吊回 D 区，行进至 2-J/2-2 轴处，D 区基坑上方塔吊指挥杨××准备提醒下方的工人避让并通知塔吊司机下钩。突然，料斗脱钩向下坠落，直接砸中基坑底部的赵××，赵××左腿被砸断，安全帽掉落在地上。一旁的蔡××呼喊赵××的名字，赵××已经没有了反应。

二、事故造成的人员伤亡和直接经济损失

该起事故造成 1 人死亡；直接经济损失约 170 万元。

三、现场勘查情况和专家意见

1．调查组现场勘查情况

事故发生地点位于北苏州路 88 号中美信托金融大厦项目 D 区基坑 2-1～2-2 轴/2-K～2-J 轴之间区域内。事发场地第一时间由于开展人员抢救已部分灭失，事发起吊绳索及吊钩均不在现场，空料斗侧翻于基坑地面，料斗上口尺寸 84 cm×142 cm，底部尺寸 84 cm×

100 cm，深度为 51 cm，料斗上口均匀分布 4 个挂耳，底部后侧有另 1 个挂耳，5 个挂耳有用卸扣连接钢丝绳套；现场有一红色安全帽，基坑地面隐约有血迹。

2．专家意见

根据现场勘验情况，综合相关人员笔录及现场监控视频，排除钢丝绳断裂、钢丝绳 U 型卸扣螺栓未拧紧的可能性，此事故最合理的原因为现场钢丝绳卷曲严重，工人在卸料时未能将 U 型卸扣扣在钢丝绳封闭环内，仅仅是靠着钢丝绳之间的卷曲摩擦力缠绕着卸扣，塔吊大钩下降过程中晃动导致脱落。

四、事故的原因和事故的性质

1．事故的原因

（1）直接原因

料斗在倾倒完垃圾由塔吊吊运回 D 区基坑处时突然坠落，砸中基坑底部作业的赵××，经抢救无效死亡。

（2）间接原因

1）违反操作规程作业。×公司普工赵××安排无证人员进行司索作业；×公司普工钱××无证司索；塔吊指挥徐××、杨××未有效检查吊装作业安全，现场吊运料斗采用“一点吊”。

2）施工交底不落实。×公司现场负责人作业前未有效落实施工安全技术交底，致使施工人员对施工现场的危险性缺乏认识。

3）安全教育不到位。安全教育流于形式，导致施工人员安全意识淡薄，对安全隐患置若罔闻。

4）项目管理有缺陷。对起吊作业缺乏有效监管，未及时发现和制止施工人员违反操作规程的行为。

2．事故性质分析

根据事故调查取证及事故现场的检查情况，认定本起事故为一起生产安全责任事故。

五、事故防范和整改措施

（1）吸取事故血的教训，举一反三，认真贯彻《中华人民共和国安全生产法》《建筑工程安全生产管理条例》等法律法规，建立项目管理制度，健全企业各级安全生产管理责任制和各项岗位操作规程，提高企业安全生产的主体责任意识，认真做好对施工过程的监督和检查，及时消除事故隐患，确保施工安全。

（2）切实加强对施工班组的安全教育，全面落实对项目施工人员上岗前、作业前的安全教育和施工安全技术交底工作，严格遵守各项施工作业操作规程，并向施工人员告知本岗位存在的危险因素和防范措施，有效提高施工人员的安全意识和自我保护能力，杜绝类似事故的发生。

案例 5　塔吊制动器性能缺陷引起吊斗下坠的起重伤害事故

2018 年 6 月 16 日 17 时 35 分，位于大兴区庞各庄 2 号地棚户区改造安置房项目

（28#住宅楼等11项）施工地内，在塔吊作业过程中发生一起起重伤害事故，造成1名工人死亡。经认定，此次事故属生产安全事故。

一、事发经过及救援情况

2018年6月16日17时35分，工人在4#地下车库基坑内进行基础垫层混凝土浇筑过程中，塔吊司机刘××驾驶1号塔吊在信号工马×的指挥下从现场北侧按照“北—西—南”逆时针方向吊运混凝土（高度约15 m），吊斗在转臂过程中突然发生下坠，将站在基坑内地面上操作混凝土机械进行作业的工人谢××刮倒，现场工人立即拨打“120”求救，后伤者被送往××区人民医院，经抢救无效死亡。

二、事故的原因和性质

事故发生后，调查组委托具有资质的某特种设备检测中心对事发塔吊进行了技术鉴定（鉴定时间：6月25日至8月16日）。

1．事故的直接原因

事发塔吊制动器出现了影响制动性能的明显缺陷。

《塔式起重机安全规程》（GB 5144—2006）规定：“制动器零件有下列情况之一的应予以报废……a）可见裂纹……。”根据特种设备检测中心出具的鉴定报告中现场勘查4.10、4.11：“对起升机构电磁制动器检查，打开外罩后发现壳底存有大量摩擦片碎块……发现该制动器摩擦片上已出现大量裂纹，且有过度磨损现象。”说明该制动器零部件的现状不符合上述标准的规定，产生了影响制动性能的明显缺陷，对安全作业构成严重威胁，导致制动能力下降，吊载接近事故发生时的重量时，制动器不能保持重物静止不动、造成溜钩，致使重物快速下滑导致了事故的发生，这既是事故发生的直接原因，也是主要原因。

2．事故的间接原因

（1）工人违章作业。

塔吊司机刘××在1号塔吊信号工马×的指挥下在塔臂下面有工人正在进行施工作业的情况下负载吊运摆臂，违反“十不吊”的原则，导致发生起重伤害事故，是事故发生的重要原因。

（2）塔吊的日常检查和维修保养不到位。

事发1号塔吊的日常检查和维修保养记录部分缺失，维修单位对于塔吊的日常检查工作存在走过场和管理不到位的情况，未对制动器摩擦片进行有效的查看与更换，未能及时消除隐患，致使设备带病作业。

（3）未督促工人严格执行安全操作规程。

施工各方未督促工人严格执行相关安全生产规章制度和安全操作规程，造成工人不能准确认识到作业现场存在的危险因素，不具备必要的安全作业技能。

（4）施工现场安全管理不到位。

施工各方及监理方对施工现场相关作业人员管理缺失，致使违章行为屡禁不止。

3．事故的性质

鉴于上述原因分析，根据国家有关法律法规的规定，事故调查组认定，该起事故是一起一般生产安全责任事故。

三、措施和建议

1．事故发生后，事故调查组要求施工各单位在全力做好事故善后工作的基础上，自行组成事故调查组，对事故情况进行全面的调查处理，深入查找事故原因，举一反三，规范企业安全生产管理工作，严格落实企业主体责任，杜绝此类事故再次发生。

2．事故发生后，当地镇人民政府立即开展了相关工作：一是以建筑工地为重点，有效开展各项执法检查工作；二是加强安全生产教育培训工作，在6月底组织开展负责人及安全员取证培训的基础上，有效组织建筑工地开展全员大培训工作，坚决杜绝各类生产安全事故的发生。

3．事故发生后，区住建委立即开展了相关工作：一是责令项目立即停止施工，要求其全面排查安全管理及现场隐患治理等方面存在的漏洞和问题，采取有效措施整改，待全面整改合格上报整改报告，区住建委复查合格后方可复工；二是开展全区建设工程的安全专项治理行动，重点检查工人安全教育开展情况、人员安全技术交底情况以及危大工程的隐患排查整改情况，对在监督检查中发现的各类安全隐患和问题建立清单，加强跟踪督办，切实做到严管重罚，倒逼企业安全生产主体责任落实到位；三是针对起重机械作业安全，将进一步委托检测单位强化机械设备隐患排查工作，并重点对特种作业人员进行监督检查，严防此类事故再次发生。

案例6　塔吊吊运钢筋时的物体打击事故

一、事故经过

2018年1月23日上午8时50分许，在×县恒大御景半岛六期二标段工地95#楼下钢筋作业现场，因塔机吊运钢筋过程中钢筋滑落，砸中下方工人肖××和范××，范××经120抢救无效当场死亡，肖××受伤。

二、事故直接原因

某市建筑工程股份有限公司钢筋工宾×在捆绑钢筋时违章操作，对钢筋捆绑不牢固，致使塔机吊运钢筋过程中钢筋滑落，是导致该次事故发生的直接原因。

三、间接原因

（1）某市建筑工程股份有限公司塔机地面司索工薛某无建筑起重信号、司索工特种作业操作证，对捆绑的钢筋安全检查不到位，违章指挥起吊，是导致该次事故发生的重要原因之一。

（2）某市建筑工程股份有限公司安全员罗××，未及时发现制止无建筑起重信号、司索工特种作业操作证人员薛×，未及时排查整治某县恒大御景半岛六期二标段工地95#楼下钢筋作业现场安全隐患，监管不力，是导致该次事故发生的又一重要原因。

（3）某市建筑工程股份有限公司项目经理张××，在某县恒大御景半岛六期二标段建设过程中，明知95#楼下钢筋作业现场存在安全隐患，却未及时督促落实隐患整改，对落实企业的安全作业规程和例行监督检查不到位，管理上存在明显漏洞，是导致该事故发生的另一重要原因。

（4）某市建筑工程股份有限公司，未按规定审查使用特种作业人员，对存在的安全事故隐患未及时消除，对安全生产制度的执行不到位，对作业现场的安全监管不力，是导致该事故发生的一般原因。

四、事故性质

某市建筑工程股份有限公司“1·23”物体打击事故是一起因工人违章操作、违章指挥、作业场所存在安全隐患，对安全生产制度的执行不到位，对作业现场的安全监管不力，安全生产管理上有漏洞引起的一般安全责任事故。

案例7　螺栓连接不到位导致的塔机倒塌事故

2017年7月30日上午10点30分前后，位于×经济开发区沿海工业园内由建设工程公司承建的×化工公司2#生产车间施工工地，在用的塔式起重机在吊装作业过程中发生塔机上部结构倒塌事故，事故造成1人死亡，直接经济损失120万元。

一、事故发生经过

2017年7月30日上午6点前后，塔机司机陆××和其他施工人员陆续进场开始施工，沈××等两名施工人员在地面负责用手推车搬运砖块，陆××负责驾驶塔机吊运装有砖块的手推车（起吊重量约600 kg）。10点20分前后，在吊物提升至14 m高度，上部结构进行回转作业，起重臂位于塔身西侧时，塔机起重臂突然向上翘起，此时，陆××意识到塔机将会倾覆，准备离开驾驶室，并随即大声呼喊，要求地面作业的沈××等施工人员进行避让，塔机起重臂连同平衡臂、塔帽、驾驶室失去平衡，驾驶室和操作人员坠落至地面，随即，起重臂、平衡臂、塔帽翻转也先后坠落地面，起重臂坠落于塔机塔身东侧偏南位置，坠落时并砸坏厂区架空管道，塔机平衡臂坠落于塔身西南侧，塔帽坠落于塔身南侧，驾驶室坠落于塔身东北侧。

二、事故发生的原因和事故性质

1．直接原因

（1）塔机塔帽与回转过渡节的连接螺栓安装不到位。塔机安装时起重臂侧少安装2个螺栓，使用过程中，安装的4个连接螺栓中有3个螺母松动脱落而不受力，左侧单根螺栓承受荷载超过其承载能力，从根部断裂，起重臂侧连接螺栓完全失去作用，导致塔机上部结构（包括起重臂、平衡臂、塔帽、驾驶室等）失稳上翘而坠落。

（2）驾驶室结构及支撑结构锈蚀严重，不能保证驾驶室与塔帽可靠连接。驾驶室的四周与地板连接部分、塔帽支撑驾驶室的角钢严重锈蚀，致使塔机上部结构失稳发生倾斜时，驾驶室先行坠落，致使操作人员失去防护而坠落至地面。

2．间接原因

（1）违规进行塔机安装。塔机出租人孙××无起重机械安装资质进行塔机安装，未编制施工组织设计和塔机安装专项方案，未进行安全技术交底，安装前未严格检查塔机的安全技术性能，未向建设主管部门进行告知，致使塔机安装过程中存在的重大事故隐患未能被及时发现并得以整改。

（2）塔机使用安全管理缺失。建设公司未认真审核塔机安装单位的资质文件、施工组织设计和塔机安装专项方案，未能及时制止和纠正违规安装塔机行为。塔机安装完毕后，未按规定组织出租、安装、监理、建设等有关单位进行验收，未委托具有相应资质的检验检测机构进行检验。未向建设主管部门申请办理《建筑施工起重机械设备使用登记证》将塔机投入使用。日常使用过程中，对塔机的安全保护装置、螺栓松紧、缺失等情况检查不到位，安全隐患未能及时发现。

（3）塔机安全监理不到位。监理公司未认真履行安全监理工作职责。对塔机产权所有人提供虚假的塔机安装资质、安装告知、使用登记手续等相关资料审查不严，对建设单位违规复工行为未及时向建设主管部门报告，对塔机使用过程中存在的安全隐患未及时巡视发现和督促整改到位，对非法使用的塔机未能严格监督停止使用，并向住建部门报告。

（4）建设单位安全生产工作统一协调、管理不到位。安全生产管理责任不落实，未明确专人开展安全巡查，未正常开展施工安全管理，建设工程复工未向建设主管部门履行告知手续，未严格执行建筑工程安全管理规定，对存在的事故隐患未及时督促整改。

三、事故性质

经调查认定，该事故是一起生产安全责任事故。

案例8　塔机斜吊的起重伤害事故

2019年5月29日8时20分前后，凤凰街道龙光玖龙台二期项目工地发生一起重伤害事故，造成1人死亡。

一、事故发生经过

2019年5月29日上午8时20分前后，在龙光玖龙台项目二期7C栋西南侧幕墙材料加工堆场，颜××指挥7C号塔式起重机进行角钢吊装作业过程中，因涉事角钢的堆放区域在7C号塔式起重机最大作业半径范围外，颜××指挥7C号塔式起重机进行吊装，并产生斜吊，当涉事角钢吊起后，发生平移摆动，导致颜××被撞击并挤压在涉事角钢与停在事故现场附近的平板运输车之间，经送医院抢救无效死亡。

二、事故原因及性质

1．直接原因

（1）颜××安全意识淡薄，在未取得建筑起重信号司索工证的情况下，违章从事塔吊指挥工作，且在指挥塔吊吊装作业时，违反《塔吊起重吊装安全专项施工方案》，对位于7C号塔式起重机最大作业半径范围外的涉事角钢进行指挥吊装，产生斜吊，当涉事角钢被吊起后，发生平移摆动，导致颜××被涉事角钢撞击并挤压在涉事角钢与平板运输车之间。

（2）塔吊班组负责人吴××，违章指挥未取得建筑起重信号司索工证的作业人员进行7C号塔式起重机的指挥工作。

2．间接原因

（1）劳务公司，履行安全生产管理职责不到位，对工人的安全生产教育和培训不到位，且未安排专门人员对吊装作业进行现场安全监管，未及时发现并消除工人无证上岗、违章作业的事故隐患。

（2）劳务公司安全主管杨××，履行安全生产管理职责不到位，未认真督促本单位的安全生产教育和培训工作，未及时发现并制止工人的无证上岗和违章作业行为。

（3）劳务公司法定代表人肖××，履行安全生产管理职责不到位，对项目安全生产工作督促、检查不力，未及时消除项目施工现场工人无证上岗、违章作业的生产安全事故隐患。

（4）工程公司，履行安全生产管理职责不到位，未与劳务公司约定各自的安全生产管理职责，对劳务公司的安全生产工作统一协调、管理不到位。

（5）工程公司法定代表人兼总经理欧××，履行安全生产管理职责不到位，对项目施工现场安全生产工作督促、检查不力，未及时消除项目施工现场工人无证上岗、违章作业的生产安全事故隐患。

3．事故性质

本起事故是一起因工人安全意识淡薄、违章作业，现场管理人员违章指挥，企业安全管理不到位导致的一般生产安全责任事故。

三、事故防范措施和整改建议

1．劳务公司应认真吸取本起事故的深刻教训，切实落实企业安全生产主体责任，进一步加强本单位安全生产管理工作，做到如下要求：

（1）认真履行安全生产管理职责，严格落实对从业人员的安全教育和培训工作，提高员工安全意识和岗位安全操作技能，严格督促从业人员认真遵守安全生产规章制度与操作规程，不得安排未取得特种作业操作证的工人进行特种作业，杜绝违章指挥、强令冒险作业及违反操作规程的行为。

（2）要安排专门人员对吊装作业等危险作业进行现场安全管理，确保操作规程的遵守和安全措施的落实。

（3）项目负责人和安全管理人员要认真督促和检查本单位安全生产工作，加强作业现场监督管理，及时消除生产安全事故隐患，确保施工过程中安全管理措施落实。

（4）起重吊运作业应严格遵守“十不吊”，吊运物品要确保在起重机吊臂的正下方，不得超出起重机回转半径，严禁斜拉、斜吊。

2．工程公司要认真吸取本起事故的深刻教训，切实落实企业安全生产主体责任，进一步加强安全生产管理工作，做到如下要求：

（1）加强对分包单位安全生产工作的统一协调和管理，并与承包单位签订专门的安全生产管理协议；

（2）加强对施工现场一线工人的安全教育培训及管理，严格要求员工认真遵守安全生产规章制度与相关规定，杜绝违章指挥、工人违章作业的行为；

（3）加强对施工作业现场的安全检查力度，尤其要做好起重吊装作业等施工现场的安全防护及管理，及时消除生产安全事故隐患。

3．市住建部门要加强行业监管力度，加大对所负责的建筑工程的安全监督执法工作力度，督促企业认真履行安全生产主体责任，坚决防范和遏制此类安全事故的再次发生。

案例9　塔机维修高空作业坠亡事故

2019年6月20日16时40分许，机械租赁有限公司塔机安拆工人在黄甲街道尚善居C区安置小区维修4号塔机时，发生一起高坠事故，造成1人死亡，直接经济损失约113万元。

一、事故经过

2019年6月20日，租赁公司塔机安拆工李×、尹×准备对黄甲街道尚善居C区安置小区A6-A7栋4#塔机进行维修，经检查发现塔机顶升液压缸上部的液压油管漏油，需要进行点焊修补。15时许，李×和尹×将电焊机、焊枪等电焊设备通过塔吊吊运至4#塔机的一层顶升平台，准备进行电焊作业。16时40分许，李×在顶升平台北侧整理焊枪线路，尹×爬到顶升平台东侧顶升液压控制柜上，在对距顶升平台高2.4 m的漏油点进行焊接作业过程中，因操作不便，尹×将系于身上的安全带解开，不慎从高于顶升平台护栏的顶升液压控制柜上坠落至地面受伤。

二、事故原因分析及性质

1．事故直接原因

塔机安拆工人尹×在塔机维修高空作业时，安全意识严重欠缺，未正确佩戴和使用安全防护用品，未系安全带致使其在操作过程中不慎坠亡。

2．事故间接原因

（1）未对塔机维修作业进行安全技术交底，未对新进从业人员开展安全教育培训，其他安全教育流于形式（公司提供的2019年4月13日塔工起重机安装安全技术交底书中交底人、接受交底人的签字均为一个人签名，不能提供尹×的安全教育和培训记录）。

（2）塔机维修作业班组长李×，未及时制止和纠正尹×的违规操作行为。

3．事故性质认定

经调查认定，租赁有限公司2019年6月20日发生的一般高坠事故是一起生产安全责任事故。

三、事故防范措施建议

各事故相关单位要认真吸取事故教训，举一反三，切实加强安全生产监管，防止类似事故再次发生。

1．租赁公司要深刻吸取此次事故教训，举一反三，召开安全专项分析会，进一步提高安全认识，高度重视安全生产工作，严格落实安全教育培训、安全检查、隐患排查等安全管理规章制度，狠抓安全教育培训，强化工人安全意识，加强对施工现场的安全管理，从严、从细督促工人正确佩戴使用劳动防护用品，认真排查治理安全隐患，防止和杜绝各类事故发生。

2．事故单位要进一步落实安全管理职责，强化对施工现场的风险管控，加强施工现场安全督查、检查力度，督促分包单位认真落实重点作业时段的安全监管，防止和杜绝此类事故发生。

3．开发公司要加强项目管理，督促各参建单位深刻吸取事故教训，全面排查整治各类安全隐患，确保各项安全措施到位，整改落实到位，杜绝类似事故发生。

4．区住建交通局要深刻吸取此次事故教训，召开安全专项分析会，进一步强化施工单位安全监督管理，对全区各建设项目及生产经营单位进行安全大排查，及时消除建设工地安全隐患，确保安全，同时通报该起事故。

案例10　QTZ80塔机基础节陈旧性裂纹的起重伤害事故

2018年10月13日7时19分许，×工程在建工地塔机吊运材料时，发生一起起重伤害事故，导致1人直接死亡，1人因呼吸心跳骤停经市二院抢救无效死亡，2人轻伤，直接经济损失约300万元。

一、事故发生经过

2018年10月13日上午约7点，塔机司机李×和信号司索工王××（无证）进行吊装木头作业，钢筋工刘××和孙××在塔机南十几米1号钢筋棚北旁负责切割钢筋，周××、赵××、朱××、向××在3号V型滤池底部扎钢筋。7点19分前后，建筑劳务公司钢筋班带班班长孙××排钢筋工周×将位于南滤池上部东南角的一捆钢筋，向滤池南面吊运。周×让周×伟捆扎好钢筋后，让塔机司机李×和王××进行吊运，王××喊了声“起”随之塔机就开始起吊，等到钢筋离地面最低处约1 m的时候王××喊了声“转大臂”，在塔机悬臂向西运行3～4 m时，塔机基础节从根部断裂并向东南方向倾倒，塔机的前臂将附近的1号钢筋加工棚东部砸塌，导致钢筋工刘××、孙××2人因钢筋加工棚被砸塌不同程度受伤，在3号V型滤池底部绑扎钢筋的工人周××，被塔机平衡臂上配重砸中当场死亡，塔机司机李×随驾驶室倾倒受伤。

二、事故直接原因

（1）王××，无证作业，在未知载荷大小的情况下，冒险指挥塔机作业，致使塔机超载。

（2）塔机基础节主弦钢管在断口位置存在6 mm深的陈旧裂纹。

三、相关事项调查情况

事故发生时正在进行3号V型滤池底板的钢筋绑扎施工，塔式起重机立于滤池的北边约15 m处，从基础节根部脆断，在4个主弦杆上形成4个断口，位于西北角主弦杆断裂处有可见宽25 mm、深6 mm径向旧裂纹；塔身由北偏向西南倾倒，并在第6节处断成2节又形成上部4个断口；上部断口以下的塔身倒搁在北滤池上。上部断口以上的塔身、顶升套架、塔帽、倒搁在南滤池上，平衡臂、配重、司机室倒砸在南滤池里，司机室结构完整，玻璃震碎；起重臂触地后弯曲变形向东南翻砸在1号钢筋加工棚东北角，将1号钢筋加工棚东边砸塌，其臂头导向滑轮顶到南方远处停放的汽车起重机油箱，油箱内凹变形。经测量起重小车停在距离起重臂根部36 m处，从起重臂及小车在地面留下的痕迹、起重臂的变形弯曲形态、吊钩钢筋所在的位置分析，起重小车是从起重臂的约43 m左右位置，受起重臂落地后上翘前冲及起重小车落地与地面摩擦的影响，被移滑到了36 m处。吊钩及所吊钢筋呈东南方向，斜落在东西走向的施工道路和钢筋料场上，钢筋中心距离事故塔式起重机回转中心约44 m。安装在塔帽上的力矩限制器无明显变形，其连线在电气柜里部分接线，部分悬空线有近期断痕。事故发生后，事故调查组聘请 3 名专家，对事故现场进行踏勘，并形成专家组塔机事故分析报告如下：

（1）事故现场的信号司索工在吊运钢筋过程中违反《建筑起重机械安全监督管理规定》（建设部令　第 166 号）、《建筑机械使用安全技术规程》（JGJ 33—2012）、《建筑施工塔式起重机安装、使用、拆卸安全技术规程》（JGJ 196—2010）等相关规定，违章操作，吊重 2.138 t，超载 46.5%，导致塔式起重机发生倾倒。因此，该塔式起重机超载运行是导致该起事故发生的主要原因之一。

（2）该塔式起重机基础节主弦杆所用无缝钢管材料壁厚小于说明书和型式试验报告规定的标准，且主弦杆存在陈旧裂纹，是导致该起事故发生的主要原因之一。

（3）该塔式起重机的起重力矩限制器失灵，是该起事故发生的原因之一。2018 年 10 月 24 日，徐工集团徐州建机工程机械有限公司技术中心给事故调查组发来技术函称：现场事故塔机基础节和第 5 节、第 6 节、第 10 节标准节非徐工原厂生产的基础节、标准节。

四、事故性质

经调查认定，这是一起因超载，起重设备存在安全隐患，特种作业人员无证作业，现场管理混乱，安全监管不到位导致的生产安全责任事故。

第四篇

塔式起重机司机试题及答案

第十七章 塔式起重机司机初级工（五级）试题及答案

一、单选题

1. 图样中的轴线和对称中心线用（B）表示。

A. 虚线　　B. 细点划线　　C. 细实线　　D. 粗点划线

2. 零件图中不包括的内容是（D）。

A. 一组视图　　B. 足够和合理的尺寸　　C. 技术要求　　D. 明细表

3. 工程图样经常采用的投影法为（A）。

A. 正投影　　B. 斜投影　　C. 中心投影　　D. 轴侧投影

4. 凡是在尺寸数字前加注符号“R”表示所标注的是（C）。

A. 正方形边长　　B. 圆的直径　　C. 圆的半径　　D. 梯形的高

5. 三视图中上下排列的是（C）。

A. 主视图与左视图　　B. 俯视图与左视图　　C. 主视图与俯视图　　D. 主视图与右视图

6. 三视图中水平排列的是（A）。

A. 主视图与左视图　　B. 俯视图与左视图　　C. 主视图与俯视图　　D. 右视图与俯视图

7. 能够同时反映物体长度和高度的视图是（A）。

A. 主视图　　B. 俯视图　　C. 左视图　　D. 右视图

8. 图样的比例为 1∶5，表示图样对实物（B）。

A. 放大 5 倍　　B. 缩小 5 倍　　C. 大小相等　　D. 缩小 1/5 倍

9. 在正立投影面上得到的投影叫（A）。

A. 主视图　　B. 左视图　　C. 俯视图　　D. 右视图

10. 凡是在尺寸数字前加注符号“Φ”表示所标注的是（B）。

A. 正方形边长　　B. 圆的直径　　C. 圆的半径　　D. 梯形的高

11. 三视图是指（C）。

A. 主视图、剖视图、侧视图　　B. 剖视图、主视图、左视图

C. 主视图、俯视图、左视图　　D. 主视图、左视图、断面图

12. 力的国际单位为（A）。

A. 牛顿　　B. 公斤　　C. 牛顿·米　　D. 米/秒

13. 力的三要素不包括（C）。

A. 力的大小　　B. 力的方向　　C. 力的重量　　D. 力的作用点

14. 把一个力分成几个力，并且这几个力所产生的效果跟原来一个力的作用效果（A），则这几个力就叫作原来那个力的分力。

A. 相同　B. 不同　C. 相近　D. 不定

15. 重力的国际单位与工程单位的换算为：（A）。

A. 1 kgf=9.8 N　B. 1 N=9.8 kgf　C. 1 kgf=100 N　D. 1 N=100 kgf

16. 竖立物件时，吊点位置应在（A）。

A. 重心之上　B. 重心之下　C. 重心两端　D. 重心点

17. 力矩的国际单位为（C）。

A. 牛顿　B. 公斤　C. 牛顿·米　D. 米/秒

18. 摩擦力的方向与接触物体间相对运动的方向（B）。

A. 相同　B. 相反　C. 相近　D. 不定

19. 圆形钢板的重心位置在其（D）。

A. 对角线交点上　B. 中分面 3 条中线的交点上

C. 轴线中点上　D. 中分面的圆心上

20. 各力的作用线都在同一平面内，且汇交于一点的力系称为（B）。

A. 平面平行力系　B. 平面汇交力系　C. 平面任意力系　D. 空间力系

21. 碳钢的材料密度为（A）g/cm^3。

A. 7.85　B. 7.8　C. 2.0　D. 2.3～2.5

22. 大小不等的两个平行力的合成，其合力作用点到两力作用线距离与两力大小（B）。

A. 成正比　B. 成反比　C. 距离相等　D. 距离不定

23. 对于质量分布均匀的物体重心位置只与（C）有关。

A. 重力　B. 质量　C. 形状　D. 密度

24. 对于形体复杂、质量不均匀的物体，其重心位置一般可用（C）求得。

A. 数学方法　B. 组合方法　C. 试验方法　D. 三角法

25. 因为合力等于分力的矢量和，所以合力大小（D）。

A. 一定比分力大　B. 一定比分力小　C. 与分力相等　D. 根据分力的方向决定

26. 物体在两个力的作用下保持平衡的条件是：这两个力大小相等，方向（B），且作用在同一直线上。

A. 相同　B. 相反　C. 相近　D. 任意

27. 地球上的物体都要受到地心引力的作用，使其每 kg 的质量具有（C）N 的重力。

A. 7.85　B. 8.8　C. 9.8　D. 10.9

28. 在力矩的计算公式 $M_0(F)=\pm F\cdot h$ 中，“+”符号表示力使物体（B）。

A. 绕矩心顺时针方向转动　B. 绕矩心逆时针方向转动

C. 沿着力的方向向前移动　D. 沿着力的方向向后移动

29. 在欧姆定律的 3 种不同形式的写法中，求电阻的公式是（C）。

A. $I=U/R$　B. $U=I\times R$　C. $R=U/I$　D. $I=R/U$

30. 由发电机绕组的始端 A、B、C 分别引出的 3 根线（端线）称为（A）。

A. 火线　B. 零线　C. 中线　D. 接地线

31. 电压的单位是（A）。

A. 伏特（V）　B. 安培（A）　C. 欧姆（Ω）　D. 千瓦（kW）

32. 如果在 1 min 内导体中通过 120C 电量，那么导体中的电流强度为（B）。

A. 1 A　B. 2 A　C. 3 A　D. 4 A

33. 每相端线与中线之间的电压称为（B）。

A. 阻抗电压　B. 相电压　C. 标称电压　D. 线电压

34. 发电机三相绕组的相位差是（D）。

A. 360°　B. 240°　C. 180°　D. 120°

35. 正弦交流电变化一周所需的时间称为正弦交流电的周期，它的单位及其符号是（B）。

A. 赫兹（Hz）　B. 秒（s）　C. 安培（A）　D. 库仑（C）

36. 异步电动机在工作时，电源电压变化对电动机的正常工作（A）。

A. 有一定影响　B. 影响很小　C. 没有影响　D. 有帮助

37. 电荷的定向流动称为（C）。

A. 电势　B. 电压　C. 电流　D. 电源

38. 将发电机绕组的末端 X、Y、Z 连接在一起成为中点，从中点引出的一根导线叫作（C）。

A. 火线　B. 零线　C. 中线　D. 接地线

39. 电阻的单位是（C）。

A. 伏特（V）　B. 安培（A）　C. 欧姆（Ω）　D. 千瓦（kW）

40. 工业用的发电机都是用（C）方法来产生电动势的。

A. 加热　B. 感光　C. 电磁感应　D. 化学变化

41. 在欧姆定律的 3 种不同形式的写法中，求电流的公式是（A）。

A. $I=U/R$　B. $U=I\times R$　C. $R=U/I$　D. $I=R/U$

42. 在欧姆定律的 3 种不同形式的写法中，求电压的公式是（B）。

A. $I=U/R$　B. $U=I\times R$　C. $R=U/I$　D. $I=R/U$

43. 交流电正弦量每秒钟变化的次数叫作正弦量的频率，它的单位是（A）。

A. 赫兹（Hz）　B. 秒（s）　C. 安培（A）　D. 库仑（C）

44. 将其他形式的能量转变为电能的装置为（D）。

A. 负载　B. 导线　C. 控制器件　D. 电源

45. 端线与端线之间的电压称为（D）。

A. 阻抗电压　B. 相电压　C. 标称电压　D. 线电压

46. 电流的计量单位是（C）。

A. 伏特　B. 焦耳　C. 安培　D. 瓦特

47. 动作不是靠手动，而要靠机械或其他物件碰撞的压力使其触头闭合或断开的开关是（C）。

A. 刀开关　B. 按钮开关　C. 行程开关　D. 自动空气开关

48. 构件抵抗塑性变形或断裂的能力称为（A）。

A. 强度　B. 刚度　C. 稳定性　D. 柔度

49. 螺钉或螺栓拧入钢质零件时，其深度不得小于螺纹直径的（B）。

A. 0.5 倍　B. 0.8 倍　C. 1.1 倍　D. 1.5 倍

50. 能够保证瞬时传动比恒定的传动是（B）。

A. 带传动　B. 齿轮传动　C. 链传动　D. 液压传动

51. 不能保证精确的传动比的传动是（D）。

A．齿轮传动　　B．螺旋传动　　C．链传动　　D．带传动

52. 根据轴所受载荷的不同，直轴可分为（C）三类。

A．心轴、转轴、光轴　　B．心轴、传动轴、阶梯轴

C．心轴、转轴、传动轴　　D．心轴、光轴、阶梯轴

53. 在下列钢材牌号中（A）属于普通碳素钢。

A．Q195　　B．Q295　　C．45　　D．40Cr

54. 在传动时，各齿轮的几何轴线位置均固定不定，这样的轮系称为（C）。

A．周转轮系　　B．差动轮系　　C．定轴轮系　　D．行星轮系

55. 平键连接的特点是靠平键的（A）传递扭矩。

A．两个侧面　　B．上面　　C．下面　　D．两个端面

56. 上下两面是工作面的键是（C）。

A．平键　　B．半圆键　　C．楔键　　D．花键

57. 我国生产的V带根据（A）共分为Y、Z、A、B、C、D、E 7种型号。

A．剖面尺寸　　B．外形尺寸　　C．外周长　　D．内周长

58. 与外螺纹牙顶或内螺纹牙底相重合的假想圆柱面的直径称为（C）。

A．螺纹小径　　B．螺纹中径　　C．螺纹大径　　D．分度圆直径

59. 用来制造钢丝绳的材质是（B）。

A．普通碳素钢　　B．优质碳素钢　　C．低合金结构钢　　D．弹簧钢

60. 在下列钢材牌号中（C）属于优质碳素钢。

A．Q195　　B．Q295　　C．45　　D．40Cr

61. 主要承受径向载荷的轴承称为（A）。

A．向心轴承　　B．推力轴承　　C．向周轴承　　D．向心推力轴承

62. 构件抵抗弹性变形的能力称为（B）。

A．强度　　B．刚度　　C．稳定性　　D．柔度

63. 螺纹的公称直径是指（C）。

A．螺纹小径　　B．螺纹中径　　C．螺纹大径　　D．分度圆直径

64. 普通V带的截面楔角是（D）。

A．34°　　B．36°　　C．38°　　D．40°

65. 工作时即承受弯矩又承受扭矩，既起支撑作用又起传递动力作用的轴是（B）。

A．心轴　　B．转轴　　C．传动轴　　D．挠性轴

66. 当滚动轴承内径代号为08时，该轴承的内径尺寸为（B）。

A．80 mm　　B．40 mm　　C．20 mm　　D．8 mm

67. 起重机主要金属构件腐蚀深度达原厚度的（C）时，则应予报废。

A．20%　　B．15%　　C．10%　　D．7%

68. 普通螺纹的牙型角是（C）。

A．50°　　B．55°　　C．60°　　D．65°

69. 高强螺栓头部上的标记8.8或10.9是代表它的（B）。

A．规格　　B．性能等级　　C．预紧力　　D．拧紧力矩

70．液力传动是靠液体的（B）传递动力的。

A．压力能　　B．动能　　C．机械能　　D．位能

71．在液力传动装置中，能量的输出部件为（B）。

A．泵轮　　B．涡轮　　C．导轮　　D．齿轮

72．液力变矩器的传动功率（B）机械传动功率。

A．大于　　B．小于　　C．等于　　D．不定

73．液压系统的执行元件是（C）。

A．液压泵　　B．液压阀　　C．液压缸和液压马达　　D．蓄能器

74．液压系统活塞运动速度的大小取决于（A）。

A．流量　　B．流速　　C．负载　　D．黏度

75．液压系统油液压力的大小取决于（C）。

A．流量　　B．流速　　C．负载　　D．黏度

76．油液的黏度与温度变化有关，温度升高，黏度（A）。

A．减小　　B．增大　　C．不变　　D．忽大忽小

77．液压系统的动力元件是（A）。

A．液压泵　　B．液压阀　　C．液压缸和液压马达　　D．蓄能器

78．液压系统的控制元件是（B）。

A．液压泵　　B．液压阀　　C．液压缸和液压马达　　D．蓄能器

79．在液力传动装置中，能量的输入部件为（A）。

A．泵轮　　B．涡轮　　C．导轮　　D．齿轮

80．在液压系统中起安全保护作用的是（B）。

A．换向阀　　B．溢流阀　　C．减压阀　　D．节流阀

81．液压传动的基本原理是（C）。

A．牛顿定律　　B．焦耳定律　　C．帕斯卡定理　　D．欧姆定理

82．卡环只允许（C）受力。

A．单向　　B．横向　　C．纵向　　D．斜向

83．制动轮表面磨损量达到（C）时，应修复或报废。

A．0.5～1 mm　　B．1～1.5 mm　　C．1.5～2 mm　　D．2～4 mm

84．钢丝绳在破断前，一般有（C）的预兆。

A．表面光亮　　B．生锈　　C．断丝断股　　D．表面有泥

85．起重机不得使用（A）吊钩。

A．铸造　　B．锻造　　C．板钩　　D．单钩

86．对于光面多层缠绕的卷筒自然排绳时，钢丝绳出绳偏角不应大于（A）。

A．2°　　B．3.5°　　C．5°　　D．7°

87．应按钢丝绳的（B）选用钢丝绳。

A．破断拉力　　B．许用拉力　　C．折减系数　　D．破断拉力总和

88．塔式起重机的起升机构不宜采用（A）钢丝绳。

A．同向捻　　B．交互捻　　C．混合捻　　D．平向捻

89．液压推杆制动器的型号为（C）。

A．JWZ　　B．JCZ　　C．YWZ　　D．YDWZ

90．吊钩应能支持住（A）的实验载荷而不变形、损坏。

A．1.25 倍　　B．1.5 倍　　C．2 倍　　D．2.5 倍

91．卷筒节径不得小于所缠绕钢丝绳直径的（D）。

A．8 倍　　B．10 倍　　C．15 倍　　D．16 倍

92．对于槽面卷筒，钢丝绳的出绳偏角应不大于（B）。

A．2°　　B．3.5°　　C．5°　　D．7°

93．在潮湿的环境中工作时，应选用（B）钢丝绳。

A．镀铅　　B．镀锌　　C．光面　　D．任意表面

94．滑轮的工作面是滑轮的（B）。

A．轮缘　　B．轮槽　　C．轮辐　　D．轮毂

95．块式制动器构造简单工作可靠，但制动力矩小，宜安装在（A）上。

A．高速轴　　B．中速轴　　C．低速轴　　D．变速轴

96．起重机吊钩的开口度比原尺寸增加（B）时，吊钩应报废。

A．10%　　B．15%　　C．20%　　D．25%

97．制动时，制动瓦块应紧贴在制动轮上，且接触面积不小于理论接触面积的（D）。

A．40%　　B．50%　　C．60%　　D．70%

98．吊钩危险断面磨损量，按《起重吊钩　第 2 部分：铸造吊钩技术条件》（GB/T 10051.2—2010）的要求制造的吊钩，应不大于原高度的（A）。

A．5%　　B．10%　　C．15%　　D．20%

99．钢丝绳按其钢丝的（C）可分为单绕绳、双绕绳和三绕绳。

A．捻向　　B．捻绕方法　　C．捻绕次数　　D．接触状态

100．吊钩的危险断面一共有（C）。

A．1 个　　B．2 个　　C．3 个　　D．4 个

101．卡环、吊链等吊具在检查和使用中如发现裂纹，应该（D）。

A．焊接后使用　　B．降低载荷使用　　C．照常使用　　D．报废更新

102．检查制动轮的温度，一般不得高于环境温度（C）。

A．60℃　　B．105℃　　C．120℃　　D．150℃

103．吊钩危险断面磨损量，按行业沿用标准制造的吊钩，应不大于原尺寸的（B）。

A．5%　　B．10%　　C．15%　　D．20%

104．当起重机的起重范围在（C）时，应采用双钩。

A．10 t 以上　　B．50 t 以上　　C．75 t 以上　　D．100 t 以上

105．用绳卡连接钢丝绳时，绳卡压板应固定在钢丝绳的（B）。

A．短绳一侧　　B．长绳一侧　　C．交叉布置　　D．任意布置

106．吊载作业时，为了不使千斤绳受力过大，两根千斤绳之间的夹角不得大于（B）。

A．160°　　B．120°　　C．90°　　D．60°

107．当外层钢丝磨损达其直径的（C）时，即使未发生断丝，该钢丝绳也应报废。

A．20%　　B．30%　　C．40%　　D．50%

108．卡环一般用 20 号或 25 号优质碳素钢经（B）及热处理制成。

A．铸造　B．锻造　C．焊接　D．车削

109．起升机构的制动器必须是（B）的。

A．常开式　B．常闭式　C．手动式　D．综合式

110．起重机起升机构使用的是（A）滑轮组。

A．省力　B．省时　C．费力　D．费时

111．制动器是以其（D）装置的形式来命名的。

A．上闸　B．传动　C．液压　D．松闸

112．液压电磁推杆瓦块制动器工作中，液压电磁铁线圈的工作温度不得超过（B）。

A．95℃　B．105℃　C．115℃　D．125℃

113．钢丝绳在卷筒上固定应有放松或自紧的性能，在保留 2 圈的状态下，应能承受（C）的额定载荷。

A．100%　B．110%　C．125%　D．250%

114．在有耐酸要求的环境中工作时，应选用（A）钢丝绳。

A．镀铅　B．光面　C．A 级镀锌　D．B 级镀锌

115．在使用绳卡时，一般绳卡间距不应小于钢丝绳直径的（C）左右。

A．2 倍　B．4 倍　C．6 倍　D．8 倍

116．当长行程电磁铁瓦块制动器制动轮直径为 200 mm 时，其允许的制动间隙为（B）。

A．0.5 mm　B．0.7 mm　C．1.0 mm　D．1.2 mm

117．塔机吊钩夹套上，动滑轮呈平行布置、水平排列的目的是（C）。

A．便于观察滑轮运转　B．便于安装吊钩

C．便于更换滑轮倍率　D．便于观察钢丝绳运行

118．滑轮与钢丝绳直径比值应不小于（C）。

A．9　B．16　C．18　D．25

119．一般吊装用钢丝绳，宜采用（A）钢丝绳。

A．麻芯　B．石棉芯　C．钢芯　D．合成纤维芯

120．制动器的（C）磨损严重，制动时铆钉与制动轮接触，不仅划伤制动轮表面而且降低了制动力矩，应及时更换。

A．制动轮　B．弹簧　C．摩擦片　D．铆钉

121．钢丝绳中钢丝的材质应采用含碳量为 0.5%～0.65%的（B）。

A．普通碳素钢　B．优质碳素钢　C．低合金结构钢　D．铸钢

122．卷筒端部凸缘应比最外层钢丝绳超出（B）钢丝绳直径的高度。

A．1 倍　B．2 倍　C．3 倍　D．4 倍

123．6×37 交互捻钢丝绳工作级别为 M5 时，在 6 d 绳长范围内断丝根数达到（C）时应报废。

A．8　B．10　C．19　D．38

124．卷筒壁厚磨损量达原壁厚的（A）时，卷筒应报废。

A．10%　B．15%　C．20%　D．25%

125．在钢丝绳型号标记中，捻绕方法代号为“ZZ”时，代表它是（A）钢丝绳。

A．右同向捻　B．左同向捻　C．右交互捻　D．左交互捻

126．采用绳卡连接钢丝绳端时，绳卡的用量应根据钢丝绳的（B）确定。

A．长度　　B．直径　　C．曲率半径　　D．绳卡大小

127．滑轮侧向摆动不得超过滑轮名义尺寸的（A）。

A．1‰　　B．2‰　　C．3‰　　D．4‰

128．钢丝绳在滑轮上运行，出端拉力总是（A）入端拉力。

A．大于　　B．小于　　C．等于　　D．不定

129．更换制动瓦块上的摩擦片时，铆钉埋入摩擦片的深度超过原厚度的（D）。

A．1/5　　B．1/4　　C．1/3　　D．1/2

130．在钢丝绳型号标记中，代表钢丝公称抗拉强度的单位符号是（C）。

A．N　　B．kgf　　C．MPa　　D．N/mm^2

131．卷筒上最内层钢丝绳中心处的直径称为（C）。

A．卷筒内径　　B．卷筒外径　　C．卷筒节径　　D．侧板外径

132．制动瓦块上摩擦片的磨损量超过原厚度的（C）时，应报废更新。

A．30%　　B．40%　　C．50%　　D．60%

133．钢丝绳一端固定，另一端通过一系列动、定滑轮然后绕入卷筒的滑轮组称为（A）滑轮组。

A．单联　　B．双联　　C．费力　　D．省时

134．滑轮槽壁厚磨损量达原壁厚的（A）时，滑轮应报废。

A．20%　　B．25%　　C．30%　　D．40%

135．塔式起重机固定式照明装置的电源电压不应超过（C）。

A．36 V　　B．110 V　　C．220 V　　D．380 V

136．起升机构的块式制动器最好采用（C）的结构形式。

A．电磁铁开闸、弹簧上闸　　B．液压电磁铁开闸、弹簧上闸

C．液压开闸、弹簧上闸　　D．锥形电机转子移动开闸、弹簧上闸

137．一般当塔机附着后，附着点以下塔身的垂直度应不大于（B）。

A．1‰　　B．2‰　　C．3‰　　D．4‰

138．表示起升高度随作业幅度改变而变化的曲线叫作（A）。

A．起升高度曲线　　B．起重量曲线　　C．力矩曲线　　D．起重特性曲线

139．在附着框架和附着支座布设时，附着杆倾斜角不得超过（C）。

A．5°　　B．8°　　C．10°　　D．12°

140．当塔机超过它的独立高度的时候要架设附着装置，以达到（B）的目的。

A．增加塔机的起升高度　　B．增加塔机的稳定性

C．增加塔机的作业幅度　　D．方便塔机司机登机

141．允许起吊的物体最大重量称为（C）。

A．起重量　　B．起重重力　　C．额定起重量　　D．最大起重量

142．起重机回转中心至吊钩钩心铅垂线之间的距离称为（A）。

A．幅度　　B．跨度　　C．宽度　　D．高度

143．控制工作机构操作，并对动力电路起保护作用的电路称为（A）。

A．控制电路　　B．保护电路　　C．信号电路　　D．主电路

144．增加滑轮倍率是为了使起升机构的能力（A）。

A．提高　　B．降低　　C．不变　　D．不定

145．当单联滑轮组 4 倍率时起吊的最大质量为 6 t，那么 2 倍率时能起吊的最大质量为（C）。

A．1 t　B．2 t　C．3 t　D．4 t

146．塔身标准节的加强节的主肢比普通节的主肢用料（C）。

A．规格大　B．规格小　C．同规格截面厚　D．同规格截面薄

147．对于水平臂小车变幅式塔机，每个作业幅度都有一个对应的（C）。

A．起重量　B．起升高度　C．额定起重量　D．起升速度

148．行走式塔机的轨道基础，其路基土壤的承载能力应（A）。

A．＞10 t/m²　B．＞5 t/m²　C．＜5 t/m²　D．＜10 t/m²

149．起升机构的工作要求是（A）。

A．高速轻载、低速重载　B．高速重载、低速轻载

C．快速轻载、慢速重载　D．快速重载、慢速轻载

150．动臂变幅式塔机是通过（B）使吊臂俯仰摆动来实现变幅的。

A．变幅油缸伸缩　B．钢丝绳滑轮组牵引　C．变幅小车移动　D．变换拉杆长度

151．国家建筑工业行业标准规定公称起重力矩 630 kN·m 的塔机，基本臂最大幅度为（C）。

A．25 m　B．30 m　C．35 m　D．40 m

152．高强螺栓、螺母使用后拆卸再次使用，一般不得超过（B）。

A．1 次　B．2 次　C．3 次　D．4 次

153．热继电器在电路中具有（A）保护作用。

A．过载　B．短路　C．失压　D．漏电

154．塔式起重机的主参数是（D）。

A．起重量　B．作业幅度　C．起升高度　D．公称起重力矩

155．因超载和疲劳造成的钢结构局部或整体的永久变形属于（A）问题。

A．强度　B．硬度　C．刚度　D．稳定性

156．一般来讲，臂架起重机在最小幅度所允许起吊的最大起重量是由起重机的（A）决定的。

A．吊臂强度　B．吊臂刚度　C．吊臂长度　D．稳定性

157．起升机构多速电机变级调速的原理是（B）。

A．通过涡轮制动器改变多速绕线转子电机转速实现调速

B．通过改变电机的级对数来改变电机转速实现调速

C．通过两台驱动电机的转速和转向获得较多的速度挡位实现调速

D．通过改变定子供电的频率来改变同步转速实现调速

158．高强螺栓的预紧力应该用（C）检查。

A．大活扳手　B．专用扳手　C．测力扳手　D．电动扳手

159．塔式起重机一般使用的交流电源，其线电压为（C）。

A．110 V　B．220 V　C．380 V　D．660 V

160．因超载和冲击等造成的主要受力构件产生过大的弹性变形及引起的振动属于（C）问题。

A．强度　B．硬度　C．刚度　D．稳定性

161．每个塔身标准节应该有（A）主肢。

A．4 个　B．8 个　C．12 个　D．16 个

162．检查塔机钢结构安全情况时，特别要注意（C）等。

A．脱漆　B．塔身　C．裂纹　D．油污

163．变幅机构制动器必须是（B）的。

A．常开式　B．常闭式　C．综合式　D．随意的

164．因超载、超幅度作业导致的倾翻属于（D）问题。

A．强度　B．硬度　C．刚度　D．稳定性

165．每个塔身标准节应该有（D）高强螺栓座孔耳套。

A．4个　B．8个　C．12个　D．16个

166．轨道行走式塔机，它的传动方式大多采用（B）传动。

A．集中　B．单独　C．分段　D．交叉

167．塔机主体结构、电气设备等的接地电阻不应大于（A）。

A．4 Ω　B．8 Ω　C．10 Ω　D．0.5 MΩ

168．某塔机型号为QTZ800，其中800表示的是塔机的（D）。

A．起重量为8 t　B．起重力矩为8 t · m

C．起重重力为80 kN　D．公称起重力矩为800 kN · m

169．一般来讲，臂架起重机在最大幅度所允许起吊的最大起重量是由起重机的（D）决定的。

A．吊臂强度　B．吊臂刚度　C．吊臂长度　D．稳定性

170．三角形截面的起重臂应该有（B）主弦杆。

A．2个　B．3个　C．4个　D．6个

171．旋转中电动机滚动轴承的允许最高温度应控制在（D）。

A．80℃　B．85℃　C．90℃　D．95℃

172．塔式起重机的工作环境温度一般为（B）。

A．−20～20℃　B．−20～40℃　C．−40～20℃　D．−40～40℃

173．使起重机具有一定幅度、起升高度、能悬挂重物的结构件称为（C）。

A．塔身　B．平衡臂　C．起重臂　D．拉杆

174．每个塔身标准节应该有（C）水平腹杆。

A．4个　B．8个　C．12个　D．16个

175．自动空气开关、熔断器在电源电路中起（B）保护作用。

A．过载　B．短路　C．失压　D．漏电

176．起升机构卷扬机钢丝绳所受拉力是由滑轮组的倍率决定的，当吊重不变时，两者的关系是（C）。

A．倍率越大拉力越大　B．千斤绳根数越多拉力越大

C．倍率越大拉力越小　D．千斤绳根数越多拉力越小

177．起升机构减速器的作用是（C）。

A．将电能转变为机械能并向外输出动力　B．能够保持吊物在停止位置不动

C．降低转速，增加驱动扭矩　D．将旋转运动转变为吊钩的升降运动

178．当吊钩动滑轮上的钢丝绳为4根时，滑轮组的倍率应该是（D）。

A．1倍　B．2倍　C．3倍　D．4倍

179．表示起重量随作业幅度改变而变化的曲线叫作（B）。

A．起升高度曲线　B．起重量曲线　C．力矩曲线　D．起重特性曲线

180. 在组成回转机构的零部件中起到软传动作用的是（B）。

A. 减速器　　B. 液力耦合器　　C. 小齿轮　　D. 大齿圈

181. 塔机回转机构的工作速度一般为（B）。

A. 0.3～0.5 r/min　　B. 0.5～1.0 r/min　　C. 0.7～1.2 r/min　　D. 1.0～1.5 r/min

182. 行走台车分为主动与被动两种，在直线轨道上运行时，台车布置方式应为（B）。

A. 主动台车布置在外轨一侧　　B. 主动台车呈对角线布置

C. 被动台车布置在外轨一侧　　D. 主、被动台车随意布置

183. 下回转小车变幅塔机当吊臂仰起 30°工作时，为了保证变幅过程中重物仍能水平移动，起升滑轮组的倍率应为（A）。

A. 2 倍　　B. 4 倍　　C. 6 倍　　D. 8 倍

184. 塔式起重机的塔顶一般是由钢管或角钢焊成的（D）体的空间桁架结构。

A. 三角　　B. 梯形　　C. 三棱锥　　D. 四棱锥

185. 采用钢箍固定防脱棘爪的吊钩应该是（B）的吊钩。

A. 有凸耳　　B. 无凸耳的　　C. 无罩盖的　　D. 无操纵杆的

186. 回转限位器一般安装在（C）。

A. 回转平台上　　B. 回转支撑上　　C. 回转齿圈附近　　D. 回转减速器上

187. 起重机大车行程限位器的终点开关应安装在（B）上。

A. 轨道两端　　B. 行走台车　　C. 行走减速器　　D. 电缆卷筒

188. 对于轨道运行式塔机，应在（D）方向应设置运行限位装置。

A. 前进　　B. 后退　　C. 左右　　D. 前、后两个

189. 小车行程限位器一般安装在（C）。

A. 起重臂端部附近　　B. 起重臂根部附近　　C. 变幅卷筒侧面　　D. 小车架下端

190. 回转限位器的作用是（C）。

A. 防止过卷扬拉断钢丝绳　　B. 防止小车发生越位

C. 限制塔机的回转角度　　D. 防止在轨道上行走的塔机发生越位

191. 综合型起重量限制器是指当起升质量超过额定起重量的（B）时能发出声光预警信号。

A. 80%　　B. 90%　　C. 100%　　D. 110%

192. 在小车架上设凸快或卡板，避免小车坠落的安全装置是（B）。

A. 小车安全止挡　　B. 小车断轴防坠落装置

C. 小车变幅绳断绳保护装置　　D. 小车行程限位器

193. 风速仪应安装在起重机（A）至吊具最高位置间的不挡风处。

A. 顶部　　B. 臂架根部　　C. 臂架端部　　D. 平衡臂端部

194. 在塔式起重机上应用较普遍的是（C）起升高度限位器。

A. 重锤式　　B. 螺杆式　　C. 凸轮式　　D. 蜗轮蜗杆式

195. 缓冲器的作用是（B）。

A. 防止小车发生越位　　B. 吸收起重机行至终端碰撞时的能量

C. 限制塔机的回转角度　　D. 防止在轨道上行走的塔机发生越位

196. 运行式塔机扫轨板与轨顶的间隙应不大于（A）。

A. 5 mm　　B. 6 mm　　C. 7 mm　　D. 8 mm

197．起重机运行限位器的作用是（D）。

A．防止过卷扬拉断钢丝绳　　B．防止小车发生越位

C．限制塔机的回转角度　　D．防止在轨道上行走的塔机发生越位

198．小车行程限位开关动作后，应保证小车停车时其端部距缓冲装置最小距离为（D）。

A．50 mm　　B．100 mm　　C．150 mm　　D．200 mm

199．调试回转限位器时，吊钩必须（D）。

A．满载　　B．重载　　C．轻载　　D．空载

200．防止钢丝绳从滑轮绳槽跳出的脱槽止挡与滑轮转动部分的间隙不应大于绳径的（A）。

A．20%　　B．30%　　C．40%　　D．50%

201．超声波防碰撞装置是利用超声测距原理，超声波的检测距离可达到（A）。

A．4～15 m　　B．4～45 m　　C．800 m　　D．100 m

202．距轨道终端（A）处必须设置缓冲止挡器，其高度不应小于行走轮的半径。

A．1 m　　B．1.5 m　　C．2 m　　D．2.5 m

203．在司机操作方便的地方应设有立即停止一切运动，切断总控制电源的（D）。

A．空气开关　　B．行程开关　　C．刀开关　　D．紧急断电开关

204．小车牵引钢丝绳断裂，防止变幅小车发生失控溜车的安全装置是（C）。

A．小车安全止挡　　B．小车断轴防坠落装置

C．小车变幅绳断绳保险装置　　D．小车行程限位器

205．塔机安装的起重量限制器，其载荷传感器的型式大多为（C）。

A．吊钩式　　B．轴承座式　　C．定滑轮式　　D．钢丝绳张力式

206．动臂式塔机的幅度限位器一般安装在（B）。

A．起重臂端部附近　　B．起重臂根部附近　　C．变幅卷筒一侧　　D．小车架下端

207．凸轮式起升高度限位器一般安装在（B）。

A．小车架下端　　B．起升卷筒附近　　C．起重臂端部附近　　D．起重臂根部附近

208．当起重力矩超过其相应幅度的规定值并小于规定值的110%时起重力矩限制器应停止（B）的动作。

A．提升和向内变幅　　B．提升和向外变幅　　C．下降和向内变幅　　D．下降和向外变幅

209．当风速超过（B）时露天作业的起重机必须停止工作，并使用夹轨器。

A．13 m/s　　B．16 m/s　　C．20 m/s　　D．24 m/s

210．当塔机起重臂根部铰点高度超过（C）时，应安装风速仪。

A．30 m　　B．40 m　　C．50 m　　D．60 m

211．幅度限位器上应至少安装（B）限位开关，才能对起重臂俯仰的极限位置进行控制。

A．1个　　B．2个　　C．3个　　D．4个

212．对于小车变幅的下回转式塔机，2倍率、吊钩装置顶部至小车架下端的最小距离为（D）时，起升高度限位器应能立即停止起升运动。

A．200 mm　　B．500 mm　　C．700 mm　　D．800 mm

213．每台变幅小车应具备（B）牵引绳断绳保险装置。

A．1个　　B．2个　　C．3个　　D．4个

214．力矩限制器对塔式起重机（B）起限制作用。

A．吊钩侧向斜拉重物产生的力矩　　B．垂直平面内起重力矩超载

C．基础塌陷引起的水平面内的倾翻力矩　　D．水平面内的风载

215．对于动臂变幅塔机，当吊钩装置顶部至起重臂下端的最小距离为（D）处时，起升高度限位器应能立即停止起升运动。

A．200 mm　　B．500 mm　　C．700 mm　　D．800 mm

216．光线式防碰撞装置是利用光波的直线传播和反射性能测距，其检测距离可达到（B）。

A．4～15 m　　B．4～45 m　　C．800 m　　D．100 m

217．重锤式起升高度限位器一般安装在动臂变幅塔机的（C）上。

A．小车架下端　　B．起升卷筒附近　　C．起重臂端部附近　　D．起重臂根部附近

218．对于小车变幅的塔机，起重力矩限制器应分别由（D）进行控制。

A．起重量和起升速度　　B．起升速度和幅度　　C．起重量和起升高度　　D．起重量和幅度

219．小车行程限位器的作用是（C）。

A．防止过卷扬拉断钢丝绳　　B．限制起重臂俯仰不得超过极限位置

C．防止小车发生越位　　D．防止在轨道上行走的塔机发生越位

220．对于水平臂小车变幅的上回转式塔机，2 倍率、吊钩装置顶部至小车架下端的最小距离为（D）时，起升高度限位器应能立即停止起升运动。

A．200 mm　　B．500 mm　　C．700 mm　　D．1 000 mm

221．当塔机安装高度超过（A）时，应安装航空障碍灯。

A．30 m　　B．40 m　　C．50 m　　D．60 m

222．动臂变幅的塔机，幅度限位器的作用是（B）。

A．防止过卷扬拉断钢丝绳　　B．限制起重臂俯仰不得超过极限位置

C．防止小车发生越位　　D．防止在轨道上行走的塔机发生越位

223．当起重力矩限制器停止向危险方向的动作时，应允许机构能够向（C）的动作。

A．提升和向内变幅　　B．提升和向外变幅　　C．下降和向内变幅　　D．下降和向外变幅

224．起升高度限位器的作用是（A）。

A．防止过卷扬拉断钢丝绳　　B．防止小车发生越位

C．限制塔机的回转角度　　D．防止在轨道上行走的塔机发生越位

225．对于动臂变幅的塔机，起重臂与水平面夹角最小为（D）。

A．0°～5°　　B．5°～8°　　C．8°～10°　　D．10°～12°

226．回转限位器调整后，塔机的回转角度为（C）。

A．±180°　　B．±360°　　C．±540°　　D．±720°

227．一般每台行走式塔机应设（D）锚定装置。

A．1 个　　B．2 个　　C．3 个　　D．4 个

228．重量轻、反弹小，可压缩性和回弹性好，构造简单，工作无噪声、无火花的是（B）缓冲器。

A．橡胶　　B．聚氨酯　　C．弹簧　　D．液压

229．对于动臂变幅的塔机，起重臂与水平面夹角最大为（B）。

A．50°～60°　　B．60°～70°　　C．70°～80°　　D．80°～90°

230．大车行程限位开关动作后，应保证塔机停车时其端部距缓冲器最小距离为（D）。

A．0.4 m　　B．0.6 m　　C．0.8 m　　D．1 m

231．当吊重超过额定起重量并小于最大起重量的（D）时，起重量限制器应停止提升方向的运行。

A．80%　　B．90%　　C．100%　　D．110%

232．起升钢丝绳过卷断裂、吊钩坠落事故的原因是（C）。

A．回转限位器失灵、损坏或拆除　　B．超载使用

C．起升高度限位器失灵、损坏或拆除　　D．钢结构疲劳

233．起重机司机每年应当参加不少于（A）的安全教育。

A．24 h　　B．16 h　　C．8 h　　D．4 h

234．机械设备的"三定"制度是指：定人、定机、（C）。

A．定单位　　B．定工地　　C．定班组　　D．定岗位责任制

235．地脚螺丝断裂引发塔机倾翻事故的原因是（B）。

A．载荷限制器失灵、损坏或拆除　　B．基础不符合要求

C．附着安装达不到要求　　D．塔机位置不当

236．塔机供电电缆严重扭转引发断裂触电事故的原因是（A）。

A．回转限位器失灵、损坏或拆除　　B．超载使用

C．起升高度限位器失灵、损坏或拆除　　D．钢结构疲劳

237．机械设备的"三定"制度是指：定人、（D）、定岗位责任制。

A．定机种　　B．定机型　　C．定地点　　D．定机

238．机械设备的"三定"制度是指：（C）、定机、定岗位责任制。

A．定单位　　B．定工种　　C．定人　　D．定机组

239．附着框架与附着杆连接松动引发事故的原因是（C）。

A．载荷限制器失灵、损坏或拆除　　B．基础不符合要求

C．附着安装达不到要求　　D．塔机位置不当

240．机长负责制适用于塔式起重机的（B）作业情况。

A．单人、单班　　B．多人、多班　　C．单人、单机　　D．多人多机

241．由于塔机的起升机构钢丝绳过卷，造成吊钩坠落致人死亡的应该属于（C）事故。

A．物体打击　　B．高处作业　　C．起重伤害　　D．机械伤害

242．塔机与外电线路安全距离不足的原因是（D）。

A．载荷限制器失灵、损坏或拆除　　B．基础不符合要求

C．附着安装达不到要求　　D．塔机位置不当

243．根据交班司机的职责，下面不正确的说法是（B）。

A．检查塔机机械、电气部分是否完好

B．将空钩升到上极限位置，各操作手柄置于零位，切断电源，锁好闸箱

C．打扫卫生，保持清洁

D．认真填写好设备运转记录和交班记录

244．"三定"制度主要作用是（A）。

A．人机固定、责任到人，有利于增强司机的责任感

B．有利于开展经济核算

C．有利于评比、考核

D．有利于落实奖罚制度

245．企业活动过程中发生的意外突发性事件的总称为（B）。

A．故障　B．事故　C．停产　D．怠工

246．塔身变截面处产生裂纹引发事故的原因是（D）。

A．回转限位器失灵、损坏或拆除　B．超载使用

C．起升高度限位器失灵、损坏或拆除　D．钢结构疲劳

247．交接班制度规定交接班记录必须经由（C）签字确认。

A．交班司机　B．接班司机　C．交接班双方司机　D．工长

248．超载作业引发起重臂折断、塔机倾翻事故的原因是（A）。

A．载荷限制器失灵、损坏或拆除　B．基础不符合要求

C．附着安装达不到要求　D．塔机位置不当

249．按照生产安全事故造成的人员伤亡或者直接经济损失情况，建筑施工安全事故分为（D）等级。

A．1个　B．2个　C．3个　D．4个

250．变幅小车与限位止挡发生碰撞事故的原因是（B）。

A．回转限位器失灵、损坏或拆除　B．变幅小车缓冲器损坏

C．起升高度限位器失灵、损坏或拆除　D．钢结构疲劳

251．利用联动台操纵塔机，当握住左操纵杆向左摆动时，可控制（D）。

A．小车前进　B．小车后退　C．臂架右转　D．臂架左转

252．每班作业后，小车变幅式塔机应将小车开到（D）位置。

A．最大幅度　B．最小幅度　C．随意幅度　D．说明书规定的幅度

253．利用联动台操纵塔机，当握住左操纵杆前推时，可控制（C）。

A．吊钩起升　B．吊钩下降　C．小车前进　D．小车后退

254．基础表面平整度允许偏差为（A）。

A．1/1 000　B．2/1 000　C．3/1 000　D．4/1 000

255．如塔机的一养间隔期为300～360 h，按每天10～12 h、每月30天运转，可以折合成（B）运转月。

A．半个　B．1个　C．2个　D．3个

256．塔式起重机的主体结构、电机机座和所有电气设备的金属外壳都应可靠接地，其接地电阻不应大于（B）。

A．2 Ω　B．4 Ω　C．6 Ω　D．8 Ω

257．机械设备的修理包括对机械设备的拆卸、装配和（B）等基本内容。

A．零件的清洗　B．零件修复　C．零件的报废　D．零件更换

258．在起升过程中，当吊钩滑轮组接近起重臂（A）时应用低速起升，严防与起重臂顶撞。

A．5 m　B．4 m　C．3 m　D．2 m

259．滑轮不转动的故障主要原因是（C）。

A．滑轮绳槽与绳径不匹配　B．钢丝绳穿绕不正确

C．滑轮缺少润滑、轴承损坏　D．防脱装置不起作用

260．利用联动台操纵塔机，当握住左操纵杆向右摆动时，可控制（C）。

A．小车前进　　B．小车后退　　C．臂架右转　　D．臂架左转

261．塔式起重机的例行保养即为（A）。

A．每班保养　　B．一级保养　　C．二级保养　　D．三级保养

262．自升式塔机供电电缆严重扭转的主要原因是（C）。

A．回转惯性过大　　B．回转速度过快

C．回转限位器失灵或损坏　　D．液力耦合器油量不足

263．塔机在寿命期内最多安排（A）大修。

A．1 次　　B．2 次　　C．3 次　　D．4 次

264．利用联动台操纵塔机，当握住左操纵杆后拉时，可控制（D）。

A．吊钩起升　　B．吊钩下降　　C．小车前进　　D．小车后退

265．卷筒筒壁磨损过快的主要原因是（A）。

A．绳径与卷筒绳槽不匹配　　B．钢丝绳润滑不良

C．筒壁材质处理硬度低　　D．出绳偏角过大

266．相邻两台塔机的最小架设距离应当保证处于高位塔机的最低部位的部件（吊钩升至最高点或平衡臂的最低部位）与低位塔机中最高部位的部件之间的垂直距离不应小于（C）。

A．5 m　　B．3 m　　C．2 m　　D．1 m

267．提升重物作水平移动时，应高出其跨越的障碍物（C）以上。

A．0.3 m　　B．0.4 m　　C．0.5 m　　D．1.0 m

268．严禁采用自由下落的方法下降吊钩或重物，当吊钩下降距就位点约（D）时，必须采用慢速就位。

A．5 m　　B．3 m　　C．2 m　　D．1 m

269．利用联动台操纵塔机，当握住右操纵杆后拉时，可控制（A）。

A．吊钩起升　　B．吊钩下降　　C．小车前进　　D．小车后退

270．在没有说明书强调说明时，一般混凝土强度等级应不低于（D）。

A．C15　　B．C20　　C．C25　　D．C30

271．至少（B）一次，要对塔机工作机构、所有安全装置、制动器的性能及磨损情况、钢丝绳的磨损及端头固定、螺栓销轴连接处等进行全面检查。

A．每周　　B．每月　　C．每季　　D．每年

272．吊钩产生扭转变形的主要原因是（B）。

A．吊挂的钢丝绳绳径过粗　　B．吊钩转动不灵活

C．吊钩过载　　D．未安装防脱钩装置

273．造成起升机构钢丝绳过卷的直接原因是（C）。

A．钢丝绳卷绕速度过快　　B．起升机构制动器失效

C．起升高度限位器失灵或损坏　　D．小车行程限位器损坏

274．起升机构制动器油缸在 −15～0℃时，每工作 56 h 用油壶加注（C）。

A．20 号机械油　　B．10 号变压器油　　C．25 号变压器油　　D．仪表油

275．造成小车轻载超限位的直接原因是（D）。

A．小车运行速度过快　　B．变幅机构制动器制动行程过大

C．起重力矩限制器失灵　　D．小车行程限位器失灵或损坏

276．起升机构变速器在新机运转（C）后，应进行第一次换油。

A．400～500 h　　B．300～400 h　　C．200～300 h　　D．100～200 h

277．回转机构小齿轮、大齿圈及上下坐圈跑道的润滑方法为每工作 56 h 涂抹和压注一次（B）润滑脂。

A．锂基　　B．钙基　　C．钠基　　D．石墨

278．塔机作业时因为超载而切断运动后，应采取（B）恢复作业。

A．切除超载限制器的控制　　B．判别原因后减幅、减载、减速

C．手动强制限制器触头脱开　　D．拆除限制器

279．塔式起重机的工作环境温度为（A）。

A．−20～40℃　　B．−20～20℃　　C．−40～20℃　　D．−40～40℃

280．塔式起重机的大修理间隔期最长不超过（D）。

A．1 500 h　　B．3 000 h　　C．10 000 h　　D．15 000 h

281．塔式起重机不允许超风力作业，规定的工作风速是指（B）。

A．平均风速　　B．瞬时风速　　C．物象风速　　D．预报风速

282．利用联动台操纵塔机时，搬动操纵杆用力不要过猛，操作力不应超过（B）。

A．80 N　　B．100 N　　C．120 N　　D．150 N

283．十字滑块联轴器产生振动冲击的主要原因是（A）。

A．滑动零件磨损后间隙增大　　B．半联轴器键座磨损

C．连接键与键槽配合超差　　D．滑动零件摩擦表面硬度低

284．在正常工作条件下，供电系统在塔机馈电线接入处的电压波动应不超过额定值的（B）。

A．±5%　　B．±10%　　C．±15%　　D．±20%

285．利用联动台操纵塔机，当握住右操纵杆前推时，可控制（B）。

A．吊钩起升　　B．吊钩下降　　C．小车前进　　D．小车后退

286．制动器制动轮过热的主要原因是（B）。

A．机构运转时间过长　　B．制动间隙过小

C．机构负荷过载　　D．摩擦片磨损严重露铆钉

287．为了降低零件的磨损速度，延长使用寿命而采取的预防性的强制执行的技术措施称为（C）。

A．计划修理　　B．紧固、润滑　　C．定期保养　　D．更换零件

288．对于停用时间超过（A）的塔机，在启用时必须做好各部件的润滑、调整、保养、检查。

A．1 个月　　B．3 个月　　C．半年　　D．1 年

289．塔式起重机的稳定系数应为（A）。

A．≥1.15　　B．≥1.0　　C．<1.0　　D．<1.15

290．配电箱应设置在塔机（B）范围内或轨道中部，且明显可见。

A．5 m　　B．3 m　　C．2 m　　D．1 m

291．在装设附着框架和附着杆时，应通过调整附着杆的长度以保证（D）。

A．平衡臂的水平度　　B．起重臂的上翘度　　C．塔身的直线度　　D．塔身的垂直度

292．塔式起重机行走到距限位开关碰块约（B）处，应提前减速停车。

A．5 m　　B．3 m　　C．2 m　　D．1 m

293．修理的间隔期是根据主要配合零件表面的（D）计算得出的。

A．磨损量　B．允许磨损量　C．极限磨损量　D．极限磨损允许量

294．塔式起重机与 10 kV 高压输电线路的沿垂直方向的最小距离为（B）。

A．15 m　B．3 m　C．4 m　D．5 m

295．电动机超温升过热的故障原因是（A）。

A．冷却风扇损坏　B．过电流继电器动作

C．转子碳刷接触不良　D．操作不当低速运转时间较长

296．吊钩开口度增加的主要原因是（C）。

A．吊挂的钢丝绳绳径过粗　B．吊物在吊运过程中产生碰撞

C．吊钩过载　D．未安装防脱棘爪

297．利用联动台操纵塔机时，随着操纵杆移动量的增大，相应工作机构电动机的转速（A）。

A．加快　B．减慢　C．不变　D．不定

298．起重机抵抗倾翻的能力称为起重机的（C）。

A．安全性　B．动力性　C．稳定性　D．经济性

299．如塔机二养间隔期为 2 500 h，按每月 360 h、每年 7 个月运转，可以折合成（C）运转年。

A．3 个月　B．半年　C．1 年　D．2 年

300．两台塔机同在一条轨道或两条相平行或相互垂直的轨道上进行作业时，应保持两机之间任何部位的安全距离，最小不低于（A）。

A．5 m　B．3 m　C．2 m　D．1 m

301．塔式起重机的修理作业应该由（C）人员承担。

A．安拆工　B．塔机司机　C．专业维修工　D．电工

302．滑轮轮槽不均匀磨损的主要原因是（B）。

A．滑轮绳槽与绳径不匹配　B．滑轮转动不灵活或不转动

C．钢丝绳穿绕不正确　D．防脱装置不起作用

303．起重机遭到风速超过（C）的暴风袭击或结构中等地震后，必须进行全面检查，经企业主管技术部门认可，方能投入使用。

A．33 m/s　B．28 m/s　C．25 m/s　D．20 m/s

304．为已达到工作极限的机械设备恢复其技术性能而采取有计划的按需要执行的技术措施称为（A）。

A．计划修理　B．紧固、润滑　C．定期保养　D．更换零件

305．非工作状态，吊钩宜升到离起重臂顶端（B）处。

A．1～2 m　B．2～3 m　C．3～4 m　D．4～5 m

306．在附着框架和附着支座布设时，附着杆倾斜角不得超过（C）。

A．5°　B．8°　C．10°　D．12°

307．机械零件在生产厂调试期和在用户使用走合期将粗糙表面逐渐磨平的阶段称为零件磨损的（A）。

A．磨合阶段　B．正常工作阶段　C．事故性损坏阶段　D．停机修理阶段

308．在无载荷情况下，独立状态塔身的垂直度允许偏差为（D）。

A．1/1 000　B．2/1 000　C．3/1 000　D．4/1 000

309．相邻两台塔机的最小架设距离应当保证处于低位塔式起重机起重臂端部与处于高位塔式起重机的塔身之间至少有（C）的安全距离。

A．5 m　　B．3 m　　C．2 m　　D．1 m

310．塔式起重机平衡臂与相邻建筑物之间的安全距离不少于（B）。

A．0.5 m　　B．0.6 m　　C．0.8 m　　D．1.0 m

311．塔式起重机上所有的滑轮（包括塔顶滑轮）应该（A）加注钙基润滑脂。

A．每班　　B．每周　　C．每月　　D．每季度

312．塔身高强螺栓连接松动的直接原因是（B）。

A．塔身受扭转力矩和弯矩影响　　B．预紧力不够

C．标准节主肢杆件变形　　D．未使用专用扳手拧紧

313．塔式起重机与 10 kV 高压输电线路的沿水平方向的最小距离为（A）。

A．15 m　　B．3 m　　C．4 m　　D．5 m

314．起吊重物时，必须先将重物吊离地面（A）左右停住，确定制动、物料捆扎、吊点和吊具无问题后，方可按照指挥信号操作。

A．0.5 m　　B．1.0 m　　C．1.5 m　　D．2.0 m

315．钢丝绳经常脱槽的主要原因是（A）。

A．防脱装置不起作用　　B．绕过的滑轮太多　　C．钢丝绳穿绕不正确　　D．缺少润滑

316．造成钢丝绳断丝的主要因素是（B）。

A．缺少润滑　　B．在滑轮、卷筒上运行产生的疲劳

C．滑轮槽直径过大　　D．卷筒直径过小

317．造成起重机大车运行超限位与止挡发生碰撞的直接原因是（D）。

A．大车运行速度过快　　B．大车运行机构制动器制动行程过大

C．大车行程限位器失灵或损坏　　D．止挡与限位触发装置距离近

318．钢丝绳磨损过快的主要原因是（C）。

A．防脱装置不起作用　　B．绕过的滑轮太多

C．滑轮绳槽与绳径不匹配　　D．滑轮偏斜或位移

319．动臂式起重机允许带载变幅的，当载荷达到额定起重量的（B）及以上时，严禁变幅。

A．95%　　B．90%　　C．85%　　D．80%

320．造成臂架根部等连接销轴退出脱离的原因是（D）。

A．安装不到位　　B．销轴磨损

C．臂架摆动导致销轴串动　　D．开口销未打开

321．作业中如遇风速大于（B）大风或阵风时，应立即停止作业。

A．8.0 m/s　　B．10.8 m/s　　C．13.8 m/s　　D．20.8 m/s

322．塔式起重机的各级保养的间隔期应该以（A）为单位。

A．运转小时　　B．运转天数　　C．运转月数　　D．运转年数

323．塔机标准节连接高强螺栓的日常紧固应由（B）承担。

A．安拆工　　B．塔机司机　　C．专业维修工　　D．有经验的架子工

324．塔机在寿命期内有（B）大修周期。

A．1个　　B．2个　　C．3个　　D．4个

325．塔机标准节连接高强螺栓的日常紧固的周期为（A）。

A．56 h　　B．100 h　　C．240 h　　D．720 h

326．起重机设置主隔离开关是为了保护（D）。

A．电动机　　B．电气线路　　C．起升机构　　D．人员安全

327．当带电体接地有电流流入地下时，电流在接地点周围土壤中产生电压降。人在接地点周围，两脚之间出现的电压称为（B）。

A．一步电压　　B．跨步电压　　C．安全电压　　D．零电压

328．（C）是防止直接触及或接近带电体造成触电的技术措施之一。

A．周边环境　　B．空气湿度　　C．安全距离　　D．照明程度

329．接地线连接宜采用（A）法连接。

A．焊接　　B．螺栓连接　　C．缠绕　　D．钩连

330．凡在坠落高度基准面（B），有可能坠落的高处操作称为高处作业。

A．大于或等于 1 m　　B．大于或等于 2 m　　C．大于或等于 3 m　　D．大于或等于 4 m

331．流过人体的电流越大，致命的危险也就（C）。

A．越安全　　B．越小　　C．越大　　D．不定

332．对于虽在 2 m 以下，但在作业地段坡度大于（D）的斜坡下面操作，也视为高处作业。

A．15°　　B．25°　　C．35°　　D．45°

333．保护接地适用于（B）。

A．中性点直接接地系统　　B．中性点不接地系统

C．中性点经消弧线圈接地系统　　D．各类系统均适用

334．人体触电最严重的是（B）。

A．静电触电　　B．两相触电　　C．单相触电　　D．跨步电压触电

335．有关触电急救的说法错误的是（C）。

A．首先使触电者尽快脱离电源　　B．及时抢救非常重要

C．抢救要送到医院进行　　D．抢救一定要就地进行

336．塔式起重机电气火灾多发生在（A）及拖线等处，必须引起司机高度重视。

A．司机室　　B．平衡臂　　C．塔顶　　D．小车

337．高处作业分为 4 级，二级作业是（A）。

A．5～15 m　　B．15～30 m　　C．20～30 m　　D．30 m 以上

338．火灾发生后，首先要（A）。

A．切断电源　　B．取灭火器　　C．抢救物质　　D．抢救受伤人员

339．人体电阻是影响人体触电严重程度的一个因素，在（C）的情况下触电程度最轻。

A．潮湿的皮肤　　B．破损的皮肤　　C．干燥、洁净的皮肤　　D．穿化纤衣服

340．电气设备如果没有保护接地，将会有（B）危险。

A．设备烧损　　B．人遭受触电　　C．设备断电　　D．电压不稳

341．将火源或其周围的可燃物质撤离或隔开的灭火方法为（B）。

A．冷却法　　B．隔离法　　C．窒息法　　D．中断化学反应法

342．在生产过程中的火灾事故许多是因可燃物质受热（C）所引起的。

A．闪燃　　B．引燃　　C．自燃　　D．爆炸

343. 当架空输电线断落到地面时，人不准进入半径为（A）范围的危险区。

A. 10 m　　B. 8 m　　C. 6 m　　D. 5 m

344. 塔机电气设备运行操作必须严格按规定进行，切断电源的顺序应为（B）。

A. 先切断隔离开关、后切断负荷开关　　B. 先切断负荷开关、后切断隔离开关

C. 隔离开关、负荷开关的切断不分前后　　D. 仅切断负荷开关、不切断负荷开关

345. 低压绝缘工具（尖嘴钳、扁嘴钳等）使用的电压等级不准超过（D）。

A. 110 V　　B. 220 V　　C. 380 V　　D. 500 V

346. 如果线路上有人进行停电作业，应在线路开关和闸刀的操作手柄上悬挂标识牌，其内容为（B）。

A. 止步"高压危险"　　B. 禁止合闸、线路有人工作

C. 正在工作　　D. 合闸危险

347. 起重机电气设备发生火灾时，应立即切断电源，并用（D）进行灭火。

A. 水　　B. 笤帚　　C. 泡沫灭火器　　D. 二氧化碳灭火器

348. 高处作业高度 2～5 m 的作业称为（A）高处作业。

A. 一级　　B. 二级　　C. 三级　　D. 特级

349. 电流流经人体途径不同，人体触电的严重程度也不同，最危险的途径是（D）。

A. 从左脚到右脚　　B. 通过头部

C. 通过中枢神经　　D. 从左手到前胸、从前胸到后背

350. "前、后、左、右"在指挥语言中，均以（A）所在位置为准。

A. 司机　　B. 指挥人员　　C. 司索工　　D. 吊物

351. 塔式起重机使用管理制度包括：交接班制度（A）机长责任制和司机岗位责任制。

A. 三定制度　　B. 润滑五定制度　　C. 三级安全教育制度　　D. 司机奖罚制度

352. 通用手势信号规定：小臂伸直置于头上方，五指自然伸开，手心朝前保持不动是表示（C）。

A. 吊钩上升　　B. 吊钩下降　　C. 预备　　D. 停止

353. 塔式起重机的静载荷试验的试验载荷为额度起重量的（D）。

A. 90%　　B. 100%　　C. 110%　　D. 125%

354. 根据《起重机　手势信号》（GB/T 5082—2019）通用手势信号规定：两小臂水平置于胸前，五指伸开手心朝下，同时水平挥向两侧是表示（D）。

A. 吊钩水平移动　　B. 吊钩微微上升　　C. 吊钩微微下降　　D. 紧急停止

355. 根据《起重机　手势信号》（GB/T 5082—2019）通用手势信号规定：手臂伸向侧前下方，与身体夹角约为 30°，手心朝下以腕部为轴，重复向下摆动手掌表示（C）。

A. 吊钩水平移动　　B. 吊钩微微上升　　C. 吊钩微微下降　　D. 紧急停止

356. 根据《起重机　手势信号》（GB/T 5082—2019）通用手势信号规定：小臂向侧上方伸直，五指并拢手心朝外，朝负载应运行的方向，向下挥动到与肩相平的位置是表示（A）。

A. 吊钩水平移动　　B. 吊钩微微上升　　C. 吊钩微微下降　　D. 紧急停止

357. 塔机做动载荷试验时，应根据设计要求进行组合动作试验，且每一工况的试验不得少于（C）。

A. 1 次　　B. 2 次　　C. 3 次　　D. 4 次

358. 塔式起重机的动载荷试验的试验载荷为额度起重量的（C）。

A. 90%　　B. 100%　　C. 110%　　D. 125%

359．根据《起重机　手势信号》(GB/T 5082—2019)通用手势信号规定：小臂伸向侧前上方，手心朝上高于肩部，以腕部为轴，重复向上摆动手掌表示(B)。

A．吊钩水平移动　B．吊钩微微上升　C．吊钩微微下降　D．紧急停止

360．塔式起重机做静载荷试验时，当载荷达到 1.25 倍额定载荷后停留时间至少为(C)。

A．3 min　B．5 min　C．10 min　D．15 min

361．根据《起重机　手势信号》(GB/T 5082—2019)通用手势信号规定：小臂水平置于胸前，五指伸开，手心朝下，水平挥向一侧是表示(D)。

A．吊钩上升　B．吊钩下降　C．预备　D．停止

362．根据《起重机　手势信号》(GB/T 5082—2019)通用手势信号规定：小臂向侧上方伸直，五指自然伸开，高于肩部，以腕部为轴转动表示(A)。

A．吊钩上升　B．吊钩下降　C．预备　D．停止

363．根据《起重机　手势信号》(GB/T 5082—2019)通用手势信号规定：手臂伸向侧前下方，与身体夹角约为 30°，五指自然伸开，以腕部为轴转动表示(B)。

A．吊钩上升　B．吊钩下降　C．预备　D．停止

二、多选题

364．组合体的尺寸标注可分为(ABC)。

A．定形尺寸　B．定位尺寸　C．总体尺寸　D．截面尺寸

365．正投影具有(ABC)3 个特点。

A．不变性　B．重影性　C．集聚性　D．多面性

366．图样上的比例是指图形与实物相应要素的线性尺寸之比，它包括(ABC)。

A．原值比例　B．放大比例　C．缩小比例　D．缩放比例

367．三视图的投影对应关系可以概括为(ABC)。

A．长对正　B．高平齐　C．宽相等　D．宽对正

368．读零件图的一般步骤是(ABCD)。

A．看标题栏，了解零件概貌　B．看视图想象零件形状

C．看尺寸标注，明确尺寸大小　D．看技术要求，掌握质量指标

369．三视图指的是(ABD)。

A．主视图　B．俯视图　C．右面图　D．左视图

370．吊点位置的选择必须遵循的原则有(AC)。

A．采用原设计的吊耳　B．吊点与重心在同一铅垂线上

C．重心在两个吊耳之间　D．吊点在重心的下方

371．物体的质量与该物体的(AD)有关。

A．体积　B．形状　C．材料温度　D．材料密度

372．力的合成可分为(ABCD)。

A．作用在同一条线、同方向力的合成　B．同方向大小相等的两个平行力的合成

C．共点力的合成　D．同方向大小不等的两个平行力的合成

373．在下列力的几种表现形式中，属于场力作用的是(ADE)。

A．指南针指针总是朝南　B．机车牵引列车

C．吊钩吊起重物　D．地心使物体产生重力

E．制动电磁铁松闸

374．在力的作用下，可以使物体的（ABD）发生变化。

A．运动方向　　B．运动速度　　C．物质成分　　D．形体状态

375．已知一个力的大小、方向和其两个分力的方向，用作图法求其分力大小的步骤为（ABC）。

A．取单位长度的线段表示单位力，画出已知力的大小和方向

B．沿着分力的方向画出分力的作用线，并通过作平行线求得线段长短

C．用单位长度测得所求分力的大小

D．利用公式计算得出

376．物体受重力作用的大小与该物体（AD）有关。

A．体积　　B．表面积　　C．重心　　D．材料密度

377．力使物体转动的效果，与（ABC）有关。

A．力的大小　　B．力的方向　　C．力臂　　D．力的单位

378．物体在两个力的作用下保持平衡的条件是，这两个力（ACD）。

A．大小相等　　B．方向相同　　C．方向相反　　D．作用在同一条线上

379．判定物体的重心位置，可利用（ABD）求得。

A．数学方法　　B．组合方法　　C．试验方法　　D．三角法

380．交流电是指（AB）都随时间变化的电流。

A．大小　　B．方向　　C．频率　　D．周期

381．三相交流电源的连接。一般要将发电机绕组接成（AB）几种形式。

A．三角形△　　B．Y 星形　　C．Y/△星角形　　D．随意

382．电压的等级可分为（ACD）。

A．高压　　B．中压　　C．低压　　D．安全电压

383．电路的组成包括（ABCD）。

A．电源　　B．负载　　C．导线　　D．控制器件

384．直流电是指（AB）都不随时间变化的电流。

A．大小　　B．方向　　C．频率　　D．周期

385．按照负载的连接方式，电路可分为（AB）。

A．串联电路　　B．并联电路　　C．直流电路　　D．交流电路

386．交流电随时间变化的快慢程度的物理量有（BC）。

A．有效值　　B．频率　　C．周期　　D．相位差

387．在温度不变时，导体的电阻与（ABD）有关。

A．导体的长度　　B．导体的截面积　　C．导体的材料　　D．电流

388．螺纹按螺旋线方向可分为（AB）。

A．右旋螺纹　　B．左旋螺纹　　C．内螺纹　　D．外螺纹

389．引起钢材冷脆破坏的主要原因有（ABCD）和焊接影响等。

A．化学成分及组织结构　　B．应力集中

C．加工硬化低温影响　　D．高温影响

390．轴上零件的周向固定常采用（BD）等零件和过盈方法。

A．轴肩　　B．键　　C．卡簧

D．销钉　　E．圆螺母

391．金属材料在外力作用下表现出来的力学性能指标有（ABCDE）和塑性及抗疲劳性。

A．刚度　　B．强度　　C．硬度

D．冲击韧性　　E．弹性

392．机械传动是一种最基本的传动形式，机械传动可分为（ABC）。

A．摩擦传动　　B．啮合传动　　C．推动　　D．液压传动

393．钢结构的连接方法有（ABCD）。

A．焊接　　B．铆接　　C．螺栓连接　　D．销轴连接

394．V 带轮的轮槽角一般取（ABC）。

A．34°　　B．36°　　C．38°　　D．40°

395．螺纹的功用有（ABCD）。

A．对零件进行紧固　　B．微调装置的调整

C．通过螺旋副实现传动　　D．用于方便拆卸密封端的堵塞

396．齿轮的损坏主要是轮齿的损坏，轮齿的损坏形式主要为（ABCD）。

A．齿面磨损　　B．齿面点蚀　　C．齿面胶合　　D．轮齿折断

397．键可分为以下几种类型，那么键的两侧是工作面的有（ABD）。

A．平键　　B．半圆键　　C．楔键　　D．花键

398．轴承按其所能承受的载荷可分为（ABD）。

A．向心轴承　　B．推力轴承　　C．球轴承　　D．向心推力轴承

399．在液压系统中控制油液流动方向的是（AD）。

A．单向阀　　B．溢流阀　　C．节流阀　　D．换向阀

400．液力传动的元件是（CD）。

A．发动机　　B．电动机　　C．液力耦合器　　D．液力变矩器

401．构成液力耦合器的主要部件是（ABDE）。

A．泵轮　　B．涡轮　　C．导轮

D．主动轴　　E．从动轴

402．在液压系统中属于压力控制阀的是（AC）。

A．溢流阀　　B．换向阀　　C．减压阀　　D．节流阀

403．液压系统除了工作介质外主要由（ABCD）组成。

A．动力部分　　B．控制部分　　C．执行部分　　D．辅助部分

404．钢丝绳纤维绳芯包括（AB）等绳芯。

A．天然纤维　　B．合成纤维　　C．人造纤维　　D．钢丝股芯

405．起重作业中常用的索具是（BC）吊装带等。

A．吊钩　　B．钢丝绳　　C．吊链

D．抓斗　　E．卸扣

406．滑轮按作用特点可分为（AB）。

A．定滑轮　　B．动滑轮　　C．单滑轮　　D．滑轮组

407．钢丝绳中的钢丝，其公称强度可分为几个等级，起重机用钢丝绳应优先选用（BCD）。

A．1 370 MPa　　B．1 470 MPa　　C．1 570 MPa

D．1 670 MPa　　E．1 770 MPa

408．符合制动器报废标准的有（ABC）。

A．裂纹

B．制动带或制动瓦块摩擦片厚度磨损达原厚度的 50%

C．弹簧出现塑性变形

D．松闸时制动瓦块与制动轮虚连

409．钢丝绳的特点是（ABCE）挠性好等。

A．强度高　　B．弹性好　　C．承载能力大

D．安全性差　　E．安全性好

410．钢丝绳按捻绕方向可分为（CD）。

A．上绕绳　　B．下绕绳　　C．左绕绳　　D．右绕绳

411．吊钩的报废标准有（ABCD）。

A．表面有裂纹　　B．危险断面磨损量大于原尺寸的 10%

C．开口度比原来增加 15%　　D．扭转变形超过 10°

412．钢丝绳安全检查的重点是（ABC）和腐蚀状态等。

A．疲劳断丝　　B．磨损量　　C．外伤和变形

D．润滑状态　　E．伸长量

413．卷筒表面通常切出螺旋槽，其目的是（ACD）。

A．增加与钢丝绳接触的面积　　B．可减轻卷筒重量

C．帮助钢丝绳排列整齐　　D．防止相邻钢丝绳互相摩擦

414．钢丝绳的报废标准有（ABCD）。

A．在一个捻距内断丝数达到规定标准　　B．钢丝绳直径减少 7%以上

C．局部外层钢丝呈“笼”状变形　　D．出现整股断裂

415．卷扬机的主要工作参数是（ABC）。

A．牵引力　　B．钢丝绳速度　　C．容绳量　　D．卷筒节径

416．根据绳股中相邻两层钢丝的接触状态可分为（ABC）。

A．点接触　　B．线接触　　C．面接触　　D．混合接触

417．按制动器的结构形式可分为（ABCD）。

A．块式　　B．带式　　C．盘式　　D．锥形

418．钢丝绳绳芯的作用是（ABD）。

A．增加钢丝绳的挠性与弹性　　B．起润滑、减磨、防腐的作用

C．增加钢丝绳的刚性　　D．能提高钢丝绳的横向抗挤压能力

419．把吊钩钩体做成内侧厚、外侧薄的梯形断面的原因是（AB）。

A．在钩底断面上因吊挂钢丝绳的磨损增大剪断吊钩的危险

B．在钩背断面上适应内外侧应力不同达到内外侧强度相等

C．在钩脖螺纹退刀槽处，断面最小有被拉断的危险

D．在钩肩处有被弯折的危险

420．根据钢丝绳的捻绕方法可分为（ACD）。

A．顺绕　　B．平绕　　C．交绕　　D．混绕

421. 滑轮的安全技术要求有（BCD）。

A. 滑轮直径与钢丝绳直径之比应不小于 9

B. 滑轮直径与钢丝绳直径之比应不小于 18

C. 滑轮应有防止钢丝绳跳出轮槽的装置

D. 滑轮的侧向摆动不得超过滑轮名义尺寸的 1‰

422. 块式制动器的调整包括（ACD）几个方面。

A. 调整工作行程　B. 调整工作温度　C. 调整制动力矩　D. 调整制动间隙

423. 按制动器的工作状态可分为（ABD）。

A. 常开式　B. 常闭式　C. 手动式　D. 综合式

424. 制造卷筒的材料一般为（ABC）。

A. 灰口铸铁　B. 铸钢　C. 钢板卷制　D. 钢管

425. 造成钢丝绳损坏的主要因素是（ABC）。

A. 反复弯曲和拉伸而产生的疲劳断丝　B. 与卷筒和滑轮之间反复摩擦产生的磨损破坏

C. 遭到机械破坏产生的外伤及变形　D. 频繁的安装拆卸产生的破坏

426. 符合滑轮报废标准的有（ABCE）。

A. 裂纹　B. 轮槽不均匀磨损达 3 mm

C. 轮槽壁磨损量达原壁厚 20%　D. 轮槽底部磨损量超过相应钢丝绳直径的 50%

E. 轮槽底部磨损量超过相应钢丝绳直径的 25%

427. 起重机的起升机构只采用省力滑轮组，它包括（AC）。

A. 单联滑轮组　B. 动滑轮组　C. 双联滑轮组　D. 定滑轮组

428. 制造吊钩的材质一般为（ACD）。

A. 20 号钢　B. 45 号钢　C. 16Mn 钢　D. Q235 钢

429. 电动液压推杆制动器具有（AB）等优点。

A. 动作平稳噪声小　B. 允许开动次数多　C. 上闸缓慢易溜钩　D. 适宜低温工作

430. 卡环按类型可分为（BD）两种。

A. 圆形　B. D 形　C. U 形　D. 弓形

431. 卷筒按表面形状可分为（AB）。

A. 光面卷筒　B. 槽面卷筒　C. 平面卷筒　D. 波浪卷筒

432. 对吊钩的安全技术要求有（ABC）。

A. 在用吊钩至少每半年检查一次　B. 吊钩应固定牢靠、转动灵活

C. 钩体表面应光洁无裂纹、剥落　D. 钩体上的裂纹应及时补焊

433. 对制动器的要求有（ACD）。

A. 安全、可靠、有足够的制动力矩　B. 结构复杂，动作简单

C. 上闸平稳，松闸迅速　D. 有足够的强度和刚度

434. 起重机的工作速度包括（ABCDE）等。

A. 额定起升速度　B. 变幅速度　C. 回转速度

D. 小车运行速度　E. 起重机运行速度

435. 属于塔式起重机操纵装置的有（ABD）。

A. 联动控制台　B. 配电箱　C. 限位器　D. 电阻箱

436．液压顶升机构是由（ABCDE）和顶升油缸等组成。

A．电动机　　B．齿轮泵　　C．手动换向阀

D．溢流阀　　E．平衡阀

437．固定式底架包括（ABC）等。

A．水母式　　B．十字梁式　　C．锚桩式　　D．轨道式

438．塔机的回转机构基本是由（ABCDE）和液力耦合器等组成的。

A．电动机　　B．小齿轮　　C．减速器

D．制动器　　E．回转支撑

439．内爬式塔式起重机的工作机构包括（ABC）和液压顶升装置。

A．起升机构　　B．变幅机构　　C．回转机构　　D．行走机构

440．由于吊臂制造成数个臂架节，使用单位必须按照出厂所做的标记进行安装，原因是（AC）。

A．各节截面尺寸不同　　B．与吊臂拉杆连接位置决定

C．连接销轴直径尺寸不同　　D．各节销轴定位方式不同

441．塔式起重机主要是由（ABC）组成的。

A．钢结构　　B．工作机构

C．动力装置与控制系统　　D．液压顶升装置

442．塔式起重机的动力装置及控制系统由（ABC）等部分组成。

A．电动机　　B．操纵装置　　C．安全装置　　D．照明装置

443．使用起重量曲线时必须注意：对于同一台塔机（ACD）有不同的起重量曲线。

A．不同的起重倍率　　B．不同的变幅形式　　C．不同的臂架长度　　D．不同的小车形式

444．顶升套架是由（ABCDE）及上下工作平台等组成的。

A．套架结构　　B．导向滚轮　　C．摆动爬爪

D．顶升横梁　　E．塔身支撑块

445．塔机上双回转机构的作用在于（AB）。

A．增加回转力矩　　B．使塔身受力均衡，回转平稳

C．简化机构　　D．有利于实现延时控制、避免打反车

446．塔式起重机应设有（ABCE）欠压保护、错相及断电保护等电气保护装置。

A．零位保护　　B．过载保护　　C．短路保护

D．限位保护　　E．紧急断电保护

447．与回转上支座连接的部件有（ABDE）等。

A．塔顶（帽）　　B．起重臂　　C．标准节

D．回转支承　　E．回转机构

448．按照塔顶主弦杆的倾斜形式，塔顶可分为（ABCD）。

A．前倾式　　B．对称式　　C．斜撑杆式　　D．后倾式

449．塔机的变幅机构基本是由（ABCDE）牵引钢丝绳、导向滑轮等组成的。

A．电动机　　B．减速器　　C．制动器

D．卷筒　　E．变幅小车

450．对于塔式起重机在回转时打反车的正确说法是（CD）。

A．吊物容易就位　　B．提高塔机工作效率

C．损害电动机　　D．产生的瞬时扭矩使塔身扭变形转

451．对起重量曲线的正确描述是：在平面直角坐标系中（ABE）。

A．横坐标表示作业幅度　　B．纵坐标表示起重量

C．横坐标表示起重量　　D．纵坐标表示作业幅度

E．表示起重量随幅度改变而变化的曲线

452．起重机司机要善于观察、发现钢结构与（ABD）有关的隐患，以利于及时采取补救措施。

A．强度　　B．刚度　　C．硬度　　D．稳定性

453．塔式起重机电气控制系统按其职能是由（AB）组成的。

A．主回路　　B．控制回路　　C．照明回路　　D．信号回路

454．塔身标准节按安装位置可分为（AC）。

A．基础节　　B．普通节　　C．中间节

D．加强节　　E．过渡节

455．塔式起重机的起升机构是由（ABCD）组成的。

A．起升电动　　B．传动装置　　C．卷绕系统　　D．取物装置

456．斜撑的功用是（AC）。

A．使塔身底部与底架连接更为牢靠

B．提高塔身的抗剪能力

C．可以提高塔身危险断面的位置，减小塔身计算长度

D．使塔身底部外观对称

457．塔机的行走机构是由（ABCE）等组成的。

A．电动机　　B．减速器　　C．制动器

D．车轮　　E．台车

458．塔式起重机按回转方式可分为（AB）。

A．上回转　　B．下回转　　C．左回转　　D．右回转

459．按传动类型不同，回转机构可分为（BCD）。

A．多速电机变级调速　　B．涡流制动绕线电机驱动

C．变频无极调速　　D．绕线电机加液力耦合器

460．按照调速方式不同，起升机构大体可分为（ABCDE）。

A．多速电机变级调速　　B．电磁离合器换挡调速

C．变频无极调速　　D．差动行星减速器加双电机驱动

E．涡流制动的多速绕线转子电机驱动

461．吊钩防脱棘爪的功用是防止载荷（ABC）。

A．在起吊前脱钩　　B．在碰撞障碍物失去平衡时脱钩

C．在短暂置放时脱钩　　D．在超载时脱钩

462．回转限位装置一般是由（AB）等组成的。

A．驱动开关小齿轮　　B．限位开关　　C．大齿圈　　D．驱动齿圈小齿轮

463．塔机上的环境危害预防装置包括（ABCE）及防碰撞装置等。

A．风速仪　　B．扫轨板　　C．航空障碍灯

D．超载报警装置　　E．防雷击接地装置

464. 小车断绳保护装置的作用是（AC）。

A. 变幅钢丝绳导向　　B. 变幅钢丝绳张紧　　C. 制止小车溜行　　D. 小车缓冲止挡

465. 塔式起重机大车运行限位装置是由（ABCD）组成的。

A. 终点开关　　B. 越位开关　　C. 缓冲器　　D. 止动断电装置

466. 小车断轴保护装置的作用是（BD）。

A. 变幅钢丝绳导向　　B. 断轴防坠落

C. 制止小车溜行　　D. 扫除轨道上的障碍物、避免小车脱轨

467. 现代的防碰撞装置根据检测波的性质和波长可分为（ABC）几种。

A. 超声波式　　B. 光线式　　C. 微波式　　D. 直射式

468. 影响塔式起重机稳定性的载荷主要有（ABCE）及惯性载荷等。

A. 自重载荷　　B. 起升载荷　　C. 风载荷

D. 雪载荷　　E. 离心力载荷

469. 弓形板式的力矩限制器往往安装在（ACD）位置上。

A. 塔帽前方主弦杆　　B. 起重臂　　C. 塔帽后方主弦杆　　D. 平衡臂

470. 塔机上属于计程限位的安全装置有（BCD）及大车行程限制器几种。

A. 起重力矩限制器　　B. 起升高度限制器　　C. 回转角度限制器

D. 变幅行程限制器　　E. 防碰撞装置

471. 幅度限位器的作用是（AB）。

A. 防止小车发生越位　　B. 阻止臂架向极限位置变幅

C. 防止过卷扬拉断钢丝绳　　D. 防止在轨道上行走的塔机发生越位

472. 小车安全止挡应安装在（AB）。

A. 臂架的头部　　B. 臂架的根部　　C. 小车的两端　　D. 小车卷筒一侧

473. 起升高度限位器的常见形式有（ABCD）。

A. 重锤式　　B. 螺杆式　　C. 凸轮式　　D. 蜗轮蜗杆式

474. 动臂变幅至最大仰角时，应在臂架与塔顶之间设置起防止反弹、后倾翻作用的（AD）。

A. 限位开关　　B. 减速开关　　C. 安全止挡　　D. 缓冲器

475. 大车运行限位装置的作用是（AC）。

A. 防止在轨道上行走的塔机发生越位　　B. 与轨道端部止挡碰撞时吸收动能

C. 防止在轨道上行走的塔机发生脱轨　　D. 限制起重机的运行速度

476. 回转限位器的作用是（AB）。

A. 使塔机向任一方向的回转圈数不超过 3 圈

B. 在现场如附近有障碍时控制碰撞

C. 使变幅小车或动臂的臂架不超过最大与最小幅度的位置

D. 限定起升卷筒上最小卷数

477. 对于小车变幅的塔机，吊钩装置顶部至小车架下端的最小距离是根据（AC）而定的。

A. 塔机的型式　　B. 起升高度　　C. 起升倍率　　D. 起升速度

478. 塔机上属于限制超载的安全装置有（AD）。

A. 起重力矩限制器　　B. 起升高度限制器　　C. 回转角度限制器

D. 起重量限制器　　E. 变幅行程限制器

479．起重机的防风防爬装置主要有（BCD）。

A．运行限位器　B．夹轨器　C．锚定装置　D．铁鞋

480．塔吊高于 30 m 的起重机应在（ACD）安装红色障碍指示灯，并保证供电不受停机影响。

A．塔顶　B．塔身　C．起重臂端　D．平衡臂端

481．塔式起重机的安全装置可分为（ABCDE）及环境危害预防装置几大类。

A．超载限制器　B．计程限位器　C．安全止挡和缓冲器

D．应急装置　E．非工作状态安全装置

482．对于小车变幅的塔机，应设置（ABD）。

A．小车行程限位开关　B．小车运行终端缓冲装置

C．小车极限位置开关　D．小车运行减速开关

483．水平臂式变幅限位器的型式有（BC）。

A．拨杆带动转盘上的触块，随起重臂俯仰到最大、最小工作幅度时触碰限位开关

B．把前限位开关和后限位开关直接固定到需要限位的位置

C．通过控制牵引钢丝绳运行长度来控制变幅小车行走距离

D．把限位开关固定在小车上，限位触块固定到需要限位的位置

484．起升高度限位器的作用是（AC）。

A．控制起升电机运转　B．保证起升卷筒上钢丝绳的最少圈数

C．防止吊钩过卷　D．保证起升卷筒上的容绳量

485．按塔式起重机本身的损坏情况塔式起重机事故大致可分为（ABCE）。

A．倾翻事故　B．断、折臂事故　C．脱、断钩事故

D．高处坠落事故　E．起升、变幅钢丝绳断绳事故

486．交班司机的职责是指（ABCDE）。

A．检查塔式起重机的机械、电气部分是否完好

B．交接本班塔机运转情况、保养情况以及有无异常

C．打扫卫生，保持清洁

D．交接随机工具、附件

E．填写设备运转记录

487．某广场工程使用的 QTZ80F 塔式起重机，从 165 m 高度吊运约 3 t 重的脚手架钢管到裙楼顶部平台，当吊物下降到 145 m 高度时，起升卷扬机突然失控，加速下滑，紧急断电仍不能制止下滑，起升卷扬机超速转动飞车，吊钩与吊物坠落到 27 m 裙楼顶部。减速箱破碎解体飞散，击伤一名报贩，击穿民居屋顶。经查，其起升卷扬机第 2 挡湿式多片电磁离合器电刷磨损过量，而正是在下降 2 挡时出现事故；在离合器发生打滑时，串联的欠电流继电器未动作，造成起升电机不能控制起吊载荷，造成该事故的主要原因是（ABCE）。

A．该塔吊已发生 7 次吊物下滑，未引起重视，带病运转

B．离合器电刷磨损未及时更换

C．欠电流继电器的电路与触电未及时检修

D．超载吊运

E．现场安全管理松懈

488．交接班的内容包括（ABCD）。

A. 对塔机的检查　　B. 设备运转情况　　C. 存在的问题

D. 应注意的事项　　E. 交接双方在交接记录上签字

489. 2005 年某日，某建筑工地使用一台 QTZ25 自升式塔式起重机进行吊运模板作业，吊运已到位，正点下落就位时，起重臂突然脱落坠地，模板砸在四楼脚手板上，将站在脚手板另一端的一民工弹起摔在地面，经抢救无效死亡。经查，距起重臂根部 10 m 处的一根下弦连接销的固定卡板螺栓未安装弹簧垫圈，螺栓脱落，卡板失效，销轴脱落。造成该事故的主要原因是（ABCD）。

A. 固定卡板的螺栓脱落导致起重臂坠落

B. 交班司机检查时发现销轴外退，只是将销轴敲回去，但没有固定好卡板

C. 交班司机未向接班司机交代此事

D. 接班司机作业前未检查到位，未发现压板存在问题

490. 2002 年某日，某建筑工地用一台 QTZ40 塔机吊运一架金属长梯，距地面 22.5 m 高处有一组 66 kV 高压输电线。现场作业人员有现场负责人甲、现场吊装作业指挥人员乙、司索工丙和塔吊司机丁 4 人。指挥作业人员乙指挥吊装司索工丙用吊装绳捆绑锁住金属长梯中间部分后，又指挥丁开始起吊，发现长梯有些摇晃摆动，丙用手扶住长梯一端来减缓长梯的摆动。然后，乙又指挥丁操作塔机向左回转以便将长梯放置到架设位置。正当长梯随起重臂回转时，丙突然倒地。经查，塔机的起升钢丝绳与高压线相触及，造成丙触电身亡。造成该事故的主要原因是（ABCE）。

A. 比邻施工现场的高压线路未按规定进行防护塔机安装后，未按规定进行验收，擅自投入使用

B. 违章指挥、违章作业

C. 长梯的吊点位置、吊挂方式不妥

D. 被害者丙等作业人员在高压线下方操作，缺乏应有的安全知识和自我保护意识

491. 接班司机的职责是指（ABCD）。

A. 认真听取上一班司机工作情况介绍

B. 仔细检查塔机各部件，按要求进行班前试车，并做好记录

C. 使用前必须进行空载试验运转，检查各限位、限载、紧急开关、制动器等是否灵敏可靠

D. 按每班保养作业要求做好润滑、紧固工作

E. 保管好交底记录

492. 塔式起重机司机的岗位职责是指（ABCD）。

A. 严格遵守操作规程，认真做好塔机作业前的检查、试运转

B. 做好试车检查记录、设备运转记录

C. 严禁违章操作，做到“十不吊”，保证塔机安全运行

D. 严格遵守施工现场的安全管理规定

493. 某公司塔吊司机操作塔吊从西侧 7 层楼上吊钢模板两块重 5 t，在向南向东摆放 30～34.3 m 处时，塔头 4 根主弦杆拉断 3 根，致使起重臂、平衡臂以塔头为轴向下坠落。起重臂、平衡臂严重损坏变形，小车停在臂端。所幸无人员伤亡，但塔吊完全报废。经查，该塔吊起吊 5 t 时的额定幅度为 26.8 m，力矩限制器的 3 个锁紧螺母均处于未锁紧状态，变幅机构制动器的摩擦片已全部磨损，制动力矩下降 50%以上。造成该事故的主要原因是（ABC）。

A. 超载作业　　B. 力矩限制器处于失调状态

C. 变幅制动器失灵，小车冲向臂端　　D. 塔吊制造质量存在问题

494．2002年×日，×建筑工地一台QTZ63自升式桥式起重机在吊运钢管时塔身变形歪斜，该塔机起重臂长46 m，塔身已升至90 m高，装有6道附着装置，最高一道附着装置距起重臂杆铰点22 m。经查，最高一道附着装置的一根附着杆调节丝杠和连接耳扳被扭弯，造成附着框梁上方的塔身严重歪向建筑物，塔吊位置偏离中心垂线达0.9 m。该塔机附着装置是由施工单位自制，附着杆调整丝杆的热处理、耳扳的焊接均存在质量问题。当时塔机的作业任务是将建筑物楼顶的钢管吊运至12层的裙房屋面上，起吊点在起重臂12 m处，起吊钢管质量3 000 kg，当小车向前行至起重臂的38 m处时，塔机发生倾斜变形。该塔机起重性能表上表面：当吊运3 000 kg重物时，幅度应控制在25 m之内，与38 m作业幅度对应的额度起重量为1 841 kg，造成该事故的主要原因是（ABCD）。

A．超载吊运，超载程度达62%

B．维修保养不到位，力矩限制器失效，当吊物超过25 m幅度时未能切断吊钩向上、小车向外变幅的电源

C．施工单位擅自制造使用塔机的附着装置，在超载时，耳扳首先发生塑变，致使调节丝杠弯曲，继而导致塔身倾斜

D．检测单位对由施工单位自制的附着装置未提出异议

495．齿轮磨损过快的原因是（ABCE）。

A．润滑油不洁　B．润滑油黏度低　C．润滑不足

D．齿轮表面硬度高　E．机构超载

496．对改造、大修的塔式起重机要有（AB）等文件。

A．出厂检验合格证　B．监督检验证明　C．配件目录　D．安装使用维修说明书

497．塔机的月保养检查的作业检查项目是指（ABCDE）。

A．每班保养的作业项目　B．接地电阻

C．电气元件、配电箱　D．润滑滑轮及钢丝绳、紧固绳卡

E．臂架销轴定位

498．回转电机有异响，回转无力的故障原因是（ABCE）。

A．液力耦合器漏油或油量不足　B．液力耦合器损坏

C．减速器齿轮或轴承破损　D．大齿圈润滑不良

E．回转电机故障

499．对于附着式塔机，每班操作前应对附着装置进行检查，项目包括（ABC）。

A．附着框架的检查　B．附着杆的检查

C．附着杆与建筑物连接情况的检查　D．塔身垂直度的检测

500．机械零件的损伤按其产生的原因可分为（ABC）等几类。

A．摩擦所造成的磨损　B．机械性损伤　C．热损伤　D．冷脆

501．塔式起重机在使用中发生故障的主要原因是（ABDE）。

A．工作环境恶劣　B．操作人员违章作业　C．运转时间过长

D．零部件自然磨损　E．维护保养不当

502．利用联动台操纵塔机时，右联动操纵杆控制的是（AD）的运行。

A．起升机构　B．变幅机构　C．回转机构　D．行走机构

503．起重机司机要做到的“十不吊”包括（ABCE）。

A．斜吊不吊　B．指挥信号不明不吊

C．散装物料装得太满或捆扎不牢不吊　　D．满载不吊
E．安全装置失灵不吊

504．塔式起重机的保养应执行（ABC）。
A．每班（日常）保养　　B．一级（月）保养
C．二级（年度）保养　　D．三级（不定期）保养

505．塔式起重机启动前应进行重点检查的项目及要求是（ABCDE）。
A．金属结构和工作机构的外观情况正常　　B．各安全装置和各指示仪表齐全完好
C．各齿轮箱、液压油箱的油位符合规定　　D．主要部位连接螺栓无松动
E．钢丝绳磨损情况及各滑轮穿绕符合规定

506．塔机在工作时，对各部位的噪声要求是（AB）。
A．司机室内不超过 80 dB
B．在距各传动机构边缘 1 m，底面上方 1.5 m 处≤90 dB
C．施工作业面不超过 80 dB
D．各传动机构异响不超过 90 dB

507．减速器产生过热的原因是（BCE）。
A．齿轮磨损严重　　B．润滑不足　　C．轴承间隙小
D．轴承间隙大　　E．机构超载

508．利用联动台操纵塔机时，左联动操纵杆控制（BC）的运行。
A．起升机构　　B．变幅机构　　C．回转机构　　D．行走机构

509．塔式起重机大修的工艺要求是（ABCDE）。
A．所有可拆卸零件应全部拆卸、清洗、修理　　B．所有电动机应拆卸、解体、维修
C．所有的仪表应按有关规定维修、检验、更换　　D．更换老化的电线和损坏的电气元件
E．除锈、涂漆

510．作业前，应进行空载运转，试验各工作机构（ABCD）确认正常后方可作业。
A．运转是否正常　　B．有无噪声及异响
C．制动器是否可靠　　D．安全防护装置是否有效

511．机械零件的磨损可以分为（ABC）几个阶段。
A．磨合阶段　　B．正常工作阶段　　C．事故性损坏阶段　　D．停机修理阶段

512．减速器运行噪声大的原因是（ABD）。
A．齿轮磨损严重　　B．润滑不足　　C．轴承间隙小
D．轴承间隙大　　E．机构超载

513．变幅小车滑行和抖动的故障原因是（ABCDE）。
A．钢丝绳未张紧　　B．滚轮轴承润滑不好、转动偏心
C．轴承损坏　　D．制动器损坏
E．电动机故障

514．作业中遇到（ABD）情况应停止作业。
A．传动机构出现异常现象　　B．金属结构部分发生变形
C．因超载、超限位安全装置动作　　D．电气系统发生故障

515．塔式起重机驾驶员的上岗资格是（ABCD）。

A．接受理论和操作技能的培训　　B．经建设主管部门考核合格

C．取得《建筑施工特种作业操作资格证书》　　D．实习操作达到 3 个月

516．自升式塔机每班保养检查的作业项目要求是指（ABDE）及限载、限位等安全装置灵敏可靠。

A．电动机、变速器、制动器、联轴器及安全罩连接紧固螺丝

B．各齿轮油箱、制动器油缸、液力耦合器的油质、油量。按期加注润滑油、润滑脂

C．检查各机构减速器齿轮啮合间隙，必要时进行调整

D．清除制动器油污，制动间隙适当，否则应调整

E．吊钩转动灵活无螺纹、防脱装置有效

517．弹性柱销联轴器运转时产生振动的主要原因是（ABCD）。

A．被连接轴的径向位移超差　　B．弹性元件老化

C．键与键槽、键座配合超差　　D．紧固件松动

E．与制动器隔热垫失效

518．塔式起重机驾驶员的申请条件是（ABC）。

A．年满 18 周岁　　B．身体健康

C．有初中以上文化程度　　D．有一定的塔机驾龄

519．轨道式起重机作业前，应检查（ABCD）。

A．轨道基础平直无沉陷　　B．鱼尾板连接螺栓及道钉无松动

C．轨道上的障碍物应清除　　D．应松开夹轨器并向上固定好

520．起升过程中重物下滑或制动时溜钩的故障原因是（ABCD）。

A．制动器刹车片间隙调整不当　　B．制动器刹车片磨损严重或有油污

C．制动器主弹簧张力不够　　D．电动机输出转矩不够

521．塔机出厂时，厂家必须提供的随机技术文件有（ABCD）。

A．监督检验证明　　B．出厂合格证

C．安装使用维修说明书　　D．配件目录

E．随机专用工具

522．起重机在无线电台、电视台或其他接近电磁波发射天线附近施工时，应采取（ABCD）等保护措施。

A．司索人员应佩戴绝缘手套　　B．司索人员应穿绝缘鞋

C．应在吊钩上挂接临时放电装置　　D．指派专人进行监控

523．例行保养的十字作业方针是指（ABCDE）。

A．清洁　　B．润滑　　C．紧固

D．调整　　E．防腐

524．利用联动台操纵塔机时，操作方法上可选择（AB），视需要而定。

A．单独操纵 1 个机构　　B．同时操纵 2 个机构　　C．同时操纵 3 个机构　　D．同时操纵 4 个机构

525．机械设备的修理包括对机械设备的（ABCD）等基本修理项目。

A．拆卸　　B．零件修复　　C．零件更换　　D．装配

526．卷筒绳端固定压板易松动的原因是（ABC）。

A．绳径与压板凹槽不匹配　　B．压板固定螺栓预紧力不够

C．压板固定螺栓丝孔磨损　　D．卷筒上固定绳端圈数少

527．对固定式塔式起重机混凝土基础的一般要求是（ABCD）等。

A．基础纵、横向偏差符合要求　　B．预埋螺栓、承重钢板的材质、尺寸符合要求

C．地基承重力符合要求　　D．基础应有排水设施、排水畅通

528．当与输电线的安全距离达不到规定时，应搭设防护架，搭设要求应符合（ABCDE）。

A．搭设防护架必须经有关部门批准　　B．采用线路暂停供电或其他可靠安全措施

C．有电气工程技术人员或专职安全人员监护　　D．可使用竹竿等绝育材料，不得使用金属材料

E．防护架与输电线的安全距离不应小于规定数值

529．按规定不得进行出租、安装、使用的建筑机械有（ABCDE）。

A．属于国家明令淘汰或者禁止使用的

B．超过安全技术标准或者制造厂家规定的使用年限的

C．经检验达不到安全技术标准规定的

D．没有完整安全的技术档案

E．没有齐全有效的安全保护装置的

530．塔机主要受力构件应采用高强螺栓连接，并应符合（ABCD）要求。

A．高强螺栓应有性能等级符号标识

B．标准节连接高强螺栓应不采用锤击即可穿入

C．应采用扭矩扳手或专用扳手按装配技术要求拧紧

D．螺栓按规定紧固后主肢实际接触面积不小于应接触面的 70%

531．在塔式起重机的润滑作业指导书中应明文规定润滑的（ABCE）操作者等。

A．部位　　B．周期　　C．油品种类

D．时间　　E．加注方法

532．作业中遇到（ABCD）情况应停止作业。

A．恶劣气候，如大雨、大雪、大雾、大风　　B．塔机出现漏电

C．钢丝绳磨损严重以及扭曲、断股、打结或出槽　　D．安全保护装置失效

533．起重机械使用的主要电气安全问题是（ABCD）。

A．运行位置控制　　B．外电防护　　C．电磁感应

D．防雷　　E．停电检修误启动引起机械伤害

534．灭火的基本方法有（ABCD）。

A．冷却法　　B．隔离法　　C．窒息法　　D．中断化学反应法

535．下列电压属于安全电压的是（ABCD）。

A．6 V　　B．12 V　　C．24 V

D．36 V　　E．110 V

536．电对人体的伤害，按严重程度可分为（CD）。

A．局部伤害　　B．重伤　　C．电伤　　D．电击

537．塔吊司机操作属于高空作业，因此患有（ABD）等疾病的人员，不得从事此项作业。

A．高血压　　B．心脏病　　C．关节炎　　D．癫痫病

538．塔机的专用开关箱要满足一机（ABC）的要求。

A．一闸　　B．一漏　　C．一箱　　D．一变

539．发现有人触电时，应采取迅速脱离电源的方法有（AB）。

A．拉闸断电　　B．用绝缘物体切断电源线

C．用手扯开电源线　　D．用刀具等利器切断电源线

540．自动空气开关的保护作用有（ABC）。

A．过载　　B．短路　　C．失压　　D．整流

541．对触电者进行呼吸急救的方法有（ABCD）。

A．俯卧压臂法　　B．仰卧牵臂法　　C．口对口吸气法　　D．胸外心脏挤压法

542．塔式起重机检查、紧固螺栓属于高处作业，应佩戴安全带。安全带的使用应（ACD）。

A．高挂低用　　B．低挂高用

C．防止摆动碰撞　　D．安全绳长度限制在 1.5～2.0 m

543．塔式起重机属于电工机械，其发生火灾时应使用（BCD）灭火。

A．泡沫灭火器　　B．二氧化碳灭火器　　C．1211 灭火器　　D．干粉灭火器

544．燃烧的 3 个基本条件是（ABD）。

A．可燃物质　　B．助燃物质　　C．氧气　　D．着火源

545．塔机的正常使用的检测是指（ABCDE）以及每日对轨道安全情况的检查。

A．使用一年以后的在用检验　　B．遇有 4 级以上地震、9 级以上风力后的检验

C．每日对各种安全装置、制动器、离合器的检查　　D．每日对吊钩、钢丝绳、滑轮组的检查

E．对电气系统的检查

546．根据《起重机　手势信号》（GB/T 5082—2019）下列属于专用手势信号的有（AD）。

A．预备　　B．升臂　　C．翻转　　D．吊钩微微上升

547．根据《起重机　手势信号》（GB/T 5082—2019）下列属于通用手势信号的有（ABD）。

A．吊钩上升　　B．工作结束　　C．起重机前进　　D．要主钩

548．起重机“前进”或“后退”下列说法正确的是（AD）。

A．“前进”是指起重机向指挥人员开来　　B．“后退”是指起重机向指挥人员开来

C．“前进”是指起重机离开指挥人员　　D．“后退”是指起重机离开指挥人员

549．根据《起重机　手势信号》（GB/T 5082—2019）指挥人员使用手势信号均以（ACD）表示吊钩、臂杆和机械位移的运动方向。

A．手心　　B．手背　　C．手指　　D．手臂

三、判断题

550．标注尺寸的起始点称为尺寸基准。（正确）

551．投影线与投影面垂直时的投影称为正投影。（正确）

552．零件图是直接指导制造和检验零件的图样。（正确）

553．三视图是指主视图、俯视图和右视图。（错误）

554．标题栏用于说明零件的名称、材料、数量、比例、图号、设计等。（正确）

555．为了表达物体的全貌，通常采用增加投影面数量，组成投影面系的方法。（正确）

556．图样的比例为 1∶100，表示图样对实物缩小了 100 倍。（错误）

557．俯视图反映了物体的宽度和高度。（错误）

558．确定各基本形体之间相对位置的尺寸称为定形尺寸。（错误）

559．机械图是进行技术交流的重要工具，故被称为工程语言。（正确）

560．三视图投影规律中主视图与左视图应长对正。（错误）

561．主视图反映了物体的高度和长度。（正确）
562．凡是作用线都在同一个平面内的力系称为平面力系。（正确）
563．只要力的大小一样，作用点选在何处都有同样的效果。（错误）
564．体积越大的物体，重量也一定越大。（错误）
565．国际单位制法定质量单位符号为 kg。（正确）
566．力与力臂的乘积称为力矩。（正确）
567．在数学中把具有大小和方向的量称为矢量。（正确）
568．物体转动的效应与力和力臂的大小成正比。（正确）
569．两个物体间的作用力与反作用力，大小相等、方向相反。（正确）
570．作用在物体上的某一点的两个力，不可以合成一个力。（错误）
571．要使物体在起吊时不倾斜、不转动，实现平稳吊运，就必须正确选择吊点位置。（正确）
572．任何一个力都可以分解成沿垂直和水平方向的两个分力。（正确）
573．两个物体间的作用力与反作用力是沿着不同的作用线，分别作用在两个物体上的。（错误）
574．一个已知力作用在物体上产生的效果可以用两个或两个以上同时作用的力来代替。（正确）
575．物体的重心就是物体上各个部分重力的合力作用点。（正确）
576．作用在平台上的力越大，其压强也越大。（正确）
577．物体的重量等于物体的体积乘以物体的材料密度。（错误）
578．摩擦力的方向与物体运动方向相同。（错误）
579．力的分解是力的合成的逆运算。（正确）
580．为了保证物件在吊运中平稳，吊钩中心与物体重心必须在同一铅垂线上。（正确）
581．动载荷与静载荷相比，动载荷的危害性较大。（正确）
582．橡皮、木材等非金属都属于半导体。（错误）
583．电压和电流的大小及方向随时间变化的电路叫直流电路。（错误）
584．三相负载接到三相电源中，应做△还是 Y 型连接，要根据三相负载额定电压而定。（正确）
585．电路中电流依次通过每一个组成元件的电路称为串联电路。（正确）
586．大小和方向都随时间变化的电流叫作交流电。（正确）
587．欧姆定律只可适用于电路的全部。（错误）
588．所有负载的输入端与输出端分别连接在一起的电路称为并联电路。（正确）
589．如果电路两端的电压为零，则两点间的电流也为零。（正确）
590．橡皮、木材等非金属都属于绝缘体。（正确）
591．根据欧姆定律，电流的强弱与电压的高低成反比。（错误）
592．导体的电阻与导体的长度有关，而与导体的截面积无关。（错误）
593．电路中高电位与低电位之间的电位差称为电压降，简称电压。（正确）
594．大小随时间变化的电流叫交流电。（错误）
595．通电导体对电流的阻碍作用称为电阻。（正确）
596．只要改变通入三相异步电动机定子绕阻的三相电源的相序，便可改变电动机的转向。（正确）
597．大小和方向都不随时间变化的电流叫作直流电。（正确）
598．大小和方向都随时间变化的电流叫作直流电。（错误）
599．钢结构的焊接连接刚性好，便于制造，且不产生残余应力与变形。（错误）

600. 刚度是指金属材料受力时，能够抵抗弹性变形的能力。（正确）
601. 普通螺纹每一种规格公称直径只有一种螺距。（错误）
602. 采用轮系传动，可以获得很大的传动比，以满足低速工作的要求。（正确）
603. 轴的主要作用是支承回转零件，传递运动和动力。（正确）
604. 金属材料在静载荷作用下抵抗塑性变形和断裂的能力称为强度。（正确）
605. 齿轮传动失效主要是轮齿的失效。（正确）
606. 采用轮系传动，可以方便地实现变速和变向要求。（正确）
607. 普通平键工作时，依靠键的侧面传递动力。（正确）
608. V 带与平型带一样，都是利用底面与带轮之间的摩擦力来传递动力的。（错误）
609. 优质碳素钢用于制造各种建筑和工程构件。（错误）
610. 推力轴承主要承受径向载荷。（错误）
611. 高强度螺栓是靠本身高强度来传递力的。（错误）
612. 单线螺纹导程与螺距相等。（正确）
613. 普通螺纹的牙型角是 60°。（正确）
614. V 带以其外周长作为标准长度。（错误）
615. M24 表示螺纹的大径是 24 mm。（正确）
616. 机械传动按工作原理可分为摩擦传动、啮合传动和推动。（正确）
617. 齿面点蚀是开式齿轮传动的轮齿的主要失效形式。（错误）
618. 碳素结构钢按质量可分为普通碳素钢和优质碳素钢两种。（正确）
619. 轴上零件轴向固定的目的是防止轴上零件与轴产生相对运动。（错误）
620. 滚动轴承的润滑目的只在于减小摩擦阻力，降低磨损。（错误）
621. 优质碳素钢用于制造各种机械零件。（正确）
622. 合金结构钢按用途可分为低合金结构钢和机械制造用钢。（正确）
623. 液力耦合器可使塔机的行走和回转起动柔和工作平稳。（正确）
624. 液压系统实质上是一种能量转换装置。（正确）
625. 只利用液体动能的传动叫液力传动。（正确）
626. 作用在活塞上的推力越大，活塞的运动速度就越快。（错误）
627. 液压系统压力的大小取决于负载。（正确）
628. 液压传动中可以不用滤油器等辅助元件。（错误）
629. 液压缸只能把输入液体的压力能转换为垂直方向的往复直线运动的机械能。（错误）
630. 换向阀的作用是改变液体流动的方向，接通或关闭油路。（正确）
631. 液力耦合器只能传递扭矩，而不能改变扭矩。（正确）
632. 平衡阀是用来控制机构的工作速度，防止超速下降。（正确）
633. 液压传动工作介质可以选用任何具有良好流动性的液体。（错误）
634. 当腐蚀是造成钢丝绳报废的主要原因时，应采用镀锌钢丝绳。（正确）
635. 起重机械的起升机构经常使用的是同向捻结构钢丝绳。（错误）
636. 利用楔块固定绳端的方法，适用于直径比较粗的钢丝绳。（错误）
637. 滑轮的倍率等于承载分支数比上绕入卷筒的分支数。（正确）
638. 除特别吊装外，一般不得使用横销有螺纹的卸扣。（错误）

639．卷筒上有裂纹，经补焊并用砂轮磨光后可继续使用。（错误）
640．制动器的弹簧疲劳无张力，将导致制动力矩减小。（正确）
641．因为钢丝绳留有一定的安全系数，所以可以超载使用。（错误）
642．6×19W+FC 为线接触外粗型钢丝绳。（错误）
643．滑轮应有防止钢丝绳跳出轮槽的装置。（正确）
644．滑轮与卷筒直径越小，钢丝绳受弯曲的曲率半径也越小，绳的内部磨损也越小。（错误）
645．吊钩开口度比原尺寸增加 15%时，吊钩应报废。（正确）
646．制动器的作用是阻止电机运转。（错误）
647．定滑轮能改变力的方向，又能省力；而动滑轮不能省力。（错误）
648．滑轮的轮缘是工作面。（错误）
649．钢丝绳的表面钢丝腐蚀或磨损达到钢丝直径的 40%以上应予以报废。（正确）
650．两根千斤绳间夹角越大，则吊索受力就越大。（正确）
651．制动轮温度过高，制动瓦块冒烟主要是由于制动间隙调整不当引起的。（正确）
652．钢丝绳绳芯中含有油脂，当绳受力时起润滑钢丝的作用。（正确）
653．光面卷筒适用于单层缠绕。（错误）
654．在非正常使用状态下，超载是钢丝绳破断的主要因素。（正确）
655．钢丝绳的安全系数越大越好。（错误）
656．卷筒允许容纳的钢丝绳工作长度的最大值称为卷筒的容绳量。（正确）
657．吊钩定期检查时，目测不得出现裂纹。（错误）
658．动滑轮可分为省时和省力两种。（错误）
659．经常拆装钢丝绳的铸铁卷筒，应采用双头螺栓、压板固定绳端。（正确）
660．卡环只起连接作用，使用中无须考虑它的许用拉力。（错误）
661．制动器性能的好与坏，很大程度上取决于松闸装置的性能。（正确）
662．吊钩应设置防止意外脱钩的安全装置。（正确）
663．当起升机构制动器突然失灵时，驾驶员应立即切断起升电机电源。（错误）
664．钢丝绳是起重机最重要的易损件。（正确）
665．起重机吊钩如产生 10°以上扭转变形，应报废。（正确）
666．卡环不得横向受力。（正确）
667．钢丝绳吊索的最佳水平夹角为小于 30°。（错误）
668．起重机的吊钩通常有铸造吊钩、锻造吊钩和板钩 3 种。（错误）
669．6×19S+FC 为线接触粗细型钢丝绳。（错误）
670．滑轮的直径与钢丝绳的直径之比，一般应小于 9。（错误）
671．制动行程距离过大时，会使吊物下滑，有可能发生事故。（正确）
672．制动器是利用摩擦原理来实现机构制动的。（正确）
673．新更换的钢丝绳应与原安装的钢丝绳同类型同规格。（正确）
674．调整制动力矩是通过调整主弹簧的工作长度来实现的。（正确）
675．钢丝绳在绕过卷筒和滑轮时主要受拉伸、弯曲、挤压、摩擦力。（正确）
676．吊钩磨损后，应严格按工艺要求打磨后焊补。（错误）
677．制动器是塔机的一般安全装置。（错误）

678. 起重机吊钩不可用铸钢制造。在检验中发现有轻微的裂纹时不可施焊修复。(正确)
679. 在正常使用情况下，钢丝绳绳股中钢丝的断裂是逐渐产生的。(正确)
680. 起重吊装专用工具，如发现损伤性缺陷，必须采取合理的修复措施，否则不准使用。(正确)
681. 卷筒节径是指卷筒上最内层钢丝绳的中心处的直径。(正确)
682. 钢丝绳严重的腐蚀还会引起钢丝绳弹性的下降。(正确)
683. 液压电磁推杆制动器采用的是直流电源，对用于交流电源时必须配备整流设备。(正确)
684. 导向滑轮所受的力，其大小与牵引绳夹角有关。(正确)
685. 在起升机构中，可以使用两根接起来的钢丝绳。(错误)
686. 滑轮如出现裂纹和轮缘破损，应焊补后再使用。(错误)
687. 制动轮的表面不得沾染油污。(正确)
688. 钢丝绳允许有因卡紧工具施压造成的钢丝绳压扁现象的存在。(正确)
689. 6×25Fi+FC 为填充型钢丝绳。(正确)
690. 卷扬机的额定拉力大于 125 kN 时应设置排绳器。(正确)
691. 吊钩危险断面或吊钩颈部产生塑性变形，吊钩应报废。(正确)
692. 块式制动器制动力矩的大小与制动轮的旋转方向有关。(错误)
693. 由于回转机构安装有液力耦合器，因此可以打反车制动。(错误)
694. 起重机回转中心与吊钩钩心铅垂线之间的距离称为幅度。(正确)
695. 小车的型式有桥式小车和 Y 式小车两种。(正确)
696. 起升机构要求有可靠的微动性能，以满足安装就位和起动时逐级拉紧钢丝绳的要求。(正确)
697. 某塔机型号为 QTZ400，说明它的主参数是 400 kN。(错误)
698. 为了制造和运输的方便，平衡臂的长度通常在超出一定值之后做成多个节。(错误)
699. 动臂变幅机构是利用吊臂的俯仰摆动来实现变幅的。(正确)
700. 塔身标准节的普通节与加强节外形尺寸相同，安装时可以互换。(错误)
701. 塔身是塔机主要受力构件之一。(正确)
702. 双拉索多用于较长的吊臂结构。(正确)
703. 在塔身上悬挂电缆，每隔 30 m 应设一个电缆网套。(错误)
704. 平头式塔机的吊臂由于无拉索支撑，吊臂根部的弯矩很大。(正确)
705. 小车牵引钢丝绳在卷筒上多为多层缠绕。(错误)
706. 附着装置是由 3 根或 4 根撑杆和一套环梁组成。(正确)
707. 无拉索吊臂的上下弦杆要有较大的截面积。(正确)
708. 电动机械在工作中遇停电时，应立即切断电源，将启动开关置于停止位置。(正确)
709. 斜撑的作用是使塔身底部和底架的连接更为牢靠。(正确)
710. 塔机的起重臂多为正三角形截面空间桁架结构。(正确)
711. 使起重机具有一定幅度和起升高度、可以悬挂重物的结构件称为起重臂。(正确)
712. 额定起重量是指起重机能够吊起的重物和物料连同可分吊具或属具质量的总和。(正确)
713. 小车牵引钢丝绳在卷筒上一般为单层缠绕。(正确)
714. 塔机钢结构采用销轴连接是为了使构件之间产生相对转动，以适应机械工作需要。(正确)
715. 某塔机型号为 QTZ400，说明它的主参数是 400 kN·m。(正确)
716. 有拉索支撑的吊臂比无拉索支撑的吊臂受力状态差。(错误)

717. 液力耦合器可以使回转机构过载时减少冲击。（正确）

718. 单台电动机的熔丝额定电流为电动机额定电流的 150%～250%。（正确）

719. 平头式塔机的吊臂由于无拉索支撑，吊臂根部的弯矩很小。（错误）

720. 在一台塔机上工作的小车，可以是单小车，也可以是双小车。（正确）

721. 平衡阀在塔机顶升液压系统中能够起到防止重物超速下降的作用。（正确）

722. 附着间距和附墙点以上的自由高度可以适当超长。（错误）

723. 电动机停止运行前，应首先将载荷卸去，然后切断电源。（正确）

724. 液力耦合器对回转机构过载不起保护作用。（错误）

725. 电动机运行中应无异响、无漏电、轴承温度正常且电刷与滑环接触良好。（正确）

726. 塔机司机进行起重作业时，必须严格遵守起重特性曲线，严禁超出该线作业。（正确）

727. 行走机构大多数采用单独驱动。（正确）

728. 固定式塔式起重机的地基基础是保证塔机安全使用的必备条件。（正确）

729. 对于同一台塔机，起重倍率不同，但起重性能曲线相同。（错误）

730. 当电动机额定电压超过规定值时，应控制负荷。（正确）

731. 电动机在正常运行中，不得突然进行反向运转。（正确）

732. 行走台车分为主动和被动两种，在弯轨上，主动台车呈对角线布置。（错误）

733. 对于同一台塔机，不同的臂架长度有不同的起重性能曲线。（正确）

734. 平衡臂的作用在于改善塔身受力，减少弯矩作用。（正确）

735. 自升式塔机按架设方式属于快装式塔机。（错误）

736. 在 QTZ63 以上的塔机通常采用双回转机构。（正确）

737. 塔机的底架可分为固定式和轨道式两种。（错误）

738. 回转机构应具有防止碰撞和过载的性能。（正确）

739. 钢丝绳的穿绕系统是起升机构传动的一部分。（正确）

740. 塔机的起重臂多为矩形截面空间桁架结构。（错误）

741. 自升式塔机可以进行 360° 自由回转。（错误）

742. 使起重机具有一定幅度和起升高度、可以悬挂重物的结构件称为塔身。（错误）

743. 小车变幅机构的特点是变幅速度快、幅度利用率大。（正确）

744. 对于同一台塔机，某一幅度的额定起重量不受小车形式的影响。（错误）

745. 塔式起重机一般采用 380 V、50 Hz 三相交流电源。（正确）

746. 起升机构是塔机一般的工作机构。（错误）

747. 起重机取物装置本身的质量，一般都不应包括在额定起重量中。（错误）

748. 起重力矩是指作业幅度与相应起吊物品质量所产生的重力的乘积。（正确）

749. 应急装置是指事故发生后，通过它可以避免事故进一步扩大而导致的伤亡和破坏的装置。（正确）

750. 起升高度限位器应能保证在吊钩架顶部至小车架下端达到规定距离时，立即切断上升方向电源。（正确）

751. 杠杆式力矩限制器目前应用比较广泛。（错误）

752. 起重机的工作高度范围包括起升高度和下放深度的总和。（正确）

753. 起重量限制器要使起重机实现轻载高速、重载中速、超载低速。（错误）

754．安装高度超过 50 m 的塔机，应设置防止与飞行物碰撞、夜间不间断的红色指示灯。（错误）

755．起重机的工作高度范围就是指起升高度。（错误）

756．风速仪应设在起重机最高处，当风速超过 22 m/s 时应报警，停止工作。（错误）

757．使用超载保护装置虽然安全，但却限制了起重机起重能力的发挥。（错误）

758．在小车行程限位器中，还设有接近极限位置前 1.0 m 减速触点开关，以便减小冲击。（正确）

759．小车行程限位开关动作后应保证小车停车时其端部距缓冲器装置最小距离为 100 mm。（错误）

760．对回转部分不设集电器的塔机，应安装回转限制器。（正确）

761．对回转部分不设集电器的塔机，只要注意回转角度，可不必安装回转限位器。（错误）

762．起升高度限位器可以有效地防止超卷扬事故的发生。（正确）

763．当动臂变幅为手摇驱动时，由于变幅速度慢，不必设置最小幅度限位器和防止臂架反弹后倾装置。（错误）

764．对于小车变幅的塔机，吊钩装置的顶部至小车架下端的最小距离应根据塔机型式及起升高度而定。（错误）

765．安装高度超过 30 m 的塔机，应设置防止与飞行物碰撞、夜间不间断的红色指示灯。（正确）

766．对于小车变幅的塔机，应设置小车行程限位开关和终端缓冲装置。（正确）

767．在多台塔式起重机同时布置在一个工地，或附近障碍物会阻碍起重机某方向运动时，只要司机注意操作，不必安装防碰撞装置。（错误）

768．对于轨道运行式塔机，每个方向均应设置运行限位装置。（正确）

769．在臂长组合不同及钢丝绳重新张紧时，都要重新调整小车行程限位器。（正确）

770．根据塔机工作需要，在有下放深度的作业场地，有必要安装吊钩下极限位置限制器。（正确）

771．对于小车变幅的塔机，变幅限位器主要通过控制小车牵引钢丝绳运行的长度来控制小车的行走距离。（正确）

772．如果施工现场附近有障碍时，回转限位器也可起到防碰撞控制作用。（正确）

773．小车断轴保护装置一般是指在小车架上设凸块或挡板，可以使小车支撑在轨道上而不坠落。（正确）

774．塔式起重机一般不需要采取单独的避雷装置，但接地线路一定要良好。（正确）

775．当起升机构开动时，吊具应该在工作高度范围内工作。（正确）

776．吊物的起升高度主要依靠司机目测，安装高度限位器是为了避免误操作造成吊钩过卷。（正确）

777．起重机回转部分在非工作状态下必须保证可自由旋转。（正确）

778．现代的防碰撞装置是利用声波和电磁波作为检测波进行测距的。（正确）

779．轨道式塔机运行限位装置就是指限位开关。（错误）

780．吊钩应设有防脱棘爪。（正确）

781．重锤式偏心挡杆是一种简单实用的小车牵引绳断绳保险装置。（正确）

782．在滑轮绳槽外设脱槽止挡，该止挡不得阻碍滑轮转动。（正确）

783．轨道式塔机必须装有行程限位器和轨道端部止挡保险装置。（正确）

784．对于动臂变幅的塔机，不必设置最大幅度限位器。（错误）

785．露天工作于轨道上的起重机，停止工作状态下受到强风袭击时，可能产生失控滑行，导致整体倾翻。（正确）

786．紧急开关是指一旦发生事故，可以立刻停止一切运动、切断总电源的紧急事故开关。（正确）

787．超载保护装置按其功能的不同，可分为自动停止型和综合型两种。（正确）

788．使用灵敏可靠的超载保护装置是提高起重机安全性、防止超载事故的有效措施。（正确）

789．塔机非工作状态的安全装置主要是指轨道上防风抗滑的夹轨器、锚定装置。（正确）

790．塔式起重机大车行走机构的行程限位器只有一个限位开关。（错误）

791．超载作业是造成起重机事故的主要原因之一。（正确）

792．对于动臂变幅的塔机，应设置最小幅度限位器和防止臂架反弹后倾装置。（正确）

793．起重量限制器的设计原则是使起重机轻载高速、重载低速、超载停止。（正确）

794．安全装置是塔式起重机的一般装置。（错误）

795．聚氨酯缓冲器耐油、耐老化缓冲效果好，所以被广泛采用。（正确）

796．小车运行终端缓冲器常采用橡胶和液压两种。（错误）

797．“岗位责任制”是最重要的管理制度。（正确）

798．“三定”制度是做好塔式起重机使用管理的基础。（正确）

799．塔机在安装单位自检合格后，使用单位应当委托具有相应资质的检测检验单位对塔机进行检验。（正确）

800．塔机在多人、多班作业时，应组成机组，实行机长负责制。（正确）

801．技术人员应该根据工程实际情况和设备性能状况对塔机司机进行安全技术交底。（正确）

802．事故分析的目的主要是弄清事故情况，从思想、管理和技术等方面查明原因。（正确）

803．交接班制度是塔机使用管理的一项重要制度。（正确）

804．事故分析的目的主要是查清事故情况，惩罚、处理肇事者。（错误）

805．塔机学员一旦取得《建筑施工特种作业操作资格证书》，就可以上机独立操作。（错误）

806．如果因为工作中的疏忽或不可抗拒的因素，造成设备损坏或人身伤亡事故，应立即报告，果断抢救伤员，采取措施防止事故进一步扩大，设警戒线保护好事故现场。（正确）

807．塔机司机应遵守劳动纪律，听从指挥，严格按照操作规程操作，做好塔机的日常检查和维护保养。（正确）

808．塔机见习司机的指导人员应由取得特种作业资格证书、从事塔机驾驶 3 年以上，驾驶熟练、无不良记录的人来担当。（正确）

809．“三定”制度是指定人、定机、定岗位责任。（正确）

810．在各种起重机械事故中，由于人员操作因素导致的事故最多。（正确）

811．交接班应进行口头交接，不必填写交接班记录。（错误）

812．起重作业是危险性较大的工作。（正确）

813．塔机的安拆不一定非要由具有起重设备工程专业承包资质，取得安全生产许可证的专业队伍施工。（错误）

814．“三定”制度是指定人、定机、定岗位。（错误）

815．交接班应进行口头交接，但必须填写交接班记录。（正确）

816．见习司机在实习操作期间，用人单位应当指定专人指导和监督作业。（正确）

817. 当塔机与输电线的安全距离达不到相关规定时，应搭设防护架。防护架与输电线最小距离可参考相关规定。（错误）

818. 减速器漏油一般是由轴端密封失效导致的。（正确）

819. 安全距离是指为了保证安全生产，在作业时塔机的运动部分与障碍物等应当保持的最小距离。（正确）

820. 在变换运转方向时，应将控制器手柄扳到零位，待电动机停转后再转向另一方向，不得直接变换运转方向、突然变速或制动。（正确）

821. 全部钢丝绳应在每次年度定期保养和大修时用石墨润滑脂浸煮。（正确）

822. 起重机附着的建筑物，其锚固点的受力强度应满足起重机的设计要求。（正确）

823. 为提高塔机利用率，减少停修天数，塔机在安装前后的检查维修应该与年度保养结合进行。（正确）

824. 起吊重物时，重物和吊具的总重量不得超过起重机规定的最大起重量。（错误）

825. 冬期施工时，液压推杆制动器液压油缸内油液冷凝可导致制动器不能松闸。（正确）

826. 转子碳刷接触不良会导致电动机不运转。（错误）

827. 购入的塔机必须是由持有国家颁发的特种设备制造许可证的塔式起重机生产厂生产。（正确）

828. 减速器漏油一般是由检视孔盖密封失效导致的。（错误）

829. 塔式起重机的各种安全装置、仪器仪表必须齐全和灵敏可靠。（正确）

830. 当起重机作业时，接班司机可以开动载人专用电梯到驾驶室交接班。（错误）

831. 制动摩擦片磨损严重或有油污会导致吊物下滑。（正确）

832. 塔式起重机大修的工艺要求主要一项就是把所有可拆卸零件应全部拆卸、清洗、修理和重新装配。（正确）

833. 应根据起吊重物和生产进度情况，选择工作速度。（错误）

834. 起重机的轨道基础或混凝土基础应验收合格后，方可使用。（正确）

835. 采用涡流制动调速系统的起重机，不得长时间使用低速挡或慢就位速度作业。（正确）

836. 对改造、大修的塔式起重机只要使用单位验收合格，就可以投产运行。（错误）

837. 减速器使用初期应每三个月更换一次润滑油。（正确）

838. 塔机的工作电源电压为 380 V±20%。（错误）

839. 动臂式起重机的变幅可与其他机构同时运行。（错误）

840. 零件的磨损是造成机构技术状况变坏的主要因素，它是客观存在的也是不可避免的。（正确）

841. 高空检查或修理塔式起重机时要佩戴安全带。（正确）

842. 塔式起重机运转时，司机不得离开操作位置。（正确）

843. 附着框架宜设置在塔身标准节连接处，箍紧塔身。（错误）

844. 制动瓦块与制动轮位置不对称，会使制动间隙调整不均匀，造成溜钩或烧瓦块。（正确）

845. 起升电机输出转矩不够极易造成吊物倒拉车。（正确）

846. 塔机的修理应该由具有修理资质的单位和具有相应资格的修理工承担。（正确）

847. 全部电机轴承每工作 1 500 h 加油一次。（错误）

848. 当停电或电压下降时，应立即将控制器扳到零位，并切断电源。如吊钩上挂有重物，应稍松稍紧反复使用制动器，使重物缓慢地下降到安全地带。（正确）

849．由于机械零部件磨损、变形、断裂、卡塞、润滑不良以及错位等造成机械系统不能正常运行，统称为机械故障。（正确）

850．在吊钩提升、起重小车或行走大车运行到限位装置前，均应减速缓行到停止位置，并应与限位装置保持一定距离。（正确）

851．保养规程是对机械设备进行保养作业的指导性技术文件。（正确）

852．塔式起重机不应该在有易燃、易爆气体的危险场所作业，但作业场所可以有粉尘。（错误）

853．塔式起重机大修的工艺要求主要一项就是把所有可拆卸零件全部拆卸、重新装配。（错误）

854．塔机发生异常时，操作人员应当边操作，边向有关部门报告。（错误）

855．动臂式和尚未附着的自升式塔式起重机塔身上不得悬挂标语牌。（正确）

856．禁止在塔机各个部位乱放工具、零件或杂物，严禁从塔机上向下抛扔物品。（正确）

857．送电前，各控制器手柄应在零位。（正确）

858．不同牌号的油脂可以混合使用。（错误）

859．严重超载会导致起重机钢结构焊缝开裂。（正确）

860．塔机的基础应避开任何地下设施，无法避开时，应采取保护措施，预防灾害事故发生。（正确）

861．塔机工作过于频繁所产生的疲劳应力会造成起重机钢结构焊缝开裂。（正确）

862．大车行走电动机不同步会造成起重机运行时啃轨。（正确）

863．塔机的安装选址应该尽量避开学校、商场等公共场所和公路、铁路、航运等公共交通区域。如果塔机及其载荷不能避开这类障碍时，应向政府有关部门咨询。（正确）

864．蜗轮蜗杆减速器过热的主要原因是润滑油过量。（错误）

865．由于电器线路、元器件、电气设备以及电源系统等发生故障，造成用电系统不能正常运行，统称为电气故障。（正确）

866．非工作状态时，必须松开回转制动器，塔机回转部分在非工作状态应能自由旋转。（正确）

867．塔式起重机必须有可靠的接地，所有电气设备外壳均应与机体妥善连接。（正确）

868．作业中，操作人员临时离开操纵室时，可以不切断电源。（错误）

869．重物就位时，应采用慢就位速度使之缓慢下降。（正确）

870．非正常损坏是人为的，是不可避免的。（错误）

871．起升或下降重物时，除指挥人员外，重物下方禁止其他人员通行或停留。（错误）

872．回转支撑有异响的原因之一是小齿轮与大齿圈啮合间隙不当。（正确）

873．停用起重机的电动机、电器柜、变阻器箱，制动器等，应严密遮盖。（正确）

874．检修人员上塔身、起重臂、平衡臂等高空部位检查或修理时，必须系好安全带。（正确）

875．虽然机械设备运转到了规定的保养间隔期，但由于施工生产繁忙，保养作业可以一再拖延。（错误）

876．作业中如遇风速大于 10.8 m/s 大风或阵风时，应将回转机构的制动器完全松开，起重臂应能随风转动。（正确）

877．认真做好机械设备的每班保养，是保证机器安全良好运行，延长使用寿命的重要条件。（正确）

878．塔机钢结构外露表面及封闭的管件和箱形结构内部都不能有积水，应当防止内部锈蚀或冻胀破坏发生。（正确）

879．小车牵引钢丝绳过紧会造成小车滑行和抖动。（错误）

880．起重机的轨道基础、混凝土基础应修筑排水设施，排水设施应与基坑保持安全距离。（正确）

881．对于无中央集电环及起升机构不安装在回转部分的起重机，在作业时，不得顺一个方向连续回转。（正确）

882．造成机械损坏的原因很多，按其性质可分为正常损坏和非正常（事故性）损坏两种。（错误）

883．塔机每班保养应检查底架、塔身标准节、起重臂、平衡臂等连接螺栓应紧固无松动、缺失。（正确）

884．塔机工作时经常跳闸应考虑是否漏电保护器出现误动作。（正确）

885．接通电源后，应检查供电系统有无漏电现象。（正确）

886．可以在安装好的塔身金属结构上安装或悬挂标语牌、广告牌等挡风物件。（错误）

887．线路电压过低会导致电动机输出功率不足。（正确）

888．回转支撑有异响的原因之一是高强螺栓预紧力不一致，差别较大。（正确）

889．操纵各控制器时应从停止点（零点）开始，依次逐级增加速度，严禁越挡操作。（正确）

890．可以临时采用限位装置作为停止运行的控制开关。（错误）

891．塔机常见的故障一般分为机械故障和电气故障两大类。（正确）

892．停止作业后，动臂式塔机应将起重臂放到最小幅度位置。（错误）

893．过载会引起设备发热但不会引起火灾。（错误）

894．塔吊等起重机械都应使用带有漏电保护器的开关。（正确）

895．塔式起重机驾驶室内应铺设绝缘地板。（正确）

896．不可以用潮湿的手触及开关、插座、灯座等电气装置。（正确）

897．塔机开关箱内的漏电保护器脱扣额定电流不大于 40 mA。（错误）

898．坑、井、沟、池、吊装孔等都必须有栏杆防护或用盖板盖严。（正确）

899．火灾发生时，带载线路，应先停掉负载，再切断着火现场电源。（正确）

900．不准在高处抛掷材料、工具等。（正确）

901．塔式起重机运行时严禁越过无防护设施的外电架空线路作业。（正确）

902．电路的状态可分为通路、断路和短路 3 种。断路是一种事故状态。（错误）

903．电器正常工作时产生的火花称为工作火花。（正确）

904．电器线路和电气故障引起的火花称为事故火花。（正确）

905．通过人体的电流强度取决于触电的电压和人体电阻。（正确）

906．干粉灭火器不宜逆风喷射。（正确）

907．接触 30 mA 以下电流，通常不会有生命危险。（正确）

908．直流电不会电死人。（错误）

909．火灾发生后，由于受潮或烟熏，开关设备的绝缘能力会降低，因此拉闸时应使用绝缘工具操作。（正确）

910．在地下操作，无论距基准面多高，均不能称为高处作业。（错误）

911．男性比女性对电流的敏感性高。（错误）

912．用于过载、短路保护的电器主要有各种类型的断路器和熔断器。（正确）

913．使用 1211 灭火器灭火时，应将筒身平放或颠倒。（错误）

914．塔吊一般应配备泡沫灭火器。（错误）

915．凡在坠落高度基准面 5 m 以上，有可能坠落的高处操作称为高处作业。（错误）

916．醉酒的人，由于抵抗能力差，触电后果更为严重。（正确）

917．塔机在安装完毕后，安装单位应当按照有关要求对塔机进行检验、调试和试运转。在安装单位自检合格后，应当经有相应资质的检验检测机构进行安装的监督检验。（正确）

918．当指挥人员跟随负载运行时，应随时指挥人员避开负载。（错误）

919．指挥人员应参与起重机司机对手柄或按钮的控制。（错误）

920．通用手势信号是指在起重吊运中由参与作业的指挥、司索、起重机司机等人约定的信号。（错误）

921．锚定装置作用是当风速超过规定值时，用锚柱将起重机固定起来防止滑行和倾翻。（正确）

922．监督检验合格后，塔机的使用单位应当组织产权（出租）、安装、监理等单位进行综合验收。验收合格后方可投入使用。（正确）

923．当采用双小车系统时，牵引绳断绳保险装置应分别设于内小车的两个牵引绳端。（错误）

924．起重机司机应边开车边发出询问信号。（错误）

925．塔机的安装架设比较频繁，为了保证它能在正确、安全的情况下运转使用，根据国家标准规定，重新组装架设的塔机必须进行检验，表明合格后才能投入使用。（正确）

926．司机必须熟练掌握国家标准《起重机　手势信号》（GB/T 5082—2019）。（正确）

927．采用钢箍固定防脱棘爪时，无须考虑钢箍是否错位。（错误）

928．安装完毕的塔机，安装单位自检合格，但检验单位检验不合格，可以边使用边整改。（错误）

第十八章 塔式起重机司机中级工（四级）试题及答案

一、单选题

1. 柔软绳索给物体的约束反力是（A）。

A. 拉力　　B. 压力　　C. 法向反力　　D. 垂直分力

2. 构件在它的纵向平面内，受到垂直与轴线方向（即横向）的外力作用时，所产生的变形称为（D）变形。

A. 拉伸　　B. 压缩　　C. 剪切　　D. 弯曲

3. 静载荷和动载荷对于构件的作用是不同的。如（A）物体的重力对于钢丝绳吊索是静载荷。

A. 当吊物以等速上升时　　B. 当吊物以加速度上升

C. 当吊物在起升或下降途中进行制动　　D. 当吊物在回转时产生偏摆

4. 构件的两端受到大小相等、方向相反的拉力作用，长度增大，横截面积缩小，这种变形称为（A）变形。

A. 拉伸　　B. 压缩　　C. 剪切　　D. 弯曲

5. 作用在物体上的各力都分布在同一平面内，其作用线互相平行的力系称为（A）力系。

A. 平面平行　　B. 平面任意　　C. 平面汇交　　D. 空间汇交

6. 物体受外力作用后，物体内部相应产生一种抵抗力，这种抵抗力称为（B）。

A. 外力　　B. 内力　　C. 应力　　D. 压强

7. 金属在外力作用下不发生破坏的抵抗永久变形的能力称为（B）。

A. 强度　　B. 刚度　　C. 硬度　　D. 稳定性

8. 材料开始破坏时的应力值称为（C）。

A. 抗拉强度　　B. 屈服强度　　C. 强度极限　　D. 许用应力

9. 光滑铰链对物体的约束反力是通过铰链轴心的（D）来表示。

A. 拉力　　B. 压力　　C. 法向反力　　D. 垂直分力

10. 一个物体受到其他物体对它的作用力，对于该物体来说，这个力就是（A）。

A. 外力　　B. 内力　　C. 应力　　D. 压强

11. 一个物体的运动受到其他物体约束时，就会产生反作用力，这个反作用力称为（D）。

A. 自由体　　B. 非自由体　　C. 约束　　D. 约束反力

12. 在一定限度内，应力（σ）的大小与物体所受拉（压）后内力（N）的大小（A）。

A. 成正比　　B. 成反比　　C. 成等比　　D. 不成比例

13．能够使杆件弯曲迅速增大并很快破坏的特定的压力值 Pcr 是杆件由稳定状态到达失稳状态的界限值，称为（B）。

A．最大压力　　B．临界压力　　C．临界应力　　D．许用应力

14．材料在外力作用下产生变形，对外力去除后能恢复原状的能力称为（A）。

A．弹性　　B．塑性　　C．韧性　　D．抗疲劳性

15．作用在物体上的各力都分布在同一平面内，其作用线既不平行也不汇交的力系称为（B）。

A．平面平行　　B．平面任意　　C．平面汇交　　D．空间汇交

16．构件的两端受到大小相等、方向相反、作用线相距很近的压力作用所产生的变形称为（C）变形。

A．拉伸　　B．压缩　　C．剪切　　D．弯曲

17．位移受到限制的物体称为（B）。

A．自由体　　B．非自由体　　C．约束　　D．约束反力

18．物体单位面积上受到的内力称为（C）。

A．外力　　B．内力　　C．应力　　D．压强

19．根据载荷的作用方式不同，强度可分为如下几种，通常以（A）代表材料的强度指标。

A．抗拉强度　　B．抗压强度　　C．抗剪强度　　D．抗弯强度

20．作用在物体上的各力作用线不在同一平面内，但它们汇交于一点，这样的力系称为（D）。

A．平面平行　　B．平面任意　　C．平面汇交　　D．空间汇交

21．金属材料在实验期间发生塑性变形，当拉伸力不增加变形却继续的现象称为屈服，此时所达到的应力值称为（B）。

A．抗拉强度　　B．屈服强度　　C．强度极限　　D．许用应力

22．物体在载荷作用下保持原有平衡形态的能力称为（D）。

A．强度　　B．刚度　　C．硬度　　D．稳定性

23．钢丝绳在规定的载荷作用下未发生任何破坏，仍能正常工作，说明该钢丝绳具有足够的（A）。

A．强度　　B．刚度　　C．硬度　　D．稳定性

24．材料在断裂前所能承受的最大力的应力值称为（A）。

A．抗拉强度　　B．屈服强度　　C．强度极限　　D．许用应力

25．物体在载荷作用下抵抗变形的能力称为（B）。

A．强度　　B．刚度　　C．硬度　　D．稳定性

26．杆件在其两端受到一对大小相等、方向相反的力偶的作用，且力偶平面垂直与杆件轴线，在此情况下产生的变形称为（B）变形。

A．拉伸　　B．扭转　　C．剪切　　D．弯曲

27．材料抵抗比它硬的物体压入的能力称为（C）。

A．强度　　B．刚度　　C．硬度　　D．稳定性

28．构件的两端受到大小相等、方向相反的压力作用，长度缩小，横截面积增大，这种变形称为（B）变形。

A．拉伸　　B．压缩　　C．剪切　　D．弯曲

29．光滑支撑面对物体的约束反力为（C）。

A．拉力　　B．压力　　C．法向反力　　D．垂直分力

30．金属在冲击力作用下，仍不破坏的能力称为（C）。

A．弹性　B．塑性　C．韧性　D．抗疲劳性

31．对物体的位移起限制作用的周围物体称为（C）。

A．自由体　B．非自由体　C．约束　D．约束反力

32．物体在载荷作用下抵抗破坏的能力称为（A）。

A．强度　B．刚度　C．硬度　D．稳定性

33．构件在工作时所允许产生的最大应力称为（D）。

A．屈服强度　B．抗拉强度　C．强度极限　D．许用应力

34．作用在物体上的各力都分布在同一平面内，其作用线都汇交于一点的力系称为（C）。

A．平面平行　B．平面任意　C．平面汇交　D．空间汇交

35．金属在长期交变应力作用下，仍不破坏的能力称为（D）。

A．弹性　B．塑性　C．韧性　D．抗疲劳性

36．起重臂主弦杆在规定的载荷作用下未发生突然弯曲，说明该构件具有足够的（D）。

A．强度　B．刚度　C．硬度　D．稳定性

37．定子或转子的三相对称绕组，它们的空间位置相差（C）。

A．360°　B．180°　C．120°　D．60°

38．一种能向外发送指令的电器是（D）。

A．断路器　B．接触器　C．继电器　D．主令电器

39．一种将机械信号转换为电信号来控制运动部件行程的开关元件是（B）。

A．控制按钮　B．行程开关　C．主令控制器　D．万能转换开关

40．电动机铭牌上标示的绝缘等级为“E”，表明该电动机所允许的最高工作温度为（B）。

A．105℃　B．120℃　C．155℃　D．180℃

41．某电动机型号：YZR160L—6中，字母Y代表（A）。

A．异步电动机　B．起重冶金专用　C．绕线转子　D．长机座

42．根据一定的信号来接通或断开小电流电路的一种电器是（C）。

A．断路器　B．接触器　C．继电器　D．主令电器

43．塔式起重机普遍采用的是（B）电动机。

A．单相异步　B．三相异步　C．罩极异步　D．单相串激

44．一种具有多对触头、多个挡位的转换开关是（D）。

A．控制按钮　B．行程开关　C．主令控制器　D．万能转换开关

45．转子三相绕组的前端通过滑环、电刷引出来，与外面的电阻器等连接，其目的是（B）。

A．得电旋转　B．改善起、制动性能　C．拖动负载　D．向外输送电流

46．当电路发生短路、过载、失压的故障时，能自动切断电路，有效保护串接其后的线路和电器设备的是（A）。

A．断路器　B．接触器　C．继电器　D．主令电器

47．在一般情况下，转子的转速总是（C）同步转速。

A．高于　B．等于　C．低于　D．不定

48．将电动机的定子绕组的始端按（A）连接，再接到对称的三相电源上，就可以获得旋转磁场。

A．Y形　B．△形　C．Y/△形　D．随意

49. 在电气传动装置中，按一定顺序分合触头，达到发布命令或其他控制线路联锁转换目的的电器装置是（C）。

A. 控制按钮　　B. 行程开关　　C. 主令控制器　　D. 万能转换开关

50. 依靠手动操作接通或断开电路的电气元件是（A）。

A. 控制按钮　　B. 行程开关　　C. 主令控制器　　D. 万能转换开关

51. 用于远距离频繁通断电路的一种电器是（B）。

A. 断路器　　B. 接触器　　C. 继电器　　D. 主令电器

52. 当蜗杆的导程角（A）时，蜗杆传动可实现自锁。

A. ≤5°　　B. ＞5°　　C. ≤8°　　D. ＞8°

53. 两个构件之间作面接触的运动副称为（C）。

A. 高副　　B. 滚动副　　C. 低副　　D. 滑动副

54. 齿廓曲线和分度圆交点处的速度方向与该点的法线方向之间所夹的锐角称为（A）。

A. 压力角　　B. 齿形角　　C. 螺旋角　　D. 导程角

55. 蜗杆传动能得到很大的单级传动比。当用来传递动力时其传动比可为（B）。

A. 40　　B. 80　　C. 800　　D. 1 000

56. 将钢件加热到适当温度，保持一定时间，然后慢慢冷却的热处理工艺叫作（A）。

A. 退火　　B. 正火　　C. 淬火　　D. 回火

57. 通过轮齿根部的圆周叫作（B）。

A. 齿顶圆　　B. 齿根圆　　C. 基圆　　D. 分度圆

58. 通过轮齿顶部的圆周叫作（A）。

A. 齿顶圆　　B. 齿根圆　　C. 基圆　　D. 分度圆

59. 中碳钢的含碳量为（B）。

A. C≤0.25%　　B. C=0.25%～0.6%

C. C≥0.6%　　D. C=0.021%～2.11%

60. 两个相邻且同侧齿廓之间的分度圆弧长称为（C）。

A. 齿厚　　B. 齿槽宽　　C. 齿距　　D. 齿宽

61. 机器及各种设备的基本组成单元体称为（A）。

A. 零件　　B. 构件　　C. 部件　　D. 机件

62. 机构中所有运动副均为低副的机构称为（B）。

A. 减速机构　　B. 低副机构　　C. 加速机构　　D. 高副机构

63. 轮齿上具有标准模数和标准齿形角的圆叫作（D）。

A. 齿顶圆　　B. 齿根圆　　C. 基圆　　D. 分度圆

64. 主要用于制造建筑结构件、工程结构件的是（A），其含碳量一般不大于0.22%。

A. 普通碳素结构钢　　B. 优质碳素结构钢　　C. 工具钢　　D. 铸造碳钢

65. 在蜗杆传动中，蜗杆与蜗轮的轴线位置一般应为（C）。

A. 在平面相交成90°　　B. 在平面交角任意

C. 在空间交错成90°　　D. 在空间交错角度任意

66. 工业上常用的铸铁，含碳量在（D）范围内。

A. ≤0.2%　　B. 0.2%～0.6%　　C. ≥0.6%　　D. 2.5%～4.0%

67．高碳钢的含碳量为（C）。

A．C≤0.25%　　B．C=0.25%～0.6%

C．C≥0.6%　　D．C=0.021%～2.11%

68．碳素钢是指含碳量为（D）的铁碳合金。

A．C≤0.25%　　B．C=0.25%～0.6%

C．C≥0.6%　　D．C=0.0218%～2.11%

69．机构中的运动单元体称为（B）。

A．零件　　B．构件　　C．部件　　D．机件

70．在齿轮的端平面上，一个齿槽两侧齿廓之间的分度圆弧长称为（B）。

A．齿厚　　B．齿槽宽　　C．齿距　　D．齿宽

71．铸造碳钢的含碳量一般为（B）。

A．≤0.2%　　B．0.2%～0.6%　　C．≥0.6%　　D．2.5%～4.0%

72．主要用于制造各种刀具、量具和模具的是（C），其含碳量一般大于0.7%。

A．普通碳素结构钢　　B．优质碳素结构钢　　C．工具钢　　D．铸造碳钢

73．在齿轮的端平面上，一个轮齿的两侧齿廓之间的分度圆弧长称为（A）。

A．齿厚　　B．齿槽宽　　C．齿距　　D．齿宽

74．将淬硬的钢加热到临界点以下的温度，保温一段时间，然后在空气中或油中冷却的热处理工艺叫作（D）。

A．退火　　B．正火　　C．淬火　　D．回火

75．机构中至少有一个运动副是高副的机构称为（C）。

A．低副机构　　B．减速机构　　C．高副机构　　D．加速机构

76．主要用于制造形状复杂、力学性能要求较高的机械零件的是（D）。

A．普通碳素结构钢　　B．优质碳素结构钢　　C．工具钢　　D．铸造碳钢

77．具有确定相对运动的构件组合起来，用来传递运动和力的构件系统称为（A）。

A．机构　　B．机械　　C．机器　　D．设备

78．主要用于制造各种机械零件的是（B），其含碳量一般小于0.7%。

A．普通碳素结构钢　　B．优质碳素结构钢　　C．工具钢　　D．铸造碳钢

79．将钢件加热到临界点以上的某个温度，经保温一段时间，然后在盐水或油中急速冷却的热处理工艺叫作（C）。

A．退火　　B．正火　　C．淬火　　D．回火

80．两个构件之间作点或线接触的运动副称为（A）。

A．高副　　B．滚动副　　C．低副　　D．滑动副

81．某铸钢的牌号为：ZG270—500，其中第一组数字270表示的是该铸钢的（A）。

A．屈服强度　　B．抗拉强度　　C．抗压强度　　D．抗弯强度

82．渐开线上某点的齿形角与基圆的关系及对齿轮传动的影响应是（B）。

A．离基圆越远，齿形角越小，传动越费力　　B．离基圆越近，齿形角越小，传动越省力

C．离基圆越远，齿形角越大，传动越省力　　D．离基圆越近，齿形角越大，传动越费力

83．过齿廓上任意一点的径向直线与齿廓在该点的切线所夹的锐角称为该点的（B）。

A．压力角　　B．齿形角　　C．螺旋角　　D．导程角

84. 在蜗杆传动中，蜗轮和蜗杆齿的旋向应（A）。

A. 同为左旋或右旋　　B. 一个左旋、一个右旋

C. 用右手定则判定　　D. 根据左右手法则判定

85. 通过蜗杆轴线并与蜗轮轴线垂直的平面称为（C）。

A. 剖切面　　B. 工作面　　C. 中间平面　　D. 啮合平面

86. 蜗杆传动用于低速轻载的场合，蜗杆的齿轮常采用（B）。

A. 45#钢　　B. 45#钢调质　　C. 40Cr 淬火　　D. 20Cr 渗碳淬火

87. 齿轮的有齿部位沿分度圆柱面直母线方向量度的宽度称为（D）。

A. 齿厚　　B. 齿槽宽　　C. 齿距　　D. 齿宽

88. 将钢件加热到临界温度以上 30～50℃，保温适当时间后，在空气中冷却的热处理工艺叫作（B）。

A. 退火　　B. 正火　　C. 淬火　　D. 回火

89. 人们根据使用要求而设计制造的一种执行机械运动，用来变换或传递能量、物料与信息，从而代替或减轻人类的体力劳动和脑力劳动的装置称为（C）。

A. 机构　　B. 机械　　C. 机器　　D. 设备

90. 低碳钢的含碳量为（A）。

A. $C \leqslant 0.25\%$　　B. $C=0.25\%\sim0.6\%$

C. $C \geqslant 0.6\%$　　D. $C=0.021\%\sim2.11\%$

91. 某一灰口铸铁的牌号为 HT200，这里的数字 200 表示的是（D）。

A. 硬度 200 kg/mm^2　　B. 最大抗拉强度 200 MPa

C. 屈服强度 200 MPa　　D. 最小抗拉强度 200 MPa

92. 在各类换向阀的图形符号中，用字母 T 表示的阀口是（B）。

A. 压力油的进油口　　B. 通油箱的回油口

C. 连接执行元件的工作油口　　D. 控制油的油口

93. 经泵轮到涡轮，又从涡轮返回泵轮的沿工作腔循环圆运动的液流称为（B）。

A. 环流　　B. 涡流　　C. 直流　　D. 首尾相接的螺旋流

94. 液压油与空气接触，特别是在高温高压下容易发生（D）、变质。

A. 泡沫　　B. 乳化　　C. 锈蚀　　D. 氧化

95. 液压油在工作过程中可能从不同的途径混入水分，在泵和其他元件剧烈搅拌下，很容易形成（B）。

A. 泡沫　　B. 乳化　　C. 锈蚀　　D. 氧化

96. 液压系统中油液压力的大小取决于（C）。

A. 流量　　B. 流速　　C. 负载　　D. 黏度

97. 液压系统中油液的正常工作温度一般应在（B）范围内。

A. 15～30℃　　B. 30～55℃　　C. 55～75℃　　D. 70～90℃

98. 帕斯卡定律是：加在密闭液体上的压强，能够（C）地由液体向各个方向传递。

A. 由大变小　　B. 由小变大　　C. 大小不变　　D. 大小不定

99. 在各类换向阀的图形符号中，用字母 P 表示的阀口是（A）。

A. 压力油的进油口　　B. 通油箱的回油口

C．连接执行元件的工作油口　　D．控制油的油口

100．液压元件的各种金属零件，在溶解于液压油中的水分和空气的作用下，精加工表面会发生（C）。

A．泡沫　　B．乳化　　C．锈蚀　　D．氧化

101．液力耦合器在稳定运转条件下，涡轮上的力矩（C）泵轮上的力矩。

A．大于　　B．小于　　C．等于　　D．大小不定

102．空气混入液压油会产生气泡形成（A），使系统压力下降、润滑条件恶化、产生噪声和振动等。

A．泡沫　　B．乳化　　C．锈蚀　　D．氧化

103．随工作轮一起，作绕工作轮轴的圆周运动的液流称为（A）。

A．环流　　B．涡流　　C．直流　　D．首尾相接的螺旋流

104．在各类换向阀的图形符号中，用字母 A、B 表示的阀口是（C）。

A．压力油的进油口　　B．通油箱的回油口

C．连接执行元件的工作油口　　D．控制油的油口

105．当液压缸的有效作用面积一定时，活塞的运动速度取决于输入油缸的液压油的（A）。

A．流量　　B．流速　　C．负载　　D．黏度

106．液压系统及元件在正常工作条件下连续运转允许的最高工作压力称为（A）。

A．额定压力　　B．公称压力　　C．调定压力　　D．溢流压力

107．液力耦合器在工作中，油液的绝对运动方向是（D）。

A．环流　　B．涡流　　C．直流　　D．首尾相接的螺旋流

108．钢丝绳被拉断时所能承受的最大应力称为钢丝绳的（D）。

A．破断拉力　　B．破断拉力总和　　C．许用拉力　　D．极限应力

109．随着外载荷的变化自动地结合和分离动力，不需人为控制的是（D）离合器。

A．牙嵌式　　B．齿形　　C．电磁　　D．超越

110．将原动机的高转速降低到执行机构需要的工作转速，同时增加驱动扭矩的部件是（B）。

A．联轴器　　B．减速器　　C．离合器　　D．制动器

111．具有良好的补偿性，允许有综合位移，能在高速重载下可靠工作，适用于正反转启动频繁场合的是（D）联轴器。

A．弹性柱销　　B．十字滑块　　C．万向节　　D．齿轮

112．液压推杆制动器的液压推动器在 0℃冬季应用（D）油液。

A．10 号机械油　　B．20 号机械油　　C．10 号变压器油　　D．25 号变压器油

113．在牙嵌式离合器中，（D）牙不不便于动力的结合与分离，磨损后无法补偿，使用较少。

A．梯形　　B．锯齿形　　C．圆弧形　　D．矩形

114．在摩擦式离合器中，（A）离合器结构简单，结合平稳，散热性好，但传递转矩较小。

A．单盘式　　B．多盘式　　C．锥形　　D．膜片

115．根据钢丝的强度等级和总截面计算得出钢丝绳所有钢丝合在一起被拉断的拉力称为（B）。

A．破断拉力　　B．破断拉力总和　　C．许用拉力　　D．极限应力

116．为了安全，在确定钢丝绳的极限工作载荷时应有一定的强度储备，储备能力的大小称为（B）。

A．折减系数　　B．安全系数　　C．吊挂方式系数　　D．角度影响载荷系数

117．减速器使用初期，应每（A）更换一次润滑油，并清洗箱体，去除金属屑。

A．3个月　　B．半年　　C．1年　　D．2年

118．用来连接两根轴，并在机器运转中根据需要随时进行结合或分离动力的部件是（C）。

A．联轴器　　B．减速器　　C．离合器　　D．制动器

119．允许两轴有较大角位移，传递转矩较大的是（C）联轴器。

A．弹性柱销　　B．十字滑块　　C．万向节　　D．齿轮

120．钢丝绳的极限工作载荷是指钢丝绳吊索在单肢垂直悬挂时额定载荷，也是指它的（C）。

A．破断拉力　　B．破断拉力总和　　C．许用拉力　　D．极限应力

121．减速器轴承处的发热不能超过允许温度升高值，当温升超过（B）时，应开箱进行检查。

A．30℃　　B．40℃　　C．50℃　　D．60℃

122．为了保证工作机构的安全运行，制动力矩应比塔机工作机构运行时的正常扭矩大（B）。

A．1～1.5倍　　B．1.5～2.5倍　　C．2.5～3..5倍　　D．3.5～4倍

123．用来连接两根轴，使其一起运转并传递扭矩的部件是（B）。

A．减速器　　B．联轴器　　C．离合器　　D．制动器

124．选用钢丝绳时，应首先按（D）选用钢丝绳。

A．应用场合　　B．具体用途　　C．破断拉力　　D．许用拉力

125．在牙嵌式离合器中，（A）牙结合方便，并可消除牙侧间隙，以减少冲击、齿根强度好，能传递较大转矩，且可双向传递扭矩，应用较广泛。

A．梯形　　B．锯齿形　　C．圆弧形　　D．矩形

126．适用于轴向串动量较大、正反转启动频繁的传动和轻载的场合，能吸振缓冲的是（A）联轴器。

A．弹性柱销　　B．十字滑块　　C．万向节　　D．齿轮

127．轮系中各齿轮轴线平行，确定任意级从动齿轮转向，若外啮合齿轮的对数是偶数，则末轮与首轮的转向（A）。

A．相同　　B．相反　　C．不定　　D．任意

128．凸缘联轴器的两个半联轴器应该用（B）螺栓连接。

A．粗制螺栓　　B．精制螺栓　　C．抗剪螺栓　　D．高强螺栓

129．液压推杆制动器合适的制动间隙应为（B）。

A．0.3～0.5 mm　　B．0.5～0.7 mm　　C．0.7～0.9 mm　　D．0.9～1 mm

130．在牙嵌式离合器中，（B）牙的强度较高，但只能传递单向扭矩，常用于特定的场合。

A．梯形　　B．锯齿形　　C．圆弧形　　D．矩形

131．点蚀损坏达啮合面的（C）时齿轮应报废。

A．50%　　B．40%　　C．30%　　D．20%

132．当轮系运转时，所有齿轮的轴线位置相对于机架是固定不变的轮系称为（A）。

A．定轴轮系　　B．行星轮系　　C．差动轮系　　D．混合轮系

133．一对齿轮的传动比不能过大，一般 $i_{12}=3～5$，$i_{max}5$，应该（B）。

A．≤6　　B．≤8　　C．≤10　　D．≤12

134．对于起升机构减速器齿轮的磨损，第一级啮合齿轮磨损达原齿厚的（D）时，应报废。

A．30%　B．25%　C．20%　D．10%

135．过载时摩擦面打滑，可以保护传动系统其他零件是（B）离合器的优点之一。

A．牙嵌式　B．摩擦式　C．齿形　D．超越

136．靠线圈的通、断电来控制动力的结合与分离的是（C）离合器。

A．牙嵌式　B．齿形　C．电磁　D．超越

137．钢丝绳作拉伸试验被拉断的拉力称为钢丝绳的（A）。

A．破断拉力　B．破断拉力总和　C．许用拉力　D．极限应力

138．起升机构和非平衡变幅机构的齿轮联轴器当齿轮齿厚磨损达原齿厚的（B）时，联轴器应报废。

A．10%　B．15%　C．20%　D．25%

139．某液压推杆制动器的型号为YZW200，其制动轮的直径应该是（C）。

A．300 mm　B．250 mm　C．200 mm　D．150 mm

140．水平臂小车变幅塔机的起重量曲线是由两部分组成的，其中弧线部分称为（C）。

A．强度曲线　B．极限曲线　C．稳定性曲线　D．保护曲线

141．起重机机构工作级别按机构的利用等级和载荷状态分为（C）。

A．四级　B．六级　C．八级　D．十级

142．塔机在非工作状态下的整机稳定性又称为（B）。

A．结构稳定性　B．自身稳定性　C．机构稳定性　D．负载稳定性

143．起重机使用的频繁程度称为起重机的（A）。

A．利用等级　B．载荷状态　C．总运转台时　D．实际起重量

144．水平臂小车变幅塔机的起重量曲线是由两部分组成的，其中水平直线部分称为（A）。

A．强度曲线　B．极限曲线　C．稳定性曲线　D．保护曲线

145．起重机的利用等级是按设计寿命期内总的工作循环次数来划分的，共分为（D）。

A．四级　B．六级　C．八级　D．十级

146．起重量曲线所在的平面直角坐标系中，横坐标代表作业幅度，而纵坐标代表的是（B）。

A．起重量　B．额定起重量　C．最大起重量　D．最小起重量

147．起重机的工作级别共分为（C）。

A．四级　B．六级　C．八级　D．十级

148．塔机在工作状态下的整机稳定性又称为（D）。

A．结构稳定性　B．自身稳定性　C．机构稳定性　D．负载稳定性

149．鉴于塔机工作状况的多变性，在考察塔机稳定性时，必须选取其中一些有代表性的（C）逐个进行稳定性验算。

A．有利工况　B．正常工况　C．不利工况　D．任意工况

150．起升高度曲线所在的平面直角坐标系中，纵坐标代表起升高度，而横坐标代表的是（A）。

A．作业幅度　B．最大幅度　C．最小幅度　D．变幅范围

151．载荷状态是起重机分级的一个基本参数，它表明起重机的（A）机构受载的轻重程度。

A．起升　B．变幅　C．回转　D．行走

152．起重机承受载荷的大小称为起重机的（B）。

A．利用等级　B．载荷状态　C．总运转台时　D．实际起重量

153．塔机抵抗外载荷作用，保持塔机整体稳定不致倾翻并能继续工作的特性称为塔机的（A）。

A．整机稳定性　　B．结构稳定性　　C．机构稳定性　　D．自身稳定性

154．保持塔机稳定的作用力与作用力至塔机倾翻轮缘（或倾翻边缘）垂直距离的乘积称为（A）。

A．稳定力矩　　B．起重力矩　　C．倾翻力矩　　D．自重力矩

155．导致塔机倾翻的外荷载与该荷载作用力至塔机倾翻轮缘（或倾翻边缘）垂直距离的乘积称为（C）。

A．稳定力矩　　B．起重力矩　　C．倾翻力矩　　D．自重力矩

156．起重机的工作级别用（C）表示。

A．M1～M8　　B．Q1～Q4　　C．A1～A8　　D．U0～U9

157．起重机载荷状态是表明起重机受载的轻重程度，按名义载荷谱系数分为（A）。

A．四级　　B．六级　　C．八级　　D．十级

158．塔机钢结构在全部外载荷作用下，抵抗压曲和失稳并且有继续工作能力的特性称为塔机的（B）。

A．整机稳定性　　B．结构稳定性　　C．机构稳定性　　D．自身稳定性

159．在各种形式的顶升机构液压系统中，防止系统过载的元件是（A）。

A．安全阀　　B．换向阀　　C．节流阀　　D．平衡阀

160．RCS 双电机驱动调速系统中，两台绕线转子电动机完全相同，通过 1∶2 的齿轮相连，一台作为驱动电机，另一台则用作（D）。

A．启动　　B．驱动　　C．加速　　D．制动

161．塔式起重机大车行走速度一般为（C）。

A．10 m/min　　B．15 m/min　　C．25 m/min　　D．30 m/min

162．目前塔机主卷扬通过对供电电源的（C）进行调节的调速方式实现无极变速。

A．电压和电流　　B．电流和电阻　　C．电压和频率　　D．电流和频率

163．采用双小车的变幅机构，如“正”“副”小车各配用 2 倍率滑轮组，当 2 个小车挂在一起动作时，则联合之后是以（B）进行吊运作业。

A．二倍率　　B．四倍率　　C．六倍率　　D．八倍率

164．采用变频无极调速的变幅机构适合于（C）塔式起重机。

A．中小吨位　　B．中大吨位　　C．大吨位　　D．所有吨位

165．在起升机构如下的调速方式中（D）属于无极调速。

A．绕线转子电机转子串接电阻调速　　B．变级调速

C．双速绕线转子电机转子串接电阻调速　　D．变频调速

166．自升式塔机顶升时油缸的中心线与回转中心线重合，顶升作业较安全，指的是（A）作业方式。

A．中心顶升　　B．外侧顶升　　C．侧面顶升　　D．内侧顶升

167．目前塔机回转机构的工作速度一般为（B）。

A．0.2～0.5 r/min　　B．0.5～1.0 r/min　　C．1.0～1.5 r/min　　D．1.5～1.8 r/min

168．变级调速配以电磁换挡减速器，可使调速挡数增加一倍，这种调速方式主要用在起重能力为（B）的塔机上。

A．400 kN·m 以下　　B．450～900 kN·m　　C．1 000 kN·m 以上　　D．250～1 000 kN·m

169．在 RCO 型回转机构中，涡轮制动调速的作用是（A）。

A．可避免在开始转动和停止转动时产生的振动　B．防止吊臂在大风下溜车

C．避免回转机构在起、止动时所造成的摇晃　　D．可实现无极调速

170．采用三速鼠笼电机加内置于卷筒的行星减速器的变幅机构适合于（B）塔式起重机。

A．中小吨位　B．中大吨位　C．大吨位　D．所有吨位

171．双速绕线转子电机有（B）磁极对数，通过串接电阻和变级两种方式进行调速。

A．1种　B．2种　C．3种　D．4种

172．在各种形式的顶升机构液压系统中，用于控制液压缸工作速度，防止超速下降的元件是（D）。

A．安全阀　B．换向阀　C．节流阀　D．平衡阀

173．在立式电机与行星减速器回转机构中液力耦合器的作用是（C）。

A．吊重就位准确　B．实现无极调速　C．防止机构过载　D．改变传动扭矩

174．在OMD回转机构中，笼形电动机是通过（B）带动电磁离合器的回转感应器的。

A．齿轮传动　B．皮带传动　C．链传动　D．螺旋传动

175．采用笼形电动机和液力耦合器驱动的运行机构，通过（B）和开式齿轮传动带动行走轮。

A．切换转子串接电阻　B．装有制动器的减速器

C．双作用制动器　D．涡流制动器

176．采用绕线式电动机驱动的运行机构，通过（A），使大车具有3挡行走速度。

A．切换转子串接电阻　B．装有制动器的减速器

C．双作用制动器　D．涡流制动器

177．下回转塔机有时为了提高起升高度，将吊臂仰起30°进行工作，此时为了保证在变幅过程中重物仍能水平移动，一般起升滑轮组是（A）。

A．2倍率　B．4倍率　C．6倍率　D．8倍率

178．为了减少回转支座结构变形对齿轮啮合的影响，回转机构应布置在（B）。

A．塔顶力矩平面之内　B．塔顶力矩平面之外　C．塔身力矩平面之内　D．塔身力矩平面之外

179．RCS双电机驱动调速系统中，两台绕线转子电动机完全相同，通过1：2的齿轮相连，一台作为制动电机，另一台则用作（B）。

A．启动　B．驱动　C．加速　D．制动

180．谐波传动回转机构的特点之一是同时啮合的齿数多，双波传动有多达（C）的齿同时啮合。

A．30%　B．40%　C．50%　D．60%

181．采用单速或双速笼形电动机的RT系列运行机构，通过（C）和由行星传动、正齿轮传动组成的减速器，获得15～30 m/mind的行走速度。

A．切换转子串接电阻　B．装有制动器的减速器

C．双作用制动器　D．涡流制动器

182．自升式塔机顶升时回转中心线与油缸的中心线不重合，要仔细找平衡，指的是（C）作业方式。

A．中心顶升　B．外侧顶升　C．侧面顶升　D．内侧顶升

183．照明电路、信号电路、电热采暖电路以及制动器电路等都要用（C）表示。

A．矩形框　B．粗实线　C．细实线　D．箭头

184．凸轮控制器适用于动作比较频繁的作业，但操作频率不得超过（B）。

A．500 次/h　　B．600 次/h　　C．700 次/h　　D．800 次/h

185．塔机使用的交流接触器，机械寿命可达（D）。

A．200 万次　　B．500 万次　　C．1 000 万次　　D．2 000 万次

186．用来满足安装施工和检修需要的电气系统图称为电气（D）。

A．结构图　　B．原理图　　C．施工图　　D．接线图

187．用来表示塔机各重要电气装置的部位和功能的电气系统图称为电气（A）。

A．结构图　　B．原理图　　C．施工图　　D．接线图

188．用来反映电气系统主电路、控制电路以及照明、信号等辅助电路的电气系统图称为电路（B）。

A．结构图　　B．原理图　　C．施工图　　D．接线图

189．控制电路中有接触器和继电器的线圈、继电器的触点、接触器的触头、按钮、电铃、终点开关及其他小功率电气元件。控制电路用（C）表示。

A．矩形框　　B．粗实线　　C．细实线　　D．箭头

190．（B）又称磁力控制器或远程控制器。

A．凸轮控制器　　B．主令控制器　　C．万能转换开关　　D．联动控制台

191．在电气结构图上，各部分电气装置相互间常用线条联系起来，有时还在线条上标注（D）表示电气设备作用过程的方向。

A．矩形框　　B．粗实线　　C．细实线　　D．箭头

192．在 LXP4−K311 型柱塞直动式行程开关中，触头数量为（B）。

A．一常开、一常闭　　B．一对常开、一对常闭

C．一个常开、一对常闭　　D．一对常开、一个常闭

193．通过一系列传动装置使触头发挥作用，切断电动机电源的是（B）限位开关。

A．直动式　　B．传动式　　C．微动式　　D．凸轮式

194．在电气结构图上，各部分电气装置常用（A）表示。

A．矩形框　　B．粗实线　　C．细实线　　D．箭头

195．体积小巧、便于集中布置在操纵盘上，操作方便，轻型塔机常采用的是（C）。

A．凸轮控制器　　B．主令控制器　　C．万能转换开关　　D．联动控制台

196．主令控制器适合于大容量电动机的控制，每小时通断次数可达到或超过（B）。

A．500 次　　B．600 次　　C．700 次　　D．801 次

197．力矩限制器上装用的大都是（A）限位开关。

A．直动式　　B．传动式　　C．微动式　　D．凸轮式

198．主电路是指从供电电源通向电动机或其他大功率电气设备的电路。主电路用（B）表示。

A．矩形框　　B．粗实线　　C．细实线　　D．箭头

199．在 JLXK1−311 A 型直动防护式行程开关中，触头数量为（A）。

A．一常开、一常闭　　B．一对常开、一对常闭

C．一个常开、一对常闭　　D．一对常开、一个常闭

200．接触器与（C）对接，可直接组成电磁启动器。

A．时间继电器　　B．过电流继电器　　C．热继电器　　D．中间继电器

201．JSK4−d 系列空气延时继电器，产品型号中 K 代表（B）。

A．继电器类型　　B．继电器型式　　C．设计序号　　D．系列代号

202．JSK4-d 系列空气延时继电器，产品型号中 JS 代表（A）。

A．继电器类型　　B．继电器型式　　C．设计序号　　D．系列代号

203．应用在动臂变幅式塔机上的幅度限制指示器，利用拨杆随臂架转动，电刷根据不同角度分别接通指示灯触点，将起重臂仰角的灯光信号传递到司机室的幅度指示盘上。当起重臂与水平夹角小于（B）时，电刷接通蜂鸣器，发出警告信号。

A．8°　　B．10°　　C．12°　　D．15°

204．起重量限制器各挡重量限制调定后，均匀试吊 2～3 次检验或校正，各挡允许重量限制偏差为额定起重量的（B）。

A．±3%　　B．±5%　　C．±6%　　D．±8%

205．应用在动臂变幅式塔机上的幅度限制指示器，利用拨杆随臂架转动，电刷根据不同角度分别接通指示灯触点，将起重臂仰角的灯光信号传递到司机室的幅度指示盘上。当臂架仰角为（C）时，上极限开关动作，变幅电路切断。

A．58°　　B．60°　　C．63°　　D．65°

206．在臂架中部起吊额定载荷 Q，以额定速度向外变幅至规定的换速幅度 $D=0.8L_{max}$，调整限制器内触头 6 至接触，使小车一开到 D 处即断电停止运行，换用低速可继续向外变幅。那么，触头 6 实施的是（C）保护。

A．定幅变码　　B．定码变幅

C．轻载变幅减速　　D．90%额定载荷预报警

207．调试起升高度限制器时，令吊钩以 2 倍率起升，并在吊钩滑轮组上升到距离变幅小车约（D）处停止，打开传动式限位开关上盖，调整凸轮位置到打开触头，从而使起升机构断电，吊钩停止上升。

A．5 m　　B．3 m　　C．2 m　　D．1 m

208．当力矩限制器安装在塔顶前方主肢时，行程开关应安装在弓形放大杆中间部位的（A）。

A．外侧　　B．内侧　　C．内外侧均可　　D．以外地方

209．测力环式起重量限制器应安装在（C）处。

A．塔顶滑轮　　B．臂架端部　　C．臂架根部　　D．塔顶主肢

210．当力矩限制器安装在塔顶后方主肢时，行程开关应安装在弓形放大杆中间部位的（B）。

A．外侧　　B．内侧　　C．内外侧均可　　D．以外地方

211．塔机安装并吊重后，轨道顶面纵、横方向上的倾斜度，对于下回转塔机应不大于（D）。

A．1/1 000　　B．2/1 000　　C．3/1 000　　D．5/1 000

212．内爬式塔机液压系统的顶升推力比自升式塔机液压系统的顶升推力（A）。

A．大　　B．小　　C．相等　　D．不确定

213．混凝土以下的基础处理，应保证地面许用比压（地耐力）不得小于（B）。

A．0.18 MPa　　B．0.2 MPa　　C．0.25 MPa　　D．0.30 MPa

214．整机安装后，应进行（A）的技术检验和调整，各机构动作应正确、平稳、制动可靠，各安全装置应灵敏有效。

A．整机　　B．机构　　C．结构　　D．总成

215．混凝土基础表面平整度允许偏差为（A）。

A．1/1 000　　B．2/1 000　　C．3/1 000　　D．4/1 000

216．基础混凝土强度达到（B）时，方可进行起重机的安装。

A．100%　　B．90%　　C．80%　　D．70%

217．附着框架宜设置在塔身标准节（A），箍紧塔身。塔架对角处在无斜撑时应加固。

A．中部水平腹杆处　　B．斜腹杆处　　C．任意处　　D．标准节连接处

218．未安装塔机时，轨道在纵横方向上，钢轨顶面的倾斜度不得大于（A）。

A．1/1 000　　B．2.5/1 000　　C．3/1 000　　D．4/1 000

219．轨道端部安全止挡要有足够的强度，且高度不小于行走轮的（C）。

A．直径　　B．2/3 直径　　C．半径　　D．2/3 半径

220．塔身高出锚固装置的高度称为（C），该数据应符合出厂规定。

A．起升高度　　B．结构高度　　C．自由端高度　　D．附着高度

221．在安拆作业中风力突然增大达到（A）及以上时必须立即停止，并应紧固上、下塔身各连接螺栓。

A．8.0 m/s　　B．10.8 m/s　　C．13.9 m/s　　D．20.8 m/s

222．钢轨接头间隙不得大于（C）。

A．6 mm　　B．5 mm　　C．4 mm　　D．3 mm

223．内爬框架与塔身之间，在起重作业时必须用楔块或丝杠固紧。爬升时要留有（B）的间隙。

A．1.5～3.5 mm　　B．2.5～5.0 mm　　C．3.5～6.0 mm　　D．4.5～7.0 mm

224．在布设附着框架和附着支座时，附着杆倾斜角不得超过（B）。

A．8°　　B．10°　　C．12°　　D．15°

225．内爬式塔机的安装一般要准备（C）内爬框架。

A．1 个　　B．2 个　　C．3 个　　D．4 个

226．塔机混凝土基础制作，在没有生产厂家说明书强调说明时，一般混凝土强度等级应不低于（C）。

A．C20　　B．C25　　C．C30　　D．C35

227．采用高强度螺栓连接的结构，连接螺栓时，应按装配技术要求拧紧，并采用（C）校准拧紧力矩。

A．大活扳手　　B．专用扳手　　C．扭矩扳手　　D．电动扳手

228．装设附着框架和附着杆件，应采用经纬仪进行测量并应采用附着杆调整（B）。

A．吊臂上翘度　　B．塔身垂直度

C．塔身直线度　　D．塔身与建筑主体平行度

229．在最高锚固点以下塔身垂直度允许偏差为（B）。

A．1/1 000　　B．2/1 000　　C．3/1 000　　D．4/1 000

230．在无载荷情况下，独立塔身的垂直度允许偏差为（D）。

A．1/1 000　　B．2/1 000　　C．3/1 000　　D．4/1 000

231．起重机的金属结构、轨道及所有电气设备的金属外壳，应有可靠的接地装置，接地电阻不应大于（A）。

A．4 Ω　　B．6 Ω　　C．8 Ω　　D．10 Ω

232．塔身接高液压顶升操作时，液压油液的温度应控制在（B）。

A．25～40℃　　B．35～60℃　　C．50～80℃　　D．60～90℃

233. 铺设塔机轨道时，每间隔（B）应设轨距拉杆一个。

A. 5 m　　B. 6 m　　C. 8 m　　D. 10 m

234. 轨道接头处应架在轨枕上，两轨顶高度差不得大于（C）。

A. 4 mm　　B. 3 mm　　C. 2 mm　　D. 1 mm

235. 在顶升作业中风力突然增大达到（A）及以上时，必须立即停止，并应紧固上、下塔身各连接螺栓。

A. 8 m/s　　B. 10.8 m/s　　C. 13.9 m/s　　D. 20.8 m/s

236. 当安拆作业发现异常情况或疑难问题时，应及时向（D）反映，不得自行其是，应防止处理不当而造成事故。

A. 法人代表　　B. 项目经理　　C. 施工队长　　D. 技术负责人

237. 两侧轨道接头应错开，错开距离不得小于（D）。

A. 3 m　　B. 2.5 m　　C. 2 m　　D. 1.5 m

238. 经分阶段及装机检验合格后，应填写检验记录，经（D）审查签证后，方可交付使用。

A. 法人代表　　B. 项目经理　　C. 施工队长　　D. 技术负责人

239. 铺设塔机轨道时，轨距允许偏差为公称值的（A），且不超过±3 mm。

A. 1/1 000　　B. 2/1 000　　C. 3/1 000　　D. 5/1 000

240. 当风速大于（A）时，严禁进行安装或拆卸锚固装置作业。

A. 8 m/s　　B. 10.8 m/s　　C. 13.9 m/s　　D. 20.8 m/s

241. 在轨道全程中，轨道顶面任意两点的高度差应小于（B）。

A. 80 mm　　B. 100 mm　　C. 120 mm　　D. 150 mm

242. 顶升前应预先放松电缆，其长度宜（A）顶升总高度，并应紧固好电缆卷筒。

A. 大于　　B. 等于　　C. 小于　　D. 无要求

243. 升降作业危险性大，必须落实四个“专人”责任制，下面不属于专人责任的是（A）。

A. 专人放哨　　B. 专人照看电源　　C. 专人操作液压系统　　D. 专人拆装螺栓

244. 两道内爬框架间的距离对作用在建筑物上的水平推力影响很大，那么该距离与水平推力（B）。

A. 成正比　　B. 成反比　　C. 成等比　　D. 不确定

245. 起重机拆装前，应编制拆装施工方案，由企业（D）审批，并应向全体作业人员交底。

A. 法人代表　　B. 项目经理　　C. 施工队长　　D. 技术负责人

246. 根据超载25%静载试验的工况，参与试验运行的机构只有（A）。

A. 起升机构　　B. 变幅机构　　C. 回转机构　　D. 行走机构

247. 超载25%静载试验时，起升机构分别按照规定的工况将相应的载荷吊离地面100～200 mm处，并在吊钩上（C）重量至相应额定载荷的1.25倍。

A. 一次吊起　　B. 一次增加　　C. 逐次增加　　D. 随意增加

248. 超载10%动载试验时，行走机构以额定速度按照规定的工况往复行走，要求臂架垂直与轨道，吊重离地（D）时的单向行走距离不少于20 m。

A. 200 mm　　B. 300 mm　　C. 400 mm　　D. 500 mm

249. 超载25%静载试验时，在吊钩上逐次增加重量至相应额定载荷的1.25倍后，至少停留（B），然后再进行测量与比较，得出塔顶静位移、臂架挠度、上翘度等数值。

A．5 min　　B．10 min　　C．15 min　　D．20 min

250．超载 10%动载试验时，回转机构按照规定的工况以额定速度进行左右回转，对不能全回转的塔机，应（A）最大回转角度。

A．超过　　B．等于　　C．小于　　D．不定

251．额定载荷试验时，行走机构以额定速度按照规定的工况往复行走，要求臂架垂直与轨道，吊重离地 500 mm 时的单向行走距离不少于（B）。

A．10 m　　B．20 m　　C．30 m　　D．40 m

252．塔机经异地安装后，空载试验应该由塔机的（C）来负责。

A．产权单位　　B．使用单位　　C．安装单位　　D．塔吊司机

253．超载 25%静载试验时，起升机构分别按照规定的工况将相应的载荷吊离地面（A）处。

A．100～200 mm　　B．200～300 mm　　C．300～400 mm　　D．400～500 mm

254．塔机在空载状态下进行试验时，要求各工作机构动作平稳，具体表现里不包括（B）。

A．无爬行　　B．无振动　　C．无震颤　　D．无过热

255．塔机额定载荷试验时，起升机构在起升全范围内以额定速度进行起升、下降，在每一起升、下降过程中要进行不少于（C）的正常制动。

A．1 次　　B．2 次　　C．3 次　　D．4 次

256．额定载荷试验时，回转机构按照规定的工况以额定速度进行左右回转，对不能全回转的塔机，应（C）最大回转角度。

A．超过　　B．等于　　C．小于　　D．不定

257．塔机在空载状态下进行试验时，要求各工作机构有相对运动部位应无（C）现象。

A．流油　　B．滴油　　C．渗油　　D．洇油

258．进行额定载荷试验时，对于小车变幅的塔机，要在最大和最小幅度之间，小车起吊（C），以额定速度进行两个方向的变幅。

A．最小幅度相应的额定起重量　　B．任意一幅度相应的额定起重量

C．最大幅度相应的额定起重量　　D．最大幅度相应额定起重量的 1.1 倍

259．对于可带载变幅的动臂式塔机，在最大和最小幅度之间，按照工况（B），臂架以额定速度俯仰变幅。

A．起吊最小幅度时相应额定起重量的 110%的载荷

B．起吊最大幅度时相应额定起重量的 110%的载荷

C．起吊最大至最小幅度中间处相应的额定起重量的 110%的载荷

D．起吊最大幅度时相应额定起重量

260．回转机构按照规定的工况以额定速度进行左右回转，对不能全回转的塔机，应超过的最大回转转角是（C）。

A．0°→90°→0°　　B．0°→120°→0°　　C．0°→180°→0°　　D．0°→360°→0°

261．空载试验应该在（A）进行。

A．安装调速时　　B．每班作业前　　C．每班作业中　　D．每班作业后

262．塔式起重机的各级保养的间隔期应该以（A）为单位。

A．运转小时　　B．运转天数　　C．运转月数　　D．运转年数

263．电动机超温升过热的故障原因是（A）。

A．冷却风扇损坏　　B．过电流继电器动作

C．转子碳刷接触不良　　D．操作不当低速运转时间较长

264．起重机遭到风速超过（C）的暴风袭击，或结构在中等地震后，必须进行全面检查，经企业主管技术部门认可，方能投入使用。

A．33 m/s　　B．28 m/s　　C．25 m/s　　D．20 m/s

265．塔式起重机的大修理间隔期最长不超过（D）。

A．1 500 运转小时　　B．3 000 运转小时　　C．10 000 运转小时　　D．15 000 运转小时

266．塔式起重机的稳定系数应为（A）。

A．≥1.15　　B．≥1.0　　C．＜1.0　　D．＜1.15

267．滑轮不转动的故障主要原因是（C）。

A．滑轮绳槽与绳径不匹配　　B．钢丝绳穿绕不正确

C．滑轮缺少润滑、轴承损坏　　D．防脱装置不起作用

268．严禁采用自由下落的方法下降吊钩或重物，当吊钩下降距就位点约（D）时，必须采用慢速就位。

A．5 m　　B．3 m　　C．2 m　　D．1 m

269．造成钢丝绳断丝的主要因素是（B）。

A．缺少润滑　　B．在滑轮、卷筒上运行产生的疲劳

C．滑轮槽直径过大　　D．卷筒直径过小

270．塔式起重机行走到距限位开关碰块约（B）处，应提前减速停车。

A．5 m　　B．3 m　　C．2 m　　D．1 m

271．塔式起重机的例行保养即为（A）。

A．每班保养　　B．一级保养　　C．二级保养　　D．三级保养

272．塔式起重机不允许超风力作业，规定的工作风速是指（B）。

A．平均风速　　B．瞬时风速　　C．物象风速　　D．预报风速

273．塔式起重机平衡臂与相邻建筑物之间的安全距离不少于（B）。

A．0.5 m　　B．0.6 m　　C．0.8 m　　D．1.0 m

274．在起升过程中，当吊钩滑轮组接近起重臂（A）时应用低速起升，严防与起重臂顶撞。

A．5 m　　B．4 m　　C．3 m　　D．2 m

275．机械设备的修理包括对机械设备的拆卸、装配和（B）等几个基本内容。

A．零件的清洗　　B．零件修复　　C．零件的报废　　D．零件更换

276．自升式塔机供电电缆严重扭转的主要原因是（C）。

A．回转惯性过大　　B．回转速度过快

C．回转限位器失灵或损坏　　D．液力耦合器油量不足

277．在没有说明书强调说明时，一般混凝土强度等级应不低于（D）。

A．C15　　B．C20　　C．C25　　D．C30

278．修理的间隔期是根据主要配合零件表面的（D）计算得出的。

A．磨损量　　B．允许磨损量　　C．极限磨损量　　D．极限磨损允许量

279．塔机在寿命期内最多安排（A）次大修。

A．1　　B．2　　C．3　　D．4

280．配电箱应设置在塔机（B）范围内或轨道中部，且明显可见。

A．5 m　　B．3 m　　C．2 m　　D．1 m

281．造成小车轻载超限位的直接原因是（D）。

A．小车运行速度过快　　B．变幅机构制动器制动行程过大

C．起重力矩限制器失灵　　D．小车行程限位器失灵或损坏

282．塔式起重机的主体结构、电机机座和所有电气设备的金属外壳都应可靠接地，其接地电阻不应大于（B）。

A．2 Ω　　B．4 Ω　　C．6 Ω　　D．8 Ω

283．对于停用时间超过（A）的塔机，在启用时必须做好各部件的润滑、调整、保养、检查。

A．1 个月　　B．3 个月　　C．半年　　D．1 年

284．在附着框架和附着支座布设时，附着杆倾斜角不得超过（C）。

A．5°　　B．8°　　C．10°　　D．12°

285．利用联动台操纵塔机，当握住左操纵杆向右摆动时，可控制（C）。

A．小车前进　　B．小车后退　　C．臂架右转　　D．臂架左转

286．提升重物作水平移动时，应高出其跨越的障碍物（C）以上。

A．0.3 m　　B．0.4 m　　C．0.5 m　　D．1.0 m

287．为了降低零件的磨损速度，延长使用寿命而采取的预防性的强制执行的技术措施称为（C）。

A．计划修理　　B．紧固、润滑　　C．定期保养　　D．更换零件

288．塔式起重机的修理作业应该由（C）人员承担。

A．安拆工　　B．塔机司机　　C．专业维修工　　D．电工

289．滑轮轮槽不均匀磨损的主要原因是（B）。

A．滑轮绳槽与绳径不匹配　　B．滑轮转动不灵活或不转动

C．钢丝绳穿绕不正确　　D．防脱装置不起作用

290．利用联动台操纵塔机，当握住左操纵杆后拉时，可控制（D）。

A．吊钩起升　　B．吊钩下降　　C．小车前进　　D．小车后退

291．安装附着装置的塔机，在最高锚固点以下垂直度允许偏差为（B）。

A．1/1 000　　B．2/1 000　　C．3/1 000　　D．4/1 000

292．塔式起重机上所有的滑轮（包括塔顶滑轮）应该（A）加注钙基润滑脂。

A．每班　　B．每周　　C．每月　　D．每季度

293．利用联动台操纵塔机，当握住右操纵杆前推时，可控制（B）。

A．吊钩起升　　B．吊钩下降　　C．小车前进　　D．小车后退

294．造成起重机大车运行超限位与止挡发生碰撞的直接原因是（D）。

A．大车运行速度过快　　B．大车运行机构制动器制动行程过大

C．大车行程限位器失灵或损坏　　D．止挡与限位触发装置距离近

295．两台塔机同在一条轨道或两条相平行或相互垂直的轨道上进行作业时，应保持两机之间任何部位的安全距离，最小不低于（A）。

A．5 m　　B．3 m　　C．2 m　　D．1 m

296．造成臂架根部等连接销轴退出脱离的原因是（D）。

A．安装不到位　　B．销轴磨损

C．臂架摆动导致销轴串动　　D．开口销未打开

297．塔式起重机与 10 kV 高压输电线路的沿垂直方向的最小距离为（B）。

A．1.5 m　　B．3 m　　C．4 m　　D．5 m

298．钢丝绳经常脱槽的主要原因是（A）。

A．防脱装置不起作用　　B．绕过的滑轮太多　　C．钢丝绳穿绕不正确　　D．缺少润滑

299．起吊重物时，必须先将重物吊离地面（A）左右停住，确定制动、物料捆扎、吊点和吊具无问题后，方可按照指挥信号操作。

A．0.5 m　　B．1.0 m　　C．1.5 m　　D．2.0 m

300．动臂式起重机允许带载变幅的，当载荷达到额定起重量的（B）及以上时，严禁变幅。

A．95%　　B．90%　　C．85%　　D．80%

301．非工作状态，吊钩宜升到离起重臂顶端（B）处。

A．1～2 m　　B．2～3 m　　C．3～4 m　　D．4～5 m

302．为已达到工作极限的机械设备恢复其技术性能而采取有计划的按需要执行的技术措施称为（A）。

A．计划修理　　B．紧固、润滑　　C．定期保养　　D．更换零件

303．钢丝绳磨损过快的主要原因是（C）。

A．防脱装置不起作用　　B．绕过的滑轮太多

C．滑轮绳槽与绳径不匹配　　D．滑轮偏斜或位移

304．在正常工作条件下，供电系统在塔机馈电线接入处的电压波动应不超过额定值的（B）。

A．±5%　　B．±10%　　C．±15%　　D．±20%

305．塔身高强螺栓连接松动的直接原因是（B）。

A．塔身受扭转力矩和弯矩影响　　B．预紧力不够

C．标准节主肢杆件变形　　D．未使用专用扳手拧紧

306．塔机在寿命期内有（B）大修周期。

A．1 个　　B．2 个　　C．3 个　　D．4 个

307．作业中如遇风速大于（B）大风或阵风时，应立即停止作业。

A．8.0 m/s　　B．10.8 m/s　　C．13.8 m/s　　D．20.8 m/s

308．起升机构变速器在新机运转（C）后，应进行第一次换油。

A．400～500 h　　B．300～400 h　　C．200～300 h　　D．100～200 h

309．卷筒筒壁磨损过快的主要原因是（A）。

A．绳径与卷筒绳槽不匹配　　B．钢丝绳润滑不良

C．筒壁材质处理硬度低　　D．出绳偏角过大

310．起重机抵抗倾翻的能力称为起重机的（C）。

A．安全性　　B．动力性　　C．稳定性　　D．经济性

311．利用联动台操纵塔机，当握住左操纵杆前推时，可控制（C）。

A．吊钩起升　　B．吊钩下降　　C．小车前进　　D．小车后退

312．在装设附着框架和附着杆时，应通过调整附着杆的长度以保证（D）。

A．平衡臂的水平度　　B．起重臂的上翘度　　C．塔身的直线度　　D．塔身的垂直度

313．制动器制动轮过热的主要原因是（B）。

A．机构运转时间过长　　B．制动间隙过小

C．机构负荷过载　　D．摩擦片磨损严重露铆钉

314．塔机作业时因为超载而切断运动后，应采取（B）恢复作业。

A．切除超载限制器的控制　　B．判别原因后减幅、减载、减速

C．手动强制限制器触头脱开　　D．拆除限制器

315．每班作业后，小车变幅式塔机应将小车开到（D）位置。

A．最大幅度　　B．最小幅度　　C．随意幅度　　D．说明书规定的幅度

316．相邻两台塔机的最小架设距离应当保证处于高位塔机的最低部位的部件（吊钩升至最高点或平衡臂的最低部位）与低位塔机中最高部位的部件之间的垂直距离不应小于（C）。

A．5 m　　B．3 m　　C．2 m　　D．1 m

317．如塔机的一养间隔期为300～360 h，按每天10～12 h、每月30天运转，可以折合成（B）运转月。

A．半个　　B．1个　　C．2个　　D．3个

318．吊钩产生扭转变形的主要原因是（B）。

A．吊挂的钢丝绳绳径过粗　　B．吊钩转动不灵活

C．吊钩过载　　D．未安装防脱钩装置

319．塔式起重机与10 kV高压输电线路的沿水平方向的最小距离为（A）。

A．1.5 m　　B．3 m　　C．4 m　　D．5 m

320．大修不同于其他级别修理的主要工艺特点是（A）。

A．所有可拆卸零件应全部拆卸、清洗、修理

B．更换润滑油

C．检查各机构减速器齿轮啮合间隙，必要时进行调整

D．检查各安全装置的可靠性

321．塔式起重机的工作环境温度为（A）。

A．−20～40℃　　B．−20～20℃　　C．−40～20℃　　D．−40～40℃

322．相邻两台塔机的最小架设距离应当保证处于低位塔式起重机起重臂端部与处于高位塔式起重机的塔身之间至少有（C）的安全距离。

A．5 m　　B．3 m　　C．2 m　　D．1 m

323．利用联动台操纵塔机时，随着操纵杆移动量的增大，相应工作机构电动机的转速（A）。

A．加快　　B．减慢　　C．不变　　D．不定

324．如塔机二养间隔期为2 500 h，按每月360 h、每年7个月运转，可以折合成（C）运转年。

A．3个月　　B．半年　　C．1年　　D．2年

325．起升机构制动器油缸在−15～0℃时，每工作56 h用油壶加注（C）。

A．20号机械油　　B．10号变压器油　　C．25号变压器油　　D．仪表油

326．至少（A）一次，要对塔机工作机构、所有安全装置、制动器的性能及磨损情况、钢丝绳的磨损及端头固定、螺栓销轴连接处等进行全面检查。

A．每周　　B．每月　　C．每季　　D．每年

327．机械零件在生产厂调试期和在用户使用走合期将粗糙表面逐级磨平的阶段称为零件磨损的（A）。

A．磨合阶段　　B．正常工作阶段　　C．事故性损坏阶段　　D．停机修理阶段

328．利用联动台操纵塔机，当握住右操纵杆后拉时，可控制（A）。

A．吊钩起升　　B．吊钩下降　　C．小车前进　　D．小车后退

329．塔机标准节连接高强螺栓的日常紧固应由（B）承担。

A．安拆工　　B．塔机司机　　C．专业维修工　　D．有经验的架子工

330．基础表面平整度允许偏差为（A）。

A．1/1 000　　B．2/1 000　　C．3/1 000　　D．4/1 000

331．十字滑块联轴器产生振动冲击的主要原因是（A）。

A．滑动零件磨损后间隙增大　　B．半联轴器键座磨损

C．连接键与键槽配合超差　　D．滑动零件摩擦表面硬度低

332．塔机标准节连接高强螺栓的日常紧固的周期为（A）。

A．56 运转小时　　B．100 运转小时　　C．240 运转小时　　D．720 运转小时

333．回转机构小齿轮、大齿圈及上下坐圈跑道的润滑方法为每工作 56 h 涂抹和压注一次（B）润滑脂。

A．锂基　　B．钙基　　C．钠基　　D．石墨

334．利用联动台操纵塔机，当握住左操纵杆向左摆动时，可控制（D）。

A．小车前进　　B．小车后退　　C．臂架右转　　D．臂架左转

335．在无载荷情况下，独立状态塔身的垂直度允许偏差为（D）。

A．1/1 000　　B．2/1 000　　C．3/1 000　　D．4/1 000

336．吊钩开口度增加的主要原因是（C）。

A．吊挂的钢丝绳绳径过粗　　B．吊物在吊运过程中产生碰撞

C．吊钩过载　　D．未安装防脱棘爪

337．超载作业引发起重臂折断、塔机倾翻事故的原因是（A）。

A．载荷限制器失灵、损坏或拆除　　B．基础不符合要求

C．附着安装达不到要求　　D．塔机位置不当

338．塔机与外电线路安全距离不足的原因是（D）。

A．载荷限制器失灵、损坏或拆除　　B．基础不符合要求

C．附着安装达不到要求　　D．塔机位置不当

339．按照生产安全事故造成的人员伤亡或者直接经济损失情况，建筑施工安全事故分为（D）等级。

A．1 个　　B．2 个　　C．3 个　　D．4 个

340．由于塔机的起升机构钢丝绳过卷，造成吊钩坠落致人死亡的应该属于（C）事故。

A．物体打击　　B．高处作业　　C．起重伤害　　D．机械伤害

341．塔身变截面处产生裂纹引发事故的原因是（D）。

A．回转限位器失灵、损坏或拆除　　B．超载使用

C．起升高度限位器失灵、损坏或拆除　　D．钢结构疲劳

342．附着框架与附着杆连接松动引发事故的原因是（C）。

A．载荷限制器失灵、损坏或拆除　　B．基础不符合要求

C．附着安装达不到要求　　D．塔机位置不当

343．企业活动过程中发生的意外突发性事件的总称为（B）。

A．故障　　B．事故　　C．停产　　D．怠工

344．塔机供电电缆严重扭转引发断裂触电事故的原因是（A）。

A．回转限位器失灵、损坏或拆除　　B．超载使用

C．起升高度限位器失灵、损坏或拆除　　D．钢结构疲劳

345．变幅小车与限位止挡发生碰撞事故的原因是（B）。

A．回转限位器失灵、损坏或拆除　　B．变幅小车缓冲器损坏

C．起升高度限位器失灵、损坏或拆除　　D．钢结构疲劳

346．地脚螺丝断裂引发塔机倾翻事故的原因是（B）。

A．载荷限制器失灵、损坏或拆除　　B．基础不符合要求

C．附着安装达不到要求　　D．塔机位置不当

347．起升钢丝绳过卷断裂、吊钩坠落事故的原因是（C）。

A．回转限位器失灵、损坏或拆除　　B．超载使用

C．起升高度限位器失灵、损坏或拆除　　D．钢结构疲劳

二、多选题

348．基本视图中除了三视图还应有（ABC）。

A．右视图　　B．后视图　　C．仰视图　　D．俯视图

349．配合的种类有（BCD）。

A．基本配合　　B．间隙配合　　C．过盈配合　　D．过渡配合

350．构件的承载能力包括（ABD）。

A．强度　　B．刚度　　C．硬度　　D．稳定性

351．构件的基本变形有（ABCD）。

A．拉伸与压缩　　B．剪切　　C．弯曲　　D．扭转

352．内力的性质是（ACD）。

A．当外力存在时，内力与外力相平衡

B．当外力存在时，内力永远随外力增大而增大

C．当外力撤去时，内力同时消失

D．当外力存在时，内力随外力增大而增大

353．应力的单位、名称可以是（BCD）。

A．N 牛顿　　B．N/m^2 帕斯卡　　C．kN/m^2 千帕　　D．N/mm^2 兆帕

354．钢丝绳吊索在吊载时受到的是吊物的重力及与卸扣等端部配件连接时的弯折作用，最有可能产生（AD）变形。

A．拉伸　　B．压缩　　C．剪切

D．弯曲　　E．扭转

355．按照力系中各力作用线是否相交，力系可分为（BCE）。

A．平面力系　　B．平行力系　　C．汇交力系

D．空间力系　　E．任意力系

356．提高压杆稳定性的措施是（BCD）。

A．选用优质材料　　B．选择适当材料

C．选择合理的截面形状　　D．加强杆端约束

357．金属在外力作用下表现出来的力学性能指标有（ABC）和韧性及抗疲劳性等。

A．强度　　B．刚度　　C．硬度

D．塑性　　E．稳定性

358．作用在物体上的载荷，其（ABC）都不变化的载荷叫作静载荷。

A．大小　　B．方向　　C．位置　　D．时间

359．金属材料的硬度指标包括（ABC）。

A．布氏硬度　　B．洛氏硬度　　C．维氏硬度　　D．冲击韧度

360．金属在外部载荷作用下的变形可分为（ACD）的阶段。

A．弹性变形　　B．塑性变形　　C．弹—塑性变形　　D．断裂

361．画受力图的步骤可分为（AD）。

A．取研究对象

B．取分离体

C．把施力体对研究对象的作用力全部画出来

D．把施力体对研究对象的主动力和约束力全部画出来

362．齿轮轴在工作时受到的是弯矩和扭矩的作用，最有可能产生（DE）变形。

A．拉伸　　B．压缩　　C．剪切

D．弯曲　　E．扭转

363．在“力—伸长曲线”上，拉伸的过程可分为（ABCD）的阶段。

A．弹性变形　　B．屈服　　C．强化

D．缩颈　　E．断裂

364．按照力系中各力作用线是否在同一平面内，力系可分为（AD）。

A．平面力系　　B．平行力系　　C．汇交力系

D．空间力系　　E．任意力系

365．工程中常见的约束有（ABC）。

A．柔软绳索约束　　B．光滑接触表面约束　　C．光滑铰链约束　　D．柔软铰链约束

366．确定许用拉力和安全系数时，主要考虑的因素是（ABD）。

A．材料性质的不均匀和内部缺陷　　B．构件的制造误差

C．强度储备越大越好　　D．载荷计算误差

367．金属材料的强度指标包括（AD）。

A．抗拉强度　　B．抗压强度　　C．抗弯强度　　D．屈服强度

368．主令电器主要包括有（ABCD）等。

A．控制按钮　　B．行程开关　　C．万能转换开关　　D．主令控制器

369．电动机的定子主要由（BC）组成。

A．机座　　B．定子铁芯　　C．定子绕组　　D．接线盒

370．塔机的工作特性要求所采用的三相异步电动机应满足（ABCDE）等要求。

A．能适应频繁、短时工作的要求　　B．启动转矩较大

C．过载能力强　　D．易启动，启动电流小

E．能适应露天恶劣气候作业环境条件

371．低压电器按其功能可分为（ABCDE）以及成套电器。

A．开关电器　　B．控制电器　　C．保护电器

D．调节电器　　E．主令电器

372．电动机的转子主要由（ABC）组成。

A．转子铁芯　　B．转子绕组　　C．转子轴　　D．支撑轴承

373．空气断路器包括有（ABCD）等。

A．万能式断路器　　B．塑壳式断路器　　C．微型断路器　　D．漏电保护器

374．三相交流异步电动机的工作原理是（AB）。

A．三相交流电在定子上产生旋转磁场　　B．在转子绕组中产生感应电动势和感应电流

C．三相交流电在转子上产生旋转磁场　　D．在定子绕组中产生感应电动势和感应电流

375．根据输入信号的种类不同，继电器可分为（ABCD）。

A．过电流继电器　　B．热继电器　　C．时间继电器　　D．中间继电器

376．渐开线直齿圆柱齿轮的正确啮合条件是（BC）。

A．两齿轮的分度圆必须相等　　B．两齿轮的模数必须相等

C．两齿轮分度圆上的齿形角必须相等　　D．两齿轮的参数必须相等

377．在两齿轮轴不平行的齿轮传动中，按轴线的位置可分为（AD）。

A．相交轴齿轮传动　　B．人字齿圆柱齿轮传动

C．直齿圆柱齿轮传动　　D．交错轴齿轮传动

378．按钢的含碳量，碳素钢可分为（ABC）。

A．低碳钢　　B．中碳钢　　C．高碳钢　　D．工具钢

379．蜗杆传动的润滑方式主要有（BD）。

A．飞溅润滑　　B．油池润滑　　C．压力润滑　　D．喷油润滑

380．优质碳素钢中的有害元素含量为（BD）。

A．$S \leqslant 0.050\%$　　B．$S \leqslant 0.035\%$　　C．$P \leqslant 0.045\%$　　D．$P \leqslant 0.035$

381．常见的渐开线齿轮的失效形式有（ABCDE）。

A．齿面磨损　　B．齿面点蚀　　C．齿面胶合

D．齿面塑变　　E．轮齿折断

382．按两个构件之间的相对运动特征，低副可分为（ABD）。

A．转动副　　B．移动副　　C．齿轮副　　D．螺旋副

383．模数大小和齿轮尺寸大小的关系是（AC）。

A．齿数相等的齿轮，模数越大，齿轮尺寸就越大，轮齿也越大

B．齿数相等的齿轮，模数越大，齿轮尺寸就越小；轮齿也越小

C．分度圆直径相等的齿轮，模数越大，轮齿就越大

D．分度圆直径相等的齿轮，模数越大，轮齿就越小

384．在两齿轮轴相互平行的齿轮传动中，按啮合情况可分为（ABD）。

A．外啮合齿轮传动　　B．内啮合齿轮传动　　C．蜗轮蜗杆传动　　D．齿轮齿条传动

385．在组成碳素钢的元素中，有害元素指的是（DE）。

A．碳 C　　B．硅 Si　　C．锰 Mn

D．磷 P　　E．硫 S

386. 按蜗杆螺旋方向不同，可分为（AC）。

A. 右旋蜗杆　B. 单头蜗杆　C. 左旋蜗杆　D. 多头蜗杆

387. 按蜗杆头数不同，可分为（BD）。

A. 右旋蜗杆　B. 单头蜗杆　C. 左旋蜗杆　D. 多头蜗杆

388. 普通碳素钢中的有害元素含量为（AC）。

A. $S \leqslant 0.050\%$　B. $S \leqslant 0.035\%$　C. $P \leqslant 0.045\%$　D. $P \leqslant 0.035$

389. 机器的组成通常包括（ABCD）。

A. 动力部分　B. 传动部分　C. 执行部分　D. 控制部分

390. 根据铸铁中石墨形态的不同，铸铁分为（ACD）和蠕墨铸铁几大类。

A. 灰口铸铁　B. 白口铸铁　C. 可锻铸铁　D. 球墨铸铁

391. 根据液压缸的结构形式不同，可分为（ACD）。

A. 柱塞式　B. 双杆式　C. 伸缩式　D. 活塞式

392. 液压油的作用是（ABCDE）。

A. 是实现能量传递、转换和控制的工作介质

B. 能对有相互运动的液压元件接触表面进行润滑

C. 对液压元件与液压油接触表面有防锈作用

D. 可以对某些过热液压元件的表面进行冷却

E. 可以降低液压系统工作时产生的振动

393. 液力耦合器的作用是（ABC）。

A. 对回转惯性大的机构启动时，防止电动机过载

B. 避免传动部件和金属结构遭受严重冲击

C. 使机构在传动中工作柔和、平稳

D. 利用耦合器的反转特性，在塔机回转时可以强行反车制动

394. 溢流阀在液压系统中的作用是（BC）。

A. 调节流量　B. 调压、稳压　C. 防止系统过载　D. 控制液流方向

395. 常用的液压泵有（ABC）等几大类。

A. 齿轮泵　B. 叶片泵　C. 柱塞泵　D. 螺杆泵

396. 我国生产的液压油的牌号均以40℃黏度划分，有（ABCD）等多种规格。

A. 22#　B. 32#　C. 46#

D. 68#　E. 95#

397. 按输出的流量能否调节，液压泵可分为（CD）。

A. 高压泵　B. 低压泵　C. 定量泵　D. 变量泵

398. 三位四通换向阀常见的中位机能包括有（ABCDE）。

A. O 型机能　B. H 型机能　C. Y 型机能

D. P 型机能　E. M 型机能

399. 根据用途和工作特点的不同，液压系统的控制阀分为（ABD）。

A. 方向控制阀　B. 压力控制阀　C. 速度控制阀　D. 流量控制阀

400. 一个换向阀完整的符号应具有（ABCDE）等要素。

A. 工作位置数　B. 通口数　C. 在各工作位置阀口的连通关系

D．控制方法　　E．复位及定位方法

401．对液压传动工作原理的正确描述是（ABC）。

A．以油液作为工作介质　　B．通过密闭的工作容积的变化使液体产生压力

C．通过油液的压力传递动力　　D．通过油液的流动传递动力

402．我国生产的液压油有（ABCDE）等几种型号。

A．L—HL 液压油　　B．L—HM 抗磨液压油

C．L—HV 低温抗磨液压油　　D．L—HS 低凝抗磨液压油

E．L—HG 液压导轨油

403．常见的液力传动装置有（BCD）。

A．液压马达　　B．液力耦合器　　C．液力变矩器　　D．液力机械变矩器

404．在不知道钢丝绳型号、性能的条件下，只要量出钢丝绳直径，就可以利用经验公式计算钢丝绳的破断拉力和许用拉力。如 d 代表钢丝绳直径；Fp 代表破断拉力；［F］代表许用拉力，那么，求钢丝绳的破断拉力应采用公式（AB）。

A．$Fp=500d^2$（N）　　B．$Fp=50d^2$（kgf）

C．［F］$=100d^2$（N）　　D．［F］$=10d^2$（kgf）

405．轴的位移可分为（ABCD）。

A．轴向位移　　B．径向位移　　C．角度位移　　D．综合位移

406．按照传动类型减速器有（ABCD）。

A．齿轮减速器　　B．蜗杆减速器　　C．行星齿轮减速器　　D．摆线针轮减速器

407．由两个端面带有牙的半离合器组成的离合器是（AC）。

A．牙嵌式离合器　　B．摩擦式离合器　　C．齿形离合器　　D．超越离合器

408．挠性联轴器可分为（AC）两种。

A．有弹性元件　　B．有对中止口　　C．无弹性元件　　D．无对中止口

409．摩擦式离合器按结构形式可分为（ABCD）。

A．单盘式　　B．多盘式　　C．圆锥式　　D．膜片式

410．制动器制动力矩的形成与（ABC）等因素有关。

A．主弹簧的作用力　　B．制动臂（杠杆）系统的力臂比

C．制动衬带（刹车带、闸皮）的材质　　D．推杆的行程

411．钢丝绳的报废标准有（ABCD）。

A．在一个捻距内断丝数达到规定的标准　　B．钢丝绳直径减少 7%以上

C．局部外层钢丝呈“笼”形状　　D．出现整股断裂

412．吊索是起重作业中最基本和使用最广泛的工具。吊索的基本形式有（ABD）。

A．钢丝绳吊索　　B．起重短环链　　C．吊横梁　　D．合成纤维吊带

413．减速器的安全技术要求是（ABCDE）。

A．地脚螺丝不得有松动、脱落或折断

B．轴承处的发热不能超过允许温度升高值

C．检查润滑部位，减速箱油量要适中

D．噪声过高或有异常撞击声应开箱检查齿轮与轴

E．对箱体和轴进行探伤，应无缺陷

414．轮系的作用是（ABCD）。

A．可获得很大的传动比　　B．可使结构紧凑，缩小传动装置空间

C．可以方便地实现变速和变向　　D．可以实现运动的合成与分解

415．依靠两个接触面上的摩擦力传递扭矩的离合器是（BD）。

A．牙嵌式离合器　　B．摩擦式离合器　　C．齿形离合器　　D．超越离合器

416．为了保证制动器的最大力矩达到设计值，必须对制动器的（ABC）进行适当的调整。

A．主弹簧的张力　　B．制动行程　　C．轴瓦间隙　　D．制动轮温升

417．联轴器按结构不同可分为（AC）。

A．刚性联轴器　　B．弹性联轴器　　C．挠性联轴器　　D．安全联轴器

418．在行星轮系中，常常采用几个完全相同的行星轮均匀地分布在中心轮的周围，其目的是（AB）。

A．平衡惯性力　　B．减轻轮齿载荷

C．实现变速和变向　　D．现运动的合成与分解

419．牙嵌式离合器的牙形沿圆周方向展开有（ABD）。

A．梯形　　B．锯齿形　　C．圆弧形　　D．矩形

420．联轴器连接的两根轴产生位移的原因有（ABCD）。

A．制造、安装的误差　　B．零件的变形、磨损　　C．基础的下沉

D．机架的变形　　E．设计上的要求

421．按用途选用钢丝绳时，应遵循的原则是（AD）。

A．起升、变幅机构应优先选用 6 股线接触交互捻钢丝绳

B．在有腐蚀性的环境中工作时，应选用镀铅钢丝绳

C．在有耐酸要求的场合中工作时，应选用镀锌钢丝绳

D．在高温环境中工作，大起重量、多层缠绕的起升机构，应选用钢芯的钢丝绳

422．塔机的整体稳定性又可分为（AD）。

A．负载稳定性　　B．机构稳定性　　C．结构稳定性　　D．自身稳定性

423．起重机工作级别的分级原则是把（ABC）划为一组，共分 8 组，即 A1～A8。

A．不同载荷状态　　B．不同作用次数　　C．具有相同寿命　　D．具有不同寿命

424．自升式塔机的稳定性按下列（ABD）3 种工况进行验算。

A．验算自升式塔机的负载稳定性　　B．验算自升式塔机的自身稳定性

C．验算自升式塔机的结构稳定性　　D．验算自升式塔机的安装稳定性

425．起重机的工作级别是按起重机（AB）来划分的。

A．利用等级　　B．载荷状态　　C．总运转台时　　D．实际起重量

426．起重机的载荷状态分为（ABCD）4 个级别。

A．Q1——轻　　B．Q2——中　　C．Q3——重　　D．Q4——特重

427．水平臂小车变幅塔机的起重量曲线是由（AC）两部分组成的。

A．强度曲线　　B．极限曲线　　C．稳定性曲线　　D．保护曲线

428．导致塔机倾翻的外力主要是（BCD）。

A．结构自重　　B．起重载荷　　C．风载荷

D．惯性力　　E．压重

429．机构工作级别是按机构的（BC）划分的。

A．使用寿命　　B．利用等级　　C．载荷状态　　D．载荷作用时间

430．塔式起重机的起重特性曲线包括（AB）。

A．起升高度曲线　　B．起重量曲线　　C．力—伸长曲线　　D．零件磨损曲线

431．塔机的稳定性包括（AC）两种不同的概念。

A．整机稳定性　　B．机构稳定性　　C．结构稳定性　　D．自身稳定性

432．液力耦合器传动的运行机构一般配置（BC）减速器。

A．圆柱齿轮减速器　　B．行星齿轮减速器　　C．蜗轮蜗杆减速器　　D．摆线针轮减速器

433．在各种形式的顶升机构液压系统中，都应具有（ACD），以保证系统工作的安全性。

A．安全阀　　B．换向阀　　C．节流阀　　D．平衡阀

434．起升机构调速的目的是要达到（CD）的要求。

A．轻载低速　　B．重载高速　　C．轻载高速　　D．重载低速

435．根据构造不同和滚动体形状及使用数量多少，回转支承可分为（ABCD）等形式。

A．单排四点接触球式　　B．双排球式　　C．单排交叉滚柱式　　D．三排滚柱式

436．起升机构采用的变速器通常有（ABC）。

A．圆柱齿轮变速器　　B．蜗轮蜗杆变速器　　C．行星齿轮变速器　　D．谐波传动减速器

437．绕线转子异步电机转子串接可变电阻调速的回转机构是由（ABCDE）及回转支承等部件组成的。

A．立式电动机　　B．液力耦合器　　C．停放制动器

D．减行星速器　　E．小齿轮

438．自升式塔机加装塔身标准节的顶升作业方式可分为（CD）。

A．上加节　　B．下加节　　C．侧面顶升　　D．中心顶升

439．塔式起重机起升机构滑轮组的倍率大多采用（ACD）。

A．二　　B．三　　C．四　　D．六

440．动臂式变幅塔机，当吊物随吊臂变幅时，因为（ACD）等原因，所以一般多用于非工作性变幅。

A．吊物的重心发生不必要的升降，耗费额外的驱动功率

B．臂架的重心发生不必要的升降，耗费额外的驱动功率

C．降臂时由于吊臂重心下降，容易引起较大的惯性荷载

D．降臂时吊物重心随吊臂下降，增大惯性荷载

441．按照所用电动机及减速器的不同，目前变幅机构大体可分为（ABCDE）。

A．双速鼠笼电机加蜗轮减速器的变幅机构

B．双速鼠笼电机加内置于卷筒的摆线针轮减速器的变幅机构

C．三速鼠笼电机加内置于卷筒的行星减速器的变幅机构

D．带涡流制动器的力矩电机内置于卷筒的行星减速器的变幅机构

E．变频无极调速的变幅机构

442．塔机电气系统图可概分为（ABD）三类。

A．结构图　　B．原理图　　C．施工图　　D．接线图

443．在塔式起重机电气系统原理图和接线图中，均（AD）。

A．以汉语拼音字母表示电器的型式　　B．以数码字符表示电器的规格和安装顺序

C．以汉拼音字母表示电器的型号　　D．以数码字符表示电器的型号和安装顺序

444．在（BCD）时，都要用到电路原理图。

A．安装电气设备　　B．调整、维护电气设备

C．检修电气设备　　D．查找分析和排除电气故障

445．联动控制台由左右两部分组成，每一部分又包括（ABC）。

A．联动操纵杆总成　　B．主令开关总成　　C．传动座总成　　D．凸轮控制总成

446．塔机常用的控制器有（ABCD）及便携式操纵台等。

A．凸轮控制器　　B．主令控制器　　C．万能转换开关　　D．联动控制台

447．在接线图中，对各导线的（ABCE）走线方式等都应有明确的标注。

A．型号　　B．截面　　C．芯数

D．颜色　　E．长度

448．在小车变幅水平臂自升式塔机上（ABC）均采用传动式限位开关。

A．起升高度限制器　　B．小车行程限制器　　C．回转角度限制器　　D．力矩限制器

449．电磁起动器控制的线路具有（AD）功能。

A．过载保护　　B．零位保护　　C．短路保护　　D．断相保护

450．塔机电气系统中采用的限位开关可分为（AB）两大类。

A．直动式　　B．传动式　　C．微动式　　D．凸轮式

451．对电控柜的基本要求是（ABC）。

A．密封性好、不漏水不易进尘土　　B．有良好的通风散热设备

C．器件固定位置准确、螺栓紧固　　D．有一定的维修操作空间

452．弓形板式力矩限制器上的行程开关可分为（ABCD）开关。

A．定幅变码　　B．定码变幅

C．轻载变幅减速　　D．90%额定载荷预报警

453．FO/23B 塔机的大车行程限位装置是由（ABC）等组成的。

A．终点开关　　B．坡道碰杆　　C．越程限位开关　　D．触尺

454．塔机上采用的电子安全装置主要有（ABC）。

A．电子力矩限制器　　B．电子作业区域限制器

C．电子防止互撞系统　　D．电子对讲机

455．国产水平臂架自升式塔机起升高度限位器所用的限位开关装在卷筒一端直接用卷筒轴带动，限位开关一般由（AB）组成。

A．行程开关　　B．传动系统　　C．上箱体　　D．下箱体

456．电子力矩限制器通过传感器采集所得到的有关（ABCD）等数据输入中央微处理器进行分析处理后一一显示在屏幕上，并连续不断地同塔机载荷表中规定的数据进行对比。

A．吊载作业幅度　　B．小车行程　　C．吊钩起升高度

D．起重量　　E．起重力矩

457．拉力环式起重量限制器的微动限制开关可分为（ABD）。

A．高速档重量限制开关　　B．0.9 Q_{max} 限制开关

C．轻载变幅减速　　D．0.9 Q_{max} 限制开关

458．动臂变幅塔机的幅度限制指示器由（ABCDE）等组成。

A．活动转盘　　B．刷托　　C．座扳

D．拨杆　　E．行程开关

459．在小车变幅的塔机上，以一定长度钢丝绳在卷筒上卷绕的匝数为依据，将限位开关布置在卷筒近旁，并以卷筒部件带动其传动系统驱使限位开关及时动作的限位装置一般应用在（AC）上。

A．起升机构　　B．回转机构　　C．变幅机构　　D．行走机构

460．拉力环式起重量限制器的微动限制开关可分为（ABD）。

A．高速档重量限制开关　　B．0.9 限制开关

C．轻载变幅减速　　D．限制开关

461．塔机升降完毕后，应将（ABC）。

A．各连接螺栓按规定扭力紧固　　B．液压操纵杆回到中间位置

C．切断液压升降机构电源　　D．将液压油从油箱放出

462．塔式起重机附着杆系的（ABC）等，都应按出厂使用说明书规定执行。有变动时，应另行设计。

A．布置方式　　B．相互间距　　C．附着距离　　D．附着框架

463．轨道式起重机作附着式使用时，应（ABD）。

A．提高轨道基础的承载能力　　B．切断行走机构的电源

C．拆除大车行程限位装置　　D．设置阻挡行走轮移动的支座

464．进行锚固作业时，作业人员应（ACD）并应遵守高处作业有关安全操作的规定。

A．系安全带　　B．挂安全绳　　C．戴安全帽　　D．穿软底鞋

465．塔式起重机使用的钢轨其规格有（ABC）。

A．50 kg　　B．43 kg　　C．38 kg　　D．24 kg

466．对于有底架的固定自升式塔机，可根据（ABD）情况选用混凝土基础。

A．地质条件　　B．周围环境　　C．安装成本　　D．施工现场

467．钢轨在铺设中应注意（ABCD）接缝等误差不要超出规定的允许值，避免给安全使用带来隐患。

A．水平　　B．平行　　C．直线

D．坡度　　E．弯道半径

468．常用的塔式起重机混凝土基础的形式可分为（ABCD）。

A．X 形整体式钢筋混凝土基础　　B．条块分割式钢筋混凝土基础

C．4 个独立式钢筋混凝土基础　　D．整体方块式钢筋混凝土基础

E．桩承台基础

469．固定式混凝土基础的施工对影响塔机的稳定性的不利因素有（ABCE）。

A．混凝土强度低于要求　　B．基础表面平整度达不到要求

C．基础的地耐力不符合设计规定　　D．基础周围排水不畅，积水渗透

E．安装验收不严格

470．在拆装作业过程中，当遇到（ABC）等意外情况，短时间不能继续作业时，必须使已拆装的部位达到稳定状态并固定牢靠，经检查确认无隐患后，方可停止作业。

A．天气剧变　　B．突然停电　　C．机械故障　　D．塔机安全装置失效

471．在拆卸内爬式塔机时，臂架、塔头、平衡臂等结构件一般通过（ABCD）等方式回到地面。

A．用直升飞机在空中分部拆卸，再放到地面

B．在楼顶设简单桅杆吊，将臂架、平衡臂、塔头等卸到楼顶面，再分段解体送至地面

C．在臂架上安装可沿臂架移动的小型桅杆吊，逐节拆下各段臂架

D．对于电视塔，可用桅杆吊、空中缆索整体拆卸臂架和平衡臂

472．X 形整体式钢筋混凝土基础的特点是（ACD）。

A．形状和平面尺寸大致与塔机 X 形底架相似　　B．可以增加塔机的自重

C．起到部分压重作用，可增加塔机稳定性　　D．将塔机的载荷传递给地基

473．起重机的拆装必须（ABD），拆装作业时应有技术和安全人员在场监护。

A．由取得建设行政主管部门颁发的起重设备安装工程承包资质的企业进行

B．由符合相应承包资质等级的单位进行

C．由符合相应承包资质等级的个人进行

D．由取得建设行政主管部门颁发的塔机安装拆卸资格证的人员实施作业

474．升降作业前，应对自升塔式起重机顶升液压系统（ABCDE）等进行检查，及时处理存在的问题。

A．液压缸　　B．油管　　C．顶升套架结构

D．导向轮　　E．顶升支撑（爬爪）

475．安拆前，应对所拆装起重机的（ABCDE）等进行检查，使隐患排除于拆装作业之前。

A．各机构、结构焊缝　　B．重要部位螺栓、销轴

C．卷扬机构和钢丝绳、吊钩、吊具　　D．电气设备、线路

E．自升塔式起重机顶升液压系统

476．采用高强度螺栓连接的结构，必须使用高强度螺栓专业制造商生产的连接螺栓；连接螺栓时，应采用（BC）并应按装配技术要求拧紧。

A．大活扳手　　B．专用扳手　　C．扭矩扳手　　D．电动扳手

477．超载 10%动载试验的工况可分为（ABCD）。

A．在最大幅度时吊起相应额定起重量的 110%

B．吊起最大额定起重量的 110%，在该吊重相应的最大幅度时

C．在上述两个幅度的中间处，吊起相应额定起重量的 110%

D．起升机构每挡速度允许的额度起重量的 110%

478．超载 25%动载试验的目的主要是考核结构的强度和承载力，具体要求为卸载后（ABCD）。

A．结构不应出现可见裂纹、永久变形　　B．结构不应出现油漆剥落

C．结构连接不应有松动　　D．制动器应可靠，吊钩不应有下滑现象

479．超载 10%动载试验的目的是（ABD）。

A．检查各机构运转的灵活性　　B．制动器的可靠性

C．检查载荷限制器的精度　　D．卸载后，检查机构及结构件应无松动和破坏

480．超载 25%静载试验的工况可分为（ABC）。

A．在最大幅度时，起吊相应额度起重量的 125%的载荷

B．吊起最大起重量的 125%的载荷，在该吊重相应的最大幅度

C．在上述两个幅度的中间处，起吊该幅度相应额度起重量的 125%的载荷

D．在最大幅度时，起吊相应额定起重量的125%的载荷，减幅运行至最小幅度处

481．塔机在空载状态下进行试验时，要求各工作机构动作应（ACDE）和无异常噪声等。

A．无爬行　B．无振动　C．无震颤

D．无冲击　E．无过热

482．额定载荷试验的工况分为（ABD）。

A．最大幅度相应的额定起重量　B．最大额定起重量相应的最大幅度

C．最小幅度相应的额定起重量　D．起升机构每挡速度允许的额定起重量

483．塔机空载试验应达到的要求是（ABD）。

A．操作系统、控制系统、连锁装置动作准确、灵活

B．起升高度、回转、幅度、行走等限位器动作可靠、准确

C．起重量、起重力矩限制器动作可靠、准确

D．起升、回转、变幅、行走各结构动作平稳，无冲击、过热、异常噪声等

484．对塔式起重机进行额定载荷试验的目的主要是（ABCD）。

A．测量各机构的运行速度　B．测量机构及驾驶室的噪声

C．载荷限制器的精度　D．起升机构每挡在相应额定起重量时的工作速度

485．利用联动台操纵塔机时，操作方法上可选择（AB），视需要而定。

A．单独操纵1个机构　B．同时操纵2个机构　C．同时操纵3个机构　D．同时操纵4个机构

486．例行保养的十字作业方针是指（ACDE）。

A．清洁　B．清扫　C．润滑

D．紧固　E．调整

487．按规定不得进行出租、安装、使用的建筑机械有（ABCDE）。

A．属于国家明令淘汰或者禁止使用的

B．超过安全技术标准或者制造厂家规定的使用年限的

C．经检验达不到安全技术标准规定的

D．没有完整安全技术档案

E．没有齐全有效的安全保护装置的

488．塔式起重机驾驶员的申请条件是（ABC）。

A．年满18周岁　B．身体健康

C．有初中以上文化程度　D．有一定的塔机驾龄

489．对改造、大修的塔式起重机要有（AB）等文件。

A．出厂检验合格证　B．监督检验证明

C．配件目录　D．安装使用维修说明书

490．利用联动台操纵塔机时，右联动操纵杆控制的是（AD）的运行。

A．起升机构　B．变幅机构　C．回转机构　D．行走机构

491．自升式塔机每班保养检查的作业项目要求是指（ABDEF）。

A．电动机、变速器、制动器、联轴器及安全罩连接紧固螺丝

B．各齿轮油箱、制动器油缸、液力耦合器的油质、油量，按期加注润滑油、润滑脂

C．检查各机构减速器齿轮啮合间隙，必要时进行调整

D．清除制动器油污，制动间隙适当，否则应调整

E．吊钩转动灵活无螺纹、防脱装置有效

492．轨道式起重机作业前，应检查（ABCD）。

A．轨道基础平直无沉陷　　B．鱼尾板联接螺栓及道钉无松动

C．轨道上的障碍物应清除　　D．应松开夹轨器并向上固定好

493．作业前，应进行空载运转，试验各工作机构（ABCD）确认正常后方可作业。

A．运转是否正常　　B．有无噪声及异响

C．制动器是否可靠　　D．安全防护装置是否有效

494．塔机的月保养检查的作业检查项目是指（ABCDE）。

A．每班保养的作业项目　　B．接地电阻

C．电器元件、配电箱　　D．润滑滑轮及钢丝绳、紧固绳卡

E．臂架销轴定位

495．塔式起重机在使用中发生故障的主要原因是（ABDE）。

A．工作环境恶劣　　B．操作人员违章作业　　C．运转时间过长

D．零部件自然磨损　　E．维护保养不当

496．齿轮磨损过快的原因是（ABCE）。

A．润滑油不洁　　B．润滑油黏度低　　C．润滑不足

D．齿轮表面硬度高　　E．机构超载

497．起升过程中重物下滑或制动时溜钩的故障原因是（ABCD）。

A．制动器刹车片间隙调整不当　　B．制动器刹车片磨损严重或有油污

C．制动器主弹簧张力不够　　D．电动机输出转矩不够

498．起重机在无线电台、电视台或其他近电磁波发射天线附近施工时，应采取（ABCD）等保护措施。

A．司索人员应佩戴绝缘手套　　B．司索人员应穿绝缘鞋

C．应在吊钩上挂接临时放电装置　　D．指派专人进行监控

499．塔式起重机启动前应进行重点检查的项目及要求是（ABCDEF）。

A．金属结构和工作机构的外观情况正常　　B．各安全装置和各指示仪表齐全完好

C．各齿轮箱、液压油箱的油位符合规定　　D．主要部位连接螺栓无松动

E．钢丝绳磨损情况及各滑轮穿绕符合规定

500．塔式起重机驾驶员的上岗资格是（ABCD）。

A．接受理论和操作技能的培训　　B．经建设主管部门考核合格

C．取得《建筑施工特种作业操作资格证书》　　D．实习操作达到 3 个月

501．塔式起重机的保养应执行（ABC）。

A．每班（日常）保养　　B．一级（月）保养

C．二级（年度）保养　　D．三级（不定期）保养

502．塔机主要受力构件应采用高强螺栓连接，并应符合（ABCD）要求。

A．高强螺栓应有性能等级符号标识

B．标准节连接高强螺栓应不采用锤击即可穿入

C．应采用扭矩扳手或专用扳手按装配技术要求拧紧

D．螺栓按规定紧固后主肢地面接触面积不小于应接触面的 70%

503．作业中遇到（ABD）情况应停止作业。
A．传动机构出现异常现象　B．金属结构部分发生变形
C．因超载、超限位安全装置动作　D．电气系统发生故障
504．对于附着式塔机，每班操作前应对附着装置进行检查，项目包括（ABC）。
A．附着框架的检查　B．附着杆的检查
C．附着杆与建筑物连接情况的检查　D．塔身垂直度的检测
505．作业中遇到（ABCD）情况应停止作业。
A．恶劣气候，如大雨、大雪、大雾、大风　B．塔机出现漏电
C．钢丝绳磨损严重以及扭曲、断股、打结或出槽　D．安全保护装置失效
506．机械零件的磨损可以分为（ABC）几个阶段。
A．磨合阶段　B．正常工作阶段　C．事故性损坏阶段　D．停机修理阶段
507．减速器产生过热的原因是（BCE）。
A．齿轮磨损严重　B．润滑不足　C．轴承间隙小
D．轴承间隙大　E．机构超载
508．弹性柱销联轴器运转时产生振动的主要原因是（ABCD）。
A．被连接轴的径向位移超差　B．弹性元件老化
C．键与键槽、键座配合超差　D．紧固件松动
E．与制动器隔热垫失效
509．起重机司机要做到的“十不吊”是指（ABCE）。
A．斜吊不吊　B．指挥信号不明不吊
C．散装物料装得太满或捆扎不牢不吊　D．满载不吊
E．安全装置失灵不吊
510．塔式起重机大修的工艺要求是（ABCDE）。
A．所有可拆卸零件应全部拆卸、清洗、修理　B．所有电动机应拆卸、解体、维修
C．所有的仪表应按有关规定维修、检验、更换　D．更换老化的电线和损坏的电气元件
E．除锈、涂漆
511．减速器运行噪声大的原因是（ABD）。
A．齿轮磨损严重　B．润滑不足　C．轴承间隙小
D．轴承间隙大　E．机构超载
512．当与输电线的安全距离达不到规定时，应搭设防护架，搭设要求应符合（ABCDE）。
A．搭设防护架必须经有关部门批准
B．采用线路暂停供电或其他可靠安全措施
C．有电气工程技术人员或专职安全人员监护
D．可使用竹竿等绝缘材料，不得使用金属材料
E．防护架与输电线的安全距离不应小于规定数值
513．对固定式塔式起重机混凝土基础的一般要求是（ABCD）等。
A．基础纵、横向偏差符合要求　B．预埋螺栓、承重钢板的材质、尺寸符合要求
C．地基承重力符合要求　D．基础应有排水设施、排水畅通
514．塔机出厂时，厂家必须提供的随机技术文件有（ABCD）。

A．监督检验证明　B．出厂合格证　C．安装使用维修说明书
D．配件目录　E．随机专用工具

515．机械零件的损伤按其产生的原因可分为（ABC）等类型。
A．摩擦所造成的磨损　B．机械性损伤　C．热损伤　D．冷脆

516．变幅小车滑行和抖动的故障原因是（ABCDE）。
A．钢丝绳未张紧　B．滚轮轴承润滑不好、转动偏心　C．轴承损坏
D．制动器损坏　E．电动机故障

517．回转电机有异响，回转无力的故障原因是（ABCE）。
A．液力耦合器漏油或油量不足　B．液力耦合器损坏
C．减速器齿轮或轴承破损　D．大齿圈润滑不良
E．回转电机故障

518．利用联动台操纵塔机时，左联动操纵杆控制（BC）的运行。
A．起升机构　B．变幅机构　C．回转机构　D．行走机构

519．机械设备的修理包括对机械设备的（ABD）等几个基本内容。
A．拆卸　B．零件修复　C．零件更换　D．装配

520．塔机在工作时，对各部位的噪声要求是（AB）。
A．司机室内不超过 80 dB
B．在距各传动机构边缘 1 m，底面上方 1.5 m 处不超过 90 dB
C．施工作业面不超过 80 dB
D．各传动机构异响不超过 90 dB

521．卷筒绳端固定压板易松动的原因是（ABC）。
A．绳径与压板凹槽不匹配　B．压板固定螺栓预紧力不够
C．压板固定螺栓丝孔磨损　D．卷筒上固定绳端圈数少

522．在塔式起重机的润滑作业指导书中应明文规定润滑的（ABCEF）等。
A．部位　B．周期　C．油品种类
D．时间　E．加注方法

523．特种设备的使用单位应当制定（ACD），并定期进行演练。
A．特种设备重特大事故的应急预案　B．特种设备较大事故的应急预案
C．特种设备一般事故的应急预案　D．特种设备事故的应急专项预案

524．事故经过：2002 年×日，×建筑工地一台 QTZ63 自升式塔式起重机在吊运钢管时塔身变形歪斜，该塔机起重臂长 46 m，塔身已升至 90 m 高，装有 6 道附着装置，最高一道附着装置距起重臂杆铰点 22 m。事故调查：经查，最高一道附着装置的一根附着杆调节丝杠和连接耳扳被扭弯，造成附着框梁上方的塔身严重歪向建筑物，塔吊位置偏离中心垂线达 0.9 m。该塔机附着装置是由施工单位自制，附着杆调整丝杆的热处理、耳扳的焊接均存在质量问题。当时塔机的作业任务是将建筑物楼顶的钢管吊运至 12 层的裙房屋面上，起吊点在起重臂 12 m 处，起吊钢管质量 3 000 kg，当小车向前行至起重臂的 38 m 处时，塔机发生倾斜变形。该塔机起重性能表上表面：当吊运 3 000 kg 重物时，幅度应控制在 25 m 之内，与 38 m 作业幅度对应的额度起重量为 1 841 kg，事故分析：造成该事故的主要原因是（ABCD）。

A．超载吊运，超载程度达 62%

B．维修保养不到位，力矩限制器失效，当吊物超过 25 m 幅度时未能切断吊钩向上、小车向外变幅的电源

C．施工单位擅自制造使用塔机的附着装置，在超载时，耳扳首先发生塑变，致使调节丝杠弯曲，继而导致塔身倾斜

D．检测单位对由施工单位自制的附着装置未提出异议

525．事故经过：某公司塔吊司机操作塔吊从西侧七层楼上吊钢模板两块重 5 t，在向南向东摆放 30～34.3 m 处时，塔头四根主弦杆拉断三根，致使起重臂、平衡臂以塔头为轴向下坠落。起重臂、平衡臂严重损坏变形，小车停在臂端。所幸无人员伤亡，但塔吊完全报废。事故调查：经查，该塔吊起吊 5 t 时的额定幅度为 26.8 m，力矩限制器的三个锁紧螺母均处于未锁紧状态，变幅机构制动器的摩擦片已全部磨损，制动力矩下降 50%以上。事故分析：造成该事故的主要原因是（ABC）。

A．超载作业　　B．力矩限制器处于失调状态

C．变幅制动器失灵，小车冲向臂端　　D．塔吊制造质量存在问题

526．按塔式起重机本身的损坏情况塔式起重机事故大致可分为（ABCE）几种类型。

A．倾翻事故　　B．断、折臂事故　　C．脱、断钩事故

D．高处坠落事故　　E．起升、变幅钢丝绳断绳事故

527．事故经过：×广场工程使用的 QTZ80F 塔式起重机，从 165 m 高度吊运约 3 t 重的脚手架钢管到裙楼顶部平台，当吊物下降到 145 m 高度时，起升卷扬机突然失控，加速下滑，紧急断电仍不能制止下滑，起升卷扬机超速转动飞车，吊钩与吊物坠落到 27 m 裙楼顶部。减速箱破碎解体飞散，击伤一名报贩，击穿民居屋顶。事故调查：经查，其起升卷扬机第 2 档湿式多片电磁离合器电刷磨损过量，而正是在下降 2 挡时出现事故；在离合器发生打滑时，串联的欠电流继电器未动作，造成起升电机不能控制起吊载荷。事故分析：（ABCE）。

A．该塔吊已发生 7 次吊物下滑，未引起重视，带病运转

B．离合器电刷磨损未及时更换

C．欠电流继电器的电路与触点未及时检修

D．超载吊运

E．现场安全管理松懈

528．事故经过：2002 年×日，×建筑工地用一台 QTZ40 塔机吊运一架金属长梯，距地面 22.5 m 高处有一组 66 kV 高压输电线。现场作业人员有 4 人：现场负责人甲、现场吊装作业指挥人员乙、司索工丙和塔吊司机丁。指挥作业人员乙指挥吊装司索工丙用吊装绳捆绑锁住金属长梯中间部分后，又指挥丁开始起吊，发现长梯有些摇晃摆动，丙用手扶住长梯一端来减缓长梯的摆动。然后，乙又指挥丁操作塔机向左回转以便将长梯放置到架设位置。正当长梯随起重臂回转时，丙突然倒地。事故调查：经查，塔机的起升钢丝绳与高压线相触及，造成丙触电身亡。事故分析：造成该事故的主要原因是（ABCE）。

A．比邻施工现场的高压线路未按规定进行防护

B．塔机安装后，未按规定进行验收，擅自投入使用

C．违章指挥、违章作业

D．长梯的吊点位置、吊挂方式不妥

E．被害者丙等作业人员在高压线下方操作，缺乏应有的安全知识和自我保护意识

529．事故经过：2005 年×日，×建筑工地使用一台 QTZ25 自升式塔式起重机进行吊运模板作业，吊运已到位，正点下落就位时，起重臂突然脱落坠地，模板砸在四楼脚手板上，将站在脚手板另一端的

一民工弹起摔在地面，经抢救无效死亡。事故调查：经查，距起重臂根部 10 m 处的一根下弦连接销的固定卡板螺栓未安装弹簧垫圈，螺栓脱落，卡板失效，销轴脱落。事故分析：造成该事故的主要原因是（ABCD）。

A．固定卡板的螺栓脱落导致起重臂坠落

B．交班司机检查时发现销轴外退，只是将销轴敲回去，但没有固定好卡板

C．交班司机未向接班司机交代此事

D．接班司机作业前未检查到位，未发现压板存在问题

三、判断题

530．相互结合的孔和轴公差带之间的关系称为配合。（正确）

531．零件某一表面的表面结构要求在图纸上只标注一次。（正确）

532．重合断面的轮廓线都要用粗实线画出。（错误）

533．塔机安装的垂直度，指的是塔身轴线对基础上平面的位置公差。（正确）

534．假想用剖切平面将机件的某处切断，仅画出断面的图形，称为剖视图。（错误）

535．塔机基础上平面的平面度不大于 1/1 000，指的是固定基础的形状误差。（正确）

536．画受力图时，首先把需要研究的物体从周围的物体中分离出来，单独画出它的简图，整个步骤叫做取研究对象或取分离体。（正确）

537．杆件失稳破坏比强度不足时所能承受的压力要大得多。（错误）

538．作用力与反作用力大小相等、方向相反，可看成一个平衡力系。（错误）

539．构件发生断裂或产生过大的塑性变形时的应力称为强度极限。（正确）

540．作用在构件上的外力是各种各样的，因此，构件的变形也是各种各样的。（正确）

541．压杆在轴向压力作用下保持其原有平衡状态，称为压杆的稳定性。（正确）

542．大小、方向分别或同时随时间而变化的载荷叫作动载荷。（正确）

543．硬度越高，材料的耐磨性越差。（错误）

544．恒定作用在物体上，其大小、方向和位置都不变化的载荷叫作动载荷。（错误）

545．光滑支撑面对物体的约束反力是在接触点处、沿着接触表面公法线方向、指向受力物体。（正确）

546．受轴向压力的直杆叫作压杆。（正确）

547．所谓力系，就是指作用于物体上的一群力。（正确）

548．当主动力尚未确定时，约束反力的方向预先不能确定。（正确）

549．确定安全系数就是用来保证材料本身具有一定的强度储备，以便在其受到超出规定的外力时不至于被破坏。（正确）

550．约束反力的方向与该约束所能阻碍的运动方向相同。（错误）

551．约束反力的方向与该约束所能阻碍的运动方向相反。（正确）

552．拉伸过程可分为弹性变形阶段、屈服阶段、强化阶段和缩颈阶段。（正确）

553．表示物体受力的简明图形称为受力图。（正确）

554．力的作用线都处在同一平面或接近同一平面的力系称为平面力系。（正确）

555．大小、方向分别或同时随时间而变化的载荷叫作静载荷。（错误）

556．通常，硬度是通过专用的硬度试验机上实验测得的。（正确）

557．要保证细长杆件正常工作，只要满足它的强度条件就可以。（错误）

558．为了保证构件在载荷作用下能正常工作，必须要具有足够的承受载荷的能力。（正确）

559．疲劳失效产生的断裂具有很大的危险性，常常会造成严重的事故。（正确）

560．金属材料的断后伸长率和断面收缩率越高，其塑性越差。（错误）

561．恒定作用在物体上，其大小、方向和位置都不变化的载荷叫作静载荷。（正确）

562．要保证细长杆件正常工作，除了满足它的强度条件外，还需要满足它的稳定条件。（正确）

563．因为构件在设计时就留有一定的安全系数，所以可以超载使用。（错误）

564．材料在断裂前所能承受的最大力的应力值称为强度极限。（错误）

565．金属材料的断后伸长率和断面收缩率越高，其塑性越好。（正确）

566．构件受力后发生断裂、变形过大、丧失稳定性，不能正常工作，统称为破坏。（正确）

567．硬度越高，材料的耐磨性越好。（正确）

568．外力在力学上称为载荷。（正确）

569．杆件失稳破坏比强度不足时所能承受的压力要小得多。（正确）

570．平面任意力系平衡条件之一是力系所有各力在两个互相垂直坐标轴上投影的代数和等于零。（正确）

571．塑性好的材料，易于冷弯、冷拉、冷挤等变形加工。（正确）

572．低压空气断路器在切断电路后，自身并不损坏，只需排除线路故障后即可重新投入使用。（正确）

573．塔式起重机的联动操作台就属于主令控制器。（正确）

574．一般情况下，转子的转速总是高于旋转磁场的转速。（错误）

575．由于过电流继电器过于灵敏，为了防止误动作，要把衔铁放在硅油中。（正确）

576．漏电保护器只能用于人身因漏电发生电击伤亡。（错误）

577．由三相对称绕组组成的定子绕组加上三相对称电压所形成的旋转磁场是最好的。（正确）

578．通过改变定子线圈的组数，得到二、四、六等不同级数的旋转磁场，就可以得到不同的电动机转速。（正确）

579．因为转子绕组是靠电磁感应工作的，所以，异步电动机又称感应电动机。（正确）

580．通常，定子的三相对称绕组接成△形。（错误）

581．接触器是利用自身线圈通过电流产生磁场，使触头闭合，以达到控制负载的目的。（正确）

582．三相异步电动机从定子接入电源开始，到转子的转速稳定这个过程称为启动。（正确）

583．绕线式异步电动机具有优良的起动特性，适于大功率电动机重载起动，广泛应用在起重机械上。（正确）

584．过电流继电器的整定电流值应调整到电动机额定电流的 1.5～2 倍。（正确）

585．只要任意对调两条火线，就可以改变电动机的旋转方向。（正确）

586．电动机主要由定子和转子两部分组成。（正确）

587．三相异步电动机有鼠笼式和绕线式两种。（正确）

588．灰口铸铁是目前应用最广的一种铸铁。（正确）

589．低副能够传递较复杂的运动。（错误）

590．对钢进行渗碳的目的是提高钢件表层的含碳量。（正确）

591．Q235 为某碳素结构钢的牌号，其中的字母 Q 代表抗拉强度 235 MPa。（错误）

592．为了保证齿轮传动的连续性，必须在前一对齿轮未结束啮合时，后继的一对齿轮已进入啮合状态。（正确）

593．低副在承受载荷时，单位面积上的压力较小，故较耐用，传力性能好。（正确）

594．渐开线齿轮传动的传动比保持恒定不变。（正确）

595．某优质碳素钢的牌号为：45，那么这两位数字表示的是该钢的平均含碳量为万分之 45。（正确）

596．零件是相互间没有相对运动的物体，是最小的制造单元。（正确）

597．对于连续工作的闭式蜗杆传动，需要将箱体内的温升控制在许可范围内。（正确）

598．高副在承受载荷时，单位面积上的压力较大，两构件接触处容易磨损，制造和维修困难。（正确）

599．球墨铸铁具有良好的力学性能和工艺性能，可用它制造内燃机的曲轴和减速器的齿轮等零件。（正确）

600．蜗杆通常与轴合为一体。（正确）

601．蜗杆和蜗轮都是一种特殊的斜齿轮。（正确）

602．无论从做功、实现能量转换，还是从结构和运动的观点来看，机构和机器之间是没有区别的。（错误）

603．轮齿越大，承载能力越差。（错误）

604．直齿圆锥齿轮应用于两轴相交时的传动，两轴间的交角必须为 90°。（错误）

605．齿轮齿条传动的目的是将齿轮的回转运动转变为齿条的往复直线运动。（正确）

606．机械是机构与机器的总称。（正确）

607．机器能做功和实现能量转换，而机构却不能。（正确）

608．为了降低摩擦系数、减少磨损和胶合破坏，通常蜗杆采用有色金属制造。（错误）

609．Q235 为某碳素结构钢的牌号，其中的字母 Q 代表屈服强度 235 MPa。（正确）

610．为了降低摩擦系数、减少磨损和胶合破坏，通常蜗轮采用有色金属制造。（正确）

611．高副不能传递较复杂的运动。（错误）

612．对于高速和低速重载的齿轮传动，容易发生齿面胶合。（正确）

613．渐开线上各点的齿形角（压力角）是相等的。（错误）

614．流量阀是通过改变节流口通流截面来调节通过阀口的流量。（正确）

615．为了使执行元件能在任意位置上停留以及在停止工作时防止在受力情况下发生移动，可以采用锁紧回路。（正确）

616．液压缸的常见的密封方法有间隙密封和密封圈密封。（正确）

617．只有泵轮和涡轮组成的液力元件叫作液力耦合器。（正确）

618．三位换向阀在常态位置（中位）时的各油口的连通方式称为中位机能。（正确）

619．三位换向阀的阀芯在阀体中有左、中、右 3 个工种位置。（正确）

620．凝点是油液在试验条件下，冷却到失去流动性时的最低温度。（错误）

621．间隙密封是液压系统中应用最为广泛的一种密封方法。（错误）

622．液控单向阀是指把单向阀已闭锁的油路，根据系统工作需要，通过压力油控制重新接通。（正确）

623．为了减少漏损，在使用温度、压力较高或速度较低时，应采用黏度较小的液压油。（错误）

624．工作前拧开排气塞，使活塞全行程空载往返数次，空气即可通过排气塞排出。（正确）

625．黏度是选择液压油的首要因素。（正确）

626．机械油可做液压系统的代用油，适用于环境温度 0～40℃，工作压力低于 7 MPa 的液压泵。（正确）

627．换向阀的作用是利用阀芯在阀体内作轴向移动，改变阀芯和阀体间的相对位置，来变换油液流动的方向、接通或关闭油路，从而控制油液元件的换向、启动和停止。（正确）

628．液压基本回路是指由某些液压元件和附件所构成并能完成某种特定功能的回路。（正确）

629．由液力变矩器和机械元件组成的液力元件叫作液力机械变矩器。（正确）

630．液压泵是通过密闭的工作容积的变化来吸油和压油的。（正确）

631．由泵轮、涡轮和导轮组成的液力元件叫作液力变矩器。（正确）

632．只有泵轮和涡轮组成的液力元件叫作液力变矩器。（错误）

633．单位时间内流过管道某一截面液体的体积称为流量。（正确）

634．液压系统必须在额定压力以下工作。（正确）

635．溢流阀通常接在液压泵入口处的油路上。（错误）

636．液体黏度随温度变化的特性称为黏温性，这种变化越大，黏温性越好。（错误）

637．为了减少磨损，要求液压油对处于边界润滑状态的液压元件内部的摩擦副具有良好的润滑性。（正确）

638．方向控制回路包括换向回路和锁紧回路。（正确）

639．弹性圈柱销联轴器与凸缘联轴器在结构上相同。（错误）

640．环形钢丝绳吊索可以有两处接头。（错误）

641．牙嵌式离合器结合过程平稳，无冲击、无振动，有过载保护作用。（错误）

642．联轴器上的弹性元件是用橡胶制成，能够吸收振动、缓和冲击，还可以补偿两轴线间的小量位移。（正确）

643．钢丝绳的起重能力不仅与吊载分支间的夹角有关，而且与捆绑时钢丝绳弯曲的曲率半径有关。（正确）

644．减速器是一种相对精密的机械，使用它的目的是降速增扭。（正确）

645．轴的位移将引起附加应力和振动，使机械零件工作情况恶化。（正确）

646．卸扣不得横向受力。（正确）

647．塔机上使用的制动器可分为瓦块式和片式两大类。（正确）

648．钢丝绳吊索的最大安全工作载荷等于它的极限工作载荷与吊挂方式系数的乘积。（正确）

649．YDWZ 型液压电磁铁瓦块制动器，主要由制动器和液控电磁铁两部分组成。（正确）

650．检查调整制动器间隙时，应注意检查制动带的磨损情况，磨损量不得超过带厚的 2/3。（错误）

651．摩擦式离合器必须在低速或停车时结合。（错误）

652．钢丝绳吊索、吊链、人造纤维吊带的使用形式是随物品的形状、种类的不同而有着不同的悬挂角度和吊挂方式，使吊索的许用载荷也相应发生变化。（正确）

653．联轴器只是连接两根轴，对两轴可能产生的位移进行补偿应不予考虑。（错误）

654．为了防止胶合，在低速重载的齿轮传动中，应用高黏度润滑油。（正确）

655. 用联轴器连接的两根轴在机器工作时不能分离，只有当机器停止运转后，用拆卸的方法才能将它们分开。(正确)

656. 使用吊链准备提升时，链条应伸直，不得扭曲、打结或弯折。(正确)

657. 离合器类似开关，能方便地接合或断开动力的传递。(正确)

658. 起升机构使用的制动器联轴器，应加设隔热垫。(正确)

659. 啮合式离合器可分为牙嵌式离合器和齿形离合器两种。(正确)

660. 除特别吊装外，一般不得使用横销有螺纹的卸扣。(错误)

661. 液压电磁铁制动器的液压缸要保持清洁，应一年换油一次。(错误)

662. 摩擦式离合器结合过程平稳，无冲击、无振动，有过载保护作用。(正确)

663. 钢丝绳吊索肢间夹角越大，张力越大，单肢吊索的受力也越大。(正确)

664. 牙嵌式离合器必须在低速或停车时结合。(正确)

665. 起升机构使用的制动轮联轴器，应加设隔热垫。(正确)

666. 轮系中各齿轮轴线平行时，其任意级从动齿轮的转向可以通过数外啮合齿轮的对数来确定。(正确)

667. 离合器通常用于机械传动系统的启动、停止、换向及变速等操作。(正确)

668. 轮系中首末两轮齿数之比称为轮系的传动比。(错误)

669. 在周转轮系中只有一个主动件，整个机构无差动的轮系称为行星轮系。(正确)

670. 常用的离合器有啮合式离合器和摩擦式离合器两种。(正确)

671. 联轴器连接的两轴属于不同的机器或部件。(正确)

672. 吊装时使用卸扣绑扎，在吊物起吊时应使扣顶在上、横销在下。(正确)

673. 一般钢丝绳的曲率半径大于绳径 4 倍以上，起重能力不受影响。(错误)

674. 刚性联轴器构造简单、成本低廉，安装精度要求较高，但不能补偿轴的位移。(正确)

675. 通常在减速器中多采用滑动轴承。(错误)

676. 利用等级是表明起重机工作在吊重方面的满载程度。(错误)

677. 起重机在有效寿命期间有一定的工作循环总数。(正确)

678. 在起重量曲线水平直线段所代表的幅度内起吊最大额定起重量是由起重臂的强度决定的。(正确)

679. 在平面直角坐标系中，横坐标代表作业幅度 R，纵坐标代表起升高度 H，表示 H 随 R 改变而变化的曲线称为起重量曲线。(错误)

680. 从准备起吊物品开始，到下一次起吊物品为止的整个作业过程称为起重机的工作循环。(正确)

681. 确定适当的使用寿命，要考虑经济、技术和环境因素，不必考虑设备老化的影响。(错误)

682. 保持塔机稳定性的作用力主要指结构自重和起重载荷。(错误)

683. 保持塔机稳定性的作用力主要指结构自重和压重。(正确)

684. 在起重量曲线弧线段所代表的幅度内起吊对应额定起重量是由塔机的稳定性决定的。(正确)

685. 导致塔机倾翻的外力主要是起重载荷、风载荷和惯性力。(正确)

686. 工作循环总数是指起重机在规定使用寿命期间所有工作循环次数总和。(正确)

687. 起重机机构的工作级别根据机构的利用等级和载荷状态分为八级。(正确)

688. 在平面直角坐标系中，横坐标代表作业幅度 R，纵坐标代表额定起重量 Q，表示 Q 随 R 改变而变化的曲线称为起升高度曲线。(错误)

689．塔机的稳定性系数，是用来衡量评价塔机抵抗外界倾翻作用，并保持塔机整体稳定工作能力的一种指标。（正确）

690．所谓倾翻轮缘是指塔机倾侧方向一侧的基础边缘。（错误）

691．所谓倾翻边缘是指塔机倾侧方向一侧的行走轮与钢轨基础边缘。（错误）

692．载荷状态是表明起重机在时间方面的繁忙程度。（错误）

693．起重机的工作级别是表面起重机工作繁重程度的参数。（正确）

694．变频调速回转机构的调速比最大可达到 1 : 17，且为无极调速。（正确）

695．为了适应塔机回转时的工作特性，回转机构一般都采用具有软传动的传动型式。（正确）

696．当液压系统发生故障时必须停车，且待压力有一定下降后才能维修。（错误）

697．液力耦合器传动的运行机构一般适用于大中型轨道式塔式起重机。（正确）

698．在塔式起重机中，大多采用小车变幅机构。（正确）

699．为了塔机在变幅时能保证重物作水平移动，起升绳的终端应固定在起重臂架的端部或根部。（正确）

700．集中驱动的运行机构只适用于小型快速安装塔式起重机。（错误）

701．动臂式变幅机构一般多采用工作性变幅。（错误）

702．塔式起重机的回转机构一般均采用可操纵的常闭式制动器。（错误）

703．谐波传动的回转机构借助一种特殊的连杆系统，使回转机构与转台相连，无须大齿圈，降低了造价。（正确）

704．当使用大倍率时，可获得较快的起升速度。（错误）

705．有级变速的起升机构，起重量限制器上应按照不同挡位的起重量分别设置行程开关。（正确）

706．为了防止发生超载事故，有级变速的起升机构对荷载升降过程中的换挡应有明确规定。（正确）

707．液压系统设置的平衡阀又称为限速液压锁。（正确）

708．起升机构的调速分为有级调速和无极调速两种。（正确）

709．双向液压锁一般情况下多用于液压缸的保压。（正确）

710．变级调速可以较长时间低速运行。（错误）

711．谐波传动是一种比较先进的机械传动。（正确）

712．轨道式塔机单独驱动的运行机构两个主动台车共用一台电动机。（错误）

713．当手动换向阀处于中位，压力表显示压力值≥0.5 MPa 时，必须拆下滤油器清洗。（错误）

714．采用变频调速的小车牵引机构，可使小车速度达到 10～80 m/min 的无极变速。（错误）

715．按塔式起重机型号大小，回转机构可由 3～4 套总成组成。（错误）

716．采用双速鼠笼电机加蜗轮减速器的变幅机构，变幅速度块，具有结构紧凑、体积小、重量轻、维修方便的特点。（正确）

717．在控制电路中，除了电动机或其他大功率电气设备外，还装有开关、接触器、控制器、熔断器等电气元件。（错误）

718．塔机的电气结构图又称布线图，人们通过它可以对整个塔机电气系统有一个详细了解。（错误）

719．塔机电路原理图是最基本的电气图，通过阅读电路原理图，可弄清各项电器设备的工作原理和作用程序。（正确）

720．塔机的电气系统图可分为结构图、原理图和接线图。（正确）

721．传动式限位开关体积比较大，构造较复杂，在盒式壳体内装有传动装置及凸轮机构。（正确）

722．交流接触器用于主电路的接通和分断。（正确）

723．凸轮控制器的触头间，用装在转轴上的凸轮垫圈来操纵通断。（正确）

724．采用传动式限位开关的机构，通过对开关内部传动系统的调整，使之在预定条件下实现断电作用。（正确）

725．每一个联动操纵杆只能控制一个工作机构的电动机的启动、制动、换向和改变转速的控制。（错误）

726．主令控制器本身同电动机并没有直接联系，而是通过磁力控制盘的控制回路，实现对电动机的启动、制动、换向和改变转速的控制。（正确）

727．便携式操作台是快装式塔机或自升式塔机安装阶段不可缺少的操作设备。（正确）

728．控制电路主要用来反映电动机是怎样启动和操纵的。（正确）

729．在调整、维护和检修电气设备以及查找分析和排除电气故障时，都要用到电气接线图。（错误）

730．选用热继电器不必注意被保护的电动机的型号、容量、工作场合、启动及负载情况。（错误）

731．限位开关用于 380 V 及以上、频率为 50 Hz 或 60 Hz，直流 220 V 或 110 V 以下的电路中。（错误）

732．控制电路又称为二次电路或副电路。（正确）

733．限位开关在控制电气中统称为行程开关。（正确）

734．主电路又称为一次电路或动力电路。（正确）

735．调试大车行程限位器时，应保证限位开关动作后，塔机经过一段路程减速，能在距端部缓冲止挡装置约 30 cm 处停车。（错误）

736．限制器经过调整后，只要不触动，可以一劳久逸，不必检查。（错误）

737．吊钩下降限位开关的调试方法与调试吊钩起升高度限位开关的方法相反。（错误）

738．塔式起重机投入使用时，每天要检查一次，清除限位装置上面的建筑垃圾和其他障碍物。（正确）

739．限位器的减速装置要定期加油润滑。（正确）

740．俯仰变幅动臂式塔机多采用重锤式起升高度限制器。（正确）

741．应定期检查微动开关、行程开关是否灵敏可靠。（正确）

742．限制器应该有防雨措施，保证调整螺栓和限位开关不锈蚀。（正确）

743．小车变幅水平臂架自升式塔机多采用传动式限位器限制吊钩的起升高度。（正确）

744．塔式起重机再次安装，投入使用前必须核对限制器是否变动，以便及时调整。（正确）

745．弓形机械式力矩限制器安装位置不同，受力情况相同。（错误）

746．应定期注油润滑限制器。（正确）

747．每班应检查限位装置的灵敏可靠性，以及电缆是否完好。（正确）

748．调试回转限制器时，吊钩必须空载。（正确）

749．当力矩限制器安装在塔顶后方主肢，行程开关可以不改变安装方向，但需改变行程开关触头由常开改为常闭。（正确）

750．应定期检查载荷限制器的电缆是否老化。（正确）

751．行走式塔机可以在轨道上运行，也可以在轨道上固定后变为附着式使用。（正确）

752．独立式整体钢筋混凝土基础适用于无底架固定式的自升式塔式起重机。（正确）

753．起重机安装过程中，必须分阶段进行技术检验。（正确）

754．整机安装后，应进行整机技术检验和调整，各机构动作应正确、平稳、制动可靠、各安全装置应灵敏有效。（正确）

755．当塔机改为内爬式安装时，原来用作自升用的油缸、泵站可以继续使用。（错误）

756．在拆除因损坏或其他原因而不能用正常方法拆卸的起重机时，必须按照技术部门批准的安全拆卸方案进行。（正确）

757．起重机附着的建筑物，其锚固点的受力强度应尽量满足起重机的设计要求。（错误）

758．轨道不得铺设在地下建筑物（暗沟、防空洞等）上面。（正确）

759．塔机的混凝土基础或路基和轨道铺设应符合技术要求。（正确）

760．内爬式塔机与自升式塔机液压顶升操作的要求是不同的。（错误）

761．塔机的混凝土基础属于隐蔽工程，必须经验收合格后，方可安装塔机。（正确）

762．基础预埋件如地脚螺栓的位置、标高和垂直度应符合使用说明书要求。（正确）

763．固定混凝土基础的钢筋配置应符合设计要求，浇灌后强度达到规定方可安装。（正确）

764．升降时，顶升撑脚（爬爪）就位后，应插上安全销，方可继续下一动作。（正确）

765．钢轨接头间隙不得大于 4 mm。（正确）

766．塔机起重机在拆装作业中，当发现异常情况或疑难问题时，应及时向技术负责人反映，不得自行其是，应防止处理不当而造成事故。（正确）

767．当回转台与塔身标准节之间的最后一处连接螺栓（销子）拆卸困难时，应将其对角方向的螺栓重新插入，再采取其他措施，也可以通过旋转起重臂动作来松动螺栓（销子）。（错误）

768．轨道接头处应架在轨枕上，两轨顶高度差不得大于 4 mm。（错误）

769．升降应在白天进行，特殊情况需在夜间作业时，应有充分的照明。（正确）

770．内爬过程中，严禁进行起重机的起升、回转、变幅等各项动作。（正确）

771．安装起重机时，应将各部位的栏杆、平台、扶杆、护圈等安全防护装置装齐。（正确）

772．塔身顶升接高到规定锚固间距时，应及时增设与建筑物的锚固装置。（正确）

773．内爬式塔机的底部塔身节应安装限位挡铁，以防止爬升时越出内爬框架。（正确）

774．塔机起重机的拆装作业尽量在白天进行，如施工进度安排过紧，也可在夜间进行。（错误）

775．塔机起重机在拆装作业中，当遇大风、浓雾和雨雪等恶劣天气时，应停止作业。（正确）

776．拆装人员在进入工作现场时，应穿戴安全保护用品，高处作业时应系好安全带，熟悉并认真执行拆装工艺和操作规程。（正确）

777．起重机作业过程中，也应经常检查锚固装置，发现松动或异常情况时，应立即停止作业，故障未排除，不得继续作业。（正确）

778．升降时，必须调整好顶升套架滚轮与塔身标准节的间隙，并应按规定使起重臂和平衡臂处于平衡状态但为了方便吊运标准节，回转机构可不用制动住。（错误）

779．升降时，操纵室内只准一人操作，必须随时听从信号指挥。（正确）

780．铺设塔机轨道时，轨距允许偏差为公称值的 1/1 000，且不超过 ±6 mm。（错误）

781．钢轨型号要符合规定，应注意轨面宽度与行走轮踏面宽度的配合。钢轨平直，容易啃轨。（错误）

782．对塔机运行至轨道终端限位停车时，电缆还应有足够的长度。（正确）

783．额定载荷试验时，应检查各机构起动制动是否平稳，有无过大噪声和发热情况。（正确）

784．超载25%静载试验前，应对起重力矩限制器、起重量限制器、起升机构制动器进行调整，保证在1.25倍载荷下工作。（正确）

785．超载10%动载试验时，每一工况的试验不少于3次，对于各项参数的测量，取其3次测量的最大值。（错误）

786．为了检查有无永久变形，在吊重前就要对主要受力构件测定其初始位置，卸载后再测其偏移。（正确）

787．塔机安装完毕后，安装单位应当按照安全技术标准及安装使用说明书的有关要求对塔机进行检验、调试和试运转。（正确）

788．额定载荷试验时，每一工况的试验不少于3次，对于各项参数的测量，取其3次测量的平均值。（正确）

789．额定载荷试验时各种速度测量都要注意排除起动和制动过程。（正确）

790．超载25%静载试验中要通过测量塔顶的位移，及卸载后有无永久变形来判定塔机能否达到强度要求。（错误）

791．监督检验合格后，塔机的使用单位应当组织产权（出租）、安装、监理等有关单位进行综合验收。（正确）

792．未经验收或验收不合格的塔机不得使用。（正确）

793．安装单位自检合格后，可以边使用边等待有相应资质的检验检测机构进行监督检验。（错误）

794．超载25%静载试验前，对在轨道上的塔机，应将夹轨器夹紧，防止意外滑移。（正确）

795．超载10%动载试验是为了检查塔机各机构运转的灵活性和制动器等支持零件的可靠性及过载能力。（正确）

796．超载10%动载试验之前，应对起重力矩限制器、起重量限制器、起升机构制动器进行调整，保证在1.1倍载荷下运转。（正确）

797．超载10%动载试验时，每一工况的试验不少于3次，每一次动作停稳后再进行下一次启动。（正确）

798．额定载荷试验时，每一工况的试验不少于3次，对于各项参数的测量，取其3次测量的最大值。（错误）

799．高空检查或修理塔式起重机时要佩戴安全带。（正确）

800．可以临时采用限位装置作为停止运行的控制开关。（错误）

801．塔式起重机必须有可靠的接地，所有电气设备外壳均应与机体妥善连接。（正确）

802．制动摩擦片磨损严重或有油污会导致吊物下滑。（正确）

803．为提高塔机利用率，减少停修天数，塔机在安装前后的检查维修应该与年度保养结合进行。（正确）

804．非正常损坏是人为的，是不可避免的。（错误）

805．起吊重物时，重物和吊具的总重量不得超过起重机规定的最大起重量。（错误）

806．作业中，操作人员临时离开操纵室时，可以不切断电源。（错误）

807．由于电器线路、元器件、电气设备以及电源系统等发生故障，造成用电系统不能正常运行，统称为电气故障。（正确）

808．禁止在塔机各个部位乱放工具、零件或杂物，严禁从塔机上向下抛扔物品。（正确）

809．塔式起重机大修的工艺要求主要一项就是把所有可拆卸零件应全部拆卸、重新装配。（错误）

810．停用起重机的电动机、电器柜、变阻器箱，制动器等，应严密遮盖。（正确）

811．起重机的轨道基础、混凝土基础应修筑排水设施，排水设施应与基坑保持安全距离。（正确）

812．全部钢丝绳应在每次年度定期保养和大修时用石墨润滑脂浸煮。（正确）

813．制动瓦块与制动轮位置不对称，会使制动间隙调整不均匀，造成溜钩或烧瓦块。（正确）

814．塔机的工作电源电压为 380 V±20%。（错误）

815．减速器漏油一般是由轴端密封失效导致的。（正确）

816．塔机常见的故障一般分为机械故障和电气故障两大类。（正确）

817．转子碳刷接触不良会导致电动机不运转。（错误）

818．采用涡流制动调速系统的起重机，不得长时间使用低速挡或慢就位速度作业。（正确）

819．当起重机作业时，接班司机可以开动载人专用电梯到驾驶室交接班。（错误）

820．在吊钩提升、起重小车或行走大车运行到限位装置前，均应减速缓行到停止位置，并应与限位装置保持一定距离。（正确）

821．检修人员上塔身、起重臂、平衡臂等高空部位检查或修理时，必须系好安全带。（正确）

822．由于机械零部件磨损、变形、断裂、卡塞、润滑不良以及错位等造成机械系统不能正常运行，统称为机械故障。（正确）

823．起升或下降重物时，除指挥人员外，重物下方禁止其他人员通行或停留。（错误）

824．蜗轮蜗杆减速器过热的主要原因是润滑油过量。（错误）

825．操纵各控制器时应从停止点（零点）开始，依次逐级增加速度，严禁越挡操作。（正确）

826．起重机的轨道基础或混凝土基础应验收合格后，方可使用。（正确）

827．线路电压过低会导致电动机输出功率不足。（正确）

828．塔机的安装选址应该尽量避开学校、商场等公共场所和公路、铁路、航运等公共交通区域。如果塔机及其载荷不能避开这类障碍时，应向政府有关部门咨询。（正确）

829．动臂式起重机的变幅可与其他机构同时运行。（错误）

830．停止作业后，动臂式塔机应将起重臂放到最小幅度位置。（错误）

831．塔机每班保养应检查底架、塔身标准节、起重臂、平衡臂等连接螺栓应紧固无松动、缺失。（正确）

832．当塔机与输电线的安全距离达不到相关规定时，应搭设防护架。防护架与输电线最小距离可参考相关规定。（错误）

833．购入的塔机必须是由持有国家颁发的特种设备制造许可证的塔式起重机生产厂生产。（正确）

834．在变换运转方向时，应将控制器手柄扳到零位，待电动机停转后再转向另一方向，不得直接变换运转方向、突然变速或制动。（正确）

835．当停电或电压下降时，应立即将控制器扳到零位，并切断电源。如吊钩上挂有重物，应稍松稍紧反复使用制动器，使重物缓慢地下降到安全地带。（正确）

836．不同牌号的油脂可以混合使用。（错误）

837．塔机的基础应避开任何地下设施，无法避开时，应采取保护措施，预防灾害事故发生。（正确）

838．送电前，各控制器手柄应在零位。（正确）

839. 塔机工作时经常跳闸应考虑是否漏电保护器出现误动作。（正确）

840. 保养规程是对机械设备进行保养作业的指导性技术文件。（正确）

841. 大车行走电动机不同步会造成起重机运行时啃轨。（正确）

842. 回转支撑有异响的原因之一是小齿轮与大齿圈啮合间隙不当。（正确）

843. 塔式起重机运转时，司机不得离开操作位置。（正确）

844. 塔式起重机大修的工艺要求主要一项就是把所有可拆卸零件应全部拆卸、清洗、修理和重新装配。（正确）

845. 虽然机械设备运转到了规定的保养间隔期，但由于施工生产繁忙，保养作业可以一再拖延。（错误）

846. 塔机的修理应该由具有修理资质的单位和具有相应资格的修理工承担。（正确）

847. 减速器漏油一般是由检视孔盖密封失效导致的。（错误）

848. 非工作状态时，必须松开回转制动器，塔机回转部分在非工作状态应能自由旋转。（正确）

849. 冬期施工时，液压推杆制动器液压油缸内油液冷凝可导致制动器不能松闸。（正确）

850. 重物就位时，应采用慢就位速度使之缓慢下降。（正确）

851. 全部电机轴承每工作 1 500 h 加油一次。（错误）

852. 造成机械损坏的原因有很多，按其性质可分为正常损坏和非正常（事故性）损坏两种。（正确）

853. 接通电源后，应检查供电系统有无漏电现场。（正确）

854. 塔机发生异常时，操作人员应当边操作，边向有关部门报告。（错误）

855. 塔机工作过于频繁所产生的疲劳应力会造成起重机钢结构焊缝开裂。（正确）

856. 可以在安装好的塔身金属结构上安装或悬挂标语牌、广告牌等挡风物件。（错误）

857. 小车牵引钢丝绳过紧会造成小车滑行和抖动。（错误）

858. 应根据起吊重物和生产进度情况，选择工作速度。（错误）

859. 起升电机输出转矩不够极易造成吊物倒拉车。（正确）

860. 对改造、大修的塔式起重机只要使用单位验收合格，就可以投产运行。（错误）

861. 减速器使用初期应每三个月更换一次润滑油。（正确）

862. 认真做好机械设备的每班保养，是保证机器安全良好运行，延长使用寿命的重要条件。（正确）

863. 作业中如遇风速大于 10.8 m/s 大风或阵风时，应将回转机构的制动器完全松开，起重臂应能随风转动。（正确）

864. 塔式起重机不应该在有易燃、易爆气体的危险场所作业，但作业场所可以有粉尘。（错误）

865. 零件的磨损是造成机构技术状况变坏的主要因素，它是客观存在的也是不可避免的。（正确）

866. 安全距离是指为了保证安全生产，在作业时塔机的运动部分与障碍物等应当保持的最小距离。（正确）

867. 塔机钢结构外露表面及封闭的管件和箱形结构内部都不能有积水，应当防止内部锈蚀或冻胀破坏发生。（正确）

868. 动臂式和尚未附着的自升式塔式起重机塔身上不得悬挂标语牌。（正确）

869. 塔式起重机的各种安全装置、仪器仪必须齐全和灵敏可靠。（正确）

870. 严重超载会导致起重机钢结构焊缝开裂。（正确）

871. 回转支撑有异响的原因之一是高强螺栓预紧力不一致，差别较大。（正确）

872．塔机在安装单位自检合格后，使用单位应当委托具有相应资质的检测检验单位对塔机进行检验。（正确）

873．在各种起重机械事故中，由于人员操作因素导致的事故最多。（正确）

874．塔机司机应遵守劳动纪律，听从指挥，严格按照操作规程操作，做好塔机的日常检查和维护保养。（正确）

875．塔机见习司机的指导人员应由取得特种作业资格证书、从事塔机驾驶 3 年以上，驾驶熟练、无不良记录的人来担当。（正确）

876．如果因为工作中的疏忽或不可抗拒的因素，造成设备损坏或人身伤亡事故，应立即报告，果断抢救伤员，采取措施防止事故进一步扩大，设警戒线保护好事故现场。（正确）

877．事故分析的目的主要是查清事故情况，惩罚、处理肇事者。（错误）

878．技术人员应该根据工程实际情况和设备性能状况对塔机司机进行安全技术交底。（正确）

879．塔机的安拆不一定非要由具有起重设备工程专业承包资质取得安全生产许可证的专业队伍施工。（错误）

880．塔机学员一旦取得《建筑施工特种作业操作资格证书》，就可以上机独立操作。（错误）

881．《起重机　手势信号》（GB/T 5082—2019）将于 2020 年 7 月 1 日实施。（正确）

第十九章 塔式起重机司机高级工（三级）试题及答案

一、单选题

1．装配图中同一零件在各个视图中，其剖面线（A）。

A．同方向同间隔　B．反方向同间隔　C．同方向不同间隔　D．反方向不同间隔

2．用不平行于任何基本投影面的剖切平面剖开机件而得到的剖视图称为（A）。

A．斜剖视　B．阶梯剖视　C．旋转剖视　D．局部剖视

3．对于相同的零件组，如螺栓连接、螺钉连接等，允许仅详细画出一组或几组，而其余则可用（C）表示其装配位置。

A．细实线　B．虚线　C．点划线　D．双点划线

4．上偏差等于（A）。

A．最大极限尺寸—基本尺寸　B．最大极限尺寸—最小极限尺寸

C．最小极限尺寸—基本尺寸　D．最小极限尺寸—最大极限尺寸

5．下偏差等于（C）。

A．最大极限尺寸—基本尺寸　B．最大极限尺寸—最小极限尺寸

C．最小极限尺寸—基本尺寸　D．最小极限尺寸—最大极限尺寸

6．当需要表达某运动零件的极限位置时，可以用（D）画出它的极限位置。

A．细实线　B．虚线　C．点划线　D．双点划线

7．实际位置对理想位置的允许变动量称为（B）。

A．尺寸公差　B．位置公差　C．形状公差　D．基本偏差

8．用剖切平面局部地剖开机件所得到的剖视图称为（D）。

A．斜剖视　B．阶梯剖视　C．旋转剖视　D．局部剖视

9．基本偏差为一定的轴公差带，与不同基本偏差的孔公差带形成各种配合的一种制度，叫作（C）。

A．基孔制　B．基准孔　C．基轴制　D．基准轴

10．对于重叠机构，为了清楚地表达装配关系，可以采用（D）表示。

A．拆卸画法　B．假想画法　C．夸大画法　D．展开画法

11．下面说法中不属于装配图作用的是（D）。

A．表达一台机器或一个部件的工作原理　B．表达一台机器或一个部件的装配关系

C．安装、测试、检修的主要依据　D．加工制造零件的依据

12. 装配图的内容不包括（B）。

A. 必要的尺寸　　B. 用以表达零件形状结构的一组图形

C. 技术要求　　D. 标题栏、明细表

13. 基本偏差为一定的孔公差带，与不同基本偏差的轴公差带形成各种配合的一种制度，叫作（A）。

A. 基孔制　　B. 基准孔　　C. 基轴制　　D. 基准轴

14. 用相交的剖切平面（交线垂直与某一基本投影面）剖开机件而得到的剖视图称为（C）。

A. 斜剖视　　B. 阶梯剖视　　C. 旋转剖视　　D. 局部剖视

15. 在齿轮的端平面上，一个齿槽两侧齿廓之间的分度圆弧长称为（B）。

A. 齿厚　　B. 齿槽宽　　C. 齿距　　D. 齿宽

16. 在蜗杆传动中，蜗轮和蜗杆齿的旋向应（A）。

A. 同为左旋或右旋　　B. 一个左旋、一个右旋

C. 用右手定则判定　　D. 根据左右手法则判定

17. 齿轮传动属于（B）传动。

A. 摩擦　　B. 啮合　　C. 推动　　D. 摆动

18. 滚动轴承基本型号中右起第一数字和第二数字表示（A）。

A. 轴承的内径　　B. 轴承的类型　　C. 轴承的结构形式　　D. 轴承的直径系列

19. 属于滚动轴承的装配方法是（A）。

A. 敲入法　　B. 调心法　　C. 温度法　　D. 嵌入法

20. 相邻两牙在中径线上对应两点间的轴向距离称为（A）。

A. 螺距　　B. 导程　　C. 线数　　D. 牙型高度

21. 齿轮的有齿部位沿分度圆柱面的直母线方向量度的宽度称为（D）。

A. 齿厚　　B. 齿槽宽　　C. 齿距　　D. 齿宽

22. 螺纹的公称直径是（C）直径。

A. 内螺纹的牙顶　　B. 外螺纹的牙底　　C. 外螺纹的牙顶　　D. 螺纹的底孔

23. 可在轴上的键槽中绕槽底圆弧摆动，适用于锥形轴与轮毂的连接的键为（B）。

A. 导向平键　　B. 半圆键　　C. 滑键　　D. 切向键

24. 在一个假想圆柱的母线通过的牙型上，沟槽和凸起宽度相等，这个圆柱面的直径即为螺纹的（B）。

A. 大径　　B. 中径　　C. 小径　　D. 顶径

25. 在蜗杆传动中，蜗杆与蜗轮的轴线位置一般应（C）。

A. 在平面相交成 90°　　B. 在平面交角任意

C. 在空间交错成 90°　　D. 在空间交错角度任意

26. 用紧定螺钉固定在轴上的键槽中，键与轮毂采用间隙配合，轴上零件能沿其作轴向滑动的键是（A）。

A. 导向平键　　B. 半圆键　　C. 滑键　　D. 切向键

27. 从动件与凸轮轮廓线上最小向径的圆弧接触时，从动件处于（D）。

A. 推程　　B. 远停程　　C. 回程　　D. 近停程

28. 组成运动副的两个构件之间只能沿一条直线作相对移动的称为（D）。

A．高副　　B．转动副　　C．低副　　D．移动副

29．在中径圆柱面上，螺旋线的切线与垂直与螺旋轴线的平面之间的夹角称为（C）。

A．螺距　　B．导程　　C．螺旋升角　　D．牙型角

30．用于传动的螺纹是（D）螺纹。

A．普通　　B．圆柱管　　C．圆锥管　　D．梯形

31．液压缓冲器中用于复位的弹簧属于（B）。

A．拉伸弹簧　　B．压缩弹簧　　C．空气弹簧　　D．蜗卷形弹簧

32．键可分为以下几种类型，那么键的上下两面是工作面的是（C）。

A．平键　　B．半圆键　　C．楔键　　D．花键

33．能够固定在轮毂上，轮毂带动其在轴上的键槽中作轴向滑移的键是（C）。

A．导向平键　　B．半圆键　　C．滑键　　D．切向键

34．能同时承受较大的径向载荷和轴向载荷，内外圈可分离，成对使用对称布置安装的是（D）。

A．调心球轴承　　B．调心滚子轴承　　C．推力调心滚子轴承　　D．圆锥滚子轴承

35．轮齿上具有标准模数和标准齿形角的圆叫作（D）。

A．齿顶圆　　B．齿根圆　　C．基圆　　D．分度圆

36．两个构件之间作点或线接触的运动副称为（A）。

A．高副　　B．转动副　　C．低副　　D．移动副

37．从动件由最低位置被凸轮推到最高位置所运动的过程称为（A）。

A．推程　　B．远停程　　C．回程　　D．近停程

38．运动副按其运动范围不同可分为（B）两类。

A．转动副与移动副　　B．空间运动副与平面运动副

C．低副与高副　　D．空间运动副与移动副

39．齿廓曲线和分度圆交点处的速度方向与该点的法线方向之间所夹的锐角称为（A）。

A．压力角　　B．齿形角　　C．螺旋角　　D．导程角

40．机构中所有运动副均为低副的机构称为（B）。

A．减速机构　　B．低副机构　　C．加速机构　　D．高副机构

41．下列属于双曲柄机构的是（D）。

A．自动翻斗装置　　B．港口起重机　　C．搅拌机　　D．汽车车门启闭装置

42．轴承 3628 数字代码中右起第四位 3 表示（C）轴承。

A．向心球面球　　B．圆锥滚子　　C．向心球面滚子　　D．向心推力球

43．用于实现轴与轴上零件之间周向固定并传动运动和扭矩的零件是（B）。

A．铆钉　　B．键　　C．挡圈　　D．螺母

44．凸轮机构是一种高副机构，一般由凸轮、（B）和机架 3 个构件所组成。

A．主动件　　B．从动件　　C．运动件　　D．转动件

45．机器和机构总称为（B）。

A．机构　　B．机械　　C．机器　　D．设备

46．为了制造、装配和运输以及使用上的方便，由机械中为完成同一功能的很多零件组合起来的是（C）。

A．零件　　B．构件　　C．部件　　D．机件

47．在铰链四杆机构中，固定不动的构件称为（D）。

A．连杆　　B．连架杆 1　　C．连架杆 2　　D．机架

48．过齿廓上任意一点的径向直线与齿廓在该点的切线所夹的锐角称为该点的（B）。

A．压力角　　B．齿形角　　C．螺旋角　　D．导程角

49．机器及各种设备的基本组成单元体称为（A）。

A．零件　　B．构件　　C．部件　　D．机件

50．内燃机阀门弹簧的作用是（B）。

A．缓和冲击　　B．控制运动　　C．储蓄能量　　D．测量力距

51．两个相邻且同侧齿廓之间的分度圆弧长称为（C）。

A．齿厚　　B．齿槽宽　　C．齿距　　D．齿宽

52．蜗杆传动能得到很大的单级传动比，当用来传递动力时其传动比可为（B）。

A．40　　B．80　　C．800　　D．1 000

53．普通螺纹的牙型角 a 为（D）。

A．30°　　B．45°　　C．55°　　D．60°

54．轴承的基本型号为 8 000，指的是（D）轴承。

A．单列向心球　　B．向心推力　　C．滚针　　D．推力球

55．对于高速和低速重载的齿轮传动，容易发生（C）。

A．齿面点蚀　　B．齿面磨损　　C．齿面胶合　　D．轮齿折断

56．螺旋弹簧按其受载情况可分为（A）、拉伸弹簧和扭转弹簧。

A．压缩弹簧　　B．板弹簧　　C．盘簧　　D．碟形弹簧

57．机构中至少有一个运动副是高副的机构称为（C）。

A．低副机构　　B．减速机构　　C．高副机构　　D．加速机构

58．轴承代号 202 的轴承内径为（C）。

A．10 mm　　B．12 mm　　C．15 mm　　D．17 mm

59．平键连接的特点是靠平键的（A）传递扭矩。

A．两个侧面　　B．上面　　C．下面　　D．两个端面

60．内燃机配气机构采用的是（B）机构，实现气门的定时开闭。

A．连杆　　B．凸轮　　C．齿轮　　D．棘轮

61．在齿轮传动中，（B）用于两相交轴之间的传动。

A．齿轮齿条　　B．锥齿轮　　C．螺旋齿轮　　D．蜗杆蜗轮

62．整体式轴瓦上的油沟应有足够的长度，一般取轴瓦长度的（A）。

A．80%　　B．70%　　C．60%　　D．50%

63．机器中每个独立运动的单元体称为（B）。

A．零件　　B．构件　　C．部件　　D．机件

64．蜗杆蜗轮机构是用于传递两交错轴之间的传动，两轴的交错角通常为（D）。

A．30°　　B．45°　　C．60°　　D．90°

65．周转轮系主要由中心轮、系杆和（B）组成。

A．太阳轮　　B．行星轮　　C．惰轮　　D．定轴轮

66．蜗杆传动用于低速轻载的场合，蜗杆的齿轮常采用（B）。

A．45#钢　B．45#钢调质　C．40Cr 淬火　D．20Cr 渗碳淬火

67．两个构件之间作面接触的运动副称为（C）。

A．高副　B．转动副　C．低副　D．移动副

68．渐开线上某点的齿形角与基圆的关系及对齿轮传动的影响应是（B）。

A．离基圆越远，齿形角越小，传动越费力　B．离基圆越近，齿形角越小，传动越省力

C．离基圆越远，齿形角越大，传动越省力　D．离基圆越近，齿形角越大，传动越费力

69．M20×1.5 表示（D）。

A．普通标准螺纹，公称直径为 20 mm

B．普通标准螺纹，公称直径为 20 mm，螺距 1.5 mm

C．普通细牙螺纹，公称直径为 20 mm

D．普通细牙螺纹，公称直径为 20 mm，螺距 1.5 mm

70．下列描述不属于标准齿轮特征的是（B）。

A．具有标准模数和标准齿形角　B．两齿轮分度圆上的齿形角相等

C．分度圆上的齿厚和齿槽相等　D．具有标准的齿顶高系数和顶隙系数

71．属于不可拆的连接是（A）。

A．铆接　B．键连接　C．销连接　D．螺纹连接

72．运动副按其联接部位的接触形式不同可分为（C）两类。

A．转动副与移动副　B．空间运动副与平面运动副

C．低副与高副　D．空间运动副与移动副

73．组成运动副的的两个构件之间只能绕同一轴线作相对转动的称为（B）。

A．高副　B．转动副　C．低副　D．移动副

74．通过蜗杆轴线并与蜗轮轴线垂直的平面称为（C）。

A．剖切面　B．工作面　C．中间平面　D．啮合平面

75．焊接的方法很多，目前常用的是（C）。

A．锻焊　B．接触焊　C．电弧焊　D．电渣焊

76．用于固定两个零件的相互位置，且不传递很大力或扭矩时采用（D）连接。

A．普通螺纹　B．螺钉　C．双头螺栓　D．紧固螺钉

77．在铰链四杆机构中，能作整周旋转的构件在机构中具有重要地位，这个关键构件是（C）。

A．连杆　B．连架杆　C．曲柄　D．机架

78．在齿轮的端平面上，一个轮齿的两侧齿廓之间的分度圆弧长称为（A）。

A．齿厚　B．齿槽宽　C．齿距　D．齿宽

79．施工车辆减震装置的弹簧为（C）。

A．螺旋弹簧　B．碟形弹簧　C．板弹簧　D．盘簧

80．滚动轴承在安装时，轴承允许在（D）的油中加热。

A．200～240℃　B．160～200℃　C．120～160℃　D．80～120℃

81．在一般机器中，应用最广的是（A）传动机构。

A．渐开线齿轮　B．摆线齿轮　C．圆弧齿轮　D．螺旋齿轮

82．在轮系中，既有定轴轮系又有周转轮系的称为（D）。

A．可获得较大传动比　B．可方便地实现变速和变向

C．可以实现运动的合成与分解　　D．可实现动力的结合与分离

83．曲轴与连杆、连杆瓦的连接是（A）。

A．转动副　　B．移动副　　C．空间运动副　　D．高副

84．在传动时，各齿轮的几何轴线位置均固定不动，这种轮系称为（A）。

A．定轴轮系　　B．动轴轮系　　C．周转轮系　　D．混合轮系

85．人们根据使用要求而设计制造的一种执行机械运动，用来变换或传递能量、物料与信息，从而代替或减轻人类的体力劳动和脑力劳动的装置称为（C）。

A．机构　　B．机械　　C．机器　　D．设备

86．在传动时，至少有一个齿轮的几何轴线绕另一个齿轮的几何轴线转动，这种轮系称为（C）。

A．定轴轮系　　B．动轴轮系　　C．周转轮系　　D．混合轮系

87．内燃机、蒸汽机及冲床的主机构都是（A）。

A．曲柄滑块机构　　B．摆动导杆机构　　C．移动导杆机构　　D．曲柄摇块机构

88．同一条螺旋线上的相邻两牙在中径上对应两点间的轴向距离称为（B）。

A．螺距　　B．导程　　C．线数　　D．牙型高度

89．具有确定相对运动的构件组合起来，用来传递运动和力的构件系统称为（A）。

A．机构　　B．机械　　C．机器　　D．设备

90．互相啮合的轮齿之间为点或线接触，则此运动副称为（B）。

A．低副　　B．高副　　C．转动副　　D．移动副

91．由一对具有 1：100 斜度的、沿斜面拼合而成的键为（D）。

A．导向平键　　B．半圆键　　C．滑键　　D．切向键

92．起重臂主弦杆在规定的载荷作用下未发生突然弯曲，说明该构件具有足够的（D）。

A．强度　　B．刚度　　C．硬度　　D．稳定性

93．物体在载荷作用下保持原有平衡形态的能力称为（D）。

A．强度　　B．刚度　　C．硬度　　D．稳定性

94．金属在长期交变应力作用下，仍不破坏的能力称为（D）。

A．弹性　　B．塑性　　C．韧性　　D．抗疲劳性

95．物体在载荷作用下抵抗破坏的能力称为（A）。

A．强度　　B．刚度　　C．硬度　　D．稳定性

96．构件的两端受到大小相等、方向相反的拉力作用，长度增大，横截面积缩小，这种变形称为（A）变形。

A．拉伸　　B．压缩　　C．剪切　　D．弯曲

97．物体受外力作用后，物体内部相应产生一种抵抗力，这种抵抗力称为（B）。

A．外力　　B．内力　　C．应力　　D．压强

98．材料抵抗比它硬的物体压入的能力称为（C）。

A．强度　　B．刚度　　C．硬度　　D．稳定性

99．构件在它的纵向平面内，受到垂直与轴线方向（即横向）的外力作用时，所产生的变形称为（D）变形。

A．拉伸　　B．压缩　　C．剪切　　D．弯曲

100．构件在工作时所允许产生的最大应力称为（D）。

A. 比例极限　　B. 屈服极限　　C. 强度极限　　D. 许用应力

101. 物体在载荷作用下抵抗变形的能力称为（B）。

A. 强度　　B. 刚度　　C. 硬度　　D. 稳定性

102. 静载荷和动载荷对于构件的作用是不同的，如（A）物体的重力对于钢丝绳吊索就是静载荷。

A. 当吊物静止不动或以等速上升时　　B. 当吊物以加速度上升

C. 当吊物在起升或下降途中进行制动　　D. 当吊物在回转时产生偏摆

103. 金属在外力作用下不发生破坏的永久变形的能力称为（B）。

A. 弹性　　B. 塑性　　C. 韧性　　D. 抗疲劳性

104. 构件的两端受到大小相等、方向相反的拉力作用，长度缩小，横截面积增大，这种变形称为（B）变形。

A. 拉伸　　B. 压缩　　C. 剪切　　D. 弯曲

105. 对于受静拉伸和压缩的构件，可以认为强度极限和（C）就是危险应力。

A. 比例极限　　B. 弹性极限　　C. 屈服极限　　D. 许用应力

106. 杆件在其两端受到一对大小相等、方向相反的力偶的作用，且力偶平面垂直与杆件轴线，在此情况下产生的变形称为（B）变形。

A. 拉伸　　B. 扭转　　C. 剪切　　D. 弯曲

107. 材料的应变与应力成正比例的关系的最大应力值称为（A）。

A. 比例极限　　B. 屈服极限　　C. 强度极限　　D. 许用应力

108. 材料在外力作用下产生变形，对外力去除后能恢复原状的能力称为（A）。

A. 弹性　　B. 塑性　　C. 韧性　　D. 抗疲劳性

109. 能够使杆件弯曲迅速增大并很快破坏的特定的压力值 P_{cr} 是杆件由稳定状态到达失稳状态的界限值，称为（B）。

A. 最大压力　　B. 临界压力　　C. 临界应力　　D. 许用应力

110. 构件的两端受到大小相等、方向相反、作用线相距很近的压力作用所产生的变形称为（C）变形。

A. 拉伸　　B. 压缩　　C. 剪切　　D. 弯曲

111. 材料在断裂前所能承受的最大力的应力值称为（C）。

A. 比例极限　　B. 屈服极限　　C. 强度极限　　D. 许用应力

112. 钢丝绳在规定的载荷作用下未发生任何破坏，仍能正常工作，说明该钢丝绳具有足够的（A）。

A. 强度　　B. 刚度　　C. 硬度　　D. 稳定性

113. 金属材料在实验期间发生塑性变形，当拉伸力不增加变形却继续的现象称为屈服，此时所达到的应力值称为（B）。

A. 比例极限　　B. 屈服极限　　C. 强度极限　　D. 许用应力

114. 为了保证杆件在外力作用下不致断裂，能安全可靠地工作，必须使它的实际工作应力比材料的破坏应力（B）若干倍。

A. 大　　B. 小　　C. 相等　　D. 随意

115. 一个物体受到其他物体对它的作用力，对于该物体来说，这个力就是（A）。

A. 外力　　B. 内力　　C. 应力　　D. 压强

116．试件在拉力作用下使标距伸长了Δl，那么Δl即为（A）。

A．绝对变形　　B．相对变形　　C．残余变形　　D．弹性变形

117．物体单位面积上受到的内力称为（C）。

A．外力　　B．内力　　C．应力　　D．压强

118．根据载荷的作用方式不同，强度可分为如下几种，通常以（A）代表材料的强度指标。

A．抗拉强度　　B．抗压强度　　C．抗剪强度　　D．抗弯强度

119．金属在冲击力作用下，仍不破坏的能力称为（C）。

A．弹性　　B．塑性　　C．韧性　　D．抗疲劳性

120．将钢件加热到适当温度，保持一定时间，然后慢慢冷却的热处理工艺叫作（A）。

A．退火　　B．正火　　C．淬火　　D．回火

121．主要用于制造形状复杂、力学性能要求较高的机械零件的是（D）。

A．普通碳素结构钢　　B．优质碳素结构钢　　C．工具钢　　D．铸造碳钢

122．某铸钢的牌号为：ZG270—500，其中第一组数字 270 表示的是该铸钢的（A）值。

A．屈服强度　　B．抗拉强度　　C．抗压强度　　D．抗弯强度

123．铝的主要优点是比重小，仅为铁的（A）。

A．1/3　　B．1/2　　C．2/3　　D．3/4

124．45 号钢表示钢中平均含碳量为（B）。

A．0.045%　　B．0.45%　　C．4.5%　　D．45%

125．为了提高钢件的表层的含碳量，渗碳零件必须采用（A）来制造。

A．低碳钢　　B．中碳钢　　C．高碳钢　　D．工具钢

126．通常用来制造量具、锉刀的是（D）。

A．Q235 钢　　B．30 钢　　C．60 钢　　D．T12 钢

127．在灰口铸铁中，（B）灰口铸铁的强度最高。

A．铁素体　　B．珠光体　　C．渗碳体　　D．铁索体—珠光体

128．不锈钢中都含有较多的（C）和 Ni，而含碳量较低。

A．W　　B．Mo　　C．Cr　　D．V

129．主要用于制造各种刀具、量具和模具的是（C）。

A．普通碳素结构钢　　B．优质碳素结构钢　　C．工具钢　　D．铸造碳钢

130．工业上常用的铸铁，含碳量在（D）范围内。

A．≤0.2%　　B．0.2%～0.6%　　C．≥0.6%　　D．2.5%～4.0%

131．将钢件加热到临界点以上的某个温度，经保温一段时间，然后在盐水或油中急速冷却的热处理工艺叫作（C）。

A．退火　　B．正火　　C．淬火　　D．回火

132．黄铜是以（C）为主要合金元素的铜合金。

A．锡　　B．铝　　C．锌　　D．镍

133．某一灰口铸铁的牌号为 HT200，这里的数字 200 表示的是（D）。

A．硬度 200 kg/mm²　　B．最大抗拉强度 200 MPa

C．强度 200 MPa　　D．最小抗拉强度 200 MPa

134．在碳素钢的含量中，（C）会降低钢的塑性和韧性，发生冷脆。

A．硅 B．锰 C．磷 D．硫

135．碳素钢是指含碳量为（D）的铁碳合金。

A．C≤0.25% B．C=0.25%～0.6%

C．C≥0.6% D．C=0.0218%～2.11%

136．下列不属于灰口铸铁特点的是（D）。

A．有优良的铸造性 B．有优良的减摩性 C．有良好的消震性 D．有高的缺口敏感性

137．铸造铝合金的牌号用ZL加三位数字来表示，第一位数字表示（B）。

A．顺序号 B．合金类别 C．强度极限 D．延伸率

138．在碳素钢的含量中，（D）的含量过大会使钢在加热锻压时极易破碎，产生热脆现象。

A．硅 B．锰 C．磷 D．硫

139．钢号为16 Mn的合金结构钢是（A）。

A．普通低合金结构钢 B．合金渗碳钢 C．合金调质钢 D．合金弹簧钢

140．含碳量大于为≥0.6%的碳素钢为（C）。

A．低碳钢 B．中碳钢 C．高碳钢 D．合金钢

141．主要用于制造各种机械零件的是（B）。

A．普通碳素结构钢 B．优质碳素结构钢 C．工具钢 D．铸造碳钢

142．球墨铸铁是需要加入少量的球化剂，下面不属于球化剂的是（C）。

A．镁 B．钙 C．碳 D．稀土元素

143．牌号为T2的纯铜，其铜的含量为（B）。

A．99.95% B．99.90% C．99.70% D．99.50%

144．铸造碳钢的含碳量一般为（B）。

A．≤0.2% B．0.2%～0.6% C．≥0.6% D．2.5%～4.0%

145．某铸钢的牌号为：ZG270—500，其中第二组数字500表示的是该铸钢的（B）值。

A．屈服强度 B．抗拉强度 C．抗压强度 D．抗弯强度

146．合金结构钢60Si_2Mn表示平均含碳量为（B）。

A．0.2% B．0.6% C．2% D．6%

147．用来制造一些受力复杂的重要机器零件，如机床主轴、汽车半轴、连杆等的材料是（A）。

A．40Cr B．40Mn C．60Mn D．9SiCm

148．含碳量在0.25%～0.6%的碳素钢为（B）。

A．低碳钢 B．中碳钢 C．高碳钢 D．合金钢

149．标号QT表示（C）铸铁。

A．灰口 B．蠕墨 C．球墨 D．可锻

150．主要用于制造建筑结构件、工程结构件的是（A）。

A．普通碳素结构钢 B．优质碳素结构钢 C．工具钢 D．铸造碳钢

151．工业用黄铜的含锌量都在（A）以下。

A．45% B．50% C．55% D．60%

152．热处理工艺中最重要，也是最复杂的一种工艺是（C），它的冷却速度快，容易造成变形及裂纹。

A．退火 B．正火 C．淬火 D．回火

153．在一定条件下可代替某些碳钢和合金钢制造各种重要的铸件的是（C）。

A．白口铸铁　　B．灰口铸铁　　C．球墨铸铁　　D．麻口铸铁

154．白铜是以（D）为主要合金元素的铜合金。

A．锡　　B．铝　　C．锌　　D．镍

155．含碳量小于0.25%的碳素钢为（A）。

A．低碳钢　　B．中碳钢　　C．高碳钢　　D．合金钢

156．将淬硬的钢将加热到临界点以下的温度，保温一段时间，然后在空气中或油中冷却的热处理工艺叫作（D）。

A．退火　　B．正火　　C．淬火　　D．回火

157．性能硬脆，难以加工，主要用作炼钢原料的是（A）。

A．白口铸铁　　B．灰口铸铁　　C．球墨铸铁　　D．麻口铸铁

158．经调质后，（B）钢具有良好的综合机械性能，在机器制造中使用广泛，如齿轮、轴等皆用这类钢制造。

A．10～25号　　B．30～50号　　C．60～70号　　D．70～80号

159．将钢件加热到临界温度以上30～50℃，保温适当时间后，在空气中冷却的热处理工艺叫作（B）。

A．退火　　B．正火　　C．淬火　　D．回火

160．强度低，但塑性、韧性好的（　　）钢具有良好的焊接性能，常用作冲压件和焊接件。

A．10～25号　　B．30～50号　　C．60～70号　　D．70～80号

161．看电路图的主电路时通常是（A）。

A．从下往上看　　B．从电源的一端到电源的另一端

C．自上而下看　　D．先看设备的空间位置分布

162．在下面的电气图常用文字符号中，代表电动机的符号是（A）。

A．M　　B．Q　　C．K　　D．C

163．单位时间内所做的功称为（B）。

A．功　　B．功率　　C．电功率　　D．电能

164．看接线图的控制电路时应是（B）。

A．从下往上看　　B．从电源的一端到电源的另一端

C．自上而下看　　D．先看设备的空间位置分布

165．加在定子绕组的起动电压是电动机的额定电压，这样的起动方法叫作（C）。

A．串电阻降压起动　　B．星形—三角形换接起动

C．全压起动　　D．自耦降压起动

166．无论是看电路图还是接线图，都应该先看（A）。

A．主电路　　B．控制电路　　C．交流电路　　D．直流电路

167．通过改变接在转子电路调速电阻的大小的方法进行调速的叫作（C）。

A．变频调速　　B．变级调速　　C．变转差率调速　　D．涡流制动调速

168．电路元件或设备在单位时间内吸收或发出的电能称为（C）。

A．功　　B．功率　　C．电功率　　D．电能

169．根据需要改变定子绕组的连接，改变磁极对数的调速方法叫作（B）。

A．变频调速　　B．变级调速　　C．变转差率调速　　D．涡流制动调速

170．电功率的单位是（B）。

A．焦耳（J）　　B．瓦特（W）　　C．安培（A）　　D．赫兹（Hz）

171．在一定时间内电路元件或设备吸收或发出的电能称为（D）。

A．功　　B．功率　　C．电功率　　D．电能

172．电功率的单位是（B）。

A．焦耳（J）　　B．瓦特（W）　　C．安培（A）　　D．赫兹（Hz）

173．在下面的电气图常用文字符号中，代表继电器的符号是（C）。

A．M　　B．Q　　C．K　　D．C

174．利用三相自耦变压器将电动机在起动过程中的端电压降低的起动方法叫作（D）。

A．串电阻降压起动　　B．星形—三角形换接起动

C．全压起动　　D．自耦降压起动

175．在下面的电气图常用文字符号中，代表控制器的符号是（B）。

A．M　　B．Q　　C．K　　D．C

176．在下面的电气图常用文字符号中，代表电容器的符号是（D）。

A．M　　B．Q　　C．K　　D．C

177．看接线图的主电路时通常是（C）。

A．从下往上看　　B．从电源的一端到电源的另一端

C．自上而下看　　D．先看设备的空间位置分布

178．液压泵是液压系统的（D）元件。

A．辅助　　B．控制　　C．执行　　D．动力

179．液压传动是以液体作为工作介质，依靠液体（C）来传递动力和运动的一种传动方式。

A．压强和流量　　B．压力和速度　　C．压力和流量　　D．速度和流量

180．安全阀是液压系统的（B）。

A．流量阀　　B．压力阀　　C．速度阀　　D．方向阀

181．在液压系统常见的密封件中，多用于固定密封的是（A）密封圈。

A．O形　　B．Y形　　C．U形　　D．V形

182．双作用单活塞杆式油缸的两腔有效工作面积间的关系为（B）。

A．有杆腔端大于无杆腔端　　B．有杆腔端小于无杆腔端

C．有杆腔端等于元杆腔端　　D．无杆腔等于有杆腔的两倍

183．将节流阀串联在液压缸和油箱之间，以限制液压缸的回油量，即构成了（B）节流调速回路。

A．进油　　B．出油　　C．旁路　　D．容积

184．溢流阀的通过阀口的溢流，使被控系统或回路的压力维持恒定，可实现（D）。

A．调压　　B．稳压　　C．防止过载　　D．以上都是

185．顺序阀属于（A）。

A．压力阀　　B．流量阀　　C．调速阀　　D．方向阀

186．在液压系统中（C）。

A．操作繁杂　　B．传压不稳定　　C．渗漏难解决　　D．工作效率低

187．根据电磁铁的铁心和线圈是否浸油电磁阀又可分为（B）。

A．内泄式电磁铁、湿式电磁铁、油浸式电磁铁　　B．干式电磁铁、湿式电磁铁、油浸式电磁铁

C．干式电磁铁、直流式电磁铁、油浸式电磁铁　　D．干式电磁铁、湿式电磁铁、交流式电磁铁

188．利用液体压力能传递动力和运动的传动方式称为（B）传动。

A．液体　　B．液压　　C．液力　　D．机械

189．液压传动易于实现直线往复运动，可以（A）驱动工作装置。

A．直接　　B．不能直接　　C．间接　　D．连接

190．随着液压技术的普及和应用领域的日益扩大，对液压缸的方向发展是（D）。

A．高压化、小型化　　B．高性能、多品种、结构复合化

C．节能与耐腐蚀　　D．以上全是

191．液压传动系统的执行元件是（A）。

A．液压油缸　　B．各种阀类　　C．油箱　　D．液压管线

192．轴向柱塞泵流量不足可能的原因是（D）。

A．油温过高或过低　　B．油泵运转前，未充好，留有空气

C．油箱油面过低，出现堵塞或漏气　　D．以上全选

193．液压缸中常见的密封形式有（D）。

A．间隙密封　　B．活塞环密封　　C．密封圈密封　　D．以上全对

194．在主机经常需要更换工作场地且没有电力供应的野外工作的液压设备系统，应尽量选用（A）。

A．手动换向阀　　B．电磁换向阀　　C．气控液压换向阀　　D．电液动换向阀

195．下列关于齿轮泵的说法正确的是（A）。

A．提高转速，增大模数和齿数，可以增大齿轮泵的流量

B．齿轮泵的转速越高泵的流量越大，因此要尽量提高转速

C．齿轮泵的齿数越多泵的流量越大，因此要尽量增加齿数

D．齿轮泵的模数越大泵的流量越大，因此要尽量增大模数

196．在定量泵系统中，液压泵的供油压力通过（D）来调节。

A．顺序阀　　B．减压阀　　C．单向阀　　D．溢流阀

197．液压油泵是向液压系统提供（A）的装置。

A．能源　　B．机械能　　C．电力　　D．温度

198．下列关于柱塞泵的说法不正确的是（C）。

A．柱塞泵是利用柱塞在缸体内往复运动，产生容积变化来进行工作的

B．柱塞与柱塞孔加工时，要求高精度的配合

C．由于存在配合精度，柱塞泵只用于低压泵

D．柱塞泵的柱塞可径向布置也可以轴向布置

199．钢球式直通单向阀与锥阀式直通单向阀相比，密封性（A），一般用于流量（A）的场合。

A．较差，较小　　B．较差，较大　　C．较好，较小　　D．较好，较大

200．液压传动系统中的油箱、滤油器和油管是（C）元件。

A．动力　　B．执行　　C．辅助　　D．控制

201．叶片泵的特点描述不正确的是（C）。

A．结构较复杂，自吸能力差，转速不易太高

B．对液压油的污染比较敏感

C．密封性较差，容积效率较低，因而不能产生较大转矩

D．流量均匀、运动平稳、脉动小、噪声小

202．液压传动系统的动力元件是（D）。

A．液压缸　　B．液压马达　　C．各种阀类　　D．液压泵

203．在实际工作中，叶片泵产生脉动大的主要原因有（D）。

A．泵内部泄漏的变化　B．叶片异常　　C．定子曲线异常磨损　D．以上全对

204．下列关于调速阀的说法不正确的是（C）。

A．调速阀的流量稳定性好

B．调速阀的压力损失较大

C．调速阀常用于负载变化大，对速度控制精度要求高系统

D．调速阀用于定量泵，不用于变量泵

205．液压系统内全部运动机件都在油液内工作，能自行润滑，有利于（D）机件的使用寿命。

A．缩短　　B．正常　　C．缓解　　D．延长

206．齿轮泵重量轻，外形尺寸（B），结构紧凑，使用寿命长。

A．很小　　B．小　　C．大　　D．很大

207．单向阀的运用场合是（D）。

A．液压泵的出口处防止系统中的液压冲击或油液倒灌

B．作背压阀用提高执行器的运动平稳性

C．不同油路之间防止油路间相互干扰

D．以上全选

208．双作用伸缩式套筒油缸的结构特点是活塞伸出时，先由（C）的一级活塞开始伸出。

A．直径小　　B．直径中　　C．直径大　　D．任意直径

209．齿轮泵中，常出现油液无法填满齿间的现象，这种现象称为“空穴现象”，这种现象是由（B）引起的。

A．齿轮的模数过大　B．齿轮的转速过高　C．齿轮的齿数过多　D．以上都不是

210．单叶片摆动式液压缸输出周期性的往复运动，其摆动角可达到（B）。

A．180°　　B．300°　　C．360°　　D．200°

211．下列属于可运用液控单向阀的场合的是（D）。

A．用于液压系统保压与释压　　B．作充液阀

C．防止立置液压缸自重下落　　D．以上全是

212．在液压传动系统中，下列属于控制元件的是（C）。

A．齿轮泵　　B．柱塞马达　　C．换向阀　　D．液压缸

213．液压传动的机械能和液体压力能之间的转换是通过（A）的变化来实现的。

A．密闭容积　　B．容器　　C．液压油　　D．温度

214．流量控制阀用于控制液压系统中油液的（C）。

A．方向　　B．压力　　C．流量　　D．温度

215．液压泵由发动机驱动旋转，把机械能转变为液压能，向系统供给（A）。

A．压力油　　B．机油　　C．齿轮油　　D．黄油

216. 调速阀是由（B）组合而成，能够使执行元件的运动速度稳定。

A. 节流阀和单向阀　　B. 节流阀和减压阀　　C. 节流阀和换向阀　　D. 单向阀和减压阀

217. 油路中经常遇到一个油泵同时供主辅两部分油路用油，但辅助油路所需油压总是要低一些，这时就可以通过（C）来提供低压油。

A. 单向阀　　B. 节流阀　　C. 减压阀　　D. 调速阀

218. 在液压系统中下列属于控制元件的是（B）。

A. 齿轮泵　　B. 各种阀类　　C. 油箱　　D. 液压油缸

219. 依靠相对运动件配合表面间微小间隙来防止泄漏的密封形式称为（A）。

A. 间隙密封　　B. 活塞环密封　　C. 密封圈密封　　D. 以上都不对

220. 下列不属于压力控制阀的是（D）。

A. 溢流阀　　B. 减压阀　　C. 顺序阀　　D. 电磁阀

221. 近年来，我国生产的（B）柱塞式液压马达已在矿山机械、建筑机械、工程机械、起重运输机械和船舶等方面得到应用。

A. 高速小转矩　　B. 低速大转矩　　C. 高速小转矩　　D. 低速小转矩

222. 液压泵卸荷的方式很多，选用具有 H 型和（D）机能的换向阀实现卸荷就是其中之一。

A. 0 型　　B. Y 型　　C. P 型　　D. M 型

223. 液压传动可实现无级调速，并且调速范围很大，可达（D）。

A. 100：1～500：1　　B. 100：1～1 000：1　　C. 100：1～1 500：1　　D. 100：1～2 000：1

224. 齿轮马达常见的故障有转速和转矩达不到要求等，下列会导致齿轮马达的转速低的原因是（B）。

A. 回油阻力过大　　B. 流量不足或泄漏过大

C. 零件磨损　　D. 回路接反

225. 液压传动易于大幅度减速，可以获得较大的力和（B），并能实现较大范围的无级变速，使整个传动系统得到简化。

A. 转速　　B. 扭矩　　C. 流速　　D. 拉力

226. 轴向柱塞泵噪声过大可能的原因是（D）。

A. 油泵内有空气　　B. 油箱油面太低，吸入气体

C. 工作油液黏度太大　　D. 以上全选

227. 液力变矩器过热的原因可能是（B）。

A. 油底壳油面过高　　B. 油冷却器堵塞　　C. 燃料不良　　D. 变矩器油温低

228. 能对流动的液体导向，使其根据一定的要求，按照一定的方向冲击泵轮叶片的元件是（C）。

A. 泵轮　　B. 涡轮　　C. 导轮　　D. 飞轮

229. 液力变矩器正常工作后，应在每（B）检查和清洗一次滤清器。

A. 50～100 h　　B. 100～300 h　　C. 250～500 h　　D. 500～800 h

230. 为了避免冲击，耦合器两个工作轮叶片数目不相等，一般相差（B）。

A. 一片　　B. 两片　　C. 三片　　D. 任意片

231. 在液力传动中，能将液体的动能转换为机械能而输出的元件是（B）。

A. 泵轮　　B. 涡轮　　C. 导轮　　D. 飞轮

232. 在液力偶合器中，（A）承担着将工作油液的部分动能转换为机械能的任务。

A. 涡轮　　B. 导轮　　C. 叶轮　　D. 泵轮

233. 液力变矩器的变矩比是涡轮轴上与泵轮轴上的（A）之比。

A. 力矩　　B. 转速　　C. 输出功率　　D. 输入功率

234. 液力传动与机械传动相比，说法正确的是（D）。

A. 液力传动系统效率高，但经济性差　　B. 液力传动系统经济性好，但效率低

C. 液力传动系统效率高，经济性好　　D. 液力传动系统效率低，且经济性差

235. 在液力传动中，能接受发动机传来的机械能并将其液体的动能的元件是（A）。

A. 泵轮　　B. 涡轮　　C. 导轮　　D. 飞轮

236. 液力传动的原理是（B）。

A. 利用液体压力能传递动力　　B. 使液体动能转换成机械能

C. 将机械能转换成液体压力能　　D. 利用液体压力能传递运动

237. 由泵轮到涡轮再到导轮，然后回到泵轮的液流称为（A）。

A. 涡流　　B. 环流　　C. 导流　　D. 紊流

238. 沿液力变矩器旋转方向的液流称为（B）。

A. 涡流　　B. 环流　　C. 导流　　D. 紊流

239. 在液力耦合器工作时，实际的液流方向是涡轮与（B）合成的螺旋状。

A. 涡流　　B. 环流　　C. 导流　　D. 紊流

240. 液力偶合器正常工作时，泵轮的转速总是（C）涡轮的转速。

A. 小于　　B. 等于　　C. 大于　　D. 接近于

241. 高效范围是液力变矩器的重要评价参数，其含义是（B）之比。

A. 最大力矩与最小力矩　　B. 最大转速与最小转速

C. 最大功率与最小功率　　D. 最大效率与最小效率

242. 在液力偶合器中，把由发动机通过输入轴驱动的叶轮，称为（B）。

A. 涡轮　　B. 泵轮　　C. 导轮　　D. 工作轮

243. 允许两轴有较大角位移，传递转矩较大的是（C）联轴器。

A. 弹性柱销　　B. 十字滑块　　C. 万向节　　D. 齿轮

244. 当轮系运转时，所有齿轮的轴线位置相对于机架是固定不变的轮系称为（A）。

A. 定轴轮系　　B. 行星轮系　　C. 差动轮系　　D. 混合轮系

245. 过载时摩擦面打滑，可以保护传动系统其他零件是（B）离合器的优点之一。

A. 牙嵌式　　B. 摩擦式　　C. 齿形　　D. 超越

246. 随着外载荷的变化自动地结合和分离动力，不需人为控制的是（D）离合器。

A. 牙嵌式　　B. 齿形　　C. 电磁　　D. 超越

247. 液压推杆制动器的液压推动器在0℃以下应用（D）油液。

A. 10号机械油　　B. 20号机械油　　C. 10号变压器油　　D. 25号变压器油

248. 用来连接两根轴，并在机器运转中根据需要随时进行结合或分离动力的部件是（C）。

A. 联轴器　　B. 减速器　　C. 离合器　　D. 制动器

249. 轮系中各齿轮轴线平行，确定任意级从动齿轮转向，若外啮合齿轮的对数是偶数，则末轮与首轮的转向（A）。

A. 相同　　B. 相反　　C. 不定　　D. 任意

250．点蚀损坏达啮合面的（C）时，齿轮应报废。

A．50%　　B．40%　　C．30%　　D．20%

251．钢丝绳作拉伸试验被拉断的拉力称为钢丝绳的（A）。

A．破断拉力　　B．破断拉力总和　　C．许用拉力　　D．极限应力

252．在摩擦式离合器中，（A）离合器结构简单，结合平稳，散热性好，但传递转矩较小。

A．单盘式　　B．多盘式　　C．锥形　　D．膜片

253．某液压推杆制动器的型号为 YZW200，其制动轮的直径应该是（C）。

A．300 mm　　B．250 mm　　C．200 mm　　D．150 mm

254．在牙嵌式离合器中，（B）牙的强度较高，但只能传递单向扭矩，常用于特定的场合。

A．梯形　　B．锯齿形　　C．圆弧形　　D．矩形

255．根据钢丝的强度等级和总截面计算得出钢丝绳所有钢丝合在一起被拉断的拉力称为（B）。

A．破断拉力　　B．破断拉力总和　　C．许用拉力　　D．极限应力

256．凸缘联轴器的两个半联轴器应该用（B）螺栓连接。

A．粗制螺栓　　B．精制螺栓　　C．抗剪螺栓　　D．高强螺栓

257．弹性柱销联轴器使用的环境温度应为（D）。

A．−20～20℃　　B．−20～30℃　　C．−20～50℃　　D．−20～70℃

258．为了保证工作机构的安全运行，制动力矩应比塔机工作机构运行时的正常扭矩大（B）。

A．1～1.5 倍　　B．1.5～2.5 倍　　C．2.5～3.5 倍　　D．3.5～4 倍

259．靠线圈的通断电来控制动力的结合与分离的是（C）离合器。

A．牙嵌式　　B．齿形　　C．电磁　　D．超越

260．液压推杆制动器合适的制动间隙应为（B）。

A．0.3～0.5 mm　　B．0.5～0.7 mm　　C．0.7～0.9 mm　　D．0.9～1 mm

261．减速器轴承处的发热不能超过允许温度升高值，当温升超过（B）时，应开箱进行检查。

A．30℃　　B．40℃　　C．50℃　　D．60℃

262．为了安全，在确定钢丝绳的极限工作载荷时应有一定的强度储备，储备能力的大小称为（B）。

A．折减系数　　B．安全系数　　C．吊挂方式系数　　D．角度影响载荷系数

263．减速器使用初期，应每（A）更换一次润滑油，并清洗箱体，去除金属屑。

A．三个月　　B．半年　　C．一年　　D．两年

264．钢丝绳的极限工作载荷是指钢丝绳吊索在单肢垂直悬挂时额定载荷，也是指它的（C）。

A．破断拉力　　B．破断拉力总和　　C．许用拉力　　D．极限应力

265．适用于轴向串动量较大、正反转启动频繁的传动和轻载的场合，能吸振缓冲的是（A）联轴器。

A．弹性柱销　　B．十字滑块　　C．万向节　　D．齿轮

266．起升机构和非平衡变幅机构的齿轮联轴器当齿轮齿厚磨损达原齿厚的（B）时，联轴器应报废。

A．10%　　B．15%　　C．20%　　D．25%

267．具有良好的补偿性，允许有综合位移，能在高速重载下可靠地工作，适用于正反转启动频繁场合的是（D）。

A. 弹性柱销 B. 十字滑块 C. 万向节 D. 齿轮

268. 钢丝绳被拉断时所能承受的最大应力称为钢丝绳的（D）。

A. 破断拉力 B. 破断拉力总和 C. 许用拉力 D. 极限应力

269. 将原动机的高转速降低到执行机构需要的工作转速，同时增加驱动扭矩的部件是（B）。

A. 联轴器 B. 减速器 C. 离合器 D. 制动器

270. 在牙嵌式离合器中，（A）牙结合方便，并可消除牙侧间隙，以减少冲击、齿根强度好，能传递较大转矩且可双向传递扭矩，应用较广泛。

A. 梯形 B. 锯齿形 C. 圆弧形 D. 矩形

271. 选用钢丝绳时，应首先按（D）选用钢丝绳。

A. 应用场合 B. 具体用途 C. 破断拉力 D. 许用拉力

272. 在牙嵌式离合器中，（D）牙不便于动力的结合与分离，磨损后无法补偿，使用较少。

A. 梯形 B. 锯齿形 C. 圆弧形 D. 矩形

273. 用来连接两根轴，使其一起运转并传递扭矩的部件是（B）。

A. 减速器 B. 联轴器 C. 离合器 D. 制动器

274. 对于起升机构减速器齿轮的磨损，第一级啮合齿轮磨损达原齿厚的（D）时应报废。

A. 30% B. 25% C. 20% D. 10%

275. 推杆式起重量限制器应安装在（C）处。

A. 塔顶滑轮 B. 臂架端部 C. 臂架根部 D. 塔顶主肢

276. 当力矩限制器安装在塔顶前方主肢时，行程开关应安装在弓形放大杆中间部位的（A）。

A. 外侧 B. 内侧 C. 内外侧均可 D. 以外地方

277. 起重量限制器各挡重量限制调定后，均匀试吊 2～3 次检验或校正，各挡允许重量限制偏差为额定起重量的（B）。

A. ±3% B. ±5% C. ±6% D. ±8%

278. 应用在动臂变幅式塔机上的幅度限制指示器，利用拨杆随臂架转动，电刷根据不同角度分别接通指示灯触点，将起重臂仰角的灯光信号传递到司机室的幅度指示盘上。当臂架仰角为（C）时，上极限开关动作，变幅电路切断。

A. 58° B. 60° C. 63° D. 65°

279. 应用在动臂变幅式塔机上的幅度限制指示器，利用拨杆随臂架转动，电刷根据不同角度分别接通指示灯触点，将起重臂仰角的灯光信号传递到司机室的幅度指示盘上。当起重臂与水平夹角小于（B）时，电刷接通蜂鸣器，发出警告信号。

A. 8° B. 10° C. 12° D. 15°

280. 塔机在空载状态下进行试验时，要求各工作机构有相对运动部位应无（C）现象。

A. 流油 B. 滴油 C. 渗油 D. 洇油

281. 超载 10%动载试验时，回转机构按照规定的工况以额定速度进行左右回转，对不能全回转的塔机，应（C）最大回转角度。

A. 超过 B. 等于 C. 小于 D. 不定

282. 超载 25%静载试验时，在吊钩上逐次增加重量至相应额定载荷的 1.25 倍后，至少停留（B），然后再进行测量与比较，得出塔顶静位移、臂架挠度、上翘度等数值。

A. 5 min B. 10 min C. 15 min D. 20 min

283．对于可带载变幅的动臂式塔机，在最大和最小幅度之间，按照工况（B），臂架以额定速度俯仰变幅。

A．起吊最小幅度时相应额定起重量的 110%的载荷

B．起吊最大幅度时相应额定起重量的 110%的载荷

C．起吊最大至最小幅度中间处相应的额定起重量的 110%的载荷

D．起吊最大幅度时相应额定起重量

284．塔机在空载状态下进行试验时，要求各工作机构动作平稳，具体表现不包括（B）。

A．无爬行　　B．无振动　　C．无震颤　　D．无过热

285．超载 10%动载试验时，行走机构以额定速度按照规定的工况往复行走，要求臂架垂直与轨道，吊重离地（D）时的单向行走距离不少于 20 m。

A．200 mm　　B．300 mm　　C．400 mm　　D．500 mm

286．额定载荷试验时，行走机构以额定速度按照规定的工况往复行走，要求臂架垂直与轨道，吊重离地 500 mm 时的单向行走距离不少于（B）。

A．10 m　　B．20 m　　C．30 m　　D．40 m

287．塔机经异地安装后，空载试验应该由塔机的（C）来负责。

A．产权单位　　B．使用单位　　C．安装单位　　D．塔吊司机

288．回转机构按照规定的工况以额定速度进行左右回转，对不能全回转的塔机，应超过的最大回转转角是（C）。

A．0°→90°→0°　　B．0°→120°→0°　　C．0°→180°→0°　　D．0°→360°→0°

289．根据超载 25%静载试验的工况，参与试验运行的机构只有（A）。

A．起升机构　　B．变幅机构　　C．回转机构　　D．行走机构

290．超载 25%静载试验时，起升机构分别按照规定的工况将相应的载荷吊离地面 100～200 mm 处，并在吊钩上（C）重量至相应额定载荷的 1.25 倍。

A．一次吊起　　B．一次增加　　C．逐次增加　　D．随意增加

291．额定载荷试验时，回转机构按照规定的工况以额定速度进行左右回转，对不能全回转的塔机，应（C）最大回转角度。

A．超过　　B．等于　　C．小于　　D．不定

292．进行额定载荷试验时，对于小车变幅的塔机，要在最大和最小幅度之间，小车起吊（C），以额定速度进行两个方向的变幅。

A．最小幅度相应的额定起重量　　B．任意一幅度相应的额定起重量

C．最大幅度相应的额定起重量　　D．最大幅度相应额定起重量的 11 倍

293．塔机额定载荷试验时，起升机构在起升全范围内以额定速度进行起升、下降，在每一起升、下降过程中要进行不少于（C）的正常制动。

A．1 次　　B．2 次　　C．3 次　　D．4 次

294．空载试验应该在（A）的时候进行。

A．安装调速　　B．每班作业前　　C．每班作业中　　D．每班作业后

295．超载 25%静载试验时，起升机构分别按照规定的工况将相应的载荷吊离地面（A）处。

A．100～200 mm　　B．200～300 mm　　C．300～400 mm　　D．400～500 mm

296．利用联动台操纵塔机，当握住左操纵杆向右摆动时，可控制（C）。

A．小车前进　　B．小车后退　　C．臂架右转　　D．臂架左转

297．利用联动台操纵塔机，当握住左操纵杆后拉时，可控制（D）。

A．吊钩起升　　B．吊钩下降　　C．小车前进　　D．小车后退

298．提升重物作水平移动时，应高出其跨越的障碍物（C）以上。

A．0.3 m　　B．0.4 m　　C．0.5 m　　D．1.0 m

299．起吊重物时，必须先将重物吊离地面（A）左右停住，确定制动、物料捆扎、吊点和吊具无问题后，方可按照指挥信号操作。

A．0.5 m　　B．1.0 m　　C．1.5 m　　D．2.0 m

300．作业中如遇风速大于（B）大风或阵风时，应立即停止作业。

A．8.0 m/s　　B．10.8 m/s　　C．13.8 m/s　　D．20.8 m/s

301．至少（B）一次，要对塔机工作机构、所有安全装置、制动器的性能及磨损情况、钢丝绳的磨损及端头固定、螺栓销轴连接处等进行全面检查。

A．每周　　B．每月　　C．每季　　D．每年

302．起重机遭到风速超过（C）的暴风袭击或结构中等地震后，必须进行全面检查，经企业主管技术部门认可，方能投入使用。

A．33 m/s　　B．28 m/s　　C．25 m/s　　D．20 m/s

303．起重机抵抗倾翻的能力称为起重机的（C）。

A．安全性　　B．动力性　　C．稳定性　　D．经济性

304．对于停用时间超过（A）的塔机，在启用时必须做好各部件的润滑、调整、保养、检查。

A．1 个月　　B．3 个月　　C．半年　　D．1 年

305．利用联动台操纵塔机，当握住左操纵杆向左摆动时，可控制（D）。

A．小车前进　　B．小车后退　　C．臂架右转　　D．臂架左转

306．塔式起重机的稳定系数应为（A）。

A．≥1.15　　B．≥1.0　　C．＜1.0　　D．＜1.15

307．非工作状态，吊钩宜升到离起重臂顶端（B）处。

A．1～2 m　　B．2～3 m　　C．3～4 m　　D．4～5 m

308．动臂式起重机允许带载变幅的，当载荷达到额定起重量的（B）及以上时，严禁变幅。

A．95%　　B．90%　　C．85%　　D．80%

309．利用联动台操纵塔机，当握住右操纵杆前推时，可控制（B）。

A．吊钩起升　　B．吊钩下降　　C．小车前进　　D．小车后退

310．塔式起重机行走到距限位开关碰块约（B）处，应提前减速停车。

A．5 m　　B．3 m　　C．2 m　　D．1 m

311．利用联动台操纵塔机，当握住右操纵杆后拉时，可控制（A）。

A．吊钩起升　　B．吊钩下降　　C．小车前进　　D．小车后退

312．利用联动台操纵塔机，当握住左操纵杆前推时，可控制（C）。

A．吊钩起升　　B．吊钩下降　　C．小车前进　　D．小车后退

313．利用联动台操纵塔机时，随着操纵杆移动量的增大，相应工作机构电动机的转速（A）。

A．加快　　B．减慢　　C．不变　　D．不定

314．在起升过程中，当吊钩滑轮组接近起重臂（A）时应用低速起升，严防与起重臂顶撞。

A．5 m　　B．4 m　　C．3 m　　D．2 m

315．塔机作业时因为超载而切断运动后，应采取（B）恢复作业。

A．切除超载限制器的控制　　B．判别原因后减幅、减载、减速

C．手动强制限制器触头脱开　　D．拆除限制器

316．每班作业后，小车变幅式塔机应将小车开到（C）位置。

A．最大幅度　　B．最小幅度　　C．随意幅度　　D．说明书规定的幅度

317．塔式起重机不允许超风力作业，规定的工作风速是指（B）。

A．平均风速　　B．瞬时风速　　C．物象风速　　D．预报风速

318．严禁采用自由下落的方法下降吊钩或重物，当吊钩下降距就位点约（D）时，必须采用慢速就位。

A．5 m　　B．3 m　　C．2 m　　D．1 m

319．附着框架与附着杆连接松动引发事故的原因是（C）。

A．载荷限制器失灵、损坏或拆除　　B．基础不符合要求

C．附着安装达不到要求　　D．塔机位置不当

320．企业活动过程中发生的意外突发性事件的总称为（B）。

A．故障　　B．事故　　C．停产　　D．怠工

321．由于塔机的起升机构钢丝绳过卷，造成吊钩坠落致人死亡的应该属于（C）事故。

A．物体打击　　B．高处作业　　C．起重伤害　　D．机械伤害

322．塔机供电电缆严重扭转引发断裂触电事故的原因是（A）。

A．回转限位器失灵、损坏或拆除　　B．超载使用

C．起升高度限位器失灵、损坏或拆除　　D．钢结构疲劳

323．按照生产安全事故造成的人员伤亡或者直接经济损失情况，建筑施工安全事故分为（D）等级。

A．1 个　　B．2 个　　C．3 个　　D．4 个

324．塔身变截面处产生裂纹引发事故的原因是（D）。

A．回转限位器失灵、损坏或拆除　　B．超载使用

C．起升高度限位器失灵、损坏或拆除　　D．钢结构疲劳

325．起升钢丝绳过卷断裂、吊钩坠落事故的原因是（C）。

A．回转限位器失灵、损坏或拆除　　B．超载使用

C．起升高度限位器失灵、损坏或拆除　　D．钢结构疲劳

326．塔机与外电线路安全距离不足的原因是（D）。

A．载荷限制器失灵、损坏或拆除　　B．基础不符合要求

C．附着安装达不到要求　　D．塔机位置不当

327．变幅小车与限位止挡发生碰撞事故的原因是（B）。

A．回转限位器失灵、损坏或拆除　　B．变幅小车缓冲器损坏

C．起升高度限位器失灵、损坏或拆除　　D．钢结构疲劳

328．超载作业引发起重臂折断、塔机倾翻事故的原因是（A）。

A．载荷限制器失灵、损坏或拆除　　B．基础不符合要求

C．附着安装达不到要求　　D．塔机位置不当

329. 地脚螺丝断裂引发塔机倾翻事故的原因是（B）。

A. 载荷限制器失灵、损坏或拆除　　B. 基础不符合要求

C. 附着安装达不到要求　　D. 塔机位置不当

二、多选题

330. 装配图中两个临近的金属零件的剖面线（BC）。

A. 同方向同间隔　　B. 反方向同间隔　　C. 同方向不同间隔　　D. 反方向不同间隔

331. 在位置公差中属于定向公差的是（ABD）。

A. 平行度　　B. 垂直度　　C. 对称度　　D. 倾斜度

332. 表面结构符号包括（ABCD）。

A. 基本符号　　B. 用去除材料的方法获得的表面

C. 完整符号　　D. 不允许去除材料的表面

333. 在位置公差中属于定位公差的是（ABD）。

A. 同轴度　　B. 对称度　　C. 圆跳动　　D. 位置度

334. 装配图上标注的尺寸可分为（ABCE）。

A. 外形尺寸　　B. 装配尺寸　　C. 规格性能尺寸

D. 表面粗糙度　　E. 安装尺寸

335. 表面结构代号中包括（ACD）。

A. 具体的表面参数代号　　B. 表面结构基本符号

C. 具体的表面参数数值　　D. 表面结构完整符号

336. 复合剖视是用几个曲折的剖切平面剖开机件而得到的剖视图，它综合了（AD）的剖切方法。

A. 阶梯剖视　　B. 半剖视　　C. 局部剖视　　D. 旋转剖视

337. 局部剖视的画法一般应用在（ABC）。

A. 既要表达内形，又要保留部分外形时　　B. 对称的机件不宜半剖时

C. 实心机件上的局部细小内部结构需要表达时　　D. 有明显旋转轴的机件

338. 读装配图，分析零件之间的装配关系，它包括（ABCDE）。

A. 运动关系　　B. 配合关系　　C. 连接关系

D. 定位与调整关系　　E. 密封与润滑关系

339. 零件的尺寸公差等于（AB）。

A. 最大极限尺寸—最小极限尺寸　　B. 上偏差—下偏差

C. 最大极限尺寸—基本尺寸　　D. 最小极限尺寸—基本尺寸

340. 配合的种类有（BCD）。

A. 基本配合　　B. 间隙配合　　C. 过盈配合　　D. 过渡配合

341. 在装配图上，当剖切平面通过（ABCDE）及其他实心件的对称平面或轴线时，一律按不剖绘制。

A. 螺杆　　B. 螺母　　C. 垫圈

D. 键　　E. 销

342. 剖视图的种类很多，它包括（ABCD）和斜剖视图及复合剖视等。

A. 全剖视　　B. 半剖视　　C. 局部剖视　　D. 阶梯剖视

343. 装配图的作用是（ABCD）。

A．表达一台机器或一个部件的工作原理　B．表达一台机器或一个部件的装配关系
C．安装、测试、检修的主要依据　D．技术交流的重要文件

344．断面图按其所在位置可分为（AC）两种。
A．移出断面　B．旋转断面　C．重合断面　D．阶梯断面

345．在下面的形位公差项目中，属于形状公差的有（ABC）。
A．直线度　B．平面度　C．圆柱度　D．倾斜度

346．蜗杆传动的润滑方式主要有（BD）。
A．飞溅润滑　B．油池润滑　C．压力润滑　D．喷油润滑

347．按蜗杆螺旋方向不同，可分为（AC）。
A．右旋蜗杆　B．单头蜗杆　C．左旋蜗杆　D．多头蜗杆

348．滚动轴承润滑的目的在于（ABCDE）。
A．减少摩擦阻力　B．降低磨损　C．缓冲吸振
D．冷却　E．防锈蚀

349．当一对齿轮啮合时才产生（ABD）。
A．节点　B．节圆　C．模数　D．啮合角

350．常用的轴瓦材料有（ABCE）等。
A．轴承合金　B．铜合金　C．粉末冶金
D．优质碳素钢　E．铸铁

351．组成机构的构件按其运动性质可分为（ABC）。
A．固定件　B．主动件　C．从动件
D．通用件　E．专用件

352．键连接分为松键连接和紧键连接，那么松键连接包括（ACE）。
A．平键连接　B．楔键连接　C．半圆键连接
D．切向键连接　E．花键连接

353．当轮毂需要在轴上沿轴向移动时，可采用（CE）。
A．平键　B．半圆键　C．导向键
D．花键　E．滑键

354．滚动轴承的类型较多，选用时应综合考虑轴承（ABCDE）。
A．载荷的大小　B．载荷的方向和性质　C．转速的高低
D．支撑刚度　E．经济因素

355．在齿轮传动中，用于两轴线不平行的传动为（BCD）。
A．直齿圆柱齿轮传动　B．蜗轮蜗杆传动　C．锥齿轮传动
D．交错轴斜齿轮传动　E．齿轮齿条传动

356．机械零件按其应用范围可分为（ADE）。
A．固定件　B．主动件　C．从动件
D．通用件　E．专用件

357．在机械连接中属于可拆卸连接的有（AC）。
A．键连接　B．焊接　C．销连接
D．铆接　E．胶结

358．在齿轮传动中，按啮合情况可分为（ABD）。

A．外啮合　B．内啮合　C．蜗轮蜗杆　D．齿轮齿条

359．导杆机构有（ABC）等类型。

A．摆动导杆机构　B．滑动导杆机构　C．曲柄摇块机构　D．曲柄滑块机构

360．机器中应用的传动方式主要有（ABCD）。

A．机械传动　B．液压传动　C．气压传动　D．电气传动

361．凸轮机构按从动件的形式可分为（ABD）。

A．尖顶从动件　B．滚子从动件　C．圆柱从动件　D．平底从动件

362．弹簧适用于（ABCE）等。

A．缓冲和减震　B．控制运动　C．机构或仪表的储能

D．传动运动　E．测力装置

363．滚动轴承外圈的轴向固定可分为（ABD）几种形式。

A．利用轴承盖的单向固定　B．利用轴承盖和座孔台肩的双向固定

C．利用轴肩的单向固定　D．利用弹性挡圈和座孔台肩的双向固定

364．轮系按其传动时各齿轮的轴线位置是否固定可分为（ACD）。

A．定轴轮系　B．动轴轮系　C．周转轮系　D．混合轮系

365．根据两个构件之间的接触情况，运动副可分为（AC）两大类。

A．高副　B．快副　C．低副　D．慢副

366．铰链四杆机构按两个连架杆的运动形式不同分为（ABD）基本类型。

A．曲柄摇杆机构　B．双曲柄机构　C．摇杆机构　D．双摇杆机构

367．钢结构的连接方法有（BCDE）。

A．键连接　B．焊接　C．铆接

D．螺栓连接　E．销连接

368．常见的齿轮失效形式有（ABCDE）。

A．齿面点蚀　B．齿面磨损　C．齿面胶合

D．齿面塑变　E．轮齿折断

369．普通平键的键型可分为（ABC）。

A．圆头　B．方头　C．单圆头　D．钩头

370．常见机器的类型有（ABC）。

A．变换能量的　B．变换物料的　C．变换信息的　D．变换速度的

371．普通螺栓分为（ABC）的级别。

A．A 级　B．B 级　C．C 级　D．D 级

372．在齿轮传动中，用于两轴线相互平行的传动为（ADE）。

A．外啮合齿轮传动　B．蜗杆蜗轮传动　C．锥齿轮传动

D．内啮合齿轮传动　E．齿轮齿条传动

373．按蜗杆头数不同，可分为（BD）。

A．右旋蜗杆　B．单头蜗杆　C．左旋蜗杆　D．多头蜗杆

374．高强螺栓拧紧力矩常采用（CD）来控制。

A．活扳手　B．开口扳手　C．测力矩扳手　D．定力矩扳手

375. 下面渐开线齿廓性质的正确说法为（ABCE）。

A. 渐开线的形状取决于基圆　　B. 渐开线上各点的曲率半径不相等

C. 基圆越大，渐开线越趋平直　　D. 渐开线上各点的齿形角相等

E. 渐开线上任意一点的法线必切于基圆

376. 机器的组成通常包括（ABCD）。

A. 动力部分　　B. 传动部分　　C. 执行部分　　D. 控制部分

377. 按接触形式不同，高副通常分为（ABCD）。

A. 滚动轮接触　　B. 凸轮接触　　C. 齿轮接触　　D. 链轮接触

378. 在齿轮传动中，用于交错轴齿轮传动的为（BD）。

A. 直齿圆柱齿轮传动　　B. 蜗轮蜗杆传动　　C. 锥齿轮传动

D. 交错轴斜齿轮传动　　E. 齿轮齿条传动

379. 弹簧的主要几何参数有（BDE）。

A. 外径　　B. 中经　　C. 节距

D. 材料直径　　E. 工作圈数

380. 按两个构件之间的相对运动特征，低副可分为（ABD）。

A. 转动副　　B. 移动副　　C. 齿轮副　　D. 螺旋副

381. 在普通螺栓中，（AB）属于精制螺栓，一般用45#钢或35#钢制成。

A. A级　　B. B级　　C. C级　　D. D级

382. 凸轮机构按凸轮的形状可分为（ABC）。

A. 盘形凸轮　　B. 移动凸轮　　C. 圆柱凸轮　　D. 尖顶凸轮

383. 在齿轮传动中，按轮齿的方向可分为（ABC）。

A. 直齿圆柱齿轮传动　　B. 斜齿圆柱齿轮传动　　C. 人字齿圆柱齿轮传动

D. 锥齿轮传动　　E. 曲齿齿轮传动

384. 高强螺栓性能等级标号是由（AC）的数值组成。

A. 抗拉强度　　B. 屈服强度　　C. 屈强比　　D. 抗剪等级

385. 在下面的材料中，属于塑性材料的是（AC）。

A. 低碳钢　　B. 铸铁　　C. 铜

D. 混凝土　　E. 石料

386. 应力的单位、名称可以是（BCD）。

A. N 牛顿　　B. N/m^2 帕斯卡　　C. kN/m^2 千帕　　D. N/mm^2 兆帕

387. 钢丝绳吊索在吊载时受到的是吊物的重力及与卸扣等端部配件连接时的弯折作用，最有可能产生（AD）变形。

A. 拉伸　　B. 压缩　　C. 剪切

D. 弯曲　　E. 扭转

388. 构件的基本变形有（ABCD）。

A. 拉伸与压缩　　B. 剪切　　C. 弯曲　　D. 扭转

389. 提高压杆稳定性的措施是（BCD）。

A. 选用优质材料　　B. 选择适当材料

C. 选择合理的截面形状　　D. 加强杆端约束

390．在低碳钢的应力应变图上，与特性点 AB 对应的数值分别为（BA）。

A．弹性极限　　B．比例极限　　C．强度极限　　D．屈服极限

391．在力—伸长曲线上，拉伸的过程可分为（ABCD）阶段。

A．弹性变形　　B．屈服　　C．强化

D．缩颈　　E．断裂

392．内力的性质是（ACD）。

A．当外力存在时，内力与外力相平衡　　B．当外力存在时，内力总是随外力增大而增大

C．当外力撤去时，内力同时消失　　D．当外力存在时，内力随外力增大而增大

393．金属在外力作用下表现出来的力学性能指标有（ABCD）和韧性及抗疲劳性等。

A．强度　　B．刚度　　C．硬度

D．塑性　　E．稳定性

394．金属在外部载荷作用下的变形可分为（ACD）阶段。

A．弹性变形　　B．塑性变形　　C．弹—塑性变形　　D．断裂

395．安全系数主要是由（ABCE）等来决定的。

A．结构或机械的重要性　　B．载荷的性质及数值

C．材料的性质　　D．计算方法

E．必须考虑到一些不可避免的缺点

396．在低碳钢的应力应变图上，与特性点 CD 对应的数值分别为（DC）。

A．弹性极限　　B．比例极限　　C．强度极限　　D．屈服极限

397．齿轮轴在工作时受到的是弯矩和扭矩的作用，最有可能产生（DE）变形。

A．拉伸　　B．压缩　　C．剪切

D．弯曲　　E．扭转

398．确定许用拉力和安全系数时，主要考虑的因素是（ABD）。

A．材料性质的不均匀和内部缺陷　　B．构件的制造误差

C．强度储备越大越好　　D．载荷计算误差

399．金属材料的硬度指标包括（ABC）。

A．布氏硬度　　B．洛氏硬度　　C．维氏硬度　　D．冲击韧度

400．金属材料的强度指标包括（AD）。

A．抗拉强度　　B．抗压强度　　C．抗弯强度　　D．屈服强度

401．构件的承载能力包括（ABD）。

A．强度　　B．刚度　　C．硬度　　D．稳定性

402．作用在物体上的载荷，其（ABC）都不变化的载荷叫作静载荷。

A．大小　　B．方向　　C．位置　　D．时间

403．由于球墨铸铁具有良好的力学性能和工艺性能，并能通过热处理使其力学性能在较大范围内变化，因而可以代替（BCD），制造一些受力复杂、强度、硬度韧性和耐磨性要求较高的零件。

A．碳素结构钢　　B．碳素铸钢　　C．合金铸钢　　D．可锻铸铁

404．优质碳素钢中的有害元素含量为（BD）。

A．$S \leqslant 0.050\%$　　B．$S \leqslant 0.035\%$　　C．$P \leqslant 0.045\%$　　D．$P \leqslant 0.035$

405．在碳素钢中适当增加碳的含量时（BD）会有所降低。

A．强度 B．塑性 C．硬度 D．韧性

406．根据铸铁在结晶过程中的石墨化程度，铸铁可分为（ABC）。

A．灰口铸铁 B．白口铸铁 C．麻口铸铁 D．孕育铸铁

407．合金钢按合金元素总含量可分为（ABD）。

A．低合金钢 B．中合金钢 C．中碳钢

D．高合金钢 E．高碳钢

408．合金钢按用途可分为（ABD）。

A．合金结构钢 B．合金工具钢 C．合金渗碳钢 D．特殊性能钢

409．在组成碳素钢的杂质元素中，有害元素指的是（DE）。

A．硅 Si B．锰 Mn C．磷 P

D．硫 S E．氢 H

410．普通碳素钢中的有害元素含量为（AC）。

A．$S\leqslant0.050\%$ B．$S\leqslant0.035\%$ C．$P\leqslant0.045\%$ D．$P\leqslant0.035$

411．常用的铜合金可分为（ACD）。

A．黄铜 B．紫铜 C．白铜 D．青铜

412．蠕墨铸铁是在高碳、低硫、低磷的铁水中加入蠕化剂，目前采用的蠕化剂有（BCD）。

A．镁合金 B．镁钛合金 C．稀土镁钛合金

D．稀土镁钙合金 E．镁

413．对钢进行退火的目的是（ABC）。

A．降低硬度，提高塑性，有利于切削加工

B．消除残余内应力防止工件变形开裂

C．细化晶粒，均匀组织，为后续热处理做好组织准备

D．降低淬火钢的脆性和内应力

414．根据铸铁中石墨形态的不同，铸铁分为（ACD）和蠕墨铸铁。

A．灰口铸铁 B．白口铸铁 C．可锻铸铁 D．球墨铸铁

415．在碳素钢中适当增加碳的含量，可以提高（AC）。

A．强度 B．塑性 C．硬度 D．韧性

416．具有特殊的物理性能和化学性能的钢称特殊性能钢，机械制造行业主要使用的特殊性能钢有（ABD）。

A．不锈钢 B．耐热钢 C．高速钢 D．耐磨钢

417．在组成碳素钢的元素中，有益元素指的是（AB）。

A．硅 Si B．锰 Mn C．磷 P

D．硫 S E．氢 H

418．铝合金根据成分特点和生产方式的不同可分为（AC）。

A．变形铝合金 B．超硬铝合金 C．铸造铝合金 D．硅系铝合金

419．钢的常规热处理包括（ABD）和回火等工艺。

A．退火 B．正火 C．调质 D．淬火

420．钢的表面热处理是指对零件进行（ABCD）及渗硼等。

A．表面淬火 B．渗碳 C．渗氮 D．碳氮共渗

421．变形铝合金根据性能不同可分为（ABCD）。

A．防锈铝　　B．硬铝　　C．超硬铝　　D．锻铝

422．按钢的含碳量，碳素钢可分为（ABC）。

A．低碳钢　　B．中碳钢　　C．高碳钢　　D．工具钢

423．钢的化学热处理，根据渗入元素的不同可分为（ABCE）等。

A．渗碳　　B．渗氮　　C．碳氮共渗

D．高频淬火　　E．渗硼

424．青铜按主加合金元素不同可分为（ABDE）等。

A．锡青铜　　B．铝青铜　　C．锌青铜

D．硅青铜　　E．铍青铜

425．电气符号包括（ABCD）。

A．文字符号　　B．图形符号　　C．项目代号

D．回路标号　　E．线路代号

426．在下面的电气图常用文字符号中，代表熔断器的符号是（CD）。

A．S　　B．SCB　　C．F　　D．FU

427．三相异步电动机的调速可分为（ABC）。

A．变频调速　　B．变级调速　　C．变转差率调速　　D．涡流制动调速

428．电气图读识的基本方法是（ABCDE）识图。

A．结合电工基础知识　　B．结合电气元件的结构和工作原理

C．结合典型电路　　D．结合有关图纸说明

E．结合电气图的制图要求

429．电气图的主要用来（ABCE），有着文字语言不可替代的作用。

A．阐述电路的工作原理　　B．描述电气产品的构成和功能

C．提高产品装接和使用方法　　D．方便电气产品的市场销售

E．方便设计、生产、安装、维修等人员交流

430．在下面的电气图常用文字符号中，代表组合开关的符号是（AB）。

A．S　　B．SCB　　C．F　　D．FU

431．笼形电动机的降电压起动常用（ABD）等方法。

A．串电阻降压起动　　B．星形—三角形换接起动

C．全压起动　　D．自耦降压起动

432．齿轮马达的特点表述正确的是（ABD）。

A．齿轮马达具有结构简单、体积小、对液压油污染不敏感、耐冲击

B．齿轮马达密封性较差，容积效率较低，不能产生较大转矩

C．齿轮泵和齿轮马达在结构上基本一致，一般的齿轮泵都可用作双向齿轮马达

D．转速和转矩都是脉动的，多用于高转速低转矩情况

433．下列属于齿轮泵特点的是（ABC）。

A．结构简单、成本较低　　B．工作可靠、使用维修方便

C．自吸性能好　　D．滤油精度要求高

434．齿轮泵的组成包括（ABCD）。

A．泵壳　B．主动齿轮　C．从动齿轮
D．齿轮轴　E．液压油

435．压力控制回路可以实现的液压系统的（ABCE）等功能。
A．调压　B．增压　C．减压
D．增速　E．卸荷

436．下列能用于系统卸荷的是（ABD）。
A．直动式溢流阀　B．先导式溢流阀　C．先导式减压阀　D．先导式顺序阀

437．下列选项中，会导致流量调节失灵的是（BCD）。
A．油温过高　B．密封失效　C．油液污染　D．弹簧失效

438．方向控制回路在液压系统中具有控制执行元件的（ABDE）。
A．启动　B．换向　C．调速
D．锁紧　E．停止

439．下列有关轴向柱塞泵的说法，正确的是（ABC）。
A．结构紧凑、径向尺寸小、质量轻　B．流量大，自吸能力强
C．转动惯量小，易于实现变量，可用于高压场合　D．油液的污染不敏感

440．由于轴向柱塞液压马达密封不严，进入空气引起的故障是（BCD）。
A．转速低转矩小　B．噪声过大　C．输出轴转速不均匀　D．压力脉动大

441．液压控制元件可分为（ABD）3 种。
A．流量控制阀　B．压力控制阀　C．顺序控制阀　D．方向控制阀

442．下列对多路阀的描述，正确的是（ACD）。
A．多路换向阀是一种以两个以上的滑阀式换向阀为主体的多功能集成阀
B．与其他液压阀相比，多路阀系统结构烦琐、管路复杂、压力损失大、制造困难
C．多路阀具有方向和流量控制两种功能
D．多路阀主要用于工程机械、起重运输机械及其他行走机械的液压系统

443．我国现行的液压系统图表示的是各元件的（BCD）。
A．连接通路　B．连接关系　C．静止位置
D．零位置　E．结构参数

444．液压缸按结构型式可以分为（BCDE）。
A．单作用缸　B．活塞缸　C．柱塞缸
D．摆动缸　E．伸缩套筒缸

445．下列关于齿轮泵的说法，正确的是（ABD）。
A．齿轮泵的流量与转速、模数和齿数有关，提高转速，增大模数和齿数，可以增大流量
B．齿轮泵工作压力较低，适用于低压系统
C．齿轮泵和齿轮马达在结构上基本一致，因此一般的齿轮泵都可用作双向齿轮马达
D．齿轮泵流量脉动大，使管道、阀门等产生的振动和噪声大

446．下列关于顺序阀的使用注意事项，正确的是（ACD）。
A．外泄式顺序阀必须将卸油口接至油箱并且注意背压不能过高
B．顺序阀开启压力过高，会因泄漏导致执行器误动作
C．顺序阀的通过流量小于额定流量过多，会产生振动或其他不稳定现象

D．对于外控式顺序阀应提供适当的控制压力油，以使阀可靠启闭

447．液压系统的执行元件是（AC）。

A．液压缸　B．液压泵　C．液压马达　D．液压控制阀

448．单杆活塞缸可分为（ABD）等几种作用形式。

A．单作用　B．双作用　C．摆动　D．差动

449．液压系统主要由（ABCDE）组成。

A．动力部分　B．执行部分　C．控制部分

D．辅助部分　E．工作介质

450．与采用两个独立的液控单向阀相比，双液控单向阀具有的优点是（ABC）。

A．安装使用简便　B．不需要外接控制油路

C．无须特殊连接方式　D．以上全选

451．下列关于叶片泵的说法，正确的是（ACD）。

A．单作用式叶片泵在每个工作空间完成一次吸油和压油

B．双作用式叶片泵在每个工作油腔也完成一次吸油和压油

C．卸荷式叶片泵的叶片数应当是偶数，这种结构的叶片泵只能是定量泵

D．当改变输油方向时，马达反转，叶片马达一般能用作双作用式的定量马达

452．下列各齿轮泵的参数与齿轮泵的流量有关的是（BCD）。

A．体积　B．转速　C．模数　D．齿数

453．下面关于间隙密封的描述，正确的是（ABD）。

A．结构简单、摩擦力小

B．其密封性能不能随压力的增大而提高

C．要求很高的加工精度，但磨损后能自动补偿间隙

D．用于直径小、运动速度快的低压液压缸

454．对液压传动工作原理的正确描述是（ABC）。

A．以油液作为工作介质　B．通过密闭的工作容积的变化使液体产生压力

C．通过油液的压力传递动力　D．通过油液的流动传递动力

455．我国现行的液压系统图图形符号表示的是元件的（AB）。

A．职能　B．连接通路　C．连接关系

D．结构　E．安装位置

456．下列有关调速阀的说法，正确的是（ABC）。

A．调速阀是为了克服节流阀因前后压差变化影响流量稳定的缺陷而发展的一种流量阀

B．普通调速阀是由节流阀与定差减压阀串联而成的复合阀

C．通过增设温度补偿装置可以形成的温度补偿调速阀，使流量不受油温变化的影响

D．调速阀与一个单向阀可以组成单向调速阀，起到反向调速阀、正向单向阀的作用

457．压力控制回路中用于卸荷时采用的液压元件有（DE）。

A．溢流阀　B．减压阀　C．增压油缸

D．二位四通换向阀　E．三位四通阀换向阀

458．下列属于活塞缸能够实现的是（ABC）。

A．往复直线运动　B．输出推力　C．输出速度　D．输出角速度

459．在锁紧回路中，常采用的是（AC）。

A．具有O型或M型机能的三位四通电磁换向阀　B．液控单向阀

C．具有H型或Y型机能的三位四通电磁换向阀　D．二位四通换向阀

460．下列属于速度控制回路的是（AD）。

A．调速回路　B．锁紧回路　C．顺序动作回路　D．速度换接回路

461．下列关于节流阀的正确说法是（ACD）。

A．减压阀的启闭特性的变化趋势与溢流阀相反　B．减压阀的启闭特性的变化趋势与溢流阀相同

C．减压阀的泄油量较其他控制阀多　D．减压阀的外部卸油口必须直接接回油箱

462．液力偶合器的共同工作特性是指它的（CD）。

A．外特性　B．原始特性　C．输入特性　D．输出特性

463．液力偶合器应用在塔机的回转机构，其作用是（ABCDE）。

A．传动动力　B．吸收回转时阻力矩带来的冲击

C．简化机构　D．防止系统过载

E．平稳启动

464．在液力传动中，能够进行能量变换的元件是（AC）。

A．泵轮　B．导轮　C．涡轮　D．涡轮轴

465．液力变矩器的作用有（ABCDE）。

A．自动变矩　B．吸收振动

C．使车辆具有良好的通过性　D．简化操作

E．车辆可以平稳起步和在较大范围内无级变速

466．液力变矩器的外特性参数有（ABC）。

A．功率 N　B．转速 n　C．扭矩 M　D．循环流量 Q

467．液力变矩器主要由（ABC）和壳体组成。

A．泵轮　B．涡轮　C．导轮　D．叶片

468．涡轮转速随外界负荷的不同而变化，液力传动装置的工况有（ACD）。

A．增扭　B．增速　C．耦合

D．降速　E．降扭

469．摩擦式离合器按结构形式可分为（ABCD）等。

A．单盘式　B．多盘式　C．圆锥式　D．膜片式

470．由两个端面带有牙的半离合器组成的离合器是（AC）。

A．牙嵌式离合器　B．摩擦式离合器　C．齿形离合器　D．超越离合器

471．在不知道钢丝绳型号、性能条件下，只要量出钢丝绳直径，就可以利用经验公式计算钢丝绳的破断拉力和许用拉力。如 d 代表钢丝绳直径；Fp 代表破断拉力；[F] 代表许用拉力，那么，求钢丝绳的破断拉力应采用公式（AB）。

A．$Fp=500d^2$（N）　B．$Fp=50d^2$（kgf）　C．[F]$=100d^2$（N）　D．[F]$=10d^2$（kgf）

472．联轴器连接的两根轴产生位移的原因有（ABCD）。

A．制造、安装的误差　B．零件的变形、磨损　C．基础的下沉

D．机架的变形　E．设计上的要求

473．牙嵌式离合器的牙形沿圆周方向展开有（ABD）。

A．梯形　B．锯齿形　C．圆弧形　D．矩形

474．减速器的安全技术要求是（ABCDE）。

A．地脚螺丝不得有松动、脱落或折断　B．轴承处的发热不能超过允许温度升高值

C．检查润滑部位，减速箱油量要适中　D．噪声过高或有异常撞击声应开箱检查齿轮与轴

E．对箱体和轴进行探伤，应无缺陷

475．联轴器按结构不同可分为（AC）。

A．刚性联轴器　B．弹性联轴器　C．挠性联轴器　D．安全联轴器

476．轮系的作用是（ABCD）。

A．可获得很大的传动比　B．可使结构紧凑，缩小传动装置空间

C．可以方便地实现变速和变向　D．可以实现运动的合成与分解

477．轴的位移可分为（ABCD）。

A．轴向位移　B．径向位移　C．角度位移　D．综合位移

478．挠性联轴器可分为（AC）两种。

A．有弹性元件　B．有对中止口　C．无弹性元件　D．无对中止口

479．按照传动类型减速器有（ABCD）。

A．齿轮减速器　B．蜗杆减速器　C．行星减速器　D．摆线针轮减速器

480．在行星轮系中，常常采用几个完全相同的行星轮均匀地分布在中心轮的周围，其目的是（AB）。

A．平衡惯性力　B．减轻轮齿载荷

C．实现变速和变向　D．实现运动的合成与分解

481．吊索是起重作业中最基本和使用最广泛的工具。吊索的基本形式有（ABD）。

A．钢丝绳吊索　B．起重短环链　C．吊横梁　D．合成纤维吊带

482．按用途选用钢丝绳时，应遵循的原则是（AD）。

A．起升、变幅机构应优先选用 6 股线接触交互捻钢丝绳

B．在有腐蚀性的环境中工作时，应选用镀铅钢丝绳

C．在有耐酸要求的场合中工作时，应选用镀锌钢丝绳

D．在高温环境中工作，大起重量、多层缠绕的起升机构，应选用钢芯的钢丝绳

483．依靠两个接触面上的摩擦力传递扭矩的离合器是（BD）。

A．牙嵌式离合器　B．摩擦式离合器　C．齿形离合器　D．超越离合器

484．制动器制动力矩的形成与（ABC）等因素有关。

A．弹簧主的作用力　B．制动臂（杠杆）系统的力臂比

C．制动衬带（刹车带、闸皮）的材质　D．推杆的行程

485．为了保证制动器的最大力矩达到设计值，必须对制动器的（ABC）进行适当的调整。

A．主弹簧的张力　B．制动行程　C．轴瓦间隙　D．制动轮温升

486．FO/23B 塔机的大车行程限位装置是由（ABC）等组成的。

A．终点开关　B．坡道碰杆　C．越程限位开关　D．触尺

487．电子力矩限制器通过传感器采集所得到的有关（ABCD）等数据输入中央微处理器进行分析处理后一一显示在屏幕上，并连续不断地同塔机载荷表中规定的数据进行对比。

A．吊载作业幅度　B．小车行程　C．吊钩起升高度

D．起重量　　E．起重力矩

488．塔机上采用的电子安全装置主要有（ABC）。

A．电子力矩限制器　　B．电子作业区域限制器

C．电子防止互撞系统　　D．电子对讲机

489．弓形板式力矩限制器上的行程开关可分为（ABCD）开关。

A．定幅变码　　B．定码变幅

C．轻载变幅减速　　D．90%额定载荷预报警

490．在小车变幅的塔机上，以一定长度钢丝绳在卷筒上卷绕的匝数为依据，将限位开关布置在卷筒近旁，并以卷筒部件带动其传动系统驱使限位开关及时动作的限位装置一般应用在（AC）上。

A．起升机构　　B．回转机构　　C．变幅机构　　D．行走机构

491．国产水平臂架自升式塔机起升高度限位器所用的限位开关装在卷筒一端直接用卷筒轴带动，限位开关一般由（AB）组成。

A．行程开关　　B．传动系统　　C．上箱体　　D．下箱体

492．额定载荷试验的工况分为（ABD）。

A．最大幅度相应的额定起重量　　B．最大额定起重量相应的最大幅度

C．最小幅度相应的额定起重量　　D．起升机构每挡速度允许的额定起重量

493．超载10%动载试验的目的是（ABD）。

A．检查各机构运转的灵活性　　B．制动器的可靠性

C．检查载荷限制器的精度　　D．卸载后，检查机构及结构件应无松动和破坏

494．对塔式起重机进行额定载荷试验的目的主要是（ABCD）。

A．测量各机构的运行速度　　B．测量机构及驾驶室的噪声

C．载荷限制器的精度　　D．起升机构每挡在相应额定起重量时的工作速度

495．超载10%动载试验的工况可分为（ABCD）。

A．在最大幅度时吊起相应额定起重量的110%

B．吊起最大额定起重量的110%，在该吊重相应的最大幅度时

C．在上述两个幅度的中间处，吊起相应额定起重量的110%

D．起升机构每挡速度允许的额度起重量的110%

496．塔机空载试验应达到的要求是（ABD）。

A．操作系统、控制系统、连锁装置动作准确、灵活

B．起升高度、回转、幅度、行走等限位器动作可靠、准确

C．起重量、起重力矩限制器动作可靠、准确

D．起升、回转、变幅、行走各结构动作平稳，无冲击、过热、异常噪声等

497．塔机在空载状态下进行试验时，要求各工作机构动作应（ACDE）和无异常噪声等。

A．无爬行　　B．无振动　　C．无震颤

D．无冲击　　E．无过热

498．超载25%静载试验的工况可分为（ABC）。

A．在最大幅度时，起吊相应额度起重量的125%的载荷

B．吊起最大起重量的125%的载荷，在该吊重相应的最大幅度

C．在上述两个幅度的中间处，起吊该幅度相应额度起重量的125%的载荷

D．在最大幅度时，起吊相应额度起重量的125%的载荷，减幅运行至最小幅度处

499．超载25%静载试验的目的主要是考核结构的强度和承载力，具体要求为卸载后（ABCD）。

A．结构不应出现可见裂纹、永久变形　　B．结构不应出现油漆剥落

C．结构连接不应有松动　　D．制动器应可靠，吊钩不应有下滑现象

500．利用联动台操纵塔机时，操作方法上可选择（AB），视需要而定。

A．单独操纵一个机构　　B．同时操纵两个机构

C．同时操纵三个机构　　D．同时操纵四个机构

501．对于附着式塔机，每班操作前应对附着装置进行检查，项目包括（ABC）。

A．附着框架的检查　　B．附着杆的检查

C．附着杆与建筑物连接情况的检查　　D．塔身垂直度的检测

502．作业中遇到（ABD）情况应停止作业。

A．传动机构出现异常现象　　B．金属结构部分发生变形

C．因超载、超限位安全装置动作　　D．电气系统发生故障

503．作业中遇到（ABCD）情况应停止作业。

A．恶劣气候，如大雨、大雪、大雾、大风　　B．塔机出现漏电

C．钢丝绳磨损严重以及扭曲、断股、打结或出槽　　D．安全保护装置失效

504．作业前，应进行空载运转，试验各工作机构（ABCD）确认正常后方可作业。

A．运转是否正常　　B．有无噪声及异响

C．制动器是否可靠　　D．安全防护装置是否有效

505．起重机司机要做到的“十不吊”是指（ABCE）。

A．斜吊不吊　　B．指挥信号不明不吊

C．散装物料装得太满或捆扎不牢不吊　　D．满载不吊

E．安全装置失灵不吊

506．塔式起重机驾驶员的申请条件是（ABC）。

A．年满18周岁　　B．身体健康

C．有初中以上文化程度　　D．有一定的塔机驾龄

507．利用联动台操纵塔机时，左联动操纵杆控制（BC）的运行。

A．起升机构　　B．变幅机构　　C．回转机构　　D．行走机构

508．利用联动台操纵塔机时，右联动操纵杆控制的是（AD）的运行。

A．起升机构　　B．变幅机构　　C．回转机构　　D．行走机构

509．轨道式起重机作业前，应检查（ABCD）。

A．轨道基础平直无沉陷　　B．鱼尾板联接螺栓及道钉无松动

C．轨道上的障碍物应清除　　D．应松开夹轨器并向上固定好

510．塔式起重机驾驶员的上岗资格是（ABCD）。

A．接受理论和操作技能的培训　　B．经建设主管部门考核合格

C．取得《建筑施工特种作业操作资格证书》　　D．实习操作达到3个月

511．事故经过：2002年某日，某建筑工地用一台QTZ40塔机吊运一架金属长梯，距地面22.5 m高处有一组66 kV高压输电线。现场作业人员有4人：现场负责人甲、现场吊装作业指挥人员乙、司索

工丙和塔吊司机丁。指挥作业人员乙指挥吊装司索工丙用吊装绳捆绑锁住金属长梯中间部分后，又指挥丁开始起吊，发现长梯有些摇晃摆动，丙用手扶住长梯一端来减缓长梯的摆动。然后，乙又指挥丁操作塔机向左回转以便将长梯放置到架设位置。正当长梯随起重臂回转时，丙突然倒地。事故调查：经查，塔机的起升钢丝绳与高压线相触及，造成丙触电身亡。事故分析：造成该事故的主要原因是（ABCE）。

A．比邻施工现场的高压线路未按规定进行防护

B．塔机安装后，未按规定进行验收，擅自投入使用

C．违章指挥、违章作业

D．长梯的吊点位置、吊挂方式不妥

E．被害者丙等作业人员在高压线下方操作，缺乏应有的安全知识和自我保护意识

512．事故经过：某广场工程使用的 QTZ80F 塔式起重机，从 165 m 高度吊运约 3 t 重的脚手架钢管到裙楼顶部平台，当吊物下降到 145 m 高度时，起升卷扬机突然失控，加速下滑，紧急断电仍不能制止下滑，起升卷扬机超速转动飞车，吊钩与吊物坠落到 27 m 裙楼顶部。减速箱破碎解体飞散，击伤一名报贩，击穿民居屋顶。事故调查：经查，其起升卷扬机第 2 挡湿式多片电磁离合器电刷磨损过量，而正是在下降 2 挡时出现事故；在离合器发生打滑时，串联的欠电流继电器未动作，造成起升电机不能控制起吊载荷。事故分析：造成该事故的主要原因是（ABCE）。

A．该塔吊已发生 7 次吊物下滑，未引起重视，带病运转

B．离合器电刷磨损未及时更换

C．欠电流继电器的电路与触电未及时检修

D．超载吊运

E．现场安全管理松懈

513．按塔式起重机本身的损坏情况塔式起重机事故大致可分为（ABCE）的类型。

A．倾翻事故　　　B．断、折臂事故　　　C．脱、断钩事故

D．高处坠落事故　　　E．起升、变幅钢丝绳断绳事故

514．事故经过：2005 年某日，某建筑工地使用一台 QTZ25 自升式塔式起重机进行吊运模板作业，吊运已到位，正点下落就位时，起重臂突然脱落坠地，模板砸在四楼脚手板扳上，将站在脚手板另一端的一民工弹起摔在地面，经抢救无效死亡。事故调查：经查，距起重臂根部 10 m 处的一根下弦连接销的固定卡板螺栓未安装弹簧垫圈，螺栓脱落，卡板失效，销轴脱落。事故分析：造成该事故的主要原因是（ABCD）。

A．固定卡板的螺栓脱落导致起重臂坠落

B．交班司机检查时发现销轴外退，只是将销轴敲回去，但没有固定好卡板

C．交班司机未向接班司机交代此事

D．接班司机作业前未检查到位，未发现压板存在问题

515．事故经过：2002 年某日，某建筑工地一台 QTZ63 自升式塔式起重机在吊运钢管时塔身变形歪斜，该塔机起重臂长 46 m，塔身已升至 90 m 高，装有 6 道附着装置，最高一道附着装置距起重臂杆铰点 22 m。事故调查：经查，最高一道附着装置的一根附着杆调节丝杠和连接耳扳被扭弯，造成附着框梁上方的塔身严重歪向建筑物，塔吊位置偏离中心垂线达 0.9 m。该塔机附着装置是由施工单位自制，附着杆调整丝杆的热处理、耳扳的焊接均存在质量问题。当时塔机的作业任务是将建筑物楼顶的钢管吊运至 12 层的裙房屋面上，起吊点在起重臂 12 m 处，起吊钢管质量 3 000 kg，当小车向前行至起重臂的 38 m 处时，塔机发生倾斜变形。该塔机起重性能表上表面：当吊运 3 000 kg 重物时，幅度应控制在

25 m 之内，与 38 m 作业幅度对应的额度起重量为 1 841 kg，事故分析：造成该事故的主要原因是（BC）。

A．超载吊运，超载程度达 62%

B．维修保养不到位，力矩限制器失效，当吊物超过 25 m 幅度时未能切断吊钩向上、小车向外变幅的电源

C．施工单位擅自制造使用塔机的附着装置，在超载时，耳扳首先发生塑变，致使调节丝杠弯曲，继而导致塔身倾斜

D．检测单位对由施工单位自制的附着装置未提出异议

516．事故经过：某公司塔吊司机操作塔吊从西侧七层楼上吊钢模板两块重 5 t，在向南向东摆放 30～34.3 m 处时，塔头 4 根主弦杆拉断 3 根，致使起重臂、平衡臂以塔头为轴向下坠落。起重臂、平衡臂严重损坏变形，小车停在臂端。所幸无人员伤亡，但塔吊完全报废。事故调查：经查，该塔吊起吊 5 t 时的额定幅度为 26.8 m，力矩限制器的 3 个锁紧螺母均处于未锁紧状态，变幅机构制动器的摩擦片已全部磨损，制动力矩下降 50%以上。事故分析：造成该事故的主要原因是（ABC）。

A．超载作业

B．力矩限制器处于失调状态

C．变幅制动器失灵，小车冲向臂端

D．塔吊制造质量存在问题

三、判断题

517．在装配图中，若需特别表明细小结构，可用单独画出某一零件的视图。（正确）

518．零件加工后，不仅存在尺寸误差，而且会产生微观几何形状误差和位置误差。（正确）

519．画在视图轮廓之外的断面图，称为移出断面。（正确）

520．表面结构的注写或识读方向应与尺寸注写或识读的方向相反。（错误）

521．一般来说，零件的尺寸公差可以控制形位公差。（正确）

522．剖面符号是画成 30°剖面线。（错误）

523．为了降低加工成本，尽量不要给零件标注形位公差。（错误）

524．尺寸偏差是一个代数差，因此可以是正，也可以是负或者零。（正确）

525．装配图不必标注每个零件的全部尺寸。（正确）

526．移出断面的轮廓线用粗实线画出，断面上画出剖面线。（正确）

527．相邻两个零件的接触面只画一条线。（正确）

528．装配图是用以表达一台机器或一个部件的工作原理和装配关系的。（正确）

529．基本尺寸相同的配合表面画两条线。（错误）

530．塔机基础上平面的平面度不大于 1/1 000，指的是固定基础的形状误差。（正确）

531．尺寸公差是指零件在加工时允许尺寸的变动量。（正确）

532．重合断面的轮廓线都要用粗实线画出。（错误）

533．相互结合的孔和轴公差带之间的关系称为配合。（正确）

534．零件某一表面的表面结构要求在图纸上只标注一次。（正确）

535．剖视图的剖切位置的选择，必须满足在剖切后能够清楚地表达机件内部详细结构。（正确）

536．零件表面结构要求主要是指零件表面的粗糙度的要求。（正确）

537．图纸上所标注的表面结构要求一般是指完工零件的表面结构要求。（正确）

538．装配图中对于零件上细小工艺结构如圆角、退刀槽、倒角等允许省略不画。（正确）

539．塔机安装的垂直度，指的是塔身轴线对基础上平面的位置公差。（正确）

540. 装配图中的技术要求是指装配、检验、调试的技术条件，不包括使用的技术规范。（错误）

541. 将断面图形画在视图之内，称为重合断面。（正确）

542. 假想用剖切平面将机件的某处切断，仅画出断面的图形，称为剖视图。（错误）

543. 假想用剖切面剖开机件，将处在观察者和剖切面之间的部分移去，而将留下的部分向投影面投影所得到的图形，称为剖视图。（正确）

544. 读装配图时，不仅要弄清各条装配线的装配关系，还要进一步搞清装和拆的顺序。（正确）

545. 形状公差与位置公差简称形位公差。（正确）

546. 要优先选用剖视图、断面图等图形表达主视图尚未表达出的其他装配关系。（错误）

547. 机器或部件的总长、总高、总宽在装配图中属于安装尺寸。（错误）

548. 滚动轴承是标准件，其基本构造由外圈、内圈、滚动体和保持架 4 部分组成。（正确）

549. 左旋螺纹不标注旋向代号，右旋螺纹则用 LH 表示。（错误）

550. 直齿圆柱齿轮传动的传动比是恒定的。（正确）

551. 弹簧材料应具有较高的抗拉强度、屈服强度和疲劳强度。（正确）

552. 普通平键的标记形式为：键型键宽 × 键长标准号。（正确）

553. 蜗杆通常与轴合为一体。（正确）

554. 从动件的运动规律决定了凸轮的轮廓形状。（正确）

555. 两齿轮间若有奇数个惰轮时，首、末两轮的转向相同。（正确）

556. 盘簧常用于转矩不大，而又要求轴向尺寸较小的场合，如作钟表的元件。（正确）

557. 斜齿轮机构可分为外啮合、内啮合和齿条啮合三种传动。（正确）

558. 铆钉连接的特点是塑性和韧性较好，传力可靠，构件之间可以产生相对转动，以适应机械工作的需要。（错误）

559. 对于连续工作的闭式蜗杆传动，需要将箱体内的温升控制在许可范围内。（正确）

560. 机器不仅能代替或减轻人类的体力劳动，而且还能代替人类进行脑力劳动。（正确）

561. 直齿圆柱齿轮传动的传动比是不定的。（错误）

562. 轮齿折断是闭式传动的主要失效形式之一。（错误）

563. 细牙螺纹每一个公称直径对应着数个螺距，因此必须标出螺距值。（正确）

564. 齿条是由齿轮演化而来的。（正确）

565. 直齿圆锥齿轮轮齿分布在圆锥面上，有直齿、斜齿和曲齿三种。（正确）

566. 从动件上升（或下降）速度为一常数的运动规律称为等加速等减速运动规律。（错误）

567. 无论从做功、实现能量转换，还是从结构和运动的观点来看，机构和机器之间是没有区别的。（错误）

568. 两齿轮间若有奇数个惰轮时，首、末两轮的转向相反。（错误）

569. 专用零件是指仅适用于一定类型机械上的零件。（正确）

570. 机械是机构与机器的总称。（正确）

571. 斜齿圆柱齿轮螺旋角越大，齿轮倾斜程度越大，传动平稳性越差。（错误）

572. 凸轮机构是依靠凸轮轮廓与从动件接触，迫使从动件作有规律的往复运动或摆动。（正确）

573. 标准规定，在普通平键标记中，B 型键的键型可省略不标。（错误）

574. 旋合长度是指两个相互旋合的螺纹沿轴线方向相互结合的长度，长旋合长度不标注。（错误）

575. 机器能做功和实现能量转换，而机构却不能。（正确）

576. 固定件是用来支撑活动构件的构件。（正确）

577. 锥齿轮机构是用于传递两相交轴之间的转动。（正确）

578. 铰链四杆机构中连架杆为最短杆应为双曲柄机构。（错误）

579. 内啮合齿轮机构中两轮的转向相反。（错误）

580. 在对滚动轴承进行保养时，润滑脂的填充量一般不超过轴承空间的 1/3～2/3。（正确）

581. 滚针轴承的径向尺寸大。（错误）

582. 机器的主要功用是利用机械能做功或进行能量转换，但不能进行信息的转换。（错误）

583. 普通平键工作时，依靠键的侧面传递动力。（正确）

584. 单列向心球轴承可承受径向载荷，也可以同时承受不太大的轴向载荷。（正确）

585. 高副在承受载荷时，单位面积上的压力较大，两构件接触处容易磨损，制造和维修困难。（正确）

586. 通过轮齿根部的圆周叫作基圆。（错误）

587. 铰链四杆机构的两个连架杆中，其中一个是曲柄；另一个是摇杆的称为曲柄摇杆机构。（正确）

588. 无论轮系有多复杂，都应从输出轴至输入轴的传动路线进行分析。（错误）

589. 花键连接一般用于定心精度要求较高和载荷较大的动连接。（正确）

590. 由一系列相互啮合的齿轮组成的传动系统称为轮系。（正确）

591. 花键连接一般用于定心精度要求不高和载荷较大的动连接。（错误）

592. 为了降低摩擦系数、减少磨损和胶合破坏，通常蜗杆采用有色金属制造。（错误）

593. 盘簧常用于转矩很大，而又要求轴向尺寸较小的场合，如作钟表的元件。（错误）

594. 内啮合齿轮机构中两轮的转向相同。（正确）

595. 销轴连接可以使构件之间产生相对转动，以适应机械工作的需要。（正确）

596. 高副不能传递较复杂的运动。（错误）

597. 钢结构的焊接连接刚性好，便于制造，但是容易产生残余应力与变形。（正确）

598. 机构是由许多没有确定的相对运动的构件组成。（错误）

599. 螺栓连接因结构简单，装拆方便，用钢量少而被广泛应用。（错误）

600. 机器是由机构组成的，可以由一个或几个机构组成。（正确）

601. 切向键用于传递扭矩变大，对中性要求不高的场合。（错误）

602. 零件是相互间没有相对运动的物体，是最小的制造单元。（正确）

603. 蜗轮通常采用轮齿与轮心组合的结构。（正确）

604. 导程 Ph、螺距 P 和线数 Z 的关系为：$Ph=ZP$。（正确）

605. 低副能够传递较复杂的运动。（错误）

606. 渐开线齿轮轮齿的齿廓是由两条渐开线形成的。（正确）

607. 向心轴承主要用于承受轴向负荷。（错误）

608. 渐开线齿轮轮齿的齿廓是一条渐开线形成的。（错误）

609. 零件是指机器中每个独立运动的单元体。（错误）

610. 铰链四杆机构中两个连架杆均为曲柄的称为双曲柄机构。（正确）

611. 从动件的运动规律与凸轮的轮廓形状无关。（错误）

612. 203 轴承的内径为 15 mm。（错误）

613. 为了便于直齿圆锥齿轮的测量，规定以其小端的参数作为标准参数。（错误）

614．为了降低摩擦系数、减少磨损和胶合破坏，通常蜗轮采用有色金属制造。（正确）

615．螺旋弹簧是用弹簧丝依螺旋线卷绕而成，由于制造简便，所以应用最广泛。（正确）

616．管螺纹为英制细牙螺纹。（正确）

617．对于普通螺纹，内、外螺纹配合的公差带代号中，前者为外螺纹公差带代号，后者为内螺纹公差带代号，中间用“/”分开。（错误）

618．蜗杆和蜗轮都是一种特殊的斜齿轮。（正确）

619．斜齿圆柱齿轮螺旋角是指螺旋线与轴线的夹角。（正确）

620．铰链四杆机构中是否存在曲柄，主要取决于机构中各杆的相对长度，与机架无关。（错误）

621．低副在承受载荷时，单位面积上的压力较小，故较耐用，传力性能好。（正确）

622．机构的主要功用在于传递和转变运动的形式。（正确）

623．203 轴承的内径为 17 mm。（正确）

624．滑动轴承只适用于低速、重载场合；不适用于高速、对轴的支撑精度要求较高的场合。（正确）

625．在公称直径 d 和螺距 P 相同的条件下，螺纹线数 n 越多，导程 S 将成倍增加，升角 a 也相应增大，效率也将提高。（正确）

626．通过轮齿顶部的圆周叫作齿顶圆。（正确）

627．普通螺纹同一公称直径可以有多种螺距，其中螺距最大的为粗牙螺纹。（正确）

628．杆件失稳破坏比强度不足时所能承受的压力要大得多。（错误）

629．杆件失稳破坏比强度不足时所能承受的压力要小得多。（正确）

630．通常，硬度是通过专用的硬度试验机上实验测得的。（正确）

631．为了保证构件在载荷作用下能正常工作，必须要具有足够的承受载荷的能力。（正确）

632．压杆在轴向压力作用下保持其原有平衡状态，称为压杆的稳定性。（正确）

633．恒定作用在物体上，其大小、方向和位置都不变化的载荷叫作动载荷。（错误）

634．拉伸过程可分为弹性变形阶段、屈服阶段、强化阶段和缩颈阶段。（正确）

635．构件发生断裂或产生过大的塑性变形时的应力称为强度极限。（正确）

636．外力在力学上称为载荷。（正确）

637．仅从截面上轴力的指向，不能够确定某段杆件受拉还是受压。（错误）

638．要保证细长杆件正常工作，除了满足它的强度条件，还需要满足它的稳定条件。（正确）

639．材料在断裂前所能承受的最大力的应力值称为强度极限。（错误）

640．静载荷作用下的构件比动载荷作用下的构件需要较大的安全系数。（错误）

641．硬度越高，材料的耐磨性越好。（正确）

642．机械加工中所用的刀具、量具、模具都应具备足够的硬度，而机械零件不必有严格的硬度要求。（错误）

643．金属材料的断后伸长率和断面收缩率越高，其塑性越好。（正确）

644．大小、方向分别或同时随时间而变化的载荷叫作动载荷。（正确）

645．虎克定律在实际应用中是有限制的，即限于应力要在比例极限范围以内。（正确）

646．恒定作用在物体上，其大小、方向和位置都不变化的载荷叫作静载荷。（正确）

647．金属材料的断后伸长率和断面收缩率越高，其塑性越差。（错误）

648．拉伸实验中，依据拉力 F 与伸长量 Δl 之间的关系，在直角坐标系中绘出的曲线称为力—伸长曲线。（正确）

649．受轴向压力的直杆叫作压杆。（正确）

650．要保证细长杆件正常工作，只要满足它的强度条件就可以。（错误）

651．在拉伸或压缩时，杆件只会产生纵向变形，不会出现横向变形。（错误）

652．因为构件在设计时就留有一定的安全系数，所以可以超载使用。（错误）

653．作用在构件上的外力是各种各样的，因此，构件的变形也是各种各样的。（正确）

654．内力在杆件的整个横截面上是均匀分布的。（正确）

655．材料的许用应力必须小于危险应力，而取其若干分之一。（正确）

656．大小、方向分别或同时随时间而变化的载荷叫作静载荷。（错误）

657．硬度越高，材料的耐磨性越差。（错误）

658．在显著的残余变形之下才破坏的材料称为塑性材料。（正确）

659．确定安全系数就是用来保证材料本身具有一定的强度储备，以便在其受到超出规定的外力时不至于被破坏。（正确）

660．在极小的残余变形之下就破坏的材料称为塑性材料。（错误）

661．疲劳失效产生的断裂具有很大的危险性，常会造成严重的事故。（正确）

662．构件受力后发生断裂、变形过大、丧失稳定性，不能正常工作，统称为破坏。（正确）

663．纯铜常冷加工方法制造电线、电缆、铜管等。（正确）

664．某优质碳素钢的牌号为 45，那么这两位数字表示的是该钢的平均含碳量为 45‰。（错误）

665．40Cr 是最常用的合金调质钢。（正确）

666．将工件置于一定温度的活性介质中保温，使一种或几种元素渗入它的表层，以改变化学成分、组织和性能的热处理工艺称为化学热处理。（正确）

667．碳素钢是最基本的铁碳合金。（正确）

668．Q235 为某碳素结构钢的牌号，其中的字母 Q 代表屈服强度 235 MPa。（正确）

669．钢的冶炼过程是一个先氧化后还原的过程。（正确）

670．对钢进行渗碳的目的是提高钢件表层的含碳量。（正确）

671．铝合金的抗大气腐蚀性不好，尤其不能接触酸、碱溶液。（错误）

672．工业纯铝是用作铝合金的原料。（错误）

673．铝合金通过冷成型和热处理，具有低合金钢的强度。（正确）

674．钢中的氢会造成氢脆，是有害元素。（正确）

675．碳素钢除了铁和碳两种元素外，还不可避免地在冶炼过程中从生铁、脱氧剂等炉料中加入一些其他杂质元素。（正确）

676．渗氮层具有渗碳层所没有的耐蚀性。（正确）

677．碳素钢是指在冶炼时有目的地加入一种或数种合金元素的钢。（错误）

678．某碳素工具钢的牌号为 T12A，末位字母 A 表示该钢的材料为高级优质碳素钢。（正确）

679．纯铜常用于制造受力的结构件。（错误）

680．钢的热处理，就是对固态的钢采用适当的方式进行加热、保温和冷却，来改变钢的内部组织结构，从而达到改善钢的性能的一种工艺方法。（正确）

681．制造建筑构件、工程结构件主要用优质碳素结构钢。（错误）

682．铍青铜常用于制造耐蚀和耐磨的零件。（错误）

683．滚动轴承钢对有害元素及杂质的限制极高，所以轴承钢都是高级优质钢。（正确）

684．碳素结构钢、合金工具钢和滚动轴承钢均可用于制造量具。（错误）

685．硅青铜主要用于制造弹性零件和有耐磨性要求的零件。（错误）

686．合金弹簧钢有 16Mn、60Mn、60Si_2Mn 等。（错误）

687．球墨铸铁常用的热处理方法有退火、正火、等温淬火、调质等。（正确）

688．铸铁是含碳量大于 2.11%的铁碳合金。（正确）

689．40 号以上的钢经热处理后具有良好的弹性，因此主要用来制造弹簧。（错误）

690．制造建筑构件、工程结构件主要用普通碳素结构钢。（正确）

691．铸铁中的碳以石墨形式析出的过程称为石墨化。（正确）

692．某优质碳素钢的牌号为 45，那么这两位数字表示的是该钢的平均含碳量为万分之四十五。（正确）

693．某碳素工具钢的牌号为 T12A，末位字母 A 表示该钢的质量等级为 A。（错误）

694．影响铸铁石墨化的因素是铸铁的成分，而与铸铁结晶时的冷却速度无关。（错误）

695．铝合金具有密度小，熔点低，导电性、导热性好，磁化率低的特点。（正确）

696．优质碳素结构钢的牌号是按力学性能确定的。（错误）

697．60 号以上的钢经过热处理后具有良好的弹性，因此主要用来制造弹簧。（正确）

698．可锻铸铁可以用来制造锻压件。（错误）

699．对钢进行渗碳的目的是提高钢件心部的含碳量。（错误）

700．优质碳素结构钢通常轧制成钢板和各种型材，用于厂房、桥梁船舶等建筑结构。（错误）

701．Q235 为某碳素结构钢的牌号，其中的字母 Q 代表抗拉强度 235 MPa。（错误）

702．优质碳素结构钢所含硫、磷及非金属杂质物较少，常用于制造重要的机械零件。（正确）

703．灰口铸铁是目前应用最广的一种铸铁。（正确）

704．可锻铸铁实际上是不能进行锻造的。（正确）

705．优质碳素结构钢用来制造较重要的机器零件，一般都经热处理。（正确）

706．球墨铸铁具有良好的力学性能和工艺性能，可用它制造内燃机的曲轴和减速器的齿轮等零件。（正确）

707．无论是电路图还是接线图，都是按照先看主电路，再看控制电路的顺序读图。（正确）

708．晶体管整流电路，震荡和放大电路不属于典型电路。（错误）

709．典型电路就是常见的基本电路。（正确）

710．在起动时降低加在电动机定子绕组的电压，待起动结束时恢复到额定值运行的起动方式称为。（正确）

711．电气图只是用来表示电气系统中各电气设备、装置、元器件的相互关系的。（错误）

712．在负载不变的条件下改变异步电动机的转速 n，叫作调速。（正确）

713．无论是电路图还是接线图，都是按照先看控制电路，再看主电路的顺序读图。（错误）

714．起重机械电气控制电气图主要有电路图和线路图。（正确）

715．电动机的启动、制动、正反转控制、过载保护电路属于基本电路。（正确）

716．在工业上，常用千瓦时作为计算电功或电能的实用单位。（正确）

717．能量在转变和输出过程中，输出能量总是大于输入的能量或功率。（错误）

718．三相异步电动机的制动常采用反转制动和能耗制动。（正确）

719．接线图中的线号是电器元件间导线连接的标记，线号相同的导线原则上都可以接在一起。（正确）

720．采用晶闸管整流器将交流电转换为直流电，再由逆变器变换为频率、电压可调的三相交流电，为三相异步电动机供电，实现电动机调速的方式属于变级调速。（错误）

721．接线图是以电路图为依据绘制的，因此要对照电路图来看接线图。（正确）

722．电气图是利用各种电气符号、图线来表示电气系统中各电气设备、装置、元器件的相互关系和连接关系的。（正确）

723．在电机工程中，常以每秒钟作一焦耳的功作为功率的单位。（正确）

724．只有弄清电气符号的含义就能正确识读电气图。（错误）

725．电气图是电气技术中应用比较广泛的技术资料。（正确）

726．输入与输出之比称为效率。（错误）

727．液压马达的理论流量是指液压马达单位时间内所吞入的油液体积。（错误）

728．弹簧管式压力继电器的特点是调压范围大，启、闭压差小，重复精度低。（错误）

729．在液压系统中，常用的调速方法只有一种即节流调速。（错误）

730．手动操纵型多路阀的系统管路布置柔性大，结构紧凑，压力损失小，系统的可靠性和效率较高。（错误）

731．电液换向阀是利用较小的电磁阀来控制容量较大的液动换向阀换向，因此用于小流量的系统。（错误）

732．压力继电器又称压力开关，利用的是液体压力与弹簧力的平衡关系。（正确）

733．液压油泵是液压系统的执行元件。（错误）

734．液压传动因液压油在系统中的内、外泄漏难以避免，传动总效率低，所以不适宜用于要求定传动比的场合。（正确）

735．柱塞泵容积效率高，容积效率高，加工需要高精度的配合，因此只用作低压泵。（错误）

736．通常把换向阀与液压系统油路相连的油口数（主油口）叫作“位”。（错误）

737．一个完整的液压系统主要由动力装置、执行元件、控制调节装置和辅助装置 4 部分组成。（正确）

738．液压系统中油箱、滤油器、油管属于执行元件。（错误）

739．轴向柱塞泵的只要通过改变斜盘的倾角就能改变泵的排量，可做成变量泵。（正确）

740．动液压缸所产生的牵引力比非差动连接时大。（错误）

741．液压泵包括齿轮泵、叶片泵、柱塞泵和离心泵。（错误）

742．电动操纵型多路阀布置在便于操作者操纵处，管路复杂，并且其压力损失大，适用于低压、中小流量的简单设备系统。（错误）

743．齿轮泵自吸性能好，对滤油精度要求高。（错误）

744．液压泵和马达在安装之前，不能用液压油清洗，以防破坏原有保护膜。（错误）

745．液压马达输出轴的转向必须能正转和反转。（正确）

746．柱塞式活塞工作稳定，但是需要对液压缸内壁精加工，加工成本高。（错误）

747．液压传动装置工作平稳，能方便地实现无极调速，但不能快速启动、制动和频繁换向。（错误）

748．溢流阀能够实行远程调压，并且可以调节大于自身导阀压力的调整压力。（错误）

749．液压系统必须在额定压力以下工作。（正确）

750．液压系统中油管、油箱、滤油器属于辅助元件。（正确）

751．液压传动系统中各种阀类属于控制元件。（正确）

752．压力表开关必须选择与压力表的接口相同的螺纹，不能用变径管接头过渡。（错误）

753．先导式溢流阀反应不如直动式溢流阀灵敏。（正确）

754．液压油泵是把机械能转变为液压能的一个能量转换器。（正确）

755．液压马达的理论流量是指液压马达无泄漏的情况下，单位时间内所吞入的油液体积。（正确）

756．缩小液压缸的有效工作面积能够加快液压缸的运行速度，提高生产率。（正确）

757．双出杆活塞的两端有效面积相等，因此活塞在两个方向上的作用力大小相等。（正确）

758．速度控制回路一般是通过改变进入执行元件的流量来改变实现的。（正确）

759．溢流阀的主要用途是使被控系统或回路的压力维持恒定，实现调压、稳压或限压（防止过载）。（错误）

760．齿轮泵的缺点是流量和压力的脉动大，噪声大，排量固定不变。（正确）

761．一个完整的液压系统主要由动力装置、执行元件和辅助装置 3 部分组成。（错误）

762．液压油泵是液压系统的动力元件。（正确）

763．叶片马达的体积小，转动惯量小，但泄漏较大，只适用于低速、低转矩的工作场合。（错误）

764．推力液压缸用以实现摆动运动。（错误）

765．单向阀流量越小，开启压力越低，油中含气越多，越容易产生振动。（错误）

766．液压传动是以液压油的压力能来转换和传递机械能的液体传动。（正确）

767．液控单向阀是除了实现一般单向阀的功能外，还可以实现逆向流动，其阀芯通常为锥阀式。（正确）

768．溢流阀的最主要用途是定压溢流。（正确）

769．单叶片摆动式液压缸输出周期性的往复运动，摆动角小于 360°。（正确）

770．变量泵调速回路是由变量泵与定量液压马达或液压缸组成的调速回路。（正确）

771．轴向柱塞泵油液的污染不敏感。（错误）

772．通过控制油路，使油液能够实现正、反方向流动的单向阀称为液控单向阀。（正确）

773．减压阀的主要用途是减小液压系统中某一支路的压力，但不能使其保持恒定。（错误）

774．变量泵调速回路是由变量泵与变量液压马达组成调速回路。（错误）

775．液压缸中需要密封的部位有活塞、活塞杆和端盖等处。（正确）

776．齿轮泵的优点是对液压油污染非常敏感。（错误）

777．要使液压系统正常工作，必须提高溢流阀的调定压力，使其稍高于系统的工作压力。（正确）

778．换向阀的主油路通路数（含控制油路和泄油路的通路数），称为阀的通路数。（错误）

779．工作油液黏度太大会导致轴向柱塞泵噪声过大。（正确）

780．压力控制阀的原理是利用液压力和弹簧力的平衡原理进行工作。（正确）

781．单位时间内流过管道的液体的体积称为流量。（错误）

782．通常把换向阀与液压系统油路相连的油口数（主油口）叫作“通”。（错误）

783．叶片泵流量均匀、脉动小，但是转速不易太高。（正确）

784．摆动缸实现往复摆动，输出转矩、速度和角速度。（错误）

785．手动换向回路是用手操纵杠杆，使阀芯轴向移动，控制油流的方向。（正确）

786．液力变矩器的泵轮旋转方向，由飞轮外壳端看，应逆时针旋转，切勿反向。（错误）

787．液力传动装置中，液体旋转的速度取决于泵轮的半径和转速。（正确）

788．液力变矩器的结构主要由可旋转的泵轮、涡轮及转动的导轮组成。（错误）

789．液力变矩器的“级”是指涡轮数，但该涡轮必须布置在泵轮与导轮之间。（正确）

790．液力机械变矩器是由液力变矩器和机械元件共同组成的液力传动装置。（正确）

791．液力偶合器的主要零件是 2 个直径相同的叶轮。（正确）

792．液力传动使机械具有良好的自动适应性能。（正确）

793．通常将泵轮与涡轮的叶片数制成相等的，以避免因液流脉动对工作轮周期性地冲击而引起振动，使液力偶合器工作更为平稳。（错误）

794．液力传动具有良好的稳定低速性能，可提高工程机械在软路面的通过性。（正确）

795．液力变矩器的结构主要由可旋转的系统，涡轮及固定不动的导轮组成。（正确）

796．通常将泵轮与涡轮的叶片数制成不相等的，以避免因液流脉动对工作轮周期性地冲击而引起振动，使液力偶合器工作更为平稳。（正确）

797．液力传动具有良好的稳定高速性能，可提高工程机械在软路面的通过性。（错误）

798．液力传动装置中，液体旋转的速度取决于涡轮的半径和转速。（错误）

799．液力机械变矩器是由液力耦合器和机械元件共同组成的液力传动装置。（错误）

800．液力偶合器的主要零件是 2 个直径不同的叶轮。（错误）

801．一般钢丝绳的曲率半径大于绳径 4 倍以上，起重能力不受影响。（错误）

802．轮系中首末两轮转速之比称为轮系的传动比。（正确）

803．啮合式离合器可分为牙嵌式离合器和齿形离合器两种。（正确）

804．联轴器上的弹性元件是用橡胶制成，能够吸收振动、缓和冲击，还可以补偿两轴线间的小量位移。（正确）

805．常用的离合器有啮合式离合器和摩擦式离合器两种。（正确）

806．牙嵌式离合器必须在低速或停车时结合。（正确）

807．轴的位移将引起附加应力和振动，使机械零件工作情况恶化。（正确）

808．钢丝绳吊索肢间夹角越大，张力越大，单肢吊索的受力也越大。（正确）

809．钢丝绳吊索的最大安全工作载荷等于它的极限工作载荷与吊挂方式系数的乘积。（正确）

810．轮系中各齿轮轴线平行时，其任意级从动齿轮的转向可以通过数外啮合齿轮的对数来确定。（正确）

811．摩擦式离合器必须在低速或停车时结合。（错误）

812．卸扣不得横向受力。（正确）

813．环形钢丝绳吊索可以有两处接头。（错误）

814．在周转轮系中只有一个主动件，整个机构无差动的轮系称为行星轮系。（正确）

815．摩擦式离合器结合过程平稳，无冲击、无振动，有过载保护作用。（正确）

816．通常在减速器中多采用滑动轴承。（错误）

817．离合器类似开关，能方便地结合或断开动力的传递。（正确）

818．联轴器连接的两轴属于不同的机器或部件。（正确）

819. 用联轴器连接的两根轴在机器工作时不能分离，只有当机器停止运转后，用拆卸的方法才能将它们分开。（正确）

820. 多支吊索任何肢间有效长度在无载荷测量时，误差不得超过钢丝绳直径的±3 倍。（错误）

821. 塔机上使用的制动器可分为瓦块式和片式两大类。（正确）

822. 牙嵌式离合器结合过程平稳，无冲击、无振动，有过载保护作用。（错误）

823. 吊链的最大特点是承载能力大，可以耐高温，因此多用于冶金行业。（正确）

824. 检查调整制动器间隙时，应注意检查制动带的磨损情况，磨损量不得超过制动带厚度的 2/3。（错误）

825. 弹性圈柱销联轴器与凸缘联轴器在结构上相同。（错误）

826. 钢丝绳吊索、吊链、人造纤维吊带的使用形式是随物品的形状、种类的不同而有着不同的悬挂角度和吊挂方式，使吊索的许用载荷也相应发生变化。（正确）

827. 减速器是一种相对精密的机械，使用它的目的是降速增扭。（正确）

828. 除特别吊装外，一般不得使用横销有螺纹的卸扣。（错误）

829. 液压电磁铁制动器的液压缸要保持清洁，每一年换油一次。（错误）

830. 吊装时使用卸扣绑扎，在吊物起吊时应使扣顶在上、横销在下。（正确）

831. 刚性联轴器构造简单、成本低廉，安装精度要求较高，但不能补偿轴的位移。（正确）

832. 联轴器只是连接两根轴，对两轴可能产生的位移进行补偿应不予考虑。（错误）

833. 使用吊链准备提升时，链条应伸直，不得扭曲、打结或弯折。（正确）

834. 钢丝绳的起重能力不仅与吊载分支间的夹角有关而且与捆绑时钢丝绳弯曲的曲率半径有关。（正确）

835. 起升机构使用的制动轮联轴器，应加设隔热垫。（正确）

836. 轮系中首末两轮齿数之比称为轮系的传动比。（错误）

837. 离合器通常用于机械传动系统的启动、停止、换向及变速等操作。（正确）

838. 应定期检查微动开关、行程开关是否灵敏可靠。（正确）

839. 当力矩限制器安装在塔顶后方主肢，行程开关可以不改变安装方向，但需改变行程开关触头由常开改为常闭。（正确）

840. 应定期检查载荷限制器的电缆是否老化。（正确）

841. 俯仰变幅动臂式塔机多采用重锤式起升高度限制器。（正确）

842. 小车变幅水平臂架自升式塔机多采用传动式限位器限制吊钩的起升高度。（正确）

843. 每班应检查限位装置的灵敏可靠性，以及电缆是否完好。（正确）

844. 调试大车行程限位器时，应保证限位开关动作后，塔机经过一段路程减速，能在距端部缓冲止挡装置约 30 cm 处停车。（错误）

845. 调试回转限制器时，吊钩必须空载。（正确）

846. 限位器的减速装置要定期加油润滑。（正确）

847. 塔式起重机再次安装，投入使用前必须核对限制器是否变动，以便及时调整。（正确）

848. 限制器应该有防雨措施，保证调整螺栓和限位开关不锈蚀。（正确）

849. 弓形机械式力矩限制器安装位置不同，受力情况相同。（错误）

850. 吊钩下降限位开关的调试方法与调试吊钩起升高度限位开关的方法相反。（错误）

851. 限制器经过调整后，只要不触动，可以一劳久逸，不必检查。（错误）

852．塔式起重机投入使用时，每天要检查一次，清除限位装置上面的建筑垃圾和其他障碍物。（正确）

853．应定期注油润滑限制器。（正确）

854．塔机安装完毕后，安装单位应当按照安全技术标准及安装使用说明书的有关要求对塔机进行检验、调试和试运转。（正确）

855．超载 10%动载试验之前，应对起重力矩限制器、起重量限制器、起升机构制动器进行调整，保证在 1.1 倍载荷下运转。（正确）

856．额定载荷试验时各种速度测量都要注意排除起动和制动过程。（正确）

857．超载 10%动载试验时，每一工况的试验不少于 3 次，对于各项参数的测量，取其 3 次测量的最大值。（错误）

858．超载 25%静载试验前，对在轨道上的塔机，应将夹轨器夹紧，防止意外滑移。（正确）

859．额定载荷试验时，每一工况的试验不少于 3 次，对于各项参数的测量，取其 3 次测量的最大值。（错误）

860．额定载荷试验时，应检查各机构起动制动是否平稳，有无过大噪声和发热情况。（正确）

861．额定载荷试验时，每一工况的试验不少于 3 次，对于各项参数的测量，取其 3 次测量的平均值。（正确）

862．超载 10%动载试验是为了检查塔机各机构运转的灵活性和制动器等支持零件的可靠性及过载能力。（正确）

863．超载 25%静载试验中要通过测量塔顶的位移，及卸载后有无永久变形来判定塔机能否达到强度要求。（错误）

864．为了检查有无永久变形，在吊重前就要对主要受力构件测定其初始位置，卸载后再测其偏移。（正确）

865．超载 10%动载试验时，每一工况的试验不少于 3 次，每一次动作停稳后再进行下一次起动。（正确）

866．安装单位自检合格后，可以边使用边等待有相应资质的检验检测机构进行监督检验。（错误）

867．监督检验合格后，塔机的使用单位应当组织产权（出租）、安装、监理等有关单位进行综合验收。（错误）

868．未经验收或验收不合格的塔机不得使用。（正确）

869．超载 25%静载试验前，应对起重力矩限制器、起重量限制器、起升机构制动器进行调整，保证在 1.25 倍载荷下工作。（正确）

870．动臂式和尚未附着的自升式塔式起重机塔身上不得悬挂标语牌。（正确）

871．检修人员上塔身、起重臂、平衡臂等高空部位检查或修理时，必须系好安全带。（正确）

872．采用涡流制动调速系统的起重机，不得长时间使用低速挡或慢就位速度作业。（正确）

873．重物就位时，应采用慢就位速度使之缓慢下降。（正确）

874．送电前，各控制器手柄应在零位。（正确）

875．在吊钩提升、起重小车或行走大车运行到限位装置前，均应减速缓行到停止位置，并应与限位装置保持一定距离。（正确）

876．塔机在安装单位自检合格后，使用单位应当委托具有相应资质的检测检验单位对塔机进行检验。（正确）

877. 动臂式起重机的变幅可与其他机构同时运行。（错误）

878. 在各种起重机械事故中，由于人员操作因素导致的事故最多。（正确）

879. 停用起重机的电动机、电器柜、变阻器箱，制动器等，应严密遮盖。（正确）

880. 事故分析的目的主要是查清事故情况，惩罚、处理肇事者。（错误）

881. 技术人员应该根据工程实际情况和设备性能状况对塔机司机进行安全技术交底。（正确）

882. 塔机司机应遵守劳动纪律，听从指挥，严格按照操作规程操作，做好塔机的日常检查和维护保养。（正确）

883. 作业中如遇风速大于 10.8 m/s 大风或阵风时，应将回转机构的制动器完全松开，起重臂应能随风转动。（正确）

884. 起吊重物时，重物和吊具的总重量不得超过起重机规定的最大起重量。（错误）

885. 接通电源后，应检查供电系统有无漏电现场。（正确）

886. 塔式起重机运转时，司机不得离开操作位置。（正确）

887. 可以临时采用限位装置作为停止运行的控制开关。（错误）

888. 如果因为工作中的疏忽或不可抗拒的因素，造成设备损坏或人身伤亡事故，应立即报告，果断抢救伤员，采取措施防止事故进一步扩大，设警戒线保护好事故现场。（正确）

889. 起升或下降重物时，除指挥人员外，重物下方禁止其他人员通行或停留。（错误）

890. 禁止在塔机各个部位乱放工具、零件或杂物，严禁从塔机上向下抛扔物品。（正确）

891. 当停电或电压下降时，应立即将控制器扳到零位，并切断电源。如吊钩上挂有重物，应稍松稍紧反复使用制动器，使重物缓慢地下降到安全地带。（正确）

892. 塔机见习司机的指导人员应由取得特种作业资格证书、从事塔机驾驶 3 年以上，驾驶熟练、无不良记录的人来担当。（正确）

893. 停止作业后，动臂式塔机应将起重臂放到最小幅度位置。（错误）

894. 操纵各控制器时应从停止点（零点）开始，依次逐级增加速度，严禁越挡操作。（错误）

895. 塔机学员一旦取得《建筑施工特种作业操作资格证书》，就可以上机独立操作。（错误）

896. 在变换运转方向时，应将控制器手柄扳到零位，待电动机停转后再转向另一方向，不得直接变换运转方向、突然变速或制动。（正确）

897. 当起重机作业时，接班司机可以开动载人专用电梯到驾驶室交接班。（错误）

898. 非工作状态时，必须松开回转制动器，塔机回转部分在非工作状态应能自由旋转。（正确）

899. 作业中，操作人员临时离开操纵室时，可以不切断电源。（错误）

900. 应根据起吊重物和生产进度情况，选择工作速度。（错误）

参考文献

[1] 窦汝伦. 起重机械 [M]. 北京：中国建筑工业出版社，1992.
[2] 窦汝伦. 建筑起重机械 [M]. 北京：中国环境科学出版社，2009.
[3] 崔乐芙. 建筑塔式起重机 [M]. 北京：中国环境科学出版社，2011.

附录1 建筑施工特种作业人员安全技术考核大纲（试行）（摘录）

5. 建筑起重机械司机（塔式起重机）安全技术考核大纲（试行）

5.1 安全技术理论

5.1.1 安全生产基本知识

（1）了解建筑安全生产法律法规和规章制度

（2）熟悉有关特种作业人员的管理制度

（3）掌握从业人员的权利义务和法律责任

（4）熟悉高处作业安全知识

（5）掌握安全防护用品的使用

（6）熟悉安全标志、安全色的基本知识

（7）了解施工现场消防知识

（8）了解现场急救知识

（9）熟悉施工现场安全用电基本知识

5.1.2 专业基础知识

（1）了解力学基本知识

（2）了解电工基础知识

（3）熟悉机械基础知识

（4）了解液压传动知识

5.1.3 专业技术理论

（1）了解塔式起重机的分类

（2）熟悉塔式起重机的基本技术参数

（3）熟悉塔式起重机的基本构造与组成

（4）熟悉塔式起重机的基本工作原理

（5）熟悉塔式起重机的安全技术要求

（6）熟悉塔式起重机安全防护装置的结构、工作原理

（7）了解塔式起重机安全防护装置的维护保养、调试

（8）熟悉塔式起重机试验方法和程序

（9）熟悉塔式起重机常见故障的判断与处置方法

（10）熟悉塔式起重机的维护与保养的基本常识

（11）掌握塔式起重机主要零部件及易损件的报废标准

（12）掌握塔式起重机的安全技术操作规程

（13）了解塔式起重机常见事故原因及处置方法

（14）掌握《起重机　手势信号》（GB/T 5082—2019）内容

5.2 安全操作技能

5.2.1 掌握吊起水箱定点停放操作技能

5.2.2 掌握吊起水箱绕木杆运行和击落木块的操作技能

5.2.3 掌握常见故障识别判断的能力

5.2.4 掌握塔式起重机吊钩、滑轮和钢丝绳的报废标准

5.2.5 掌握识别起重吊运指挥信号的能力

5.2.6 掌握紧急情况处置技能

附录2 建筑施工特种作业人员安全操作技能考核标准（试行）（摘录）

2. 建筑起重机（塔式起重机）安全操作技能考核标准（试行）

2.1 起吊水箱定点停放（图2.1、表2.1）

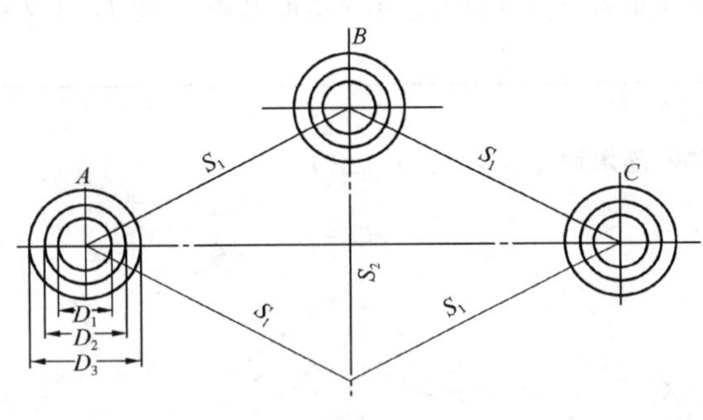

图2.1

表2.1

单位：m

起重机高度	S_1	S_2	D_1	D_2	D_3
$20 \leqslant H \leqslant 30$	18	13	1.7	1.9	2.1

2.1.1 考核设备和器具

（1）设备：固定式QTZ系列塔式起重机1台，起升高度在20 m以上30 m以下；

（2）吊物：水箱1个。水箱边长1 000 mm×1 000 mm×1 000 mm，水面距箱口200 mm，吊钩距箱口1 000 mm；

（3）其他器具：起重吊运指挥信号用红、绿色旗1套，指挥用哨子1只，计时器1个；

（4）个人安全防护用品。

2.1.2 考核方法

考生接到指挥信号后，将水箱由*A*处吊起，先后放入*B*圆、*C*圆内，再将水箱由*C*处吊起，返回放入*B*圆、*A*圆内，最后将水箱由*A*处吊起，直接放入*C*圆内。水箱由各处吊起时均距地面4 000 mm，每次下降途中准许各停顿2次。

2.1.3 考核时间：4 min。

2.1.4 考核评分标准

满分40分。考核评分标准见表2.1.4。

表 2.1.4　考核评分标准

序号	扣分项目	扣分值
1	送电前，各控制器手柄未放在零位的	5 分
2	作业前，未进行空载运转的	5 分
3	回转、变幅和吊钩升降等动作前，未发出音响信号示意的	5 分/次
4	水箱出内圆（D_1）的	2 分
5	水箱出中圆（D_2）的	4 分
6	水箱出外圆（D_3）的	6 分
7	洒水的	1～3 分/次
8	未按指挥信号操作的	5 分/次
9	起重臂和重物下方有人停留、工作或通过，未停止操作的	5 分
10	停机时，未将每个控制器拨回零位的，未依次断开各开关的，未关闭操纵室门窗的	5 分/项

2.2　起吊水箱绕木杆运行和击落木块（图 2.2、表 2.2）

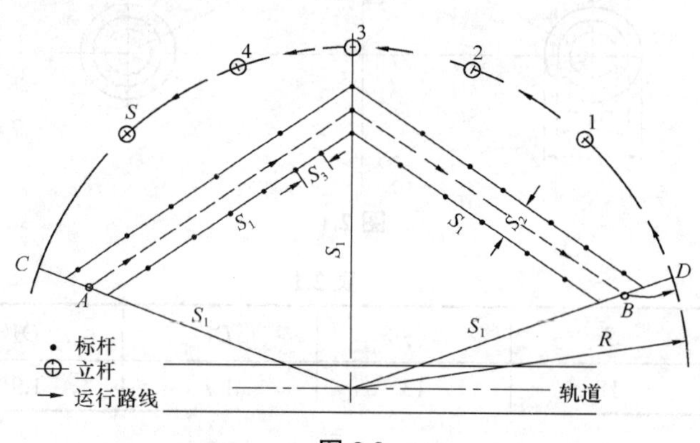

图 2.2

表 2.2

单位：m

起重机高度	R	S_1	S_2	S_3
20≤H≤30	19	15	2.0	2.5

2.2.1　考核设备和器具

（1）设备：固定式 QTZ 系列塔式起重机 1 台，起升高度在 20 m 以上 30 m 以下；

（2）吊物：水箱 1 个。水箱边长 1 000 mm × 1 000 mm × 1 000 mm，水面距箱口 200 mm，吊钩距箱口 1 000 mm；

（3）标杆 23 根，每根高 2 000 mm，直径 20～30 mm；底座 23 个，每个直径 300 mm，厚度 10 mm；

（4）立柱 5 根，高度依次为 1 000 mm、1 500 mm、1 800 mm、1 500 mm、1 000 mm，均匀分布在 CD 弧上；立柱顶端分别立着放置 200 mm × 200 mm × 300 mm 的木块；

（5）其他器具：起重吊运指挥信号用红色旗和绿色旗 1 套，指挥用哨子 1 只，计时器 1 个；

（6）个人安全防护用品。

2.2.2　考核方法

考生接到指挥信号后，将水箱由 *A* 处吊离地面 1 000 mm，按图示路线在杆内运行，行至 *B* 处上方，即反向旋转，并用水箱依次将立柱顶端的木块击落，最后将水箱放回 *A* 处。在击落木块的运行途中不准开倒车。

2.2.3　考核时间：4 min。具体可根据实际考核情况调整。

2.2.4　考核评分标准

满分 40 分。考核评分标准见表 2.2.4。

表 2.2.4　考核评分标准

序号	扣分项目	扣分值
1	送电前，各控制器手柄未放在零位的	5 分
2	作业前，未进行空载运转的	5 分
3	回转、变幅和吊钩升降等动作前，未发出音响信号示意的	5 分/次
4	碰杆的	2 分/次
5	碰倒杆的	3 分/次
6	碰立柱的	3 分/次
7	未击落木块的	3 分/个
8	未按指挥信号操作的	5 分/次
9	起重臂和重物下方有人停留、工作或通过，未停止操作的	5 分
10	停机时，未将每个控制器拨回零位的，未依次断开各开关的，未关闭操纵室门窗的	5 分/项

2.3　故障识别判断

2.3.1　考核设备和器具

（1）塔式起重机设置安全限位装置失灵、制动器失效等故障或图示、影像资料；

（2）其他器具：计时器 1 个。

2.3.2　考核方法

由考生识别判断安全限位装置失灵、制动器失效等故障或图示、影像资料（对每个考生只设置一种）。

2.3.3　考核时间：10 min。

2.3.4　考核评分标准

满分 5 分。在规定时间内正确识别判断的，得 5 分。

2.4　零部件的判废

2.4.1　考核器具

（1）塔式起重机零部件（吊钩、钢丝绳、滑轮等）实物或图示、影像资料（包括达到报废标准和有缺陷的）；

（2）其他器具：计时器 1 个。

2.4.2　考核方法

从塔机零部件实物或图示、影像资料中随机抽取 2 件（张），由考生判断其是否达到报废标准并说明原因。

2.4.3　考核时间：5 min。

2.4.4　考核评分标准

满分 5 分。在规定时间内正确判断并说明原因的，每项得 2.5 分；判断正确但不能准确说明原因的，每项得 1.5 分。

2.5　识别起重吊运指挥信号

2.5.1　考核器具

（1）起重吊运指挥信号图示、影像资料等；

（2）其他器具：计时器 1 个。

2.5.2　考核方法

考评人员做 5 种起重吊运指挥信号，由考生判断其代表的含义；或从一组指挥信号图示、影像资料中随机抽取 5 张，由考生回答其代表的含义。

2.5.3　考核时间：5 min。

2.5.4　考核评分标准

满分 5 分。在规定时间内正确回答一项，得 1 分。

2.6　紧急情况处置

2.6.1　考核器具

（1）设置塔式起重机钢丝绳意外卡住、吊装过程中遇到障碍物等紧急情况或图示、影像资料；

（2）其他器具：计时器 1 个。

2.6.2　考核方法

由考生对钢丝绳意外卡住、吊装过程中遇到障碍物等紧急情况或图示、影像资料中所示的紧急情况进行描述，并口述处置方法。对每个考生设置一种。

2.6.3　考核时间：10 min。

2.6.4　考核评分标准

满分 5 分。在规定时间内对存在的问题描述正确并正确叙述处置方法的，得 5 分；对存在的问题描述正确，但未能正确叙述处置方法的，得 3 分。

附录3 风级、风速、风压对照表

风级、风速、风压对照表

风级	名称	风速		风压 $W_0=V^2/16$（kg/m²），10 N/m²	陆地地面物体征象	海面状态
		km/h	m/s			
0	无风	<1	0～0.2	0～0.0025	静	静
1	软风	1～5	0.3～1.5	0.0056～0.014	烟能表示方向，但风向标不动	微波
2	轻风	6～11	1.6～3.3	0.016～0.68	人面感觉有风，风向标转动	小波
3	微风	12～19	3.4～5.4	0.72～1.82	树叶及微枝摇动不息，旌旗展开	小波
4	和风	20～28	5.5～7.9	1.89～3.9	能吹起地面纸张与灰尘	轻浪
5	清风	29～38	8.0～10.7	4～7.16	有叶的小树摇摆	中浪
6	强风	39～49	10.8～13.8	7.29～11.9	小树枝摇动，电线呼呼响	大浪
7	疾风	50～61	13.9～17.1	12.08～18.28	全树摇动，迎风步行不便	巨浪
8	大风	62～74	17.2～20.7	18.49～26.78	微枝折毁，人向前行阻力甚大	狂浪
9	烈风	75～88	20.8～24.4	27.04～37.21	建筑物有小损	狂涛
10	狂风	89～102	24.5～28.4	37.52～50.41	可拔起树来，损坏建筑物	狂涛
11	暴风	103～117	28.5～32.6	50.77～66.42	陆上少见，有则必有广泛破坏	狂涛
12	飓风	>117	32.7～36.9	66.42～85.1	陆上极少见，摧毁力极大	海浪滔天